Carsten Kretschmann (Hg.)
Wissenspopularisierung

WISSENSKULTUR UND GESELLSCHAFTLICHER WANDEL

Herausgegeben vom Sonderforschungsbereich/Forschungskolleg 435
der Deutschen Forschungsgemeinschaft
»Wissenskultur und gesellschaftlicher Wandel«

Band 4

Wissenspopularisierung

Konzepte der Wissensverbreitung im Wandel

Herausgegeben von Carsten Kretschmann

Akademie Verlag

Gedruckt mit Unterstützung der Deutschen Forschungsgemeinschaft.

Einbandgestaltung unter Verwendung der anonymen Radierung »Bilderhändler«, um 1760,
© Sammlung Pieske, Lübeck

ISBN 3-05-003770-9

Das eingesetzte Papier ist alterungsbeständig nach DIN/ISO 9706.

Bindung: Druckhaus „Thomas Müntzer“, Bad Langensalza
Einbandgestaltung: Dorén + Köster, Berlin

Printed in the Federal Republic of Germany

Inhalt

Carsten Kretschmann

Einleitung: Wissenspopularisierung – ein altes, neues Forschungsfeld

Scharfe Worte fielen im März 1894 bei einer Verwaltungssitzung der Frankfurter Senckenbergischen Naturforschenden Gesellschaft[1]. Ernst Blumenthal, ein stadtbekannter Arzt, ereiferte sich über das vermeintliche „Bildungsmonopol der besitzenden Klassen", das nicht länger hinzunehmen sei. Da das „Interesse der Arbeiter an wissenschaftlicher Belehrung" zweifelsfrei vorhanden sei, müsse man jetzt „daran mitarbeiten, die sozialen Schranken [...] niederzureißen". Gegenstimmen ließen nicht auf sich warten. Der Gymnasialprofessor Heinrich Reichenbach warnte vor der „sozialistischen Agitation", vor jenem Bildungsfleiß, der ihm als antibürgerliche Falle erschien. Und überhaupt: Er sei nun einmal nicht für die „Popularisierung der Naturwissenschaften". Was war geschehen? Der Frankfurter Ausschuß für Volksvorlesungen hatte im Winter 1893 den Wunsch geäußert, das Senckenberg-Museum möge seine Besuchsstunden an Sonntagen zugunsten interessierter Arbeiter ausdehnen. Diese aus der Volksbildungsidee erwachsene Bitte traf in der Senckenbergischen Naturforschenden Gesellschaft, der Trägerin des Museums, jedoch nicht auf die erforderliche Zustimmung. Die Bedenken gegen Arbeiterbildung und Populärwissenschaft erwiesen sich als zu stark, Reichenbach setzte sich durch. Freilich nur mehr für kurze Zeit. Denn im 1907 eröffneten Museumsneubau, der die publikumsfreundliche Trennung von Schau- und Studiensammlung verwirklichte, gehörten verlängerte Sonntagsöffnungszeiten bald zum Reglement. Und auch von Popularisierung wurde jetzt ganz unverkrampft, ja offensiv gesprochen.

Der Fall ist typisch – und zwar in zweierlei Hinsicht. Zum einen zeigt er schlaglichtartig jene Vorbehalte und Aneignungen, wie sie für den Umgang mit Popularisierungstendenzen gerade im späten 19. Jahrhundert kennzeichnend waren. Typisch ist der Fall andererseits auch für die *Erforschung* der Popularisierung, die sich bislang fast völlig der Wissenschafts-

1 Zum folgenden vgl. Sitzungsprotokoll der Senckenbergischen Naturforschenden Gesellschaft (SNG) v. 17.3.1894. SNG Archiv, Bd. 8, S. 50ff. – Auszüge hieraus bereits bei Waldemar Kramer: Chronik der Senckenbergischen Naturforschenden Gesellschaft. Frankfurt am Main 1967, S. 366f., hier allerdings irrtümlich unter dem Datum des 12.3.1893. – Zum Frankfurter Ausschuß für Volksvorlesungen ausführlich Wolfgang Seitter: Volksbildung als Teilhabe. Die Sozialgeschichte des Frankfurter Ausschusses für Volksvorlesungen 1890-1920. Frankfurt am Main, Bern, New York, Paris 1990. – Näheres zu diesem Fall demnächst bei Carsten Kretschmann: Wissenskanonisierung und -popularisierung in Museen des 19. Jahrhunderts – das Beispiel des Senckenberg-Museums in Frankfurt am Main. In: Lothar Gall/Andreas Schulz (Hrsg.): Wissenskultur im 19. Jahrhundert. Orte und Träger gesellschaftlicher Wissenskommunikation. Stuttgart 2002 [im Druck]. – Zur Popularisierungsleistung von Naturhistorischen Museen vgl. etwa Susanne Köstering: Transformatoren des Wissens. Lehrer, Amateurforscher und das Leipziger Naturkundliche Heimatmuseum. In: WerkstattGeschichte 8 (1999), H. 23, S. 15-37.

popularisierung des 19. und 20. Jahrhunderts gewidmet hat[2]. Diese Selbstbeschränkung ist insofern nicht verwunderlich, als Popularisierung in der Regel als gleichbedeutend mit *Wissenschafts*popularisierung verstanden wird und die Begriffe Popularität und Wissenschaft (im Sinne von „science") im Deutschen tatsächlich erst im Laufe des 19. Jahrhunderts enger zueinander in Beziehung gesetzt wurden. Vorderhand macht diese zeitliche Eingrenzung also durchaus Sinn, nicht zuletzt auch eingedenk der radikal veränderten Kommunikationsstruktur der modernen Massengesellschaft. Wenn sich dieser Sammelband im folgenden auch und gerade dem nicht-naturwissenschaftlichen, ja sogar dem außerwissenschaftlichen Wissen zuwendet, so treten damit freilich Phänomene in den Blick, die mehr sind als eine bloße Vorgeschichte der modernen Wissenschaftspopularisierung. Die hier versammelten Beiträge fragen nach Strukturen, Motiven und Bedingungen von Popularisierungsvorgängen in unterschiedlichen historischen Konstellationen, von der griechischen Antike bis zur amerikanischen Gegenwart. Sie verorten die Popularisierung innerhalb der jeweiligen Wissenskultur, also dem lebensweltlichen Zusammenhang von Wissenserzeugung, -speicherung und -verbreitung, und betrachten sie als Ausdruck sozialen Wandels. Indem unser Sammelband so die bekannten Popularisierungsmodelle am Einzelfall erprobt, leistet er nicht zuletzt auch einen Beitrag zur Klärung des Popularisierungsbegriffs.

Daß dieser Begriff eigenartig schillert, hängt vor allem mit seiner ausgesprochen diffizilen etymologischen und semantischen Entwicklung zusammen[3]. So umfaßte das Adjektiv „populär", dessen Wurzeln wesentlich im 18. Jahrhundert liegen, im Englischen dieser Zeit ganz unterschiedliche Bedeutungsebenen: Es konnte sowohl etwas bezeichnen, was dem Volk angemessen schien, als auch das, was das Volk selbst schätzte. Es umschrieb das Bemühen um die Volksgunst ebenso wie die Zugehörigkeit zum Volk, nicht zuletzt konnte es sich auch auf Vulgäres, sprich Minderwertiges beziehen. Und auch im Deutschen wurde das Adjektiv „populär" zu dieser Zeit mit verschiedenen Bedeutungen verwandt, etwa im Sinne von „volksmäßig, gemeinnützig, volksverständlich, freundlich", während „Popularität" nach 1850 durchweg Volksmäßigkeit, Gemeinfaßlichkeit oder Gemeinverständlichkeit bezeichnete. Aus diesen knappen lexikalischen Hinweisen lassen sich erste Anhaltspunkte für den Gehalt des vielschichtigen Begriffs gewinnen: So erscheinen die Allgemeinverständlichkeit, die Tendenz zur Vereinfachung und der Adressatenbezug als Haupteigenschaften des Populären. Ebenfalls seit dem 18. Jahrhundert weist der Begriff allerdings auch negative Konnotationen auf, und zwar in zunehmendem Maße. Das Odium des Seichten lastete drückend auf ihm. Nicht von ungefähr verwahrte sich etwa Justus von Liebig in seinen „Chemischen Briefen", einem *chef-d'œuvre* des populärwissenschaftlichen Genres, ausdrücklich gegen alle popularisierenden Darstellungsformen, „womit man gewöhnlich das Herabziehen in das

2 Ausführlich zur Forschungsgeschichte Andreas W. Daum: Wissenschaftspopularisierung im 19. Jahrhundert. Bürgerliche Kultur, naturwissenschaftliche Bildung und die deutsche Öffentlichkeit, 1848-1914. München 1998, S. 14-29; Angela Schwarz: Der Schlüssel zur modernen Welt. Wissenschaftspopularisierung in Großbritannien und Deutschland im Übergang zur Moderne (ca. 1870-1914). Stuttgart 1999 (= Vierteljahrsschrift für Sozial- und Wirtschaftsgeschichte. Beihefte, Nr. 153), S. 38-47 und 95-102. – Zu beiden Studien jetzt ausführlich Mitchell G. Ash: Wissenschaftspopularisierung und Bürgerliche Kultur im 19. Jahrhundert. In: Geschichte und Gesellschaft 28 (2002), S. 322-334.

3 Zur Begriffsgeschichte vgl. Daum: Wissenschaftspopularisierung (wie Anm. 2), S. 33-41; Schwarz: Schlüssel (wie Anm. 2), S. 89-95.

Gemeine und das platte Verständlichmachen bezeichnet"[4]. Die vielfältigen, mitunter widersprüchlichen Konnotationen, mit denen der Terminus belegt worden ist, erschweren die Modellbildung nicht unerheblich. Die Unschärfe des Popularisierungsbegriffs hat denn auch eine Vielzahl unterschiedlicher Definitionen gezeitigt.

So betrachtete eine ältere Forschung die Popularisierung stets als eine Form von hierarchischem Wissenstransfer, bei dem bestimmte wissenschaftliche Erkenntnisse von einem engen, homogenen Expertenkreis – einseitig – an ein nicht näher zu spezifizierendes Laienpublikum weitergegeben werden[5]. Das Vermittlungsgeschehen blieb in dieser Vorstellung ganz an der akademischen, der ‚eigentlichen' Wissensproduktion orientiert, und es vollzog sich in einem genau strukturierten Zwei-Phasen-Ablauf: Das Wissen, das zuvor exklusiv und streng wissenschaftlich erzeugt worden war, wurde anschließend – in vereinfachter Form – einer Öffentlichkeit zur Verfügung gestellt, die weder an der Produktion noch an der Distribution dieses Wissens beteiligt war. Dieses ‚diffusionistische Modell' (Andreas Daum) ging von einem beträchtlichen, im Grunde nie zu überwindenden Wissensgefälle zwischen Experten und Laien aus; der Vermittlungsvorgang beschränkte sich folglich auf eine gleichsam lineare, einseitige Weitergabe des Wissens, ohne daß mögliche Rück- oder Wechselwirkungen in Betracht gezogen worden wären. Von einer funktionierenden Wissenskommunikation konnte hier kaum gesprochen werden.

Dieser traditionellen Deutung hat seit Ende der 1970er Jahre zunächst die Wissenschaftssoziologie ein Erklärungsmodell entgegengesetzt, das Wissensproduktion und -distribution als Kontinuum versteht, an dem Experten und Laien in unterschiedlicher, aber gleich gewichtiger Weise teilhaben[6]. Es ist das Verdienst Terry Shinns und Richard Whitleys, mit ihrem 1985 publizierten Sammelband „Expository Science" erstmals eine dezidiert interaktionistische Sicht vertreten zu haben, in der Wissenschaftler, Popularisatoren und Öffentlichkeit nicht mehr als voneinander getrennte Pole eines linearen Prozesses, sondern als Akteure einer wechselseitigen Kommunikation zwischen Produzenten und Rezipienten erscheinen[7]. Daß die Motive der Kommunikationspartner hierbei höchst verschieden sein können, versteht sich. So kann Popularisierung etwa einerseits in der Absicht betrieben werden, Status und Sozialprestige eines bestimmten Wissenschaftsfeldes zu steigern. Andererseits kann sie jedoch ebenso von bestimmten Rezipienten zu außerwissenschaftlichen Zwecken instrumentalisiert werden. Shinn und Whitley bevorzugen für diese und weitere Zusammenhänge den Begriff der „expository science", der den vermeintlich zu engen Terminus „Popularisierung" ersetzen soll.

Diese Interpretation hat erhebliche Auswirkungen vor allem für die Bedeutung des Publikums, das traditionellerweise fast eine *quantité négliable* darstellte. Die Rezipienten sind nach den Forschungen von Shinn und Whitley insofern nicht länger von der Wissensproduk-

---

4 Justus von Liebig: Chemische Briefe. Heidelberg 1844, S. IV.

5 Hierzu ausführlich Richard Whitley: Knowledge Producers and Knowledge Acquirers. Popularisation as a Relation Between Scientific Fields and Their Publics. In: Terry Shinn/Richard Whitley (Hrsg.): Expository Science: Forms and Functions of Popularisation. Dordrecht, Boston, Lancaster 1985 (= Sociology of the Sciences, Bd. 9), S. 3-28, bes. S. 3-10.

6 So beispielsweise bei Roger Cooter: The Cultural Meaning of Popular Science. Phrenology and the Organization of Consent in Nineteenth-Century Britain. Cambridge 1984 (= Cambridge History of Medicine).

7 Shinn/Whitley (Hrsg.): Expository Science (wie Anm. 5).

tion ausgeschlossen, als sie sowohl untereinander als auch mit Popularisatoren und Experten in einem Prozeß wechselseitiger Beeinflussung stehen: „in many scientific fields non-specialists are directly involved in the determination of research strategies, of topics to be pursued and of approaches to be followed“[8]. Daß in solcher Perspektive schließlich jede wissenschaftsbezogene Kommunikation zwischen Spezialisten und Nicht-Spezialisten als Ausdruck der „expository science“, mithin als Popularisierungsvorgang bewertet wird[9], ist konsequent, aber irreführend. Nicht zu Unrecht vermerkt etwa Andreas Daum, daß Popularisierung hier in der „Vielfalt intra-, inter- und extrawissenschaftlicher Kommunikation“[10] aufgehe. Tatsächlich macht es schon aus forschungspraktischen Gründen Sinn, den Terminus Popularisierung, der in den Quellen wieder und wieder begegnet, deutlich vom weiteren und zugleich unbestimmteren Begriff der Kommunikation abzugrenzen. Geeignete Unterscheidungskriterien bietet die wissenschaftssoziologische Forschung indes kaum.

Sie finden sich, wie das Beispiel Peter Broks' zeigt, freilich auch in der neueren Medienwissenschaft nicht, die zudem, im Stile der Wissenschaftssoziologie, noch ganz auf die allgemeinverständliche Verbreitung naturwissenschaftlich-technischer Wissensbestände durch Printmedien im 19. und 20. Jahrhundert beschränkt ist[11]. Gleiches gilt für die Literaturwissenschaft, die sich, wie zahlreiche Arbeiten zu Charles Darwin und Wilhelm Bölsche zeigen, vor allem für die Verknüpfung von Ästhetik und Wissenschaft interessiert[12]. Und auch von der Geschichtswissenschaft ist bislang nur die Wissenschaftspopularisierung des 19. und 20. Jahrhunderts eingehender untersucht worden, wobei der Schwerpunkt auf den Verhältnissen in den Vereinigten Staaten[13], in Großbritannien[14] und Frankreich[15] liegt, wäh-

---

8 Whitley: Knowledge Producers (wie Anm. 5), S. 9.

9 Vgl. ebd., S. 11.

10 Daum: Wissenschaftspopularisierung (wie Anm. 2), S. 27.

11 Peter Broks: Media Science before the Great War. Basingstoke, London, New York 1996. – Andere Vermittlungswege treten jetzt etwa in den Blick bei Jürgen Fohrmann/Andrea Schütte und Wilhelm Voßkamp (Hrsg.): Medien der Präsenz: Museum, Bildung und Wissenschaft im 19. Jahrhundert. Köln 2001 (= Mediologie, Bd. 3).

12 Antoon Berentsen: „Vom Urnebel zum Zukunftsstaat.“ Zum Problem der Popularisierung der Naturwissenschaften in der deutschen Literatur (1880-1910). Berlin 1986 (= Studien zu deutscher Vergangenheit und Gegenwart, Bd. 2); Monika Fick: Sinnenwelt und Weltseele. Der psychophysische Monismus in der Literatur der Jahrhundertwende. Tübingen 1993 (= Studien zur deutschen Literatur, Bd. 125); Walter Gebhardt: „Der Zusammenhang der Dinge.“ Weltgleichnis und Naturverklärung im Totalitätsbewußtsein des 19. Jahrhunderts. Tübingen 1984 (= Hermea. N.F., Bd. 47); Wolfram Hamacher: Literatur und Sinnfindung im 19. Jahrhundert. Studien zu Wilhelm Bölsche. Würzburg 1993 (= Epistemata. Reihe Literaturwissenschaft, Bd. 99); Alfred Kelly: The Descent of Darwin. The Popularization of Darwinism in Germany, 1860-1914. Chapel Hill 1981; Jutta Kolkenbrock-Netz: Poesie des Darwinismus – Verfahren der Mythisierung und Mythentransformation in populärwissenschaftlichen Texten von Wilhelm Bölsche. In: lendemains 8 (1983), Nr. 30, S. 28-35; Rosemarie Mann: Ernst Haeckel, Zoologie und Jugendstil. In: Berichte zur Wissenschaftsgeschichte 13 (1990), S. 1-11; Werner Michler: Darwinismus und Literatur. Naturwissenschaftliche und literarische Intelligenz in Österreich 1859-1914. Wien 1999; Heike Szukaj: „Empfundenes und Erkanntes“. Kurd Laßwitz als Wissenschaftspopularisator, 1848-1910. München 1996.

13 Sally Gregory Kohlstedt: The Formation of the American Scientific Community. The American Association for the Advancement of Science 1848-60. Urbana, Chicago, London 1976; Hyman Kuritz: The Popularization of Science in Nineteenth-Century America. In: History of Education Quarterly 21 (1981), S. 259-274; Marcel C. LaFollette: Making Science our own.

rend für Deutschland mit den beiden Studien von Andreas Daum und Angela Schwarz erst seit kurzem breiter angelegte Untersuchungen existieren[16]. Dabei ist es nicht untypisch für die Interpretationsmuster gerade älterer Arbeiten, wenn etwa John C. Burnham, aufgrund der Auswertung zeitgenössischer Zeitschriftenliteratur, die Popularisierung medizinischen, hygienischen und psychologischen Wissens in den USA als Einsatz für Sachlichkeit und Wissenschaftlichkeit, als Kampf gegen Irrtümer und Aberglauben präsentiert[17]. Gegen eine solch ‚aufklärerische' Aufladung der Popularisierung hat nicht zuletzt Andreas Daum sein entschiedenes Veto eingelegt, indem er die Wissenschaftspopularisierung im Deutschland des 19. Jahrhunderts als Zusammenspiel von Öffentlichkeit, bürgerlicher Kultur und naturwissenschaftlicher Bildung versteht und damit den Blick auf unterschiedliche Aspekte der Popularisierung lenkt. Zumal die neueren deutschen Forschungsbeiträge wenden sich dezidiert gegen das ältere Diffusionsmodell und betonen die „Dialektik zwischen spezialisierter Wissenschaft und nichtspezialisiertem Publikum"[18].

Andere Studien versuchen, das Phänomen qualitativ zu erfassen und zwischen einer seriösen „popularized science" und einer auf Sensationen zielenden „Gee Whiz!-science" zu unterscheiden[19]. Beziehen solche Untersuchungen bewußt die gesamtgesellschaftliche Relevanz der Popularisierung in ihre Betrachtung ein, so begrenzen andere Arbeiten den Wirkungsradius des Phänomens wieder. Ausgehend von einem eingeschränkten Öffentlichkeitsbegriff ist so etwa der Terminus „public science" in die Debatte eingeführt worden, um eine spezielle Form von „popular science" zu bezeichnen, die eng mit den Leitinstanzen der Öffentlichkeit, mit Politik, Forschungsinstitutionen und Eliten verbunden ist[20]. Die bekannte Deutung Kurt Bayertz', der Durchbruch der Popularisierung im neunzehnten Jahrhundert sei

Public Images of Science 1910-1955. Chicago, London 1990; Matthew D. Whalen: Science, the Public and American Culture: A Preface to the Study of Popular Science. In: Journal of American Culture 4 (1981), S. 14-26.

14 David Elliston Allen: The Naturalist in Britain. A Social History. 2. Aufl. Princeton/N.J. 1994; Roger Cooter/Stephen Pumfrey: Separate Spheres and Public Places: Reflections on the History of Science Popularization and Science in Popular Culture. In: History of Science 32/3 (1994), Nr. 97, S. 237-267; David A. Hinton: Popular Science in England, 1830-1870. Ph. D. Thesis, University of Bath 1979; Guy Stuart Kitteringham: Studies in the Popularisation of Science in England, 1800-1830. Ph. D. Thesis, University of Kent at Canterbury 1981; Greg Myers: Nineteenth-Century Popularizations of Thermodynamics and the Rhetoric of Social Prophecy. In: Victorian Studies 29 (1985), S. 35-66.

15 Bruno Béguet (Hrsg.): La science pour tous. Sur la vulgarisation scientifique en France de 1850 à 1914. Paris 1990 (= Bibliothèque du Conservatoire national des arts et métiers); Nadine Felton George: Popular Science and Philosophy in France, 1850-1875. Ph. D. Thesis, Cornell University 1974; Daniel Raichvarg/Jean Jacques: Savants et ignorants. Une histoire de la vulgarisation des sciences. Paris 1991.

16 Daum: Wissenschaftspopularisierung (wie Anm. 2); Schwarz: Schlüssel (wie Anm. 2).

17 John C. Burnham: How Superstition Won and Science Lost. Popularizing Science and Health in the United States. New Brunswick, London 1987.

18 Daum: Wissenschaftspopularisierung (wie Anm. 2), S. 27.

19 Vgl. etwa George Basalla: Pop Science: The Depiction of Science in Popular Culture. In: Gerald Holton/William A. Blanpied (Hrsg): Science and its Public: The Changing Relationship. Dordrecht, Boston 1976, S. 261-278.

20 Frank M. Turner: Public Science in Britain, 1880-1919. In: Isis 71 (1980), S. 589-608. – Ein ähnliches Konzept vertritt jetzt der Sammelband von Constantin Goschler (Hrsg.): Wissenschaft und Öffentlichkeit in Berlin, 1870-1930. Stuttgart 2000.

im Zusammenhang mit den Interessen der aufstrebenden Naturwissenschaftler zu sehen, ist ihrer funktionalistischen Ausrichtung wegen allerdings zumindest ergänzungsbedürftig[21]. Hieran anknüpfend hat Susan Sheets-Pyenson denn auch ein Modell entwickelt, in dem sich eine popularisierte „low science" und eine akademische „high science" gegenüberstehen. In dieser Sichtweise erscheinen Popularisatoren nicht länger nur als Multiplikatoren eines elitären Wissens, sondern als Baumeister einer „low scientific culture", die sich Sheets-Pyenson zufolge im viktorianischen England als eigenständige Subkultur etabliert habe[22]. Wieder andere Studien haben sich der Popularisierung von der Rezipientenseite aus genähert, wobei bestimmte Textmerkmale wie Lesbarkeit oder Verständlichkeit akzentuiert werden[23]. Aufgrund der unbefriedigenden Quellenlage sind Einstellungen und Erwartungen des Publikums allerdings kaum genau zu erfassen.

Eine einheitliche, allgemeinverbindliche Popularisierungsdefinition ist folglich nicht in Sicht, Begriffe und Methoden variieren vielmehr in mitunter irritierender Weise. Da alle Einzelstudien ihrem Untersuchungsgegenstand zudem enge Grenzen ziehen, werden längerfristige Entwicklungen und epochenübergreifende Zusammenhänge kaum wahrgenommen. Dieser selektive Charakter der Popularisierungsforschung wird noch durch den Umstand verschärft, daß man sich bislang ausschließlich der Verbreitung naturwissenschaftlichen und technischen Wissens gewidmet hat[24]. Nicht von ungefähr interessiert sich gerade die Technikgeschichte für die massenweise Verwendung bestimmter Innovationen wie Telegraphie, Telefon oder Radio[25]. Ähnlich verhält es sich mit dem sogenannten Darwinismus, der, zumal vor dem Hintergrund von Materialismus-Streit und Säkularisierungstendenzen, einen geradezu klassischen Gegenstand der Forschung bildet. Die Popularisierung nichtnaturwissenschaftlicher Wissensinhalte ist hingegen bislang kaum untersucht worden[26]. Und wo dies, wie etwa in Nittert Janssens Studie zur Popularisierung der theologischen Forschung vor dem Ersten Weltkrieg, doch einmal geschehen ist, wird in der Regel ein undifferenzierter, kaum reflektierter Popularisierungsbegriff verwendet.

---

21 Kurt Bayertz: Spreading the Spirit of Science. Social Determinants of the Popularization of Science in Nineteenth-Century Germany. In: Shinn/Whitley (wie Anm. 5), S. 209-227.

22 Susan Sheets-Pyenson: Low Scientific Culture in London and Paris, 1820-1875. Ph. D. Thesis, University of Pennsylvania 1976.

23 Annette M. Woodlief: Science in Popular Culture. In: M. Thomas Inge (Hrsg.): Handbook of American Popular Culture. Bd. 3. Westport/Conn. 1981, S. 429-458.

24 Exemplarisch für diese Perspektive ist der soeben erschienene Sammelband von Gudrun Wolfschmidt (Hrsg.): Popularisierung der Naturwissenschaften. Berlin, Diepholz 2002.

25 Thomas P. Hughes: American Genesis. A Century of Invention and Technological Enthusiasm 1870-1970. New York 1989; David E. Nye: Electrifying America. Social Meanings of a New Technology, 1880-1940; Susan J. Douglas: Inventing American Broadcasting, 1899 to 1922. Baltimore 1987.

26 Als Ausnahmen vgl. etwa Michael Hog: Ethnologie und Öffentlichkeit. Ein entwicklungsgeschichtlicher Überblick. Frankfurt/M., Bern, New York, Paris 1990 (= Europäische Hochschulschriften. Reihe XIX. Abt. B, Bd. 19); Irene und Heinz Ischreyt: Der Arzt als Lehrer. Populärmedizinische Publizistik als Beitrag zur volkstümlichen Aufklärung im 18. Jahrhundert. Lüneburg 1990; Reinhard Junghans: Thomas-Müntzer-Rezeption während des „Dritten Reiches". Eine Fallstudie zur populär(wissenschaftlich)en und wissenschaftlichen Geschichtsschreibung. Frankfurt/M., Bern, New York, Paris 1990 (= Europäische Hochschulschriften. Reihe III, Band 451); Gerhard Kratzsch: Kunstwart und Dürerbund. Ein Beitrag zur Geschichte der Gebildeten im Zeitalter des Imperialismus. Göttingen 1969.

Nach alledem erscheint nun eine – paradox formuliert – präzisierende Ausweitung dieses Popularisierungsbegriffs vonnöten, und zwar in zweierlei Hinsicht, in zeitlicher wie sachlicher. Zum einen ist eine Verlängerung des Untersuchungszeitraumes erforderlich, die die bislang hauptsächlich auf das 19. und 20. Jahrhundert begrenzte Erforschung der Wissenschaftspopularisierung verstärkt auf vormoderne Zusammenhänge lenkt[27]. In der Tat blickt die populärwissenschaftliche Literatur ja auf eine Tradition zurück, die nicht erst in den Paradigmenwechseln des 17./18. Jahrhunderts einsetzt, sondern bereits in der Antike begründet ist. Für die Frühe Neuzeit ist das, wie sich an Isaac Newtons „Principia" und „Opticks" beispielhaft zeigen läßt, mittlerweile evident[28]. Ähnliches gilt für den Zusammenhang von Akademie, Naturphilosophie und Öffentlichkeit, wie er für das Großbritannien der Newton-Ära von Larry Stewart untersucht worden ist[29]. Zum anderen ist eine gezielte Erweiterung jener Wissensbestände nötig, die als Objekte der Popularisierung in Frage kommen – wobei wir hier in pragmatischer Absicht unter Wissen das verstehen, „was in einer Gesellschaft als ‚Wissen' gilt, ohne Ansehen seiner absoluten Gültigkeit oder Ungültigkeit"[30]. In diesem Zusammenhang ist es übrigens auffällig, daß sich die frühesten Belege für „Popularität" nicht etwa, wie zu vermuten wäre, auf Gegenstände der Naturwissenschaft oder der Technik beziehen. Im 18. Jahrhundert verband sich der Begriff zunächst vielmehr mit Predigt, Popularphilosophie und schöngeistiger Literatur[31]. Auch von hier aus betritt dieser Band, indem er bewußt die Popularisierung kulturgeschichtlichen, religiösen und identitätsstiftenden, also nicht-epistemischen Wissens thematisiert, ein gewissermaßen altes, neues Terrain.

Wer solches Terrain erkundet, muß sich darüber im klaren sein, daß die Erforschung der Wissenspopularisierung im Schnittfeld verschiedener Disziplinen, der Wissenschafts- und Bildungsgeschichte etwa, der Gesellschafts- und Kulturgeschichte, aber auch der Soziologie und der Ethnologie stattfindet. Das macht den Reiz, freilich auch die besonderen Tücken dieses Themas aus. Nicht von ungefähr ist die Mehrzahl der hier versammelten Beiträge in einem kulturwissenschaftlichen Forschungskolleg entstanden, das ganz auf transdisziplinäre Zusammenarbeit ausgerichtet ist. Erst eine solche Zusammenarbeit – der vorliegende Band vereint Geschichtswissenschaft, Religions- und Kunstgeschichte, Soziologie und Ethnologie – kann die Umrisse der Popularisierung, ihre historische Bedeutung, ihre mediale Funktionsweise und ihre gesellschaftliche Relevanz, konturieren.

Von besonderem Interesse sind hierbei jene Modelle, die Popularisierungsprozesse auf Ursachen und Folgen sozialen Wandels beziehen. Gerade die ältere Forschung hat die Wissensverbreitung als Garant für eine Rationalisierung vieler Lebensbereiche gedeutet, die den

---

27 Diese treten nicht in den Blick bei Christine Brecht/Barbara Orland: Populäres Wissen. In: WerkstattGeschichte 8 (1999), H. 23, S. 4-12.

28 Margaret C. Jacob: The Church and the Formulation of the Newtonian World View. In: Journal of European Studies 1 (1971), S. 128-148. – Weitere Hinweise bei Schwarz: Schlüssel (wie Anm. 2), S. 90f.

29 Larry Stewart: The Rise of Public Science. Rhetoric, Technology, and Natural Philosophy in Newtonian Britain, 1660-1750. Cambridge, New York, Oakleigh 1992.

30 So Peter L. Berger/Thomas Luckmann: Die gesellschaftliche Konstruktion der Wirklichkeit. Frankfurt am Main 1980, S. 3.

31 Vgl. Daum: Wissenschaftspopularisierung (wie Anm. 2), S. 35.

Prozeß der Modernisierung und Demokratisierung zumindest begünstige[32]. Ein solches „Erfolgsmodell", das seine eigene Herkunft aus dem fortschrittsoptimistischen 19. Jahrhundert nicht verleugnen kann, nimmt dem Popularisierungsphänomen viel von seiner Komplexität. Weiterführend ist hingegen die These neuerer Arbeiten, daß gesellschaftliche Krisensituationen die Nachfrage nach popularisiertem Wissen erhöhen[33]. Ebendiesen Zusammenhang unterstreichen auch die vorliegenden Beiträge. Zwar reagiert popularisiertes Wissen zu allen Zeiten auf individuelle Bildungsbestrebungen, auf Unterhaltungsbedürfnisse und jene Neugier, die man als anthropologische Konstante betrachten mag. Die Notwendigkeit der Wissenspartizipation tritt allerdings in Momenten beschleunigten sozialen Wandels besonders dringlich hervor[34]. In ihnen erfüllt die Wissenspopularisierung ein existentielles Bedürfnis, indem sie Lösungen auf ungeklärte Fragen, Expertisen für komplexe Situationen, kurz: Routine in gesellschaftlichen Krisen verspricht. Ihre Folgen sind durchaus verschieden: Je nach historischem Kontext kann Popularisierung sowohl sozial stabilisierend als auch revolutionierend wirken; sie kann als Mittel der Sozialkontrolle fungieren, aber auch neue Kräfte freisetzen.

Will man das Phänomen in seiner ganzen Fülle in den Blick nehmen, bedarf es einer möglichst weiten Begriffsbestimmung, die weder bestimmte Wissensinhalte noch einzelne Medien oder gewisse gesellschaftliche Gruppen von vornherein ausschließt. In bewußter Reduktion ließe sich Popularisierung daher etwa als „transmission of intellectual products from the context of their production to other contexts"[35] definieren. Die Abgrenzung von anderen Formen der Wissenskommunikation ist bei einer so allgemein formulierten Definition freilich kaum mehr möglich. Ähnlich verhält es sich mit dem Vorschlag Andreas Daums, verstärkt den offeneren Begriff der „Präsentation" von Wissen zu verwenden[36] – in einem solch weiten, ja unspezifischen Terminus würde sich das Eigentliche des Popularisierungsgeschehens verlieren.

Worin aber liegt nun dieses Eigentliche? Der vorliegende Band beantwortet diese Frage, indem er einen Popularisierungsbegriff verwendet, der durch fünf Parameter gekennzeichnet ist: Zunächst (1) setzt jeder Popularisierungsprozeß, im Unterschied zu anderen Formen der Kommunikation, ein deutlich markiertes Wissensgefälle zwischen Produzenten und Rezipienten voraus, wobei (2) die Zahl der Produzenten stets kleiner ist als die Zahl der Rezipienten. Die Menge dieser Rezipienten muß zudem (3) eine gewisse Größe besitzen, die einen erkennbaren Bezug zum ‚populus' aufweist, jedoch auf die jeweilige historische Konstellation, also auf die Größe der Gesamtgesellschaft, auf ihre Kommunikationsnetze und medialen Ressourcen, zu beziehen ist. Sodann (4) vollzieht sich die Popularisierung im Regelfall intentional, das heißt sie folgt bestimmten Motiven der Wissensproduzenten oder -popularisatoren. Und schließlich (5) bedient sich die Popularisierung stets solcher Medien, die zumindest potentiell breitenwirksam sind und einen multiplizierenden Effekt haben.

32 Hierzu Schwarz: Schlüssel (wie Anm. 2), S. 45f.
33 Vgl. Volker Drehsen/Walter Sparn: Kulturkrise und Konstruktionsgeist. In: Dies. (Hrsg.): Vom Weltbildwandel zur Weltanschauungsanalyse. Krisenwahrnehmung und Krisenbewältigung um 1900. Berlin 1996, S. 11-29; Schwarz: Schlüssel (wie Anm. 2), passim.
34 Hierzu jetzt Johannes Fried/Johannes Süßmann (Hrsg.): Revolutionen des Wissens. Von der Steinzeit bis zur Moderne. München 2001.
35 So Whitley: Knowledge Producers (wie Anm. 5), S. 12.
36 Daum: Wissenschaftspopularisierung (wie Anm. 2), S. 28.

Dieses einfache Modell, das auf unterschiedlichste Epochen und Wissensbestände angewendet werden kann, liegt allen Beiträgen zugrunde. Sie thematisieren Aspekte einer Wissenspopularisierung, die das bekannte Paradigma der Wissenschaftspopularisierung bewußt verläßt. Sie zeigen dabei, daß Popularisierung stets mehr beinhaltet als einen schlichten Vereinfachungsvorgang, daß ihr Produkt stets mehr ist als ein bloßes Derivat des Ausgangswissens. Popularisierung ist nie „lediglich eine sprachliche oder anschaulich-methodische Vereinfachung und Präsentation komplizierter naturwissenschaftlicher Erkenntnisse"[37]. Sie verwandelt vielmehr Wissen, sie transformiert es und konstituiert es neu[38]. Daran ist zu erinnern, wenn etwa folgende Fragen behandelt werden: Welche Aufgabe hat die Popularisierung eines bestimmten Wissens jeweils zu erfüllen, welche Ziele verfolgt sie? Wie wird Wissenspopularisierung legitimiert, und an welche gesellschaftlichen Voraussetzungen ist sie gebunden? Welche Wissensarten eignen sich speziell zur Popularisierung, welche Epochen haben ein verstärktes Interesse an solchen Transformationsprozessen?

Diese Fragen sind nicht am grünen Tisch zu beantworten. Obgleich die Popularisierung nämlich eine Grunderscheinung unterschiedlichster Wissenskulturen bildet, ist ihre jeweilige Ausprägung und Bedeutung bislang allenfalls in Ansätzen untersucht und, wie gesagt, auf die publikumswirksame Vermittlung naturwissenschaftlicher Erkenntnisse im 19. und 20. Jahrhundert beschränkt worden. Diesem Sammelband geht es deshalb nicht nur darum, das zur Zeit vorherrschende Popularisierungsparadigma einer kritischen Überprüfung zu unterziehen, sondern es in zeitlicher wie thematischer Hinsicht zu verfeinern. Einzelne Beiträge bestätigen zwar, daß Popularisierungsprozesse gerade für das 19. Jahrhundert und den Aufstieg der Naturwissenschaften zur säkularen Deutungsmacht wesentlich sind. Andere Beiträge zeigen allerdings, daß das bürgerliche Zeitalter nicht ausschließlich ein solches naturwissenschaftliches Wissen breitenwirksamen Transformationsprozessen unterzog, sondern auch etwa kulturgeschichtliche oder theologische Wissensbestände in diese Prozesse integrierte. Wieder andere Aufsätze widerlegen die Vorstellung, Popularisierungsphänomene seien allein auf die Wissenskultur der Moderne zu begrenzen und auf die Verfügbarkeit bestimmter (Massen-)Medien zu beziehen.

Daß das Konzept der Wissenspopularisierung bei alledem kein methodologisches Allheilmittel darstellt, bedarf im Grunde keiner besonderen Erwähnung. Natürlich wird man selbst einen so weitgefaßten Popularisierungsbegriff, wie er soeben entfaltet worden ist, nicht wahllos durch die Epochen deklinieren dürfen. Schon der Versuch, etwa den modernen, aufklärerischen Öffentlichkeitsbegriff (der seinerseits ein durchaus eingeschränkter war) in andere Epochen, etwa diejenige des Mittelalters, zu implantieren, würde die Wirklichkeit zwangsläufig verzerren[39]. Bereits aus diesem Grunde wäre es eine wissenschaftliche Donquichotterie, wollte man das Auftreten einer idealtypischen Popularisierung in allen möglichen Räumen und Zeiten nachweisen. Popularisierung ist dem Verständnis dieses Sammelbandes nach denn auch kein normativer, wohl aber ein analytischer, nicht zuletzt

---

37 So jedoch Christian Hünemörder: Einführung zum Thema Popularisierung. In: Wolfschmidt (Hrsg.): Popularisierung (wie Anm. 24), S. 15-19, hier S. 15.
38 So bereits Whitley: Knowledge Producers (wie Anm. 5), S. 7.
39 Vgl. in diesem Zusammenhang etwa Werner Faulstich: Medien und Öffentlichkeiten im Mittelalter, 800-1400. Göttingen 1996 (= Die Geschichte der Medien, Bd. 2).

auch ein heuristischer Begriff. Er erschließt scheinbar bekannte Phänomene der Wissensdistribution neu, er wirft etwa ein anderes Licht auf Instruktion oder Propaganda, die als Spielarten der Popularisierung interpretiert werden können. Indem die folgenden Beiträge einen solchen Popularisierungsbegriff anwenden, erproben und belasten, gewinnt nicht nur der Begriff selbst an Profil, sondern auch der jeweilige Untersuchungsgegenstand.

Dieser gleichsam heuristische Nutzen spricht etwa aus *Sven Todes* Untersuchung zu Theodor Meißners Jubelschrift „Vom Heydentum der Danziger" von 1717. Tatsächlich ist es keineswegs selbstverständlich, Meißners Bemühungen für die Verbreitung des ‚wahren' Glaubens anläßlich des 200. Jahrestages der Reformation mit dem Etikett der „Popularisierung", einem Quellenbegriff zumal des 19. Jahrhunderts, zu versehen. Noch dazu waren die Reformatoren ja gerade mit dem Ziel angetreten, die Kluft zwischen Produzenten und Rezipienten theologischen Wissens – unabdingbare Voraussetzung jedes Popularisierungsvorgangs – zu überbrücken. Zumindest theoretisch. Praktisch behaupteten die Seelsorger, bedingt durch ihre Ausbildung, ihre priesterliche Funktion und die besondere Verantwortung für die Gemeinde, einen erheblichen Wissensvorsprung. Um den von der Reformation angestoßenen sozialen Wandel, um ganz konkret das Priestertum aller Gläubigen zu verwirklichen, war es unablässig, dieses Wissen – ein essentielles, alles einschließendes und bestimmendes Wissen von Gott und seiner Schöpfung – gezielt in den Gemeinden zu verbreiten. Denn das Wort Gottes bedarf, so es an alle Menschen ergeht, gewissermaßen kraft seiner Existenz bereits der weitmöglichsten Verbreitung, mithin der Popularisierung. Popularisiert wurden jedoch, wie Meißners „Heydentum der Danziger" zeigt, auch Wissensinhalte, die außerhalb des streng theologischen Kanons lagen: vor allem historische, dabei nicht allein kirchen- und reformationsgeschichtliche Wissensinhalte.

Auch dieses – unmittelbar von Gott her legitimierte – Wissen erschien freilich als *per se* gültig, als unhinterfragbar, ja als ganz und gar ‚wahr'. Ein solch ‚wahres' und ‚ewiges' Wissen, das im letzten die ‚Wahrheit' selbst ist, kennzeichnet – und das ist nun von höchster Bedeutung für die Forschung – verschiedenste Popularisierungsprozesse. Besonders auffällig ist dieses Merkmal verständlicherweise für das Gebiet der Religion, das der künftigen Popularisierungsforschung hervorragende Bedingungen bietet – nicht von ungefähr war die Jahrestagung der Deutschen Vereinigung für Religionsgeschichte im Jahre 2001 der „Popularisierung und Mediatisierung von Religion" gewidmet. Warum sich gerade die Religion als Untersuchungsfeld empfiehlt, dokumentiert der Beitrag von *Marcus Pyka*, der anhand christlicher und islamischer Häresiographien – einer bislang kaum erforschten Quellengattung – der Popularisierung ‚ewiger Wahrheiten' nachgeht. Denn die breitenwirksame Weitergabe von Wissen über Häretiker, erfolge sie in Schriften, Predigten, Reden oder Disputationen, dient nicht nur der Abwehr ‚falscher' Lehren, sondern auch der Prävention durch Aufklärung. Die Verketzerung der ‚Abtrünnigen' ermöglicht die Selbstvergewisserung der ‚rechtgläubigen' Gemeinschaft, schafft erst die eigene Identität. Und da es sich bei Religion um ein Massenphänomen handelt, nimmt die Verbreitung dieses aus eigener Anschauung gewonnenen, aus religiös-politischem Kalkül behaupteten und stets göttlich legitimierten Wissens beinahe von selbst Züge einer Popularisierung an. Für den Erfolg dieser Popularisierung – und dieser Befund gilt über den Einzelfall hinaus – ist dabei nicht entscheidend, ob das Wissen im strengen philosophischen Sinne wahr oder falsch ist, sondern ob es effizient verbreitet wird – und das heißt vor allem: ob es einen unbezweifelbaren Anspruch auf ‚Wahrheit' erhebt.

Ein sehr ähnliches Resultat präsentiert *Thomas Kailers* Untersuchung zu den Bedingungen von Wissenspopularisierung. Am Beispiel der Presseberichterstattung über den berüchtigten Haarmann-Fall 1924/25 zeigt er die Besonderheiten eines medialen Krisenphänomens auf, das im Spannungsfeld von Massenmedien, Wissenschaft (Psychiatrie, Kriminologie), „Volksstimmung" und Prozeßgeschehen steht. Dabei weist er nach, daß die von diesen Parametern geprägte „mediale Kriminalität" eine eigene Wirklichkeit erschafft, neues Wissen erzeugt, ja letzthin Wahrheit und Sinn vermittelt. Popularisierung – verstanden als Auswahl, Struktur und Form des zu verteilenden und des verteilten Wissens – erscheint in dieser Perspektive als Kommunikationsprozeß, in dem epistemisches und lebensweltliches Wissen in ein Verhältnis zueinander gestellt werden. Popularisierung erscheint jedoch auch – und das dürfte weitere Forschungen anregen – als „diskursives Ereignis" im Foucaultschen Sinne. Denn die Popularisierung, die als Mechanismus der Ein- und Ausschließung von Wissen funktioniert, schreibt am Ende das als Wissen fest, was akzeptabel und plausibel, was also ‚wahr' ist. Und weil das popularisierte Wissen ‚wahr' ist, wird es in der Folge zu ganz verschiedenen Zwecken instrumentalisiert. Anhand der Theorien Darwins, einem schon klassischen Gegenstand der Popularisierungsforschung, zeigt *Peter Tauber*, wie diese bereits populären ‚darwinistischen' Modelle – eklektisch rezipiert – von Turn- und Sportfunktionären der Jahrhundertwende wiederum popularisiert wurden, um mit solch (pseudo)wissenschaftlicher Autorität die Krise der Turnbewegung zu überwinden beziehungsweise die jungen Sportvereine der gesellschaftlichen Unterstützung zu empfehlen.

Das letzte Beispiel hat bereits den besonderen Zusammenhang zwischen Krisenphänomenen und Popularisierungsbemühungen unterstrichen. Und in der Tat verdient dieser Zusammenhang bei unserem systematischen Gang durch den Sammelband besondere Beachtung. Am Beispiel der Wissenschaftspopularisierung zeigt etwa *Angela Schwarz*, wie gerade in der zweiten Hälfte des 19. Jahrhunderts, das durch einen beschleunigten Wandel aller Lebensbereiche geprägt war, die Nachfrage nach einem objektiven und objektivierbaren, nach einem wertfreien und ‚wahren' Wissen wuchs. Denn nur ein Wissen ohne Verfallsdatum konnte das Bedürfnis nach Orientierung in einer zunehmend haltlosen Welt befriedigen. Im Kontext dieses Sammelbandes ist es dabei von besonderem Interesse, daß selbst bei der vergleichsweise gut erforschten *Wissenschafts*popularisierung des 19. Jahrhunderts immer auch andere Wissensformen – zum Beispiel Alltags- und Gebrauchswissen – im Spiel waren. Auch dies bestätigt die Relevanz des Konzepts der *Wissens*popularisierung.

Entsprechend interpretiert *Johanna Schrön* die Internationale Hygiene-Ausstellung in Dresden 1911 – angesichts von 5,5 Millionen Besuchern und einer besonders publikumswirksamen Inszenierung – als effektives Medium der Popularisierung, das Informationen über wissenschaftliche Erkenntnisse, aber eben auch ganz lebenspraktische, alltagsrelevante Anweisungen verbreitete. Die Ausstellung erfreute sich denn auch nicht zuletzt deshalb größter Beliebtheit, weil sie etwa mit ihrer Abteilung „Populäre Hygiene" das – im Bewußtsein vieler Zeitgenossen krisenhaft gestörte – Verhältnis zwischen Natur, Mensch und Gesellschaft zu ordnen und Individuum wie Nation „gesund" zu machen versprach – und zwar im vollen Sinne des Wortes.

Eine Krise im Verhältnis zwischen Mensch und Natur bildete auch den Ansatz für die Wissenspopularisierung durch die Reformbewegung, wie sie *Florentine Fritzen* für die 1950er Jahre untersucht. Vor dem Hintergrund der entstehenden Konsumgesellschaft der Adenauerzeit zeigt sie mittels einer eingehenden Analyse von Reform-Zeitschriften und öffentlichen Veranstaltungen wie den vielbesuchten Volksgesundheitswochen, warum viele Deutsche nach den Verheerungen des Krieges reformerische Themenkreise (Gesundheit, Ernährung, natürliche Heilmethoden oder Körperpflege) wiederentdeckten. Der Blick auf die Motive der Popularisatoren im Umkreis der bundesrepublikanischen Lebensreform lehrt zudem, daß Popularisierung hier nicht nur der Sinnstiftung in einer brüchigen, mit sich selbst überforderten Gesellschaft diente, sondern auch und entscheidend einem ökonomischen Interesse folgte.

Selbstredend ist es indes nicht bloß das medizinische, hygienische oder naturwissenschaftlich-technische Wissen, das in Krisenzeiten für Orientierung und Halt zu sorgen scheint. Im Falle von Georg Forsters Revolutionspropaganda war es, wie *Hendrik Hellersberg* nachweist, vor allem ein historisch-politisches, mitunter auch philosophisch fundiertes Wissen, das zur Behauptung der Mainzer Republik 1792/93 unter das Volk gebracht werden sollte. Indem Forster etwa maßgeblich die Geschicke der *Neuen Mainzer Zeitung* – vielleicht besser bekannt als *Der Volksfreund* – lenkte, unermüdlich Flugblätter produzierte, spezielle, leichtfaßliche Reden für die Landbevölkerung hielt und nicht zuletzt durch regelrechte Volksfeste den ‚Geist' der Revolution für alle erlebbar machen wollte, zielte er von Anfang an konsequent über die enge Öffentlichkeit des Mainzer Jakobinerklubs hinaus. In einer Zeit der Umbrüche, des scheinbar vollständigen Wechsels aller Dinge, popularisierte Forster so die Sache der Französischen Revolution in Stadt und Land. Und wenn er dabei besonderes Gewicht auf die Ausdeutung von Begriffen wie „liberté" und „égalité" legte, dann verbreitete Forster hierdurch letzthin ein Hintergrundwissen, daß die Umbrüche in der eigenen Umwelt verstehbar machen sollte.

Eine Krisenerfahrung, das Scheitern der Revolution von 1848, liegt auch der Einrichtung des Germanischen Nationalmuseums zugrunde, dessen Popularisierungsleistung von *Barbara Wolbring* thematisiert wird. Ihr Beitrag verdeutlicht, daß ein identitätsstiftendes Wissen wie die Idee der Nation beinahe zwangsläufig den Anspruch auf allgemeinverständliche und anschauliche Verbreitung erheben muß, wenn es sich überhaupt als wirkmächtig erweisen soll. Diesen Schluß legt jedenfalls die Geschichte des Germanischen Nationalmuseums nahe. Indem es in Nürnberg kulturhistorische und kunstgewerbliche Objekte eines Deutschen Reiches versammelte, das noch gar nicht existierte, popularisierte es, den älteren Gedanken der Kulturnation aufgreifend, nämlich eine Vorstellung von deutscher Einheit und Größe, die von einem beachtlichen Publikum – auch nach der kleindeutschen Lösung der deutschen Frage 1866/71 – rezipiert wurde.

Diese Idee der nationalen Einheit spielte (freilich in einer ganz anderen, sehr französischen Ausprägung) auch in der Galerie des Batailles von Louis-Philippes Historischem Museum in Versailles die entscheidende Rolle. Auch dieses Museum popularisierte, wie *Carsten Kretschmann* zeigt, ein Wissen um die Einheit der Nation, um ihre Begründung und Erhaltung. Und auch hier war es eine Krise – nämlich die Dauerkrise der französischen Julimonarchie, resultierend aus dem dynastischen Defizit Louis-Philippes und der Lagerspaltung der französischen Gesellschaft –, aus der das Museum seinen Auftrag bezog. Im Unterschied zum Germanischen Nationalmuseum versuchte die Galerie des Batailles diesen Auftrag jedoch nicht durch die Inszenierung von Artefakten zu erfüllen, sondern durch einen Zyklus breitformatiger Historienbilder, der die militärischen Großtaten Frankreichs von Chlodwigs Sieg bei Tolbiac bis zur Schlacht von Wagram vereinte.

Damit stehen wir – nach der Bedeutung von ‚Wahrheit' und Krise – bei einem dritten Aspekt, der viele der hier versammelten Beiträge beschäftigt und deshalb eine systematische Betrachtung verdient: der Frage nach den Methoden und Medien von Popularisierungsprozessen. Während sich die Forschung bislang vor allem mit ‚Printmedien' beschäftigt hat, setzt unser Sammelband einen deutlichen Akzent auf das Bild, das sich aufgrund seiner besonderen Anschaulichkeit, seiner unmittelbaren Wirkung und (jedenfalls in modernen Zeiten) technischen Reproduzierbarkeit vorzüglich als Medium der Popularisierung eignet.

Die kommunikative und psychologische Funktion des Bildes stellt der Beitrag von *Henning Pahl* heraus, der speziell religiöse Bilder, denen seit Gregor dem Großen eine besondere didaktische Aufgabe zugewiesen wurde, als Texte nonverbaler Kommunikation analysiert. Ausgehend von der Psychologie der religiösen Entwicklung des Menschen zeigt er das Bedürfnis nach einer bildhaften Darstellung der Glaubensinhalte auf. Indem er die Entstehung eines ‚religiösen Massenmarktes' im 19. Jahrhundert verfolgt und zugleich die technischen Neuerungen berücksichtigt, die den massenhaften und kostengünstigen Vertrieb von Drucken erlaubten, nimmt eine von Kirchen und Vereinen gesteuerte Popularisierung des Glaubenswissens Gestalt an. Dabei ist auffällig, daß nicht etwa die ästhetische Qualität des Bildes, sondern seine Eindeutigkeit für den Popularisierungserfolg von Bedeutung ist. Bildwirkung beruht vor allem auf Evokation, Bilddeutung setzt ein nicht unerhebliches Vorwissen voraus.

Um die ‚Lesbarkeit' vielschichtiger Bilder zu verbessern, gibt es verschiedene Strategien. Eine besonders wichtige besteht darin, die Bildaussage durch einen erläuternden Text zu präzisieren, eindeutig festzulegen. Dieser Strategie folgen jene Wandmalereien in spätmittelalterlichen Kirchen, die *Ruth Slenczka* vorstellt. Ihr Beitrag untersucht jene katechetischen Wandbilder, die am Vorabend der Reformation eine gebräuchliche Hilfe für das Erlernen von Texten bildeten, die für den persönlichen Glauben wie für die gemeindliche Praxis als grundlegend galten: das Credo als Fundament der Kirche, die Zehn Gebote als Richtschnur für das tägliche Leben, das Vaterunser als zentrales, alles einschließendes Gebet. Sozial- und mentalitätsgeschichtlich betrachtet, verweisen diese monumentalen, mit volkssprachigen Inschriften versehenen Wandmalereien – mnemotechnisch besonders effektive Kompositionen – zugleich auf die Folgen eines sozialen Wandels, der kaum zu unterschätzen ist: auf die Verbreitung des Deutschen als Schriftsprache, auf das Interesse der städtischen Bevölkerung an einer gediegenen Schulausbildung, auf die Verschriftlichung der Laienkultur, vor allem aber auf das gesteigerte Bedürfnis nach religiösem Wissen, wie es dann die Reformation zu erfüllen versprach.

Ungleich verschlüsselter ist hingegen jenes Wissen, das durch die zahlreichen mittelalterlichen Ecclesia- und Synagoga-Statuen popularisiert wurde. Während die Forschung diese Statuen bislang vorrangig als Personifikationen des ‚wahren' und ‚falschen' Glaubens interpretiert und sie in den Kontext von *concordia*- beziehungsweise *altercatio*-Idee eingeordnet hat, bezieht *Annette Weber* die Statuen, alle ästhetischen, im Grunde ‚unhistorischen' Wertungen des 19. Jahrhunderts überwindend, erstmals auf die Transsubstantiation als Höhepunkt der Meßliturgie. In dieser Perspektive erscheint die Opposition von Ecclesia und Synagoga dann nicht mehr (vorrangig) als Ausdruck eines latenten Antijudaismus' der mittelalterlichen Gesellschaft, sondern als Versinnbildlichung eines dunklen, aber zentralen Glaubensgeschehens: der Ablösung des Gesetzes durch die Gnade im Moment des Opfers. Nimmt man diese Deutung ernst, so fungierten Ecclesia- und Synagoga-Statuen in einer Zeit der Reorganisation des Glaubens als Medien, mit deren Hilfe eine für den gemeinen Gläubigen nur schwer verständliche Wahrheit: die heilbringende Bedeutung der Transsubstantiation veranschaulicht und popularisiert wurde.

Daß sich nicht allein die religiöse Popularisierung des Bildmediums bedient, liegt auf der Hand. *Nicole-Karen Hansel* zeigt denn auch, daß die an sich unpolitischen Bismarck-Zeichnungen Christian Wilhelm Allers durch die massenhafte Verbreitung von Alben und Nachdrucken aus ganz verschiedenen Gründen zu Medien der Bismarck-Popularisierung werden konnten: aus der diffusen Sehnsucht vieler Wilhelminer nach Bismarcks sicher lenkender Hand etwa, aus genau kalkulierten ökonomischen Interessen des beteiligten Verlages, nicht zuletzt aus dem Bestreben der Kanzlerfamilie, die Erinnerung an den Reichsgründer zu verklären – wobei sich die gewissermaßen amtlichen, staatstragenden Lenbach-Porträts und die eher privaten, ja intimen Allers-Zeichnungen durchaus komplementär zueinander verhielten und verschiedene ‚Marktsegmente' abdeckten.

Noch seltener als das Bild ist bislang die Rolle der Musik für die Popularisierung thematisiert worden. Für die *Contemporary Native American Music* belegt *Michael Schlottner* jetzt die immense Bedeutung von Tonträgern als Medien der Vermittlung eines spezifischen Wissens, das indianische Identität formen und stabilisieren soll. Anknüpfend an traditionelle Formen des Gesangs, wie sie Frances Densmore bereits 1918 in ihrer wegweisenden Studie „Teton Sioux Music" katalogisiert hat, existieren heute viele Songs, die – gezielt von indigen kontrollierten Radiostationen verbreitet – die Vorstellung einer indianischen Einheit propagieren.

So breit das Spektrum der Popularisierungsmedien ist (wobei über die genannten hinaus insbesondere an die performativen Künste, an Oper, Theater und Film, zu denken wäre), so vielschichtig sind die Methoden der Wissensaufbereitung. Daß Popularisierung gerade nicht darin besteht, komplexe Zusammenhänge bloß abzukürzen, sie zu simplifizieren, ist bereits angeklungen. Tatsächlich weist *Oliver Ramonat* am Beispiel der biblischen Schöpfungsgeschichte nach, daß etwa Petrus Comestor in seiner berühmten, im Mittelalter ungemein populären „Historia Scholastica", einem Handbuch der Bibelkommentare, den Genesis-Text gerade nicht bloß vereinfacht oder gar kürzt. Indem er nicht die Bibelstellen, sondern die Fülle ihrer Deutungsmöglichkeiten begrenzt, erscheint schließlich vielmehr Moses als Vereinfacher eines komplexen Zusammenhangs, der nur durch die (auf ihre Popularisierung hin angelegte) Ausdeutung durch Petrus Comestor restituiert werden kann.

Der genauen Methodik des Popularisierens geht der Beitrag von *Dagmar Stegmüller* nach, der Friedrich Christoph Schlossers neunzehnbändige „Weltgeschichte für das deutsche Volk" (1844-57) mit den Vorlagen, insbesondere Schlossers „Universalhistorische Uebersicht", seine „Weltgeschichte in zusammenhängender Erzählung" und die „Geschichte des achtzehnten Jahrhunderts", vergleicht. Als Charakteristika der populären Kompilation dieser großen, wissenschaftlichen Werke, die im wesentlichen Schlossers Schüler Georg Ludwig Kriegk besorgte, erweisen sich dabei etwa die Reduktion des Personals, die Streichung mancher Details, die Einfügung einer zentralen, alles überblickenden und entwickelnden Erzählinstanz, die Ausblendung des gesamten Forschungsprozesses, wiederum die Suggestion eines ‚ewigen' Wissens, schließlich auch manche Kürzung. Abstriche vom intellektuellen Niveau werden jedoch nicht gemacht. Popularisierung kennt keinen Intelligenzrabatt.

Genau das bestätigen auch die Überlegungen zur Popularisierung philosophischen Wissens im Hellenismus, die *Peter Scholz* am Beispiel der „Diatriben" des Kynikers Teles entfaltet. Denn diese „Diatriben", die die kynische Praxis literarisierten, sie nicht mehr der *jeunesse dorée* der städtischen Eliten exklusiv zugänglich machten, sondern auf ‚Markt und Gassen' zielten und so philosophisches Wissen popularisierten, traten durchaus nicht ohne Anspruch auf. Gewiß: Sie waren didaktisch aufbereitet, indem sie etwa ein Gespräch zwischen Philosoph und Laien fingierten, sie bedienten sich einer einfachen, schnörkellosen Sprache, sie wählten ihre Beispiele – der besseren Verständlichkeit halber – mit Vorliebe aus dem Alltagsleben, ja sie waren nicht denkbar ohne jenes persönliche Auftreten des Wanderpredigers, das – über den konkreten Fall hinaus – für viele Popularisierungsvorgänge von entscheidender Bedeutung ist. Aber sie nahmen bei alledem nie den Geruch des Billigen an. Das Wissen über sittliches Verhalten und moralisches Urteil, über Bedürfnislosigkeit und Affektfreiheit, die Popularisierung dieses Weges zum glücklichen Leben war nicht unter Preis zu haben.

Ebenso verhielt es sich schließlich mit den berühmten, 1844 veröffentlichten „Chemischen Briefen" Justus von Liebigs, deren Vorrede *Andreas Franzmann* einer gründlichen sequenziellen Analyse unterzieht. Sie verdeutlicht, daß Liebigs „Briefe", die das Bedürfnis nach einer genaueren Kenntnis der Gegenwart befriedigen möchten, das Bewußtsein für ebenjenes bürgerliche Bildungsideal bereits voraussetzen, das sie selbst miterrichten wollen. Hierin äußert sich eine Dynamik des Bildungsweges, die zugleich Klarheit in der Gegenwart und Empfänglichkeit für das Kommende verheißt. Ein so anspruchsvolles Konzept bedeutet freilich, daß – ganz im neuhumanistischen Sinne – keine nur passive Rezeption des Wissens möglich ist. Popularisierung geschieht nicht voraussetzungslos. Derjenige, der sich auf das revolutionäre Wissen der Chemie einläßt, vermehrt dann jedoch nicht allein seine geistigen Güter, sondern – und das ist keineswegs idealistisches Wunschdenken, sondern schlicht pragmatische Berechnung – auch die materiellen. Popularisierung umreißt so im letzten ein Programm zur Beförderung der öffentlichen Wohlfahrt.

Alle hier versammelten Beiträge plädieren für einen weitgefaßten Popularisierungsbegriff. Sie unterstützen die These, daß Popularisierung nicht in erster Linie ein bestimmtes Herrschaftswissen oktroyiert, daß sie mithin nicht hierarchisch strukturiert, sondern im Gegenteil als kommunikativer Prozeß organisiert ist. Bestätigen sie insofern die Ergebnisse speziell der angelsächsischen und der deutschen Forschung, so gehen sie doch zugleich über sie hinaus. Indem sie das Popularisierungsparadigma in zeitlicher wie thematischer Hinsicht ergänzen, entwerfen sie zugleich ein differenzierteres und reicheres Bild der Wirklichkeit. Des kommunikativen, dynamischen Charakters des Popularisierungsgeschehens wegen wird hier denn auch nicht nur der bekannte quantitative Aspekt der Wissenstransformation, etwa Auflagenhöhen und Besucherzahlen, thematisiert, sondern gerade auch ihr qualitatives Element: Popularisierung verteilt und verbreitet nicht nur Wissen, sie verändert den Status dieses popularisierten Wissens, sie erschafft unablässig neues Wissen. Deswegen trifft sie nicht zuletzt auch Aussagen über das allgemeinere Verhältnis von Wissenskultur und gesellschaftlichem Wandel.

Peter Scholz

Popularisierung philosophischen Wissens im Hellenismus – Das Beispiel der „Diatriben" des Kynikers Teles

I. Die äußere Entwicklung und die sozialen Rahmenbedingungen des „Philosophierens" im 3. Jh. v. Chr.

Es gehört zum Allgemeingut historischen Wissens, daß im Zeitalter des Hellenismus sich griechische Kultur und Erziehung, Lebens- und Wissensformen bis an die Ränder der damals bekannten Welt ausbreiteten[1]. Eines der eindrucksvollsten Zeugnisse in diesem Zusammenhang ist sicherlich die Reise des Klearchos von Soloi nach Ai-Khanoum: Der Schüler des Aristoteles hatte in Delphi, im weltberühmten Heiligtum Apolls, sorgfältig die über 100 Lebensregeln der ‚Sieben Weisen' notiert und sich dann auf die weite Reise nach Baktrien begeben, um der noch jungen, nur wenige Jahre zuvor gegründeten Stadt am Rande der damals bekannten Zivilisation eine Abschrift dieser Spruchsammlung und damit ein Stück griechischer Identität und Wissenskultur zu überbringen. Die außergewöhnliche Tat des Philosophen wurde dadurch gewürdigt, das man auf den Basisblock der langen Stele, auf der an drei Seiten die Sprüche aufgelistet und in Stein verewigt waren, ein Epigramm setzte, das von der Hilfe des Peripatetikers bei der kulturellen Selbstvergewisserung der griechischen Bürgerschaft erzählte[2].

Es verwundert nicht, daß es ein Peripatetiker war, der diese strapaziose Aufgabe auf sich nahm, denn es war das Verdienst des Aristoteles und seiner Schüler nach der platonischen Abkehr von der Politik wieder die Kluft zwischen philosophischer Theorie und politischer Wirklichkeit zu überwinden und ein unabhängiges, gegenüber der politischen Sphäre gänzlich emanzipiertes Selbstverständnis zu gewinnen. Aus dieser Neuausrichtung der Philosophie rührte die spezifische Praxisbezogenheit der peripatetischen Theorie sowie die Wieder-

1 Vgl. Carl Schneider: Kulturgeschichte des Hellenismus. Bd. I-II. München 1967/69; William Woodthorpe Tarn/Guy Thompson Griffith: Hellenistic Civilization. 3. Aufl. London 1952 [deutsche Ausgabe: Die Kultur der hellenistischen Welt. Darmstadt 1966]; Martin Persson Nilsson: Die hellenistische Schule. München 1955; Frank W. Walbank u.a. (Hrsg.): The Cambridge Ancient History: The Hellenistic World. 2. Aufl. VII/1. Cambridge 1984; Claire Préaux: Le monde hellénistique. La Grèce et l'Orient de la mort d'Alexandre à la conquête romaine de la Grèce (323-146 av. J.-C.) I/II. Paris 1978. Die antiken Autoren sind nach dem „Kleinen Pauly" abgekürzt: Konrat Ziegler/Walther Sontheimer: Der Kleine Pauly. Lexikon der Antike. Bd. I. München 1964, S. XXI-XXVI.

2 Zu dieser Unternehmung des Klearchos vgl. die umfassenden Bemerkungen von: Louis Robert: Les inscriptions (de Ai-Khanoum). In: Paul Bernard (Hrsg.): Fouilles d'Ai-Khanoum. Bd. I (Campagnes 1965/68). Paris 1973, S. 207-237. – Die überlieferten Spruchsammlungen der ‚Sieben Weisen' sind von Maria Tziatzi-Papagianni: Die Sprüche der sieben Weisen. Zwei byzantinische Sammlungen. Einleitung, Text, Testimonien und Kommentar. Stuttgart, Leipzig 1994 (= Beiträge zur Altertumskunde, Bd. 5) herausgegeben und kommentiert worden.

aufnahme der zuvor als unwissenschaftlich und moralisch indifferent herabgewürdigten Rhetorik in die philosophische Argumentationstheorie und moralische Persönlichkeitsbildung. Die nachfolgende Schülergeneration hielt an diesem Ansatz fest. Die Folge davon war, daß die Philosophen im Laufe des 3. Jh. v. Chr. ihre in der Etablierungsphase durchaus prekäre Außenseiterstellung verloren und die Philosophie als Fachwissenschaft mit ihren spezifischen Wissensinhalten und Argumentationstechniken zunehmend in die höhere Jugendbildung integriert wurde.

Bereits im 2. Jh. v. Chr. schloß das Erziehungsideal der *paideia* sowohl die physische wie auch die intellektuelle und charakterliche Bildung ein, wie besonders anschaulich eine Reihe von Inschriften aus dem hellenistischen Kleinasien zu zeigen vermögen. Es vermehrte das Prestige des einzelnen und wurde als elementare Voraussetzung für eine erfolgreiche politische Karriere angesehen, wenn jemand auf eine exklusive intellektuelle Ausbildung in einer der kulturellen Metropolen der griechischen Welt, „bei den besten Lehrern" in Rhetorik und Philosophie verweisen konnte, wie es sinnfällig in zwei Ehreninschriften formuliert ist[3]. Einige Beispiele, wie sich Mitglieder der städtischen Eliten, die Vertrauten von Königen und Herrschern und gar jene selbst sich stolz ihrer Bildung beziehungsweise philosophischer und rhetorischer Studien rühmten, sind uns bekannt[4]. Gleichwohl muß betont werden, daß die Etablierung philosophischer Bildung das traditionelle Ideal vom Bürger, der sich als Krieger, Politiker oder Finanzier stets für das Wohl der Gemeinschaft einsetzt, keinesfalls vollständig verdrängte, sondern vielmehr dieses im Zuge der fortschreitenden Literalisierung und Intellektualisierung der höheren Bildung um eine „geistige" Komponente erweitert und ergänzt wurde. Ihre auf dem aristokratischen Ideal der Einheit von sittlicher und körperlicher Schönheit zurückgehende Aufgeschlossenheit gegenüber der intellektuellen Artistik der Sophisten, Redner und Philosophen verdankt es sich, daß ein vorbildlicher Bürger sich nun *auch* durch seine intellektuellen Fähigkeiten und Kenntnisse auszeichnen konnte[5]. Diese neue Form des

---

3 Jeanne et Louis Robert: Claros. Bd. I. Paris 1989, S. 11ff. (Polemaios = SEG 39, 1243 Col. I, 16-28), S. 63ff. (Menippos = SEG 39, 1244 Col. I. 4-14); Gustav A. Lehmann: ‚Römischer Tod' in Kolophon/Klaros. Neue Quellen zum Status der ‚freien' Polisstaaten an der Westküste Kleinasiens im späten zweiten Jahrhundert v. Chr. Göttingen 1998 (= Nachrichten der Akademie der Wissenschaften Göttingen, Phil.-His. Kl. 1998, Bd. 3) mit einer deutschen Übersetzung der beiden Ehrendekrete.

4 Aus der literarischen Überlieferung seien hier nur einige besonders hervorstechende Beispiele aufgeführt (zum inschriftlichen Material vgl. Anm. 5): Der makedonische König Antigonos Gonatas „studierte" in Athen und traf dort mit vielen Philosophen zusammen: Diog. Laert. 7, 169 (Zenon); Plut. de vit. aere al. 7, 830 cd (Kleanthes); Diog. Laert. 4,39 (Arkesilaos). Er wohnte, sooft er in Athen war, dem Unterricht Zenons von Kition bei (Diog. Laert. 7,6), initiierte die posthume Ehrung des Stoikers in Athen und pflegte weitere vielfältige Kontakte zu Gelehrten. An seinem Hof hielten sich die Philosophen Persaios, dem später das Kommando über die Burg von Korinth übertragen wurde, und Philonides sowie der Dichter Aratos von Soloi auf. – Zu all diesen Personen vgl. Peter Scholz: Der Philosoph und die Politik. Die Ausbildung der philosophischen Lebensform und die Entwicklung des Verhältnisses von Philosophie und Politik im Athen des 4. und 3. Jh. v. Chr. Stuttgart 1998 (= Frankfurter Althistorische Beiträge, Bd. 2), S. 319-323. – Der achäische Stratege Philopoimen (253-183 v. Chr.) hörte philosophische Vorträge und las ethische Traktate: Plut. Philop. 4, 6-8. – Abantidas, Tyrann über Sikyon (264-252 v. Chr.), pflegte mit Philosophen und anderen Gelehrten öffentlich zu diskutieren: Plut. Arat. 3,4.

5 Vgl. Peter Scholz: Zur Bedeutung von Rede und Rhetorik in der hellenistischen Paideia und Politik. In: Christoph Neumeister/Wulf Raeck (Hrsg.): Rede und Redner. Bewertung und Darstellung in den antiken Kulturen (Kolloquium Frankfurt am Main 14.-16.10.1998). Möhnesee 2000,

Bürgerideals dokumentiert sich in einer Vielzahl von Quellengattungen, in anspielungsreichen, die Bildung (*paideia*) protzig hervorhebenden Grabepigrammen ebenso wie in aufwendigen Grabreliefs, die die Verstorbenen als gebildete Männer zeigen, die mittels verschiedener Bildungsattribute (vornehmlich Buchrollen, Himmelsgloben und ähnliches) auf ihre intellektuellen Ambitionen verweisen[6]. Bedingt durch die Kostspieligkeit eines mehrjährigen Aufenthalts an einem Studienort und insbesondere des rhetorischen und philosophischen Unterrichts wurde der Besitz der *paideia*, einer umfassenden körperlichen, geistigen und charakterlichen Erziehung, zum Merkmal der Zugehörigkeit zur städtischen Oberschicht und darin zugleich zum Instrument der Abgrenzung von der Masse der „ungebildeten" Bürger und von Angehörigen anderer ethnischer Gruppen[7].

Um das eigentümliche Gepräge, gleichsam die äußere Rahmung des griechischen Philosophierens deutlich hervortreten zu lassen, erscheint es sinnvoll, zunächst einige grundsätzliche Bemerkungen zu den institutionellen und sozialen Voraussetzungen des Philosophierens im 3. und 2. Jh. v. Chr. zu machen:

1. *Die „Öffentlichkeit" des Philosophierens:* Bereits im 5. Jh. v. Chr. standen in Athen und anderenorts zunächst die Vorträge und Kurse von wandernden Sophisten, Rhetoren und Gelehrten jeder Art unter der Beobachtung und Kontrolle der Bürgerschaften; dies galt vor allem für Philosophen, die ein Wanderleben ablehnten und statt dessen „Schulen" begründeten, also für all diejenigen, denen es gelang, über einen längeren Zeitraum hinaus ihre Anhänger zu regelmäßigen Zusammenkünften an einem festen öffentlichen Ort um sich zu scharen[8]. Sofern sie dafür Interesse aufbrachte, konnte die Öffentlichkeit jederzeit unmittelbar

---

S. 116ff. – Als exemplarischen Beleg vgl. etwa ein Dekret aus Aphrodisias zu Ehren des Artemon, Sohn des Andron, in dem neben den außergewöhnlichen moralischen Qualitäten auch die intellektuellen rühmend hervorgehoben werden: Théodore Reinach: In: Revue des Études Grecques 19 (1906), nr. 39 (S. 117f.).

6 Vgl. Stefan Schmidt: Hellenistische Grabreliefs. Typologische und chronologische Betrachtungen. Köln, Wien 1991, S. 127ff. – Mit der Ausbreitung des intellektualisierten *Paideia*-Ideals zumindest innerhalb der städtischen Honoratiorenschicht wird es zusammenhängen, daß seit dem 3. Jh. v. Chr. eine verstärkte Beschäftigung mit der Lokalgeschichte zu beobachten ist. Siehe hierzu die Überlegungen von Angelos Chaniotis: Historie und Historiker in den griechischen Inschriften. Stuttgart 1988, S. 368f. – Einige willkürlich herausgegriffene Beispiele für Grabreliefs: Ernst Pfuhl/Hans Möbius: Die ostgriechischen Grabreliefs. Mainz 1977/79, Nr. 70, 232, 569, 855 und 861. Hierzu zuletzt Paul Zanker: Brüche im Bürgerbild? Zur bürgerlichen Selbstdarstellung in den hellenistischen Städten. In: Michael Wörrle/Paul Zanker (Hrsg.): Stadtbild und Bürgerbild im Hellenismus. München 1995 (= Vestigia, Bd. 47), S. 255f.; Johanna Fabricius: Die hellenistischen Totenmahlreliefs. Grabrepräsentation und Wertvorstellungen in den ostgriechischen Städten. München 1999.

7 Marc Kleijwegt: Ancient Youth. The Ambiguity of Youth and the Absence of Adolescence in Greco-Roman Society. Amsterdam 1991, S. 84ff. – Zur sozialen Elite im Hellenismus Christian Habicht: Die herrschende Gesellschaft in den hellenistischen Monarchien. In: Vierteljahresschrift für Sozial- und Wirtschaftsgeschichte 45 (1958), S. 1-16; Friedemann Quaß: Die Honoratiorenschicht in den Städten des griechischen Ostens. Untersuchungen zur politischen und sozialen Entwicklung in hellenistischer und römischer Zeit. Stuttgart 1993. In den beiden letztgenannten Untersuchungen wird freilich die Funktion und Bedeutung intellektueller Bildung im Rahmen der Erziehung der städtischen und höfischen Eliten nicht erörtert.

8 Eine Ausnahme bildeten die Epikureer, die im Gegensatz zu allen anderen Schulen nicht den öffentlichen Raum der Gymnasien nutzten, sondern auf privaten Grundstücken ihre Zusammenkünfte organisierten und so als einzige philosophische Schule das „Philosophieren" von vornher-

Anteil an den Vorträgen, Diskussionen und Übungen der Philosophen nehmen, da diese nicht an weltabgewandten Orten, sondern in der Regel auf dem Territorium der örtlichen Gymnasien, in öffentlichen Institutionen am Rande oder auch in der Mitte der Städte, lehrten. Eine strikte Trennung zwischen den Institutionen, die Wissen erzeugten und vermittelten, und der Öffentlichkeit gab es nicht. Im Gegenteil: Die Begegnung mit reichen Bürgerssöhnen und weither gereisten jungen Männern war durchaus intendiert. Zusammen mit anderen Philosophen, Rhetoren und Sophisten buhlte man um die Gunst dieses gymnasialen Publikums, das sich überwiegend aus männlichen Jugendlichen und jungen Bürgern bis etwa 30 Jahre zusammensetzte. Natürlich kam es dabei auch zu Auseinandersetzungen zwischen den miteinander konkurrierenden Vermittlern intellektueller Bildung oder auch dieser mit den Vorstehern der städtischen Institutionen, den Gymnasiarchen, sofern in der Öffentlichkeit gotteslästerliche Reden vorgetragen wurden und offensichtlich gezielt gegen die „guten" Sitten verstoßen wurde[9]. Jedenfalls erwuchs aus diesen in der Öffentlichkeit ausgetragenen Disputen und Debatten letztlich die institutionelle Philosophie.

2. *Die ökonomische Abhängigkeit der Philosophen von einem öffentlichen Publikum:* War die Popularisierung philosophischer Wissensinhalte schon dadurch gewissermaßen vorgegeben, weil diese an zentralen Orten der traditionellen körperlichen und militärischen Erziehung vermittelt wurden, so zusätzlich dadurch, daß viele der „Weisheitslehrer", Rhetoren und Philosophen, ihren Unterhalt durch Vorträge und Kurse bestreiten mußten[10]. Die Wanderlehrer hatten so zwangsläufig ein manifestes Interesse daran, ihr Wissen nicht nur einem kleinen, exklusiven Zuhörerkreis zugänglich zu machen, sondern dieses prinzipiell an „jedermann" weiterzugeben, es also im wahrsten Sinne des Wortes zu „ver-öffentlichen". Durch die Auftritte vor einem großen Publikum in den Gymnasien vermochten sie den Bekanntheitsgrad ihrer Person und ihres Denkens und so auch die Zahl ihrer Anhänger beziehungsweise Schüler und Geldgeber rasch zu erhöhen.

3. *Die Bürger als Adressaten der Philosophen:* Die interne Entwicklung der Philosophenschulen führte dazu, daß sich rasch zwei Arten von Schülern ausbildeten, zum einen diejenigen, die sich dazu entschlossen, die Philosophie als lebenslange Profession zu betreiben (nach aristotelischer Terminologie *βίος θεωρητικός*), zum anderen diejenigen, die ihre

---

ein gewissermaßen „privatisierten". Hierin manifestierte sich ihre Forderung nach der Autonomie der philosophischen Sphäre. Vgl. Scholz: Philosoph (wie Anm. 4), S. 23f. und 301-314.

9 Zu diesen Rahmenbedingungen des „Philosophierens" ausführlich ebd., S. 14-71.

10 Vgl. etwa die aufschlußreiche Anekdote, die Aristippos (in seinen „Chrien") über seine Lehrtätigkeit im Gymnasion von Rhodos erzählte (Vitr. 6 pr. 1 = Aristippos F IVa Giannantoni): Der große finanzielle Gewinn, den er aus seinen Vorträgen und Kursen zog, veranlaßte ihn zu der Bemerkung, daß der Weise sein Kapital mit sich trage und von den Zinsen seiner Bildung jederzeit und an jedem Ort leben könne. Vgl. Teles II 6, 11-14 H (... *καὶ σὺ μὲν εὔπορος γενόμενος δίδως ἐλευθερίως, ἐγὼ δὲ λαμβάνω εὐθαρσῶς παρὰ σοῦ οὐχ ὑποπίπτων οὐδὲ ἀγεννίζων ουδὲ μεμψιμοιρῶν* [Übersetzung s. Anm. 35]), wo der Autor offenkundig auf seine Bezahlung für seine Lehrtätigkeit anspielt. Die Abhängigkeit von dieser „Lohnarbeit" bzw. die Annahme von Geldgeschenken ist seiner Ansicht nach freilich kein Grund, sich den Schülern in besonderer Weise verpflichtet zu fühlen. Bion von Borysthenes, an den Teles in vielerlei Hinsicht anschloß, führte bekanntermaßen ein Leben als Wandergelehrter (Diog. Laert. 4,53f.), was ihm bei den Biographen den Ruf eintrug, ein Sophist zu sein (Diog. Laert. 4,47; Plut. adv. Col. 1126a; Stob. 3,38,50). Dem entsprach, daß er seinen Schülern Honorare für seinen Unterricht abverlangte (Stob. 2,31,97). Nur wenige Angaben zu der Höhe der Unterrichtslöhne liegen vor, siehe die Zusammenstellung bei Scholz: Philosoph (wie Anm. 4), S. 380.

Bildungsambitionen durch die Teilnahme an den Vorlesungen und Übungen lediglich zu vervollständigen trachteten. Letztere Klientel wandte sich zumeist nach einer Studienzeit von einigen Jahren wieder „dem praktischen Leben" (in philosophischer Terminologie *βίος πρακτικός/πολιτικός*) zu und übte nach ihrer Rückkehr in den Heimatstädten eine politische und soziale Führungsrolle aus – oft in der Nachfolge ihrer Väter als Amtsträger und Euergeten[11]. Faktisch war der Zugang zu den philosophischen Wissensinhalten zwar in der Regel auf die wohlhabenden und vornehmen Bürgerssöhne beschränkt, gleichwohl war dieser durch den Umstand, daß die Zusammenkünfte in öffentlichen Institutionen, auf den Marktplätzen, in den Heiligtümern, Theatern, Odeien und Gymnasien, stattfanden, ärmeren Bürgerssöhnen nie grundsätzlich verschlossen. Zumindest ein Teil der Masse der Bürger kam infolge der Bildungseuphorie der städtischen Oberschicht mit intellektueller Bildung in Berührung und ließ den Wunsch nach stärkerer Teilhabe an den intellektuellen Gütern aufkommen, so daß durchaus von einer sozialen Verbreiterung der „Wissensliebhaber" in hellenistischer Zeit die Rede sein kann[12]. Neben des Konzepts der Philosophie als eigenständige Lebensform etablierte sich so im Laufe des 3. Jh. v. Chr. das der philosophischen (Fachaus-) Bildung[13].

4. *Die Interessen des städtischen Publikums:* Die zuletzt genannte Gruppe von Schülern, man kann sie auch den exoterischen Hörerkreis nennen, war naturgemäß weniger an philosophischer Theorie als vielmehr an charakterlicher und rhetorischer Ausbildung interessiert: Dieser Kreis sekundärer Hörer, bei denen die hellenistischen Biographen sich nicht die Mü-

---

11 Der esoterische und exoterische Schülerkreis ist prosopographisch besonders gut für die frühe Akademie faßbar. Vgl. Kai Trampedach: Platon, die Akademie und die zeitgenössische Politik. Stuttgart 1994 (= Historia Einzelschriften, Bd. 66), S. 146, der zwischen einem inneren Kreis von Platonschülern, den „eigentlichen Philosophen" (etwa Aristoteles, Eudoxos, Menedemos, Speusippos und Xenokrates) und „Akademikern zweiten Grades" bzw. „jungen Männern aus wohlhabenden Familien" (etwa Klearchos von Herakleia, Phokion, Leon von Byzantion, Python und Herakleides von Ainos, Dion) unterscheidet.

12 Das wird besonders anschaulich in einem Dekret aus Samos, in dem der Peripatetiker Epikrates von Herakleia (200 v. Chr.) von der samischen Bürgerschaft für seine philosophische Tätigkeit mit der Verleihung des Bürgerrechts geehrt wird. In den Zeilen 10-22 des Beschlusses (Inscriptiones Graecae XII 6,1 nr. 128) heißt es: „Epikrates, der Sohn des Demetrios aus Herakleia, ein Peripatetiker, hat sich seit längerer Zeit in unserer Stadt aufgehalten und aufgrund seines Unterrichts in vielerlei Hinsicht den jungen Männern als Wohltäter gezeigt, indem er sich gefällig erweisen wollte, sowohl im privaten Umgang den hier Ankommenden unter seinen Schulgenossen als auch öffentlich dem Volk, indem er ihm in reichem Maße Zugang zu der Bildung in seinem Sinne gewährte, indem er nämlich alle Bürger, die es wollten, ausgiebig an seinem Unterricht teilhaben ließ und diejenigen unter den Bürgern kostenlos unterrichtete, die nicht in der Lage waren, das von ihm festgesetzte Unterrichtsgeld zu zahlen". Das samische Dekret hat erhebliche Bedeutung für die Geschichte der höheren intellektuellen Bildung, insofern es der früheste Beleg für die öffentliche Ehrung eines Philosophen aufgrund der Ausübung seiner Profession ist. Es markiert so den *terminus ante quem* für die soziale Etablierung philosophischen Wissens als allgemeines Bildungsgut. Siehe hierzu ausführlicher die diesbezüglichen Bemerkungen meines in Kürze erscheinenden Beitrags: Peripatetic philosophers as wandering scholars. Some historical remarks about the socio-political conditions of philosophizing in the third century B.C. In: William W. Fortenbaugh/Stephen White (Hrsg.): Lyco of Troas and Hieronymus of Rhodes. New Brunswick, London 2003 (= Rutgers University Studies in Classical Humanities, Bd. 12).

13 Zu dieser Entwicklung der Philosophie zu einer Fachwissenschaft Scholz: Philosoph (wie Anm. 4), S. 372-375; Albrecht Dihle: Philosophie als Lebenskunst. Opladen 1990.

he machten, sie begrifflich wie sachlich von Schülern der Philosophen im engeren Sinne zu unterscheiden, erwartete vor allem, daß die Philosophen ihnen zum einen eine *ars vitae* (*τέχνη περὶ τὸν βίον*), zum anderen eine praktisch verwertbare Gelehrsamkeit sowie Diskurse und Techniken vermittelten, die ihnen bei Gesandtschaften, bei Auftritten vor dem Rat, vor Gericht und vor dem Volk geschichtliches Wissen, Argumente und sonstige Hilfestellungen an die Hand gaben, die ihnen also grundsätzlich bei der Ausübung ihrer politischen Geschäfte von Nutzen waren[14]. Darüber hinaus sind als weiteres gewichtiges Motiv für die Aufnahme eines philosophischen Studiums fern der Heimat, in den hellenistischen Bildungsmetropolen, Athen und Rhodos, die enormen sozialen Distinktions- und Aufstiegsmöglichkeiten zu nennen, die sich für philosophisch gebildete Personen im Hellenismus ergaben[15]. Diese „Schüler im weiteren Sinne", zu denen auch die vielen römischen Bildungstouristen des späten 2. und 1. Jh. v. Chr. zählten, hatten daher ein sehr beschränktes Interesse an philosophischer Theorie, der zumeist die Funktion zukam, die eigene Bildung lediglich zu „vollenden"[16]: Intellektuelle Debatten um Definitionen und theoretische Begründungen ethischer Praxis erregten nicht das Interesse dieses Publikums, vielmehr der Erwerb fester Wertmaßstäbe, die es erlaubten, im praktischen Leben ethisch rechtes Verhalten zu praktizieren und zu bewerten.

5. *Das Wanderleben der Vermittler intellektuellen Wissens*: Die durch die dürftige und zudem einseitige Quellenlage bedingte Fixierung der modernen Forschung auf die in Athen in mehreren Schulen betriebene institutionalisierte Philosophie sowie auf die alexandrinische Gelehrsamkeit, die im Museion mitsamt der zugehörigen Bibliothek begründet wurde, läßt leicht vergessen, daß diese Art von Seßhaftwerdung durchaus nicht den Normalfall der gelehrten und insbesondere der philosophischen Existenz darstellte und letztlich nur wenigen Vertretern der verschiedenen Wissensdisziplinen zu praktizieren möglich war. Im allgemeinen waren die Vermittler intellektueller Bildung, welcher Art auch immer, Wandergelehrte[17]. Ihre Vorträge, zumeist öffentliche Darbietungen (*performances*) der besonderen Kunst der jeweiligen Wissensvermittler, führten sie durch die gesamte griechische Welt, zu den Rän-

---

14 Für den Peripatos ist in diesem Zusammenhang beispielhaft auf die schillernde Figur des Demetrios von Phaleron zu verweisen, der sich nach seinem philosophischen Studium bei Aristoteles und Theophrast einen Namen als Redner und Verfasser historisch-politischer Schriften machte und, von Kassander als „Statthalter" eingesetzt, zehn Jahre (317-307 v. Chr.) über Athen herrschte. Zu seiner Person: Christian Habicht: Athen. Die Geschichte der Stadt in hellenistischer Zeit. München 1995, S. 62-75; William W. Fortenbaugh/Eckart Schütrumpf (Hrsg.): Demetrius of Phalerum. Text, Translation and Discussion. New Brunswick, London 2000 (= Rutgers University Studies in Classical Humanities, Bd. 9).

15 Zur Bedeutung der in einem philosophisch-rhetorischen Studium angeeigneten, gebildeten Sprache und Rede: Diod. 1,2,5f.

16 S. etwa die Formulierung im Dekret zu Ehren des Polemaios von Kolophon (Robert, Claros I [wie Anm. 3]), S. 11 Z. 16-24: „Da er nicht nur die Zierde, die von der körperlichen Leistung herrührt, für das Leben und die Vaterstadt für gut und schön erachtete, sondern auch die Auszeichnung, die aus der Leitung und Fürsorge um das Allgemeinwohl durch Rede und politisches Handeln erwächst, begab er sich in die Stadt der Rhodier und besuchte dort die besten Lehrer".

17 Vgl. Scholz: Wandering scholars (wie Anm. 12); Chaniotis: Historie (wie Anm. 6), S. 365 bis 382; H. Bouvier: Hommes de lettres dans les inscriptions delphiques. In: Zeitschrift für Papyrologie und Epigraphik 58 (1985), S. 119-135; Margherita Guarducci: Poeti vaganti e conferenzieri dell' età ellenistica. In: Memorie della Classe di Scienze morali, storiche e filologiche dell'Accademia dei Lincei 6/2 (1927/29), S. 627-665.

dern wie ins Herz der Oikumene, in Städte mit eher regionaler Bedeutung (wie etwa Samos, Lampsakos, Kolophon, Milet), vorzugsweise aber in die großen See- und Handelsstädten – an erster Stelle sind hier Athen und Rhodos zu nennen – sowie in Heiligtümer mit überregionaler Bedeutung (zum Beispiel Delphi, Delos, Olympia). Die Vorteile, große Städte und Heiligtümer aufzusuchen, um dort die eigenen intellektuellen Fähigkeiten und Kenntnisse unter Beweis zu stellen, liegen auf der Hand: Je größer die Stadt war, um so mehr erweiterte sich angesichts der Vielzahl der hellenistischen Reisenden der Kreis der potentiellen Zuhörer – Personen, die in den Gymnasien und Palästren nach intellektueller Unterrichtung und Unterhaltung suchten und sich für gelehrte historische Vorträge, Darbietung von Epen und Dichtungen, philosophischer Erörterungen und rhetorischer Musterreden interessierten[18]. Damit war für die Gelehrten zudem die Möglichkeit verbunden, private Einladungen in den Häusern reicher Honoratioren in den Städten zu erhalten, von denen zumindest einige ihren herausgehobenen sozialen Status gerne durch die ostentative Förderung und das Wohlwollen gegenüber jeglicher Art von intellektueller Bildung nach außen hin dokumentierten[19]. Die genannten Städte fungierten dabei nicht nur als Drehscheiben des Handels, sondern auch des intellektuellen Gedankenaustauschs[20]. Provozierende Thesen wie originelle Ideen, aber auch Spott und Hohn für die Eigenarten des philosophischen Lebens kamen hier rasch in Umlauf und fanden ihren Weg in die gesamte griechische Welt. Hier traf man auf andere Gelehrte, fand leicht neue Zuhörer und Anhänger und nur hier waren die Rahmenbedingungen vorhanden, um Schüler gegebenenfalls langfristig an sich zu binden und zu einem philosophischen Leben zu bekehren.

6. *Die geringe soziale Diffundierung philosophischer Bildung „nach unten"*: Die Vermittlung intellektueller Bildung wurde von seiten der Bürgerschaften nur in wenigen Ausnahmefällen im Rahmen der allgemeinen Erziehung durch private Schulstiftungen und öffentliche Mittel nachhaltig gefördert, was Institutionen und Lehrpersonal betrifft[21]. Das bedeutete: die Zahl der Historiker, Grammatiker, Rhetoren, Philosophen und sonstigen Gelehrten in den Gymnasien zu Vortrags- und Unterrichtszwecken blieb ebenso wie die Zahl der ortsansässigen Elementarlehrer vergleichsweise gering und war vom Bildungseifer und von der Initiative der Gymnasiarchen abhängig. Des weiteren waren öffentliche Bibliotheken noch weitgehend unbekannt: Von Athen abgesehen, sind, was das 4. und 3. Jh. v. Chr. be-

18 Zu den Reisezielen wandernder Historiker vgl. Chaniotis: Historie (wie Anm. 6), S. 378f.
19 Einige Beispiele hierzu finden sich in Platons Dialogen: Der Sophist Protagoras etwa las im Haus des Megakleides, Hippias im Lehrraum des Pheidostratos (Plat. Hipp. mai. 286a). Das berühmteste diesbezügliche Beispiel, der Auftritt des Protagoras mit seinen Schülern im Haus des Kallias, ist zugleich der aufschlußreichste: Plat. Protag. 314c-315e.
20 Vgl. Hans-Joachim Gehrke: Jenseits von Athen und Sparta. Das Dritte Griechenland und seine Staatenwelt. München 1986, S. 93, der am Beispiel Milets im 6. Jh. v. Chr. aufzeigt, wie der Seehandel, die damit verbundene allgemeine Prosperität und eine entsprechend aufgeschlossene Haltung gegenüber allem Fremden einen günstigen Nährboden für intellektuelles Leben schufen.
21 Hierzu ausführlich William V. Harris: Ancient Literacy. Cambridge/Mass., London 1989, S. 116ff.; Klaus Bringmann: Rhodos als Bildungszentrum der hellenistischen Welt. In: Neue Beiträge zur Griech. Geschichte. Festschr. für Chr. Habicht zum 80. Geburtstag, S. 6-9; Peter Scholz: Elementarunterricht und intellektuelle Bildung im hellenistischen Gymnasion. In: Daniel Kah/Peter Scholz (Hrsg.): Das hellenistische Gymnasion. Frankfurt am Main [vorauss. 2003].

trifft, keine allgemein zugänglichen Sammlungen von Buchrollen bezeugt[22] – die Schulung des Intellekts und der Erwerb philosophisch-rhetorischen Wissens war nach wie vor eine weitgehend exklusive Privatangelegenheit der vermögenden Bürger.

II. Die Fragmente der „Diatriben" des Teles

Soweit mag die Skizze der äußeren Entwicklung der Philosophie und der sozialen Rahmenbedingungen des „Philosophierens" im 3. Jh. v. Chr. genügen: Sie sollte helfen zu verdeutlichen, aus welchen Rahmenbedingungen die Popularphilosophie hervorging beziehungsweise in welche Lücke sie vorstieß.

Für die hellenistische Zeit stehen nur wenige Texte zur Verfügung, die uns überhaupt eine konkrete Anschauung von der damaligen Popularphilosophie zu vermitteln vermögen. Zu diesen wenigen Beispielen zählen die Fragmente von acht sogenannten „Diatriben"[23], in denen der kynische Wanderprediger Teles zum tugendhaften Leben aufruft. Sie sind in das Jahrzehnt zwischen 240 und 230 v. Chr. zu datieren[24]. Teles lebte, wie der Text vermuten läßt, in Megara[25] und scheint einige Zeit seines Lebens zuvor in Athen verbracht zu haben,

22 Erst im 2. Jh. v. Chr. wurden öffentliche Bibliotheken in die Gymnasien integriert. Bezeugt sind solche bislang für Pergamon, Rhodos, Kos, Athen und Tauromenion. Hierzu jüngst Klaus Bringmann: Rhodos (wie Anm. 21), S. 8f.; Scholz: Elementarunterricht (wie Anm. 21). – Ein Corpus der Bibliotheksinschriften wird zur Zeit zusammen mit den Testimonia und einem Kommentar von meinem Kollegen Daniel Kah, wie der Verfasser wissenschaftlicher Mitarbeiter am Frankfurter Forschungskolleg „Wissenskultur und gesellschaftlicher Wandel", vorbereitet.

23 Darunter sind öffentliche Vorträge von Wanderlehrern zu verstehen, die ethische Probleme des Alltagslebens behandeln. Zu den Schwierigkeiten, die die Abgrenzung der Gattung bereitet. Vgl. etwa die Diskussion zwischen H. D. Jocelyn: Diatribes and Sermons. In: Liverpool Classical Monthly 7 (1982), S. 3-7, und Hans B. Gottschalk: Diatribe again. In: Ebd., S. 91f. – Einen Überblick über die Entstehung und Formen der Diatribe geben: Wilhelm Capelle/Henri-Irénée Marrou: s.v. Diatribe. In: Reallexikon für Antike und Christentum, Sp. 990-1009; Dirk M. Schenkeveld: Philosphical Prose. In: Stanley S. Porter: Handbook of Classical Rhetoric in the Hellenistic Period, 330 B.C.–A.D. 400. Leiden, New York, Köln 1997, S. 230-236.

24 Hierzu ausführlich Edward O'Neil: Teles. The Cynic Teacher, edited and tranlated. Missoula Mont. 1977 (= Society of Biblical Literature: Texts and translations 11, Graeco-Roman religion series 3], S. xif. (im Anschluß an Johann Gustav Droysen: Geschichte des Hellenismus. Bd. III/1. Tübingen 1953, S. 407); Anneliese Modrze: s.v. Teles (Nr. 2). In: RE V A 1 (1934), Sp. 381, dem sich Christian Habicht: Der Kyniker Teles und die Reform der athenischen Ephebie. In: Zeitschrift für Papyrologie und Epigraphik 93 (1992), S. 47ff. u.a. anschließen. – Anders jedoch neuerdings Pedro P. Fuentes Gonzalez: Les diatribes de Télès. Introduction, texte revu, traduction et commentaire des fragments (avec une traduction espagnole). Paris 1998 (= Histoire des doctrines de l'antiquité classique, Bd. 23), S. 35f. Es ist dessen Verdienst, daß die Deutung der Texte des Teles nicht länger von der Suche nach seinen Vorlagen beziehungsweise Quellenautoren bestimmt ist und hierdurch etwa deren pädagogische Zielsetzung und Kontext deutlich geworden sind. Bei ihm findet sich auch eine nahezu erschöpfende Bibliographie zu Teles: Ebd., S. 551-566.

25 III 23 H ist die Rede von einem Lykinos, der als italischer Verbannter Karriere unter Antigonos Gonatas machte und das Kommando über eine makedonische Garnison παϱ' ἡμῖν führte. Antigonos belegte drei Städte, Athen, Megara und Korinth mit Garnisonen. Es spricht am meisten für Megara, da in den beiden anderen Städten größere Truppen lagen. Für die Argumente der Zuweisung vgl. O'Neil: The Cynic Teles (wie Anm. 24), S. xiif.

wenn er nicht sogar von dort stammte und bereits vor dem Chremonideischen Krieg (267 bis 262 v. Chr.) aus der Stadt verbannt worden war[26]. In dieser Zeit mag er begonnen haben, ein Leben als Wanderprediger zu führen[27]. Ein Teil seiner Texte ist uns durch die Florilegiensammlung des Johannes von Stoboi (Stobaios) überliefert, der die acht Auszüge nicht aus unmittelbarer Lektüre der Schriften des Kynikers zusammenstellte, sondern diese wiederum einer älteren Epitome eines gewissen, nur namentlich bekannten und nicht näher datierbaren Theodoros entnahm[28]. Um zumindest einen ungefähren Eindruck vom Inhalt der Erörterungen des Teles zu vermitteln, seien diese hier, konzentriert auf die Grundlinien der Argumentation, vorgestellt, zumal eine deutsche Übersetzung sämtlicher Fragmente bislang fehlt[29]:

1. In dem kurzen Text über „Schein und Sein" (*Περὶ τοῦ δοκεῖν καὶ τοῦ εἶναι*: Fr. I 3-4 H) widerlegt Teles die Ansicht, daß es besser beziehungsweise vorteilhafter sei, den Anschein zu erwecken, sich sittlich gut und gerecht zu verhalten, als tatsächlich gerecht zu handeln. Er beweist dies mittels des Analogieschlusses zu Schauspielern und Musikern, die Anerkennung als Künstler nur dann fänden, wenn sie ihre jeweilige Kunst sicher beherrschten und dies nicht nur vorgäben. Am Beispiel „gespielter" Tapferkeit zeigt er die fatalen Konsequenzen vorgetäuschter Fähigkeiten und Tugenden auf: Unweigerlich seien sie im Kriegsfall besonderen Gefahren ausgesetzt. Es würden ihnen besonders schwierige Aufträge aufgebürdet, und wenn sie einmal in Kriegsgefangenschaft geraten sollten, müßten sie besonders schlimme Folterungen erleiden. Mit anderen Worten: Schon aus wohlkalkuliertem Eigenin-

26 Vgl. hierzu Teles, rel. 21, 1ff., was schwerlich ein Bürger in Athen hätte behaupten können, nur ein Megarer in seiner Heimatstadt. Das im Text erwähnte Thesmophorion sowie das Heiligtum des Enyalios sind glücklicherweise durch Pausanias für Megara sicher bezeugt: Paus. 1, 17, 4f.; 1, 46, 6.

27 IV A 39, 8 - 40, 2 H verbietet es freilich, die Bemerkung in III 24, 1-2 H wörtlich zu verstehen und in Teles schlichtweg nicht mehr als einen im Gymnasion von Megara lehrenden Pädagogen zu sehen. Was Ulrich von Wilamowitz-Moellendorff: Antigonos von Karystos. Berlin 1881 (= Philologische Untersuchungen, Bd. 4), S. 307, nur in Erwägung zieht, erklärt Thomas Schmeller: Paulus und die Diatribe. Münster 1987 (= Neutestamentliche Abhandlungen, Bd. 19), S. 48, für wahrscheinlich; vgl. auch O'Neil: Teles (wie Anm. 24), S. XV.

28 Zur Bearbeitung der Texte des Teles siehe den kurzen Überblick bei Pedro P. Fuentes Gonzalez: Teles Reconsidered. In: Mnemosyne 51 (1998), S. 2ff. – Die acht Auszüge des Stobaios: (1) flor. 2, 15 nr. 47 W (*ἐκ τοῦ Θεοδώρου τῶν Τέλητος ἐπιτομῆς περὶ τοῦ δοκεῖν καὶ τοῦ εἶναι*); (2) ecl. 3, 1 nr. 98 W (*ἐκ τοῦ Τέλητος περὶ αὐταρκείας*); (3) ecl. 3, 40 nr. 8 W (*Τέλητος περὶ φυγῆς*; (4) ecl. 4, 32 nr. 21 W (*ἐκ τῶν Τέλητος ἐπιτομή*) (5) ecl. 4, 33 nr. 31 W (*ἐκ τῶν Τέλητος ἐπιτομή*); (6) ecl.4, 44 nr. 82 W (*ἐκ τῶν Τέλητος περὶ περιστασέων*); (7) ecl. 4, 34 nr. 72 W (*ἐκ τῶν Τέλητος περὶ τοῦ μὴ εἶναι τέλος ἡδονήν*); (8) ecl. 4, 44 nr. 83 W (*ἐκ τῶν Τέλητος περὶ ἀπαθείας*). – Wie eine Überprüfung der Exzerpte des Stobaios an erhaltenen Schriften wie beispielsweise Plutarchs „De exilio" zeigt, nahm Stobaios nur höchst selten Änderungen an einem Text vor, den er in seine Sammlung aufnahm: Jaap Mansfeld/David T. Runia: Aetiana. The Method and Intellectual Context of a Doxographer. Bd. I (The sources). Leiden, New York, Köln 1997, S. 213-238. – Die Epitomierungsarbeit des Theodoros, der den Text zu seinen Zwecken „zerschnitt" (*ἐπιτέμνειν*), wird an dem häufig verwandten *φησί* erkenntlich, das *nicht*, wie die ältere Forschung annahm (Otto Hense: Teles-Reliquiae. 2. Aufl. Tübingen 1909, S. 25f.; Wilamowitz-Moellendorff: Antigonos [wie Anm. 27], S. 292ff.; Modrze: Teles [wie Anm. 24], Sp. 377) den Namen der jeweiligen Quelle, also zumeist „Bion", oder etwa auch den des Epitomators (Anneliese Modrze: s.v. Theodoros (Nr. 34). In: RE V A 2 [1934], Sp. 1832) zum Subjekt hat, sondern Teles (*φησὶν ⟨ὁ Τέλης⟩*), wie Fuentes Gonzalez im Anschluß an die Überlegungen von Adelmo Barigazzi (Note al ‚de exilio' di Telete e di Musonio. In: SIFC 34 [1962], S. 70-82) überzeugend dargelegt hat.

29 Der Vf. beabsichtigt, eine solche in absehbarer Zeit vorzulegen.

teresse müßte jedermann davon Abstand nehmen, den Besitz ethischer und charakterlicher Qualitäten nur zum Schein für sich zu reklamieren. Die Eingangsbehauptung, daß man aus dem Vortäuschen von Fähigkeiten, die man nicht besitzt, in der Lebenspraxis großen Nutzen ziehen könne, läuft also ins Leere, da, wie Teles an den genannten Beispielen darlegt, derartige Täuschungen unabsehbare Folgen nach sich ziehen können.

2. In der Erörterung der „Selbstgenügsamkeit" (*περὶ αὐταρκείας*: Fr. II 5-20 H) wird dem Hörer, sofern er ein „guter", das heißt einsichtiger Mann (*ὁ ἀγαθὸς ἀνήρ*) sein will, ganz im kynischen Sinne empfohlen, die ihm von der Schicksalsgöttin (*τύχη*) auferlegte Lebensrolle gleichsam wie ein Schauspieler anzunehmen, das Beste aus ihr zu machen und nicht neidvoll nach anderen Lebensrollen zu „schielen". Zu dieser Einsicht gehört es, sich mit den oft bescheidenen Gegebenheiten der eigenen Existenz abzufinden und das Wenige besonnen, maßvoll und bescheiden zu nutzen (6,7f. H: *χρῆσθαι* [...] *τοῖς δὲ ὀλίγοις καὶ εὐτελέσι μετὰ σωφροσύνης ἔστι καὶ ἀτυφίας*) – in der festen Überzeugung, daß einem etwa auch als einfacher Lehrer, im Vergleich zu einem Mann in königlicher Stellung, an nichts Wesentlichem mangeln wird. In dieser Hinsicht bieten sich in einem Leben in materieller Armut (*πενία*) die meisten Chancen, ein tugendhaftes Leben zu verwirklichen, da hier das falsche Streben nach materiellen Gütern am geringsten entwickelt ist. Ebenso wie Teles die Maßlosigkeit im Besitzstreben der Reichen und Mächtigen kritisiert, erteilt er allen Klagen über die Ungerechtigkeit der Verteilung des Reichtums seitens der armen Bevölkerung eine scharfe Absage, wenn er in echt hellenistisch-rationalistischer Manier darauf verweist, daß die Ursache für individuelles Unglück und Scheitern nicht bei den „Umständen" (*πράγματα*) zu suchen sei, sondern letztlich in der eigenen Einstellung. Er kommt zu dem für die hellenistische Ethik insgesamt sehr bezeichnenden Schluß, „man solle nicht versuchen, die Umstände zu ändern, sondern sich selbst gegenüber den Umständen so vorbereiten, wie sie sind – nach dem Vorbild der Seeleute" (9,8-10,2 H: *διὸ δεῖ μὴ τὰ πράγματα πειρᾶσθαι μετατιθέναι, ἀλλ' αὑτὸν παρασκευάζειν πρὸς ταῦτά πως ἔχοντα, ὅπερ ποιοῦσιν οἱ ναυτικοί*). Die daraus entspringende prägnant formulierte philosophische Lebensregel, „sich mit dem Gegebenen zu begnügen" (11,5 H: *ἀρκεῖσθαι τοῖς παροῦσιν*), wird dann im folgenden auf verschiedene Lebenssituationen übertragen. Der Autor versucht so, seinem Publikum den Nutzen eines weitgehend bedürfnislosen Lebens möglichst anschaulich einsichtig zu machen. Zu diesem Zweck werden eine Reihe von Autoritäten angeführt und entweder Passagen aus ihren Schriften paraphrasiert, zitiert oder auch biographische Anekdoten erzählt, so von Diogenes (11. 13 H), Xenophon (12 H), Krates (15 H), Bion (15/16 H) und Sokrates (17-19 H). Die Biographien der Philosophen werden dabei benutzt, um ethische Leitbilder zu konstruieren, die dazu auffordern, das Verhalten dieser übermenschlich anmutenden Vorbilder nachzuahmen und ethische Einsichten, wie die Nützlichkeit etwa der Gelassenheit und Heiterkeit des Sokrates selbst in der Stunde des Todes, in der Lebenspraxis wirksam werden zu lassen.

3. In dem Text „Über Verbannung" (*περὶ φυγῆς*: Fr. III 21-32 H) wird die populäre Anschauung bekämpft, das Exil beraube einen aller Güter. Der kynische Kosmopolitismus hält dem entgegen, daß niemand in der Fremde seine persönlichen Fähigkeiten und Tugendhaftigkeit verlieren könne, so wie der Musiker oder der Schauspieler seine Kunst überall ausüben könne, ja nicht einmal notwendigerweise äußere Güter einbüßen müsse (22 H). Die These wird durch den Verweis auf Männer zu untermauern versucht, die ihr Glück in der Fremde beziehungsweise im Exil gemacht hätten, wobei die Beispiele nicht nur der heroi-

schen und fernen Vergangenheit, sondern auch der Gegenwart entnommen werden[30]. In diesem Zusammenhang führt er Lykinos an, der aus Unteritalien stammte und zu Antigonos Gonatas floh, die Athener Chremonides und Glaukon und schließlich Hippomedon aus Sparta, den Ptolemaios II. Philadelphos in Thrakien zum Kommandanten ernannte. Daraus ergibt sich eine ungefähre Datierung der Schrift auf die Jahre 240 bis 230 v. Chr. In diesem Zusammenhang wird denn auch das für griechische Bürger gewichtige Problem erörtert, daß es Verbannten in der Regel lebenslang verwehrt blieb, in den politischen Gremien Stimm- und Rederecht auszuüben und ein städtisches Amt auszuüben, sofern keine besonderen zwischenstaatlichen Vereinbarungen bestanden oder die entsprechenden Personen den jeweiligen Städten keine überragenden Wohltaten zukommen ließen. Ganz im Sinne des weltbürgerlich-heimatlosen Denkens der Kyniker wird zu zeigen versucht, daß es für das Lebensglück unerheblich sei, ob man sein Leben zurückgezogen als Privatmann verbringe (*ἰδιωτεύειν*) oder als politisch aktiver Bürger beziehungsweise städtischer Amtsträger in der Öffentlichkeit (*ἄρχειν*) (23-24 H) oder als Metöke, und daß es gleichgültig sei, ob man von bestimmten Institutionen des öffentlichen Lebens ausgeschlossen sei oder nicht (25 H), ob man in heimischer oder fremder Erde bestattet sei. Die von der politischen Lebensform des Vollbürgers geprägten Lebenswerte werden auf diese Weise von Teles als Konventionen entlarvt, die ohne wirklichen Wert für die Lebenspraxis seien und letztlich als bedeutungslose „Kindereien“ (*παιδιά*) abgetan, die keiner Sorge wert seien.

4. In der vergleichenden Erörterung von Armut und Reichtum (der Titel ist nicht überliefert: Fr. IV a 33-44 H) tritt der Autor der populären Meinung entgegen, daß der Erwerb eines Vermögens von jeglichem Mangel und jeglicher Not bewahre. Unfreiheit (*ἀνελευθερία*) und Verzweiflung (*δυσελπιστία*) stellen sich häufig ein, sie sind gefangen im Zustand der *ἀπληστία, ἀνελευθερία, ἀλαζονεία* (35 H). Der Reichtum vermag ebensowenig ihre grundsätzliche Haltung (36, 4 H: *τὴν γὰρ τρόπον οὐ μετατίθησιν*) zu ändern, wie Armut den wahrhaft besonnenen Menschen kaum zu einem anderen machen wird. Dazu kommt, daß die Reichen ihr Vermögen nicht wirklich besitzen, da sie aus Geiz oder Feigheit nicht imstande sind, davon angemessen Gebrauch zu machen (37,5 H: *διὰ ῥυπαρίαν καὶ δειλίαν*). Das Vermögen ist – darin greift der Autor ein populäres Diktum auf – bloß thesaurierter toter Besitz (*κτήματα*), der nicht in der Praxis investiert und sinnvoll genutzt wird (*χρήματα*) (37 H). Sie berauben sich so selbst der Möglichkeiten, die ein Vermögen durchaus bieten kann, indem sie sich die Erfüllung ihrer Wünsche verbieten und nur weitere Geldmengen auflaufen lassen. Reichtum an sich ist nicht ehrenrührig, jedoch sich von ihm abhängig zu machen, es zu ersehnen, es zusammenzuhalten suchen, führt zu seelischer Abhängigkeit. Auch hier gilt wieder das Prinzip, sich mit dem Status quo zufrieden zu geben. Statt eine aussichtsreiche und einträgliche Karriere als ptolemäischer Funktionär anzustreben, solle man sich den intellektuellen Königen anschließen, etwa Krates, die ihre Schüler zu wahrhaft freien Menschen erziehen (40 H) und befreien von eingebildeten Luxus-Sorgen, die es etwa auch unter den Schülern der Akademie und des Peripatos gibt. Die kynische Philosophie entpuppt sich als die wahre Philosophie, die die stärkste Wirkung auf die Lebensweise der Schüler hat, da sie die Bedürfnislosigkeit als das Höchstmaß an persönlicher Unabhängigkeit ansieht. Als historisches Beispiel für eine gelungene Bekehrung vom luxuriösen Anhänger des Peripatos zum bedürfnislosen,

30 Diesen Umstand hebt er hervor, wenn er davon spricht, daß „er nicht Altbekanntes erzähle, sondern Zeitgenössisches“ (23,12 H: *ἵνα μὴ τὰ παλαιά σοι λέγω, ἀλλὰ τὰ καθ᾽ ἡμᾶς*).

wahrhaft freien Kyniker wird auf den Lebensweg des Metrokles verwiesen, der von Krates zu einem radikalen Lebenswandel bewogen wird und der „Unersättlichkeit“ der eigenen Wünsche entflieht, deren extreme Repräsentanten die zeitgenössischen Könige seien (43 H). Der bedürfnislose Kyniker könne so nie zum höfischen Schmeichler werden, da er grundsätzlich weder zur „Liebedienerei“ noch zur „Schmeichlerei“ neige (*ἀθώπευτος/ἀκολακεύτος*).

5. In einem zweiten Text, der ebenfalls über die Armut handelt (auch hier ist der Titel wiederum nur erschlossen: Fr. IV b 44-48 H), wird die These vertreten, daß Armut kein Hinderungsgrund für das Philosophieren sein müsse. Er greift den Gedanken des vorhergehenden Textes auf und entwickelt ihn weiter: Armut sei nicht nur kein Hinderungsgrund, sondern nobilitiere durch die Erfahrung des Arbeitens das Philosophieren sogar. Wer alles besitze, der habe kein Interesse an jeder Art von Mühe (*πονεῖν*) oder forschendem Suchen (*ζητεῖν*) und wende sich bequemerweise den Genüssen des Lebens zu. Reichtum verhindert so geradezu echtes Philosophieren. Der Arme muß sich um nichts anderes als um sich selbst kümmern und ist deshalb glücklich zu preisen. Die Schrift mündet so ein in ein Lob auf die Armut, die für ein sorgenfreies Leben fernab von Krieg und Korruption sorge, Armut könne sogar zu höchsten Ehren in den Städten führen, wie das Beispiel des Aristeides und andere zeigten.

6. Ein weiterer Text mit dem Titel „Daß der Genuß nicht das Lebensziel ist“ beschäftigt sich wie schon die vorangehenden mit einem typischen Thema der Popularethik (*περὶ τοῦ μὴ εἶναι τέλος ἡδονήν*: Fr. V 49 - 51 H): Dieser Vortrag bemüht sich, die populäre Auffassung des epikureischen Gedankens zu widerlegen, daß ein Mensch glücklich zu preisen sei, der in der Lage ist, jegliches seiner Gelüste (*ἡδοναί*) zu befriedigen. Dies geschieht mit einem Rückgriff auf einen Beweis des Krates, der daran erinnert, daß jedes Lebensalter seine besonderen Plagen und schmerzhaften Erfahrungen mit sich bringe, denen man unentrinnbar ausgesetzt sei, was er eindrücklich am Lebenslauf eines athenischen Bürgersohns exemplifiziert. Dabei werden alle Tätigkeiten und Stationen, die ein politisch aktiver Bürger durchläuft, genannt, die Übernahme städtischer Ämter, eine politische Führungsrolle, die Bekleidung der Choregie und Agonothesie. Nimmt man ein genußreiches Leben zum alleinigen Maßstab für ein glückliches, wie es gemeinhin geschieht, so kann, solange zumindest die Rahmenbedingungen der politischen Lebensform existieren, letztlich niemand glücklich sein. In diesem sei es nämlich unumgänglich, vielerlei unerfreuliche Erfahrungen zu machen und Aufgaben zu übernehmen, die Entbehrungen und Schmerzen mit sich brächten.

7. In der Erörterung „Über die Lebensverhältnisse“ (*περὶ περιστασέων*: Fr. VI 52-54 H) wird ähnlich wie im Fr. II „Über die Selbstgenügsamkeit“ dargelegt, auf welche Weise man ein sittlich gutes Leben führen könne. Der sittlich gute Mensch (*ἀγαθὸς ἀνήρ*) müsse zunächst vor allem die Rolle, die ihm Tyche zuweist, annehmen und nach Kräften auszufüllen versuchen, gleichgültig, ob es sich nun um die Rolle des Schiffbrüchigen, des Armen, des Verbannten, des Außenseiters oder des Angesehen handele. Man solle sich mit Blick auf berühmte Vorbilder mit seinem Los als armer Mann abfinden und in der Vermeidung allen Luxus’ (*τρυφή*) die Chance auf ein ruhiges und gesundes persönliches Leben entdecken, bevor es zu spät sei. Den Reichtum, wenn er sich bietet, brauche man nicht verdammen, aber nutzen, sofern es wie bei einem Segelschiff einen voranbringt. Den Gegebenheiten soll man sich letztlich evolutionär anpassen und nicht entgegenstellen – ein durchaus kompromißorientierter bürgerlicher Vorschlag.

8. In dem Text über die „Affektfreiheit" (*περὶ ἀπαθείας*: Fr. VII 55-62 H) führt Teles schließlich aus, daß glücklich nur derjenige sein könne, der frei von jeglichen „Affekten und Verwirrung" sei (56,3f. H: *εὐδαίμων ἔσται ὁ ἐκτὸς τοῦ πάθους καὶ ταραχῆς ὤν*). Ein solcher Mensch zeichne sich durch die Abwesenheit von Gefühlen wie der Trauer und der Furcht (*ἀλυπία* und *ἀφοβία*) aus. Er stürze beispielsweise wegen des Todes eines Angehörigen oder Freundes nicht in Verzweiflung, da er um dessen Sterblichkeit weiß. Es sei daher sinn- und zwecklos, Gefühle der Trauer zu empfinden und zu äußern, da jeder, der auf Reisen gehe, gleichermaßen abwesend sei.

III. Zur Deutung der Fragmente

Einige Beobachtungen zu den Texten seien hier summarisch angeschlossen:

1. *Die äußere Form der Texte:* Von der äußeren Form her präsentieren sich die „Diatriben" des Teles als persönliche Gespräche zwischen Philosophen und Laien[31]. Möglichen Einwänden, Fragen und Bitten nach Wiederholungen seitens des Publikums kommt der Autor dadurch zuvor, daß diese mittels eines fiktiven Zwischenredners, der die überwiegend monologische Argumentation bisweilen durch eine kurze Zwischenfrage unterbricht, bereits in den Text Eingang gefunden haben. Der Fragesteller, offenkundig ein Privatmann beziehungsweise Laie (*ἰδιώτης*), der die öffentliche Meinung (*common sense*) repräsentiert, wendet sich – das ist implizit immer vorausgesetzt – an einen Gesprächspartner mit unumstrittener Kompetenz in den genannten Bereichen. Da die Anerkennung dieser intellektuellen Überlegenheit stillschweigend vorausgesetzt ist, geht der Fragesteller jedoch nie soweit, die Betrachtungen seines Gegenübers grundsätzlich in Frage zu stellen[32]. Die Widerlegung der Eingangsthesen erfolgt dabei häufig durch eine oder gar mehrere aufeinanderfolgende Gegenfragen (III 29,1ff; 30,10ff.; IVa 36,6ff. H). Es erscheint von daher durchaus berechtigt, Teles in die Tradition der philosophischen Dialogtechnik einzuordnen. Freilich ist diese hier gewissermaßen auf ihrer äußersten Schwundstufe angelangt und mit Elementen der kunstmäßigen Rhetorik verknüpft: Der Text versucht nicht, wie die platonischen Dialoge, allen möglichen Denkwegen nachzuspüren, sondern mittels suggestiver Fragen den Leser beziehungsweise Hörer für seine Argumentation einzunehmen. Der direkte Dialog zwischen Philosoph und Publikum wird also vermieden und statt dessen die Publikumsreaktion fiktiv vorweggenommen[33]. Es wird jeweils ein persönliches Gespräch zwischen einem Philosophen als Hauptsprecher, der von sich in der ersten Person spricht (*ἐγώ*), und dem eingeführten

31 Rudolf Hirzel: Der Dialog. Ein literarhistorischer Versuch. Bd. I. Leipzig 1895, S. 367, hält es für möglich, daß die beiden Gesprächspartner in dem ursprünglichen Text der Dialoge namentlich bezeichnet waren, da Stobaios auch in seinen Exzerpten der platonischen Dialoge die Namen der Gesprächspartner unterschlägt.

32 Dies steht von der inhaltlichen Seite einer weiteren erwägenswerten Vermutung von Hirzel entgegen, daß der Abschnitt „Über Sein und Schein" unter Umständen ein Gespräch zwischen Stilpon und Theodoros wiedergibt, das den Titel des unterliegenden „Theodoros" trug. Sie würde freilich die sonderbare Titulierung des Exzerpts *ἐκ τοῦ (nicht τῆς) Θεοδώρου τῶν Τέλητος ἐπιτομῆς περὶ τοῦ δοκεῖν καὶ τοῦ εἶναι* erklären. Ebd. – Zur Zurückweisung dieses Versuchs vgl. Modrze: Teles (wie Anm. 24), Sp. 1832.

33 Dies ist besonders deutlich im Abschnitt „Über die Verbannung" zu beobachten: III 21-32 H.

Zuhörer und Stichwortgeber (*σύ*) imaginiert, der das anonyme Kollektiv der Zuhörerschaft/Leser repräsentiert[34]. Die Anrede des Gesprächspartners (beziehungsweise in einem Fall mehrerer Gesprächspartner) erfolgt direkt in der zweiten Person, was eine theatralische Wirkung zur Folge hat: Der Zuhörer/Leser wird gewissermaßen individuell angesprochen und mit der aufgeworfenen Frage konfrontiert. Teles weist sich und seinem Gegenüber dabei verschiedene Rollen zu. In den meisten Textfragmenten ist sein fiktiver Gesprächspartner nur der Stichwortgeber, in zwei Fällen allerdings nimmt der Sprecher des Dialogs die Rolle eines armen Pädagogen ein, der freimütig seinem „Zuhörer“, der hier in bloßem Gedankenspiel mit königlich-monarchischer Gewalt ausgestattet auftritt, auseinandersetzt, daß es gänzlich bedeutungslos für ein glückliches Leben sei, ob man königliche oder magistratische Herrschaft ausübe (*βασιλεύειν/ἄρχειν*) oder ein Leben als einfacher Mann führe (*ἰδιωτεύειν*)[35].

2. *Der Verweis auf philosophische Autoritäten:* Kennzeichnend für den Text ist zudem die auffällig häufigen wie ausführlichen Rückgriffe des Teles auf fremdes philosophisches

---

34 In diesem Sinne auch Fuentes Gonzalez: Reconsidered (wie Anm. 28), S. 8f. – Die Fiktion eines Gesprächs zwischen einem „Ich“ (*ἐγώ*) und „Du“ (*σύ*) als äußere literarische Rahmung wird auch vom Autor (Pseudo-Xenophon) der *Respublica Atheniensium* (II 11f.) benutzt. Vgl. Arist. de an. III 2, 426b 19.

35 III 24, 3-6 H: *τί δὲ καὶ διαφέρει ἄρχειν ἢ ἰδιωτεύειν; ⟨τί διαφέρει εἰ⟩ σὺ ⟨μὲν⟩ πολλῶν ἢ ὀλίγων καὶ ἡβώντων βασιλεύσεις, ἐγὼ δὲ ὀλίγων καὶ ἀνήβων παιδαγωγὸς γενόμενος, καὶ τὸ τελευταῖον ἐμαυτοῦ;* („Doch was macht es für einen Unterschied, ob man herrscht oder im Privaten lebt, ob Du wie ein König über viele oder über wenige, in der Blüte ihres Lebens stehende Männer herrschen wirst, ich aber, da ich Lehrer bin, über wenige und unreife Jugendliche, und schließlich auch über mich selbst wie ein König herrsche?“). – Zur Textkonstitution und Deutung der schwierigen Stelle vgl. Fuentes Gonzalez: Reconsidered (wie Anm. 28), S. 14-17; Fuentes Gonzalez: Commentaire (wie Anm. 24), S. 312ff. Der Dialogpartner, das Publikum, wird hier in schmeichelnder Übertreibung zum „König“ erhoben, offenbar in dem Sinne, daß er sich in die Rolle eines Trägers legitimer souveräner Herrschaft (Magistrat oder Monarch) versetzen solle. Die Stelle läßt sich m.E. am besten verstehen, wenn man sie in einem gymnasialen Kontext interpretiert. Dann nämlich nähme der Leser/Hörer die Rolle eines Gymnasiarchen ein, des angesehensten, weil prestigeträchtigsten Amtes auf dem Sektor der *paideia*, von dem man nach antikem Verständnis mit Fug und Recht behaupten konnte, daß er etwa „über viele Personen in der Blüte ihres Lebens herrschte“ (*πολλῶν καὶ ἡβώντων βασιλεύσεις*), nämlich über die auch im Text ansonsten erwähnten *μειράκια* (III 24, 1-2 H) und die hier nicht erwähnten *νέοι*. So nicht gesehen von Fuentes Gonzalez: Reconsidered (wie Anm. 28), S. 15f.; Wilhelm Capelle: Wege zu glückseligem Leben: Epiktet, Teles und Musonius. Zürich 1948, S. 219. Demgegenüber wird dem Philosophen (Teles) in rhetorisch-übertreibender Geste der niedrigste Status, den eines „Pädagogen von wenigen und noch dazu Halbwüchsigen“ (*ἐγὼ δὲ ὀλίγων καὶ ἀνήβων παιδαγωγὸς γενόμενος*), zugewiesen. Die zweite Stelle findet sich in II 5,6 - 6,5 H: „Versuche nicht, wenn Du eine unbedeutende Rolle einnimmst, die erste Rolle zu spielen – anderenfalls wirst Du etwas Unpassendes tuen. So herrschst Du ordentlich und ich werde beherrscht, wie er sagt; Du herrschst über viele und ich, da ich Lehrer bin, nur über diesen einen hier [mich selbst], Du gibst, wohlhabend wie Du bist, freigiebig und ich nehme es bedenkenlos und gerne von Dir an, ohne mich jedoch vor Dir niederzuwerfen und mich klagend und jammernd wie ein Mann niederer Herkunft aufzuführen“. Zur Zurückweisung der Ansicht, daß es sich bei dem zuletzt angeführten Textstück um ein Fragment eines „historischen“ Gesprächs handelt, das Bion mit dem makedonischen König Antigonos Gonatas geführt haben soll. Vgl. jetzt die überzeugenden Überlegungen von Fuentes Gonzalez: Reconsidered (wie Anm. 28), S. 9-14; Fuentes Gonzalez: Commentaire (wie Anm. 24), Seite 148ff.

Gedankengut[36]. Zahlreiche Ansichten und Anekdoten folgender philosophischen Autoritäten werden angeführt[37]:

- Aristippos: III 29,12-30,1
- Bion: II 5,3-8,5; 9,2-8; 15,11-16,3; III 30, 1f.; IVa 36,8ff.; 39,2-7
- Diogenes: II 8,10; II 10,8-11,1; 12,8-13,9; IVa 41,13-15
- Krates: II 14,6-15,2; IVa 38,4ff.; 41,2ff.; 44,5f.; IVb 46,6ff.; V 49, 3-5
- Krates und Diogenes: II 14,3-5
- Metrokles: IVa 40,4-41,13
- Platon: II 17,2-4; 17,6-9
- Sokrates II 17,2-20,1; VII 61,6ff.
- Stilpon: VII 59,10-60,1
- Xenophon: II 12,2; 17,9

Demgegenüber werden an literarischen Autoritäten zitiert:

- Anonymer Tragiker/Dichter: III 30,10; IVa 37,6-8 (o? ?ρχα?οι); VI 52,5; VII 57,9
- Euripides: III 30,; IVa 42,13; IVb 48,12; V 51,1; VI 53,6f.10f.
- Homer: III 22,12f.; IVa 34,1-3.6.11, VI 53,1f.
- Philemon: III 25,10-13 IVa 42,2
- Sophokles: III 6-9; IVb 47,7f.
- Theognis: IVa 42,7; IVb 45,7

3. *Kontext und Adressatenkreis:* In nahezu allen Fragmenten ist das Leben als Polisbürger mit seinen spezifischen Rechten und Pflichten vorausgesetzt und kreist um die sich daraus ergebenden Zwänge und Probleme:

- so etwa in Fr. I, wenn der Kriegsfall erwähnt und die Kriegsgefangenschaft als fatale Folge des Vorgaukelns falscher Fähigkeiten vor Augen gestellt wird,
- wenn in Fr. II beharrlich die Mahnung wiederholt wird, sich als armer Mann mit dem Gegebenen zufriedenzugeben und die eigene Bedürftigkeit als kürzesten Weg zu echter Tugendhaftigkeit zu begreifen,
- wenn in Fr. III, in der Erörterung über das Glück in der Fremde, zwischen aktiven und zurückgezogenen Bürgern unterschieden und davon die Metöken und Verbannten abgesetzt und die Ängste der Politen vor einem Leben in der Fremde für nichtig erklärt werden,

36 Der Vergleich einiger Passagen des Teles mit Texten des Musonius, die ähnliche Gegenstände erörtern, erweist, daß Musonius offenbar mit den gleichen Vorlagen arbeitete wie sein hellenistischer Vorläufer. A.C. van Geytenbeck: Musonius Rufus and the Greek Diatribe. Assen 1963, Seite 128 und 147f.

37 Schmeller: Diatribe (wie Anm. 27), S. 209, bewertet dies als Mangel an „geistiger Reife und Originalität". – Die Anekdoten zu Sokrates, Aristippos, Diogenes, Krates und Metrokles entnahm Teles offenkundig nicht Bion oder Stilpon, sondern der zu dieser Zeit schon erstaunlich weitentwickelten philosophiegeschichtlichen Gattung der *βίοι* und gnomologischen Handbüchern. Wilhelm Crönert: Kolotes und Menedemos. Texte und Untersuchungen zur Philosophen- und Literaturgeschichte. Leipzig 1906 [ND Amsterdam 1965], S. 43. – Demgegenüber sind die Zitate aus Homer, Theognis, Euripides, Sophokles und Philemon wohl eigene „Lektürefrüchte". Große Mengen von Zitaten aus Stilpons und Zenons „Erinnerungen" (*ἀπομνημεύματα*) enthielten nach Aussage von Athen. IV 162B die sympotischen Dialoge des stoischen Philosophen und späteren Höflings Persaios von Kition, eines Vertrauensmannes des Antigonos Gonatas.

- wenn in Fr. IV der Reichtum keineswegs nach alter kynischer Lehre des Diogenes rigorose Ablehnung erfährt und nur der bedenken- und gedankenlose Gebrauch verurteilt wird,wenn im selben Abschnitt die harsche Kritik an den hellenistischen Königen geübt und insbesondere die Unersättlichkeit ihrer Geldgier angeprangert wird (Fr. IVb 43, 9 - 14 H[38]; vgl. IVa 37, 9-38, 4 H),
- wenn in Fr. V die Mühen eines Lebens in Armut gepriesen werden und dabei auf das Leben des Aristeides als Vorbild verwiesen wird, der trotz tiefster Armut größte städtische Ehrungen erfuhr,
- wenn in Fr. VI schließlich der Lebenslauf eines athenischen Bürgers grob skizziert wird, um zu verdeutlichen, wie viele „Mühen" (*πόνοι*) man als Bürger zu ertragen habe, die man jedoch als unvermeidliche Pflichten ansehen müsse.

Mit seinen philosophischen Ermahnungen wandte sich Teles sicherlich in erster Linie an Jugendliche (*μειράκια*). Daß der Adressatenkreis innerhalb eines städtischen Kontextes allerdings weit gefaßt war und nicht nur Halbwüchsige umfaßte[39], sondern auch gestandene Bürger und Väter miteinschloß[40], zeigt besonders deutlich IVa 39,8-40,2 H: Der Autor erteilt an dieser Stelle den Ratschlag, wenn der Sohn der Not entfliehen solle, solle man ihn nicht an den ägyptischen Hof, zu König Ptolemaios II. (283-246 v. Chr.) schicken[41], wo er nicht mehr lerne, als Ausschweifung und luxuriöse Bedürfnisse zu haben, sondern diesen lieber in die Obhut eines Philosophen geben, der seinen Charakter im Sinne kynischer Bedürfnislosigkeit und Selbstgenügsamkeit formen könne. Moralischer Reichtum solle an die Stelle von materiellem Luxus treten. Diese Überzeugung tritt auch in V und VI zutage: In diesen beiden Fragmenten wendet sich Teles ganz offenkundig an ärmere Bürger (besonders deutlich in VI

---

38 Zur Stelle: Fuentes Gonzalez: Commentaire (wie Anm. 24), S. 417-420.

39 Siehe etwa den deiktischen Verweis auf *τὰ μειράκια ταυτί* in III 24,1f. H. Vgl. damit III 24, 5f. H, wo Teles sich charakterisiert als *(βασιλεύω) ὀλίγων καὶ ἀνήβων παιδαγωγὸς γενόμενος*.

40 So bereits Gottfried Süpfle: Zur Geschichte der cynischen Secte. Erster Teil II: Ist der Cyniker Teles mit Recht als der älteste Vorfahr des geistlichen Redners bezeichnet worden? In: Archiv für Geschichte der Philosophie 4 (1891), S. 418-422; Hense: Reliquiae (wie Anm. 28), S. XIX und XXXIX; Fuentes Gonzalez: Reconsidered (wie Anm. 28), S. 5f. und 16f., gegen die Ansicht von Wilamowitz-Moellendorff: Antigonos (wie Anm. 27), S. 307, der die Selbstbezeichnung des Teles in III 24,5 H als παιδαγωγός wörtlich nahm und in ihm nur einen Elementarlehrer zu sehen vermochte.

41 IV a 39,7 - 40, 2 H: *διὸ καὶ εἰ βούλει τὸν υἱόν σου τῆς ἐνδείας καὶ σπάνεως παῦσαι, μὴ πρὸς τὸν Πτολεμαῖον πέμπε ὅπως χρήματα κτήσεται· εἰ δὲ μή, ἀλαζονείαν προσλαβὼν ἀπελεύσεται, περαινεῖς δὲ οὐδέν*. („Wenn Du also Deinen Sohn von Bedürftigkeit und Not fernhalten willst, so schicke ihn nicht zu Ptolemaios, damit er dort Reichtümer erwirbt. Anderenfalls wird er zurückkommen und Prahlerei mitbringen und Du wirst nichts erreicht haben"). Mit Ptolemaios II. hat den König erstmals identifiziert Wilamowitz-Moellendorff: Antigonos (wie Anm. 27), S. 300. Habicht: Teles (wie Anm. 24), S. 49; Fuentes Gonzalez: Reconsidered (wie Anm. 28), S. 18, folgen ihm darin (gegen Hense: Reliquiae [wie Anm.28], S. XXXVI, der annahm, daß alle *diatribai* um das eine Jahr 240 v. Chr. abgefaßt wurden). – Fuentes Gonzalez: Commentaire (wie Anm. 24), Seite 399f.; Ders., Reconsidered [wie Anm. 28], S. 18, hat im übrigen zu Recht darauf hingewiesen, daß die Erwähnung eines Ptolemaios im Text vor allem die Funktion hat, für die zeitgenössischen Zuhörer auf Alexandria zu verweisen, das als Heimstätte unermeßlichen Reichtums und Lustbarkeiten jeglicher Art galt (siehe hierzu etwa Herondas 1, 26ff.; Theocr. Idyll. 14, 58-63). Entsprechend zog der sprichwörtliche „Reichtum" Alexandrias Literaten wie Strategen wie Talente jeder Art an. Michael Rostovtzeff: Gesellschafts- und Wirtschaftsgeschichte der Hellenistischen Welt. Bd. I. Darmstadt 1955, S. 318-321.

52 H, wo die Aufforderung an das Publikum ergeht: „Spiel' die Rolle des armen Mannes gut!"). Sein Anliegen ist dabei unverkennbar kynisch: Die Masse der Bürger soll sich von den Idealen der Oberschicht, vom Streben nach Ruhm, Ehre, Ansehen und Vermögen, mithin von den herkömmlichen Ansichten über ein glückliches Leben, emanzipieren und diese nicht blindlings von der sozialen Elite übernehmen.

In der Polemik gegen Akademie und Peripatos in IVa 40-41 H[42], welche die Philosophie zu einer kostspieligen Angelegenheit reicher Bürger machten, gepaart mit dem ausdrücklichen Verweis auf die hohen Kosten – tritt der intendierte Publikumskreis erneut hervor. Es ist ein gänzlich anderer als die der athenischen Peripatetiker, was sein Bericht über die Ankunft des Metrokles unmittelbar anschaulich macht: Erschüttert muß dieser an und für sich von der philosophischen Lebensform begeisterte junge Mann zur Kenntnis nehmen, daß er es sich nicht leisten kann, so kostspielig wie die Schüler des Aristoteles gekleidet zu sein, wie sie über eine stattliche Zahl von Sklaven zu verfügen, in einem großen Haus zu wohnen, aufwendige Speisen zu verzehren und erlesene Weine zu kosten, an luxuriösen Symposien teilzunehmen und diese in regelmäßigem Turnus mitauszurichten. Den ärmeren Bürgern erging es wie dem schockierten Metrokles: Schon aus finanziellen Gründen blieb ihnen ein solches Studium verwehrt; entsprechend neidvoll blickten sie auf den philosophischen Unterricht und Betrieb, in dem sich die *jeunesse dorée* tummelte, und nahmen diesen als ein exklusives Vergnügen der Oberschicht wahr. Teles versucht die Mißgunst des Volkes zu zerstreuen, indem er behauptet, daß ein solches Philosophieren gar nicht den Namen verdiene und gerade die Bedürfnislosigkeit den Philosophen auszeichne.

4. Sprache und Ausdrucksweise: Dem eigentümlichen Anliegen des Autors, einem möglichst breiten Publikum ein jedermann erreichbares Lebensglück zu vermitteln, ist die einfache und eingängige literarische Rahmung und Sprache geschuldet. Durch einen lebendigen, unprätentiösen Sprachstil versucht Teles unter Aufbietung verschiedener rhetorischer Mittel[43] das Publikum für sich einzunehmen. Dementsprechend scheut er auch nicht davor zurück, schlüpfrige Ausdrücke zu verwenden und einen zuweilen derben Ton anzuschlagen. Darin wird das allen Kynikern gemeinsame Bestreben erkennbar, ihrer Volksnähe einen sprachlich adäquaten Ausdruck zu verleihen und sich von der gesuchten Ausdrucksweise und Lebensart höfischer Literaten und anderer Philosophen nicht nur habituell, sondern auch hörbar abzugrenzen.

Daß die Texte allem Anschein nach keine sorgsame stilistische Bearbeitung erfahren haben, wenig kunstvoll aufgebaut sind und die Dinge zumeist nur additiv aneinanderreihen, läßt sich am besten damit erklären, daß sie wohl ursprünglich für den mündlichen Vortrag geschrieben worden waren[44]. In Fr. III 21,5-22,1 H bekämpft Teles die verbreitete Ansicht,

---

42 Zur Stelle: Fuentes Gonzalez: Commentaire (wie Anm. 24), S. 402ff.

43 Zu den rhetorischen Elementen der Diatribenliteratur insgesamt (vor allem die oft auch kombinierte Verwendung von Antithesen und Parallelismen) vgl. die nützlichen Zusammenstellungen und Bemerkungen von Rudolf Bultmann: Der Stil der Paulinischen Predigt und die kynisch-stoische Diatribe. Theol. Diss. Göttingen 1910, S. 20-46. – Vgl. Barbara P. Wallach: Lucretius and the Diatribe against the Fear of Death. De rerum natura III 830-1094. Leiden 1976, S. 109.

44 Schmeller: Diatribe (wie Anm. 27), S. 212, charakterisiert den Stil des Teles zusammenfassend folgendermaßen: „Er reiht seine Gedanken in lockerer, nicht unbedingt überzeugender Form aneinander und neigt zu Wiederholungen. Eine Aufteilung in einen theoretischen und einen praktischen Teil läßt sich nicht erkennen [...] er hat Ähnlichkeit mit einer Homilie über ein Schrift-

daß Verbannung immer einen Schaden bedeute, und verweist seine Zuhörer auf die Lehre Stilpons, „von der ich am Vortag berichtet habe“[45]. Das deutet darauf hin, daß er neben diesen an einem anderen Tag bereits einige Vorträge gehalten hatte und deren Gedanken nun wieder aufgriff.

5. Legitimierung der Publikumsmoral: Die Texte des Teles stellen keine Ethik im aristotelischen Sinne dar, die Probleme des sozialen Lebens nach allen Seiten hin in sachlich-nüchternem Ton erörtert, sondern sind vielmehr Texte mit Appellcharakter. Sie sind nicht im Sinne philosophischer Protreptik in der Absicht geschrieben, jemanden zur philosophischen Lebensform zu bekehren, sondern verfolgen vielmehr das Ziel, Aufforderung und Ausgangspunkt zur ethischen Selbstreflexion zu sein. Sie dienen der Einübung zum intellektuellen Umgang mit sich selbst, mit den eigenen körperlichen wie intellektuellen Schwächen und Stärken etc. Wesentliche Probleme der äußeren Existenz werden rationalistisch aufgelöst, klassifiziert und als irrelevant für das Glück erklärt. Teles weist mit seinen dialogisch aufgebauten Vorträgen somit den Weg, auf welche Weise seine Zuhörer mit sich selbst umgehen sollen.

Eine intellektuelle Originalität wird dabei nicht angestrebt, auch keine spezifische Schullehre vermittelt, auch wenn Diogenes und Krates häufig genannt werden. Es ist Philosophie fürs Volk im besten Sinne. Philosophische Autoritäten werden als Ikonen, als große „weise“ Männer (*σοφοί*) angeführt; es wird auf deren glanzvolles Beispiel verwiesen oder ganz allgemein auf die Richtigkeit der Lebensweisheiten der „Alten“ (*ὁι ἀρχαῖοι*) hingewiesen. Indem er derartige konventionelle Wertvorstellungen dem anonymen Kollektiv der „Alten“ zuschreibt, diese also mit anonym bleibenden historischen Autoritäten verbindet und so gewissermaßen einen Kanon bürgerlicher Ethik postuliert, adelt er letztlich nichts anderes als die Moralvorstellungen seines Publikums[46]. Daran wird die Popularisierung philosophischer Wissensinhalte erkenntlich: Das hier vermittelte popularisierte Wissen, die ethische Orientierung, ist kein theoretisches, sondern ein rein praktisches Wissen, das keine Argumente selbständig anführen und keinen Begründungszusammenhang angeben kann und will. Der Verweis auf die Einsichten und die Lebenspraxis verschiedener philosophischer Autoritäten ersetzt bei Teles die philosophische Argumentation[47].

---

wort, insofern ein Wort Bions über die *tyche* am Anfang steht“. Er zieht allerdings nicht den richtigen Schluß aus dem Konstatierten; die zugegebenermaßen mangelhafte Durchgestaltung der Texte ist nicht der mangelnden Originalität des Autors geschuldet, sondern wesentlich dem Umstand, daß sie offenbar nur flüchtig überarbeitet die mündlich vorgetragene Manuskriptfassung zum Thema darstellten.

45 III 21, - 22, 1 H: *πρὸς δὲ τὸν κατ' ἄλλο τι ἡγούμενον τὴν φυγὴν βλάβερον εἶναι, μὴ οὐδὲν λέγηται παρὰ τὸ τοῦ Στίλπωνος, ὃ καὶ πρῴην εἶπον. 'Τί λέγεις,' φησί, 'καὶ τίνων ἡ φυγὴ ⟨ἢ⟩ ποίων ἀγαθῶν στερίσκει;'* Fuentes Gonzalez: Reconsidered (wie Anm. 28), S. 16, Anm. 52, weist zu Recht den Versuch von Barigazzi: Note (wie Anm. 28), S. 71f., zurück, daß an dieser Stelle nicht Teles, sondern Theodoros hier auf eine Schrift Stilpons Bezug nehme und daher der Ausdruck *πρῴην* nicht im Sinne „wie am Vortag erwähnt“, sondern vielmehr im Sinne von „wie oben erwähnt“ zu verstehen sei.

46 Rainer Nickel: Die *ἀρχαῖοι* des Teles. In: Rheinisches Museum 116 (1973), S. 215-221 (gegen die Ansicht von Wilamowitz-Moellendorff: Antigonos [wie Anm. 27], S. 307, Anm. 19, und Hense: Reliquiae (wie Anm. 28), S. 37, die unter den *ἀρχαῖοι* „ältere Kyniker“ verstanden).

47 Mit dieser Art des Philosophierens setzt Teles letztlich nur konsequent die kynische Maxime des *χρῶ τοῖς παροῦσι* um (10, 6ff. H; vgl. Philon. De sap.lib. 18; Plut. De superst. 170c).

IV. Die Literalisierung kynisch-philosophischer Praxis als Popularisierung philosophischen Wissens

Das Aufkommen popularphilosophischer Literatur in hellenistischer Zeit ist wenig hilfreich mit dem allgemeinen und recht abstrakt bleibenden Verweis auf den Niedergang der Polis als politisch wirksame Kraft und einem daraus resultierenden Bedürfnis nach neuer Sinngebung erklärt worden[48]. Diese Schriften sind nicht einfach nur als Antwort auf eine allgemeine „Orientierungslosigkeit in breiten Schichten, die populäre sittliche Unterweisung erfordert", und auf den „Verfall der sinnvermittelnden [...] Konventionen"[49] zu verstehen. Ihre Entstehung läßt sich weitaus besser als Folge der im 3. Jh. v. Chr. einsetzenden Institutionalisierung der philosophischen Schulen und der gleichzeitigen Ausdifferenzierung und Professionalisierung der gelehrten Disziplinen sowie der wachsenden Verbreitung philosophischer Bildung unter den städtischen Eliten deuten[50]. Insbesondere die Erweiterung oder vielmehr Öffnung des Zuhörer- oder Leserkreises zum gemeinen Volk hin (*populus*) trug wesentlich zur Ausbildung einer populären Philosophie bei, die sich entsprechend an den emotionalen Bedürfnissen der Allgemeinheit orientierte und deshalb von theoretischen „Höhenflügen" platonischer Dialoggestaltung ebenso absah wie von ästhetisch anspruchsvoller Poetik oder etwa auch von der satirischen Umgestaltung kanonischer Texte aus Dichtung und Tragödie, wie dies andere Kyniker zur Vermittlung kynischen Gedankenguts getan hatten[51].

---

48 Auch wenn die äußere Politik nicht mehr in den Händen der Städte lag und nicht länger die Debatten der Bürgerschaften beherrschten, so bildeten die Polis und die aktive Teilhabe an ihren Institutionen für die Bürger und deren Führungsschicht nach wie vor den Lebensmittelpunkt und Kern ihrer Identität. Das Sozialprestige bemaß sich weiterhin nach dem finanziellen und politischen Engagement des einzelnen zugunsten der Allgemeinheit. Von einer ideellen wie praktischen Abwendung der Bürger von der Polis in hellenistischer Zeit, mithin von einer Entpolitisierung, wie dies in vielen Handbüchern zur Philosophiegeschichte behauptet wird (beispielhaft hierfür A. A: Long: Hellenistic Philosophy: Stoics, Epicureans, Sceptics. 2. Aufl. London 1996, S. 150), kann keine Rede sein, allenfalls von einer stärkeren Akzentuierung des individuellen Glücks in den zeitgenössischen philosophischen Diskursen. Die gewaltigen Veränderungen auf dem Gebiet der „großen" Politik zogen nicht zwangsläufig ähnliche starke innere Wandlungsprozesse nach sich. So tagten in Athen nach wie vor die Volksversammlung und Gerichte, was jüngst wieder betont hat: Hartmut Leppin: Theophrasts ‚Charaktere' und die Bürgermentatlität in Athen im Übergang zum Hellenismus. In: Klio 84 (2002), S. 48ff. – Zum Fortbestand demokratischer Institutionen in anderen hellenistischen Städten siehe etwa Friedemann Quaß: Die Honoratiorenschicht in den Städten des griechischen Ostens. Untersuchungen zur politischen und sozialen Entwicklung in hellenistischer und römischer Zeit. Stuttgart 1993, S. 422ff.; Christian Habicht: Ist ein ‚Honoratiorenregime' das Kennzeichen der Stadt im späten Hellenismus? In: Wörrle/Zanker: Bürgerbild (wie Anm. 6), S. 87-92; Lehmann: Römischer Tod (wie Anm. 3), S. 28ff.

49 So etwa Schmeller: Diatribe (wie Anm. 27), S. 46.

50 Andere Faktoren für die Ausbildung der Popularphilosophie (Fortschritte in der Wissenschaft, Steigerung des allgemeinen Lebensstandards für Handwerker und Arbeiter, Erweiterung der Reisemöglichkeiten, Steigerung der Kommunikationsmöglichkeiten durch den intensivierten Gebrauch von Schrift) macht geltend Edwyn Bevan: Hellenistic Popular Philosophy. In: John B. Bury u.a. (Hrsg.): The Hellenistic Age. Aspects of Hellenic Civilization. Cambridge 1923 [ND New York 1968], S. 83-89.

51 Das gegen Schmeller: Diatribe (wie Anm. 27), S. 43ff. (im Anschluß an Christopher Rowe: The Eudemian and Nicomachean Ethics: A Study in the Development of Aristotle's Thought. Cambridge 1971, S. 12). – Zu den poetischen und literarischen Schöpfungen der Kynikern vgl. Anm. 58.

Führt man sich nochmals die sozialen Bedingungen des Philosophierens vor Augen, so wird rasch deutlich, daß sich einem kynischen Denker letztlich keine wirkliche Alternative zu dem von ihm ins Auge gefaßten Publikumskreis bot. Sofern er zumindest einigen Grundprinzipien kynischer Lebenspraxis und Denkens treu bleiben und mittels seiner intellektuellen Betätigung seinen Lebensunterhalt bestreiten wollte, mußte er darauf schauen, wie er die Aufmerksamkeit der „Menge" auf sich lenken konnte. Hierzu brauchte er sich nur seines großen Vorbilds, des Kynikers *par excellence*, zu erinnern: Für einen Mann wie Diogenes war es schlichtweg unvorstellbar, daß er an einem Königshof gelebt oder als zeitweilig bezahlter Erzieher die städtische Jugend im Gymnasion in die Sitten der Stadt eingeführt oder als Privatlehrer vornehme Knaben unterrichtet hätte: Herrscher wie städtische Eliten fanden schwerlich Gefallen an einem exhibitionistischen Auftreten, an obszönen Redensarten und anderen gezielten Übertretungen des guten Tons oder an heftigen Ausfällen gegen die traditionelle Bildung; so blieb ihm letztlich nur die Rolle des philosophischen Mahners und Narren, der sein Publikum auf den Straßen und Märkten der Städte, unter den armen und im Handwerk tätigen Bürger suchte und sich unablässig darum bemühte, diese durch seine praktischen wie verbalen, in jedem Fall immer demonstrativen Provokationen wachzurütteln. Das Ziel seiner öffentlichkeitswirksamen Auftritte war ein vorrangig praktisches: Die Schuster, Töpfer und anderen Handwerker, an die er seine Botschaft adressierte, rief er zur vorbehaltlosen Änderung, zur Abkehr vom bisherigen Leben und der damit verbundenen traditionellen Wertvorstellungen auf und suchte sie, auf das eigene Leben als Beispiel verweisend, vom Glück eines bedürfnislosen Bettlerlebens zu überzeugen[52].

Diese klassische Rigorosität eines Diogenes konnte schwerlich eine adäquate Fortsetzung finden; wer sich Diogenes zum Vorbild nahm, der mußte zwangsläufig als Epigone auftreten, zumal keine Schultradition und Dogmen vorherrschten. Daher ist für die Folgezeit, seit dem frühen 3. Jh. v. Chr., eine Abwendung von vielen kynischen Kerngedanken (asketisch-naturgemäße Lebensweise; Verzicht auf alle Annehmlichkeiten des Lebens beziehungsweise die Beschränkung auf das Allernotwendigste, was Kleidung, Nahrung, Utensilien und Wohnung betrifft; freimütige und provozierend scharf vorgetragene Kritik am Polisleben) und eine verstärkte Beschäftigung mit ethischen Fragen des Alltags zu beobachten – nur gewisse Grundzüge der radikalen kynischen Protesthaltung blieben bewahrt[53]: So vermeidet Teles unter Berufung auf Stilpon jeden moralischen Fundamentalismus und propagiert letztlich eine ethische Lehre, die mit den Konventionen und Wertvorstellungen von Polis-Bürgern durchaus vereinbar war[54]. Das war freilich noch immer unkonventionell genug, um den all-

52 Zur legendenhaften, biographisch nur schwer faßbaren Gestalt des Diogenes und seiner Lehre: Heinrich Niehues-Pröbsting: Der Kynismus des Diogenes und der Begriff des Zynismus. Frankfurt am Main 1988; Marie-Odile Goulet-Cazé: L'ascèse cynique. Un commentaire de Diogène Laerce VI 70-71. Paris 1986; Léonce Paquet: Les cyniques grecs: fragments et témoigagnes. 3. Aufl. Ottawa 1995, S. 49-100.

53 In diesem Sinne etwa Gustav A. Gerhard: Zur Legende vom Kyniker Diogenes. In: Archiv für Religionswissenschaft 15 (1912), S. 388-408, hier S. 393 (wiederabgedr. in: Margarethe Billerbeck: Die Kyniker in der modernen Forschung. Aufsätze mit Einführung und Bibliographie. Amsterdam 1991, S. 93), der von einer „schonenden Behandlung ihres Publikums" spricht: „Auch mit ihrem lachenden Spott wollen sie den Sündern nicht weh tun, und gerne stellen sie sich mit ihnen bescheiden auf eine Stufe".

54 So bereits Wilhelm Nestle: Griechische Geistesgeschichte von Homer bis Lukian. In ihrer Entfaltung vom mythischen zum rationalen Denken dargestellt. Stuttgart 1944, S. 393f.

gemeinen Erwartungen an einen Erzieher der Jugend auch weiterhin *nicht* zu entsprechen: Verleihungen des Bürgerrechts, Ehrungen mit goldenen Kränzen oder anderer Art, finanzielle Geschenke sind in hellenistischer Zeit auch für die Vertreter des abgemilderten Kynismus nicht bezeugt, wogegen Wandergelehrte konventioneller Prägung für ihr Vortrags- und Unterrichtsprogramm nicht nur einträgliche Honorare einstrichen, sondern aufgrund ihrer philosophischen oder erzieherischen Tätigkeit sogar mit öffentlichen Ehren bedacht wurden[55].

Mit dem Verzicht auf alle provozierende Schärfe, mit der Hinwendung zur allgemeinen Polismoral geht in den Schriften des Teles eine Heroisierung der geistigen Vorväter einher: Für diese ist charakteristisch, daß die zahlreichen angeführten Zitate verschiedener Philosophen als festes Wissen, gewissermaßen als unwiderlegbare „Wahrheiten" von ebenso unangreifbaren Autoritäten, zitiert werden; der Verweis auf philosophische Heroen der Vergangenheit genügte augenscheinlich, um ein Argument plausibel erscheinen zu lassen. Darüber hinaus treten Teles und seine intellektuellen Favoriten als vollauf sozial akzeptierte Personen auf, ihre Namen und wohl auch einige charakteristische Maximen und Begebenheiten aus ihren buntschillernden Lebensläufen scheinen dem wohl meist gymnasialen Publikum geläufig gewesen zu sein. Insofern können die Teles-Fragmente auch als Dokumente gelten, die das Interessse eines weiten Teiles der Bürgerschaften an philosophischen Ratschlägen zur Bewältigung praktischer Lebensprobleme und damit die Etablierung philosophischer Bildung in allgemeines moralisches Gedankengut und Erziehung widerspiegeln[56].

Philosophisches Gedankengut wurde, wie die Fragmente des Teles anschaulich belegen, somit nicht mehr ausschließlich der kleinen Gruppe der Jugend der städtischen Eliten im engen und fest umgrenzten Rahmen philosophischer Zirkel beziehungsweise Schulen vermittelt, sondern durch Wandergelehrte in vergröberter Form und in bis dahin ungekanntem Ausmaß auf den Straßen und Märkten der Stadt verbreitet und so einem weitaus größerem Teil der Öffentlichkeit bekannt gemacht[57]. Die *Diatriben*-Literatur kann insofern als eine Weiterentwicklung der für die Zeit der Institutionalisierung charakteristischen „protreptischen", das heißt für das Fach-Studium der Philosophie werbenden Schriften verstanden werden.[58] Der erweiterte Adressatenkreis dieser neuen philosophischen Schriftengattung spiegelt sich denn auch in dem veränderten Anspruch: Sie fordert nicht mehr zum Anschluß an eine Schule und zu einem philosophischen Leben auf, sondern zu einem ethisch begründeten Alltagsleben, unabhängig von einer Schul- und Lehrmeinung. Die Vermittler stehen insofern Predigern näher als Philosophen. Der potentiell unbegrenzte Adressatenkreis für ihre Botschaft bleibt gleichwohl faktisch auf die griechische Poliswelt beschränkt – jegliche kosmopolitische Programmatik bleibt bei Teles ausgeblendet[59].

---

55 Vgl. Polyb. 16,14,8-10, der Geld und Ehre als Antrieb für die pädagogische Arbeit der Wandergelehrten angibt.

56 Siehe in diesem Zusammenhang nochmals das samische, um 200 v. Chr. verliehene Dekret zu Ehren des Peripatetikers Epikrates: Anm. 12.

57 So auch Donald R. Dudley: A History of Cynicism: From Diogenes to the 6th Century A.D. London 1937, S. 49; vgl. Paul Wendland: Die hellenistisch-römische Kultur in ihren Beziehungen zum Judentum und Christentum. Die urchristlichen Literaturformen. 3. Aufl. Tübingen 1912 (= Handbuch zum Neuen Testament, Bd. I 2/3), S. 75 („In der hellenistischen Zeit nimmt die Philosophie vielfach ein demokratisches Gepräge an").

58 Hierzu prägnant M.D. Jordan: Ancient Philosophical Protreptic. In: Rhetorica 4 (1986), Seite 309-334.

59 Zu dem durchaus auch positiv bestimmten Kosmopolitismus der Kyniker siehe jetzt umfas-

Die Texte des Teles setzen den Weg der fortschreitenden Literalisierung des Kynismus, den Diogenes mit der Abfassung von *Tragödien* begonnen und Krates mit seinen *Elegien* sowie Menippos mit seinen *Satiren* beibehalten hatten[60], unbestreitbar fort. Im Gegensatz jedoch zu diesen literarisch anspruchsvollen Vorgängern verwandte Teles keine exklusive poetische Form zur Vermittlung philosophischen Wissens, sondern verschriftete lediglich die kynische Mahnrede zu ethischen Alltagsproblemen und schloß damit offenkundig an Bion an, der in der ersten Hälfte des 3. Jh. v. Chr. die philosophische Gattung der *Diatribe* begründet hatte[61]. Die philosophische Bedeutung des Teles und seiner einfachen moralischen Botschaft ist, vom theoretischen Gehalt betrachtet, zwar in der Tat gering, doch vom Standpunkt einer sozialgeschichtlichen Betrachtung der Entwicklung der Philosophie als Zeugnis von erheblicher Bedeutung. Es ist unangebracht, seine Texte mit den platonischen Dialogen vergleichen zu wollen, da er selbst diesen Anspruch nirgends erkennbar erhebt. Sinnvoller erscheint es, ihn an dem in seinen Fragmenten zu fassenden Anliegen zu messen: Statt intellektueller Belehrung und forschender Erörterung im wissenschaftlich-theoretischen Sinne[62] sucht Teles vielmehr unmittelbar in die alltägliche Lebenspraxis hineinzuwirken, nicht zuletzt durch die Zuhilfenahme rhetorischer Mittel: Durch beharrliche Reformulierung und

send John L. Moles: Cynic Cosmopolitanism. In: Robert Bracht Branham/Marie-Odile Goulet-Cazé: The Cynics. The Cynic Movement in Antiquity and its Legacy. Berkeley, Los Angeles 1996 (= Hellenistic Culture and Society, Bd. 23), S. 105-120.

60 Diese Tradition der philosophischen Dichtung wurde von Phoinix von Kolophon in seinen Cholimaben (Gustav A. Gerhard: Phoinix von Kolophon. Berlin 1909) und von Kerkidas in seinen Meliamben, Spottgedichte in lyrischem Versmaß (Liana Lomiento [Hrsg.]: Cercidas. Testimonia et fragmenta. Rom 1993), aufgegriffen. Diese Dichtungen wandten sich allerdings nur an den kleinen, eng begrenzten Publikumskreis literarisch Vorgebildeter. – Zu dem eigentümlichen Stil („Prosimetrum") der Satiren des Menippos, die zwischen Verspassagen und Prosapartien abwechselten, s. die klassische Studie von Rudolf Helm: Lucian und Menipp. Leipzig, Berlin 1906 [ND Hildesheim 1967].

61 Die volkstümliche Ausrichtung der philosophischen Vorträge Bions (*ὑπομνήματα/διατριβαί*) und seiner Nachahmer stießen auf scharfe Ablehnung bei den Philosophen mit fachwissenschaftlicher Orientierung, wie etwa das Urteil des Eratosthenes, des gelehrten Vorstehers der Bibliothek in Alexandria, zeigt: Seiner Ansicht nach hatte Bion „als erster die Philosophie in ein buntfarbenes Kleid [einer Hetäre] gesteckt": Diog. Laert. 4, 52; Strab. 1,2,2 = T 11-12 Kindstrand. – Zu Leben und Lehre des Bion von Borysthenes: Klaus Döring: Bion von Borysthenes. In: Hellmut Flashar: Die Philosophie der Antike 2.1: Sophistik, Sokrates, Sokratik, Mathematik, Medizin. Basel 1998, S. 307-310; Jan F. Kindstrand: Bion of Borysthenes. A Collection of the Fragments with Introduction and Commentary. Uppsala 1976; Paquet: Cyniques (wie Anm. 52), 121-133. – Vgl. zur Entwicklung der *Diatribe* auch Paul Wendland: Philo und die kynisch-stoische Diatribe. In: Ders./Otto Kern, Beiträge zur Geschichte der griechischen Philosophie und Religion. Berlin 1895, S. 1-75; André Oltramare: Les origines de la diatribe romaine. Diss. Genève. Lausanne 1926; Wilhelm Capelle/Henri-Irénée Marrou: s.v. Diatribe. In: Reallexikon für Antike und Christentum 3 (1957), Sp. 990-1009; Fuentes Gonzalez: Commentaire (wie Anm. 24), S. 44-78. – Speziell zum Verhältnis der hellenistischen *Diatribe* zu den Paulinischen Predigten: Abraham J. Malherbe: Paul and the Popular Philosophy. Minneapolis 1989; Ders.: The Hellenistic Moralists and the New Testament. In: ANRW II 26.1. Berlin, New York 1992, S. 267-333.

62 Eine solche ist nach kynischer Lehre überflüssig, da sie ein Unbehagen am gegenwärtigen Status quo voraussetzt und sich darin ein Mangel an Autarkie erweist. Der kynische Wanderprediger hält sich an die Erkenntnisse und Einsichten seiner „geistigen Väter" als *ἀρκούμενος τοῖς παροῦσι* (Teles 38,10f. 41,12 H).

Propagierung der bereits von vielen Denkern aufgezeigten Wege zum glücklichen Leben versucht er den einfachen Bürgern eine geistige Orientierung und emotionale Zuwendung an die Hand zu geben und den Weg zur Reflexion über sich selbst einzuleiten – nicht mehr im Sinne einer radikalen Neuorientierung und Abkehr von herkömmlichen Werten, sondern im Sinne einer „Verbürgerlichung" und Aufweichung philosophischer Prinzipien. Indem er die ärmeren Bürger vor den Gefahren des Reichtums und der Verschwendung warnt, ihnen die Vorteile geistiger Unabhängigkeit und Autarkie nahebringt und zu einer einfachen und bedürfnislosen, aber gelassenen und glücklichen, für jedermann leicht zu verwirklichenden Lebensform rät, und indem er zu diesem Zweck philosophische Inhalte literalisiert, also subjektiviert, personalisiert und ikonostasiert, betreibt er, kurz gesagt, das mühselige Geschäft der „Aufklärung" der Bürgermenge, was sich durchaus als Popularisierung philosophischen Wissens bezeichnen läßt. In der Verschriftung ethischer Mahnreden, im Gebrauch einer neuen literarischen Gattung der Wissensvermittlung dokumentiert sich zugleich, wenn man so will, eine funktionierende Wissenskommunikation zwischen einem großen Kreis einfacher bis armer Bürger als „Patienten" und kynischer „Seelenärzte" als ethischen Experten und Ratgebern.

Marcus Pyka

Religion und die Popularisierung ‚ewiger Wahrheiten'. Das Beispiel christlicher und islamischer Häresiographien

Jesus sprach: [...]
Ich bin dazu geboren und in die Welt gekommen, daß ich für die Wahrheit zeugen soll. Wer aus der Wahrheit ist, der höret meine Stimme.
Spricht Pilatus zu ihm: Was ist Wahrheit?
Joh 18,37b-38a

1. Häresiographien???

Eine sinnvolle und nicht selten gewählte Form, eine Untersuchung wie diese zu beginnen, besteht darin, eine Definition des Gegenstandes aus einer allgemeinen Enzyklopädie zu zitieren. Im Falle von Häresiographien scheitert diese Übung allerdings schon daran, daß es offenbar keine solchen Einträge gibt, weder in allgemeinen Nachschlagewerken noch in Fachenzyklopädien wie der „Encyclopedia of Religion". Gewiß werden in dem stets aufgenommenen Lemma ‚Häresie' Häresiographien genannt oder gar ansatzweise behandelt, da sie zu den wichtigsten Quellen zu diesem Gegenstand überhaupt gehören – mitunter sind sie gar die einzigen. Allein als Gattung begriffen werden sie so gut wie nie. Dies muß äußerst wundernehmen angesichts der besonderen quellenkritischen Schwierigkeiten, die dieses oftmals polemische Genre mit sich bringt. Denn da die in ihm erwähnten Gruppierungen zumeist von ihren Gegnern beschrieben werden, läßt sich eine vergleichsweise ‚objektive' Darstellung kaum erwarten. Dies ist freilich ein Gemeinplatz, der sich pflichtschuldigst in allen Untersuchungen zu einzelnen Häresiographien wiederfindet; daß es sich jedoch um eine bestimmte Art von Schriften handeln könnte, die somit auch über spezifische Topoi, literarische Verfahren und Perspektiven verfügt, hat sich bislang kaum im Bewußtsein der Forschung etabliert. Dies kann freilich auch hier nur aufgezeigt werden; eine eingehende Behandlung, gerade über die Epochengrenzen zwischen Antike und Mittelalter, zwischen Mittelalter und Neuzeit hinaus, würde den Rahmen dieser Untersuchung sprengen. Hier soll vielmehr die Rolle von Häresiographien bei der Verbreitung von Wissen, genauer: einer bestimmten Art von Verbreitung beleuchtet werden – der Popularisierung von Wissen.

Häresiographien sind – um eine Definition zu wagen – Schriften, die als häretisch angesehene Gruppierungen beschreiben und jene in einen heilstheoretischen Zusammenhang setzen. Darin unterscheiden sie sich etwa von Widerlegungsschriften gegen einzelne Häresien oder gegen einzelne Glaubensvorstellungen, welche weniger universal auftreten, sondern eher ein punktuelles Interesse vortragen. Allerdings scheinen die Grenzen hier fließend zu sein. Gleiches gilt für die Grenze zwischen Häresiographie und Kirchenhistorie: Denn die

‚unparteiischen' Ketzergeschichten etwa eines Gottfried Arnold oder eines Johann Lorenz Mosheim[1] lassen sich durchaus in die alte Tradition häresiographischen Schreibens einordnen, doch stehen sie zweifelsohne zugleich an der Schwelle zur modernen Kirchengeschichtsschreibung.

Üblicherweise werden mit dem Stichwort „Häresiographie" Werke aus der Frühzeit des Christentums verbunden. Doch ungeachtet starker Schwankungen in Menge und Kreativität ihres Ansatzes oder Materials finden sich Sekten-, Häretiker- oder Ketzergeschichten über viele Jahrhunderte hinweg, überdies sowohl in der christlichen als auch in der islamischen Welt, mit Einschränkungen auch im Judentum[2]. Daß gerade diese Quellengattung etwas darüber auszusagen vermag, wie Gesellschaften mit dem Anderen umgingen, liegt wohl auf der Hand. Doch auch der bis heute bedeutendste Erforscher von Ketzern und religiösen Strömungen des Mittelalters im abendländisch-christlichen Bereich, Herbert Grundmann, dessen Werk noch immer einschlägig und unverzichtbar ist, hat sich nie explizit mit diesem Thema auseinandergesetzt, auch wenn er immer wieder einzelne Aspekte angesprochen hat[3]. Für die islamische Welt sieht die Situation noch schlechter aus; die einzige Arbeit, die versucht, einen Überblick über das häresiographische Genre zu geben, ist ein kurzer, eher aufzählungsartiger Aufsatz von Wilferd Madelung im „Grundriß für arabische Philologie"[4]. Solche Desiderate sind noch stärker fühlbar auf der Ebene des Vergleichs: Vergleichende Studien zu Judentum, Christentum und Islam sind ohnehin schon rar, speziell zu den Sek-

---

1 Vgl. Appendix Nr. 36 und 45. – Zu beiden Autoren vgl. die Sammelbände von Dietrich Blaufuß/Friedrich Niewöhner (Hrsg.): Gottfried Arnold (1666-1714). Mit einer Bibliographie der Arnold-Literatur ab 1714. Wiesbaden 1995 (= Wolfenbütteler Forschungen, Bd. 61), und Martin Mulsow/Ralph Häfner, Florian Neumann und Helmut Zedelmaier (Hrsg.): Johann Lorenz Mosheim (1693-1755). Theologie im Spannungsfeld von Philosophie, Philologie und Geschichte. Wiesbaden 1997 (= Wolfenbütteler Forschungen, Bd. 77).

2 Einschränkend muß gesagt werden, daß christlicherseits lediglich das abendländische Christentum berücksichtigt werden konnte, obschon zu vermuten steht, daß es auch nach der Trennung von West- und Ostkirchen auf beiden Seiten vergleichbare Entwicklungen gegeben hat. Zum Sonderfall des Judentums, wo es lediglich innerhalb eines kurzen Zeitabschnitts Häresiographien gegeben hat, siehe unten.

3 Immer noch grundlegend sind Grundmanns Religiöse Bewegungen im Mittelalter. 2., verb. und ergänzte Aufl. Darmstadt 1961 [EA 1935]; Ders.: Bibliographie des études récentes (après 1900) sur les hérésies médiévales. In: Hérésies et sociétés dans l'Europe pré-industrielle 11e-18e siècles. Communications et débats du Colloque de Royaumont. Paris, La Haye 1968, S. 407-467; Ders.: Ketzergeschichte des Mittelalters. 2. Aufl. Göttingen 1967 (= Die Kirche in ihrer Geschichte. Ein Handbuch, Bd. 2 G 1); Ders.: Der Typus des Ketzers in mittelalterlicher Anschauung. In: Ders.: Ausgewählte Aufsätze. Teil I: Religiöse Bewegungen. Stuttgart 1976 (= Schriften der Monumenta Germaniae Historica, Bd. 25), S. 313-327 [EA 1927]. – Für eine Würdigung von Leben und Werk Grundmanns vgl. Arno Borst: Herbert Grundmann (1902-1970). In: Herbert Grundmann: Ausgewählte Aufsätze I, S. 1-25.

4 Vgl. Wilferd Madelung: Häresiographie. In: Helmut Gätje (Hrsg.): Literaturwissenschaft. Wiesbaden 1987 (= Grundriß der arabischen Philologie, Bd. II), S. 374-378. – Dieser ungleichen Forschungslage ist es nicht unwesentlich zuzuschreiben, wenn in den folgenden Ausführungen mehr Gewicht auf der christlichen Häresiographie liegt, obwohl dies inhaltlich kaum zu rechtfertigen ist.

tengeschichten der ‚häresiefähigen‘ Religionen hat es sie bislang noch gar nicht gegeben. Insofern können die hier vorgestellten Überlegungen nur tentativ sein.

2. Religion und Popularisierung

Häresiographien sind nicht allein Auseinandersetzungen eines Autors mit als häretisch betrachteten Gruppierungen oder Persönlichkeiten, sie zielen darüber hinaus auch auf eine dritte Partei – auf die Rezipienten, denen die jeweilige Position nahe gebracht werden soll. Wie zu sehen sein wird, entspricht dieser Vorgang den von Carsten Kretschmann in der Einleitung zu diesem Band zusammengefaßten Merkmalen von Popularisierungsprozessen: Es gibt ein Wissensgefälle zwischen Produzenten und Rezipienten, wobei die Zahl der ersteren kleiner ist als die der letzteren; der Kreis der Rezipienten ist jedoch von einer gewissen Größe, die einen Bezug zum *populus* erkennen läßt. Zugleich bedienen sich die Häresiographen bestimmter Medien, mittels derer sie neben der direkten Wirkung einen multiplizierenden Effekt erreichen. Vor allem aber handelt es sich dabei um einen intentionalen Prozeß, bei dem ein spezifisches Wissen mit einer spezifischen Absicht bewußt verbreitet wird[5].

Dieser Befund von Popularisierungsprozessen bereits zur Zeit etwa des frühen Christentums oder in der formativen Phase des Islam erscheint zunächst – angesichts des bisherigen Horizonts der Popularisierungsforschung – einigermaßen überraschend. Doch ist Wissens- und Wissenschaftspopularisierung in der Tat kein Phänomen, das ausschließlich auf Naturwissenschaften (‚sciences‘) beschränkt ist. Vielmehr ist die vielleicht bedeutendste popularisierende Institution der europäisch-abendländischen Geschichte die Kirche gewesen, oder allgemeiner gesagt: Bevor im Verlaufe des 19. Jahrhunderts die Naturwissenschaften das publizistische Feld massenwirksam betraten, waren es religiöse Institutionen, die über Jahrhunderte hinweg nicht nur Geistes- und Vorstellungswelt der Menschen prägten, sondern überdies auch handfest beherrschten. Dies geschah durchaus nicht ausschließlich mit Knute und Inquisition, sondern vielmehr mittels der einfachen Überzeugung, der Infiltrierung des Geistes gewissermaßen, kurz: mittels einer Popularisierung ihrer Ideologien respektive Dogmen. Die Religion bestimmte und regelte Alltag und Leben ebenso wie Ethik und Moral. Und selbst Freigeister, Atheisten oder andere Opponenten kamen nicht umhin, sich mit den Positionen der Religion auseinanderzusetzen, um ihre Gegenpositionen zu entwerfen. Selbst heute, selbst in den eher post-christlichen Gesellschaften West- und Mitteleuropas ist das kulturelle Gedächtnis noch immer nachhaltig von ursprünglich einmal religiös gesetzten Normen und Vorstellungen geprägt.

Doch diese Bedeutung von popularisierter Religion stellt keine Besonderheit des abendländischen Christentums dar. Gleiches galt und gilt durchaus auch etwa für das Judentum oder den Islam, vielleicht sogar für jede Religion (ausgenommen werden müssen freilich hermetische Elitenreligionen; allerdings kann selbst ihnen etwas überaus erfolgreich Popularisierbares entwachsen, wie das Beispiel von Gnosis und Gnostizismus zeigt). Natürlich

5 Vgl. in diesem Band S. 14.

unterscheiden sich die jeweiligen Ausprägungen und Akzentsetzungen im Detail; das Faktum an sich behält desungeachtet seine Gültigkeit. Im Falle der drei großen monotheistischen Buchreligionen hängt das zunächst einmal mit ihrem universalistischen Anspruch zusammen: Alle drei reklamieren in der ein oder anderen Form für sich, göttlich offenbart oder zumindest inspiriert zu sein, wobei der Urheber der eine, einzige und einige Gott ist, gleichgültig, ob man ihn nun mit *Deus*, *YHWH* oder *Allâh* bezeichnet. Hieraus wiederum resultiert ein grundlegendes Charakteristikum eben dieser Monotheismen – die radikale Ablehnung jeder abweichenden Meinung von ihren jeweils grundlegenden Glaubenssätzen, eine Ablehnung, die in der konkreten Ausformung im Laufe der Geschichte durchaus gewaltsame Züge annehmen konnte.

Hier zeigt sich nun, neben der theologisch-dogmatischen Ausprägung, die Bedeutung ihrer jeweiligen historisch-gesellschaftlichen Erscheinungsform. Denn alle drei Religionen sind eben dadurch zu ihrer Bedeutung gelangt, daß sie Massenphänomene sind (sich also auf einen *populus* stützen), vor allem aber, daß sie durch eine mehr oder minder institutionalisierte Geistlichkeit beziehungsweise durch eine theologisch gebildete Elite repräsentiert und zusammengehalten werden. Diese Eliten sind bekanntermaßen nicht immer als Mittler zwischen Gott und den Menschen anzusehen, auch wenn ihnen mitunter eine solche Rolle *de facto* zugeschrieben werden kann. Wichtiger ist hingegen, daß es Eliten gibt, die eine deutende und an-leitende Funktion ausüben, die letztlich in eine definierende Position mündet. Das Objekt der Definition stellt sich als ‚die Wahrheit' dar, jene eine und einzige Wahrheit, wie sie sich aus den zur Verfügung stehenden Quellen (Offenbarung/Prophetie und nach deren Erlöschen die heiligen Schriften und deren Exegese) zu ergeben scheint. Dieser ‚Wahrheit' wird dabei eine universelle und absolute Verbindlichkeit zugeschrieben. Legt man nun ein performatives Modell von Wahrheit zugrunde[6], so kann man ‚Wahrheit' mit Überzeugungen und das heißt hier zugleich: mit ‚Wissen' gleichsetzen[7]. Was man weiß, wird als ‚wahr' wahrgenommen, und ‚Wahrheiten' sind entsprechend etwas, das man weiß oder auch nicht weiß, eine Zwischenposition ist hingegen nicht möglich.

Wissen, so die Grundannahme für die folgenden Überlegungen, wird also als identisch mit ‚Wahrheit' angesehen. Für Religion und ihre Institutionen hat dies bedeutsame Implikationen[8]: Aus ihrer Wahrheits-definierenden Position heraus sowie aus ihrer Verankerung in

6 Der besonders von Peter F. Strawson beeinflußten *performative theory of truth* zufolge bezeichnet das Attribut ‚wahr' nicht die Qualität einer Aussage, sondern stellt lediglich die Zustimmung zu einem Anspruch auf Verbindlichkeit fest. Daß es sich folglich bei ‚Wahrheit' jeweils um ein gänzlich subjektives Phänomen handelt kann nicht immer betont werden, ist aber stets mitzudenken. Vgl. Peter F. Strawson: Truth. In: George Pitcher (Hrsg.): Truth. Englewood Cliffs 1964, S. 32-53 [EA 1950]; für eine kritische Darstellung dieses Ansatzes vgl. Richard L. Kirkham: Theories of Truth. A Criticial Introduction. Cambridge/Mass., London 1992 (= Contemporary Perspectives in Philosophy Series), S. 308-350.

7 Die Unterscheidung zwischen Überzeugung und Wissen ist für den vorliegenden Untersuchungskomplex insofern irrelevant, als sie sich lediglich aus der Außenperspektive ergibt. Subjektiv läßt sich gemeinhin kein Unterschied zwischen beiden feststellen.

8 Eine besonders anschauliche Stelle für solche religiöse Autoritätswahrheit findet sich bei Hiob 19,25a (in der Übersetzung Luthers): „Ich *weiß*, daß mein Erlöser lebt" (meine Hervorhebung MPy).

der Gesellschaft ergibt sich die Machtposition, die die Religion zumindest in dem hier näher untersuchten monotheistischen Kulturkreis gewonnen hat. Diese Machtposition mußte zunächst errungen werden und ist dann im Laufe der Geschichte immer wieder angegriffen und herausgefordert worden, so daß es der Gegenwehr bedurfte und auch der Machtsicherung. Das effizienteste, weil nachhaltigste Mittel hierfür bestand (und besteht) in der Verbreitung und Verankerung der eigenen Lehren in ebenjenem *populus* – also in der Popularisierung der eigenen ‚Wahrheit‘. Dabei läßt sich nicht scharf zwischen popularisierender ;Elite‘ und rezipierendem *populus* trennen: Bei aller stets vorhandenen (Wissens-)Hierarchie sind die Grenzen durchaus fließend[9].

Daneben gilt es, innerhalb des popularisierten Wissens zu differenzieren. Es lassen sich zwei Kategorien von Glaubens-‚Wahrheit‘ unterscheiden, eine positive, affirmative ‚Wahrheit‘ und eine negative, abgrenzende ‚Wahrheit‘. In Anlehnung an Jan Assmann läßt sich auch von ‚kalter‘ Wahrheit einerseits und ‚heißer‘ andererseits sprechen, womit das Ziel der jeweiligen ‚Wahrheit‘ deutlicher betont wird[10]. In seiner großen Studie zum kulturellen Gedächtnis hat Assmann – anknüpfend an einen Gedanken Claude Lévi-Strauss’ – die Frage nach jenen Elementen gestellt, die Erinnerung erregen, und solchen, die sie eher verhindern. Als ‚kalt‘ identifizierte er dabei Erinnerung verhindernde und somit die bestehenden Verhältnisse stützende Elemente, während sich ‚heiße‘ Elemente durch ein „gieriges Bedürfnis nach Veränderung“[11] auszeichnen. Was nun für Assmanns Erinnerung gilt, hat auch in bezug auf Wissen bestand, das gleichsam die vergegenwärtigende Variante von Erinnerung darstellt. Dies heißt folglich für den Bereich der Religion gemäß der hier gebrauchten Grundannahme: Es gibt auch eine ‚heiße‘ und eine ‚kalte‘ Wahrheit.

Wissen erscheint als ‚Wahrheit‘, welcher eine Rolle zukommen kann, wie sie Assmann der Erinnerung beimißt. Im Kontext der Religion finden sich dementsprechend zwei Ausprägungen von ‚Wahrheit‘, auf der einen Seite eine positiv-affirmierende, wie sie etwa in Glaubensbekenntnissen und Katechismen zum Ausdruck kommt, und eine negativ-abgrenzende auf der anderen. Die definitorischen Grenzen zwischen beiden sind zwar gleichfalls einigermaßen fließend, was nicht zuletzt dem Umstand geschuldet ist, daß gerade Glaubensbekenntnisse in identitätsstiftender Absicht ihrerseits stets in Abgrenzung zu anderen, mißliebigen, eben ‚falschen‘ Glaubensvorstellungen formuliert worden sind. Allein daß es sich bei Glaubensbekenntnissen und anderen liturgischen Texten um ein Medium für Popularisierungsprozesse handelt, liegt auf der Hand, und es ist erstaunlich, daß sich die einschlägige Forschung hiermit bislang nicht beschäftigt hat.

Stärker mit der Popularisierung von ‚Wissen‘ sind freilich jene Werke verbunden, in denen ganz offen das ‚Falsche‘ der Irrlehren vom ‚wahren Glauben‘ geschieden wird: Häresiographien.

9 Hierzu vgl. unten, Kap. 6.

10 Zum folgenden vgl. Jan Assmann: Das kulturelle Gedächtnis. Schrift, Erinnerung und politische Identität in frühen Hochkulturen. 2., durchges. Aufl. München 1997, S. 66-86.

11 Assmann: Gedächtnis (wie Anm. 10), S. 68.

3. Zum Begriff der Häresie

„Häresiographien sind Schriften, die als häretisch angesehene Gruppierungen beschreiben und jene in einen heilstheoretischen Zusammenhang setzen." Diese scheinbar so einfache Definition hat ihre Tücken vor allem in dem beschriebenen Gegenstand, den ‚als häretisch angesehenen Gruppierungen', den Häresien. Denn der heute in der westlichen Welt allgemeine Sprachgebrauch dieses Wortes ist maßgeblich im christlich-kirchengeschichtlich geprägten Denken verwurzelt, was eine eindeutig negative Konnotation des Begriffs ‚Häresie' mit sich bringt[12]. Dabei hat das griechische Wort *hairesis* ursprünglich die wertneutrale Bedeutung einer frei gewählten Lehrmeinung oder eines Lehrsystems und schloß in erweiterter Form auch die Anhänger dieser Lehrmeinung ein. Dieses Bedeutungsfeld hat der Terminus sowohl in der klassisch-griechischen Literatur wie auch noch in der hellenistischen Epoche, so daß die Forschung seit Hermann Diels für die Darstellungen aus dieser Epoche eher von ‚Doxographien' spricht[13].

Erst in der patristischen Literatur läßt sich jene deutliche Pejorisierung feststellen, die den Begriff ‚Häresie' bis heute geprägt hat: Er diente seitdem zur Denunziation des vermeintlich ‚Falschen'. Voraussetzung hierfür scheint eine autoritative Definierung des ‚wahren' Glaubens, einer Orthodoxie zu sein – also eine Definition, die als ‚wahr' verbreitet und gegen die ‚falschen' Lehren durchgesetzt wird. Den Absolutheitsanspruch, den eine solche Orthodoxie erheben zu dürfen meint, brachte bereits Vinzenz von Lérins in seinem „Commonitorium" auf den Punkt, als er – in gänzlicher Ignorierung jedweder historischen Entwicklung und Wandlungen, denen auch das Phänomen ‚Orthodoxie' unterworfen ist – dasjenige als „uere proprieque catholicum" definierte, „quod ubique, quod semper et quod ab omnibus creditum est"[14].

Allerdings ist eine solche Orthodoxie, zumal in ihrer institutionalisierten Form, wiederum ein spezifisch christliches Phänomen, das im Islam und im Judentum kein Äquivalent hat. Wenn es desungeachtet auch in den beiden anderen monotheistischen Buchreligionen zur Bildung (oder vielmehr: Identifizierung) von Häresien gekommen ist, dann hat dies mit Faktoren zu tun, die einer näheren Betrachtung bedürfen.

Der Häresie-Begriff konnte auf Grund seiner eindeutigen und polemischen Konnotation erst dann religionswissenschaftlich nutzbar gemacht werden, als sich die Erkenntnis durch-

12 Zum folgenden vgl. etwa Kurt Rudolph: s.v. Heresy. An Overview. In: Encyclopedia of Religion. Bd. VI. New York 1986, S. 269-275, sowie zuletzt den ausgezeichneten Sammelartikel von Ulrich Mell/Alain Le Boulluec, Hans Jorissen, Martin Schuck, Harald Wagner, Gerhard May, Reinhard Hempelmann, Catherine Hezser, Elisheva Carlebach und Birgit Krawietz: Häresie. In: Die Religion in Geschichte und Gegenwart. 4. Aufl. Bd. III. Tübingen 2000, Spalte 1441-1455.

13 Diels selbst sah den Begriff freilich noch im Gegensatz zu ‚Biographien'. Vgl. D[avid] T. R[unia]: s.v. Doxographie. In: Der neue Pauly. Bd. 3. Stuttgart 1997, Sp. 803-806, hier Sp. 804.

14 Vincencius von Lerinum: Commonitorium. Hrsg. v. R. Demeulenaere. In: Corpus Christianorum. Series Latina. Bd. 64. Turnhout 1985, S. 147-195, hier I 5, S. 149. – Hierzu vgl. auch Hermann Josef Sieben: Die Konzilsidee der Alten Kirche. Paderborn, München, Wien, Zürich 1979 (= Konziliengeschichte, Reihe B: Untersuchungen), S. 151-156.

zusetzen begann, daß das Verhältnis von Orthodoxie und Häresie nicht gottgegeben ist, sondern eine bestimmte Beziehungskonstellation beschreibt, eine Beziehung zumal, in der sich eben auch das nachgerade ‚orthodoxe‘ Glaubens-Verständnis ebenso entwickeln mußte wie seine ‚häretischen‘ Gegenspieler. Daß in diesen Auseinandersetzungen zwischen verschiedenen heterodoxen Gruppierungen gelegentlich durchaus die Rollen getauscht werden können[15], verdeutlicht wohl mehr als alles andere den ausschließlich relationalen Charakter der Begriffe, der überdies vollständig von der Perspektive des Betrachters abhängt: Denn konsequent zu Ende gedacht, kann für einen ‚Häretiker‘ auch der selbst ernannte ‚Orthodoxe‘ häretisch sein. Daraus ergibt sich, daß es eben auch Häresiographien waren, die einen gewichtigen Beitrag für die Ausbildung einer Orthodoxie oder einer katholischen Lehre geleistet haben, indem sie das Wissen von ‚wahr‘ und ‚falsch‘ in autoritativer Form popularisierten.

Voraussetzung für diesen gesamten Prozeß ist freilich die Existenz einer grundlegenden, kanonischen Bezugsebene, sei es nun ein Offenbarungstext und/oder eine Gründerpersönlichkeit, deren Worte und Taten die Richtschnur ihrer Anhänger darstellen soll. Es bedarf eines solchen normsetzenden Bezugs, um die für die Abgrenzung notwendige Autorität zu entfalten. Daher findet sich ‚Häresie‘ nur in wenigen, gleichsam ‚konfessionell‘ strukturierten Religionen, wohingegen ausschließlich auf Orthopraxie ausgerichtete ‚Volksreligionen‘ das Phänomen der Häresie nicht kennen[16]. Wenn nun also Orthodoxie erst aus dem Ringen um die rechte Interpretation von Offenbarung, Lehre des Gründers oder der Tradition entspringt, dann bedeutet dies, daß diese Auseinandersetzungen nicht unwesentlich argumentativ geführt werden. Zwar spielen auch soziopolitische oder soziokulturelle Faktoren eine maßgebliche Rolle, doch vordergründig geht es im wesentlichen um Fragen der Theologie. Für sie aber ist Wissen von entscheidender Bedeutung: Mit seiner Hilfe gilt es, die übrigen Anhänger und Gruppierungen davon zu überzeugen, daß die eigene Lesart die richtige, die einzig richtige, kurz: die ‚wahre‘ ist. Die Popularisierung dieses Wissens bedeutet demzufolge die Verbreitung der eigenen Position und letztlich ihre Durchsetzung gegen Konkurrenz.

4. Häresiographien im Kontext

Wenn man sich die überlieferten oder nur bekannten Häresiographien vergegenwärtigt[17], dann läßt sich rasch etwas Überraschendes feststellen: Obgleich das Phänomen der Häresie nach den obigen Ausführungen etwas ist, das den drei großen monotheistischen Buchreligionen gemeinsam ist, finden sich Häresiographien im wesentlichen jedoch nur im Christen-

15 Dies war das seinerzeit aufsehenerregende Ergebnis von Walter Bauers Studie über die Rolle gnostizistischer Ansichten im Frühchristentum: Rechtgläubigkeit und Ketzerei im alten Christentum. Tübingen 1934 (= Beiträge zur historischen Theologie, Bd. 10).
16 Vgl. Rudolph: Heresy (wie Anm. 12), S. 271f.
17 Für einen besseren Überblick sei auf die Häresiographieliste im Anhang verwiesen.

tum und im Islam; im Judentum wurden vereinzelte Häresiographien erst zu Beginn des 19. Jahrhunderts verfaßt[18].

Möglicherweise hängt dies mit der Grundanlage dieser drei Religionen zusammen, wie sie sich aus ihrer jeweiligen Geschichte und ihrem Verhältnis zueinander entwickelt hat. Denn sowohl das Christentum als auch der Islam[19] waren anfangs lediglich als reformierende Gruppierungen gegenüber dem Judentum (bzw. gegenüber Judentum und Christentum) aufgetreten, bevor sie später den Anspruch erhoben, die ,Mutterreligion(en)' zu abrogieren; die heiligen Schriften der beiden ,Tochterreligionen', also Neues Testament und Qur'ân, lassen noch Spuren dieser Entwicklung erkennen. Aus dem anfänglichen Dialog mit und innerhalb der einen Religion wurde bald die kontroverse Abgrenzung, dann die scharfe Verurteilung der anderen als ,Verfälscher' der ,wahren' Offenbarung, und schließlich finden sich gar Verfluchungen[20]. In der Folge entwickelten sich die jeweiligen Konzepte der eigenen Religion in steter Abgrenzung von dem, was als Bild des Anderen entwickelt wurde.

Ein essentieller Teil dieses Bildes der anderen Glaubensrichtungen (und zugleich in seiner Umkehrung Beleg für die ,Wahrheit' der eigenen) ist deren Zerstrittenheit und ihre Orientierungslosigkeit – da sie ja eben die einzig verbindliche Wahrheit des offenbarten Gotteswortes ablehnen oder zumindest ignorieren. Der Qur'ân etwa weist immer wieder darauf hin (so etwa Q 30, 31f. für die Polytheisten/*mušrikûn* oder Q 7, 168 für die Juden), wobei sie doch ein Blick in den Qur'ân über „das meiste von dem, worüber sie uneins sind"[21] aufklären könnte. Die Muslime hingegen werden wegen ihrer (religiösen) Einheit (als *umma*) gepriesen und ermahnt, diese nicht aufs Spiel zu setzen (so besonders in Q 3, 103). Dabei hat der Terminus *umma* stets eine heilsmächtige Konnotation[22]. Im Christentum finden sich ähnliche Argumente, insbesondere in der Apostelgeschichte und bei Paulus; und auch die Lehren von der fundamentalen Gleichheit aller Anhänger gehören wohl in diesen Kontext. Auf diese Weise propagierten die kanonischen Texte das Selbstbild der vollständigen Einheit der Urgemeinde und untermauerten damit zugleich den Anspruch, mit ihren Glaubenswahrheiten und dem für ihre Erlangung notwendigen Wissen die gottgewollte Weltordnung zu verwirklichen[23].

Dieses paradiesische Bild ließ sich nicht lange aufrechterhalten. Im Islam etwa erhielt es tiefe Risse, nachdem mit dem Tod Muhammads 632 die Quelle der Offenbarung versiegt und somit die unmittelbar göttlich inspirierte Lenkung verschwunden war. Bald schon kam

---

18 Vgl. Nr. 99 und 100 im Anhang.

19 Zum folgenden vgl. Jacques Waardenburg: [Muslim Studies of Other Religions.] 1. The Early Period: 610-650. In: Ders.: (Hrsg.): Muslim Perceptions of Other Religions. A Historical Survey. New York, Oxford 1999, S. 3-17, hier bes. S. 9.

20 Vgl. etwa Qur'ân 5, 12ff.

21 Qur'ân 27, 76. Übersetzung nach Rudi Paret: Der Koran. 6. Aufl. Stuttgart, Berlin, Köln 1993, S. 268.

22 Vorläufig vgl. noch Rudi Paret: s.v. umma. In: H. A. R. Gibb/J. H. Kramers (Hrsg.): Shorter Encyclopaedia of Islam. 4. Aufl. Leiden 1995, S. 603f.

23 Beispiele wie dieses belegen die große Nähe, um nicht zu sagen die Identität von Popularisierung und Propaganda, die vermutlich kaum unterschieden werden können. Die Klärung des Verhältnisses der beiden Begriffe zueinander ist ein dringendes Desiderat.

es um die Frage nach der rechten Leitung der Gemeinschaft zum Streit, und der daraus resultierende Erste Bürgerkrieg (*fitna*) wird immer wieder als traumatisches Ereignis der islamischen Geschichte beschrieben. Nach der Ermordung Uthmâns, des dritten der vier ‚rechtgeleiteten Kalifen‘ (656) und dem Schiedsgericht von Siffîn im folgenden Jahr formierten sich immer wieder Gruppierungen, die in einzelnen Fragen dezidierte Positionen vertraten, die sich jedoch nicht allgemein durchzusetzen vermochten. Beginnend mit den Kharidjiten fragmentierte sich die islamische Oikumene zusehends – und nach einem Jahrhundert entwickelten sich aus den theologischen Streitschriften über Einzelfragen jene ‚Bücher der Lehrmeinungen‘ (*katâ'ib al-maqâlât*), die heterodoxe Ansichten als Ausdruck des Irrwegs schlechthin geißelten, somit das Wissen zumindest um eine ‚negative Wahrheit‘ fixierten und verbreiteten.

Solch genereller Welterklärungsanspruch fand im Islam wie im Christentum statt, zunächst vor allem in der Auseinandersetzung mit der griechischen Philosophie (was wiederum eine beständige Selbst-Definition und Selbst-Vergewisserung evozierte); wirkungsmächtiger war aber wenigstens für das Christentum in seiner frühen Geschichte die Begegnung mit dem Gnostizismus, zumal diese religiös-mystische Strömung ihrerseits versuchte, mit dem Christentum zu verschmelzen. Doch bewirkte die Auseinandersetzung mit gnostischen Lehren seitens der christlichen Theologie vielmehr eine andauernde Abwehrhaltung, die bald den Gnostizismus als Häresie ansah, gar als Verursacherin aller Anfechtungen der Glaubenseinheit insgesamt. Diese Auseinandersetzung bedeutete letztlich für das frühe Christentum ein regelrechtes Trauma[24].

Noch ein weiterer Punkt ist hier auffällig. Denn obschon in diesen ‚konfessionellen‘ Religionen Häresien zu allen Zeiten auftreten (wenn auch mit unterschiedlicher Häufigkeit), so erleben die Beschreibungen dieser heterodoxen Bewegungen eine bemerkenswerte Hausse in der Frühzeit der Religion, wobei eine parallele Entwicklung in der ‚Kirchengeschichte‘ von Christentum und Islam bemerkenswert ist: Die Blütezeit der Häresiographie beider Religionen fällt ineins mit jener Epoche, in der sich die wesentlichen Elemente der Theologie (um nicht zu sagen die Theologie an sich) herausbildeten und institutionalisierten. Dies ist im Christentum und im Islam zwar zudem jene Epoche, in der diese Religionen weltliche Macht als Staatsreligion zu erringen in der Lage waren: Was für den Islam beinahe von Anbeginn seiner Zeitrechnung an der Fall ist, gilt auch für das Christentum seit dem Mailänder Edikt von 313. Doch zeigt gerade das christliche Beispiel, daß die Erringung staatlicher Macht nur einen sekundären Aspekt darstellt, da es in seiner Geschichte bereits seit Justinus häresiographisches Schrifttum gegeben hat, wenngleich es erst zwischen 370 und 430 zu einem regelrechten Boom kommt[25], der wohl mit den neuen Herausforderungen an die Staatsreligion in einem Weltreich erklärt werden kann. Diesen Anforderungen, einhergehend mit dem Bedürfnis der Gläubigen nach dem notwendigen Wissen, um sich in einer

24 Vgl. Norbert Brox: s.v. Häresie. In: Reallexikon für Antike und Christentum. Bd. 13. Stuttgart 1986, Sp. 248-297, hier Sp. 259ff.

25 Vgl. Judith McClure: Handbooks against Heresy in the West, from the Late Fourth to the Late Sixth Century. In: Journal of Theological Studies. N.S. 30 (1979), S. 186-197, hier S. 190.

Welt zurechtzufinden, in der *ihre* Glaubenswahrheit nun die ausschließliche Deutungsmacht besaß, hat wohl eine Nachfrage ausgelöst, der die Häresiographien nachkamen.

Freilich muß angesichts dieser Periodisierung die sogenannte „Geburt der Häresien" im 12. Jahrhundert der europäischen Geschichte irritieren[26], die eben kein nennenswertes häresiographisches Schrifttum hervorgebracht hat. Sollte hier etwa das Ereignis erst *nach* seiner Reflektierung stattgefunden haben? Diese Irritation läßt sich freilich leicht ausräumen mit einem genaueren Blick auf die Begrifflichkeit ‚Häresie'. Denn wo im Hoch- und Spätmittelalter die Fronten, wer Ketzer und wer rechtgläubig sei, bereits ziemlich früh feststanden[27], galt es im frühen Christentum, ebendiese Fronten erst zu ziehen, und Häresiographien nahmen hierbei eine eminente Rolle auch in den verschiedenen Versuchen ein, Orthodoxie zu konstruieren und zu installieren. Da aber die meisten hoch- und spätmittelalterlichen häretischen Bewegungen weniger dogmatische als vielmehr moralische und reformerische Ziele verfochten[28], bestand für die römische Orthodoxie kein Grund, ihren jeweiligen Irrlehren ein Übermaß an Aufmerksamkeit zu schenken, zumal einerseits ihre Position institutionell zu gefestigt war, als daß hier eine ernste Gefahr bestanden hätte, anderseits aber auch das eigene Reformpotential über genügend Einfluß verfügte, um wenigstens einige der inkriminierten Mißstände zu beseitigen. Erst mit den Erschütterungen der Reformation wurden die alten Fronten aufgebrochen, die Rollen neu verteilt – das Ergebnis war unter anderem auch ein neuerlicher Boom des häresiographischen Schrifttums, der sich mit dem Ende des ‚konfessionellen Zeitalters' abschwächt und später das häresiographische Genre zur Geschichtsschreibung gerinnen läßt.

Ein Vergleich mit dem Judentum stützt diese Hypothese. Hier finden sich nämlich bis ins 19. Jahrhundert hinein keine Häresiographien. Gewiß hat es durchaus Gruppierungen und Strömungen gegeben, die vom jüdischen *mainstream* als häretisch angesehen wurden; so ist etwa die starke Fragmentierung der jüdischen Religion in der Zeit der herodianischen Herrschaft eine bekannte Tatsache[29]. Und eine Reihe von Auseinandersetzungen um Fragen der Religion – wie etwa die sogenannte ‚Maimonideische Kontroverse' oder diejenige zwi-

---

26 Dies bezieht sich vor allem auf die großen Ketzer-Bewegungen von Katharern, Waldensern u.a. Grundlegend neben den Arbeiten Grundmanns (wie Anm. 3) vgl. Arno Borst: Die Katharer. Stuttgart 1953 (= Schriften der Monumenta Germaniae Historica, Bd. 12), sowie Malcolm Lambert: Häresie im Mittelalter. Von den Katharern bis zu den Hussiten. Darmstadt 2001.

27 Aufschlußreich ist hierzu die Forschungskontroverse zwischen Borst und Jean Duvernoy um die Bezeichnung ‚Katharer' (von der sich das deutsche Wort ‚Ketzer' ableitet); der Begriff hat sich ungeachtet seiner wahrscheinlich pejorativen Bedeutung eingebürgert, obgleich die wohl bevorzugte Selbstbezeichnung dieser heterodoxen Strömung *boni christiani* oder *veri christiani* war. Vgl. Emmanuel Le Roy Ladurie: Montaillou. Ein Dorf vor dem Inquisitor 1294-1324. Frankfurt am Main, Berlin 1993, S. 9.

28 Vgl. Grundmann, Religiöse Bewegungen im Mittelalter, S. 21, sowie den Forschungsüberblick bei Jeffrey Russell: Interpretations of the Origins of Medieval Heresy. In: Mediaeval Studies 25 (1963), S. 26-53, hier S. 50f.

29 Pharisäer, Sadduzäer, essenische Gruppen, um nur die bekanntesten zu nennen. Daneben gab es noch die Samaritaner, deren Zugehörigkeit zum Judentum überhaupt umstritten war. In späteren Zeiten gehören noch die Karäer hierzu, aber auch die verschiedenen messianischen Bewegungen oder die in der ‚Maimonideischen Kontroverse' angegriffenen Gelehrten.

schen den Chassidîm und den Mitnaggedîm („Gegnern“) um den Gaon Eliyahu von Wilna – zeigen deutlich, daß es durchaus auch im Judentum zu heftigen Fehden in Fragen der Religion kommen konnte[30]. Mit dem Einsatz eines Rechtsinstituts wie dem Bann (*cherem*) stand dabei den beteiligten Rabbinen ein durchaus wirkungsmächtiges Instrument zur Verfügung, religiösen Verurteilungen Nachdruck zu verleihen[31]. Doch wurden solche Auseinandersetzungen ohne dogmatischen Hintergrund ausgefochten[32], da das Judentum keine systematische Theologie mit dem Anspruch auf Verbindlichkeit, eben dem Anspruch auf ‚Wahrheit‘, ausgebildet hat[33].

Hingegen findet sich eine apologetische Literatur, die Parallelen zu einem bestimmten Aspekt von Häresiographien aufweist[34]. Vergleichbar den Sukzessionsketten der häresiographischen Literatur (dazu unten mehr) wird hier eine ungebrochene Kette der Überlieferer der Glaubenswahrheit aufgezeigt und damit die Autorität der Rabbinen gestützt. Zwar sind auch diese Werke im Kontext ‚falscher‘ Wahrheiten und ihrer Bekämpfung zu sehen, da insbesondere mit der Betonung der Tradition den Argumenten der Karäer der Boden entzogen werden sollte[35]. Explizit finden sich Häresien in dieser Spielart der ‚Wahrheitsliteratur‘ allerdings so gut wie nicht.

Es bleibt schließlich zu klären, weshalb sich ausgerechnet zu Beginn des 19. Jahrhunderts mit Peter Beer und Isaak Markus Jost zwei Autoren diesem vermeintlich fremden und überdies auch überlebten Genre zuwandten. Bei der Analyse ihrer jeweiligen Werke fällt das Ziel ins Auge, das beide dabei verfochten: die Reform ihrer Religion und die Wiederherstellung einer vermeintlich reinen Urform. Für dieses Ziel bemühten sie sich um den wissenschaftlichen Nachweis, daß die Entwicklung seither sich immer weiter von ebenjener Urform fortbewegt hat, eine Tendenz, die sehr vielen Häresiographien gemein ist. Darüber hinaus wirkten sie in einer Zeit des Aufbruchs, in der die Sicherheit der traditionsorientier-

---

30 Vgl. Bernard Lewis/Friedrich Niewöhner (Hrsg.): Religionsgespräche im Mittelalter. Vorträge, gehalten anläßlich des 25. Wolfenbütteler Symposiums vom 11.-15. Juni 1989 in der Herzog-August-Bibliothek. Wiesbaden 1992 (= Wolfenbütteler Mittelalter-Studien, Bd. 4).

31 Die wohl berühmteste aller jüdischen *causes célèbres* dürfte die Bannung Baruch Spinozas durch die Amsterdamer Gemeinde im Jahre 1665 sein. Vgl. Y. Yovel: The Marrano of Reason. Princeton 1989 (= Ders.: Spinoza and Other Heretics, Bd. 1).

32 Dementsprechend hatte eine Bannung auch nur für die jeweilige Gemeinde bzw. den jeweiligen Bezirk Geltung; für eine Ausweitung mußten sich weitere Rabbiner dem Bann anschließen, worüber es zu regelrechten Disputationen kommen konnte, bei der die beteiligten Kontrahenten andere Gemeinden mit Gutachten und Flugschriften auf ihre Seite zu ziehen trachteten. Auch diese Quellengattung ist bislang kaum unter Popularisierungsgesichtspunkten analysiert worden.

33 Vgl. die konzisen Ausführungen von Michael Heinzmann s.v. Jüdische Theologie. In: Lexikon für Theologie und Kirche. 3., völlig neu bearb. Aufl. Bd. 5. Freiburg, Basel, Rom, Wien 1996, Sp. 1032ff.

34 Das berühmteste Werk dieser Gattung ist wohl das Sefer ha-Qabbalah des Abraham Ibn Daud. Hierzu vgl. Text und Edition von Gerson D. Cohen (Hrsg.): A Critical Edition with a Translation and Notes of the Book of Tradition (Sefer ha-Qabbalah) by Abraham Ibn Daud. Philadelphia 1967.

35 Diese lehnten die rabbinische Tradition vollständig ab und beriefen sich auf den Text des Tenach als einzige Quelle von Wahrheit. Grundlegend vgl. S. Szyszman: Le Karaïsme. Lausanne 1980.

ten Religiosität durch die Haskala aufgebrochen wurde und sich das Judentum in einer tiefgreifenden Neuorientierungsphase befand. In diesem ‚Zeitfenster' versuchte vor allem Beer, seine Interpretation des ‚wahren' Judentums durch den Erweis einer „rein mosaischen Religion"[36] als Urgrund sowie die Kette von Abweichungen zu popularisieren. Es steht somit zu vermuten, daß Häresiographien ein spezifisches Symptom für die Inkubations- und Konstituierungsphase von ‚Orthodoxie' beziehungsweise einem theologischen *mainstream* darstellen, wobei einer solchen Art der Wissenspopularisierung eben auch ein fundierender Charakter eignet.

5. Legitimierung von Wissenspopularisierung

Sinn und Zweck von Häresiographien ist zunächst freilich die theologische Auseinandersetzung mit Gegnern der ‚wahren' Religion. Dies erfordert, sowohl die eigene, ‚rechte' Position zu kennen, als auch die Lehrmeinungen der Gegner. Hierzu sollten Häresiographien das notwendige Wissen zur Verfügung stellen und aufbereiten. Die Popularisierung religiösen Wissens an sich war nicht nur sanktioniert, sondern vor allem im Christentum geradezu geboten, wie dies besonders im Missionsgedanken zum Ausdruck kommt[37]. Im Islam wiederum, der zumindest in seiner sunnitischen Form keine Mission im eigentlichen Sinne kennt[38], hatte dennoch Wissen, vor allem das religiöse Wissen, und seine Verbreitung einen großen Nimbus. Dies zeigt etwa folgendes *hadîth* (ein dem Propheten Muhammad zugeschriebener Ausspruch):

> Ein Gleichnis für das, was Gott mir an Rechtleitung und Wissen in meiner Sendung anvertraut hat, ist der ausgiebige Regen, der weite Ländereien berührt. Ein Teil des betroffenen Gebietes ist fruchtbar. Es nimmt das Wasser auf und läßt das Futter für die Tiere und das Gras wachsen. Und das unfruchtbare Land sammelt das Wasser. Auch auf diese Weise wirkt Gott zum Nutzen der Menschen, denn sie trinken das Wasser, tränken ihr Vieh und bebauen das Land. Im Gegensatz dazu

36 Anhang Nr. 98, Bd. II, S. 415.

37 Dies wird erstmals im sogenannten Missionsbefehl des Auferstandenen in Mt 28,18ff. formuliert; allerdings müssen wohl schon die früheren Aussendungen der Jünger Jesu noch zu dessen Lebzeiten als Popularisierungsmaßnahmen gelten, wenngleich hier deren Tätigkeit ausdrücklich auf Israel beschränkt bleiben soll (weshalb sie von der Forschung nicht als ‚Mission' verstanden werden); vgl. Mt 10,5f. und Mk 6,7-13. Den entscheidenden Schritt zur weltweiten Mission mit universalem Anspruch machte die Bewegung erst mit Paulus nach dem Apostelkonzil (48/49 n. Chr.); in der Folge gewannen dessen Aktivitäten zunehmend systematische Züge. – Vgl. H. Kasting: Die Anfänge der urchristlichen Mission. Eine historische Untersuchung. München 1969 (= Beiträge zur evangelischen Theologie, Bd. 55).

38 Die neuzeitlichen missionarischen Bestrebungen sind, sofern sie in irgendeiner Weise organisiert sind, eher als Reaktion auf christliche Missionarstätigkeit zurückzuführen bzw. im Kontext der allgemeinen Auseinandersetzung mit der westlichen Welt zu sehen. Eine koranische Grundlage haben sie nicht. – Vgl. Richard W. Bulliet: Conversion to Islam in the Medieval Period. An Essay in Quantitative History. Cambridge/Mass., London 1979.

> stehen solche Ländereien, die das Wasser weder sammeln noch eine Vegetation entstehen lassen. Die beiden erstgenannten Gebiete sind wie der Mensch, der Kenntnis von der Religion Gottes hat, der daraus Nutzen zieht, was Gott mir in meiner Sendung anvertraut hat, *der dieses Wissen erlernt und es anderen weitergibt.* Das andere Land ist wie der Mensch, der sich nicht um die Religion kümmert, und die Rechtleitung Gottes, mit der ich gesandt wurde, nicht annimmt[39].

Die Verbreitung religiösen Wissens war also ein gottgefälliges Werk. Häresiographien freilich zeichneten sich durch eine spezifische Eigenschaft aus, die sie recht ambivalent erscheinen ließ, da sie immer auch ein Forum für die Verbreitung ‚falschen‘ Wissens bieten konnten. Denn dessen kurze, griffige Zusammenfassung konnte die Gefahr bergen, daß es auf diese Weise überhaupt erst bekannt wurde. Nicht umsonst sind es oftmals eben die sie bekämpfenden Häresiographien, die dem Historiker Kenntnis von manchen dieser heterodoxen Richtungen bringt. Insofern bestand schon zeitgenössisch Rechtfertigungsbedarf, aus welchem Grunde man das Wissen um diese ‚falschen‘ Lehren verbreitete. Wichtig ist hierbei der Handbuchcharakter. Der wesentliche Unterschied zwischen einfachen Widerlegungsschriften und Häresiographien besteht ja eben darin, daß erstere einzelne Irrlehren konkret zu widerlegen trachten; letztere hingegen stellen die einzelnen Irrlehren in einen größeren, bisweilen sogar universalen Kontext, der gelegentlich sogar eine grundlegende Erklärung des Phänomens Häresie intendieren mag. Hieraus resultiert letztlich ein Anspruch auf Vollständigkeit. In der jeweiligen häresiographischen Darstellung lassen sich hierfür zwei Herangehensweisen feststellen.

Zum einen ist dies die Vorbeugung durch Aufklärung – also Verbreitung von Wissen. Diese Richtung konnte mitunter sogar wissenschaftliche Züge tragen. Al-Aš‘arî etwa begründet in seinem „Kitâb al-Maqâlât“ seine Beschäftigung mit heterodoxen Lehren damit, daß derjenige der „die Religionen kennen will und unter ihnen unterscheiden will, [...] notwendigerweise ihre Schulen und Lehrmeinungen kennen“ müsse[40].

Besonders deutlich wird der Nutzen häresiologischen Wissens in den Derivaten der großen Sektengeschichten, in Handbüchern mit Kurzinformationen für die konkrete Ketzerabwehr[41]. Diese Handbücher geben nicht allein einige wertvolle Hinweise auf die Verbreitung und Rezeption jener Häresiographien; sie dienten auch der konkreten Umsetzung, oft in aller Ausführlichkeit gegenüber einer bestimmten Richtung (zumeist des Arianismus). Überdies fungieren sie auch als Mittler zwischen verschiedenen Gruppen von Popularisatoren[42], wor-

---

39 Sahih al-Buḫârî III 20. Zit. n. Sahîh al-Buḫârî. Nachrichten von Taten und Aussprüchen des Propheten Muhammad. Ausgewählt, aus dem Arabischen übersetzt und hrsg. v. Dieter Ferchl. Stuttgart 1991, S. 51f. [Hervorhebung MPy]. – Zur Bedeutung von *hadîth*en im Islam vgl. einführend Tilmann Nagel: Geschichte der islamischen Theologie. Von Mohammed bis zur Gegenwart. München 1994, S. 78-86.

40 Al-Aš'arî: Maqâlât al-islâmîyîn wa-ḫtilâf al-musallin. Hrsg. v. Hellmut Ritter. Istanbul 1929 (= Bibliotheca Islamica, Bd. 1), S. 1.

41 Einführend für den christlichen Bereich McClure: Handbooks (wie Anm. 25).

42 Eine ähnliche Funktion erfüllten möglicherweise die späten häresiographischen Überblicke im islamischen Raum, etwa im noch heute für die Ausbildung an der Azhar-Universität benutzen

auf noch zurückzukommen sein wird. Ihre spezielle Anwendung liegt jedenfalls auf der Hand: Sie funktionieren wie Kataloge von möglichen Einwänden, denen die theologisch ‚richtige' Antwort (das heißt: Widerlegung) beigefügt wurde. Dem konnte selbst der formale Aufbau Rechnung tragen, indem die einzelnen Streitpunkte stereotyp gemäß dem Schema: ‚*Contra quod dicunt... Respondetur...*' abgehandelt wurden[43].

Hier wird nun schon der zweite Wesenszug von Häresiographien deutlich, die Abwehr ‚falscher' Lehren. Neben der Aufklärung über die ‚Wahrheit' bedienten sie sich auch der offensiven Bekämpfung der jeweiligen Gegner und dementsprechend heftiger Polemik. Dies wird besonders deutlich im „Panarion" des Epiphanias von Salamis[44], der sich in der Kirchengeschichte insonderheit durch die Bekämpfung von Origines hervorgetan hat. Doch auch über diesen konkreten Streitpunkt hinaus scheint ihm die stete Verbreitung der ‚rechten Wahrheit' ein regelrechter Akt der ‚Glaubenshygiene' gewesen zu sein – seine Sektengeschichte jedenfalls bezeichnete er selbst als „Hausapotheke"[45].

Generell läßt sich von christlichen Häresiographien sagen, daß sie eher zu einem (Ver-) Urteilen als zu einem reinen Sammeln neigen. Islamischerseits finden sich solche Beispiele zwar durchaus auch, doch sind sie hier nur vereinzelt[46]. Es läßt sich hierin eine Parallele ziehen zum Umgang der beiden Religionen mit Heterodoxien. Ein zentraler Punkt ist dabei die Frage nach der Verantwortlichkeit der Gemeinschaft für die aufgetretene Zersplitterung, da ja die Einheit der Urgemeinde in beiden Religionen eine so große Rolle spielte.

Im Islam gehörten Häresien gleichsam integral zur göttlichen Heilsordnung: Gemäß einem oft zitierten (und auch variierten) *hadîth* seien die Juden in 72 und die Muslime in 73 Häresien gespalten, von denen aber nur die eine ‚wahre' Richtung das Heil gewinnen werde[47]; entscheidend für den Gläubigen war also lediglich, der ‚richtigen' Richtung anzugehö-

„Kitâb al-Mawâqif" des al-Iğî oder im „Kitâb al-Ḫitat" des al-Maqrîzî; doch zeigt der enzyklopädische Gesamtzuschnitt dieser Werke, daß sie bereits andere Hauptziele vertraten. – Zu ihnen vgl. Madelung: Häresiographie (wie Anm. 4), S. 377.

43 So etwa geradezu idealtypisch in den Solutiones Diversarum Quaestionum ab Haereticis Obiectarum des Pseudo-Augustinus. Hrsg. v. B. Schwank. In: Florilegia Biblica Africana Saec. V. Turnhout 1961 (= Corpus Christianorum. Series Latina, Bd. 90), S. 135-223, passim.

44 Vgl. Anhang Nr. 11. Hierzu vgl. Aline Pourkier: L'Hérésiologie chez Épiphane de Salamine. Paris 1992 (= Christianisme Antique, Bd. 4).

45 Vgl. Pourkier: L'Hérésiologie (wie Anm. 44), S. 78.

46 Beißend-polemisch ist im islamischen Bereich etwa der spanische Dichter und Philosoph Ibn Hazm; vgl. Anhang Nr. 88. – Dabei sei die Hypothese gewagt, daß in der Geschichte der islamischen Häresiographie zugleich eine Entwicklung zu beobachten ist, die auf eine Verschärfung des Tonfalls hinausläuft. Ein Indiz hierfür sind die Titel der Werke, soweit sie original und bekannt sind: Bis einschließlich Aš'arîs „Kitâb al-Maqâlât" ist „Buch der Lehrmeinungen" der vorherrschende Titel des Genres; das häresiographische Hauptwerk des folgenden Jahrhunderts, al-Baghdâdîs „Kitâb farq bayn al-firâq" tendiert schon zu einer Wertung, die ein weiteres Jahrhundert später bei aš-Šâhrâstânî voll zum Zuge kommt in seinem „Kitâb al-milal wa-n-nihal" („Buch der Religion und der Sekten"). Vgl. die chronologische Auflistung im Anhang, Teil 2 (islamische Häresiographien).

47 Vgl. Tirmiḏî, Imân 18. Die Varianten finden sich in Arent J. Wensinck: Concordance et Indices de la Tradition Musulmane. Les six livres, le *Musnad* d'al-Darimi, le *Muwatta* de Mâlik, le *Musnad* de Ahmad ibn Hanbal. Bd. V. Leiden 1965, S. 136. – Zum Kontext vgl. Ignatz

ren (da nach ebendiesem Prophetenwort nur die eine ,wahre' Richtung in die himmlische Ewigkeit eingehen werde), wozu es wiederum des nötigen Wissen zur Unterscheidung von ,wahr' und ,falsch' bedurfte – eine vehemente, auf Vernichtung angelehnte Bekämpfung des ,Falschen' war hingegen nicht zwingend notwendig. Dementsprechend gab es auch immer wieder Termini, die den kapitalen Vorwurf des Häretikertums (*takfîr*) abzumildern geeignet waren, ohne ihn gänzlich aufzuheben (insonderheit der der ,Neuerung', *tabdî'*)[48]. Gegen solche Neuerungen mußte freilich die Wahrheit der rechtgeleiteten Zeit wiederhergestellt werden, und dies konnte selbstverständlich nur durch die vollständige Sammlung und Erfassung der ,wahren' Tradition erfolgen, weswegen allerdings auch die Abweichung hiervon von Interesse waren. Entsprechend konnte Aš'arî durchaus im orthodoxen Sinne seiner Häresiographie die bereits zitierte, heute so modern wirkende Begründung voranstellen[49]. Darüber hinaus profitierten Häresien nicht zuletzt auch von jenem generellen „pluralisme hiérarchisé"[50] islamischer Gesellschaften, der den Bekennern monotheistischer Offenbarungsreligionen (*ahl al-kitâb*, im wesentlichen also Juden und Christen) im allgemeinen weitreichende Duldung und Autonomie einräumte. Es kam erst dann zu Verfolgungsmaßnahmen, wenn die gesellschaftlich-politische Einheit bedroht war, etwa durch antinomistische Bestrebungen[51]. Derlei war jedoch eher selten, was nicht zuletzt auch damit zusammenhing, daß der Staat (d.h. die Kalifen) sich weitestgehend aus der Theologie heraushielt.

In der christlichen Gesellschaft hingegen hatte diese den *ahl al-kitâb* im Islam eingeräumte Rechtsstellung (*dhimma*) kein Äquivalent, hier kam es vielmehr bald schon zur Ausbildung einer „persecuting society"[52]. Dies ging einher mit der Institutionalisierung der Religion und ihres Machtzuwachses, wie dies insbesondere in der Etablierung synodaler Definitionshoheit sowie der Institution des Papsttums deutlich wurde. Einen entscheidenden

Goldziher: Le dénombrement des sectes mohamétanes. In: Révue de l'Histoire des Religions 26 (1892), S. 129-137, sowie Josef van Ess: Theologie und Gesellschaft im 2. und 3. Jahrhundert Hidschra. Eine Geschichte des religiösen Denkens im frühen Islam. Bd. IV. Berlin, New York 1997, S. 674-693.

48 Vgl. van Ess: Theologie, Bd. IV (wie Anm. 47), S. 687.

49 In diesem Sinne könnte man van Ess durchaus zustimmen, wenn er das „Kitâb al-Maqâlât" lieber als „Doxographie" bezeichnen möchte. Ebd., S. 688.

50 Maxime Rodinson: L'Islam: politique et croyance. Paris 1993, S. 164.

51 Vgl. Bernard Lewis: Some Observations on the Significance of Heresy in the History of Islam. In: Studia Islamica 1 (1953), S. 43-63, hier S. 43 und 61.

52 Richard I. Moore: The Formation of a Persecuting Society: Power and Deviance in Western Europe, 950-1250. Oxford 1987. – Moore greift m.E. in seiner Periodisierung zu kurz. Gerade der Umgang mit heterodoxen Gruppen zeigt bereits seit dem 4. Jahrhundert eine Tendenz zur gewaltsamen Unterdrückung. Allerdings muß eingeräumt werden, daß mit der Durchsetzung der römisch-,katholischen' Richtung und der Beseitigung der wichtigsten Opponenten sowie durch römische Reichsteilung, Völkerwanderung und islamische Eroberung zwischen dem 5. und dem 11. Jahrhundert keine Notwendigkeit für eine systematischere Ketzerverfolgung im ,Abendland' gegeben war. Die wenigen als häretisch angesehenen Tendenzen seit der sogenannten karolingischen Renaissance waren zu sehr individuell angelegt, als daß sie eine ernste Bedrohung hätten sein können. Vgl. auch Ders.: The Origins of European Dissent. Oxford, New York 1977. – Zum Vergleich christlicher und islamischer Gesellschaften hinsichtlich ihrer Minderheiten Mark R. Cohen: Under Crescent and Cross. The Jews in the Middle Ages. 4. Aufl. Princeton 1996.

Einschnitt markiert dabei das Religionsgesetz von Kaiser Theodosius I. vom 28.2.380, in dem er die Reichsbevölkerung auf das nizäanische Glaubensbekenntnis verpflichtete – damit identifizierte er zumindest *de iure* das Staatsinteresse mit ‚Orthodoxie', Häretiker wurden zu Staatsfeinden. Diese Gleichsetzung des Staates mit (wohlgemerkt nur einem Teil) der Religion hatte im Islam kein Gegenstück, zumal selbst die als „Inquisitionstribunal des Liberalismus" verschriene *mihna* eben nur kurzzeitig wirkte und überdies mit dem Eid auf die Geschaffenheit des Qur'âns (das *ḫalq al-Qur'ân*) lediglich einen Aspekt der herrschenden Debatten zur verbindlichen Wahrheit zu erklären suchte. Insofern ist Ignatz Goldzihers Diktum, der Islam kenne keine Orthodoxie im christlichen Sinne, durchaus noch gültig[53].

Das Christentum hingegen bildete eine ‚Orthodoxie' heraus, die ebendiesen Anspruch auch mit gewaltsamen Mitteln zu verteidigen suchte. Da überdies die zahllosen Streitigkeiten über dogmatische Fragen der noch jungen Religion zu Spott und Schande gereichten (berühmt geworden ist die ätzende Kritik des Kelsos, die mit Grund lediglich in Zitaten ihrer Entgegnung durch Origines erhalten geblieben ist[54]), bestand ein besonderes Abwehrbedürfnis sowie die Frage, weshalb das Phänomen überhaupt hatte auftauchen können.

Einen Erklärungsansatz bot Paulus im ersten Korintherbrief: „Denn es müssen ja wohl Spaltungen unter euch sein, auf daß die, so rechtschaffen sind, offenbar unter euch werden."[55] Neben der grundlegenden Aussage (womit dem Phänomen ein wenig vom Greuel des Widernatürlichen genommen wurde) schien hier also auch so etwas wie apostolische Sinngebung auf: Häresien sowohl als Erprobung wie auch als Kontrastmittel für die Rechtgläubigen, wodurch der Text sogar eine eschatologische Komponente erhält: Denn wenngleich die Häresie an sich nicht ihren verwerflichen Charakter verliere, so eigne ihr doch ein gewisser providentieller Nutzen, indem sie die Suche nach der Wahrheit anstoße und so ‚die Kirche' auf dem rechten Wege zu halten helfe[56].

Dennoch war die Verwirrung angesichts der Vielzahl möglicher Wege in dieser frühen, formativen Phase groß und schlug sich auch in einer Reihe später neutestamentarischer Schriften nieder, wie etwa im ersten Johannesbrief:

> Sie [scil.: die Häretiker] sind von uns [also den wahren Christen] ausgegangen, aber sie waren nicht von uns. Denn wenn sie von uns gewesen wären, so wären sie

---

53 Ignatz Goldziher: Vorlesungen über den Islam. Heidelberg 1910, S. 183f.

54 Insofern ist auch der auffällig irenische Tonfall des Origines, der etwa auch für den Umgang mit Häretikern ausdrücklich auf das Liebesgebot abhebt, nur mit großer Vorsicht zu konstatieren; denn es war gerade die Heftigkeit und Intransingenz seitens der Christen im Umgang mit einander, die Kelsos als Verstoß gegen die doch angeblich christlichen Glaubenslehren verdeutlichte und mit seinem Spott übergoß. Daher mußte Origines in seiner Widerlegung von Kelsos' Behauptungen gerade das Gegenteil erweisen. Zu Origines' „Kata Kelsu" vgl. Pierre Nautin: Origène. Sa vie et son œuvre. Paris 1977 (= Christianisme antique, Bd. 1), passim.

55 1 Cor 11,19. – Zur Auslegungsgeschichte vgl. H. Grundmann: Oportet et haereses esse. Das Problem der Ketzerei im Spiegel der mittelalterlichen Bibelexegese. In: Archiv für Kulturgeschichte 45 (1963), S. 129-164.

56 Vgl. P. Lebeau: Hérésie et providence selon Salvien. In: Nouvelle Revue Théologique 85 (1963), S. 160-175.

> ja bei uns geblieben; aber es sollte offenbar werden, daß sie nicht alle von uns sind (1 Joh 19).

Diese hier postulierte wesenhafte Ungleichheit zwischen ‚wahren Christen‘ und Häretikern bot freilich immer noch genügend Probleme, nicht zuletzt praktischer Natur. Den Ausweg, den der Autor hier gibt, ist für den vorliegenden Zusammenhang von besonderem Interesse:

> Doch ihr habt die Salbung von dem, der heilig ist, und habet alle das Wissen. / Ich habe euch nicht geschrieben, als wüßtet ihr die Wahrheit nicht; sondern ihr wisset sie und wisset, daß keine Lüge aus der Wahrheit kommt[57].

Die Rechtgläubigen *wissen* also um ‚die Wahrheit‘. Dieses Wissen bedurfte aber besonders mit der zunehmenden Ausbreitung und Differenzierung der Religion der Vergewisserung und damit der beständigen Verbreitung unter den Gläubigen, was mit deren zunehmender Zahl durchaus auch hieß: mittels Multiplikatoren (wie etwa Bischöfen, Geistlichen und Imamen)[58]. Entsprechend bietet auch der zitierte Johannesbrief in der Folge eine Reihe von Glaubensregeln, die in der zeitgenössischen Diskussion eine Rolle spielten, nicht aber nochmals den gesamten Katalog der Glaubenswahrheiten, wie etwa die Existenz eines Gottes. Eine Bearbeitung des vorhandenen religiösen Wissens, der Glaubenswahrheit, war also üblich, wenn nicht sogar notwendig, und sei es in Form der Verknappung. Wie aber stellte sich nun dies in den Häresiographien dar?

6. ‚Wahrheit‘ und ihre Bearbeitung

Religion strebt nach Wahrheit. Nach ihrer spezifischen Wahrheit. Entsprechend liegt es recht nahe, wenn ihre Verfechter bemüht sind, die Ansichten ‚der anderen‘ möglichst eindeutig darzustellen und dabei deren Schwachstellen aufzuzeigen. Daraus ergibt sich zum einen beinahe zwangsläufig eine Bearbeitung, die bisweilen an Verfremdung, ja Verfälschung heranreichen kann. Dies hängt davon ab, mit welcher Intention eine Häresiographie geschrieben worden ist, ob sie gleichsam als konkrete Handreichung für Disputationen (und

---

57 1 Joh 2,20f. – Vers 20b wird auch überliefert als: „[...] und wisset alles.“
58 Besonders im Christentum bringt die Ausbreitung ein weiteres Problem zutage, das sich – wenn auch im geringeren Maße – durchaus auch im Judentum und im Islam zeigte: das Sprachproblem. Der Umstand, daß nicht alle Gläubigen die heiligen Schriften im Original lesen konnten, brachte etwa im Judentum eine rege Übersetzungsliteratur für die Alltagspraxis hervor (am bekanntesten sind die aramäischen Targumim); im Christentum entstand hieraus die Notwendigkeit zumindest einer lateinischsprachigen Bibelübersetzung, mit allen Schwierigkeiten, die eine solche Übersetzung mit sich bringt. Im Falle der Häresien bedeutete das Sprachproblem zwischen lateinischem Westen und griechischem Osten, daß nicht einmal alle Geistlichen im Westen in der Lage waren, die griechischen *canones* zu lesen und somit längst verurteilte Irrlehren als solche zu erkennen. Auch dies konnte ein Grund für die Abfassung (lateinischsprachiger) Häresiographien sein. Vgl. McClure: Handbooks (wie Anm. 25), S. 190.

Widerlegungen) dienen soll oder ob sie eher den universalen Zusammenhang alles Häretischen aufzeigen will. Entsprechend detailliert und getreu werden die zu beschreibenden Ideen wiedergegeben.

Dies betrifft freilich nur die ideengeschichtliche Seite der Häresieforschung. Denn oftmals ging es in den Auseinandersetzungen nicht allein um theologische Auseinandersetzungen, vielmehr waren häretische Bewegungen auch Ausdruck von Problemen des diesseitigen Lebens. Die Religionswissenschaft hat verschiedene Ursachen herausgearbeitet, die einzeln oder in Kombination Grund für die Ausbildung einer ‚Häresie' sind[59]:

Auf einer ‚weltlicheren' Ebene sind dies zunächst soziale Gründe, die wohl im wesentlichen ein für die Ausbildung von Sekten günstiges Klima der Unzufriedenheit schaffen und weniger ein konkreter Auslöser sind. Der letzthin entscheidende Auslöser ist oftmals in dem Auftreten eines charismatischen Führers zu suchen, der den skizzierten Streitpunkten seine Stimme verleiht, der damit der angesammelten Energie eine Richtung und somit Wirkung gibt. Ihren Ausdruck findet die neue Bewegung dann in bestimmten dogmatisch-theologisch-ethischen Haltungen, die letztlich den wesentlichen Identifikationsfaktor für eine solche entstehende Gruppierung bilden.

Diese drei Elemente finden sich sowohl bei der Ausbildung von Sekten wie auch von neuen Religionen; gerade die Verbindung der sozialen und der religiösen Ebene spielt eine große Rolle, und man wird schwerlich eine Häresie oder neue Religion finden, die sich ausschließlich auf einer der beiden Ebenen ausbildet, während sie auf der anderen gänzlich konform bleibt. In jedem Falle sind Häresien Ausdruck einer Dynamik in der Gesellschaft, die Manifestation und der Katalysator von Veränderungswillen[60].

Von dieser vielschichtigen Disposition heterodoxer Bewegungen ist in den wenigsten Häresiographien etwas zu spüren. Hier werden die als Häretiker Gebrandmarkten im wesentlichen mit den fluchwürdigen Etiketten der Zerstrittenheit und der Neuerungssucht versehen. Im Christentum kommt noch der Vorwurf der Lasterhaftigkeit hinzu, der sich islamischerseits eher selten findet[61].

Ein wesentliches Element für solche Beschreibungen von Häresien (und mutmaßlicherweise sogar ein Gattungsmerkmal für Häresiographien) ist die Einordnung von Häresien in einen übergeordneten heilstheoretischen Rahmen. Allerdings unterscheiden sich islamische von christlichen Häresiographien in einem wesentlichen Punkt, nämlich der Bezeichnung

59 Zum folgenden vgl. von historischer Warte aus Russell: Interpretations (wie Anm. 28), sowie und von religionswissenschaftlicher Seite Kurt Rudolph: Wesen und Struktur der Sekte. Bemerkungen zum Stand der Diskussion in Religionswissenschaft und -soziologie. In: Kairos 21 (1979), S. 239-254, hier S. 252f.

60 Vgl. den knappen Überblick bei Alexander Patschovsky: Was sind Ketzer? Über den geschichtlichen Ort der Häresien im Mittelalter. In: Max Kerner (Hrsg.): „...eine finstere und fast unglaubliche Geschichte"? Mediävistische Notizen zu Umberto Ecos Mönchsroman ‚Der Name der Rose'. Darmstadt 1987, S. 169-190, hier S. 177-185.

61 Zum Ketzerbild des Mittelalters allgemein (wenn auch ohne direkten Bezug zu Häresiographien) vgl. Grundmann: Typus (wie Anm. 3). – Überdies waren dies eben jene Eigenschaften, die den frühen Christen von ihren Gegnern zugeschrieben worden waren und sich etwa bei den Angriffen von Kelsos fanden.

und damit auch in der Wertung ihres Objektes: Während im Okzident häretische Gruppierungen nach ihrem (angeblichen) Gründer benannt wurden, erfolgte die Bezeichnung im Orient im wesentlichen nach systematisch-dogmatischen Gesichtspunkten. Dieser Unterschied ist essentiell: Bereits bei dem ersten christlichen Autor, der sich nachweislich näher mit Häretikern auseinandergesetzt hat, bei Flavius Justinus, läßt sich eine solche Nomenklatur feststellen[62]. Bei ihm kristallisierte sich erstmals ein auf Ausschluß abzielendes Vorstellungssystem von ‚wahr‘ und ‚falsch‘ heraus, daß sich dann auch in der Namensgebung niederschlug: Indem Justin das in der Philosophiegeschichtsschreibung seit Sotion von Alexandria übliche Prinzip der *diadoché*, der ‚Nachfolge‘, auf die Häresien wie auf die Geschichte des ‚wahren‘ Christentums übertrug, erzielte er einen zweifachen, höchst wirkungsvollen Effekt: Zum einen kann er so die verschiedenen ‚Abweichler‘ jeweils einem ‚Schulgründer‘ zuordnen und entzieht ihnen somit die Bezeichnung als ‚Christen‘[63]. Damit kann er sie zu bloßen Anhängern jener Gründer degradieren und somit denunzieren: als Markioniten, Valentinianer, Basilidianer und Satornilianer[64]. Zugleich dient dieses Verfahren dazu, ein reines, ‚wahres‘ Christentum als ungebrochene Tradition der integral überlieferten Glaubenswahrheit zu konstruieren – im Ergebnis stellt Justin somit dieses ‚wahre‘ Christentum in einen dualistischen Gegensatz zu den zahlreichen Abweichungen von dieser ‚Wahrheit‘, welche ihren Ursprung in Simon Magus als dem ‚Vater der Häresien‘ hatten[65] – ein Motiv, das zahlreiche Nachahmer finden sollte. Über die großen Synthesen des 3. und 4. Jahrhunderts hinaus blieb dieses Bild in den Häresiographien weitgehend das gleiche: die eine, reine und einige Glaubensgemeinschaft zu Beginn, die vom Übel der Irrlehre heimgesucht, aber nicht vollständig korrumpiert wurde, vielmehr beständig von ‚dem Bösen‘ herausgefordert wird, an das sie immer wieder Glieder verliert, um deren Seelenheil sie daher mit aller Macht ringen muß, damit letztlich die heilsnotwendige Einheit der Frühzeit wiedererlangt werden kann.

In islamischen Häresiographien bildete sich hingegen sehr bald eine Nomenklatur heraus, die eher an Inhalten denn an Personen orientiert war; entsprechend wurden die heterodoxen Hauptströmungen (die ‚Muttersekten‘) als *ḫâriǧîya, mu'tazila* oder *murǧîya* bezeichnet, und selbst für die große Mehrheit der Anhänger Alis setzte sich keine polemische *Alawîya* durch (wie für jene ‚extreme‘ Richtung, die Ali eine geradezu gottgleiche Rolle beimißt), sondern die sachliche Selbstbezeichnung einer *šî'at 'Alî*, einer Partei Alis. Zwar finden sich bei den verschiedenen Untergruppen dann doch personale Bezeichnungen, doch dürfte dies eher mit pragmatischen als mit dogmatischen Gründen zusammenhängen, zumal

---

62 Zum folgenden vgl. Alain LeBoulluec: La notion d'hérésie dans la littérature grecque IIe-IIIe siècles. Bd. I-II. Paris 1985, hier Bd. I, S. 40-91.

63 „Es war und ist also so [...], daß viele, die falsche und blasphemische Lehren und Praktiken gelehrt haben, im Namen Jesu aufgetreten sind; wir aber nennen sie nach dem Namen derjenigen, von denen diese Doktrinen und jedes dieser Systeme hervorgebracht worden sind." Iustinus Martyris: Dialogus com Tryphone Judaeo. Turnhout o.J. [ND 1967] (= Patrologia Graeca, Bd. 6), Sp. 471-800, Zitat Sp. 552, Kap. 35.

64 Vgl. ebd.

65 Vgl. LeBoulluec: Notion (wie Anm. 62) S. 80ff. – Mit dieser Herleitung von Simon Magus erreichte Justin auch das Ziel, die Philosophie als Urheberin der Häresien zu entlasten.

der wesentliche Hintergrund für jene Benennung bei Justin im Islam nicht gegeben ist: Die Religionsbezeichnung der *muslimûn* bezeichnet diejenigen, „die sich [Gott] unterwerfen/hingeben" (mit dem zugehörigen Verbalnomen *al-islâm* für die Religion als Ganzes), während sich für die sich herauskristallisierende Hauptströmung des Islam die im Grunde genommen wenig aussagekräftige, aber dadurch (und besonders in Abgrenzung von dem erwähnten Typus der Häretiker) auch wieder vielsagende Sammelbezeichnung der *ahl as-sunna wa-l-ğama'a* etablierte, der „Leute der Tradition und der Gemeinschaft", woher auch die in Europa gebräuchliche Bezeichnung ‚Sunniten' rührt. Hingegen fehlt es schlichtweg an einer *muhammadîya*, einer (blinden) Gefolgschaft Muhammads, von der häretische Gruppierungen polemisch abgesetzt werden könnten[66].

Insofern steht zu vermuten, daß eine wesentliche Ursache für diese unterschiedliche Bezeichnungspraxis in der jeweiligen Bezugnahme beider Religionen auf ihre Stifterpersönlichkeit zu suchen ist. Denn da Jesus als Christus von Anfang an höchsten Stellenwert als Identifikationsfigur für die entstehende christliche Religion besaß (gerade auch in Abgrenzung von den Juden), war dementsprechend hierin der einfachste und wirkungsvollste Punkt zu finden war, Andersdenkende zu desavouieren. Hingegen besitzt Muhammad im Islam keine einem ‚Gottessohn' vergleichbaren Rang, ungeachtet aller Verehrung für ihn als Propheten. Da für die Muslime hingegen mit dem *tauhîd*, der Einsheit Gottes, ein nichtpersonaler Glaubensgrundsatz von besonders herausragender Bedeutung war, mag es in der Natur der Sache gelegen haben, daß im Islam selbst die polemische Auseinandersetzung eher auf der inhaltlichen Ebene geführt wurde.

Denkbar ist freilich auch die Überlegung, daß sich islamische Häresiographien an ein Publikum wandten, das auf Grund einer höheren allgemeinen Bildung eher zu abstrakten Überlegungen in der Lage war, zumal die Kontroverstheologie des Kalam bereits ein hohes Maß an Subtilität hervorgebracht hatte, welches im christlichen Abendland noch einige Jahrhunderte auf sich warten ließ. Hierbei spielen zum einen die Mittel der Verbreitung eine Rolle, auf die noch einzugehen sein wird. Zum anderen wird man auch Häresiographen das Wissen unterstellen können, daß eine polemische Argumentation gemeinhin eher bei einem breiten Publikum anzukommen verspricht als eine differenzierte. Wie überhaupt bislang in der Popularisierungsforschung die Frage der Rezipienten noch einigermaßen unterbeleuchtet zu sein scheint. Denn nicht immer kann man wohl davon ausgehen, daß der Rezipientenkreis eine homogene Gruppe mit dem gleichen Bildungs- und Wissenshintergrund darstellt. Es steht daher zu überlegen, inwieweit etwa Popularisierungsvorgänge unter Menschen, die als Multiplikatoren vorgesehen sind (oder als solche dienen können) anderen Regeln gehorchen als diejenigen, die sich direkt an die ‚Endabnehmer' richten. Es bedarf keiner allzu großen Phantasie, um anzunehmen, daß sich die bereits erwähnten Handbücher über Häresien nicht nur an ein anderes Publikum richteten – nämlich an einen theologisch zumindest

66 Aus Unkenntnis und aus polemischen Gründen wurde jedoch im christlichen Abendland diese Bezeichung gerne für die Muslime verwandt; so stellten etwa für Gottfried Arnold die „Muhammedaner" eine der Sekten des Christentums dar. Vgl. im Anhang Nr. 35, S. 167. – Dies belegt den polemischen Charakter der immer noch, auch in wissenschaftlichen Publikationen zu findenden Bezeichnung „Mohammedaner", die daher vermieden werden sollte.

rudimentär ausgebildeten Leserkreis – als etwa die Predigten ebendieser Männer vor ihren Gemeinden. Doch auch innerhalb des häresiographischen Genres, den Schriften ‚für Fortgeschrittene‘, wenn man so will, lassen sich möglicherweise Unterschiede festmachen, die nicht allein auf zeitliche Faktoren und den Bildungshorizont des Autors zurückzuführen sind.

Dies gilt insbesondere für den Gebrauch von Metaphern. Mit beeindruckender Konsequenz etwa illustriert Epiphanios von Salamis, daß Häretiker für ihn Schädlinge sind: Dies legt bereits der erwähnte Titel („Hausapotheke") nahe, setzt sich darüber hinaus aber auch in den einzelnen Kapiteln fort: Da werden die einzelnen Häresien mit sehr genau beschriebenen Schlangenarten gleichgesetzt, manche Sekten auch zu Maulwürfen (die Adamiten) oder zu Spitzmäusen (die Melchisedekiden)[67]. Die jeweilige Widerlegung wiederum entspricht sehr genau dem für die jeweilige Schlange notwendigen Gegengift – eine geradezu biologistische Tendenz des Werkes, die noch durch die zahlreichen Bezüge auf Nikanders pharmakologische Lehrgedichte und die „Materia Medica" des Dioskurides unterstrichen wird[68]. Der Vergleich von Häretikern mit Tieren hat sein neutestamentliches Vorbild im Wolf im Schafspelz (Mt 7,15). Die Grundfunktion der Metapher – die Illustrierung eines Sachverhaltes mittels eines anderen, die zusammengeführt wurden durch ein *tertium comparationis*[69] – gewann so eine eigene praktische Dimension, deren Relevanz für Popularisierungsprozesse noch nicht ausgeleuchtet zu sein scheint. Steht es doch zu vermuten, daß mit einer so deutlichen Metaphorik die komplizierten theologischen Hintergründe für die Falschheit der häretischen Lehren auf einen einfachen Nenner gebracht und somit in schlagender Überzeugungskraft übermittelt werden sollten. In späterer Zeit gewann dieses Prinzip, daß in der Bergpredigt und bei Epiphanios noch ganz illustrativ verwandt wurde, eigene Methode, als Autoren wie David von Augsburg oder Stephan von Bourbon schließlich daran gingen, konkrete Eigenschaften zusammenzustellen, in denen Wolf und Häretiker sich gleichen sollten[70].

Der größeren Eindrücklichkeit diente wohl auch ein weiterer Aspekt, der sich sowohl in islamischen wie auch in christlichen Häresiographien findet: Oftmals nämlich spielt die Anzahl der aufgeführten Sekten eine besondere Rolle. Besonders islamische Häresiographien bekräftigen immer wieder die von dem bereits zitierten ‚Sektenhadîth‘ genannten zweiundsiebzig Häresien. Im Christentum gab es keine solche gleichsam kanonische Zahl, dennoch kam es durchaus zu ähnlichen Konstruktionen: Epiphanios von Salamis etwa zählte

---

67 Hierzu vgl. Pourkier: Hérésiologie (wie Anm. 44), S. 80.
68 Vgl. ebd., S. 79.
69 Vgl. Marcus Fabius Qunitilianus: Institutionis Oratoriae VIII 6,5. – Auch ein Hinweis auf die für die Popularisierung so bedeutsame Wirkungsweise der Metapher (*translatio*) findet sich bereits hier: „nam translatio permovendis animis plerumque et signandis rebus ac sub oculos subiciendis reperta est". Ebd., VIII 6,19.
70 Ähnliches wurde etwa auch für den Fuchs unternommen. Der Fuchs sollte in späterer Zeit mit Verweis auf Ri 15, 4f. und Hld 2,15 eine Rolle als Metapher für die Ketzer spielen. Vgl. Grundmann: Typus (wie Anm. 3), S. 318f. – Bezeichnenderweise taucht dieses Bild in den frühen Häresiographien noch nicht auf.

80 Häresien und berief sich dabei auf die „achtzig Kebsweiber“ aus dem Hohelied[71]. Es konnte freilich vorkommen, daß in der Aufzählung eine geringere Anzahl erreicht wurde, was an der Wahrhaftigkeit jener Aussage jedoch nichts zu ändern schien; geläufiger jedoch (und hier trafen sich dann christliche und islamische Häresiographen) war die Methode, mittels der Vermehrung von Untergruppen einer Sekte die Gesamtzahl auf das gewünschte Maß zu bringen – so konnte aus einem vielleicht eher unbedeutenden Anhänger eines religiösen Führers ein eigenständiger Häresiarch werden. Womit nicht gesagt sein soll, daß es sich hierbei um bösen Willen der jeweiligen Autoren handelt. Oft genug bestand die Schwierigkeit darin, daß die wenigsten der beschriebenen Positionen zuvor ein geschlossenes System entworfen hatten, welches der Häresiograph einfach zusammenfassen konnte; es bedurfte also durchaus eines gehörigen Maßes an Abstraktionsvermögen, um eine sinnvolle Darstellung (und Abgrenzung) zu geben. Da es andererseits aber auch zeitgenössisch nicht immer einfach war, entsprechende Schriften oder Aussagen aufzutreiben, bestand durchaus die Möglichkeit, daß Häresien nicht nur ‚konstruiert‘ wurden, weil der Häresiograph eigentlich marginale Fragen oder Figuren überbewertete, sondern auch, daß dies lediglich auf Grundlage von Gerüchten oder wegen des dramatischen Effekts geschah[72]. Augustinus etwa war sich solcher Gefahren bei der Abfassung seines „De Haeresibus“ durchaus bewußt und nutzte daher seine Vorlagen (etwa das „Diversarum Hereseon Liber“ des Filaster von Brescia) mit einiger Vorsicht[73]. Dennoch finden sich auch bei Augustinus Gruppierungen wie etwa die Luciferianer oder Adamianer, deren Beschreibung vermutlich schon zu dieser Zeit nur wenig mit der Realität zu tun hatte[74].

Solche Vorsicht ist gegenüber Häresiographien als Quelle offenkundig angebracht. Denn wenngleich sie mit dem Anspruch antreten, ‚ewige Wahrheit‘ zu verbreiten, so wird doch deutlich, daß es sich um eine konstruierte, bisweilen gar um eine fiktive Wahrheit handelt. Desungeachtet war die Wirkung solcherart bearbeiteter Wahrheit beträchtlich. Nicht nur, daß sie mit der Ausformung einer ‚Orthodoxie‘ direkten Einfluß auf die jeweilige Gegenwart nahm – auch das Bild, das spätere Generationen von ihrer eigenen unmittelbaren Gegenwart gewannen, wurde durch diese Darstellungen von Ketzern geprägt. Dies gilt insonderheit für den christlichen Bereich, wo eben die hier konstruierte Orthodoxie (oder geläufiger: Katholizität) auf Jahrhunderte hinaus mit ihren Häresiographien und sonstigen Schriften das Geschichtsbild beherrschen sollte: Wenn im Spätmittelalter Inquisitoren Delinquenten verhörten, dann redeten sie oftmals schlichtweg an ihnen vorbei – die Fragebögen der Ketzerrichter waren eben ausgerichtet an den bereits ‚aktenkundigen‘, in Handbüchern und

71 Hld 6, 8f. – Vgl. Pourkier: Hérésiologie (wie Anm. 44), S. 82.

72 Vgl. McClure: Handbooks (wie Anm. 25), S. 192.

73 Vgl. Aurelius Augustinus: De Haeresibus ad Quodvultdeum. Hrsg. v. R. Vander Plaetse und C. Beukers. Tournhout 1969 (= Corpus Christianorum. Series Latina, Bd. 46), S. 283-345, hier LXXX, S. 336. – Grundlegend zur Häresiographie des Augustinus vgl. L. G. Müller: The De haeresibus of Saint Augustine. A Translation with an Introduction and Commentary. Washington D.C. 1956 (= Patristic Studies, Bd. 90) [ND Ann Arbor 1981].

74 Augustinus: De Haeresibus (wie Anm. 73), Nr. XXXI, S. 304f., und Nr. LXXXI, S. 336f. – Zu diesen beiden Gruppierungen und ihrem häresiologischen Eigenleben vgl. Grundmann: Typus (wie Anm. 3), S. 105, Anm. 38.

Schemata verzeichneten Häresien, weshalb sie ihre tatsächliche Lebenswirklichkeit mit den neuen theologischen Herausforderungen nurmehr mit Mühe erfassen konnten[75]. Auch im Widerstreit zwischen Protestanten und Katholiken spielte die Idee der Sukzession eine große Rolle: Jacques-Bénigne Bossuet (Nr. 33) sah Ende des 17. Jahrhunderts die Protestanten als Nachfolger der verderblichen Einflüsse der Katharer an, während noch Mitte des 19. Jahrhundert Christopher U. Hahn (Nr. 54) in den Protestanten die wahren Erben der unverfälschten apostolischen Tradition erblickte[76].

Es sollte bis zu Walter Bauers Studie (1934) dauern, bis die vorherrschende Vorstellung einer klaren und scharfen Trennlinie zwischen ‚Häresie‘ und ‚Orthodoxie‘ abgelöst werden konnte durch eine differenziertere Sichtweise[77]. Für die Frühzeit des Islam zeichnet sich eine ähnliche Entwicklung der Auflösung von Begriffen wie ‚Orthodoxie‘ und ‚Häresie‘ sogar erst jetzt mit dem *opus summum* von Josef van Ess ab. Die unter anderem durch Häresiographien popularisierte Sichtweise von ‚wahr‘ und ‚falsch‘, von ‚vorherrschend‘ und ‚abweichend‘ hat sich auch in Religionsgeschichte und Geschichtswissenschaft als ausgesprochen wirkungsmächtig erwiesen!

7. Verbreitung: Medien und Methoden

Doch auf welche Weise war es gelungen, jene ‚Wahrheiten‘ zu verbreiten und dermaßen nachhaltig zu etablieren, sie zu popularisieren? Popularisiertes Wissen bedarf offenkundig der Vermittlung, da es sich nicht ohne einen intentional herbeigeführten und gelenkten Akt verbreitet. Dies gilt nicht für alle Formen von Wissen oder von ‚Wahrheit‘, das Thema Religion an sich beispielsweise kommt ohne bewußtes Popularisieren aus; anscheinend handelt es sich bei der Frage nach dem Sinn des Lebens, die sie zu beantworten zumindest versucht, um ein menschliches Grundbedürfnis. Vielmehr bedürfen die jeweiligen Inhalte einer spezifischen Vermittlung. Die Gründe hierfür sind mannigfaltig: sei es auf Grund der Tatsache, daß erst ein Bedürfnis nach bestimmten Formen geweckt werden muß, sei es auf Grund der für ihr Verständnis notwendigerweise zu schaffenden Vorkenntnisse, sei es auf Grund des Komplexitätsgrades: Ohne jegliche vermittelnde Form kommt dieses Wissen nicht aus. Hieraus ergibt sich die Notwendigkeit von geeigneten Medien, wobei – je nach Charisma des Popularisators – vermutlich einer direkten mündlichen Vermittlung eine besonders eindrückliche Wirkung zugeschrieben werden kann[78]. Andererseits dürfte einer schriftlichen

75 Vgl. Herbert Grundmann: Ketzerverhöre des Spätmittelalters als quellenkritisches Problem. In: Deutsches Archiv für Erforschung des Mittelalters 21 (1965), S. 519-575. Wiederabgedr. in: Ders.: Ausgewählte Aufsätze, Bd. I (wie Anm. 3), S. 364-416.

76 Hierzu vgl. Russell: Interpretations (wie Anm. 28), S. 27-30 mit weiteren Hinweisen.

77 Vgl. Bauer: Rechtgläubigkeit (wie Anm. 15) – Diese Entwicklung setzte sich mit einer gewissen zeitlichen Verzögerung auch in der Ketzerforschung des Hoch- und Spätmittelalters ab. Vgl. Russell: Interpretations (wie Anm. 28), S. 43-47.

78 Hieraus ergibt sich wiederum die Frage, inwieweit die Empfänglichkeit für dergestalt popularisiertes Wissen schichtenspezifisch unterschiedlich ausgeprägt ist. Mutmaßlicherweise ist sie mit sinkendem Bildungs- und Reflexionsgrad höher, ohne freilich etwa für

oder anderweitig ‚standardisierten'[79] Form ein weitaus höherer Verbreitungsgrad zuzuschreiben sein. Angesichts der vielfältigen Verbindungen solch verschiedener Medien wird man aber wohl kaum zwischen den einzelnen Faktoren sauber trennen können; doch gilt es, den personalen Aspekt im Hinterkopf zu behalten, auch wenn dem Nicht-Zeitgenossen letztlich nurmehr die schriftlich oder bildlich fixierte Form zugänglich ist.

Dies erschwert nochmals den ohnehin schon schwierigen Fragenkomplex der tatsächlichen Verbreitung und Rezeption in vergangenen Zeiten. Gerade bei den frühen Häresiographien kann letztlich nicht restlos geklärt werden, inwieweit es sich hierbei lediglich um Kollegienliteratur gehandelt hat oder doch um Schriften mit einer intendierten Breitenwirkung. Allerdings legen Fakten wie etwa das Argumentationsmuster bei Epiphanios und der Umstand, daß er sechzig Jahre später am anderen Ende des Mittelmeers zitiert wurde (bei Augustinus nämlich) nahe, daß nicht nur eine breitere Wirkung angestrebt, sondern darüber hinaus auch erreicht worden ist. Die häresiographische Handbuchliteratur wiederum zielte offenkundig darauf ab, zumindest auf einer Multiplikatorenebene breitere (und eben nachhaltigere) Wirkung zu entfalten. Generell wird man wohl annehmen können, daß ein so anspruchsvolles Genre wie Häresiographien sich vorzugsweise an ein zumindest rudimentär theologisch vorgebildetes Publikum wandten, das dann gegebenenfalls seinerseits als Popularisator des neu gewonnenen Wissens auftreten konnte.

Ein Forum, wo dieses Wissen um ‚falsch' und ‚wahr' dann angewandt (und damit eben weiter verbreitet) werden konnte, boten jene öffentlichen Disputationen, von denen sich Berichte aus der hellenistischen[80] wie aus der islamischen Welt[81] erhalten haben. Wenngleich es in diesen *disputationes* und *munâzarât* zumeist um konkrete Einzelfragen oder um die Verteidigung einer bestimmten religiösen Richtung ging, war das generelle Wissen um die Hintergründe und Prinzipien von Vorteil. Zumal der Auftritt auf einem solchen Forum mit seinem circensischen Charme eben immer auch mit dem Kampf um Ansehen und Einfluß zusammenhing. Besonders die islamische Kontroverstheologie des Kalam hat sich hier hervorgetan und letztlich den Ruf erworben, eine sophistische, gar eristische Disziplin zu sein: „Manchmal versuchte einer den andern zu überschreien. Von einer Wissenschaft des stillen Kämmerlein ließ sich kaum reden"[82].

Die Beschäftigung mit Häresien und damit die ‚Verwertung' von Häresiographien wird wohl auch mit der theologischen Ausbildung verbunden gewesen ist. Allerdings wissen wir immer noch viel zu wenig über die Wissenskultur in Spätantike und Frühmittelalter, um hier definitive Aussagen zu machen, zumal sich letztlich allgemeine Aussagen nicht ohne weite-

---

mit sinkendem Bildungs- und Reflexionsgrad höher, ohne freilich etwa für Intellektuellenkreise auszuschließen zu sein. Diese Fragestellung bedarf freilich weiterer Untersuchungen.

79 Der Begriff ‚standardisiert' ist selbstverständlich in einem weiten Sinne zu verstehen, der etwa auch Lieder und Gesänge, Gebete und Rituale etc. umfaßt.

80 So etwa über eine Veranstaltung zwischen Origines und den ägyptischen Bischöfen. Vgl. J. Scherer: Entretien d'Origène avec Héraclide et les évêques ses collègues sur le père, le fils et l'âme. Kairo 1949 (= Société Fouad Premier de Papyrologie: Textes et Documents, Bd. 9) [ND Paris 1969].

81 Vgl. van Ess: Theologie (wie Anm. 47), Bd. IV, S. 725-730.

82 Ebd., S. 727.

res auf eine spezielle Thematik wie Häresiographien übertragen lassen. Dennoch legt insbesondere der Trend frühchristlicher Sektengeschichten zu einem handbuchartigen Ratgebercharakter die Vermutung nahe, daß es hier um mehr ging als lediglich um intellektuelle Spielereien im Elfenbeinturm.

In einigen wenigen Glücksfällen geben die Quellen sogar Einblick in die Interessen der Zeitgenossen: Augustinus etwa hatte sein „De Haeresibus" auf die Bitte des Diakons und wohl späteren Karthager Bischofs Quodvultdeus verfaßt, obwohl es ja bereits mit den Werken des Epiphanios, des Filaster von Brescia und einiger anderer umfangreiche Sektenkompendien gab, die auch eine gewisse Verbreitung gefunden hatten[83]. Quodvultdeus erbat nun aber eine handlichere Version: „breviter, perstricte atque summatim" solle dies Werk werden, und es solle lediglich die häretischen Lehrmeinungen und ihre Gegensätze zur „ecclesia catholica" enthalten, „quantum instructioni satis est" – ein Hand- und Lehrbuch also[84]. Darüber hinaus hatte Augustinus intendiert, seinem Überblick über die Lehren noch grundlegende Betrachtungen zum Thema Häresien anzufügen, um auf diese Weise das Phänomen an sich zu verstehen (und, wie man wohl annehmen darf, auf diese Weise zu bekämpfen)[85]. Sein Tod hat diesen Teil des Werkes verhindert. Eine kurze Notiz bei Isidor von Sevilla wirft nun schlaglichtartig die Möglichkeit auf, daß mutmaßlicherweise der Rezipientenkreis ohnehin mehr an der Gattung Handbuch (und damit an der Popularisierung des Faktenwissens) als an theologischen Erörterungen der möglichen Hintergründe interessiert war: Der Bischof von Hadrumetum, Primasius, hatte seinerseits ein „De Haeresibus" betiteltes dreibändiges Werk verfaßt, mit dem er ausdrücklich Augustinus vollenden wollte und in dem er die Fragen diskutierte, was einen Häretiker allgemein ausmacht und woran man ihn erkennen könne[86]. Doch ist diese Notiz das einzige, was von diesem ehrgeizigen Werk übriggeblieben ist, wohingegen sich der reine Ketzerkatalog Augustins weiter Verbreitung erfreute[87]. Überdies wurde ihm gelegentlich auch das „Enchiridion", also Augustinus' Formulierung der Glaubensgrundlagen des Christentums, beigegeben[88] – offenkundig war konkretes, direkt umsetzbares ,Wissen' popularisierungsfähiger als mehr oder minder abstrakte Philosophie.

---

83 Dies zeigt nicht zuletzt ihre Erwähnung bei Augustinus selbst. Vgl. [Aurelius Augustinus]: Epistula CCXXII 2. In: Ders.: De Haeresibus (wie Anm. 73), S. 276. – Aber auch Quodvultdeus selbst deutet an, daß ihm solche voluminösen Überblickswerke bekannt waren. [Quodvultdeus]: Epistula XXCCI 3. In: Ebd., S. 274.

84 [Quodvultdeus]: Epistula XXCCI 3. In: Ebd., S. 274.

85 Ebd., Praefatio 7, S. 289.

86 Isidor von Sevilla: De Viris Illustribus Liber. Paris 1862 (= Sancti Isidori Hispalensis Episcopi Opera omnia, Bd. 5), Sp. 1082-1106, hier cap. XXII, Sp. 1095.

87 Es haben sich achtzig Codizes von „De Haeresibus" erhalten. Zur Verbreitung von Augustinus Schrift und den erhaltenen Handschriften vgl. die Einleitung zur Edition in Aurelius Augustinus: De Haeresibus (wie Anm. 73), S. 266-270.

88 Im Codex Bambergensis aus dem 6. Jh., der ältesten erhaltenen „De Haeresibus"-Handschrift. – Hierzu vgl. E. A. Lowe: A list of the oldest extant manuscripts of Saint Augustine. In: Miscellanea Agostiniana 2 (1931), S. 235-251.

7. Schlußbetrachtung

Zum Abschluß seien einige weiterführende Überlegungen zum Thema Häresiographien als Mittel der Popularisierung von Wissen thesenartig formuliert.

a) Das Thema Religion bedarf in historischer Perspektive geradezu zwingend einer vergleichenden Betrachtung, um nicht auf einem scheinbaren christlichen ‚Normalweg' in die Irre zu gehen. Dies gilt sowohl in konfessionell-religiöser Hinsicht (also etwa mit Einbeziehung von Judentum und Islam), aber auch in geographischer wie in zeitlicher.

b) Einige Phänomene religiösen Lebens wie etwa das Phänomen der Häresie scheinen durchaus nicht allein im engeren Rahmen der Religion vorzukommen, sondern finden sich auch in anderen geistigen oder philosophischen Richtungen (was wiederum auf den nichtreligiösen Ursprung des Phänomens an sich verweist). Man denke etwa an die Spaltungen der verschiedenen hegelianischen Schulen oder auch an die Geschichte der Psychoanalyse. Darüber hinaus gilt es gerade, den Themen-Komplex Religion/Weltanschauung/Ideologie für die Popularisierungsforschung zu entdecken und zu behandeln. Dabei sollten auch vielleicht unbequeme Fragen nicht gescheut werden wie etwa die, welche Unterschiede zwischen Popularisierung und Propaganda bestehen – oder ob sich hier lediglich unterschiedliche moralische Wertungen an und für sich identischer Prozesse ausdrücken.

c) Popularisiert wird in dem hier vorliegenden Falle ein spezifisches Wissen, das von dem oder den Popularisatoren als göttlich legitimiert und insofern als unhinterfragbar angesehen wird. Es ergibt sich daraus die Frage, inwiefern dieses Ergebnis auch auf andere Epochen und andere Stoffe übertragbar sind. Beispiele wie etwa der enorme Erfolg der Phrenologie zu Beginn des 19. Jahrhunderts wie auch ihr rasches Verschwinden, nachdem sie als falsch, gleichsam als wissenschaftliche ‚Irrlehre' entlarvt worden war, legt nahe, daß es sich tatsächlich um ein Phänomen von allgemeiner Gültigkeit handelt. Dabei ist es letztlich gleichgültig, um welche Art von Wissen es sich handelt, sei es nun religiöse Offenbarung, naturwissenschaftliche Erkenntnis oder auch Weltanschauung. Entscheidend ist der gleichsam heilstheoretische Anspruch des zu popularisierenden Wissens.

d) Legitimiert wird dessen Popularisierung mit der Verpflichtung, ‚der Wahrheit' zu dienen und sie zum Wohle der Menschheit zu verbreiten: Es handele sich um Tatbestände, die jeder Gläubige respektive jeder vernünftige Mensch einfach glauben *müsse*. Das popularisierte Wissen dient somit einer Konditionierung der Rezipienten, die ihnen aus Sicht der Popularisatoren zum Heil oder Wohlergehen gereicht.

e) Eine spezifische Schwäche jedoch hat die Haltung der popularisierenden Partei – sie kann sich nicht ohne weiteres und selbstverständlich durchsetzen und bedarf daher eben der Popularisierung. Oftmals gilt es, einen Gegner, sei er alt im Sinne von Tradition oder Unwissenheit, sei er neu im Sinne von konkurrierenden Weltsichten oder Offenbarungen, zu widerlegen, zu falsifizieren. Dabei ist der Kampf gegen erstere wohl im wesentlichen ‚kalten' Popularisierungsprozessen vorbehalten, während letztere eher ‚heißen' zuzuordnen sind. In jedem Falle ist Popularisierung freilich ein Krisenphänomen, indem sie auf die Klärung einer unklaren, aber dynamischen Situation drängt.

f) Hieraus ergibt sich schließlich die Notwendigkeit von geeigneten Medien, wobei sich insbesondere aus dem Umstand, gegen Widerstände überzeugen zu müssen, eine wie auch immer schriftlich gestützte, aber im wesentlichen mündliche oder anderweitig vermittelnde Propagierung ergibt.

Hiermit wird freilich auch deutlich, wie subjektiv letztlich jenes Wissen ‚wahr‘ ist, das popularisiert wird. Ob letztlich ein Popularisierungsprozeß Erfolg hat oder scheitert, hängt eben weniger von der ‚Wahrheit‘ oder ‚Falschheit‘ seines Objektes ab, als vielmehr von der Effizienz seiner Mittel und Methoden. Insofern sind auch Häresiographien mit ihrer universalen Deutung der Häresie als Ausbund des Teuflischen lediglich ein Element jener finsteren Epoche, die sich Geschichte der Menschheit nennt.

Anhang:
Bedeutende Häresiographien und Häresiographen[1]

1. Christliche Häresiographien

1	vor 117	Ignatius von Antiochia † (Märtyrer)
2	um 165	Justin † (Märtyrer)
3	178	Irenäus Bf. von Lyon
4	um 178	Kelsos: *Der wahre Logos*
5	215	Clemens aus Alexandria †
6	nach 220	Tertullian †
7	um 235	Josipon (*Elenchos*)
8	um 245	Hippolyt: *Syntagma*
9	246-248	Origines (st. 254): *Kata Kelsu*
	254	Origines † (Märtyrer)
10	3. Jh.	Diogenes Laërtius: *Leben und Meinungen berühmter Philosophen*
313 Mailänder Edikt		
	um 314	Eusebius von Caesarea: *Kirchengeschichte*
	340	Eusebius †
11	374-377	Epiphanios von Salamis: *Panarion*
12	375/376	Anonymus: *Anacephaleosis* (Wiederholung des Panarion)
13	380-390	Filastrius von Brescia: *Diversarum Hereseon Liber*
14	vor 428	Pseudo-Hieronymus: *Indiculus de Haeresibus*
15	428/429	Augustinus: *De Haeresibus*
16	430er	*Auctor Praedestinati*: *De Haeresibus*
17	um 1123	Honorius Augustodunensis: *De haeresibus*
18	1522	Bernardus de Lutzenburgo OP: *Catalogus haereticorum*. Erfurt
19	1531	Johann Polychorius : *Kurzer Begriff aller Ketzer*
20	1534	Alphonsus de Castro OFM : *Adversus omnes haereses*. Paris
21	1556	Johannes Heroldus : *Haeresiologia*
22	1560/61	Joannes Quintinus : *Haereticorum catalogus* [nach Gratian]
23	1567-1601	C. Schlüsselburg: *Haereticorum catalogus*

1 Diese Liste erhebt selbstverständlich keinen Anspruch auf Vollständigkeit; vielmehr soll sie lediglich einen ersten Überblick über das vorhandene Material geben sowie einen Eindruck der zeitlichen Abläufe innerhalb des häresiographischen Genres vermitteln.

24	1569	Gabriel Prateolus (Dupréau) : *Elenchus haereticorum omnium*. Köln
25		Gabriel Prateolus: *De vitis, sectis et dogmatibus*
26	1581	Sebastian Marcosius Medices : *Summa omnium haeresum*. Florenz
27	1628	T. Petrejus : *Catalogus haereticorum*
28	1693	Teodoro Belvedere : *Turris contra Damascum*. Turin
29	1658	M. Laurentius : *Spicilegium haeresium*
30	1661	Bonaventura Malvasia (Boselli) OFM: *Catalogus omnium haeresum*. Rom
31	1661	Ludovicus Abbelly: *Traité des hérésies*. Paris
32	1688	Jacques-Bénigne Bossuet : *Histoire des variations des églises protestantes*. Bd. I-II. Paris
33	1697	Christianus Thomasius: *An Haeresia sit crimen*
34	1699	Louis Abbelly : *Abrégé des histoires*
35	1699-1700	Gottfried Arnold: *Unparteyische Kirchen- und Ketzerhistorie von Anfang des Neuen Testaments bis auff das Jahr Christi 1688*. Frankfurt am Main
36	1705	Domenico Bernini: *Historia di tutte le eresie*
37	1710	J. Hildebrand: *Libellus de haeresibus*
38	1712	Jean Hermant: *Histoire des hérésies*
39	1717	Franciscus van Ranst : *Lux Fidei*
40	1718	A. Danzas: *Dictionnaire des hérésies*
41	1723-1729	Johann Vogt : *Bibliotheca historiae haeresiologicae*
42	1731	Johann G. Hering: *Compendieuses Kirchen- und Ketzerlexikon*
43	1736	Barthélemy Pinchinat : *Dictionnaire chronologique*
44	1746	Johann Lorenz Mosheim: *Versuch einer unpartheyischen und gründlichen Ketzergeschichte*. Helmstedt
45	1760	Giovanni Sianda: *Lexicon Polemicum*
46	1762	François André Adrien Pluquet: *Dictionnaire des hérésies*
47	1762-1785	Ch. W. F. Walch: *Entwurf einer vollständigen Historie der Ketzereien, Spaltungen und Religionsstreitigkeiten bis auf die Zeiten der Reformation*. Bd. I-XI. Leipzig
48	1770-1774	J.C. Füesslin: *Neue und unpartheiische Kirchen- und Ketzerhistorie der mittleren Zeit*. Bd. I-III. Frankfurt am Main, Leipzig
49	1782	Joseph Priestley: *An History of the Corruptions of Christianity*
50	1828	Peter Fritz: *Ketzer-Lexikon*
51	1845	J. P. Migne: *Dictionnaire des hérésies*
52	1845	Franciscus Oehler : *Corpus haeresiologicum*
53	1845-1850	Christopher U. Hahn: *Geschichte der Ketzer im Mittelalter, besonders im 11, 12. und 13. Jahrhundert*. Bd. I-III.
54	1857	Alphonso-Maria Liguori: *The History of Heresies* (engl. Übers.)
55	1865	Cesare Cantù: Gli eretici d'Italia

56	1874	John Henry Blunt: *Dictionary of Sects*
57	1875-1877	H. Reuter: *Geschichte der religiösen Aufklärung im Mittelalter.* Bd. I-II.
58	1880-1882	M. Menendez Pelayo: *Historia de los heterodoxos españoles*
59	1884	Francisco Xavier G. Rodrigo: *Historia de Inquisiçâo*
60	1945	M. L. Cozens: *A Handbook of Heresies*

2. Islamische Häresiographien

750-1258 Abbasiden-Kalifen		
61	8. Jh. Mitte	Ǧubayr ibn Ġâlib (Ibadit aus Mosul): *K. al-Firaq*
62	795	Hišâm ibn al-Hakam: *K. iẖtilâf an-nâs fî l-imâma*
	797	Ibn al-Mubârak st.
63	8. Jh. Ende	Yamân ibn Ri'âb st. (*K. al-Maqâlât*)
64	8. Jh. Ende	al-Yamân ibn Ri'âb: *Kitâb al-Maqâlât*
813-833 Kalif al Ma'mûn => 827-849 *mihna*		
65	834	Bišr al-Marîsî st.
66	850	Ǧa'far ibn Harb st. (*Kitâb al-maqâlât*)
67	855	Ahmad ibn Hanbal st.
68	855/6	Burġûṯ (*K. al-maqâlât*)
69	864 später	Abû Isâ al-Warrâq st. (*Kitâb al-maqâlât*)
70	867	Abû Asim H̱ušayš ibn Asram: *K. al-Istiqâma fî r-radd 'alâ ahl al-bid'a*
	869	Ǧâhiz st.
	870	al-Buẖarî st.
71	9. Jh. Ende	Abû l-Abbâs al-Qalânisî: *K. al-Maqâlât*
72	892	al-Husayn ibn Alî al-Karâbîsî st.
73	894	Uṯmân al-Dârimî st.
74	906	Nâš' al-Akbar st. (*Kitâb al-Ausat*)
75	908	Muhammad ibn Ahmad ibn Nasr at-Tirmiḏî st. (*Iẖtilâf ahl as-salâh fî l-usûl*)
76	910	Zurqân st. (*Kitâb al-maqâlât*)
79	912	al-Hasan ibn Mûsâ an-Naubaẖtî st. (*Kitâb firaq aš-Šî'a; *K. al-Arâ' wa-d-diyânât*)
80	914	Sa'd ibn Abdallâh al-Aš'arî al-Qummî st. (*K. al-Maqâlât wa-l-firaq*)
81	928	al-Ka'bî al-Balẖî st. (*Kitâb al-maqâlât*)
82	930	Abû Mutî' Maẖûl ibn al-Fadl an-Nasafî st. (*K. ar-Radd ala ahl al-bida'*)
83	935	Abû l-Hasan al-Aš'arî st. (*Kitâb al-maqâlât al-islâmîyîn*)

945-1055 Bûyiden-Herrschaft		
	956	al-Mas'ûdî st.
84	970	Abû Bakr al-Ajurrî st. (*Kitâb aš-Šarî'a*)
85	988	Abû l-Husayn al-Malatî st. (*Kitâb at-Tanbîh wa-r-radd*)
86	1013	Abû Bakr al-Bâqillânî st. (*Kitâb al-Tamhîd*)
87	1025	Abd al-Ğabbar st. (*K. al-Muġnî*)
88	1037	Abû Mansûr al-Baġdâdî st. (*Kitâb farq bayn al-firaq*)
	1048	al-Bîrûnî st. (*K. târîḫ al-Hind*)

1055-1258 Selğûqen-Herrschaft		
89	1065	Ibn Hazm st. (*Kitâb al-fisal*)
90	1153	aš-Šahrastanî st. (*Kitab al-milal wa-n-nihal; K. nihayât al-aqdâm*)
91	1166	Abd al-Qâdir al-Ğîlî st. (*Kitâb al-Ġunya*)
92	1092	Abû l-A'âlî: *Kitâb bayân al-adyân (pers.)*
93	1200	Abû l-Farağ al-Ğawzî st. (*K. Talbîs Iblîs*)
94	1209	Faḫr ad-Dîn ar-Râzî st. (*K. I'tiqâdât firaq al-muslimîn wa-l-mušriqîn*)

1258 Ende des abbasidischen Kalifats		
95	1262	Abd ar-Razzâq ar-Ras'anî st. (*al-Mukhtasar* [Fortsetzung al-Baghdadis])
96	1263	Abû l-Muzaffar Šâhfûr al-Isfarâyînî st. (*K. al-Tabsîr fî d-Dîn*)
97	1355	al-Iğîs st. (*K. al-Mawâqif*)
98	1441	al-Maqrîzî st. (*K. al-ḫitât*)

3. Jüdische Häresiographien

99	1822	Peter Beer: *Geschichte, Lehren und Meinungen aller bestandenen und noch bestehenden religiösen Secten der Juden und der Geheimlehre oder Cabbalah.* Brünn
100	1857-1859	Isaak Markus Jost: *Geschichte des Judenthums und seiner Secten.* Bd. I-III. Leipzig

Oliver Ramonat

Petrus Comestors Handbuch der biblischen Geschichte – ein populäres Buch des Mittelalters

Die Bibel, die Bücher der Heiligen Schrift, war sicher das populärste Buch des Mittelalters. Sicher nicht die Bibel als Ganze, wie sie nur äußerst selten verbreitet wurde, insofern sicher nicht als „ein Buch". Und sicher kann man im Mittelalter nicht von einem „populären" Buch in dem Sinne sprechen, daß es eine Öffentlichkeit erreicht hätte. Die Bücher der Bibel, ihr wie auch immer geformter, geschriebener, gelesener, gemalter, verdichteter, erzählter Inhalt – sie kannte jeder, aber es war keine Öffentlichkeit, die sie rezipierte. Es fehlte die Taktung des Interesses im Rhythmus der täglichen, wöchentlichen „Zeitungen", es fehlten die mit Erscheinen praktisch gleichzeitig gelesenen und diskutierten Romane, wie sie die entstehende Öffentlichkeit spätestens seit der Mitte des 18. Jahrhunderts bestimmten.

Die Bibel schlechthin war also, sieht man genauer hin, nicht eigentlich populär. Und sie war es doch im höchsten Maße. Denn gleichzeitig waren die Bibel und ihre Geschichten in einer Weise im Bewußtsein jedes einzelnen verankert, bestimmten sie selbstverständlich Wahrnehmung und Verarbeitung der Wirklichkeit – diese Kurzformel sei gestattet –, daß die Rede von einer „Popularisierung der Bibel im Mittelalter" zumindest ungenau, wenn nicht irreführend ist. Popularisierung der Bibel war unnötig oder unmöglich, je nachdem, was darunter verstanden werden soll. Vor diesem Hintergrund soll einmal genau gezeigt werden, wie ein bedeutender und vielgelesener Autor des Mittelalters mit dem biblischen Text verfuhr: Petrus Comestor, der 1187 gestorbene Kanzler der Schule von Notre Dame in Paris.

Petrus Comestor, der Autor der im Mittelalter in exorbitanten Zahlen verbreiteten „Scholastischen Geschichte", einer Geschichte der Welt am Leitfaden der Heiligen Schrift bis zur Himmelfahrt Christi, unternimmt denn auch keinen Versuch, die geschichtlichen Bücher der Schrift einfach zu kürzen und sie irgendwie ‚vereinfacht' wieder zugänglich zu machen. Die hier vorliegende, exemplarische Fallstudie über einige Passagen innerhalb der Schöpfungsgeschichte der „Historia Scholastica", weist nach, daß Comestor vielmehr ein Buch zum schnellen Nachschlagen vorlegen wollte. Der Zugriff auf das Wesentliche soll in einem Handbuch ermöglicht werden, das als Kern ein Ergebnisprotokoll aller Kommentare zum wörtlichen Sinn der Schrift enthält. Nicht die Heilige Schrift selbst wird abgekürzt, wohl aber der Weg des Suchenden zur Antwort auf die gängigen Fragen der Interpretation. Dabei unterscheidet sich Comestors Stil signifikant von den großen Summen und den systematischen theologischen Werken. Comestor reduziert seine systematischen Interessen auf die Lesarten des biblischen Textes, und er reduziert sein Referat auf die Ergebnisse. Sein Leitfaden durch die vorliegenden Kommentare wurde eines der „populärsten" Bücher des Mittelalters.

Bis auf einen ausführlichen Aufsatz von Peter Luscombe – der aber überwiegend einen allgemeinen Überblick über Leben und Werk des Magisters aus Paris behandelt – hat sich die Forschung zur „Historia Scholastica" des Petrus Comestor in den letzten Jahren nicht von der Stelle bewegt. Ein Aufsatz von James Morey, 1993 im amerikanischen *Speculum* veröffentlicht, untersucht die Quellen der „Historia Scholastica“ und findet dann in den volkssprachlichen Übersetzungen seinen eigentlichen Schwerpunkt[1].

Und es ist in der Tat schwer zu sehen, daß hier vor der Herkulesaufgabe einer Edition der „Historia Scholastica“ wesentliche Neuerungen zu erwarten sind. Zumindest eine Gesamtsicht des Petrus kann über die gängigen Urteile aufgrund einer umfassenden Untersuchung seiner Werke im Moment nicht hinauskommen. Der hauptsächliche Hinderungsgrund ist in dem exorbitanten Erfolg der „Historia Scholastica“ zu sehen, die im Laufe des Mittelalters wohl Hunderte von Malen abgeschrieben, dutzendmal übersetzt und diese Fassungen wiederum abgeschrieben wurden, so daß uns heute aus Sicht eines Editionsprojektes schlichtweg zu viele Texte vorliegen. Darauf hat die prospektive Editorin eines Ausschnittes der „Historia Scholastica“, Agneta Sylwan, in einem kürzlich veröffentlichten Aufsatz noch einmal nachdrücklich hingewiesen[2]. Sylwan plant die Edition der Vorrede, der Widmung und des Buches der Genesis im Rahmen der Continuatio Mediaevalis des Corpus Christianorum[3]. Sie hat im Rahmen ihrer Vorarbeiten über 800 Handschriften der lateinischen Fassung ermittelt, dazu kommen die mittelalterlichen Übersetzungen und eine Vielzahl von bisher nicht bekannten Handschriften, die im Privatbesitz zu vermuten sind[4]. Die Editio princeps stammt aus dem Jahr 1473, die Druckgeschichte reicht bis zum Ende des 17. Jahrhunderts. Beinahe bis zum Beginn einer kritischen Wissenschaft von der Theologie und einer Quellenkritik des Alten Testamentes wurde die „Historia Scholastica“ mithin als Handbuch der biblischen Geschichte benutzt. Eine systematische Untersuchung zum Nachleben fehlt. Das beinahe völlige Fehlen der „Historia Scholastica“ und ihres Autors in den geschichtlichen Überblicksdarstellungen des 19. Jahrhunderts hat sicher zum Teil mit der Einstellung zu Editionen insgesamt zu tun. Angesichts der Fülle des unbekannten Materials sah man die Sicherung des Fundamentes „vaterländischer Geschichtsschreibung“ als erste Aufgabe. Noch die Initiatoren der Monumenta Germaniae Historica sahen sich, wie uns ein Blick auf das in jedem Band abgedruckte Siegel verrät, der „Liebe zum Vaterland“ verpflichtet. Abhängige, von anderen Autoren übernommene Passagen, wurden nicht abgedruckt.

Erst die mentalitätsgeschichtlichen Fragestellungen des letzten Jahrhunderts oder die nach den Verstehenshorizonten und den Hintergrundtheorien der historisch Handelnden unserer Gegenwart lassen uns auch die sogenannten „abhängigen“ Passagen als Ausdruck einer autonomen Geistigkeit wahrnehmen. Den Historikern des 19. Jahrhunderts erschien

1 David Luscombe: Peter Comestor. In: Katherine Walsh/Diana Wood (Hrsg.): The Bible in the Medieval World. Essays in Memory of Beryl Smalley. Oxford 1985, S. 109-129; James H. Morey: Peter Comestor, Biblical Paraphrase, and the Medieval Popular Bible. In: Speculum 68 (1993), S. 6-35. – Zur älteren Forschung vgl. Beryl Smalley: The Study of the Bible in the Middle Ages. 2. Aufl. Oxford 1952 [ND Notre Dame 1964 u.ö.], bes. S. 214ff. – Zur Bedeutung des Buches bis zum 12. Jahrhundert: Hagen Keller: Vom ‚heiligen Buch‘ zur ‚Buchführung‘. Lebensfunktionen der Schrift im Mittelalter. In: Frühmittelalterliche Studien 26 (1992), S. 1-31.

2 Agneta Sylwan: Petrus Comestor, Historia Scholastica: une nouvelle édition. In: Sacris Erudiri 39 (2000), S. 345-382.

3 Ebd., S. 345.

4 Ebd., S. 351f.

der Comestor und seine Geschichtskompilation gerade aufgrund seiner langen Gegenwärtigkeit als radikal alt und obsolet. Das ist neben der Sicherung der originalen Quellen der zweite Grund für das Verschwinden der „Historia Scholastica" im Laufe des 19. Jahrhunderts. Heinrich Leo faßt diesen Gedanken in der Literaturübersicht seines „Lehrbuchs der Universalgeschichte" von 1849 zusammen: „Alles, was von Hand- und Lehrbüchern der allgemeinen Weltgeschichte bis auf *Schlözer* vorhanden ist", schreibt Leo, „ist jetzt im Grunde nur noch als litterarisches Curiosum anzuführen; zum Gebrauche haben diese früheren Leistungen jetzt keinen Wert mehr"[5]. Damit hier kein Mißverständnis aufkommt: Leo bekennt sich zu einer individualisierenden Geschichtsforschung, er ist ein Freund auch des Mittelalters[6] – daher kann er auch ausdrücklich von „Leistungen" der Alten sprechen. Aber das Veralten der alten Anschauungen führt er vor allem auf den schnellen Fortschritt im Forschungsparadigma zurück. Leo spricht unter dem Stichwort der überholten Standards für sein Thema der Weltgeschichte vor allem von der Lehre der vier Weltreiche gemäß der Prophetie des Daniel, die bis in seine unmittelbare Gegenwart noch gültig war. „Ältere Zeitgenoßen", so meint er, „werden sich noch erinnern nach diesem Gange [Chaldäer, Perser, Griechen, Römer] auf Schulen unterrichtet worden zu sein"[7]. Seitdem sich die Darstellung der Weltgeschichte aus dem Korsett der Heilsgeschichte gelöst hat, greift nach Leos Überzeugung ein schneller Fortschritt Platz. Den „Lehrbücher der allgemeinen Weltgeschichte" droht nunmehr das Schicksal, „kurze Zeit nach ihrem erscheinen schon immer hinter dem wirklichen Bestande der Wißenschaften zurück" zu bleiben[8]. Comestors Handbuch ist da erst recht unsichtbar und nutzlos, Comestors Bemühungen von der Gegenwart Leos durch verschiedene Antworten auf die Frage, was denn ‚Geschichte' sei, getrennt.

---

5 Heinrich Leo: Lehrbuch der Universalgeschichte. Bd. 1-6. Halle 1849/50. Hier: Bd. 1. Halle 1849, S. 55. – Er meint August Ludwig Schlözer: Vorstellung seiner Universal-Historie. Bd. 1-2. Göttingen, Gotha 1772/73.

6 Ausdrücklich tadelt er den verachtenden Umgang der Aufklärer mit den älteren Zeiten und Völkern: „[...] und es galt z.B. für geistreich, die griechische Welt dadurch geringschätzig zu behandeln, daß man ihre kleinen Heere mit potsdamer Wachtparaden verglich, und durch solche Vergleiche die Überlegenheit der neueren Zeit zu zeigen suchte. Stimmführer in dieser frivolen [!] Weise, die Weltgeschichte zu behandeln, war besonders *Schlözer*. Erst allmälig, nachdem eine unbefangene Behandlung der Geschichten einzelner Völker durch Johannes *Müller's* Vorgang einerseits und Justus *Möser's* Vorbild andererseits geweckt und erzogen worden war, wurden die Augen wider geöffnet für jenes geistige Band, was sich durch die Geschichte aller Völker hindurchschlingt [...]." Leo: Lehrbuch (wie Anm. 5), Bd. 1, S. 54f. – Heinrich Leo ist darüber hinaus selber Autor eines „Lehrbuchs der Geschichte des Mittelalters", erschienen Halle 1830.

7 Leo: Lehrbuch (wie Anm. 5), Bd. 1, S. 54. – Erst mit der Auflösung dieses Schemas bricht sich der Wille zu einer neuen Darstellung der Weltgeschichte Bahn; einer Weltgeschichte die damit zumindest in Deutschland den Leitfaden der biblisch verbürgten und immerhin offenbarten Heilsgeschichte aufgibt. Die Abkehr von der Heilsgeschichte ist die Abkehr von Handbüchern im Stile der „Historia Scholastica".

8 Ebd., S. 55. – Im von Siegmund Jacob Baumgarten 1744 in Halle herausgegebenen ersten Band des aufklärerischen Riesenhandbuchs der Universalgeschichte, der „Uebersetzung der Algemeinen Welthistorie die in Engeland durch eine Geselschaft von Gelehrten ausgefertiget worden", um dieses letzte Beispiel zu nennen, diskutieren Descartes, Bayle, Wolff und andere direkt mit Platon und Moses, gelegentlich noch mit in Bezug auf die klassische Antike sekundären Auskunfteien wie der „Institutio Divinarum" des Lactanz; keinesfalls jedoch mit den Handbuchautoren des Mittelalters.

Benutzt wird hier und anderswo weiterhin die Edition, die Jean-Paul Migne 1855 im 198. Band seiner „Patrologia Latina“ abgedruckt hat, zumal auch innerhalb der neuen Ausgabe keineswegs eine Gesamtedition geplant ist[9]. Sein Text beruht auf der Edition Straßburg 1473; direkt benutzte er die Ausgabe Madrid 1699[10]. Stichproben einiger Handschriften und der Vergleich mit den Auszügen in dem genannten Aufsatz von Agneta Sylwan zeigen, daß der von Migne abgedruckte Text tatsächlich benutzt worden ist. Wenn wir uns im folgenden den Popularisierungsstrategien und den Wissensformen in der „Historia Scholastica“ zuwenden, ist der Ausgang von diesem Text also durchaus gerechtfertigt.

Petrus schuf mit der „Historia Scholastica“ ein „Schulbuch“, wie Arno Borst es nannte, ein Werk mithin, daß nicht den neuesten Stand der Erkenntnis, aber immerhin ein brauchbares, fundiertes Wissen präsentieren wollte. Es hielt, so Borst weiter, einen gehörigen Abstand zur „zeitgenössischen Forschung“[11]. Max Manitius drückte den nämlichen Sachverhalt genau umgekehrt aus, wenn er dem Autor bescheinigt: „Betritt er das philosophische Gebiet,

---

9 Eine Stichprobe in der Frankfurter Stadt- und Universitätsbibliothek befaßte sich mit zwei Handschriften und zwei Inkunabeln (Ms. barth. 56, saec. XIII, Frankreich [?]; Ms. barth. 109, saec. XIV; Inc. fol. 164 Augsburg: Günther Zainer 1473; Inc. qu. 644 Straßburg: Johann Grüninger und Heinrich von Ingweiler 1483). Es zeigte sich 1) eine Identität des Textbestandes mit dem Text der Patrologia Latina; 2) als einzige Abweichung das Wandern der Ergänzungen an den Schluß des jeweiligen Kapitels bei Migne: in den vier Ausgaben in Frankfurt fanden sie sich in den Text als Kasten eingeordnet. Allerdings schienen die Schreiber bzw. die Setzer über den genauen textlichen Zusammenhang im unklaren gewesen zu sein: die Anmerkungen finden sich an verschiedenen Stellen und immer nur ungefähr am richtigen Ort (diesen Befund bestätigt als Regel Sylwan: Petrus Comestor [wie Anm. 2], S. 355 und 362). Es zeigte sich 3) eine Benutzung der Fassungen erst ab den Gesetzestexten des Pentateuch und zuvor nur sporadisch in den historischen Passagen der Vätergeschichte des Alten Testamentes (1. Mose). – Die von mir speziell untersuchte Schöpfungserzählung zeigte bis auf die Handschrift Ms. 56 keine Benutzungsspuren – war ihr Gegenstand zu weit entfernt? Eine Hand setzte in Ms. 56 knappe Erläuterungen an den Rand, die teilweise von den eingefügten roten Anfangsbuchstaben übermalt sind. Einmal erwähnt sie drei verschiedene Schreibweisen der „Elemente“ (MPL 198, col. 1055, zwischen B und C), die man „elimenta elementa vel ylementa“ schreiben könne. Den wichtigen Satz „quod simul factum est simul dici non potuit“ hat er sich am Rand angemerkt (col. 1056B). Einmal ergänzt er eine vom Abschreiber wohl vergessene Erläuterung über den Himmel, in dem die Sonne sich aufhält: „casa elios“ latinisiert er am Rand zu „domus solis“ und die Bestimmung als „aethereum coelum“ ergänzt er mit „vel sydereum“ (col. 1058C; bei Migne: „et hoc est sidereum, vel aetherum coleum“). – Vgl. Inkunabelkatalog der Stadt- und Universitätsbibliothek und anderer öffentlicher Sammlungen in Frankfurt am Main, bearb. v. Kurt Ohly/Vera Sack. Frankfurt am Main 1967 (= Kataloge der Stadt- und Universitätsbibliothek Frankfurt am Main, Bd. 1), S. 419 (Inc. fol. 164 und Inc. qu. 644); Die Handschriften des Bartholomaeusstifts und des Karmeliterklosters in Frankfurt am Main, beschrieben v. Gerhardt Powitz/Herbert Buck. Frankfurt am Main 1974 (= Kataloge der Stadt- und Universitätsbibliothek Frankfurt am Main, Bd. 3), S. 111f. (Ms. barth. 56) und S. 252 (Ms. barth. 109).

10 Zusammenfassend Sylwan: Petrus Comestor (wie Anm. 2), S. 350. – In Ms. barth. 109 ist die Schöpfungsgeschichte ohne Scholien. Da alle seine Scholien, die mit der Geschichte der Patriarchen beginnen, didaktisch-exegetischen Charakter haben, erschien ihm die Schöpfungsgeschichte – die Urgeschichte der Welt – wohl zu weit weg. Aus ihr ließ sich weniger lernen als aus den menschlichen Schicksalen und Handlungen.

11 Arno Borst: Der Turmbau von Babel. Geschichte der Meinungen über Ursprung und Vielfalt der Sprachen und Völker. Bd. II/2. Stuttgart 1959, S. 724.

so bleibt er maßvoll und läßt eine gewisse Hochachtung vor den großen Geistern des Altertums deutlich durchblicken"[12]. „Abstand" und „Hochachtung" meinen beide die distanzierte Haltung zur antiken Philosophie, einer Philosophie, die von Comestor dennoch ausführlich erörtert wird. Einerseits, weil die von ihr repräsentierten Bildungsinhalte Petrus offenbar für unverzichtbar erachtete. Andererseits bedeutet die Nennung im Zusammenhang mit der Mosaischen Urkunde, daß beide, Offenbarung und menschliches Nachdenken und Wissen, letztlich über ein und dasselbe reden. Moses läßt sich mit den griechischen Philosophemen besser verstehen, und sei es nur, daß nach Petrus' Meinung Moses die griechischen Überzeugungen explizit zurückwies. Die Botschaft ist eindeutig: Moses hatte zwar bessere Einsicht in die Wahrheit, aber das überlieferte Wissen der nicht-biblischen und nichtchristlichen Alten gehörte zum einen Wissen über die Welt.

Ein pragmatisches Buch also, dessen Nutzwert im Vordergrund stand. Nicht selbständig forschen wollte sein Autor, um wieder an Borsts Diktum anzuschließen, aber doch die Dimensionen des Textes ausleuchten. Petrus Comestor erreichte seinen Zweck: das Buch war populär; soweit man das aus der Verbreitung ablesen darf, war es eines der erfolgreichsten Bücher des gesamten Mittelalters, ja, bis in die frühe Neuzeit hinein. Zusammen mit der Standardglosse zur Bibel von Nikolaus von Lyra setzte es Maßstäbe bis zum Beginn einer kritischen Wissenschaft von der Bibel und ihren Überlieferungen.

An einigen Exempeln soll hier gezeigt werden, welche Inhalte Petrus für seine pragmatische Darstellung auswählte, welche naheliegenden Bestandteile eines solchen Schulbuchtextes er wegließ, mit was er den biblischen Stoff anzureichern sich anschickte – und wie er aus dem allen einen ‚populären' Text erstellte[13]. Denn wiewohl das Mittelalter wie eingangs festgestellt keine im Takt massenhafter gleichzeitiger Veröffentlichungen sich konstituierende Öffentlichkeit kannte – wie sie idealtypisch seit den Romanen und Zeitschriften (mit Fortsetzungsromanen) der Klassik existierte[14] – kann man einzelne Bemühungen um Pragmatik und Benutzerfreundlichkeit durchaus auch im Sinne des Mittelalters als Popularisierungen verstehen. Dazu zählen unter diesen Auspizien die enzyklopädischen Sammlungen von Fakten (Vincenz von Beauvais), die systematisierenden Summen (Petrus Lombardus, Thomas von Aquin) und eben die historischen Handbücher (Petrus Comestor). Anders gewendet: Diese Werke waren weit verbreitet und ihre Autoren gingen in der beschriebenen Weise mit ihren Vorlagen um. Petrus Comestor kürzte nicht nur einfach ab, er ließ auch nichts weg[15], wie häufig verkürzend zu lesen ist, sondern schuf einen neuen Text eigener Art auf der Grundlage alten, bewährten, tradierten Wissens.

---

12 Max Manitius: Geschichte der lateinischen Literatur des Mittelalters. Bd. 3. München 1931 (= Handbuch der Altertumswissenschaft, 9. Abteilung, 2. Teil, Bd. 3), S. 156-159, hier S. 156. Manitius meint hier ausdrücklich Petrus' Kommentar zur Schöpfungsgeschichte.

13 Die Frage der Quellen soll hier, vor allem in Hinblick auf die Arbeit an einer Edition durch Sylwan, ausgespart bleiben.

14 Thomas Nipperdey: Deutsche Geschichte 1800-1866. Bürgerwelt und starker Staat. München 1983, S. 587-594.

15 „Abridged" und „concise history" sind immer noch die Standardurteile über Petrus' Buch und damit auch über des Autors Methode. Sie sind nicht falsch, aber sehr pauschal. Für die Schöpfungsgeschichte treffen sie nicht den Kern. Vgl. z.B. Rainer Berndt: Zum Verhältnis von Exegese und Theologie bei Hugo von St. Viktor. In: Robert E. Lerner (Hrsg.): Neue Richtungen in der

Am Anfang steht auch bei Petrus Comestor die Schöpfungsgeschichte. Ihr widmet er sogar viel mehr Platz, als es Moses für nötig hielt. So ist der Leser, der sich an die Standardurteile über die „Historia Scholastica" hielt und der eine „abgekürzte" biblische Geschichte erwartete, zunächst enttäuscht. Comestor kürzt nicht im mindesten, er erweitert um ein Vielfaches. Er nennt Fakten und spricht über Dinge, die im Mosaischen Text mit keiner Silbe erwähnt werden. Moses erscheint im Vergleich zu Petrus Comestor seinerseits als Abkürzer eines ursprünglich längeren Textes, als Vereinfacher eines ursprünglich komplexen Inhaltes. Ein paradoxer Befund.

Und doch: Genau so ist es. Moses schrieb für ein einfaches Volk in der Wüste, das weder mit naturphilosophischen Details behelligt noch durch angedeutete Vielgötterei verwirrt werden sollte. Dieses Volk war angesichts der Herausforderungen des langen und entbehrungsreichen Weges vor allem auf die Wunder des großen biblischen Gottes hinzuweisen. So erklärt sich die Gestalt des Mosaischen Textes nach Meinung seiner mittelalterlichen Kommentatoren – daß der Inhalt jedoch nicht in den direkten Aussagen aufgeht, ist mit dem Hinweis auf die stark situationsbezogene Abfassung in der Wüste jedoch auch gesagt. Moses kürzte und vereinfachte und gab damit ein Beispiel für auch didaktisch vorbildliches Verhalten. Es wird damit zur Aufgabe der Kommentatoren, den inhaltlichen Gehalt, den Moses meinte, den er in einer pädagogischen Darstellung versteckte oder unterdrückte, wiederum freizulegen[16].

Auch Petrus Comestor füllte die Schöpfungsgeschichte des Mose mit anderem Material an, so daß sie eine viel größere Ausdehnung erreichte, als der Mosaische Bericht. Versteht man Comestors Absicht also als bloße Abkürzung des Biblischen Textes, hätte er sich im Fall der Schöpfungsgeschichte gründlich vertan. Für Petrus Comestor beinhaltete der Schöpfungsbericht des Mose aber darüber hinaus alle Anspielungen und Implikationen, alle Lesarten des Textes. Und die Fülle der Bedeutungen galt es, in einer bestimmten Weise abzukürzen und für den schnellen Leser aufzubereiten. Petrus Comestor kürzte durchaus auch, aber eben nicht den Mosaischen – gekürzten, pädagogisierten – Text, sondern die volle Wahrheit der Schöpfung selbst, so gut Menschen sie nur verstehen können.

Das wird an Überschrift und Inhalt des ersten Kapitels besonders deutlich. Wo Moses sein lapidares „Am Anfang schuf Gott Himmel und Erde" niederschrieb, verstand der hochmittelalterliche Kommentator schon ein komplexes, naturphilosophisches und theologisches Aussagenbündel, deren Einzelheiten er, Petrus, stark gerafft darstellt. Das erste Kapi-

hoch- und spätmittelalterlichen Bibelexegese. München 1996 (= Schriften des Historischen Kollegs. Kolloquien, Bd. 32), S. 65-78, hier S. 74, Anm. 38: „Petrus Comestor hat mit seiner Historia Scholastica [...] ein entsprechendes Werk geschaffen, das die Geschichte des Volkes Gottes erzählt. Dabei hat Petrus Comestor zunächst einige historische Bücher des Alten und Neuen Testaments (Heptateuch, Reges, Daniel, Judith, Esther, Maccabei) oder auch nur bestimmte Passagen (Tobias, Ezechiel, Historia evangelica) ausgewählt und diese Texte dann paraphrasiert. Die von ihm vorgenommene Textauswahl und Textparaphrase [!] summieren sich zu einem Lehrbuch der biblischen Geschichte." Nach meiner Auffassung summiert „sich" hier nichts, was der Autor Comestor nicht seinen Lesern stilistisch genau so anbieten wollte. Nicht nur die Addition aller Teile der „Historia" bürgt für den Lehrbuchcharakter des Werkes, sondern jede einzelne von Petrus gestaltete Passage.

16 Darüber genauer vom Autor: Lesarten der Schöpfung. Die Genesis im Mittelalter. Phil. Diss. Frankfurt am Main 2000 [im Druck].

tel heißt bei Petrus „De creatione empyrei et quatuor elementorum“[17]. Gleich die ersten Worte entnimmt er dann dem Evangelium nach Johannes, in dem mit „Am Anfang war das Wort“ auf Moses' Bericht angespielt wird. In diesem und durch dieses „Wort“ – also im und durch den Gottessohn – habe Gott den „mundus“ geschaffen.

Zwei Feststellungen trifft Petrus in diesen ersten zwei Zeilen seiner „Historia Scholastica“, zweifach bestätigt er seinerzeit gängige Grundannahmen. Indem er in der Überschrift einen naturphilosophischen Akzent setzt, lenkt er die Aufmerksamkeit auf die theoretische Belastbarkeit der Mosaischen Worte. Dies ist ein durchgehendes Thema für Petrus, Moses widerspricht in seinem Schöpfungsbericht direkt einigen griechischen Theoretikern, einigen Philosophen, die allenfalls eine Ahnung von der einen, göttlichen Wahrheit, aber keinen rechten Einblick in Seine Werke hatten. Zum anderen kündigt er im ersten Satz eine Vergleichbarkeit und einen direkten Bezug aller biblischen Texte an. Zumindest soweit trägt die eine offenbarte Wahrheit, daß ein Wort des Evangelisten den Bericht über die ersten Tage der Welt erläutern kann.

Dann nimmt Petrus den naturphilosophischen Faden der Überschrift wieder auf. Das Wort „mundus“, so Petrus Comestor, habe vier Bedeutungen. Das Empyreum oder der englische Himmel, die gesamte sichtbare Welt inklusive der sichtbaren Teile des Himmels, die sublunare Region dieser Gesamtwelt oder der Mensch als Mikrokosmos. Alle vier hat Gott geschaffen, so Comestor weiter, allerdings auf zweifache, verschiedene Weise. Das Empyreum, die sichtbare Welt und die sublunare („irdische“) Region schuf Gott, indem er sie aus dem Nichts machte; den Menschen schuf Gott, indem er ihn formte.

In einer solchen Aufführung des Textes, die ähnlich lapidar ist wie der Wortlaut des Comestor – eher habe ich eben noch mehr erläutert als er, insofern ich den Leser durch ein „allerdings“ und das ein oder andere „indem“ leitete – wird deutlich, was er wegließ, wie er kürzte und pragmatisierte[18].

Petrus läßt alle Fragen aus – er gibt nur die Antworten. Und er gibt sie auch nicht als Antworten, sondern einerseits als Existenzbehauptungen, andererseits als Worterklärungen. Die Worterklärungen bringen typischerweise Definitionsbereiche, sie nennen Elemente derjenigen Mengen, so könnte man sagen, die mit den Worten bezeichnet werden. Das einzelne steht für die Menge ein, der Leser kann sich mit den konkreten Angaben begnügen oder seinen Sinn auf das Allgemeine richten. Durch dieses Verfahren kann er einen klaren, unverschnörkelten Stil pflegen. Aussagesatz schließt sich an Aussagesatz an, als einzigen Anschluß benötigt er ein gelegentliches „id est“. Doch auch in solchen Fällen läßt er die umständliche Frage, die mannigfaltigen Möglichkeiten der Wortbestimmung einfach weg. Schnell wird der forschende Leser an die Lösung seiner Probleme geführt. Comestor verzichtet auf eine Vernetzung der unterschiedlichen Antworten, die er geben muß. Wenn er zum Beispiel die vier Lesarten des Wortes „mundus“ nennt, zieht er nicht aus jeder Lesart

17 MPL 198, col. 1055A. – Sylwan vermutet als Quelle der Überschriften Petrus selbst oder zumindest dessen Zeitgenossen; Sylwan: Petrus Comestor (wie Anm. 2), S. 360f. In den oben kurz vorgestellten Handschriften finden sie sich für die Schöpfungsgeschichte (bis Kapitel 11 und einem „Epilogus“ einschließlich, MPL 198, col. 1066) in der Form des Migneschen Druckes.

18 MPL 198, col. 1055B: „Empyreum autem et sensibilem mundum, et sublunarem regionem creavit Deus, id est de nihilo fecit; hominem vero creavit, id est plasmavit.“

die volle Konsequenz, indem er den gesamten Abschnitt mit dieser einen Lesart interpretiert und die semantischen Verschiebungen aufzeigt. Er begnügt sich mit der Bemerkung, daß Moses mit „coelum et terram", die Gott geschaffen habe, drei Dinge bezeichnen wollte: das Empyreum (der unsichtbare, englische Himmel), der sichtbare Himmel über der Sphäre des Mondes sowie die sublunare Sphäre. Comestor stiftet einen grammatischen Sinn der Mosaischen Aussagen, er bedient sich nicht einer ausgefeilten Dialektik, die Fragen und deren Partikel bejahen und verneinen und die Bejahungen und Verneinungen noch wechselweise in Beziehung setzen würde. Comestor tat das mit voller Absicht und reagierte auf die praktischen Anforderungen des universitären Unterrichts. Es war höchste Zeit, einen essentiellen „Kommentar der Kommentare" zu erstellen, deren Lesbarkeit sich dem konsequenten Weglassen, dem Verbergen der exegetischen Arbeit verdankte. Ein Leitfaden entstand, der den wörtlichen Sinn der Heiligen Schrift (wieder) anschaulich werden ließ[19].

Auch die Themenwechsel und thematischen Verschiebungen geschehen durch einzelne, wiederholte Worte[20]. Comestor schafft es auf diese Weise, den Leser auf seiner Reise durch die Lesarten an die Hand zu nehmen. Der rote Faden der Worterklärungen teilt sich zwar, doch verwickelt er sich nie. Und am Ende hängt alles mit allem, aber alles nur an einem Faden zusammen. So spielt er ganz zu Anfang gleich in seiner Erklärung auf das zu Erklärende an. Ohne den ersten Vers der Genesis zu zitieren, hält er ihn dennoch präsent. „In principio creavit Deus caelum et terram" lautet Genesis 1:1 in der Version der Vulgata; Comestors erster Satz ist der erste Satz des Evangeliums nach Johannes „in principio erat Verbum". Das ist nicht nur ein überdeutlicher Anklang und eine Erläuterung des „in principio" der Genesis, es ist nicht nur Ausdruck einer Interpretationstheorie der Heiligen Schrift[21] – es ist auch eine stilistisch sehr sichere Abkürzung einer Menge möglicher Fragen und Überleitungen. „In principio" verweist schlicht auf „in principio" und leitet den Leser. Comestor beendet das Zitat aus dem Evangelium nach Johannes mit dem Wort „mundus" zur Angabe dessen, was Gott „am Anfang" geschaffen habe. Auch hier kürzt Petrus Comestor einige mögliche Erläuterungen ab, indem er verschiedene Lesarten ineinander montiert. Er kommt zu einem klaren, in sich gestuften Ergebnis[22]. Der „mundus" ist nun ab dieser Stelle

19 John Van Engen: Studying Scripture in the Early University. In: Lerner (Hrsg.), Neue Richtungen (wie Anm. 15), S. 17-38, hier S. 30f. – Zur schulischen Praxis vgl. Smalley: Study (wie Anm. 1), S. 216ff.

20 Zur Verdeutlichung hier der vollständige Abschnitt der „Historia Scholastica". MPL 198, col. 1055A-B: „In principio erat verbum, et verbum erat principium, in quo, et per quod Pater creavit mundum (Joan. 1). Mundus quatuor modis dicitur: quandoque empyreum coelum mundus dicitur propter sui munditiam; quandoque sensibilis mundus, qui a Greacis pan, a Latinis omne dictus est quia, philosophus empyreum non cognovit; quandoque sola regio sublunaris, quia haec sola animantia nobis nota habet de qua: Princeps huius mundi ejicietur foras (Joan. 12 [id est 12:31, O.R.]); quandoque homo mundus dicitur quia in se totius mundi imaginem repraesentat."

21 Sie ließe sich in etwa so verstehen: Alle Texte des Alten und Neuen Testamentes können sich gegenseitig erläutern; sie stammen aus einer einzigen Quelle; sie sind in sich kohärent – wenn man sie richtig versteht und die richtigen Texte/Versionen vor sich hat (so expliziert von Petrus Abaelard in der Einleitung zu „Sic et non"). Vgl. hier im Text oben.

22 Auch das ist wiederum eine Interpretation, denn das Wort taucht bei Johannes nicht auf. Der Evangelist spricht davon, daß Gott „alles und alle" im Sohn geschaffen habe (Johannes 1:3 „omnia per ipsum facta sunt / et sine ipso factum est nihil"; Biblia Sacra iuxta Vulgatam editionem,

Petrus' neue Leitvokabel, er muß noch erläutert werden. Der Leser versteht bei allen Erläuterungen des Petrus gleichzeitig immer „Himmel und Erde“ des Mosaischen Textes – und die meisten werden das Wort des Johannes im Kopf gehabt haben, daß Gott einfach „alles“ im Sohn geschaffen habe, und auch diese mögliche Lesart mitdenken können. Die vier Lesarten, die vier Verständnismöglichkeiten des Wortes und der Sache „mundus“ sind eng und mehrfach an den Mosaischen Text, an dessen Thema und an die Grundaussagen der gesamten Heiligen Schrift angebunden.

Petrus Comestors „Historia“ hat durch diesen den Leser sanft leitenden Stil einen eminenten Lesebuch-Charakter. Die Kürze der Bemerkungen, ohne Fragen und Problemexplikationen, macht aus diesem Lesebuch auch ein Nachschlagewerk, in dem man nachblättern und suchen kann, aber nie den Überblick verliert, weil der Autor auch für die Verweise und Anklänge gesorgt hat. Wer über den Stoff souverän gebietet, mag mit Gewinn einzelnes nachschlagen, wer einen größeren Zusammenhang sich erschließen will, muß nicht fürchten, in den Einzelheiten unterzugehen. Petrus' Pragmatismus zeigt sich so auch an seiner Anschlußfähigkeit. Die Methode des sanften Zusammenhangs bedient dem gezielt zugreifenden ebenso, wie es die Ergänzung durch endlose Details nicht ausschließt. Petrus bietet stets sicheren Boden, er sät keine Zweifel, und er argumentiert nicht. Man konnte wohl *mit* ihm argumentieren, aber eigentlich ließ er sich nicht vereinnahmen. Sein „Hinterherhinken“, wie Borst es nannte, schützte sein Werk auch vor dem schnellen Veralten.

Die späteren, voluminöseren „Summen“ mochten den Stoff zwar anders und systematischer anordnen, sie konnten Comestors Handbuch aber in seiner Funktion nie ersetzen. Je mehr an weiterem Wissen über die Natur, die Vergangenheit und das Wesen Gottes angehäuft wurde, desto unentbehrlicher erschien ein konziser und präziser Überblick über die gleichsam semantischen Grundlagen der biblischen Texte. Die „Historia Scholastica“ blieb populär, sie war beliebt, wurde häufig benutzt und abgeschrieben. Sie erschien durch ihren Stil unstrittig und gleichsam als die Sache selbst. Trotz all der Selbstverständlichkeit, mit der uns Petrus seine „Lösungen“ als einfache präsentiert, bemühte sich diese kleine Studie, die bewußten Entscheidungen des Autors – der alles andere als ein bloßer Kompilator oder Paraphrasendrescher war – und ein Teil seiner grundsätzlichen Überzeugungen über die Wahrheit der Schrift und ihren tiefen Zusammenhang mit der geschaffenen Welt deutlich zu machen. Eine wirkliche Interpretation seines komplexen Textes konnte hier nicht geleistet werden.

ed. Bonifatius Fischer et al. 3., verbesserte Aufl. Stuttgart 1983, S. 1658). Comestor schließt mit der Nennung des „mundus“ an den zweiten Teil des Genesisverses an, in dem von „Himmel und Erde“ die Rede ist. Er bietet mit dem Evangelienzitat eine doppelte Lesart an: „Himmel und Erde“ sind einerseits „alles“, wie es Johannes sagte, und dieses „alles“, das Moses „Himmel und Erde“ nannte, ist der „mundus“. – Alles das in zwei Zeilen der Migne-Ausgabe.

Annette Weber

Glaube und Wissen – Ecclesia et Synagoga

Die Statuen der Ecclesia und Synagoga am Südportal des Straßburger Münsters (Abb. 1) gehören zu den populärsten gotischen Statuen, die zu Ikonen mittelalterlicher Kunst geworden sind. Während sich die Forschung über ihre Entstehung in der Regierungszeit Kaiser Friedrichs II. zwischen 1220-1230/35 einig ist[1], wird ihre ikonographische Bedeutung immer noch debattiert. Das liegt daran, daß beide Statuen als Personifikationen vielschichtig deutbar sind. Im Alten und Neuen Testament bezeichnen die Begriffe ‚ecclesia' und ‚synagoga' die Versammlung der Urchristen beziehungsweise des Volkes Israel, wobei im Neuen Testament der Begriff ‚synagoga' allein den Juden zugeordnet wird und bei Johannes durchaus negative Konnotation hat[2]. Schon in der Patristik jedoch verkörpern Ecclesia und Synagoga Neues *und* Altes Testament, ähnlich wie später Apostel und Propheten. Als Verkörperung des Alten und Neuen Bundes erscheinen sie seit dem 9. Jahrhundert bei mittelalterlichen Kreuzigungsdarstellungen. Darüber hinaus werden sie in der Scholastik als Allegorese des wahren beziehungsweise des falschen Glaubens bei der Auslegung des Salomonischen Urteils genutzt: Ecclesia und Synagoga streiten um den wahren Glauben so wie die Frauen um das eine, noch lebende Kind streiten. Im Sinne von einander entgegengesetzten Glaubenshaltungen stellt auch Bernhard von Clairvaux die beiden Personifikationen vor, wobei Ecclesia Maria und die Barmherzigkeit verkörpert, während Synagoga für das Judentum und sein Gesetz steht. In der mittelalterlichen Theologie werden Ecclesia und Synagoga darüber hinaus auch noch mit der Brautsymbolik des Hohelieds assoziiert. Ecclesia ist die schöne Freundin des Hoheliedes, die erwählte Braut, mit der Christus-Salomo den Neuen Bund eingegangen ist, während Synagoga die dunkle, verstoßene, weil untreu gewordene

---

1 Adolf Weis: Die „Synagoge" am Münster zu Straßburg. In: Das Münster I (1947-1948), S. 64 bis 80; Willibald Sauerländer: Gotische Skulptur 1140-1270. München 1970, S. 124; Louis Grodecki/Roland Recht: Le bras sud du transept de la cathédrale: Architecture et sculpture. In: Bulletin de la société des amis de la cathédrale de Strasbourg X (1972), S. 11-32, hier S. 18; Otto von Simson: Le programme sculptural du transept méridional de la cathédrale de Strasbourg (Wiederabdr. aus dem Bulletin de la société des amis de la cathédrale X [1972]). In: Ders: Von der Macht des Bildes im Mittelalter. Gesammelte Aufsätze. Berlin 1993, S. 77-100, hier S. 86; Helga Sciurie: Ecclesia und Synagoga an den Domen zu Straßburg, Bamberg, Magdeburg und Erfurt. Körpersprachliche Wandlungen im gestalterischen Kontext. In: Wiener Jahrbuch für Kunstgeschichte XLVII (1993/94) (= Beiträge zur mittelalterlichen Kunst, Teil 2), S. 679-687; Hans Jantzen: Deutsche Bildhauer des 13. Jahrhunderts, Berlin 2001 (EA 1925), S. 68-70, folgt einem Datierungsansatz um 1220.

2 Das griechische Wort für Zusammenkunft bezeichnet das historische Volk Israel in der Versammlung 114mal in der Vulgata. Im Neuen Testament bezeichnet der Begriff Synagoga sowohl den Versammlungsort einer jüdischen Gemeinde, das Bethaus (Lk 4,5), oder aber die Versammlung selbst (Apok 2,9/3,9). – Der Begriff Ecclesia kommt im NT nur einige Male vor (z.B. bei Mt 16,17 und 18,17) und wird zur Selbstbezeichnung in den Briefen der Urkirche bereits im Gegensatz zur Synagoga angewandt. Vgl. Lexikon des Mittelalters. Bd. III, Sp. 1536f.

erste Braut (und den Alten Bund) symbolisiert, die jedoch am Ende der Tage zur Umkehr und Wiedervereinigung mit der zweiten Braut aufgefordert werden wird[3].

Alle diese Deutungen erforderten vom mittelalterlichen Laienpublikum beträchtliche theologische Kenntnisse. Da bislang nicht hinreichend geklärt ist, ob und in welchem Ausmaß lateinunkundige Gläubige über solche Kenntnisse verfügt haben können, ist auch die Deutung der Straßburger Figuren ungesichert, wobei es womöglich mehrere, einander überlagernde Interpretationen gegeben hat, die unterschiedliches Publikum angesprochen haben können, wie Helga Sciurie vermutet[4]. Die Zerstörungen der Französischen Revolution, die im 19. Jahrhundert durch einzelne neugeschaffene Szenen nur teilweise behoben wurden, erschweren die Deutung der beiden Statuen am Südportal des Straßburger Münsters zusätzlich.

Den einstigen mittelalterlichen Bestand überliefert ein Kupferstich von Isaac Brunn von 1617 (Abb. 2). Danach flankierten Ecclesia und Synagoga einen am Mittelpfeiler des Doppelportals thronenden König, der das Richtschwert griffbereit auf den Knien hielt, während über ihm die Büste des Weltenherrschers erschien. In beiden Portalgewänden standen die zwölf Apostel. Die beiden Tympana zeigten den Marientod links und die Marienkrönung rechts, die Türstürze die Grabtragung sowie die leibliche Erhebung Mariens mit der Gürtelspende. Schwierig zu deuten sind Szenen an den Piedestalen von Ecclesia und Synagoga und dem thronenden Richterkönig, die – einem mittelalterlichen Subtext oder Kommentar vergleichbar – wesentlich die Interpretation der Statuen festgelegt haben müssen. Am ehesten deutbar erscheint die Szene unter der Synagoga. Hans Jantzen hat sie analog zum Piedestal der Bamberger Synagogastatue als den Teufel gedeutet, der einen Juden blendet, Roland Recht und Louis Grodecki deuten die Szene als Kainsmord[5]. Dagegen scheint es kaum möglich, aufgrund der knappen Angaben des Kupferstiches die Piedestalfigur des Richterkönigs und der Ecclesia als die von ihm gerichteten Frauen beziehungsweise deren Kinder zu deuten, wie dies die im 19. Jahrhundert rekonstruierte Szene zeigt.

Die kunstwissenschaftliche Diskussion um die Bedeutung von Ecclesia und Synagoga setzte bereits Ende des 19. Jahrhunderts ein, als Paul Weber feststellte, daß ihre Präsentation unter dem Kreuz, wie sie Elfenbeine des 9. Jahrhunderts erstmals überliefern, den Ausgangspunkt ihrer Darstellungen in der mittelalterlichen Kunst bildet. Ebenso merkte er an, daß zahlreiche hoch- und spätmittelalterlichen Darstellungen von Ecclesia und Synagoga neben dem Kreuz der Versinnbildlichung der Messe dienen sollten. Gleichzeitig lehnte er jedoch die Meßtypologie als den Ursprung der Ecclesia- und Synagogadarstellungen ab und sah die im Mittelalter noch Augustinus selbst zugeschriebenen Texte „Sermo contra Paganos, Judaeos et Arianos“ und „De altercatione Ecclesiae et Synagogae Dialogus” als die

3 W. Greisenegger: Ecclesia und Synagoge. In: Lexikon der christlichen Ikonographie. Bd. 1. Freiburg 1994, col. 569-578; Gertrud Schiller: Lexikon der Christlichen Ikonographie. Bd. 4.1: Die Kirche. Gütersloh 1976, S. 51-56. – Zu Bernhard von Clairvaux vgl. Matthias Theodor Kloft: „Die Heilige Jungfrau ist gleichsam die Vollendung der Synagoge“. Maria und die Juden in der Theologie des Hochmittelalters. In: Johannes Heil/Rainer Kampling (Hrsg.): Maria – Tochter Sion? Mariologie, Marienfrömmigkeit und Judenfeindschaft. Paderborn, München, Zürich, Wien 2001, S. 69-91, hier S. 70ff.

4 Vgl. dazu den Text bei Anm. 26.

5 Jantzen: Deutsche Bildhauer (wie Anm. 1), S.44; Grodecki/Recht: Le bras sud (wie Anm. 1), S. 21.

eigentlichen Vorlagen an, da er von einer Entstehung dieser Texte im 5. Jahrhundert, also weit vor den bildlichen Darstellungen ausging[6]. Nach neueren Untersuchungen ist der „Dialogus“ wahrscheinlich aber erst im 9. Jahrhundert, in der Zeit der ersten Elfenbeine und des Abendmahlstreites entstanden [7].

Der Dialogus handelt davon, daß Ecclesia die ehebrecherische Witwe Synagoga zur Herausgabe ihres Erbes, das heißt der Gläubigen zwingt, indem sie ihr nachweist, daß Christus der wahre Messias sei. Dieser Dialog entwickelte sich im späteren Mittelalter zu einem eigenständigen liturgischen Schauspiel. Analog zu den beiden Frauen des Salomonischen Urteils treten Ecclesia und Synagoga als Streitende in einer öffentlichen Disputation um den lebendigen, das heißt wahren Glauben auf, die seit dem 13. Jahrhundert zum Auftakt von Propheten- und Passionsspielen sowie des „ludus de Antichristo” gehörte[8]. Im Spätmittelalter führten die beiden Protagonistinnen oft heftige Auseinandersetzungen mit teilweise drastischen Beschimpfungen vor, die immer mit dem Triumph der Ecclesia über ihre Widersacherin Synagoga endeten[9]. Demzufolge interpretierte Paul Weber Ecclesia als Sinnbild des Kampfes der mittelalterlichen christlichen Kirche gegen Synagoga, die er als das personifizierte Judentum ansah[10].

Josef Sauer und nachfolgende Wissenschaftler hingegen wie Adolf Weis, Otto von Simson, Wolfgang Seiferth, Herbert Jochum u.a.[11] hoben nachdrücklich die herausragende Schönheit der beiden Statuen hervor und deren edle Würde, die der Synagoga auch in der Niederlage verbliebe. Nicht zuletzt unter dem Eindruck dieser besonderen Ästhetik erkannte die Forschung der Nachkriegszeit in den beiden Statuen kein Gegensatzpaar, sondern einen Ausdruck der Concordia, wie sie Honorius Augustodunensis (gest. um 1125) in seiner Auslegung des Hoheliedes formuliert hatte. Im dritten Teil seiner „Expositio in cantica canticorum“ hat er den Begriff der Concordia sowohl auf die historische Entstehung der Ecclesia aus Juden und Heiden wie auch auf die eschatologische Vereinigung von Ecclesia und Syn-

6 Paul Weber: Geistliches Schauspiel und kirchliche Kunst. Stuttgart 1894, S. 13f. sowie Kap. IV und V. – Den Text des „Sermo“ und des „Dialogus de altercatione“ bei Migne: Patrologia. Patres Latini. Bd. 42. Paris 1972, col.1117-1130 und 1131-1140.

7 Zur Neudatierung des „Dialogus de Altercatione“ vgl. Paul Raddatz: Die Entstehung des Motivs „Ecclesia und Synagoga“. Geschichtliche Hintergründe und Deutung. Diss. Berlin 1959, bes. S. 65-67.

8 Karl Langosch: Geistliche Spiele. Darmstadt 1957; Wolfgang Seiferth: Synagoge und Kirche im Mittelalter. München 1964, Kap VIII, IV, S. 125-136.

9 Edith Wentzel: Synagoga und Ecclesia – Zum Antijudaismus im deutschsprachigen Spiel des späten Mittelalters. In: Internationales Archiv für Sozialgeschichte der deutschen Literatur 12 (1987), S. 66-69, mit Beispielen aus dem Alsfelder Passionsspiel vom Anfang des 16. Jahrhunderts.

10 Weber: Geistliches Spiel (wie Anm. 6), S. 61.

11 Josef Sauer: Symbolik des Kirchengebäudes und seiner Ausstattung in der Auffassung des Mittelalters. Freiburg 1902, S. 259; Weis: „Synagoge“ (wie Anm. 1), S. 66ff.; Seiferth: Synagoge und Kirche (wie Anm. 8), S. 162; Simson: Le programme sculptural (wie Anm. 1), S. 77; Herbert Jochum: Ecclesia und Synagoga – Das Judentum in der christlichen Kunst. Ausstellungskatalog. Essen 1993, S. 14f.; Ders.: Ecclesia und Synagoga. In: Hubert Frankenmöller (Hrsg.): Der ungekündigte Bund? – Antworten des Neuen Testaments. Freiburg i.B. 1998, S. 256f.

agoga bezogen und dafür als Parallele die Concordia von Altem und Neuem Testament angeführt[12].

Adolf Weis und Joseph Walter, gefolgt von Otto von Simson, erkennen in der Straßburger Ecclesia und Synagoga die beiden Bräute der Hoheliedinterpretation des Honorius und verknüpfen die verschiedenen Interpretationsstränge vom Salomonischen Urteil als Entscheidung für die neue Kirche, dem Hohelied Salomos als Lobpreis der eschatologischen Vereinigung von Altem und Neuem Bund und zuletzt der Maria-Ecclesia als Regina miteinander, um eine, wenn auch hochkomplizierte Gesamtdeutung des Portalprogrammes in Straßburg zu entwickeln. Der Frage nach dem Publikumsverständnis eingedenk, führt Otto von Simson zusätzlich zu den theologischen Abhandlungen des Honorius Augustodunensis, Bernhards von Clairvaux und Wiltrams von Ebersberg (um 1160) auch das Amorbacher Fragment eines Mariae Himmelfahrt-Spieles aus dem Ende des 13./Anfang des 14. Jahrhunderts an, in dem Christus als Bräutigam seine beiden Bräute Ecclesia und Synagoga zum Schluß gleichrangig behandelt[13]. Das Fragment stellt den Moment dar, in dem Synagoga zur Umkehr aufgefordert wird und sich unterwirft, analog zur Stelle des Hohelieds, wo die Sunamiterin mit den Worten ‚revertere, Sunamitis, revertere' zur Rückkehr aufgefordert wird. Aus der eschatologischen Vereinigung von Ecclesia und Synagoga entsteht die neue himmlische Königin, mit deren Krönung und Lobpreisung das Spiel wohl geendet hat[14]. Das geistliche Drama, das der Hoheliedinterpretation des Honorius folgt, ist mittelhochdeutsch und lateinisch abgefaßt und wendete sich demnach nicht nur an Kleriker mit Lateinkenntnissen. Dennoch scheint es nicht vorrangig für Ungebildete bestimmt gewesen zu sein, denn an einer Stelle wird ausdrücklich vor der komplexen Interpretation gewarnt: „waz disu rede betuite, des wissen nit tumbe luite"[15].

Otto von Simson sieht in der Concordia-Idee den Leitgedanken für die Darstellungen von Ecclesia und Synagoga überhaupt, der von dem Bild des endzeitlichen Christus zwischen Ecclesia und Synagoga im Chorumgangsfenster von St. Denis 1144 bis zu den nahezu ein Jahrhundert später entstandenen Straßburger Statuen reicht, auch wenn sich der ikonographische Kontext vom Fensterbild, das den Moment der Revelatio analog zu 2 Kor. 3, 14 bis 18 zeigt, zu Statuen in einem Gerichtsportal wesentlich gewandelt hat. Darüber hinaus sei die Eintracht der Straßburger Ecclesia und Synagoga, da sie den königlichen Richter flankierten, der im Mittelalter als *rex pacificus* gesehen wurde, zugleich ein Verweis auf das nun anbrechende Friedensreich, als dessen Herrscher Kaiser Friedrich II. galt[16]. In der neue-

12 Migne: Patrologia. Patres Latini. Bd. 172. Paris 1886, col. 456f. – Honorius hat die Stelle „Junctura femorum tuorum sicut monilia quae fabricata sunt manu artificis (Deiner Hüften Rund ist wie Geschmeide, gefertigt von Künstlerhand)" (Cant 6, 12), womit die Sunamiterin nach der Aufforderung zur Umkehr beschrieben wird, wie folgt interpretiert: „Vel iunctura femorum est concordia duorum populorum, scilicet Judaici et gentilis in una fide Christi [...] Quae junctura est sicut monilia, quia concordia illorum ita convenit, sicut duorum Testementorum congruit."

13 Simson: Le programme sculptural (wie Anm. 1), S. 97.

14 Rudolf Heym: Bruchstück eines geistlichen Schauspiels von Marien Himmelfahrt. In: Zeitschrift für deutsches Altertum und deutsche Literatur 52 (1910), S.49ff. – Zum Amorbacher Fragment vgl. auch Wilhelm Creizenach: Geschichte des neueren Dramas. Bd. I. Halle 1911, S. 125; Seiferth: Synagoge und Kirche (wie Anm. 8), S.136.

15 Heym: Bruchstück (wie Anm. 14), S. 56, bes. Schlußkommentar zu Abschnitt IV des Fragmentes.

16 Simson: Le programme sculptural (wie Anm. 1), S. 86, zu Friedrich als Friedenskaiser.

ren Forschung ist der Concordia-Gedanke als das Leitmotiv der Interpretation der statuarischen Darstellungen von Ecclesia und Synagoga in Straßburg und Bamberg akzeptiert worden.

Fazit: Bei der modernen Interpretation von Ecclesia und Synagoga konkurrieren Concordia- und Altercatio-Idee miteinander, wobei mittelalterliche theologische Traktate den Ausgangspunkt der Deutung bilden und jeweils angenommen wird, daß ihr komplexes Gedankengut durch liturgische Spiele den Laien vermittelt worden sei. Darüber hinaus erfolgt die Ablehnung der Altercatio- und die Bevorzugung der Concordia-Idee wesentlich aufgrund des heutigen ästhetischen Eindrucks und aufgrund der Tatsache, daß beide Statuen in der Bildhauerarbeit gleichrangig behandelt worden sind, wobei jedoch die Wirkung einer ursprünglich sicher vorhandenen Farbfassung nicht mit in die Überlegungen einbezogen wird. Die Entscheidung für die Concordia-Idee wird also von kunstgeschichtlichen Kriterien mitbestimmt, wie sie im 19. Jahrhundert entwickelt worden sind.

Angesichts der Tatsache, daß gerade das Hohelied im Mittelalter keineswegs nur im Sinne der Concordia verstanden wurde, sondern sehr wohl auch Szenen der Altercatio beinhalten konnte, erscheint die Interpretation von Ecclesia und Synagoga lediglich im Sinne der Concordia als zu einseitig. So zeigt die Eingangsinitiale eines Hohelied-Kommentares des 12. Jahrhunderts aus Troyes[17] Ecclesia und Synagoga mit dem Schleier halb über den Augen zwar gleichwertig nebeneinandersitzend, aber andere Miniaturen zum Hohelied stellen die Verstoßung oder Unterwerfung der Synagoga durch den richtenden Christus dar, wie die zwischen 1088-1109 in Dijon entstandene Hardingbibel von Citeaux oder die Riesenbibel aus Montalcino aus dem 12. Jahrhundert (Abb. 3)[18]. Für den Ausdruck der Eintracht und Vereinigung beider Testamente wird von allen genannten modernen Autoren immer wieder eine Miniatur des „Hortus deliciarum" der Herradis von Landsberg herangezogen, der auch als ikonographisches Vorbild für die Rosenfenster mit Alten und Neuen Testament-Darstellungen des Südquerhauses von Straßburg in Anspruch genommen wird[19]. Das sehr eigenwillige Bild auf fol. 67a/b (Abb. 4) zeigt in einem Kreis eine zweiköpfige Gestalt halb Moses, halb Christus, die rechts den Kelch und links den Sprengwedel für das Opfer hält. Die Beischrift ‚Vetus et novum testamentum in simul iunctum' verweist nachdrücklich auf die Vereinigung hin. Es fällt auf, daß hier die Personifikationen von Ecclesia und Synagoga als Ausdruck der Concordia jedoch gerade nicht erscheinen.

Diese Beispiele zeigen, daß die Deutung der Straßburger Ecclesia und Synagoga als Ausdruck der Concordia und der eschatologischen Vereinigung zumindest nicht zwingend ist, und implizieren damit die Frage, ob es nicht eindeutigere Concordia-Darstellungen gegeben hat. In der Tat müssen die immer wieder im Vergleich zu Straßburg zitierten Gewändefiguren der im 18. Jahrhundert zerstörten Kirche St. Madeleine in Besançon Ecclesia und Synagoga typologisch andersartig als einander gleichberechtigt gegenüberstehende Personifikationen des Neuen und Alten Testaments gezeigt haben[20]. Soweit es die Zeichnung aus

17 Ebd., S. 94 und Abb. 31.

18 Vgl. Schiller: Lexikon (wie Anm. 3), S. 54 und Abb. 123.

19 Zu der Darstellung Weber: Geistliches Spiel (wie Anm. 6), S. 25; Weis: „Synagoge" (wie Anm. 1), S. 78f. (unter Berufung auf Joseph Walter). Vgl. auch Simson: Le programme sculptural (wie Anm. 1), S.90. – Die Abbildung nach Green nach Alexandre Straub/Gustave Keller (Hrsg.): Herrad of Hohenburg: Hortus deliciarum, fol. 67a/b. Leiden 1979, Abb. 98, S. 112.

20 Vgl. Rudolf Kautzsch: Ein frühes Werk des Meisters der Straßburger Ekklesia. In: Oberrhei-

dem 18. Jahrhundert erkennen läßt (Abb. 5), standen sich am Gewände des Hauptportals von St. Madeleine in Besançon sechs Apostel mit bekrönter kreuzesschwingender Ecclesia in der Mitte und sechs Vertreter des Alten Testaments, darunter Propheten, Moses und Abraham, mit gleichfalls bekrönter Synagoga mit dem Tempelgebäude gegenüber. Der Statue der Synagoga fehlen eindeutig die sonst immer vorhandene Augenbinde, die Lanze und die Gesetzestafeln, während bei den noch erhaltenen Statuen das Tempelgebäude als Attribut sonst nicht vorkommt.

Die andersartigen Attribute der Synagogastatue von Besançon, die Kautzsch und Sauerländer etwas früher, Bruno Vautrin etwas später als die Straßburger Figur datieren, lassen vermuten, daß die Straßburger Synagoga zumindest nicht in gleicher Weise den Concordia-Gedanken verkörpert hat wie in Dijon und daß es im Mittelalter vielleicht doch andere Bildsymbole für die Concordia gegeben hat als die Gegenüberstellung von Ecclesia mit Vexillum und Kelch und Synagoga mit Augenbinde und entgleitender Krone und gebrochener Lanze. Den Concordia-Gedanken im Sinne der Kontinuität der Lehre verkörpern etwa die Apostel auf den Schultern der Propheten am Bamberger Fürstenportal weit anschaulicher als die das gleiche Portal flankierenden Statuen von Ecclesia und Synagoga. Aufgrund dieser Überlegungen scheint fraglich, ob der Concordia-Gedanke, selbst wenn er in der gleichzeitigen Theologie mit den beiden Statuen assoziiert wurde, mittelalterliche Ecclesia- und Synagogastatuen tatsächlich vorrangig geprägt hat.

Sowohl die Interpretationen von Ecclesia und Synagoga als Darstellung des „Dialogus de altercatione" wie auch der Concordia-Idee setzen beim Betrachter ein beträchtliches religiöses Wissen voraus, das weit über die Kenntnis liturgischer und biblischer Texte hinausgeht. Sie implizieren damit die Frage, ob es nicht eine Deutung gegeben haben könnte, die dem Publikum einfacher zugänglich war, vorausgesetzt, das Programm war überhaupt zur Betrachtung durch das Laienpublikum bestimmt. Wie sahen dessen religiöse Kenntnisse im Mittelalter überhaupt aus, und wie wurde ihm dieses Wissen vermittelt, zumal wenn es des Lesens und Schreibens unkundig war?

Etwa in der gleichen Zeit wie die Straßburger Ecclesia und Synagoga entstand am französischen Königshof in Paris die Prachthandschrift einer Bible moralisée (Codex ÖNB 2554), die um 1223-26 datiert wird (Abb. 6 und 7). Jede illuminierte Seite zeigt acht Medaillons mit nebenstehendem Kommentar, wobei je zwei Medaillons samt Kommentar eine Interpretationseinheit bilden. Dieses aufwendige Schema aus Paraphrase der Vulgata mit Textillustration und Kommentar samt eigener Illustration legt nahe, daß sie zur theologischen Unterweisung hochgestellter Hofleute, vielleicht sogar des Königs selbst, gedacht war. Ecclesia und Synagoga kommen nahezu auf jeder der 132 Bildseiten vor – als Rivalinnen um den wahren Glauben. Dementsprechend steht ihre Rivalität auch im Zentrum der Interpretation des Salomonischen Urteils (fol. 49v Dd und fol. 50r Aa), dem insgesamt vier Miniaturen gewidmet sind. Dabei werden Ecclesia und Synagoga zweimal als Gegnerinnen vorgeführt, die von Christus die Herrschaft über die als Kinder dargestellten Gläubigen fordern. Ecclesia tritt dabei als stattliche, bekrönte und jugendliche Gestalt auf, während

nische Kunst 3 (1928), S. 133f.; Weis: „Synagoge" (wie Anm. 1), S. 66; Simson: Le programme sculptural (wie Anm. 1), S. 90; Sauerländer: Gotische Skulptur (Anm. 1), S. 126; Bruno Vautrin: Le portail de la collégiale de la Madeleine à Besançon. In: Cahiers archéologiques 45 (1997), S. 99-107.

Synagoga eine ältliche Frau in leicht gebeugter Haltung mit Schleier ist, deren totes Kind als Jude mit Geldsack und Geldkasten dargestellt wird. Der Schlußkommentar definiert die guten Christen/,boens crestiens', die in guten Werken leben, als die lebendigen Kinder der Kirche, während die Ungläubigen/,mescreants', Häretiker und Juden und alle Schlechten, der Synagoga verfallen würden[21].

Diese aufwendige Bild-Textkombination demonstriert, wieviel Überlegung und Sorgfalt benötigt wurde, um die gängige typologische Auslegung der Scholastik von Ecclesia und Synagoga als Rivalinnen um den lebendigen Glauben der Laienbildung zugänglich zu machen. Der Aufwand bedingte, daß nur wenige Hochgestellte solche Prachthandschriften als Bildungsmittel nutzen konnten, während theologische Abhandlungen eines Honorius Augustodunensis tatsächlich nur gebildeten Klerikern zugänglich gewesen sein dürften. Das einfache Volk hingegen war auf Meßliturgie, Predigt und geistliches Schauspiel als die wichtigsten Bildungsquellen angewiesen. Sie bildeten die eigentliche Schule bis in die Neuzeit hinein, von hier bezog es sein Wissen und seine Weltsicht.

Auszüge aus dem Hohelied, in dem Maria/Ecclesia als Sponsa Christi bezeichnet wird, gehörten in Straßburg wie andernorts zur Liturgie der Feste Mariae Himmelfahrt und Mariae Geburt[22]. Nimmt man an, daß das Publikum beim Fest Mariae Himmelfahrt jährlich eine Interpretation der Ecclesia und Synagoga als erwählter beziehungsweise verstoßener und wiederaufgenommener Braut zu hören bekam, dann konnte es aus der Liturgie und den Predigten zu Mariae Himmelfahrt theoretisch trotz Lese-und Schreibunkundigkeit die typologische Auslegung des Salomonischen Urteils kennen. Bedeutete dies auch, daß das Publikum die komplexe Theologie des Altercatio- und Concordia-Gedankens verstanden hatte und gar miteinander vereinbaren konnte – war das mittelalterliche Publikum so gebildet, daß es diese einer scholastischen Disputation würdige Frage lösen konnte?

Schon Willibald Sauerländer hat darauf hingewiesen, daß die beiden Straßburger Statuen das Concordia-Motiv nicht wirklich als Hauptmoment sichtbar vertreten, da die Überlegenheit der Ecclesia über die Synagoga sehr deutlich vor Augen geführt wird[23]. Die hochaufgerichtete Ecclesia wendet sich triumphierend im scharfen Profil der gebrochenen, sich abwendenden Synagoge zu, der ihre nutzlos gewordenen und wie die Lanze zerstörten Insignien entgleiten, während ihr die Krone als Zeichen des Herrschaftsverlustes einst zu Füssen gelegen hat. Der Gegensatz zwischen den beiden Figuren ist durch nachträglich gravierte spätmittelalterliche Inschriften unmittelbar über ihren Köpfen noch deutlicher hervorgetreten. Sie existieren heute noch, sind aber wegen fehlender Farbe kaum mehr wahrnehmbar. Nach dem Kupferstich von Isaac Brunn von 1617 lauten sie: „Mit Christi Blut überwind ich Dich" (über der Ecclesia); „Dasselbe Blut, das blindet mich" (über der Synagoga)[24].

21 Bible moralisée Codex Vindobonensis 2554 der Österreichischen Nationalbibliothek, facsimile mit Kommentar von Reiner Hausherr sowie Übersetzung von Hans Walter Stork. Graz 1992, fol. 49v und 50r, S. 137f.

22 André Wilmart/Joseph Walter (Hrsg.): L'ancien Cantatorium de l'église de Strasbourg. Colmar 1928, S. 69f. und S. 71f. Vgl. Simson: Le programme sculptural (wie Anm. 1) S. 96.

23 Willibald Sauerländer: Ecclesia und Synagoga vom Südportals des Straßburger Münsters. In: Die Zeit der Staufer. Bd. I. Stuttgart 1977, S. 321ff.

24 Adalbert Erler: Das Straßburger Münster im Rechtsleben des Mittelalters. Frankfurt am Main 1954, S. 4.

1993 hat Helga Sciurie zudem auf das wohl einst vorhandene Motiv des vom Teufel geblendeten Juden als Piedestal der Synagogastatue verwiesen, das eine andere, „volkstümlichere, obszönere und brutalere Sprache“ spreche als „der erhabene Stil der Großskulpturen”, der ganz in „der Sphäre der Ideen und herrschaftlichen Repräsentation” bliebe[25]. Helga Sciurie geht davon aus, daß je nach Bildungsstand die Deutung der Statuen differieren konnte. Während der gebildete Klerus und die Mächtigen die komplexe theologische Deutung der Figuren kannten, mußte sich das einfache Volk auf seine Augen verlassen und sah nur zwei Frauen, die trotz gegensätzlicher Haltung aufeinander bezogen waren.

Wie und vor allem aber zu welchen Anlässen haben die Gläubigen den Skulpturenschmuck des Südportals in seiner Komplexität wirklich wahrgenommen? War dem einfachen Volk dieses Portal überhaupt zugänglich, oder war es ein dem Kaiser und dem Klerus vorbehaltener Eingang, dessen exklusives, ikonographisch und gestalterisch anspruchsvolles Programm auf den Kenntnisstand seiner Beschauer zugeschnitten war?

Der alte Westbau und mit ihm das Hauptportal des Straßburger Münsters scheinen zwar bis weit ins 13. Jahrhundert hinein noch gestanden zu haben, aber spätestens seit den 1240er Jahren wurde im Langhaus gebaut, so daß man sich fragen muß, inwieweit dieser Teil der Kirche während der ersten Hälfte des 13. Jahrhunderts wirklich nutzbar war[26]. Während dieser Zeit müssen das spätromanische Portal des Nordquerhauses, das längst nicht so aufwendig mit Skulpturen geschmückt gewesen ist, und das Südportal die einzigen Zugänge zum Neubau gewesen sein. Adalbert Erler hat darauf aufmerksam gemacht[27], daß das aufwendig gestaltete Südportal bis zum Aufbau der neuen Westfassade im letzten Viertel des 13. Jahrhunderts den Haupteingang der Kirche bildete und somit auch gegenüber der Öffentlichkeit die Schauseite des Münsters war.

Diese Schauseite dürfte ihre volle Wirkung zunächst einmal zum Fest Mariae Himmelfahrt entfaltet haben, dem Hauptfest des Straßburger Münsters, das nicht nur mit besonderer Liturgie und einer Prozession gefeiert wurde, sondern auch Anlaß einer besonders im dreizehnten Jahrhundert blühenden Wallfahrt war, zu der viele Fremde kamen, die im Münster übernachten durften[28]. Diesem Fest sind die am Südportal in den Tympana und Türstürzen dargestellten Marienszenen gewidmet. Die Bedeutung der vier Mariendarstellungen war also auch einfachen Gläubigen zumindest von der jährlichen Festliturgie her vertraut.

Darüber hinaus befand sich im Mittelalter an dieser Stelle „uff den Greden”, das heißt auf den Stufen auf der Südseite des Straßburger Münsters eine Stätte für öffentliche Rechtshandlungen, wie etwa für die bürgerlichen Einigungsschwüre, die schon im 13. Jahrhundert geleistet wurden. Hier empfingen König Albrecht 1298 und 1348 Kaiser Karl IV. den Treu-

25 Sciurie: Ecclesia und Synagoga (wie Anm. 1), S. 681.

26 Roland Recht: Das Straßburger Münster 1971, S. 10 und 26; Théodore Rieger: La Cathédrale gothique. In: Hans Haug/Robert Will u.a. (Hrsg.): La cathédrale de Strasbourg. Strasbourg 1957, S. 54f., nimmt hingegen an, daß das Langhaus unmittelbar im Anschluß an die Fertigstellung der Querhausarme begonnen wurde.

27 Erler: Straßburger Münster (wie Anm. 25), S. 1f.

28 Lucien Pfleger: Die geschichtliche Entwicklung der Marienfeste in der Diözese Straßburg. In: Archiv für elsässische Kirchengeschichte 2 (1927), S.20f.; Philippe Verdier: Le couronnement de la vierge. Les origines et les premiers developpements d'un thème iconographique. Montréal, Paris 1980, S.41f.

eid der Lehnsleute und hier bestätigten sie die Straßburger Bischöfe, hier setzten sie sie ein. Schließlich fand an dieser Stelle auch das geistliche Gericht bis 1383 statt[29].

Im ursprünglichen Zustand des Portals agierten demnach das irdische Gericht und der irdische König angesichts des am Mittelpfeiler thronenden Königs Salomo, der das Richtschwert griffbereit auf den Knien hielt. Ebenso wurde dem irdischen Gerichtskollegium durch das Apostelkollegium am Gewände assistiert. Das irdische Gericht sprach somit Recht im Zeichen des Ahnen Christi und Richters aus der Zeit des Alten Testaments sowie der Nachfolger und Beisitzer Christi beim Jüngsten Gericht, den Aposteln des Neuen Testaments[30]. Es stand damit nach mittelalterlicher Vorstellung in bruchloser Rechtskontinuität seit Anbeginn der Schöpfung und war zugleich durch den über König Salomo dargestellten Weltenherrscher legitimiert, der am Ende der Tage selbst Gericht halten würde, wie es der Engelspfeiler hinter dem Doppelportal im Inneren des Südquerhauses ankündigt.

Schließlich war das Südportal bis um 1500 auch derjenige Ort, an dem sich die zu öffentlicher Buße Verurteilten, die die Kirche nicht betreten durften, am Gründonnerstag zu versammeln hatten, um wieder in die Gemeinschaft der Kirche aufgenommen zu werden. Während der Messe wandte sich der Diakon mit dem Kelch nicht nur den Gläubigen in der Kirche zu, sondern *extra* auch den Büßern, die bei der Aufforderung ‚Venite, venite, venite filii‘ in die Kirche hineingeführt wurden, um mit der Gemeinschaft der Gläubigen die Kommunion zu empfangen[31]. Die Aufforderung an die Reuigen, den Kelch des Heils zu empfangen und ihn als Symbol der Erlösung durch das Blut Christi zu betrachten, war der Höhepunkte der Gründonnerstagsliturgie[32]. Er erfolgte damit angesichts der triumphierenden Ecclesia, die den Kelch selbst unmittelbar über den Köpfen der in die Kirche einziehenden Gläubigen in der Hand hielt und zur Synagoge spricht: „Mit Christi Blut überwind ich Dich". Die Synagoga hingegen wurde durch den liturgischen Kontext: ‚Venite. Gustate et videte quoniam suavis [...] Venite, diverte a malo et fac bonum [...] calicem salutaris accipite [...]‘ in diesem Moment eindeutig als das Übel qualifiziert. Ihr Eingeständnis der Niederlage auf die Herausforderung durch Ecclesia erfolgte dementsprechend mit den Worten: „Dasselbe Blut, das blindet mich", was durch die Blendung des Juden an ihrem Piedestal höchst nachdrücklich zur Geltung gebracht wurde. Diese Szene, die einst jeder zum Portal hinaufsteigende Büßer unmittelbar über seinem Kopf sah, fungierte gleichsam als zusätzliche Mahnung und Aufforderung zu Reue und Buße. Alle Skulpturen des Südportals standen also auch für den Laien erkennbar mit besonderen, historischen Ereignissen und liturgischen

29 Erler: Straßburger Münster (wie Anm. 25), S. 24-31 (Südportal als Stätte urkundlich belegter Rechtshandlungen), S. 26f. (Königsschwüre), S. 30 (geistliches Gericht).

30 Ebd., S. 3 (Deutung der Apostel).

31 Ebd., S. 28f. Die Funktion des Südportals ist dokumentiert in einem Schreiben des Dominikaners Ortwin von Venden an den Rat der Stadt Straßburg um 1500 betreffs der Weihe der Stufen. Publiziert bei Louis Schneegans, Alsatia 1856/57, S. 153f. – Zum Ablauf der gesungenen Partien mit Angaben zum Ritus bei der Vigil zum Abendmahl am Gründonnerstag (Vesper) vgl. Wilmart/Walter (Hrsg.): L'ancien cantatorium (wie Anm. 22), cap. XIX, S. 25-29.

32 Nach Honorius Augustodunensis ist die Wiederaufnahme der Reuigen in die Kirche das Hauptereignis am Gründonnerstag, das mit der Meßteilnahme vollzogen wird. Zugleich werden die Gläubigen an diesem Tag analog zu den Königen des Alten Testamentes gesalbt und damit der Teilhabe an der neuen Herrschaft Christi versichert. Migne: Patrologia. Patres latini. Bd. 172: Gemma animae, Liber III, Cap. LXXV-LXXIX.

Zeremonien in Zusammenhang und erschlossen sich in ihren Details erst in ganz spezifischen Fest- oder Gerichtsmomenten.

Während sich die Tympana und Türstürze des Doppelportals eindeutig der Festliturgie von Mariae Himmelfahrt zuordnen lassen und Ecclesia und Synagoga bei der Gründonnerstagsliturgie eine besondere Rolle gespielt haben müssen, scheint die Zuordnung von Salomo als Richter und den Aposteln als Teilhaber am Jüngsten Gericht wohl zur mittelalterlichen Rechtsprechung möglich, nicht aber zu einer bestimmten Festliturgie. Das Verständnis dieser Statuen konnte jedoch aus demjenigen Bibelwissen resultieren, das selbst den Schriftunkundigen durch regelmäßige Lesung und Schriftauslegung während der Messe vermittelt wurde. Die wöchentliche, ja sogar tägliche Messe war derjenige Gottesdienst, den die Gläubigen um ihres Seelenheils willen regelmäßig besuchen mußten und dessen Mitfeier ihnen nachdrücklich eingeschärft wurde[33]. Die Priester wurden daher im Elsaß schon seit dem 9. Jahrhundert aufgefordert, die grundlegenden Heilswahrheiten den Gläubigen nicht nur während der Messe auf Latein zu vermitteln, sondern auch in der Landessprache, damit sie verstanden würden. Dazu gehörten besonders das in jeder Messe gesagte Vaterunser und das Glaubensbekenntnis, das die Kinder schon in der Schule lernten oder vom Dorfpfarrer lernen sollten[34].

Keine Messe fand ohne Ankündigung des Jüngsten Gerichts statt, da es zum Credo gehörte, das den Aposteln in den Mund gelegt wurde. Der mittelalterliche Gläubige lebte in der täglichen Gewißheit dieses finalen Ereignisses und wußte, daß alles irdische Handeln vor dem himmlischen Richter verantwortet werden mußte, wie dies die zahlreichen mittelalterlichen Weltgerichtsdarstellungen plastisch und drastisch vorführten. Jedes irdische Gericht stand also im Zeichen des himmlischen.

In der Messe wurde dem Gläubigen gleichzeitig nahegebracht, daß die Voraussetzung für das Bestehen des Jüngsten Gerichtes und die Erlangung des ewigen Lebens nicht nur ein möglichst sündenfreies und frommes Erdenleben war, sondern vor allem auch der Glaube, daß Christus mit seinem Blut, seinem Kreuzestod, die Welt erlöst habe. Deshalb sollte sich der Gläubige während der Messe die Passion so lebhaft wie möglich vergegenwärtigen, selbst wenn er den lateinischen Texten nicht folgen konnte. Um so wichtiger wurden für ihn die liturgischen Handlungen, die seit dem späten 12. Jahrhundert in der Elevatio der Hostie gipfelten. Sie und der Kelch versinnbildlichten das Opfer, das im Mittelpunkt jeder Meßfeier stand und sich im Moment der Wandlung von Brot und Wein vollzog. Die gebotene Verehrung der Hostie war Gegenstand zahlloser Meßpredigten, die sie als Erscheinung des Gekreuzigten und des zukünftigen Weltenrichters priesen, dem einst Rechenschaft abgelegt werden mußte[35]. Deshalb drängten sich die Gläubigen im Mittelalter besonders zu diesem Moment, wobei sie oft genug die Schranken des Sanktuariums nicht respektierten, da sie sich von der andachtsvollen Schau der Hostie außerordentliche Wirkung versprachen. Liturgisch ebenso bedeutsam war die Präsentation des Kelches, der das Blut Christi im Moment

33 Adolph Franz: Die Messe im deutschen Mittelalter. Darmstadt 1963 [EA 1902], S. 13.

34 Lucien Pfleger: Beiträge zur Geschichte der Predigt und des religiösen Volksunterrichts im Elsaß während des Mittelalters. München 1918, S. 16ff.

35 So Berthold von Regensburg in Rusticanus de Dominicis 21. Vgl. Franz: Messe (wie Anmerkung 33), S. 101.

der Wandlung und damit die Erlösung von der Sünde und zukünftige Heilsgewißheit bedeutete.

Nach den erstmals im 13. Jahrhundert lateinisch formulierten „Meßfrüchten" bewirkte die andachtsvolle Teilnahme an der Meßfeier vor allem die Teilhabe an der Gnade, die den Menschen gegen Teufel und Sünde stärken und den Seelen den Aufenthalt im Fegefeuer verkürzen sollte[36]. Die Teilhabe trat nach christlicher Auffassung im Moment des Opfers, das heißt des Kreuzestodes ein, der die endgültige Ablösung des Gesetzes, in dem der Alte Bund verharrt hatte, durch die *gratia*, der Gnade des Neuen Bundes bedeutete. Sinnbild dieser Ablösung war eben der weingefüllte Kelch, den Christus selbst zum Letzen Abendmahl den Jüngern gereicht hatte (Lk 19, 22). In der Messe wurde der Kelch mit Wein und Wasser gefüllt analog zum Moment des Kreuzestodes, als aus der Seitenwunde Christi Blut und Wasser geflossen waren. Mit der Teilnahme an der Kommunion während der Messe sicherte sich der Gläubige somit seinen Anteil an der Gnade und damit am ewigen Leben.

Seit dem 9. Jahrhundert, zu dem Zeitpunkt, als die ersten umfassenden Meßerklärungen wie die Amalars von Metz und Walafried Strabos erschienen und als während des Abendmahlstreites die Interpretationen der einzelnen Meßhandlungen heftig diskutiert wurden, stellte die mittelalterliche christliche Kunst den Moment der Erlösung von der Sünde, das heißt das Eintreten des neuen Zustandes der Gnade erstmals allegorisch vor: Ecclesia steht zur Rechten des Gekreuzigten und fängt mit einem Kelch Blut und Wasser aus der Seitenwunde auf, während sich die Synagoga zu seiner Linken mit verbundenen Augen und gebrochener Lanze abwendet, denn ihre Herrschaft ist in diesem Moment zu Ende. Damit wurde eine theologische Grundauffassung anschaulich vorgeführt, auf deren besondere Bedeutung als Interpretation des Meßopfers Walafried Strabo in seinen „De ecclesiasticarum rerum exordiis et incrementis liber unus" in Cap XVI mehrfach hingewiesen hat[37].

Ein weiteres Indiz für die Auffassung, daß es sich hier nicht um eine Concordia-Darstellung unter dem Kreuz handelt, wie bisher angenommen, sondern um eine Vergegenwärtigung der Vollendung und damit Aufhebung des Gesetzes durch die Gnade, die nach katholischem Glauben durch die Transsubstantiation vermittelt wird, ergibt sich daraus, daß solche Darstellungen zunächst vor allem auf liturgischem Gerät wie Tragaltären und den Metzer Elfenbeintafeln erschienen, Meßbücher wie Sakramentare oder Evangeliare schmückten, also diejenigen Bücher, die der Feier der Eucharistie dienten[38].

So stellt das in den Einband des Evangeliars Heinrichs II. eingelassene Elfenbeinrelief aus der Mitte des 9. Jahrhunderts die Ablösung des Gesetzes durch die Gnade szenisch dar: Ecclesia mit Vexillum steht links unter dem Kreuz und fängt mit dem Kelch das Blut aus der Seitenwunde des Gekreuzigten auf, rechts geht sie auf die sitzende Synagoga zu und fordert von ihr die Herrschaft (Abb. 8)[39]. Später wurde die Ablösung drastischer ausgedrückt, wie etwa auf dem Tragaltar von Stavelot des Godefroid de Claire um 1150 in Brüssel, auf dem die Büste der Synagoga mit Augenbinde und Marterwerkzeugen Christi unten erscheint, während darüber Ecclesia mit Kreuzfahne und Kelch triumphiert (Abb. 9). Die

36 Ebd., S. 32 (Wirkung der Messe) und 36-72 (Die „Früchte" der Messe).
37 Migne: Patrologia. Patres latini. Bd. 114. Paris 1879, col. 936f.: „De sacrificis Novi Testamenti et cur mutata sint per Christum sacrificia."
38 Jochum: Ecclesia und Synagoga (wie Anm. 11), S. 225.
39 Buchdeckel des Bamberger Evangeliars, Elfenbein, um 870. Bayerische Staatsbibliothek München, Cod. Lat. 4452.

von Otto von Simson als Ausdruck des Concordia-Gedankens interpretierte Präfationsinitiale eines Sakramentars von Tours aus dem 12. Jahrhundert (Abb. 10) gehört zum ‚Sanctus vere dignum et justum', das zwischen den Texten zu Palmsonntag und Karfreitag steht und damit den Höhepunkt des Gründonnerstag versinnbildlicht: Ecclesia mit Hostie und Kelch steht hier rechts von der Büste Christi in der Mandorla, während zu seiner linken Synagoga mit Gesetzestafeln auf den Kelch der Erlösung weist und in demselben Moment entschleiert wird[40]: die Gnade wird als Erfüllung des Gesetzes verstanden, Synagoga erkennt den Neuen Bund im Moment der Wandlung.

Ecclesia und Synagoga veranschaulichen in solchen Darstellungen gewissermaßen die Wirkung des Meßsakramentes, wie schon Franz Ronig, gefolgt von Gertrud Schiller, für eine weitere Darstellung aus dem 12. Jahrhundert angenommen hat, in der Christus zwischen Ecclesia und Synagoga thront[41].

Bis ans Ende des 12. Jahrhunderts scheinen solche Meßerklärungen vor allem intern vom Klerus diskutiert worden zu sein, ohne daß die einfachen Gläubigen immer folgen konnten. Unter dem Druck der sich ausbreitenden häretischen Bewegungen und der zunehmenden Glaubenszweifel der Kreuzzugszeit bemühte sich die Kirche ab dem 12. Jahrhundert, auch den Laien die Bedeutung Wandlung, das heißt der Transsubstantiation zu vermitteln. Bei der Vermittlung ging sie neue Wege, indem sie Vorstellungen nicht nur auf kognitiver Ebene weitergab, auch wenn die Forderung nach Einsicht immer wieder betont wurde, sondern dadurch, daß sie ebenso das Gefühl der Gläubigen ansprach. Dies geschah, indem man das liturgische Zeremoniell der Messe ausbaute und diese durch szenische Elemente, Gesang und Weihrauch als vorrangig emotionales Erlebnis gestaltete.

Vor allem Papst Innozenz III. (1160/61-1216) setzte sich in seinen sechs Bücher zur römischen Messe „De sacro altaris mysterio" für die Ausbildung der Meßfrömmigkeit ein[42]. Dieser Papst war es auch, der anläßlich des IV. Laterankonzils 1215 die Transsubstantiationslehre verkünden ließ, wodurch sie den Status eines Dogmas erhielt. Dieses Konzil, das vor allem für seine Bestimmungen zur Ausgrenzung der Juden und der Muslime aus der christlichen Gesellschaft bekannt geworden ist, war ebenso bedeutsam für die Gestaltung der Messe, für die gleichfalls zahlreiche Regelungen erlassen wurden. Die Messe und vor allem der Moment der Transsubstantiation wurden als zentrales Glaubenserlebnis proklamiert, von dem Ungläubige ausgeschlossen blieben, ja sogar ferngehalten werden sollten, sofern sie nicht zur Bekehrung bereit waren. Auch dies diente der Steigerung des emotionalen Meßerlebnisses, und es ist daher kein Zufall, daß der Ausbau der Meßfrömmigkeit und die Ausgrenzung Andersgläubiger sich parallel entwickelten; es ist die Zeit, in der sich die Legenden vom Hostienfrevel und vom Ritualmord in ganz Europa auszubreiten begannen.

---

40 Tours, Bibliothèque municipale, ms. 193, fol. 71. Simson: Le programme sculptural (wie Anm. 1), S. 91, Abb. 30, gefolgt von Jochum: Ecclesia et Synagoga (wie Anm. 11), S. 17, erkennen in der Darstellung lediglich die Revelatio im Sinne der eschatologischen Concordia, berücksichtigen jedoch nicht die Stellung der Initiale innerhalb der Textabfolge.

41 Franz Ronig: Zwei singuläre Darstellungen von Ekklesia und Synagoge in einer Handschrift des 12. Jh. zu Verdun. In: Archiv für mittelrheinische Kirchengeschichte 18 (1966), S. 297-305; Ders.: Der thronende Christus mit Kelch und Hostie zwischen Ekklesia und Synagoge. In: Archiv für mittelrheinische Kirchengeschichte 15 (1963), S. 391-403; Schiller: Lexikon (wie Anm. 14), S. 55.

42 Franz: Messe (wie Anm. 33), S. 453-457.

Ein weiteres wichtiges Mittel zur Steigerung der Meßfrömmigkeit war die neue Form der Predigt, die vor allem die Bettelorden in den Städten intensiv betrieben – und zwar auch in der Volkssprache[43]. Bettelordensgelehrte wie Alexander von Hales, Bonaventura und Albertus Magnus entwarfen neue Predigten zur Meßauslegung, nachdem diese schon im 12. Jahrhundert etwa von Honorius Augustodunensis so weit verfeinert worden war, daß jedem Wort, jeder Geste und jedem Messgegenstand ein eigener Sinn unterlegt wurde[44]. Diese Auslegungen wendeten sich zunächst auch wiederum an Kleriker, jedoch mit dem Ziel der Laieninstruktion. Die Erklärung der Transsubstantiation bedeutete naturgemäß eine besondere Herausforderung für die Meßpredigt, weshalb Papst Innozenz III. diesem Teil der Meßerklärung zwei der sechs Bücher widmete. In Buch III (Cap. III) heißt es zur Bedeutung der Eucharistie: „Deus ergo tradidit illum ex dono, Judas pro munere, Judaeus in sacrificium illibatum, quod utique non judaei libavere, sed gentes. Quoniam ablatum est regnum a Judaeis et datum es genti facienti fructus eius." Spezielle Bedeutung kommt in diesem Zusammenhang dem Weinsakrament zu: der Wein bedeutet die Passion, das Opfer, der Kelch das Heil, das mit dem Übergang der Herrschaft vom Alten an den Neuen Bund eingetreten ist. Warum das Blut Christi den Neuen Bund bedeutet, wird in Buch IV (Cap. XXVIII) ausführlich erklärt. Das Buch IV schließt damit, daß die Teilnahme an der Eucharistie von der Macht und dem Willen zur Sünde befreie (Cap. XLIV)[45].

Eine vergleichbare Interpretation bietet eine Albertus Magnus zugeschriebene Meßauslegung zum *incipit* ‚venite, comedite panem meum', das der Wandlung unmittelbar vorausgeht: „Hinc in locis quibusdam a dextris Cruxifixi depingitur puella hilari vultu et pulchra facie et coronata, designans Ecclesiam, quae sanguinem Christi reverenter in calice suscipit; et a sinsistris Synagoga, oculis panno ligatis, tristi facie, inclinans caput, et corona decidente, quae ipsum sanguinem fundit et adhuc contemnit. In quo figuratur, quod haec et omnis mortaliter peccans tria bona perdit: lumen scilicet gratiae, gaudium conscientiae, coronam gloriae"[46]. In diesem seltenen Textbeispiel, das eine theologische Erklärung direkt auf die Kreuzesdarstellung mit Ecclesia und Synagoga bezieht, werden beide Personifikationen eindeutig nicht als Bräute, nicht als Motiv der Concordia, sondern als einander entgegengesetzte Sinnbilder der gläubigen und frommen beziehungsweise der sündigen und verstockten Seele gesehen. In der Assoziation von Frömmigkeit und gutem Gewissen mit Ecclesia sowie der Todsünde mit Synagoga trifft sich diese Interpretation mit der bereits vorgestellten Deutung des Salomonischen Urteils in der Bible moralisée ÖNB 2554 (s.o.), so daß ihre Entstehung im 13. Jahrhundert plausibel erscheint.

43 Nicole Bériou: L'avènement des maîtres de la Parole – La prédication à Paris au XIIIe siècle. Paris 1998, Bd. 1, S. 212ff. (Conclusion).

44 Vgl. seine Meßauslegung in Gemma animae (wie Anm. 32), Liber I, Cap. CVI, De calice: Der Kelch ist das Zeichen der Erlösung, da er Blut und Wasser Christi enthält, aus dem die Kirche geschaffen wurde. In Liber III verweist er auf die Bedeutung des Letzten Abendmahl wie folgt: „Haec dies et Coena Domini vocatur, quia hodie Dominus cum discipulis suis coenasse traditur, quando legalem agnum ipse verus Dei Agnum comedit, et sic finem legi imposuit. Corpus suum tradidit, et sic novam legem inchohavit, nosque per hoc sibi incorporavit."

45 Migne: Patrologia. Patres latini. Bd. 217. Paris 1889, col. 841, 875 und 885f.

46 Seiferth : Synagoge und Kirche (wie Anm. 8), S. 147f. – Der Text ist abgedr. bei Georg Jacob (Hrsg.): Beati Alberti Magni de Sacrosancto Corporis Dominis Sacramento sermones. Regensburg 1893, 31. Sermon, S. 199.

Dieses Textbild dokumentiert, daß die bereits im 9. Jahrhundert allegorisch dargestellte Ablösung des Gesetzes durch die Gnade im Moment des Opfers noch im angehenden Spätmittelalter Gültigkeit hatte, um die Wirkung der Transsubstantiation zu vermitteln. Da sich dieselbe Ansicht auch noch in der ersten gedruckten Meßauslegung in deutscher Sprache von ca. 1482/4 findet, die sich selbst wiederum auf Quellen aus dem 14. Jahrhundert beruft[47], kann man daraus schließen, daß es sich hierbei um eine vom 9.-15. Jahrhundert immer wieder angewandte, auch dargestellte und päpstlich autorisierte Interpretation handelt, die gewissermaßen Standard war.

Daß solche Interpretationen nicht nur Klerikern geläufig waren, sondern auch ins allgemeine Bewußtsein drangen, belegen nicht nur die offensichtlich häufigen, gemalten, heute aber zumeist verlorenen Kreuzesdarstellungen mit Ecclesia und Synagoga, sondern auch die spätmittelalterlichen Inschriften, die nachträglich über den Statuen von Synagoga und Ecclesia am Südportal des Straßburger Münsters angebracht worden sind. Ebenso verweisen auch die Inschriften der beiden Rosenfenster innen am Straßburger Südquerhaus auf das Blut, mit dem Christus das Gesetz des Alten Bundes überwindet[48].

Leseunkundigen Laien wurden diese Interpretationen durch Bilder und Predigten vermittelt. Die von Johann Baptist Schneyer zusammengestellte Übersicht der *incipit* von Predigten aus der Zeit 1150-1350 ergibt, daß zahlreiche andere Bibelstellen für eine derartige Auslegung herangezogen und tradiert worden sind[49]. Dazu gehören etwa *incipit* wie „Calicem meum bibetis“ (Matth. 20,23) – „Calix est passio Salvatoris, per quam hereditas caelestis est nobis restituta”[50], „cessat lex et venit Jesus”; „Consumatum est” (Joh. 19,30) – „Bene dicit: consumatum est, quia in passione Domini consumatae fuerunt figurae scripturae [...] ut ipse tribuat nobis sic imitari passionem ipsius, ut ad gloriam ipsius pervenire mereamur”[51]; „hic est calix novum testamentum” (Luc. 22, 20) – „Sanguis Christi, qui confirmavit novum testamentum, fusus est pro nobis”[52]; „idest gratia evangelii” zur Evangelienstelle „Stabat Johannes” oder „Ecclesia est hereditas”, „Per proprium sanguinem, per calicem intellegitur passio Christi”[53].

---

47 Franz Rudolf Reichert: Die älteste deutsche Gesamtauslegung der Messe. Münster 1967, Seite 151.

48 Inschrift der Rose ‚Altes Testament‘: „Sanguine mundandum de sanguinibus fore mundum ritus legalis docuit sanguis pecualis (Opferblut und der Ritus des Gesetzes und Opferblut lehren, daß die Welt mit Blut vom Blut gereinigt werden muß).“ – Inschrift der Rose ‚Neues Testament‘: „Rex et crux lux sunt bos ara figura fuerunt cedat ovis capra bos fit victima vera sacerdos (König und Kreuz sind das Licht, Rind und Altar waren nur Zeichen, es weiche Schaf, Ziege Rind, damit der Priester das wahre Opfer sei).“ – Inschriften bei Joseph Walter: Les deux roses du transept sud de la cathédrale de Strasbourg. In: Archives alsaciennes d'histoire de l'art VII (1928), S. 13 bis 33. Vgl. auch Grodecki/Recht: Le bras sud (wie Anm. 1), S. 23.

49 Johann Baptist Schneyer: Repertorium der lateinischen sermones des Mittelalters 1150-1350. Bd. 1-9. Münster 1969.

50 Ebd., Bd.3, Nr. 466, Johannes Episcopus (13. Jh.[?]), Fastenpredigt.

51 Ebd., Bd. 4, Nr. 300, T 26, Odo v. Chateauroux (gest.1273).

52 Ebd., Bd.3, Nr. 243, T24/4, Jacobus des Voragine, OP (1230-1297), Fastenpredigt.

53 Franz: Messe (Anm. 33), S. 642ff.; Zusammenstellung von 90 *incipit* bei Charles Lohr u.a. (Bearb.): Index der Textanfänge zu Johann Baptist Schneyer: Repertorium der lateinischen sermones des Mittelalters 1150-1350. Bd. II (M-Z). Münster 1990, Stichwort: „Per proprium sanguinem”.

Diese Auslegungen lassen erkennen, daß seit dem späteren Mittelalter die Deutung von Ecclesia und Synagoga als Gegensatzpaar, das den Moment der Wandlung als Erfüllung und damit Ablösung des Gesetzes durch die Gnade visualisiert und damit auf die Notwendigkeit des Glaubens an die Transsubstantiation verweist, größte Verbreitung und Popularität genoß. Angesichts der Volkstümlichkeit dieser Deutung ist zu überlegen, ob Ecclesia und Synagoga in Straßburg nicht zunächst dieser Meßinterpretation verpflichtet waren, wobei jedoch weitere Deutungen assoziiert werden konnten[54].

Predigten des einflußreichen Kanzlers der Sorbonne Odo von Chateauroux (gest. 1273) bestätigen, daß im 13. Jahrhundert der Gegensatz von *gratia* und *lex*, verkörpert durch Ecclesia und Synagoga auch die Rechtsvorstellung dominierte. Die Warnung der Bergpredigt „nisi abundaverit iustitia vestra plus quam scribarum et pharisaearum, non intrabitis in regnum caelorum“ (Matth. 5, 20) legt er aus als: „Hic primo considerandum est, in quo attendatur differentia inter nos, qui sumus sub gratia”[55]. Zur gleichen Stelle führt der Franziskaner Bertrandus de Turre (gest. 1332) sogar explizit Ecclesia und Synagoga als gegensätzliches Paar in einer Fastenpredigt ein: „Synagogae et ecclesiae, Judaei et christicolae, scribarum et evangelistarum”[56]. Ecclesia und Synagoga werden in diesen Predigten zu Personifikationen christlicher Gerechtigkeit und jüdischen Rechts, die scharf gegeneinander abgegrenzt und gewertet werden. Nach den *incipit* zu schließen, ist das der Tenor der mehr als 200 zwischen 1150-1350 überlieferten Predigten zu dieser Stelle der Bergpredigt, die damit zu den populärsten Predigthemen des Neuen Testaments überhaupt gehörte[57]. Deshalb kann man davon ausgehen, daß Ecclesia und Synagoga im Bewußtsein der Gläubigen als Bedeutungsträger der Transsubstantiation zugleich auch einen moralischen Gehalt vertraten, den von Recht und Unrecht analog zu Frömmigkeit und Todsünde. Ecclesia wurde als Sinnbild christlicher Gerechtigkeit verstanden, die jüdischem Recht qua Glauben überlegen ist.

Weitere gleichfalls mehrfach überlieferte Predigten zur Stelle aus dem Hohelied „revertere Sunamitis, revertere” (Cantica cant. 6, 12) dokumentieren, daß nach mittelalterlicher Auffassung Glaube und Recht nicht voneinander zu trennen sind. In anonym überlieferten Fastenpredigten des 13. und 14. Jahrhundert treten Ecclesia und Synagoga als Personifikationen des rechten und falschen Glaubens gemäß der typologischen Auslegung des Hohelieds auf. Dabei fordert Ecclesia die Synagoge auf, zum wahren Glauben zurückzukehren[58]. Einen Schritt weiter gehen diejenigen Prediger, die die Sunamiterin mit der sündigen Seele

54 Vgl. dazu auch Hans Christian Feldmann: Bamberg und Reims – Die Skulpturen 1220-1250. Phil. Diss. Hamburg 1992, S. 111, der diese Interpretationsmöglichkeit für Bamberg, jedoch nicht für Straßburg andeutet, da er hier der Concordia-Idee folgt.

55 Schneyer: Repertorium (wie Anm. 49), Bd. 1, Nr. 316 und Nr. 566, Odo v. Chateauroux (1228 magister in Paris, Kanzler der Universität Paris, Kardinallegat, gest. 1273).

56 Ebd., Nr. 826, Bertandus de Turre, OM (1311 magister regens, 1323 Cardinal von Tusculum, 1328 Franziskanergeneral, gest. 1332).

57 Zusammenstellung der Stellen bei Lohr u.a. (Bearb.): Index der Textanfänge (wie Anm. 53), Bd. II, Stichwort „nisi”.

58 Ebd., Stichwort „revertere”. – Anonyme Predigten: Cod. Paris, Bibliothèque Mazarine 774, 210vb-216va: „verba sunt ecclesia ad synagogam,invitantis ad fidem“ (Schneyer: Repertorium [wie Anm. 49], Bd. 9, Nr. 638), sowie Cod. Wien Österreichische Nationalbibliothek. lat. 1330: „Vox ecclesiae ad synagogam, ut reverteatur ad fidem catholicam vel vox Dei ad peccatricem animam, ut revertatur ad poenitentiam [...] quo magis frui sitiunt. A quam fruitionem [...]” (Schneyer: Repertorium [wie Anm.49], Bd. 9, Nr. 842).

gleichsetzen, die zur Buße aufgefordert wird. Damit ergibt sich eine neue Parallele zum Straßburger Südportal, wo die Sünder am Gründonnerstag angesichts des richtenden Salomos *und* von Ecclesia und Synagoga zur Umkehr aufgefordert wurden. Da auch die Albertus Magnus zugeschriebene Meßpredigt (s.o.) in der Synagoga das Sinnbild der sündigen Seele erkennt, deutet dies darauf hin, daß sich die Interpretation der Sunamiterin als Synagoga von der gleichberechtigten Braut, wie sie in der Auslegung des Honorius Augustodunensis erscheint, zur Sünderin verschoben hat, wobei ihre Sünde und Unrecht im Unglauben besteht, was eine der Predigten drastisch als „Fremdgehen/ Fornicatio" auslegt.

Die spätmittelalterlichen Inschriften, Predigten, ihr liturgischer Kontext und selbst die Ikonographie deuten also darauf hin, daß Ecclesia und Synagoga im Kontext der volkstümlichen Meßauslegung eher als Gegensatz verstanden wurden und nicht so sehr als Darstellung der aus der Hochtheologie abzuleitenden Concordia-Idee. Dem scheint der in der Kunstgeschichte immer wieder hervorgehobene besondere Adel und die sinnliche Schönheit, ja Eleganz der Straßburger Synagoga zu widersprechen[59]. Insbesondere alte, stimmungsvolle Fotoaufnahmen zeigen sie gleichsam voll rührender Anmut, demütig zögernd sich zurückwendend (Abb. 1). Dem entspricht jedoch nicht nur die tatsächliche Form der Aufstellung am Portalgewände, wie sie die modernen Kopien korrekt vorführen. Beide Statuen, Ecclesia und Synagoga, stehen mit der vollen Körperbreite exakt parallel vor dem Pfeiler (Abb. 11). Ecclesias Kopf erscheint dadurch im scharfen, energischen Profil, das linke Bein wirkt wie entschlossen vorgesetzt, der Kelch erscheint über dem Kopf den Eintretenden quasi in der Position der Elevatio. Synagoga wendet sich mit eingeknickter Haltung in diesem Moment, als Ecclesia sie anspricht, vom Eingang ab, sie fällt damit gleichsam „aus der Portalordnung heraus"[60]. Ihre Haltung ist unsicher, gewunden und wankend, was durch die gebrochene Lanze, den gesenkten Kopf mit verbundenen Augen zusätzlich betont wird.

Nach den zeitgleichen Darstellungen der Synagoga in der Bible moralisée Codex ÖNB 2554 von 1223/1226 bedeutet eine derartig gewundene Haltung einer weiblichen Gestalt, so attraktiv sie dem modernen Betrachter erscheint, nach mittelalterlicher Auffassung nichts Positives, sondern impliziert eine moralisch ungefestigte, ja verworfene Frau. So erscheint die aussätzige Miriam in der Miniatur 31vA der Bible moralisée ÖNB 2554 (Abb. 12) ebenfalls verdreht und gewunden. Bild- und Textkommentar vergleichen Miriam mit der Synagoga, die Christus zurückweist und sogar schlägt („labatie"), worauf sie auf dramatische Weise zusammenbricht. So wie ihr Speer bricht der Körper der Synagoga im Zickzack in sich zusammen, der gelbe Schleier löst sich vom Haupt, die Schriftrolle entgleitet ihr. Synagoga wird in dieser Kommentarminiatur wie die Straßburger Statue als gebrochen und damit als sündig und moralisch verworfen gekennzeichnet. Dieser Eindruck wird in Straßburg zusätzlich dadurch unterstrichen, daß die Synagogastatue keinen Mantel trägt – unziemlich gekleidet gleicht sie nach der Ikonographie der Bible moralisée einer Hure. Ein gelbes, grünes oder gar changierendes Gewand, worauf eventuell die ockerfarbenen Farb-

59 Vgl. Weis: „Synagoge" (wie Anm. 1), S. 60, unter Verweis auf Hamann-Weigert: Das Straßburger Münster. Berlin 1928, und Wilhelm Pinder: Kunst der deutschen Kaiserzeit. Leipzig 1935, S. 370. Vgl. auch Simson: Le programme sculptural (wie Anm. 1); Jochum: Ecclesia und Synagoga (wie Anm. 11).
60 Seiferth: Synagoge und Kirche (wie Anm. 8), S.161.

spuren auf der Rückseite der Statue noch hinweisen könnten, hätte ihre instabile Haltung noch betont, während Ecclesia oft ähnlich gekleidet ist wie Maria und in rotem Gewand und blauem Mantel oder weißem Gewand und rotblauem Mantel feierlich auftritt.

Nach den zeitgleichen mittelalterlichen Miniaturen zu schließen, wurde die heute als sinnlich und tragisch zugleich empfundene Schönheit der Straßburger Synagoga stärker moralisch gewertet und als trügerisch und damit verwerflich angesehen. Ihre trügerische Schönheit muß insbesondere am Gründonnerstag als Sinnbild der sündigen Seele gedient haben, die nur durch Reue, Beichte und Buße wieder zur christlichen Heilsgewißheit zurückfinden konnte.

In gleicher Weise lässt sich die Bamberger Synagoge verstehen, die auf den ersten Blick weniger pathetisch scheint (Abb. 13). Das liegt daran, daß der Bildhauer der Bamberger Ecclesia und Synagoga Seiten- und Frontalansicht deutlich getrennt hat. Die mehrfach gebrochene Haltung der Synagoga wird erst in der Seitenansicht deutlich. Dort entfaltet auch das Moment der aus der Hand gleitenden fünf Gesetzestafeln seine eigentliche Dramatik. Darüber hinaus wird der brüchige Glauben und damit die moralische Verworfenheit der Synagoga mit der Blendung eines Juden durch den Teufel am Piedestal drastisch vorgeführt. Da sich hier auch noch der Pranger befunden haben soll, an dem Unrecht handfest bestraft wurden, ließen sich Sünde und Strafe mit der Synagoga auch ohne theologische Kenntnis assoziieren.

Die Aufforderung zum Glauben war zugleich mit einer moralischen Forderung nach Sittlichkeit verbunden. Dieser Gedanke wirkt nicht nur bei den monumentalen Darstellungen von Ecclesia und Synagoga im Chorscheitelfenster der Marburger Elisabethenkirche fort, sondern auch bei den Darstellungen der Ecclesia als Anführerin der klugen und Synagoga als Anführerin der törichten Jungfrauen in Trier, Freiburg, Magdeburg und Erfurt[61]. Synagoga tritt in diesen späteren Darstellungen eindeutig als Anstifterin zur Sünde auf, worauf der häufig dargestellte Bockskopf verweist, und dient damit als moralische Warnung für den Gläubigen. Unglaube und Unmoral sind hier nicht mehr voneinander zu trennen – und sollten es nach christlicher Vorstellung auch nicht sein.

Man kann also die mittelalterlichen Statuen von Ecclesia und Synagoga als den Versuch der Kirche ansehen, die für die Gläubigen schwer verständliche Bedeutung der Transsubstantiation aus der Meßauslegung heraus zu veranschaulichen, mithin Glauben in Wissen zu wandeln. Dabei griff man auf Bildsymbole mit langer Bildtradition zurück, deren Charakter moralisch definiert war. Ecclesia wird immer positiv dargestellt, Synagoga zumindest ambivalent, wenn nicht eindeutig negativ. Diese Wertung hat dazu geführt, Synagoga auch als

---

61 Synagoga mit Bockskopf erscheint bereits im Chorscheitelfenster der Elisabethenkirche von Marburg, das vermutlich zwischen 1235 und 1249 entstand. Der abgerissene Bockskopf gilt im Mittelalter als Symbol der Wollust. Vgl. die besonders drastische Darstellung auf einem hölzernen Altarhimmel der Kirche aus Aal, Hallingdalen/Oslo (Heinz Schreckenberg: Die Juden in der Kunst Europas. Göttingen 1996, S. 53, Abb. 35). – Die Magdeburger Statuen werden noch vor 1250 datiert. Vgl. Sciurie: Ecclesia und Synagoga (wie Anm. 1), S. 679. – Die Freiburger Ecclesia und Synagoga stehen im Gewände des bald nach 1300 vollendeten Westportals der Turmvorhalle. Vgl. Gustav Münzel: Der Skulpturenzyklus in der Vorhalle des Freiburger Münsters. Freiburg 1959, S. 28f. – Die Westportalanlage der Liebfrauenkirche Trier entstand nach 1243, die Figuren werden um 1240/50 datiert. Vgl. Markus Groß in: Das neue Bischöfliche Dom- und Diözesanmuseum Trier. Trier 1988, S. 36. – Die Erfurter Skulpturen entstanden wohl im ersten Viertel des 14. Jahrhunderts. Vgl. Sciurie: Ecclesia und Synagoga (wie Anm. 1), S. 638.

Symbol des zeitgenössischen Judentums zu deuten und die beiden Statuen als Sinnbild des sich seit 1096 verschärfenden Konfliktes zwischen Christen und Juden anzusehen, wie Paul Weber es vorgeschlagen hat[62].

Die Gegenüberstellung von Ecclesia und Synagoga scheinen mir jedoch nicht *a priori* als Ausdruck des mittelalterlichen Antijudaismus konzipiert worden zu sein oder gar vorrangig der Bekämpfung der Juden zu dienen. Vielmehr erscheinen sie als wichtige Bildmotive, die der Kirche seit der Kreuzzugszeit dazu dienten, die eigenen Gläubigen fester an sich zu binden. Dabei nutzte man zeitgenössische antijüdische Vorstellungen, um die imaginäre Gegnerschaft möglichst eindringlich zu veranschaulichen. Diese war jedoch nicht Ziel der Darstellung, sondern diente dazu, vor den Konsequenzen der Glaubensverweigerung zu warnen bzw. auf die Möglichkeit der Umkehr durch Reue und Buße zu verweisen.

Dadurch, daß diese Bildkonstrukte an Moral und Gefühl appellierten – Gnade und Reue werden emotional erfahren - ließen sie der individuellen Imagination Raum und öffneten den Gläubigen einen persönlichen Zugang zur Transsubstantiation, zur Teilhabe an der Gnade. Die emotional ausgerichtete Darstellung von Ecclesia und Synagoga hat bis heute, wie man an den modernen Interpretationen sehen kann, ihre Faszination behalten. Während diese Eigenschaft heute als Ausdruck höchsten künstlerischen Vermögens verstanden wird, scheint sie nach mittelalterlicher Auffassung stärker inhaltlichen Vorgaben verpflichtet: sie diente dazu, das von der Theologie immer wieder propagierte Meßerlebnis emotional anschaulich vermitteln. Jedermann konnte die von der Ecclesia verkörperte triumphale Heilsgewißheit ebenso gut nachfühlen wie die Unsicherheit der von Reue, Angst und Zweifel geplagten Synagoga. Gerade wegen ihres moralisch-emotionalisierenden Charakters erwiesen sich diese Personifikationen jedoch auch als historisch wirkungsvoll für die verzerrte Wahrnehmung der Juden als angebliche Gegner und trugen damit weit mehr zur Dauerhaftigkeit antijüdischer Stereotype bei als jedes Abbild der Realität.

Folgt man dieser Interpretation, muß auch die Annahme hinterfragt werden, daß der immer wieder gerühmte Adel und die Würde der großplastischen Portalstatuen in Straßburg, die Concordia von Ecclesia und Synagoga, jener staufischen Herrscherideologie verpflichtet sei, die König Salomo als den *rex pacificus* vorstelle und in dieser Figurenkonstellation zugleich den besonderen Stellenwert erkennen lasse, den die staufischen Kaiser dem Schutz der Juden eingeräumt hätten.

Ein Indiz dafür, daß Ecclesia und Synagoga als Statuen an einem Gerichtsportal unabhängig von staufischer Herrscherideologie entstanden sind, ist die Tatsache, daß sie bereits an der nach 1208 begonnenen und um 1225 vollendeten Fassade der Kathedrale Nôtre Dame de Paris gestanden haben müssen[63]. Der französische König Philippe Auguste und sein

---

62 Vgl. dazu auch Peter Bloch: Nachwirkungen des Alten Bundes in der christlichen Kunst. In: Kurt Schilling (Hrsg.): Monumenta Judaica – 2000 Jahre Geschichte und Kultur der Juden am Rhein. Handbuch. Köln 1963, S. 752-755.

63 Bruno Boerner: Par caritas, par meritum. Studien zur Theologie des gotischen Weltgerichtsportals in Frankreich – am Beispiel des mittleren Westeingangs von Nôtre-Dame in Paris. Freiburg/Schweiz 1998, S. 66 und 69, zur Datierung der Westfassade von Nôtre Dame de Paris. Die heutigen an der Westfassade von Nôtre Dame stehenden Ecclesia und Synagoga wurden im 19. Jahrhundert an demselben Platz neu geschaffen, nachdem die Originale in der Revolution zerstört worden waren. Zu den originalen Pariser Ecclesia- und Synagogastatuen als mögliche Vorläufer von Straßburg vgl. auch Erler: Straßburger Münster (wie Anm. 25), S. 6f.

Nachfolger Louis VIII., während deren Herrschaft die ursprünglichen Statuen der Pariser Kathedrale geschaffen wurden, verstanden sich mitnichten als besonders engagierte Schirmherren der jüdischen Bevölkerung, sondern duldeten sie eher widerwillig und versuchten ihre Erwerbsmöglichkeiten immer wieder zu beschneiden[64].

Hingegen lässt sich die Deutung von Ecclesia und Synagoga als Metaphern für Gnade und Gesetz im Zusammenhang mit der Transsubstantiation mit Paris als dem europäischen Zentrum für Pastoral- und Sakramentaltheologie außerordentlich gut in Verbindung bringen. Der für die originalen Pariser Ecclesia- und Synagogastatuen maßgebliche Entstehungszeitraum nach 1208 und vor 1225 macht sie geradezu zu Kronzeugen für die gleichzeitigen Bestrebungen zur Befestigung des Glaubens durch eine neue Meßfrömmigkeit und läßt plausibel erscheinen, daß sie im Einklang mit den Forderungen des IV. Laterankonzils von 1215 entstanden, zumal die Theologen der Pariser Universität, die zugleich dem bauführenden Kathedralkapitel angehörten, engste Verbindungen zu Papst Innozenz III., dem Initiator des Konzils, pflegten[65].

In Paris sind Ecclesia und Synagoga zum erstenmal als Monumentalstatuen im Kontext eines Gerichtsportals nachweisbar[66]. Das Konzept scheint danach nicht nur von Straßburg und Bamberg, sondern auch von französischen Kathedralen wie Reims und der Kollegiatskirche St. Seurin in Bordeaux übernommen worden zu sein, die niemals im staufischen Herrschaftsbereich gelegen haben.

Obwohl die Reimser Figuren an der Südquerhausrose sehr wahrscheinlich erst nach 1231, die Statuen am Südportal von St. Seurin in Bordeaux vielleicht sogar erst nach 1250 entstanden sind[67], zeigen sie stilistische Verwandtschaft zu den Bamberger und Straßburger Figuren und ganz sicher den gleichen statuarischen Typus (Abb. 14). Alle genannten Ecclesia- und Synagogastatuen haben einen kurzen Rumpf und lange schlanke Glieder mit deutlich markierten Gelenken, die die Bewegung akzentuieren. Die langen, dünnen, gleichsam staksig wirkenden Beine scheinen an den kurzen, flachbrüstigen Oberkörper mit fest gegürteter Taille unmittelbar anzuschließen. Sie zeichnen sich unter dem fließenden dünnen Stoff als die den Unterleib begrenzenden Konturen ab. Diese hochaufstrebenden, schmalen und feingliedrigen Statuen mit transparent wirkenden, aber reich gefältelten Gewändern vertreten in Körperbau und Stofflichkeit eine Stilstufe, die bereits am Nordportal von Chartres ab

64 William Chester Jordan: The French Monarchy and the Jews. From Philipp Augustus to the Last Capetians. Philadelphia 1989. Vgl. dazu auch Jacques Le Goff: Saint Louis. Paris 1997, Seite 796-799.

65 Boerner: Par caritas (wie Anm. 63), S. 79. Ein Mitglied des Kapitels, Paepostinus von Cremona, zugleich Kanzler der Universität, diente Papst Innozenz als Legat.

66 Als kleine Relieffiguren erschienen Ecclesia und Synagoga bereits um 1150/60 in einer Szene der Apokalypse am heute zerstörten Westportal von St. Benigne in Dijon. Vgl. Weis: „Synagoge“ (wie Anm. 1), S. 72 und Abb. 6.

67 Zur Einordnung der Synagoga der Südquerhausrose von Reims vgl. Peter Kurmann: La Façade de la cathédrale de Reims. Bd. 1. Paris 1987, S.173. – Zu den Skulpturen von St. Seurin in Bordeaux vgl. Sauerländer: Gotische Skulptur (wie Anm. 1), S. 189. Nach Jacques Gardelle: Aquitaine gothique. Paris 1992, S. 169f., zeigen die Skulpturen des Südportal von St. Seurin unterschiedliche Stilrichtungen, die von ca. 1200 bis nach 1250 reichen, müssen jedoch vor 1269 vollendet gewesen sein. Die stark restaurierte Ecclesia und Synagoga vertreten seiner Meinung nach eine frühe Stilstufe.

1204 voll entwickelt ist, wie Willibald Sauerländer nachgewiesen hat[68], aber noch in der Gestaltung der Bible moralisée ÖNB 2554 zwanzig Jahre später nachwirkt.

Die gleiche, offensichtlich an antiken Gewandstatuen orientierte Stilstufe vertreten auch die wenigen erhaltenen Fragmente der Apostelstatuen vom mittleren Westportal von Nôtre Dame de Paris, die um 1210 datiert werden[69]. Die einst das Tympanon flankierenden originalen Statuen von Ecclesia und Synagoga dürften mit den Apostelstatuen nahezu gleichzeitig oder nur wenig später entstanden sein und werden somit auch den an antiken Statuen orientierten Muldenfaltenstil gezeigt haben. Daher möchte ich die originalen Ecclesia- und Synagogastatuen vom mittleren Westportal der Kathedrale Nôtre Dame de Paris als die möglichen Vorbilder für die nachfolgenden Statuengruppen von Straßburg, Bamberg, Reims und Bordeaux in Anspruch nehmen, von denen noch Trier und selbst Freiburg inspiriert worden sind.

Das mittlere Westportal von Nôtre Dame de Paris hätte somit ein ikonographisch und stilistisch wegweisendes Skulpturenprogramm gezeigt[70], das in der Portalskulptur mit unterschiedlicher Akzentsetzung von Bamberg bis Bordeaux nachgewirkt hat. Dabei wurde nicht nur die vom restlichen Skulpturenensemble durch Größe oder besondere Position ein wenig abgesonderte Aufstellung von Ecclesia und Synagoga übernommen, sondern auch das stilistische Konzept. Die Pariser Statuen wurden jedoch nicht sklavisch in allen Details kopiert, sondern lediglich als Bilderfindung in ihrem statuarischen Gesamtkonzept tradiert.

Eine solche Filiation, bei der auch die Reimser Statuen als „Zwischenglieder“ etwa für Trier eine Rolle gespielt haben können, würde nicht nur das Problem der zeitlichen Abfolge der Bamberger und Straßburger Statuen lösen, die inzwischen gleichzeitig datiert werden[71], sondern auch erklären, warum die Bamberger und Straßburger Statuenpaare nahezu eine Generation früher entstanden sein können als die qualitativ bescheidenen Ecclesia und Synagogastatuen von Bordeaux und von Trier, deren Bildkonzept für die Zeit um 1250/60 antiquiert erscheint. Auch die vergleichsweise altertümliche Erscheinung von Ecclesia und Synagoga an der Südquerhausrose von Reims ließe sich damit erklären, daß Statuentypus und Botschaft mit der Pariser Bilderfindung festgelegt waren. Diese Festlegung ließ zwar Variationen in ikonographischen und stilistischen Details zu, wie etwa in der Position der Krone sowie der Möglichkeit, anstatt einer Binde auch eine Schlange ums Haupt der Synagoga zu winden oder die Falten weicher und fülliger zu präsentieren wie etwa in Trier (Abb. 15), nicht aber die Veränderung des strukturellen Konzeptes[72]. Die Tradierung dieses

---

68 Zur stilistischen Abhängigkeit vgl. Willibald Sauerländer: Von Sens bis Straßburg. Berlin 1966, S. 31ff.

69 Sauerländer: Gotische Skulptur (wie Anm. 1), S. 135f.; Alain Erlande-Brandenbourg/Yves LePogam und Dany Sandron: Guide des collection Musée national du Moyen Age Thermes de Cluny. Paris 1982, Kat. Nr. 149, S. 126.

70 In Paris erscheinen neben Ecclesia und Synagoga auch erstmals die Apostel und der Beau Dieu als monumentale Gewändestatuen bzw. als Trumeaufigur. Vgl. Yves Christe: Das Jüngste Gericht. Regensburg 2001, S.131.

71 Manfred Schuller: Das Fürstenportal des Bamberger Doms. Bamberg 1993, S. 98f.

72 Eine Schlange statt einer Binde ums Haupt trägt die im 19. Jahrhundert ersetzte Statue der Pariser Synagoga. Das gleiche wurde von Viollet-le-Duc auch für die Synagogastatue in Bordeaux rekonstruiert. Dort waren, soweit dies der Augenschein erkennen lässt, noch originale Reste eines schlangenähnlichen Wulstes um den Kopf vorhanden. Vgl. dazu Eugène Emmanuel Viollet-Le-Duc: Dictionnaire raisonné de l'architecture française du XIe au XVIe siècle. Bd. V.

Typus konnte sowohl über Modelle im verkleinerten Maßstab etwa aus Wachs oder gipsgetränkter Leinwand als auch über Musterzeichnungen erfolgen, wie sie die Ecclesia im Musterbuch des Villard de Honnecourt so prächtig vorführt[73].

Damit wären die wegen ihrer künstlerischen Originalität so gerühmten Straßburger und Bamberger Ecclesia- und Synagogastatuen Nachschöpfungen. Im Sinne der Aufgabe, die mittelalterliche Meßwirkung bildlich zu erfassen, wäre das kein Manko, denn im Mittelpunkt steht nicht die künstlerische Leistung sondern das Veranschaulichen einer fundamentalen theologischen Aussage. Die Leistung des jeweiligen Meisters von Bamberg und Straßburg besteht darin, diese Botschaft so emotional anrührend übermittelt zu haben, daß diese Statuen bis heute nichts an Wirkung eingebüßt haben, selbst wenn der moderne Betrachter andere Aussagen damit assoziiert. Angst vor der Wiederholung kannte erst das 19. Jahrhundert, das die Forderung nach künstlerischer Einzigartigkeit verabsolutierte.

Wenn Ecclesia als Ausdruck der Heilsgewißheit der frommen Seele angesichts der Wandlung beziehungsweise Synagoga als Sinnbild der sündigen Seele verständlich sind, bleibt zu fragen, ob nicht auch die Straßburger Marienszenen und die Richter als Sinnbilder von Glaubensinhalten auf Basis der Laienfrömmigkeit zu deuten sind. Da von den Originalstatuen der Apostel und des königlichen Richters Salomo nichts mehr oder nur noch geringe Fragmente existieren, ihre auf emotionaler Ebene übermittelte Botschaft analog zu Ecclesia und Synagoga aber entscheidenden Anteil an der Deutung gehabt haben muß, kann keine definitive Aussage gemacht werden. Der Kupferstich des Isaak Brunn vermittelt jedoch (Abb. 2), daß der König mit griffbereitem Schwert auf den Knien eine eindrucksvolle und dominierende Figur gewesen sein muß. Seine Haltung weist auf einen strengen, aber gerechten Richter, der Gut und Böse ebenso eindeutig unterscheiden konnte wie den wahren und falschen Glauben.

Bei den erhaltenen Marientod und der Marienkrönung läßt sich wiederum eine ähnliche Emotionalität beobachten wie bei Ecclesia und Synagoga. Schon Hans Jantzen hat festgestellt, daß die Trauer um den Tod Mariens hier eine bisher ungekannte Eindringlichkeit und Sensibilität erreicht[74]. Folgt man den Überlegungen Bruno Boerners, daß die Szenen der Transitio und der Auferstehung Mariens in Gerichtsportalen etwa gleichzeitiger französischer Kathedralen als Beispiel für den Weg dienten, den die fromme Seele nehmen konnte[75], dann sind auch die Straßburger Marienszenen in dem Sinne zu verstehen, daß sie den Gläubigen die Auferstehung der eigenen Seele und die Erlösung des eigenen Leibes nach dem Tod gleichsam Szene für Szene nahebrachten und damit seine persönliche Hoffnung auf das

---

Paris 1875, S. 156.

73 Zur Verwendung von Modellen vgl. Peter Kurmann: Mobilité des artistes ou mobilité des modèles. In: Revue de l'art 120 (1998), S. 25-28. Kurmann nimmt an, daß die Werkstätten, die die Skulpturen der Westfassade der Kathedrale von Reims arbeiteten, Gipsmodelle verwendeten. Diese Modelle stammten sowohl aus Amiens wie Paris und wurden danach z. B. weiter nach Bamberg gegeben. Dabei konnten Gipsformen auch *ad hoc* adaptiert werden. – Zur Musterzeichnung des Villard de Honnecourt vgl. Hans R. Hahnloser: Villard de Honnecourt. Kritische Gesamtausgabe des Bauhüttenbuches. Ms. Fr. 19093 der Pariser Nationalbibliothek. 2. Aufl. Graz 1972, S. 23 und Taf. 8.

74 Jantzen: Deutsche Bildhauer (wie Anm. 1), S. 52.

75 Bruno Boerner: Eschatologische Perspektiven in mittelalterlichen Portalprogrammen. In: Jan A. Aertsen/Martin Pichavé: Ende und Vollendung, eschatologische Perspektiven im Mittelalter. Berlin, New York 2001, S. 308-312.

Ewige Leben nährten. Maria ist hier nicht nur die neue Braut und Himmelskönigin, sondern zugleich die Kirche selbst, die dem Gläubigen einen emotionalen Zugang zu den Heilstatsachen eröffnet.

Auf diese Verständnisebene, die vorrangig das Gemüt ansprach, gelangte der Gläubige nicht durch den Erwerb eines komplexen Wissens, wie es die Concordia-Idee erforderte, sondern durch die tägliche Betrachtung der immer gleichen Figuren und die andächtige Teilnahme am Meßopfer. Lernen war religiöses Ritual und ganz selbstverständlich wurde damit der Glaube als Ursprung allen Wissens angenommen.

Diese Verquickung von Glauben und Wissen zeigt eindrucksvoll das um 1300 entstandene Skulpturenensemble in der Turmvorhalle des Freiburger Münsters, in der die Statuen von Ecclesia und Synagoga die klugen bzw. törichten Jungfrauen anführen, während ihnen nachgeordnet die sieben freien Künste auftreten, die das profane Wissen des Mittelalters verkörpern. Nach mittelalterlicher Vorstellung vollendet die Gnade die natürlichen Fähigkeiten, zu denen die Künste gehören[76].

Nur wer rechten Glaubens ist, kann den richtigen Gebrauch vom Wissen machen – auf dieser Maxime basierte das gesamte städtische Gemeinwesen im Mittelalter. Bestes Beispiel war die Stadt Freiburg selbst, in der sich die Bürger diese gewaltige Pfarrkirche errichtet hatten. Hier schloß 1298, also etwa gleichzeitig mit der Fertigstellung des Skulpturenensembles der Münstervorhalle, der Dominikaner Johannes von Freiburg die Neufassung der „summa de poenitentiae“ ab, die auf einer Sammlung von Ratschlägen in Beichtfällen des spanischen Dominikaners Raymundus Penaforte beruhte. Anfang des 14. Jahrhunderts wurde dieser Bußkatalog in Freiburg nochmals überarbeitet, um dann unter dem Titel „Rechtssumme Bruder Bertholds“ zu einem der europaweit am häufigsten kopierten Rechtskompendien des Mittelalters zu werden, das in mehr als 600 Handschriften überliefert ist[77].

Ursprünglich als Handbuch für Beichtväter gedacht, führt es die gründliche Einmischung der Kirche in alle Details, die das Alltagsleben regelten, vor. Die Entscheidungen im Beichtstuhl reichten vom Ehebett über die Kindererziehung bis hin zu Haus- und Stadtrecht, Handel und Geldleihe, den Umgang mit Fremden und Andersgläubigen eingeschlossen. Insgesamt stellt diese Rechtssumme die umfassendste Sammlung praktischen Wissens dar, das die Grundlage der christlicher Zivilisation bildete, wie sie sich in den europäischen Städten seit dem Hochmittelalter entwickelte. Dadurch, daß die Rechtssumme so viele Bereiche abdeckt, dokumentiert sie eindrucksvoll, in welchem Ausmaß die Kirche die gesellschaftliche Entwicklung gesteuert hat; sie war nicht nur die Hüterin des theoretischen Wissens, sondern auch des praktischen Rechts. Sie bestimmte die ethischen und moralischen Grundlagen der städtischen Gemeinschaft und definierte, wer dazu gehörte und wer nicht. Voraussetzung für die Aufnahme und damit für jede Mitwirkung in der Gemeinschaft waren die Taufe und der Besuch der Messe. Erst der Bürger, der der Gnade teilhaftig werden konnte, durfte Vollmitglied der Gemeinschaft werden; darum war die Exkommunikation ein so wirksames Instrument zur Disziplinierung.

Dieser Aufbau einer Gesellschaft funktionierte nicht, ohne daß die Vorstellung, an der Gnade des Neuen Bundes im Leben und im Jenseits teilhaben zu können, im wahrsten Sinne

76 Münzel: Skulpturenzyklus (wie Anm. 61), S. 24.

77 Marlies Hamm/Helgard Ulmschneider (Hrsg.): Die Rechtssumme Bruder Bertholds. Bd. 7. Tübingen 1991, S. XI-XIII.

des Wortes jedem einzelnen in „Fleisch und Blut" übergegangen war. Das wichtigste war der Glaube an die Transsubstantiation, der durch die tägliche Messe in Gewißheit gewandelt werden sollte, sein ausdrucksvollstes Bild war die Darstellung von Ecclesia und Synagoga.

Abb. 1
Ecclesia und Synagoga, Statuen vom Südportal des Straßburger Münsters, Sandstein um 1220/30. Musée de l'œuvre Nôtre Dame, Strasbourg.

Abb. 2
Südportal des Straßburger Münsters, Stich von Isaak Brunn um 1617.

Abb. 3
Hoheliedinitiale der Riesenbibel von Montalcino, 12. Jahrhundert.
Montalcino, Biblioteca communale, Cod. s.s. Bd. II, fol. 56v.

Abb. 4
Vereinigung von Neuem und Altem Testament in
Herradis von Landsberg: Hortus deliciarum, fol. 67a/b, zerstörtes Original um 1185
(Umzeichnung von Straub/Keller aus dem 19. Jahrhundert. Paris, Bibliothèque Nationale).

Abb. 5
Portalstatuen im Gewände der Kirche St. Madeleine de Besançon. Zeichnung des 18. Jahrhunderts.

Abb. 6
Salomonisches Urteil: Die Frauen vor dem königlichen Richter.
Bible moralisée Codex ÖNB 2554, ca. 1223-26, fol. 49vDd.

Abb. 7
Salomonisches Urteil: Schiedsspruch.
Bible moralisée Codex ÖNB 2554, ca. 1223-26, fol. 50rAa.

Abb. 8
Elfenbein aus dem Buchdeckel des Bamberger Evangeliars, um 870.
München, Bayerische Staatsbibliothek, Cod. lat. 4452.

Abb. 9
Tragaltar von Stavelot des Godefroid de Claire, um 1150.
Brüssel, Musées Royaux d'Art et d'Histoire.

Abb. 10
Präfationsinitiale eines Sakramentars von Tours, 12. Jahrhundert.
Tours, Bibliothèque municipale, ms. 193 fol. 71v.

Abb. 11
Südportal des Straßburger Münsters im heutigen Zustand.

Abb. 12
Miriams Aussätzigkeit.
Bible moralisée Codex ÖNB 2554, ca. 1223-26, fol. 31vAa.

Abb. 13
Ecclesia und Synagoga, Statuen vom Fürstenportal des Bamberger Doms, Sandstein um 1225. Bamberg, Chorumgang des Doms.

Abb.14
Ecclesia und Synagoga, Statuen am Südportal der Kollegiatskirche St. Seurin in Bordeaux, Kalkstein, vor 1269.

Abb. 15
Ecclesia und Synagoga, Statuen vom Westportal der Liebfrauenkirche in Trier, Sandstein um 1240-1250. Dom- und Diözesanmuseum Trier.

Ruth Slenczka

Wandmalerei in spätmittelalterlichen Kirchen als Medium der Laienunterweisung

„Die Deutschen waren nie so kirchentreu und fromm wie just vor der Reformation", lautet eine These von Hartmut Boockmann, die – wie er selbst betont – längst nicht mehr originell, aber zum Verständnis des ausgehenden Mittelalters von großer Bedeutung ist[1]. Wie wird man kirchentreu und fromm? Nicht ohne Vorbilder, Erziehung und religiöse Bildung. Und so ist die Zeit der großen Kirchlichkeit und einer zunehmend individualisierten Frömmigkeit zugleich eine Zeit, in der zahlreiche Schulen und Universitäten gegründet wurden[2], in der Kirchenreformer durch das Land zogen, den Bildungsnotstand ausriefen und Maßnahmen dagegen ergriffen[3], eine Zeit, in der die Volkssprache als Schriftsprache in Bereiche eindrang, die vorher dem Latein vorbehalten waren[4], eine Zeit, in der der Büchermarkt von sogenannter Frömmigkeitstheologie überschwemmt wurde[5], und eine Zeit, in der vielfältige Medien in den Dienst der religiösen Unterweisung der Laien gestellt wurden. Ein solches Medium bildet die Gruppe lehrhafter Schrift- und Bildtafeln mit deutschen Inschriften, ein weiteres die der hier interessierenden Wandbilder in spätmittelalterlichen Kirchen, in denen wesentliche Gegenstände kirchlicher und religiöser Bildung thematisiert wurden. Anders als

1 Hartmut Boockmann: Wort und Bild in der Frömmigkeit des späteren Mittelalters. In: Pirckheimerjahrbuch 1 (1986), S. 9.

2 Im 15. Jahrhundert wurden 15 Universitäten gegründet und damit mehr als in jedem anderen, wenn man vom 20. Jahrhundert absieht. Vgl. Ders.: Wissen und Widerstand. Geschichte der deutschen Universität. Berlin 1999, S. 92-117. – Zu den Schulgründungen vgl. die Beiträge von Klaus Wriedt und Rudolf Endres in: Bernd Moeller (Hrsg.): Studien zum städtischen Bildungswesen des späten Mittelalters und der frühen Neuzeit. Göttingen 1983 (= Abh. d. Ak. d. Wiss. in Göttingen, phil.-hist. Kl., 3. Folge, Bd. 137), S. 152-172 und 173-214.

3 „Do de dudesce cardinal Nicolaus van Kusa [...] na dudescen landen gesant wart, de denne sunderlicken straffede dat gemeyne wertlike volk, dat se dat Pater noster unde loven nicht recht spreken, dar umme gaf he dat in scriften unde heyt idt in de kerken hengen" beginnt die Inschrift der unten ausführlicher behandelten Katechismustafel, die Nikolaus von Kues in Hildesheim aufhängen ließ, weil er festgestellt hatte, daß niemand das Vaterunser und das Glaubensbekenntnis auswendig konnte. Zit. n. Erich Meuthen (Hrsg.): Acta Cusana. Quellen zur Lebensgeschichte des Nikolaus von Kues. Hamburg 1996, Bd. I/3a, Nr. 1517, S. 1011f.

4 Klaus Grubmüller: Der Lehrgang des Triviums und die Rolle der Volkssprache im späten Mittelalter. In: Moeller (Hrsg.): Studien zum städtischen Bildungswesen (wie Anm.1), S. 371-397.

5 „Frömmigkeitstheologie" ist ein Terminus von Bernd Hamm, der das Bemühen der Theologen des 15. Jahrhunderts bezeichnet, eine Brücke zwischen der wissenschaftlich gelehrten Theologie und den alltäglichen frommen Bedürfnissen der Zeitgenossen zu schlagen. Aus diesem Bemühen ging eine Fülle gerade auch volkssprachiger Traktatliteratur hervor. Vgl. Bernd Hamm: Frömmigkeitstheologie am Anfang des 16. Jahrhunderts. Studien zu Johannes von Paltz und seinem Umkreis. Tübingen 1982, und Ders.: Von der spätmittelalterlichen reformatio zur Reformation. Der Prozeß der normativen Zentrierung von Religion und Gesellschaft in Deutschland. In: Archiv für Reformationsgeschichte 84 (1993), S. 7-81.

bei den Tafelbildern des Mittelalters ist der überlieferte Bestand dieser Wandbilder noch nicht umfassend katalogisiert, so daß hier nur einzelne Darstellungen zu katechetischen Themen exemplarisch vorgestellt werden können[6]. Man kann in der Regel weder die Maler noch die Auftraggeber solcher Wandbilder ermitteln. Als Auftraggeber kommen Personen in Frage, die die Laienunterweisung durch Bilder zu ihrer Sache machten. Das waren vermutlich häufig Geistliche, die sich der Kirchenreform verbunden fühlten. Mit Bildern wollten sie den Laien beibringen, was Lateinkundige in der Bibel oder in theologischen Traktaten nachlesen konnten[7]. Das Medium des Wandbildes eignete sich besonders, weil sich auf großen Wandflächen monumentale Bilder aufmalen ließen, die durch ihre Größe von weitem zu sehen waren und deren Präsenz sich kein Kirchenbesucher entziehen konnte. Auch Inschriftenformate konnten leicht so gewählt werden, daß Lesekundige die Texte auch aus größerem Abstand, etwa von der Kirchenbank oder dem Kirchstuhl aus, sehen konnten. Vermutlich malten engagierte Pfarrer ihre Kirchen gelegentlich auch selber aus. Von Winand von Steeg, einem gelehrten Juristen und versierten Prediger, wird das zum Beispiel vermutet[8]. Er schrieb nicht nur viel, sondern illustrierte auch einige seiner Handschriften. In zwei Kirchen der Pfarrei Bacharach, die er seit 1421 innehatte, befinden sich Reste von Wandbildern, die diesen Handschriftenillustrationen stilistisch sehr ähneln. Es ist daher durchaus denkbar, daß Winand von Steeg sie eigenhändig ausmalte[9]. Auch die überlieferte

6 Zu einzelnen Regionen existieren bereits katalogartige Überblicke über den Bestand an mittelalterlichen Wandmalereien, z.B. Joachim Glatz: Mittelalterliche Wandmalerei in der Pfalz und in Rheinhessen. Mainz 1981 (= Quellen und Abhandlungen zur mittelrheinischen Kirchengeschichte, Bd. 36); Dorothea Kluge: Gotische Wandmalerei in Westfalen 1250-1530. Münster 1959 (= Westfalen, Sonderheft 13); Ursula Schädler-Saub: Gotische Wandmalereien in Mittelfranken. Kunstgeschichte, Restaurierung, Denkmalpflege. München 2000 (= Arbeitshefte des Bayerischen Landesamtes für Denkmalpflege, Heft 109).

7 Die auf Gregor d. Gr. zurückzuführende Bestimmung der Aufgabe von Bildern als Bibel der Laien aus dem Corpus Iuris Canonici (Decr. Gratiani, p. III, de consecr., dist. 3, c. 27) wurde auch im Spätmittelalter immer wieder herangezogen, um die Aufgabe von Bildern in Kirchen oder in Schriften aus dem Bereich der Frömmigkeitsliteratur (zu diesem Terminus vgl. Anm. 5) zu charakterisieren. „Nam litera quod sapientibus hoc pictura illiteratis dat ydeotis", erklärte z.B. Winand von Steeg (vgl. Anm. 8) als Domprediger in Passau in einer Predigt. Zit. n. Aloys Schmidt: Die Wandmalereien in den Kirchen zu Steeg und Oberdiebach. In: Jahrbuch zur Geschichte von Stadt und Landkreis Kaiserslautern 12/13 (1974/75) (= Festschrift für Friedrich Ludwig Wagner zum 65. Geburtstag), S. 305. „Ydeota" ist – gleichbedeutend mit „illiteratus" – derjenige, der kein Latein kann.

8 Zu seiner Biographie: Aloys Schmidt: Winand von Steeg (1371-1453), ein mittelrheinischer Gelehrter und Künstler. München 1977 (=Abh. d. Bayer. Ak. d. Wiss., phil.-hist. Kl., N.F., Band 81), S. 4-54.

9 Die These der eigenhändigen Ausmalung der Kirchen in Steeg und Oberdiebach durch Winand von Steeg stammt von Aloys Schmidt: Wandmalereien (wie Anm. 7). – Die stilistische Nähe zwischen den Wandbildern und einzelnen Handschriftenillustrationen Steegs charakterisiert Schmidt treffend. Ob der Gelehrte tatsächlich in seinen Kirchen auf die Leiter stieg oder ob er sich darauf beschränkte, Entwürfe anzufertigen, läßt sich nicht ausmachen. In beiden Fällen war der Gelehrte nicht nur Auftraggeber der lehrhaften Darstellungen, sondern darüber hinaus auch Urheber der Bildprogramme. Auch von einem weiteren mittelrheinischen Gelehrten, dem Stiftsherrn und Propst Peter Lutern aus Oberwesel, wurde angenommen, er habe selber gemalt (Friedrich Back: Ein Jahrtausend künstlerischer Kultur am Mittelrhein. Darmstadt 1932, S. 76). Es fehlen jedoch stichhaltige Argumente, so daß sich die These kaum halten läßt.

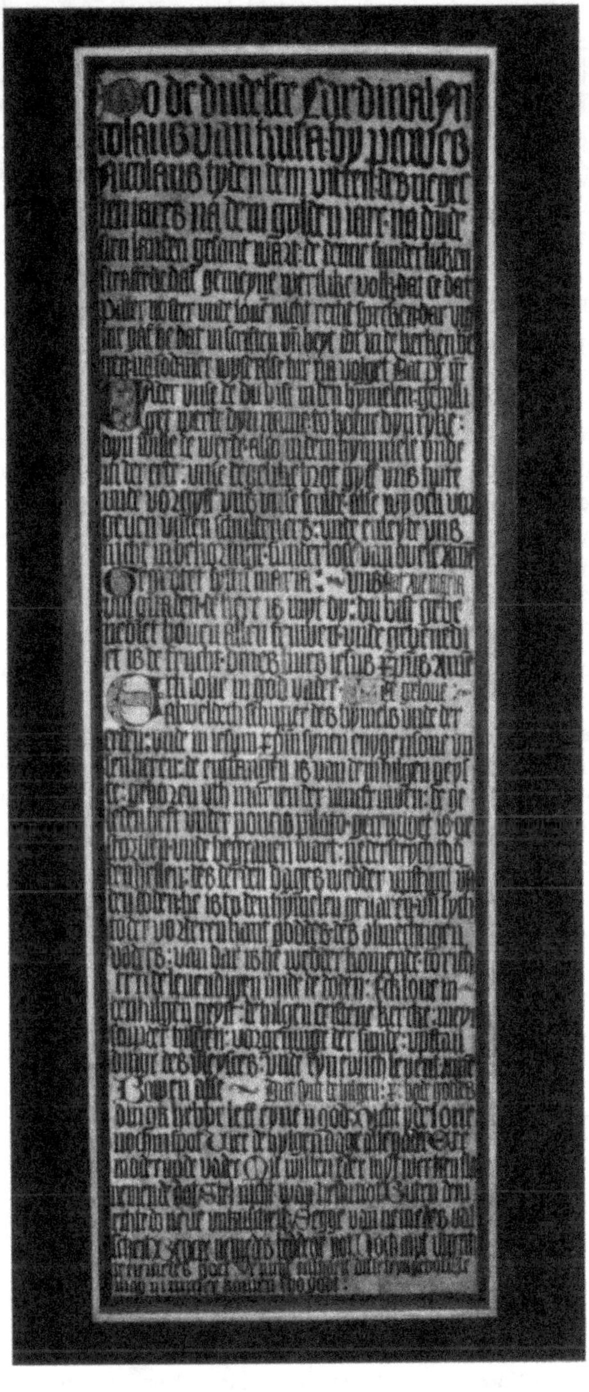

Katechismustafel des Nikolaus von Kues.
Hildesheim, Stadtmuseum im Knochenhauer-Amtshaus

Handschrift einer anonymen lateinischen Malanleitung für Bilder zu den Zehn Geboten mit deutschen Merkversen aus dem ausgehenden 14. Jahrhundert deutet darauf hin, daß es nicht völlig unüblich war, daß sich Geistliche in katechetischer Absicht als Künstler betätigten: Die Schrift war vermutlich von einem Kleriker für Kleriker geschrieben, denn gewöhnliche Maler konnten in der Regel kein Latein[10]. Die Leser sollten nach diesen Vorgaben zur Ikonographie, zur Bildkomposition und zu den deutschen Inschriften Bilderfolgen anfertigen, wobei offenbleibt, ob der anonyme Autor an Bildtafeln, Wandbilder oder an Zeichnungen auf Pergament oder Papier dachte.

Im folgenden sollen Wandbilder zu drei Themen religiöser Unterweisung vorgestellt werden. Die Themen wurden zusammen als Fundament der christlichen Lehre verstanden, als ‚kleiner Katechismus', wie Martin Luther sein 1529 erstmals gedrucktes Büchlein zu den katechetischen Hauptstücken später nannte. Ein erster Abschnitt ist ebendiesem Kanon der drei katechetischen Hauptstücke gewidmet. In einem weiteren Abschnitt geht es um die Einzelthemen: Um das Glaubensbekenntnis (1), die Gebote (2) und das Vaterunser (3). Dabei wird jeweils zuerst das jeweilige Thema als Gegenstand der Laienunterweisung charakterisiert (a) und dann in knapper Form ein Beispiel eines Wandbildes zu diesem Thema beschrieben (b). Am Schluß steht eine zusammenfassende Betrachtung und eine thesenhafte Einordnung in den Zusammenhang der Wissenspopularisierung.

Der ‚kleine Katechismus' als Gegenstand kirchlicher Unterweisung im Spätmittelalter

Als päpstlicher Legat reiste der Kardinal Nikolaus von Kues 1451 durch Deutschland und die Niederlande, um den Sieg der päpstlichen Kirche über das Konzil zu festigen. Der Kardinal hatte sich zwar schon 1437 gegen das Konzil, nicht aber gegen die Kirchenreform entschieden, die eines der wichtigsten Anliegen des Konzils bildete. Er nutzte seine Legationsreise, um diese Reform voranzutreiben[11]. Einen Niederschlag fanden seine Bemühungen in Hildesheim, wo sich der Kardinal im Juli 1451 aufhielt. Er stellte fest, daß das Kirchenvolk weder das Vaterunser noch das Glaubensbekenntnis aufsagen konnte und regte an, diese Texte sowie die Zehn Gebote und das Ave Maria auf eine Tafel zu schreiben und in die Kirche zu hängen. Die Tafel wurde in der Lambertikirche aufgehängt, in der Pfarrkirche der Hildesheimer Neustadt[12]. Sie ist zwar ein Einzelstück, zahlreiche Zeugnisse sprechen

10 Heinrich Matthias Heinrichs: Die Zehn Gebote. Anleitung zur Herstellung eines Bilderdekalogs mit deutschen Reimen aus dem Ende des 14. Jahrhunderts. In: Hugo Moser/Rudolf Schützeichel und Karl Stackmann (Hrsg.): Festschrift für Josef Quint. Bonn 1964, S. 127-140. – Auch wenn das „Latein jeder Beschreibung spottet" (S. 128) und voller grammatischer Fehler steckt, wird man in dem Autor keinen Laien, sondern einen schlecht ausgebildeten Kleriker vermuten müssen.

11 Zur Legationsreise des Nikolaus von Kues vgl. Josef Koch: Nikolaus von Cues und seine Umwelt. 2. Aufl. Heidelberg 1948 (= Sitzungsberichte der Heidelberger Ak. d. Wiss., phil-hist. Kl. 1944/48).

12 Ausführlich zu dieser Katechismustafel mit Textedition: Hans Jürgen Rieckenberg: Die Katechismustafel des Nikolaus von Kues in der Lamberti-Kirche zu Hildesheim. In: Deutsches Archiv 39 (1983), S. 555-581. – Abb. bei Hartmut Boockmann: Die Stadt im späten Mittelalter. 2. Aufl. München 1987, S. 339.

jedoch dafür, daß solche Tafeln verbreitet waren[13]. Die Kirchenbesucher konnten die Texte ablesen, bekamen sie vorgelesen und lernten sie. Sie umfaßte die Texte, die den absoluten Grundbestand des religiösen Wissens bildeten, die „der lay und auch ein yglich mensch ist schuldig zu wissen“, ohne die „er nicht mag behalten und salig werden“, nämlich Glaube, Gebet und Gebote[14]. Eltern und Paten wurden dazu angehalten, sie ihren Kindern beizubringen. Hausväter sollten ihre Angehörigen nach jeder Predigt zu Hause abfragen: „und verhöret auch sy, ob sy kunden und verstuenden die zehen gebott gots, [...] den pater noster, den gelauben und lernet sew.“[15] In Predigten und durch Vorsprechen sollten die Kleriker dem Volk die katechetischen Hauptstücke beibringen und erklären. In der Beichte wurde die Kenntnis der Texte überprüft und den Beichtkindern das Aufsagen als Bußleistung auferlegt[16]. Neben reinen Schrifttafeln wurden auch Bilder mit Inschriften eingesetzt, um die Kenntnis katechetischer Texte und ihrer Inhalte zu verbreiten. Im Medium der Wandbemalung begegnen besonders häufig Darstellungen des Glaubensbekenntnisses. Auch die Zehn Gebote werden oft dargestellt. Eine Vaterunser-Illustration ist hingegen nur in einem Wandbild überliefert.

1.a. Das Glaubensbekenntnis

Die 12 Apostel sind die Säulen der christlichen Kirche. Augustinus legte Gal 2,9 so aus[17], Hrabanus Maurus nahm das Bild auf und erweiterte es[18]. Abt Suger deutete die 12 Säulen des Langhauses von Saint-Denis symbolisch auf die Apostel und formulierte damit ein vermutlich schon in der Antike geläufiges Verständnis der Bedeutung der Säulen in Kirchenbauten[19]. In der Gotik wurde diese Deutung häufig durch Pfeilerfiguren oder Bildnisse der

13 Zusammengestellt bei Ruth Slenczka: Lehrhafte Bildtafeln in spätmittelalterlichen Kirchen. Köln 1998 (= Scriptura et Poesis, Bd. 10), S. 26-33. – Vgl. auch Hartmut Boockmann: Über Schrifttafeln in spätmittelalterlichen deutschen Kirchen. In: Deutsches Archiv 39 (1983), S. 210 bis 224.

14 Aus dem deutschen Traktat „Leben von den fünf Worten“, zit. n. P. Egino Weidenhiller: Untersuchungen zur deutschsprachigen katechetischen Literatur des späten Mittelalters. München 1965 (= Münchener Texte und Untersuchungen zur deutschsprachigen Literatur des Mittelalters, Bd. 10), S. 16.

15 Stephan von Landskron: „Himmelstraße“, zit. n. ebd., S. 13.

16 Davon berichtet z.B. Florentinus Diel, Pfarrer von St. Christoph in Mainz, in seinen nach 1491 niedergeschriebenen pfarramtlichen Aufzeichnungen. Vgl. Franz Falk: Die pfarramtlichen Aufzeichnungen des Florentinus Diel zu St. Christoph in Mainz (1491-1518). Freiburg i.Br. 1904, S. 22f. und 50.

17 Augustinus: Enarr. in Ps. 74,4. In: Jean-Paul Migne (Hrsg.): Patrologia Latina 36. Paris 1861, S. 950.

18 Hrabanus Maurus: Alleg. in S. Scr. In: Jean-Paul Migne (Hrsg.): Patrologia Latina 112. Turnhout [o.J.], S. 874; Ders.: De univ. 14, 23. In: Jean-Paul Migne (Hrsg.): Patrologia Latina 111. Paris 1852, S. 405.

19 Abt Suger von Saint-Denis: De consecr. 58. In: Günther Binding/Andreas Speer (Hrsg.): Abt Suger von Saint-Denis. Ausgewählte Schriften. Darmstadt 2000, S. 228f. – Zur Deutung der Passage vgl. Ingo Pagel/Jochen Schröder: Kategorien Sugerscher Bauerfassung. In: Günther Binding/Andreas Speer (Hrsg.): Abt Suger von Saint-Denis: De consecratione. Kommentierte Studienausgabe. Köln 1995, S. 95-126, bes. 116-122 (= Veröff. d. Abt. Architekturgesch. d. Kunsthist. Inst. d. Univ. zu Köln, Bd. 56). – Zur Tradition der Deutung der Säulen im Kirchen-

Apostel an Pfeilern oder Säulen zusätzlich veranschaulicht[20]. Die Apostel sind nicht nur die Säulen der Kirche, sondern auf sie wird auch das apostolische Glaubensbekenntnis, das Credo, zurückgeführt. Pseudoaugustin wies in zwei Predigten erstmals jedem Apostel einen Vers des Glaubensbekenntnisses zu und begründete damit eine Tradition, die als Bildtradition in der Gotik große Wirkung hatte: Darstellungen der Apostel mit Versen des Glaubensbekenntnisses auf Schriftbändern, Schriftrollen oder inschriftlich über oder unter der Darstellung gehörten zur Normalausstattung jeder spätmittelalterlichen Kirche[21]. Die Gliederung des Credos in 12 Artikel und die Verbindung der Artikel mit den 12 Aposteln machten den Text durch die Strukturierung leichter lern- und memorierbar. Häufig waren die Apostelbilder an den Pfeilern des Langhauses angebracht oder direkt auf sie gemalt, häufig fanden sich die Bilder an den Wänden des Langhauses, den tragenden Pfeilern zwar nicht direkt zugeordnet, aber dennoch als Grundstützen des Kirchengebäudes und im übertragenden Sinne der Kirche insgesamt zu verstehen. Verbreitet war auch die Darstellung der Apostel im Chorraum, ebenfalls entweder auf 12 umlaufenden Pfeilern oder Säulen oder auf der Wand. Allein in Rheinhessen und der Pfalz haben sich vier Apostelcredos in Form von Wandmalereien erhalten. Da die Erhaltungschancen eines Wandbildes aus dem 15. Jahrhundert sehr gering sind – viel geringer noch als die eines Tafelbildes dieser Zeit – läßt die Überlieferung von vier Zyklen auf eine große Verbreitung des Bildthemas schließen.

Welche Rolle spielte nun das Glaubensbekenntnis im kirchlichen Leben und in der Frömmigkeit des einzelnen? Warum war es in den Augen derer, die sich für die „theologische“ Bildung der Bevölkerung verantwortlich fühlten, so entscheidend, daß alle den Glauben kannten und aufsagen konnten? Zunächst gehörte das Bekenntnis an Sonn- und vielen Festtagen, etwa an den Festen der Apostel, in die Meßliturgie. Allerdings wurde die Messe lateinisch zelebriert, so daß es die meisten Menschen nicht verstehen, allenfalls wiedererkennen konnten, wenn ihnen die Bedeutung einmal erklärt worden war. Im Ausgang von Röm 10,10 war das Glaubensbekenntnis die Grundlage des christlichen Lebens. Es sollte Bestandteil des Morgen- und Abendgebetes jedes Christen sein[22]. Unkenntnis des Glaubensbekenntnisse galt als Verstoß gegen das erste Gebot. Wer den Glauben nicht kannte, war des Un- und Aberglaubens, der Hexenkunst und der Zauberei verdächtig[23]. Dabei ging

schiff vgl. Bruno Reudenbach: Säule und Apostel. In: Frühmittelalterliche Studien 14 (1980), S. 324-337.

20 Ein prominentes Beispiel bilden im deutschsprachigen Raum z.B. die Pfeilerfiguren im Freiburger Münster. Vgl. Otto Schmitt: Gotische Skulpturen des Freiburger Münsters. Frankfurt am Main 1926, Abb. 189-202.

21 Curt Ferdinand Bühler: The Apostles and the Creed. In: Speculum 28 (1953), S. 335-339; James D. Gordon: The Articles of the Creed and the Apostles. In: Speculum 40 (1965), S. 634 bis 640.

22 Belege bei Weidenhiller: Untersuchungen (wie Anm. 14), S. 17.

23 In seinem Beichtbüchlein von 1478 ließ der Frankfurter Kaplan Johannes Lupi das Beichtkind aufsagen: „Ich weiß nit, was der glaub ader die zwolff stuck des glaubens sint. Ich han mich bekummert mit unglauben, [...] warsagen und in andern großen zaubernißе und verboden werkken von der heyligen kirchen. Ich han verleucket des cristlichen glaubens. Item czaubern ist widder den artikel des glaubens zu dem ersten male: ich gleub in got, und zum andern widder den artikel: ich gleub die heylige kristliche kirche, wan die heylige kristliche kyrche wirt regeret von dem hyligen geyst und [...]“. Franz Falk: Drei Beichtbüchlein nach den zehn Geboten aus der Frühzeit der Buchdruckerkunst. In: Reformationsgeschichtliche Studien und Texte 2 (1907), Seite 25.

es nicht nur darum, die Artikel zu kennen, sondern auch darum, sie zu glauben. Noch der Sterbende wird in vielen *Artes moriendi* gefragt, ob er die Artikel des Bekenntnisses glaube[24].

1.b. Das Apostelcredo in der Pfarrkirche von Gunzenhausen[25]

1448 wurde mit dem Neubau der Stadtpfarrkirche Beatae Mariae Virginis von Gunzenhausen in Mittelfranken begonnen. Zuerst wurde der Chor errichtet und vermutlich unmittelbar nach Abschluß der Bauarbeiten um 1460/61 ausgemalt. Auf halber Höhe befindet sich auf der Chornordwand ein friesartiger Bildstreifen mit den 12 Aposteln und Christus. Sie stehen zwischen gemalten marmorierten Säulen, auf denen Prophetenbüsten mit deutschsprachigen Schriftbändern zu sehen sind[26]. Die Apostel sind durch ihre Attribute gekennzeichnet. Sie nehmen dem Betrachter gegenüber eine Lehrerrolle ein, indem sie ihm auf Schriftbändern die Artikel des Glaubensbekenntnisses vorhalten. Der deutsche Text ist leicht eingängig. Durch ihre Größe, durch ihr statuenhaftes Aussehen und durch ihre Anordnung zwischen den gemalten Säulen verkörpern sie besonders eindrucksvoll ihre Rolle als tragende Grundpfeiler des Kirchengebäudes und im übertragenen Sinn zugleich als Säulen der Kirche und der christlichen Lehre, die auf das Glaubensbekenntnis gegründet ist. Vermutlich wurde der Chor in der Zeit des Neubaus des Langhauses der Kirche, der sich über gut 30 Jahre hinzog, als Gottesdienstraum verwendet. So stand der Apostelfries den Kirchenbesuchern immer unmittelbar vor Augen.

2.a. Die Zehn Gebote

Das seit der Mitte des 15. Jahrhunderts meistgebrauchte Befragungsschema für das Beichtverhör orientierte sich an den Zehn Geboten. Jedem Gebot wurde eine Gruppe möglicherweise vom Beichtkind begangener Sünden zugeordnet, durch die das Gebot übertreten worden war. Dieses Beichtschema wurde den Priestern in Beichtspiegeln an die Hand gegeben[27]. Von dem Verfasser eines solchen Beichtspiegels, dem Frankfurter Kaplan Johannes

24 Beispiele bei Weidenhiller: Untersuchungen (wie Anm. 14), S. 18.

25 Schädler-Saub: Gotische Wandmalerei (wie Anm. 6), S. 235-238 mit Abb., dort auch die übrige Literatur.

26 Die Kombination von Aposteln mit dem Credo und Propheten mit darauf bezogenen Schriftbändern war verbreitet. Vgl. z.B. das Apostel-Propheten-Credo in der Pfarrkirche von Billigheim. Dazu Glatz: Mittelalterliche Wandmalerei (wie Anm. 6), S. 176ff.

27 Dieter Harmening: Aberglaubenskritik in Dekalog und Beichtliteratur. In: Peter Dinzelbacher/ Dieter Bauer (Hrsg.): Volksreligion im hohen und späten Mittelalter. Paderborn 1990 (= Quellen u. Forsch. aus dem Gebiet der Gesch., N.F., Bd. 13), S. 249f., gibt eine Liste handschriftlich überlieferter Dekalogtraktate, die alle in den Zusammenhang der Beichte gehören. Er unterscheidet lateinische Dekalogliteratur für den gelehrten Beichtvater, praktische Beichtbücher und deutsche Beichtliteratur. Sündenkataloge finden sich in fast allen Beichttraktaten. Die Beichtspiegel dienten dem Beichtvater zur Vorbereitung auf die Beichte oder zum Nachschlagen in schwierigen Fällen, waren aber i.d.R. keine Beichtformulare, die abgelesen wurden.

Wolff (Lupi)[28], erfährt man, warum die Gebote als Grundlage für das Sündenbekenntnis gewählt wurden: Der Priester mußte die Beichtbefragung so anlegen, daß das Beichtkind keine Sünde zu beichten vergaß. Er bediente sich daher umfassender Sündenkataloge, die er abfragte. Da sich nach Ansicht Lupis alle Sünden als Verstöße gegen die Zehn Gebote verstehen lassen, vergaß man nichts, wenn man die Gebote durchging und das Beichtkind fragte, wann, wo und wie es gegen sie verstoßen habe. Weitere Sündenkataloge, die zum Beispiel nach den Sieben Gaben des Heiligen Geistes oder nach den Sieben Werken der Barmherzigkeit geordnet waren, waren seiner Ansicht nach überflüssig und verwirrend[29]. Die Beichtkinder sollten nach einem einfachen, einheitlichen Schema befragt werden; dieses jedoch sollte ihnen gut vertraut sein. Daher sollten sie die Zehn Gebote lernen. Johannes Wolff legte allen Pfarrern nahe, die Gebote im Gottesdienst möglichst häufig aufsagen zu lassen und immer wieder zu erklären[30]. Neben seinem Grabstein, der ihn als Lehrer mit einem Zeigestock darstellt, ließ er ein Relief aufstellen, das die Gebote in Übertretungsszenen illustriert. Zählende Hände zeigen, um welches Gebot es jeweils geht[31]. In seinem Anliegen, die Kenntnis der Gebote zu verbreiten und sie als allgemeines Beichtschema durchzusetzen, stand der Frankfurter Kaplan nicht allein. In der deutschen Übersetzung des „Opus tripartitum" von Johannes Gerson, einer katechetischen Schrift, die enorme Verbreitung fand, schrieb der Straßburger Stadtprediger Geiler von Kaysersberg 1510: „Durch mittel dieser gebott erkent der moensch den lauff und stat seines lebens, wie er die gebot gehalten hat, wie fast er von inen abgewichen ist, in was weisen nach mancherley geschlecht der sünde er got erzürnt hat, und wie die beicht der sünden geschehen soll."[32] Angesichts der großen Bedeutung, die der Kenntnis der Gebote zukam, ist die Vielzahl überlieferter Hilfsmittel zum Erlernen der Gebote nicht überraschend. Dekaloggedichte und Lieder sollten das Memorieren erleichtern[33]. Schrift- und Bildtafeln sowie Wandbilder dienten als Gedächtnisstützen und didaktische Hilfsmittel. In der bereits erwähnten lateinischen Anleitung zur

---

28 Der unbekannte Herausgeber seines Beichtspiegels nennt ihn „venerabilis vir magister Iohannes Lupi, cappelanus cappelle sancti Petri in suburbio Franckfordensi". Falk: Drei Beichtbüchlein (wie Anm. 23), S. 75. – Zu seiner Biographie vgl. Volker Honemann: Art. Lupi (Wolff), Johannes. In: VerfLex 5, 1985, Sp. 1069ff.

29 Falk: Drei Beichtbüchlein (wie Anm. 23), S. 43-56.

30 Er widmete diesem Anliegen einen größeren Abschnitt im Anhang seines Beichtbüchleins. Falk: Drei Beichtbüchlein (wie Anm. 23), S. 65-73. – In einer testamentarischen Verfügung, die als Eintrag in seinem Beichtbuch erscheint, bestimmte Wolff, daß sein Buch gedruckt werden und jedem Pfarrer der Erzdiözese zukommen sollte. Ebd., S. 9.

31 Das Relief befindet sich im Historischen Museum der Stadt Frankfurt am Main. Abb. bei Boockmann: Stadt (wie Anm. 12), S. 189.

32 Johannes Geffcken: Der Bilderkatechismus des 15. Jahrhunderts. Bd. I: Die zehn Gebote. Leipzig 1855, Beilage III, S. 46f. Vgl. Jean Gerson: Oevres complètes. Hrsg. v. Palemon Glorieux. Bd. 7. Paris 1966, S. 203. – Sowohl Gersons Schrift als auch deren deutsche Übersetzung von Geiler von Kaysersberg und Peter Schott waren sehr verbreitet und wurden mehrfach nachgedruckt. In der französischen Kirche Notre Dame in Terewane hing sogar der gesamte Text des „Opus Tripartitum" auf Tafeln an den Kirchenwänden. Franz Xaver Eggersdorfer: Fragmente aus der katechetischen Vergangenheit. In: Katechetische Blätter 36 (1910), S. 20f., beschreibt eine Inkunabel, die sich als Kopie dieser Tafeln ausgibt.

33 Weidenhiller: Untersuchungen (wie Anm. 14), S. 190-200. Beispiele für Dekaloggedichte und Lieder auch bei Philipp Wackernagel: Das deutsche Kirchenlied von der ältesten Zeit bis zu Anfang des 17. Jahrhunderts. Leipzig 1867, Nr.1005-13 und 1126-35.

Herstellung eines Bilderdekalogs mit volkssprachigen Bildkommentaren aus dem späten 14. Jahrhundert wird der Leser dazu aufgefordert, die Gebote durch Übertretungs- und Bestrafungsszenen zu illustrieren[34]. Die Übertretungsszenen sind aus dem täglichen Leben genommen und entsprechen Beispielen aus den Sündenkatalogen in Beichtbüchern zu den Zehn Geboten. Als Strafen werden den Gebotsübertretungen die Zehn ägyptischen Plagen zugeordnet[35]. In einprägsamen deutschen Versen soll der Maler die Gebote unter die Übertretungsszenen schreiben. Außerdem soll jedem Bild die Gestalt Moses beigegeben werden, der eine Tafel mit dem jeweiligen Gebot in lateinischer Sprache hält. Der unten beschriebene Bilderdekalog in der Partenheimer Kirche folgt dieser Malanleitung nicht im Detail, entspricht ihr aber in der Grundform: Den Übertretungsszenen werden auch dort die Ägyptischen Plagen als Strafen zugeordnet[36].

2.b. Gebote und ägyptische Plagen in der Pfarrkirche von Partenheim in Rheinhessen[37]

Die Partenheimer Pfarrkirche wurde nach einem Brand im Jahr 1435 rasch neu aufgebaut. Der Chor war 1450 vollendet, die Arbeiten am Langhaus zogen sich weiter hin. Beim Brand war die konsekrierte Hostie in der Monstranz nicht versehrt worden und wurde nun als Wunderhostie verehrt. Man kann davon ausgehen, daß die neue Kirche Anziehungspunkt für Pilger der näheren und weiteren Umgebung war und der Kreis der Betrachter der Wandbilder daher nicht auf die Partenheimer Gemeinde beschränkt blieb.

An der Nordwand befinden sich rechts und links eines Gewölbedienstes je zehn Bildfelder: Links sind in fünf Bildpaaren die zehn ägyptischen Plagen, rechts des Pfeilers in Zeilen mit je drei Szenen, bekrönt von einer Einzelszene die zehn Gebote in Übertretungsszenen dargestellt. Die Anordnung der Geboteszenen erinnert in der Umrißform an die der rundbogigen Steintafeln, die im späten Mittelalter in der Regel zur Darstellung der Gebotetafeln verwendet wurde. Vermutlich befanden sich ursprünglich Bildunterschriften unter den Szenen[38]. Anders als in verwandten Darstellungen sind die Szenen zu den Geboten und den Plagen nicht durch eine alternierende Anordnung aufeinander bezogen, sondern stehen durch die unterschiedliche Anordnung der Szenen als ungleiche Bildblöcke nebeneinander. Für die Übersichtlichkeit und zum Erlernen und Memorieren der Gebote ist diese Anordnung geeigneter. In der Anordnung der Bildblöcke nebeneinander ist die Leserichtung vertauscht: Die Strafen stehen links, die ihnen vorausgehenden Gebotsübertretungen rechts. Vermutlich folgte die Ausmalung des Kirchenschiffes keinem Gesamtplan, sondern vollzog

34 Heinrichs: Zehn Gebote (wie Anm. 10).

35 Die Parallelisierung von Geboten und ägyptischen Plagen geht auf Origenes und Augustinus zurück und war auch in bildlichen Darstellungen sehr verbreitet.

36 Zur Tradition der Gegenüberstellung der Gebote und der ägyptischen Plagen vgl. Slenczka: Lehrhafte Bildtafeln (wie Anm. 13), S. 41f.

37 Es gibt keine neuere Literatur. Knappe Beschreibungen der Einzelszenen bei Glatz: Mittelalterliche Wandmalerei (wie Anm. 6), S. 306f. Dort auch die ältere Literatur.

38 Auf allen mir bekannten verwandten Darstellungen in der Druckgraphik wie in Gemälden finden sich Bildunterschriften. Nach zwei Restaurierungen 1874/75 und 1967 sind die Inschriften in Partenheim leider komplett verloren. Lediglich unter dem zweiten Bildfeld lassen sich meines Erachtens Inschriftenreste erahnen.

sich wie der Neubau des Gemäuers vom Chor ausgehend Stück für Stück Richtung Westen. Die Darstellungen sind traditionell. Dem Maler diente vermutlich sowohl für die Gebote- als auch für die Plagenbilder ein Holzschnitt als Vorlage. Der Betrachter konnte die einfachen Bildkompositionen schnell erfassen und immer wieder erkennen.

3.a. Das Vaterunser

Ebenso wie das Glaubensbekenntnis galt auch das Vaterunser als unverzichtbarer Bestandteil der christlichen Lehre und gehörte – in lateinischer Sprache – zur Meßliturgie. Glaubensbekenntnis und Vaterunser waren die Taufstücke, die die Paten in der Taufe aufsagen mußten. Wer das Vaterunser nicht konnte, war vom Sakramentsempfang ausgeschlossen. Zahlreiche deutsche Vaterunser-Auslegungen, zum Teil in leicht eingängiger gereimter Form sind überliefert, die sich nicht an gelehrte Theologen, sondern an Laien richteten[39]. Dennoch wurde das Vaterunser im Gegensatz zu den Zehn Geboten und dem Glaubensbekenntnis im 15. Jahrhundert sehr selten dargestellt. Bildprogramme zum Vaterunser finden sich erstaunlicherweise weder auf Bildtafeln in Kirchen noch in größerer Zahl auf Einblattdrucken[40].

3.b. Die Vaterunser-Darstellung in der Pfarrkirche von Billigheim in der Pfalz[41]

Die Wände im Chor der Pfarrkirche von Billigheim sind mit einem großen Apostel-Propheten-Credo ausgemalt, das im westlichen Joch der Nordwand beginnt und gegenüber mit einer Vaterunser-Darstellung abgeschlossen wird. Die Wandbilder stammen aus dem 15. Jahrhundert. Möglicherweise war ursprünglich die gesamte Kirche ausgemalt. Während jedoch der Chor aus dem 14. Jahrhundert stehen blieb, wich das Langhaus im 16. Jahrhundert einem Neubau. Das Vaterunser ist als Unterweisungsszene dargestellt. In der katechetischen Grundform der Frage und Antwort bringt der links stehende Jesus den rechts stehenden Jüngern das Beten bei. Die Wechselrede ist aus Versen des Lukas- und des Johannesevangeliums zusammengesetzt. Der erste Jünger streckt Jesus bittend die Hände entgegen, von denen ein horizontales Schriftband ausgeht, das in der Sprechrichtung von rechts nach links zu lesen ist: „Herre, lere uns betten" (Lk 11,1). Jesus antwortet darauf zweifach, indem er erklärt, was und warum die Jünger beten sollen. Mit dem Zeigefinger der Rechten deutet er auf sieben vertikale, geschwungene Schriftbänder mit den Bitten des Vaterunsers: „Vatter unser, der du bist in dem hiemel, geheiligt werde din Name. Zukum din rich. Din wille werde

39 Beispiele bei Weidenhiller: Untersuchungen (wie Anm. 14), S. 214-225.

40 Bei Wilhelm Ludwig Schreiber: Handbuch der Holz- und Metallschnitte des 15. Jahrhunderts. Bd. 1-8. Leipzig 1926/30, ist nur ein einziger Vaterunser-Holzschnitt verzeichnet (1851), der ikonographisch mit den Billigheimer Darstellungen nicht verwandt ist.

41 Die jüngste Beschreibung bei Clemens Jöckle: Billigheim. München, Zürich 1985 (= Schnell-Kunstführer 1556), S. 10, geht zurück auf Glatz: Mittelalterliche Wandmalerei (wie Anm. 6), S. 178. Dort auch die ältere Literatur

Billigheim, ev. Kirche, Chor: Jesus lehrt die Jünger beten – Vaterunser, um 1450 (Archiv der Ev. Kirche der Pfalz)

als in dem hiemel un der erd. Unser tegelich brot gib uns heut. Und vergib uns unser Schult als auch wir dun unsern schuldenern. Und fuer uns nicht in versuchung, Sondern loes uns vom uebelen" (Lk 11,2-4)[42]. Von seiner Hand führt ein vertikales Schriftband zu den Jüngern: „wan ihr bett so sprechent" (Lk 11,2). Und darunter: „Bittet so werdet ihr nehme[n] das awer freide vollkome sei" (Joh, 16,24). Das weitere Gespräch dreht sich um die Frage nach dem Adressaten des Gebetes. Von einem Jünger in der Mitte der Gruppe geht ein Schriftband aus, das wieder in Sprechrichtung spiegelverkehrt von rechts nach links geschrieben ist: „herre, zeige uns den vater, so genuegt uns" (Joh 14,8), worauf Jesus antwortet: „Phylip, wer mich sieht, siehet den vater" (Joh 14,9). Zwei neben dem Angesprochenen stehende Jünger deuten mit dem Zeigefinger nach oben, wo sich in einem Rund ein Brustbild des Weltenherrschers befindet. Einer erklärt an Philipp gewandt (wieder spiegelverkehrt): „Du hast ihn gesehen und der mit dir redet, der ists". Daß der Text der Schriftbänder jeweils in Sprechrichtung, das heißt von den Jüngern ausgehend spiegelverkehrt geschrieben ist, erleichtert die Zuordnung der Texte zum jeweiligen Sprecher und läßt die Schriftbänder insgesamt auf Anhieb als Wechselrede erkennen. Das Verfahren ist völlig ungewöhnlich. Die vertikale Ausrichtung der Schriftbänder mit dem Text des Vaterunsers setzt diesen deutlich vom Rest der Rede ab und kennzeichnet ihn als zusammengehörig. Eine Bildvorlage zu dieser Darstellung in Form eines Einblattdruckes ist nicht bekannt. Möglicherweise hat sich ein örtlicher Prediger das Bildprogramm mit dem aus Evangelienversen zusammengesetzten Lehrgespräch und der originellen Komposition ausgedacht.

Zusammenfassende Betrachtung

Die behandelten katechetischen Wandbilder stehen beispielhaft für eine große Zahl verwandter Darstellungen. Sie waren ebenso wie Bildtafeln mit ähnlichen Darstellungen Hilfen zum Erlernen von Texten, die für die kirchliche Praxis und den persönlichen Glauben als grundlegend galten: Das Glaubensbekenntnis als Fundament der Kirche, die Gebote als Richtschnur für das Leben, die Ägyptischen Plagen als Warnung vor einem Leben gegen die Gebote und schließlich das Vaterunser als sowohl für den Gottesdienst als auch für den Privatgebrauch grundlegendes Gebet. Die Wandbilder sind in ihrem Format und ihrer Plazierung im Kirchenraum, in den mnemotechnisch günstigen, einfachen Kompositionen, in den volkssprachigen Inschriften und in den katechetischen Themen ganz auf die Betrachter zugeschnitten, die in ihnen Lern- und Memorierhilfen und Gedächtnisstützen finden sollten.

Seit Gregor dem Großen spielte die didaktische Aufgabe von religiösen Bildern eine große Rolle. Erst im Spätmittelalter wurden jedoch in großem Stile Bildprogramme entwikkelt und verbreitet, die auf die Seh- und Verständnismöglichkeiten breiter laikaler Betrachterkreise zugeschnitten waren. Auch die schlichte Gebrauchskunst wurde durch den neuen Realismus in der Malerei, wie er in den Niederlanden entstand, geprägt. Betrachternähe, moralische und emotionale Ansprache der Betrachter sowie allgemeinverständliche Inschriften kennzeichnen die Malerei. Eine Tendenz zur Vereinheitlichung und Vereinfachung ist zu beobachten, die sich unter anderem auf die neu entstandenen technischen Möglichkeiten

42 „un der erd" ist auf dem Kopf geschrieben – das Spruchband ist davor geschwungen und gedreht.

im Buchdruck zurückführen läßt: Einblattdrucke entstanden, wurden für wenig Geld vertrieben und verbreitet und dienten als Bildvorlagen.

Für die Verbreitung von Bildern als Medien religiöser Unterweisung setzten sich engagierte Ortsgeistliche wie Kleriker höchsten Ranges ein. Besonders oft wurden die Wände der zahlreichen Kirchenneubauten des ausgehenden Mittelalters mit lehrhaften Wandbildern bemalt. Die große Zahl überlieferter Zeugnisse spiegelt die Bedeutung der Katechese im kirchlichen Leben und ist zugleich Zeugnis der fortschreitenden Alphabetisierung am Vorabend der Reformation. Bildung und religiöses Wissen bedingten einander. Kleriker wie Nikolaus von Kues reagierten mit ihrem Bemühen um die religiöse Bildung auf Mißstände, die ihnen bei der Begegnung mit Pfarrkindern auf Reisen oder in der eigenen Pfarrei auffielen. Dennoch wäre es verfehlt, eine Krisensituation als Ursache für die verstärkten Bemühungen um die Laienunterweisung vorauszusetzen. Vielmehr sind die Bemühungen um die Verbreitung religiöser und kirchlicher Bildung Zeugnis für die enorme Bedeutung, die der Frömmigkeit der einzelnen beigemessen wurde, und für die Durchdringung aller Lebensbereiche durch Kirche und Religion. Sie setzt einen gewissen Bildungsstandard unter den Klerikern voraus und fügt sich in einen gesellschaftlichen Kontext ein, in dem durch die Verbreitung des Deutschen als Schriftsprache, durch das Interesse der städtischen Bevölkerung an Schulbildung und durch die Verschriftlichung der Laienkultur eine wachsende Bereitschaft und ein Bedürfnis nach religiöser Unterweisung und Bildung innerhalb der städtischen Bevölkerung entstehen konnte.

Sven Tode

Vom Sinn und Nutzen der Historie für das Seelenheil. Theodor Meißners „Vom Heydentum der Danziger" (1717)

> Mein Vorhaben alhier ist nicht eine Wortkünsteley und besondre Schreib-Arth sehen zu laßen sondern nur die Materialien aufs allereinfältigst und deutlichste den lieben Meinigen zur Bestärkung ihrer Religion mit Zu theilen[1].

I.

In seiner kurzen Einleitung zur Evangelischen Geschichte Danzigs, die Theodor Meißner bezeichnenderweise mit dem Titel „Vom Heydentum der Dantziger"[2] überschreibt, wird das Anliegen einer „Volksaufklärung" deutlich formuliert. Stil und Aufbau der Schrift erinnern stark an Moritate, die Sprache ist bildlich gehalten. In einfachen Sätzen wird die Bedeutung der Reformation für das Seelenheil der Menschen hervorgehoben. Anlaß seiner Schrift ist die zweihundertjährige Wiederkehr der Thesenveröffentlichung Martin Luthers in Wittenberg 1517.

Die Absicht des Autors wird im vorangestellten Zitat deutlich. Meißner geht es um die Verbreitung des Glaubens unter den evangelischen Christen in einfachen Worten ohne theoretischen Überbau und unter Vermeidung von elaborierten Codes und Gelehrsamkeit. Durch Sprache und eingeschränkte Wissensvermittlung aufgerichtete Sperren, die Wissen separieren und schließlich zu Herrschaftswissen führen, sollten überwunden werden. In gut lutherischer Manier will Meißner die Gläubigen vielmehr in die Vermittlung der frohen Botschaft einbeziehen, ihnen Halt im Glauben und insbesondere in ihrer lutherischen Konfession geben. Hier fallen der Anlaß des Reformationsjubiläums und die aufklärerische Absicht des Autors zusammen. Obschon der schulmeisterliche Habitus Meißners durchschimmert, wird zugleich sein Sendungsbewußtsein deutlich. Ihm ist es eine Herzensangelegenheit, sein Wissen zu popularisieren, es unter das Volk zu bringen. Eine Absicht, die über eine reine Missionsaufgabe hinausgeht, wie zu zeigen sein wird.

1 Theodor Benjamin Meißner: Vom Heydentum der Dantziger. Das Evangelische Dantzig Beschrieben zu Gotteswalde bey Dantzig am Jubilao 31. Octbr. Im Jubel-Jahr 1717. Archiwum Panstwowe w Gdańsku (APG), 300R/Pp86, fol. 11-21, hier fol. 14.

2 Im Stadtarchiv findet sich eine weitere Schrift Meißners in zwei Kopien unter APG 300 R/Pp 52a; 300 R/Pp 52b. Vgl. dazu Theodor Benjamin Meißner: Das kirchenreiche Danzig (Hinweis bei Katarzyna Cieślak: Kunst in einer konfessionell gespaltenen Stadt am Beispiel Danzigs. In: Michał Woźniak (Hrsg.): Kościół i sztuka Pobrzeża Bałtyku. Kirche und Kunst im Ostseeraum. Toruń 1998 (= Studia Borussico-Baltica Toruniensia Historiae Artium, Bd. 3), S. 189-210, hier S. 207. Diese Schrift konnte aus Zeitgründen leider nicht mehr eingesehen werden.

II.

„Popularisierung" als Quellen- und Forschungsbegriff des 19. Jahrhunderts kann nur schwer auf die Frühe Neuzeit als präsäkulare Epoche übertragen werden. Der Tendenz, die Frühe Neuzeit lediglich als Sattelzeit zur Moderne zu charakterisieren, muß begegnet werden. Versuche, eigenständigen Entwicklungen des ausgehenden 15. bis zum beginnenden neunzehnten Jahrhunderts Wertungen, Inhalte und Konzeptionen des 19. und 20. Jahrhunderts überzustülpen, verschütten damalige Realitäten und Deutungen, indem sie lediglich Modernisierungstendenzen als tragend für die Frühe Neuzeit interpretieren, die Vielschichtigkeit frühneuzeitlicher Gesellschaft verkennen und den Blick auf historische Realität ebenso wie auf den Erkenntnisfortschritt menschlicher Entwicklungsgeschichte verstellen[3]. Das Popularisierungskonzept, wie es in der Einleitung dieses Bandes formuliert wird, entsprechend unkommentiert auf die Frühe Neuzeit zu übertragen, bedeutete, ebendiese bedenkliche Entwicklung innerhalb der (bundesdeutschen) Geschichtswissenschaft fortzuschreiben. Die vorliegende Abhandlung versteht sich insofern in Abgrenzung zum Paradigma der Popularisierung und versucht zugleich anhand der analysierten Quelle Aspekte jenes Konzeptes im Anspruch Theodor Meißners wiederzufinden.

Zunächst scheint es opportun, den Popularisierungsbegriff, wie er in der Einleitung durch Carsten Kretschmann entwickelt wird, kritisch für die Frühe Neuzeit zu hinterfragen und zu modifizieren – trotz aller berechtigten methodischen und inhaltlichen Einwände – um die Grundlage für die vorliegende Quelleninterpretation zu legen:

1. findet sich Popularisierung weder als Quellen- noch als Forschungsbegriff in der Frühen Neuzeit. Popularisierung ist ein Begriff des 19. Jahrhunderts und für die Frühe Neuzeit ein Anachronismus. Der Anspruch, Popularisierung als Teil eines wissenschaftlichen Impetus gegen Irrtümer und Aberglauben zu verstehen (vgl. Einleitung S. 11)[4], zeigt dabei deutlich den postsäkularen Hintergrund und die Schwierigkeiten, ein derart inhaltlich begrenztes und einseitig gedeutetes Paradigma des 19. Jahrhunderts auf die Frühe Neuzeit übertragen zu wollen.

2. erscheint es für die Frühe Neuzeit schwierig – insbesondere für das 16. und 17. Jahrhundert – von einer bürgerlichen Kultur zu sprechen. Bereits im Zusammenhang mit der unter dem Schlagwort der frühbürgerlichen Revolution verstandenen Einheit von reformatorischen Bewegungen und bäuerlichen Erhebungen haben sich erhebliche Deutungsschwierigkeiten ergeben[5]. Ein bürgerlicher Impetus, dem an der Erkenntnis naturwissenschaftli-

---

3 Reinhart Koselleck: Das 18. Jahrhundert als Beginn der Neuzeit. In: Reinhart Herzog/Reinhart Koselleck (Hrsg.): Epochenschwelle und Epochenbewußtsein. München 1987, S. 269-283; Ders.: Wie neu ist die Neuzeit? In: HZ 251 (1990), S. 539-553.

4 Vgl. Anm. 17 bei Carsten Kretschmann: Einleitung im vorliegenden Band; John C. Burnham: How Superstition Won and Science Lost: Popularizing Science and Health in the United States. New Brunswick/N.J. 1988. Schon im Titel wird die zuvor apostrophierte vermeintliche Überlegenheit von Wissenschaft und Moderne gegenüber den „Zeiten des Glaubens" deutlich.

5 Vgl. exemplarisch Rainer Wohlfeil: Reformation oder frühbürgerliche Revolution? München 1972 (= Nymphenburger Texte zur Wissenschaft, Bd. 5); Ders.: Einführung in die Geschichte der deutschen Reformation. München 1982, S. 174ff. – Zur marxistischen Position vgl. exemplarisch Gerhard Brendler: Zur Problematik des Frühbürgerlichen Revolutionszyklus. In: Manfred Kossok (Hrsg.): Studien zur vergleichenden Revolutionsgeschichte 1500-1917. Berlin (DDR) 1974, S. 29-52; Max Steinmetz: Der geschichtliche Platz des deutschen Bauernkriegs. In: Zeitschrift

chen Wissens – auch aufgrund des sozialen Wandels – gelegen wäre, läßt sich für die Frühe Neuzeit in der in der Einleitung skizzierten Art und Weise kaum konstatieren. Dabei soll nicht verkannt werden, daß es immer naturwissenschaftlichen Fortschritt gab, enge Diskussionszirkel über Naturphänomene, die es zu erklären galt, diese in der Frühen Neuzeit jedoch noch beschränkt blieben auf eine kleine „Produzentenschicht“[6], zu der neben Newton exemplarisch auch Hevelius[7] und im staatsrechtlichen Bereich Thomas More[8], James Harrington[9] und Giambattista Vico[10] – um nur einige zu nennen – zu zählen wären.

Die breite Rezipientenschicht fehlte, nicht zuletzt da 3. ein Staatsvolk, ein *populus* im Verständnis des 19. Jahrhunderts, für das Popularisierungsmodell tragendes Moment, im „Staats“wesen der Frühen Neuzeit, das sich als genossenschaftlich determiniertes Verbandsystem etablierte, schwerlich zu charakterisieren wäre. Weitergehend bliebe zu fragen, ob in der Frühen Neuzeit ein aktives, ein agierendes Kirchenvolk als solches existierte oder der Begriff „Kirchenvolk“ nicht vielmehr als Quellenbegriff verstanden werden muß, mit dem das Gegenüber des Pfarrers bezeichnet wurde, ohne diesem damit eine rein passive Rolle als Objekt zuzusprechen.

Unabdingbar ist dem Prinzip der Popularisierung die Analyse der „Rezipienten“, zumindest deren vergleichsweise aktive Rolle in der Wissensrezeption. Letztlich führt diese Interpretation zur Frage nach dem Volk als einer soziologisch-politischen Entscheidungsgröße im Verständnis der Frühen Neuzeit. 4. kann der hierarchisierte Wissenstransfer zumindest für die postreformatorische Wissensvermittlung von Glaubensinhalten (und das waren die wesentlichen Wissensinhalte der frühneuzeitlichen Gesellschaft) nicht als Kriterium zur Wissensvermittlung benützt werden. Hier ist die Popularisierungsforschung aber zwischen-

für Geschichtswissenschaft 23 (1975), S. 253-270. Beide wiederabgedr. in: Theorie und Methode II. Bürgerliche Revolutionen. Probleme des Übergangs vom Feudalismus zum Kapitalismus. Hrsg. v. Institut für Marxistische Studien und Forschungen. Frankfurt am Main 1979, S. 92-114 und 115-134.

6 Die in einigen Modellen der Popularisierung vorgenommene Unterscheidung zwischen aktiven „Produzenten“ und passiven „Rezipienten“ von Wissen erscheint angesichts der Mechanismen bei der Aneignung von Wissen eher Vorstellungen aus ökonomischen Theorien industriell-kapitalistischer Produktionsprozesse des 19. Jahrhunderts entlehnt zu sein.

7 Johannes Hevelius: Descriptio cometae Anno Aere Christ. MDCLXV exorti. Gedani 1666; Ders., Machina Coelestis pars prior. Geadani 1673. Vgl. Robert Głębocki (Hrsg.): On the 300th Anniversary of the Death of Johannes Hevelius. Book of the International Scientific Session Wrocław u.a. 1992; Claus Zittel: Begründungsprobleme empirischer Wissenschaft an der Schwelle zur Aufklärung: Der Fall Hevelius. In: Christoph Marx/Barbara Sapała und Włodzimierz Zientara (Hrsg.): Das geistige Leben in Ostpreußen zur Zeit der Frühaufklärung. Olsztyn 2002 [im Druck].

8 Thomas Morus: Utopia. Ein wahrhaft kostbares und ebenso bekömmliches wie kurzweiliges Buch über die beste Staatsverfassung und die neue Insel Utopia. Stuttgart 1992 [Nachdr.].

9 James Harrington: The Commonwealth of Oceana und A System of Politics. Hrsg. v. John Greville Agard Pocock. Cambridge u.a. 1999 [Nachdr.] (= Cambridge Texts in the History of Political Thought). Vgl. Mark Goldie: The Civil Religion of James Harrington. In: Anthony Pagden (Hrsg.): The Language of Political Theory in Early Modern Europe. Cambridge 1987, S. 197-222.

10 Giambattista Vico: Die neue Wissenschaft über die gemeinschaftliche Natur der Völker. Nach der Ausg. von 1744. 2. Aufl. Berlin, New York 2000. Vgl. Nicola Erny: Theorie und System der Neuen Wissenschaft von Giambattista Vico. Eine Untersuchung zu Konzeption und Begründung. Würzburg 1994.

zeitlich auf eine weitergefaßte Begrifflichkeit ausgewichen[11]. Ausgehend vom Paradigma, daß das zu vermittelnde Wissen während des Popularisierungsgeschehens unverändert bleibt[12], kann beispielsweise die Reformation, verstanden als reformatorische Bewegungen zur Herausbildung und Verfestigung konfessioneller Strukturen und Inhalte, mithin nicht als „Popularisierung" im engeren Sinne angesehen werden[13]. Dabei soll nicht verkannt werden, daß die Reformation die Grundlage für einen völlig neuen Ansatz von Wissensvermittlung begründet hat. Schließlich hat die Reformation Luthers, unter anderem durch die Bibelübersetzung, die Kenntnis der Laien erheblich erweitert, der gestärkte Katechismus Lehrinhalte unters Volk gebracht und die Geistlichkeit sich fürderhin aus einer verbreiterten sozialen Schicht rekrutiert. Schließlich wurden Laien durch das Diktum Luthers vom Priestertum aller Gläubigen bei Pfarrerwahlen, Präsentationen und der liturgischen Gestaltung der Gottesdienste aktiv einbezogen. Die dadurch erweiterte Basis, auch in bezug auf Wissensinhalte im Kirchenvolk, sollte nicht verkannt werden.

Die konstatierte Öffentlichkeit als Teil des Popularisierungsmodells, die sich durch eine breite Rezipientenschicht ergibt, führt 5. zu einem Öffentlichkeitsbegriff, der für die Frühe Neuzeit und die nachfolgenden Jahrhunderte zu differenzieren ist. Für erstere gilt das Spannungsverhältnis in der Konstruktion von Gesellschaft zwischen Öffentlichem und Privatem[14]. In einzelnen Bereichen wurde diese Konstante durchbrochen, so beispielsweise im

---

11 Vgl. Terry Shinn/Richard Whitley (Hrsg.): Expository Science. Forms and Functions of Popularisation. Dordrecht 1985 (= Sociology of the Sciences, Bd. 9).

12 „The knowledge itself is assumed to remain unchanged throughout the transformation process." Richard Whitley: Knowledge Producers and Knowledge Acquirers. Popularisation as a Relation between Scientific Fields and their Publics. In: Shinn/Whitley: Expository Science (wie Anm. 11), S. 4-27, hier S. 7.

13 Zum Begriff der Reformatorischen Bewegungen vgl. Wohlfeil: Einführung (wie Anm. 5), Seite 96ff.; Hans-Jürgen Goertz: Pfaffenhaß und groß Geschrei. Die reformatorischen Bewegungen in Deutschland 1517 bis 1529, München 1987; Ders.: Eine ‚bewegte' Epoche. Zur Heterogenität reformatorischer Bewegungen. In: Heiko A. Oberman/Ernst Saxer, Alfred Schindler u. a. (Hrsg.): Reformiertes Erbe. Festschrift für Gottfried W. Locher zu seinem 80. Geburtstag. Bd. 2. Zürich 1993, S. 103-125.

14 Vgl. exemplarisch den Sammelband Gert Melville/Peter Moos (Hrsg.): Das Öffentliche und Private in der Vormoderne. Köln, Weimar, Wien 1998. – Insbesondere anhand des Verhaltens gegenüber Visitationen zeigt Rudolf Schlögl: Bedingungen dörflicher Kommunikation. Gemeindliche Öffentlichkeit und Visitation im 16. Jahrhundert. In: Werner Rösener (Hrsg.): Kommunikation in der ländlichen Gesellschaft vom Mittelalter bis zur Moderne. Göttingen 2000, S. 241-261, die Besonderheiten dörflicher Kommunikationsformen auf. – Ein Konzept abgestufter Öffentlichkeit für das 16. Jahrhundert liefert Bob Scribner: Mündliche Kommunikation und Strategien der Macht in Deutschland im 16. Jahrhundert. In: Kommunikation und Alltag in Spätmittelalter und Früher Neuzeit. Intern. Kongreß Krems an der Donau 9.-12.10.1990. Wien 1992, S. 183-198. Vgl. weiterhin Lucian Hölscher: Die Öffentlichkeit begegnet sich selbst. Zur Struktur öffentlichen Redens im 18. Jahrhundert zwischen Diskurs- und Sozialgeschichte. In: Hans Wolf Jäger (Hrsg.): Öffentlichkeit im 18. Jahrhundert. Göttingen 1997. S. 11-32; Carl A. Hoffmann, ‚Öffentlichkeit' und ‚Kommunikation' in den Forschungen zur Vormoderne. Eine Skizze. In: Ders./Rolf Kießling (Hrsg.): Kommunikation und Region, Konstanz 2001, S. 69-110; Andreas Würgler: Veröffentlichte Meinung – öffentliche Meinung. Lokal-internationale Kommunikationsnetze im 18. Jahrhundert. In: Peter-Eckhard Knabe (Hrsg.): Opinion. Berlin 2000, S. 101-135.

Konzept der reformatorischen Öffentlichkeit[15], das letztlich diese Konstante von Öffentlichkeit und Privatem dennoch eher bestätigt denn auflöst. Die Kommunikationsforschung für die Frühe Neuzeit steht noch in den Anfängen, wenngleich erste vielversprechende Forschungen vorliegen[16].

Schließlich ist 6. in der postreformatorischen Entwicklung zumindest die Unterscheidung zwischen speziellen Wissenschaftlern und nichtspezifisch gebildetem Publikum[17] – hier auf die Fragen von Religion und Konfession bezogen, mithin nicht auf das fortschrittsgläubige 19. Jahrhundert mit den vornehmlich popularisierten naturwissenschaftlichen Erkenntnissen – problematisch. Die Trennung zwischen aktiven „Produzenten“ und passiven „Konsumenten“ von Wissen und dessen Vermittlung ist – obschon in neueren Forschungen aufgeweicht dennoch eine nicht unwesentliche Konstante des Popularisierungskonzepts[18]. Der Begriff Popularisierung soll hier insofern auf das zeitgemäße Verständnis von Predigt reduziert werden. Daher habe ich als Quelle einen Bildungsanspruch, wie er von Theodor Meißner in der vorliegenden Einleitung zu „Vom Heydentum der Danziger“ formuliert wird, ausgewählt.

Es zeigt sich bei der Analyse, daß 7. das enge Verständnis im Konzept der Popularisierung von einem kleinen Kreis von „Wissensproduzenten“ als denjenigen, die den sozialen Prozeß der Wissensvermittlung aktiv gestalten und dichotom der passiv lernenden Masse gegenüberstehen, zumindest für die reformatorische Glaubenswahrnehmung und -vermittlung für die Frühe Neuzeit nicht übernommen werden kann[19]. Vielmehr war es der Anspruch der Reformatoren, die Hierarchisierung von Wissen wie in der Vermittlung von und dem Zugang zum Glauben aufzuheben. Jeder Mensch ist gleich zu Gott. Er soll in die Lage versetzt werden, sich Gott im Glauben zu nähern. Dazu muß er alphabetisiert werden, den Zugang zu Bildung erhalten, die Heilige Schrift lesen (können) und die Glaubensinhalte

15 Vgl. Rainer Wohlfeil: ‚Reformatorische Öffentlichkeit‘. In: Ludger Grenzmann/Karl Stackmann (Hrsg.): Literatur und Laienbildung im Spätmittelalter und in der Reformationszeit. Symposion Wolfenbüttel 1981. Stuttgart 1984 (= Germanistische Symposien, Berichtsbd. 5), S. 41 bis 54; Ders.: Einführung (wie Anm. 5), S. 123ff.

16 Vgl. Esther-Beate Körber: Öffentlichkeiten der Frühen Neuzeit. Teilnehmer, Foren und Entscheidungen öffentlicher Kommunikation im Herzogtum Preußen von 1525-1618. Berlin, New York 1998 (= Beiträge zur Kommunikationsgeschichte, Bd. 7), und meine Rez. dazu in: Beiträge zur Geschichte Westpreußens 16 (1999), S. 281ff.; Karin Hausen: Öffentlichkeit und Privatheit. Gesellschaftspolitische Konstruktionen und die Geschichte der Geschlechterbeziehungen. In: Dies./Heide Wunder (Hrsg.): Frauengeschichte – Geschlechtergeschichte. Frankfurt am Main 1992 (= Geschichte und Geschlechter, Bd. 1), S. 81-88. – Andreas Gestrich: Absolutismus und Öffentlichkeit. Politische Kommunikation zu Beginn des 18. Jahrhunderts. Göttingen 1994, setzt sich kritisch mit dem Modell von Habermas auseinander. Vgl. Jürgen Habermas: Kommunikatives Handeln und detranszendentalisierte Vernunft. Stuttgart 2001; Ders.: Strukturwandel der Öffentlichkeit: Untersuchungen zu einer Kategorie der bürgerlichen Gesellschaft. Unveränd. Nachdr. 7. Aufl. Frankfurt am Main 2001.

17 Vgl. hierzu die Definition von Popularisierung in der Einleitung, S. 14.

18 Vgl. ebd.

19 Hier scheint allerdings auch in der modernen Popularisierungsforschung eine Aufbrechung dieser starren Trennung in aktiv Vermittelnde und passiv Rezipierende einer interaktiven Interpretation zu weichen. Vgl. Einleitung, S. 9, Anm. 6; Roger Cooter: The Cultural Meaning of Popular Science. Phrenology and the Organisation of Consent in Nineteenth-Century Britain. Cambridge 1984 (= Cambridge History of Medicine).

verinnerlichen. Mit der Aufklärung beginnt der Anspruch, die durch Gott dem Menschen gegebenen Fähigkeiten des Intellekts zu dessen Lob zu nutzen. Das Wissensgefälle zwischen den Verkündern des Wortes Gottes und dem Kirchenvolk war weder ein prinzipielles, statisches noch ein unüberwindliches und steht damit auch in einem gewissen Widerspruch zu jener älteren Definition von Popularisierung, wie sie in der Einleitung vorgestellt wird[20].

8. Kaum in das Konzept der Popularisierung zu integrieren sind sicher die konfessionellen Auseinandersetzungen in der Frühen Neuzeit, die auf Expertenebene geführt wurden und zumeist nicht einmal die Pfarrer, geschweige denn das Kirchenvolk in Gänze, als „Rezipienten“ fassen lassen.

9. Für die Frühe Neuzeit ist es ebenso schwierig, in Glaubensfragen zwischen Missionsabsicht und Wissensvermittlung zu unterscheiden wie zwischen Motiven und Strukturen derselben zu trennen.

10. Ein weiteres Problem ergibt sich aus der Quellenlage, die „Rezipienten“ von Wissensvermittlung als solche nur schwer fassen läßt. Serielle Quellen liegen hier nur in den seltensten Fällen vor. Für die Aufklärung kann zumindest eine kleine Schicht von „Rezipienten“ analysiert werden, gesellschaftliche Strukturen bleiben dabei allerdings häufig ausgeblendet oder werden verkürzt wiedergegeben.[21]

Unter Popularisierung im engeren Sinne wird verstanden die Vermittlung (natur)-wissenschaftlichen Wissens für Laien, ohne daß das Publikum anders als Objekt an der Erkenntnis partizipieren würde[22]. Erweitert für die nachfolgende Quelleninterpretation soll unter „Popularisierung“ als Arbeitsdefinition die Verpflichtung zur Wissensvermittlung durch Wissensträger in missionarischer Absicht verstanden werden, wobei die Inhalte auch außerhalb rein theologischer Themengebiete liegen können. Es soll der Bereich der bestimmenden Themenbereiche für das 19. Jahrhundert (die Naturwissenschaften) und für die Frühe Neuzeit (die Theologie) zurückgestellt werden, ohne daß verkannt werden könnte, daß diese Themenbereiche die eigentlichen Bezugspunkte für die jeweiligen Wissensvermittlungen, ja konstitutiv für die jeweiligen Epochen sind.

---

20 Vgl. Einleitung, S. 9. Das diffusionistische Modell ging dabei von einem im Grunde nie zu überwindenden Wissenschaftsgefälle zwischen Experten und Laien aus. Die Reformation hat aber genau dieses Ziel: die Überwindung des Gegensatzes zwischen Expertenwissen und Laienwissen, insbesondere in bezug auf den Glauben.

21 Vgl. Rudolf Schenda: Orale und literarische Kommunikationsformen im Bereich von Analphabeten und Gebildeten im 17. Jahrhundert. In: Wolfgang Brückner u.a. (Hrsg.): Literatur und Volk im 17. Jahrhundert. Probleme populärer Kultur in Deutschland. Wiesbaden 1985 (= Wolfenbütteler Arbeiten zur Barockforschung, Bd. 13), S. 447-464, der sich mit den verschiedenen Kommunikationsebenen und Wissensformen auseinandersetzt. Allerdings bliebe kritisch zu hinterfragen, ob Schendas Ansatz nicht zu apodiktisch ist, wenn er davon ausgeht, daß „den Unterschichten der Zugang zu dem theoretischen, und das bedeutet zumeist: theologischen, juristischen oder medizinischen Wissen weitestgehend versperrt [ist]“ (S. 454).

22 Whitley: Knowledge (wie Anm. 12), S. 4.

III.

Im Rahmen der Feierlichkeiten zum 200. Jahrestag der Reformation veröffentlichte Theodor Benjamin Meißner[23] eine Jubelschrift, in der er die Bedeutung der Reformation für die Menschheitsgeschichte einerseits und die Bedeutung historischen Wissens für die Theologie wie für die konfessionelle Auseinandersetzung andererseits herausstellt. Meißners Überlegungen gipfeln in der Feststellung, daß historisches Wissen göttlich sei. Das Pamphlet trägt den bezeichnenden Titel „Vom Heydentum der Dantziger"[24]. Einer sagenumwobenen Vorgeschichte der Christianisierung Danzigs folgt eine Darstellung zur Befreiung vom päpstlichen Joch. Dabei spricht Meißner von zwei Reformationen, die Danzig erlebt habe. Die Reformation um 1520 in Danzig hätte – auch durch den Aufstand 1525 – alle Hauptkirchen für die evangelische Lehre gewonnen. Durch die Intervention König Sigismunds I. sei die katholische Kirche restituiert worden. Schließlich sei es zur zweiten Reformation gekommen[25], die Meißner in das Jahr 1534[26] verlegt und mit dem Wirken des Dominikanermönches Pankratius Klein[27], der „die reine Evangelische Lehre ohne Menschen Satzung in der

23 Interessanterweise findet sich Meißner weder im Predigergedächtnis von Prätorius noch in anderen Kirchenbüchern als Lehrer oder Prediger in Gotteswalde. Vgl. Ephraim Praetorius: Danziger Lehrer Gedächtnis bestehend in kurtzer Verzeichnis Der Evangelischen Prediger zu Dantzig. Nicht nur in der Stadt sondern auch aufm Lande. Von Anfang der Evangelischen Reformation biß jetzo. Nebst einem Anhang Der Lehrer oder Professorum am Dantziger Gymnasium, Auffgesetzt von Ephraim Praetorio, Prediger zu St. Jacob in Dantzig, Leipzig 1704 (PAN Od 14908); 2. Aufl. mit Nachträgen Dantzig 1713. Ergänzungen durch die erweiterte Auflage von Danzig, Leipzig 1760 (PAN MS864a-r) und die dort handschriftlich vermerkten diversen Hinzufügungen.

24 Meißner: Heydentum (wie Anm. 1), fol. 11-21.

25 Vgl. Michael G. Müller: Städtische Autonomie und zweite Reformation in Danzig. Elbing, Thorn, Berlin 1997, der die These einer zweiten Reformation vertritt und damit nicht nur auf Zuspruch trifft. Vgl. meine Rez. in: Zeitschrift für Historische Forschung 29 (2000), S. 450-453. Müller versteht unter der zweiten Reformation allerdings die calvinistische Emanzipation vom Luthertum, die er Mitte des 17. Jahrhunderts als abgeschlossen ansieht (S. 29). Die hier von Meißner 1717 für die Ereignisse von 1534 formulierte „zweite Reformation" wäre insofern eher als zweite Phase der lutherischen Reformation in Danzig zu deuten, die er 1534 beginnen läßt und die schließlich im königlichen Privileg von 1557 ihren Abschluß fände. – Zum Konzept der Zweiten Reformation vgl. den programmatischen Aufsatz von Heinz Schilling: Die ‚Zweite Reformation' als Kategorie der Geschichtswissenschaft, jüngst wiederabgedr. in: Luise Schorn-Schütte/Olaf Mörke (Hrsg.): Heinz Schilling. Ausgewählte Abhandlungen zur europäischen Reformations- und Konfessionsgeschichte. Berlin 2002 (= Historische Forschungen, Bd. 75), Seite 433-482.

26 Das Amt eines Predigers an der Marienkirche erhielt Klein/Klemme offiziell erst 1536. Worauf mit dem Jahr 1534 Bezug genommen wird, bleibt unklar.

27 Pankratius Klein oder Klemme, wie er eigentlich hieß, stammte aus Hirschberg in Schlesien. Er war Ende des 15. Jahrhunderts in das Dominikanerkloster in Danzig eingetreten, wurde 1498 Kantor an St. Johannis und hatte Theologie an einer nicht näher bezeichneten süddeutschen Universität studiert. Schon 1523 soll er lutherisch in Danzig gepredigt haben. 1526 war er Prediger an St. Johannis, bevor er seit Herbst 1529 als Prediger an der Marienkirche wirkte und durch alle drei Danziger Ordnungen schließlich 1536 dorthin auch offiziell berufen wurde. Seine Antrittspredigt hielt er über Jesaia 58. 1539 unternahm er eine Reise in seine schlesische Heimat und nach Wittenberg, wo er nicht nur mit Luther zusammentraf, sondern sich auch in die Universitätsmatrikel einschrieb. Die Versuche des Leslauer Bischofs Łukasz Górka (1538-1542), ihn

St. Nikolai Kirchen zu Schwartz München zu predigen anfing"[28], beginnen läßt. Ziel Meißners – in seiner nachfolgenden Darstellung – ist es,

> den barmhertzigen Gott [zu] loben, rühmen und preisen [...], der unsern alten Vorfahren vor etwa 600 Jahren aus der Heydnischen Blindheit zur Christl. Religion bekehret und da sie wieder in Bäbstischer Finsterniß verfirin die selbe durch die lutherische Reformation abermahl Zum Evangelischen Lichte der Wahrheit vor 200 Jahren gebracht hat. Dieses alles sind solche grosse Wohlthaten Gottes derer wir Zu keiner Zeit vergeßen sollen. Billich solte ein jeder Evangelische Christ von dem Uhrsprung und Fortgang der Christl. Kirchen und seiner eigenen Religion einen guten Unterricht aus den biblischen Büchern und Kirchen Historien haben, daß er wisse, wie seine Evangelische Lehre und Religion von Anfang der Welt biß auff ihn sey hergebracht und erhalten worden[29].

Die Kirchenhistorie wird verstanden als ein fester Glaubensbestandteil für den Gläubigen, sowohl in bezug auf die Ursprünge des Christentums und die Verfehlungen der päpstlichen Kirche. Aus Sicht eines Lutheraners sollen vor allem reformatorische Glaubensgrundsätze verinnerlicht und somit gegenüber anderen konfessionellen Auslegungen verteidigt werden.

Das (theologische) Wissen wird hier ausdrücklich nicht auf die Seelsorger beschränkt, sondern umfaßt die Gemeinschaft aller Gläubigen – im ursprünglichen lutherischen Verständnis von der Gleichheit der Gläubigen vor Gott und der damit verbundenen Ablehnung von hierarchischen Strukturen in der Kirche und zwischen den Gläubigen und Gott. Der Seelsorger hat vielmehr die Pflicht, seine Gemeinde auch in der (Kirchen-)Historie zu unterweisen. Hier tritt uns mit Theodor Meißner ein Lehrer auf dem Land entgegen, der es als seine und die seiner evangelischen Amtsbrüder in Christo Verpflichtung ansieht, die Gemeinde an ihrem Wissen teilhaben zu lassen und das von Lehrern und Seelsorgern erlernte Wissen mit ihnen zu teilen. Deutlicher kann die Aufforderung zur Unterrichtung kaum ausfallen. Es geht darum, die Gemeinde davor zu schützen, „daß Sie Schiffbruch an Ihrer Seele leyden und wohl gar die Seeligkeit verlieren"[30]. Die fehlende Unterrichtung über die (Kirchen-)Geschichte wäre ein Verbrechen an der Seele des Gläubigen.
Wissen führt zum Seelenheil und Nichtwissen zur Verdammnis. Daher ist ein

> jeder Christl. Haus-Vater schuldig seinen Hausgenossen, gleich wie ein Schul-Lehrer seinen Schülern hiervon Nachricht zu geben: denn solches iß des großen Gottes aus drücklicher Befehl, wann Er sich im 78 Psalm [...] mit folgenden Worten warnehmen läßet, Höre, mein Volk, mein Gesetzt [...]. Denn was zuvor-

---

1540 als Prediger der Marienkirche abzusetzen, und dessen Nachfolgers Mikołaj Dzierzgowski (1542-1546), ihn am 19. Mai 1544 gar verhaften zu lassen, scheiterten an dem entschiedenen Widerstand der Gemeinde. Sein lutherisches Bekenntnis kam auch in der am 18. Februar 1546 auf den Reformator gehaltene Totenrede zum Ausdruck. Klein nahm spätestens seit seiner Bestellung zum 1. Pfarrer an der Marienkirche am 4.11.1544 nicht nur nominell, sondern auch faktisch die Führungsposition in der kirchlichen Hierarchie Danzigs ein.

28 Meißner: Heydentum (wie Anm.1), fol. 13.

29 Ebd., fol. 14-14vs.

30 Ebd., fol. 14vs.

> geschrieben, sagt Paulus Röm 15.V.4 und St. Matheus giebet gleichfalls ausweisung dazu im 13. Kapitel V. 35. Daß man in den Zeiten des Evangelii die große Geheimniße und Heimlich Seiten welche allbereit vor diesen vom Anfang der Welt verkündiget worden, auch erzehlen ausprechen und verkündigen solle [...][31].

Die Verkündigung des Wortes Gottes in reiner Form ist die vornehmliche Aufgabe des lutherischen Pfarrers, sie war und ist ein Teil der Mission des Christentums. Meißner geht es zwar aus christlichem Ansporn um die Vermittlung der (Kirchen-)Geschichte, begreifen wir aber diesen theologischen Impetus als Konstante frühneuzeitlicher Gesellschaft, erweitert Meißner die Wissensinhalte über den reinen theologischen Bereich auf die weltlichen Dinge, die Umstände, die zur Reformation führten, das Wissen um die Geschichte. Den Gläubigen in die Lage zu versetzen, seinen Glauben durch Wissen überhaupt erst zu erleben, ist eine Grundlage des evangelischen Bekenntnisses, welches uns hier, gepaart mit aufklärerischem Anspruch, entgegentritt.

Die Bedeutung von historischem Wissen stellt Meißner in einer tautologischen Form dar, seine Aussage bleibt dennoch unmißverständlich: historisches Wissen ist göttlich und somit ein wichtiger Wissensbestandteil, der zum Seelenheil führe.

> Es würde ja der Allerweiseste Gott immer mehr soviel Historische Bücher der Heiligen Schrifft haben ein verleiben laßen, wenn solche Historische Wissenschaften [sic!] nicht hauptsächl. unserer Seelen nützlich und heilsahm wären. [...] Weil nun die Wissenschafft der Historien in Gottes Wort gefohlen und gegründet ist, so muß dieselbe nich allein nöthig, sondern auch nützl. seyn. [...] Es dienet aber merklich zum Gedächtnis der Wolthaten Gottes wenn man dieselben in Bücher und Schriften selbst lesen und nach schlagen kann[32].

Meißner verfügte ganz offensichtlich über ein theologisches Fachwissen, welches nicht nur die in der Quelle angegebenen Bibelstellen belegen. Er erinnert an das göttliche Gebot aus dem Psalm 78:

> (2) Ich will meinen Mund auftun zu einem Spruch und Geschichten verkünden aus alter Zeit. (3) Was wir gehört haben und wissen und unsre Väter uns erzählt haben, (4) das wollen wir nicht verschweigen ihren Kindern; wir verkündigen dem kommenden Geschlecht den Ruhm des Herrn und seine Macht und seine Wunder, die er getan hat. [...] Er richtete ein Zeugnis auf in Jakob und gab ein Gesetz in Israel und gebot unsern Vätern, es ihre Kinder zu lehren, damit es die Nachkommen lernten, die Kinder, die noch geboren würden; die sollten aufstehen und es auch ihren Kindern verkündigen, daß sie setzten auf Gott ihre Hoffnung und nicht vergäßen die Taten Gottes, sondern seine Gebote hielten [...].

Dabei geht Meißners Deutung dieser Bibelstelle deutlich über die reine Mission, die Verkündigung des Wortes Gottes, hinaus: Ihm geht es um die Verkündigung von „alten Ge-

31 Ebd., fol. 14vs-15.
32 Ebd., fol. 14-15vs (Hervorhebungen durch S.T.).

schichten“, von der Historie, zwar noch auf das Seelenheil ausgerichtet, aber keinesfalls auf die Bibelexegese beschränkt. „Denn alles, was zuvor geschrieben ist, ist zu unserer Belehrung geschrieben, damit wir durch das Ausharren und durch die Ermunterung der Schriften die Hoffnung haben“[33]. Unter Rückgriff auf Römer 15,4 erweitert Meißner mithin die Lehrinhalte über die reine Theologie hinaus.

Der eigentlichen Intention Meißners entsprechend, soll die Bildung der Gläubigen über die Auslegung der Bibel hinausgehen. Obschon Jesus in Gleichnissen zu den Menschen gesprochen habe[34], sei es doch sein Anliegen gewesen, die gesamte Menschheit zu bekehren und nicht nur jenen Teil, der die Gleichnisse auslege. Das, „was verborgen war“, jenes Wissen, soll mitgeteilt werden, es soll das „Volk“ erreichen.

Vordergründig ließe sich Meißners Text als innere Mission, als Stärkung des (protestantischen) Glaubens und damit letztlich als Aufforderung zur äußeren Mission, zur Bekehrung Andersgläubiger, deuten. Auffällig bleibt aber, daß die Lehrinhalte den rein theologischen Kanon verlassen und die Geschichte als Wissensinhalt zur Vermittlung verlangen. Zwar bleiben die Kenntnisse über die Bibel und diejenigen über die Kirchengeschichte wesentliche Lehr- und Lerninhalte. In der Betonung der Besonderheit liegt aber zugleich die Bedeutung des Anderen, in diesem Fall der Profanhistorie:

> Weil nun die Wissenschafft [sic!] der Historien in Gottes Wort gefohlen und gegründet ist, so muß dieselbe nich allein nöthig, sondern auch nützl. seyn. Insonderheit iß nechst der Heil. Bibel die Historia der Kirchen und der Reformation Lutheri am nöthigsten und nützlichsten zu Lesen, die wir als ein denkmahl vor unsern Augen setzen und fleißig betrachten sollen. auff daß wir zu keiner Zeit vergeßen, was Gott vor große ding durch sein Ewig Evangelium gethan habe[35].

Meißner spricht von der Geschichte als Wissenschaft, zunächst im etymologischen Verständnis von ‚Wissen schaffen‘, die nicht nur durch Gott befohlen sei, sondern auch durch jedermann betrieben werden sollte. Eine Trennung zwischen „Produzenten“ und „Rezipienten“ von Wissen ist bei ihm ebensowenig angelegt wie eine Begrenzung des Wissenschaftsbegriffes auf die Naturwissenschaften, die sich als solche erst in den folgenden Jahrhunderten als „Wissenschaften“ im Sinne des Popularisierungskonzepts konstituieren. Es soll hier nicht verkannt werden, daß Meißners Einleitung zu seiner Schrift zum einen als Begründung für sein Werk anzusehen ist und zum anderen ganz in der Tradition der konfessionellen Auseinandersetzung mit dem Katholizismus steht. Sie ist als Kampfschrift gegen das Papsttum verfaßt, was sich allein aus dem Anlaß und der wiederholten Anspielungen gegen die „päpstliche Finsternis“ ergibt[36]. Dennoch ist bemerkenswert, welche Bedeutung dem (kir-

33 Röm. 15,4.

34 Matt. 13,34-35: „Das alles redete Jesus in Gleichnissen zu dem Volk, und ohne Gleichnisse redete er nichts zu ihnen, damit erfüllt würde, was gesagt ist durch den Propheten, der da spricht (Psalm 78,2): ‚Ich will meinen Mund auftun in Gleichnissen und will aussprechen, was verborgen war vom Anfang der Welt an.‘“

35 Meißner: Heydentum (wie Anm. 1), fol. 15 (Hervorhebungen S.T.).

36 „Zumahl wenn man Nachricht findet, auff was Arth und Weise und warum unser gutes Dantzig und unsere Vorfahren, aus der Bäbstischen Finsterniß herausgegangen, und in des helle Licht des Evangelii eingetreten sind: an welcher Nachricht es wohl sehr vielen Leuten mangeln möch-

chen-)historischen Wissen hier für das Seelenheil und damit für den einzelnen Gläubigen zugeschrieben wird.

IV.

Die Bedeutung von Bildung und Ausbildung der Laien ist ein zentrales Anliegen der Reformatoren gewesen und in ihrer Nachfolge späterer Protagonisten protestantischer Konfessionen. In der konfessionellen Auseinandersetzung waren Bildungsinhalte, wie die Vermittlung von Wissen, ein wesentlicher Bereich. Gerade die Auseinandersetzung mit den Jesuiten, jenem Reformorden der katholischen Reformbewegung, war in diesem Zusammenhang für die Protestanten entscheidend. Schließlich waren es die Jesuiten, die durch die Einrichtung von Gymnasien, Priesterseminaren, Kollegien und Universitätsgründungen den bisherigen Kanon von Bildungseinrichtungen erweiterten und insbesondere in den Gymnasien und Priesterseminaren den bisher von Bildung ausgeschlossenen sozialen Schichten den Zugang zu Wissen ermöglichten. Frühzeitig wurde 1566 in Braunsberg ein Jesuitenkolleg von Stanislaus Hosius gegründet, weitere Jesuitenniederlassungen in Polen folgten[37], so etwa das 1621 in Altschottland vor den Toren Danzigs gelegene Jesuitenkolleg[38].

Ein wesentliches Charakteristikum des von Meißner apostrophierten Nutzens der Geschichte für das Seelenheil tritt im Vergleich zu den Jesuiten hervor: Während Meißner der Geschichte einen göttlichen Auftrag zuweist, wurde das Studium der Geschichte wie der Vermittlung von Historie bei den Jesuiten in Polen gänzlich vernachlässigt[39]. Geschichte, so dachten die Jesuiten, brauche man nicht zu unterrichten, sondern nur zu lesen. „Ein Profes-

---

te, davon man aber in diesem Buch einen Kurtzen und deutlichen Bericht finden und lesen kann.“ Ebd., fol. 15vs.

37 Es gab eine Reihe weiterer Jesuitenresidenzen und Kollegien im polnischsprachigen Raum. Hier sind zu nennen die Jesuitenniederlassungen in Rößel (Reszel) 1631-1639, Thorn (Toruń) 1593, Altschottland bei Danzig (Gdańsk) 1621, Marienburg (Malbork) 1618, Konitz 1620 (Chojnice), Posen 1571 (Poznań), Bromberg 1619 (Bydgoszcz), Deutsch Krone (Wałcz) 1618, Graudenz (Grudziądz) 1623, Polotzk (Połock) 1580, Plotzk (Płock) 1611, Kalisch (Kalisz) 1583, Sandomir (Sandomierz) 1602, Lemberg (Lwów) 1590-1607, Krakau (Kraków) 1583 und Vilnius (Wilno) 1569/70. Vgl. Stanisław Załęski: Jezuici w Polsce, Bd. 1-5. Kraków, Lwów 1900/06; Bronisław Natoński: Początki i rozwój Towarzystwa Jezusowego w Polsce, 1564-1580. In: James Brodrick (Hrsg.): Powstanie i rozwój Towarzystwa Jezusowego. Bd. 1: Początki Towarzystwa Jezusowego. Kraków 1969, S. 414-476; Ludwik Piechnik, Dzieje Akademii Wileńskiej. Bd. 1: Początki Akademii Wileńskiej 1570-1599. Bd. 2: Rozkwit Akademii Wileńskiej 1600-1655. Bd. 3: Próby odnowy Akademii Wileńskiej po klęskach Potopu i okres kryzysu 1655-1730. Bd. 4: Odrodzenie Akademii Wileńskiej 1730-1773. Rzym 1984, 1983, 1987, 1990.

38 Obschon 1592 privilegiert, konnte das Jesuitenkolleg die ersten Schüler erst 1621 aufnehmen. Vgl. Richard Stachnik (Hrsg.): Historia Residentiale Gedanesis Societatis Jesu ab Anno 1585. Geschichte der Jesuitenresidenz in Danzig von 1585 bis 1642. Köln, Wien 1986; Stanisław Chodyński: Seminaryum Włocławskie, Szkic historyczny na podstawie akt i dokumentów. Włocławek 1904; Stanisław Załęski: Jezuici w Gdańsku (1584-1608). In: Przegląd Powszechny 59 (1898), S. 161-186.

39 Vgl. auch das Programm der Ratio studiorum in der Fassung von 1586 und in den Überarbeitungen von 1599 und 1632, in dem sich kein Eintrag zur Geschichte findet. Ratio Studiorum et Institutiones Scholasticae Societatis Jesu per Germaniam olim vigentes collectae concinnatae dilucidatae von G. M. Pachtler SJ. Bd. 2: Ratio studiorum 1586, 1599, 1832. Berlin 1887.

sor könne über Geschichte mehr philosophieren als dieselbe lehren"[40]. Die Kirchengeschichte wurde lediglich zur Illustration historischer Tatsachen und zum Beleg von Glaubensgrundsätzen und Wahrheiten herangeführt, ohne sie in den jeweiligen historischen Kontext einzuordnen. Quellenstudium wurde ohnehin nicht betrieben. Im Bereich der Kontroverse war es unablässig, sich mit den von den Protestanten vorgetragenen und aus der Geschichte rekrutierten Argumenten auseinanderzusetzen. Die erste Professur für Geschichte an einer von den Jesuiten geleiteten Universität wurde erst Mitte des 18. Jahrhunderts in Breslau eingerichtet.

Basierend auf den drei Säulen jesuitischer Reformbewegung, der Bildung, der Disziplinierung und der sinnlichen Vermittlung und Erfahrung von Glaubensinhalten, sind die Schultheater als typisches Vermittlungselement von Wissensinhalten anzusehen[41]. Das Schultheater sollte den Zöglingen Wissen vermitteln, sie sollten im Glauben bestärkt werden und sich als Persönlichkeiten erfahren: Um zu solchen heranzureifen, schlüpften sie in verschiedene Rollen und erlebten auf spielerische Weise Selbst- und Fremdwahrnehmung . Die Kanzel wurde zur Bühne, das Katheder zu den Brettern, die die Welt bedeuten, die konfessionelle Auseinandersetzung in der Kontroverse die spielerische Zurschaustellung antagonistischer Antipoden.

V.

Über den Autor Theodor Benjamin Meißner wissen wir wenig. Er findet sich weder im Lehrergedächtnis von Ephraim Praetorius, welches in 18 Exemplaren mit jeweils unterschiedlichen handschriftlichen Ergänzungen in der Danziger Stadtbibliothek (PAN) überliefert ist, noch in einschlägigen Stadtgeschichten oder biographischen Lexika[42]. Aus der vorliegenden Quelle erfahren wir, daß Meißner „Ludimoderator", mithin Lehrer in Gotteswalde war. Die Gemeinde Gotteswalde, im Danziger Werder gelegen, verfügte über eine eigenständige Parochie, deren 1334 errichtete Kirche zunächst dem Heiligen Matthäus geweiht und dann 1672 auf den Heiligen Michael umgeweiht wurde. Sie unterstand dem Patronat des Danziger Rates. Die Pfarrei wurde mit den üblichen vier Hufen Pfarrland ausgestattet[43]. Als erster evangelischer Pfarrer läßt sich 1548 Samuel Reinicke nachweisen[44]. Da sich

40 Joseph Bender: Geschichte der philosophischen und theologischen Studien im Ermland. Braunsberg 1868, S. 94.

41 Jan Poplatek: Studia z dziejów jezuickiego teatru szkolnego w Polsce. Wrocław 1957; Edmund Rabowicz: Gdański teatr jezuicki wobec Oświecenia. In: Gdańskie Zeszyty Humanistyczne 4 (1961); Irena Kadulska: Ze studiów nad dramatem jezuickim wczesnego Oświecenia (1746-1763). Wrocław 1974; Jan Okoń: Dramat i teatr szkolny. Sceny jezuickie XVI wieku. Wrocław 1970.

42 Praetorius: Danziger Lehrer Gedächtnis; Vgl. Polski Słownik Biograficzny. Bd. 20. Wrocław, Warszawa, Kraków, Gdańsk 1975; Tadeusz Oracki: Słownik biograficzny Warmii, Mazur i Powiśla. Od połowy XV w. do 1945 roku. Warszawa 1963; Słownik Biograficzny Pomorza Nadwiślanego. Bd. 3. Gdańsk 1997.

43 APG 300, 2,299.

44 APG 300, 2,399. – Reinicke fehlt auch im Verzeichnis von Praetorius. Weitere Informationen über Gotteswalde ließen sich aus APG 956 Kirchenbücher Gotteswalde 1662-1832, APG 956,1 Verzeichnis der Taufen, Eheschließungen und Begräbnisse 1662-1741, Verzeichnis der Zuwen-

Meißner auch nicht in den Kirchenrechnungen findet – sofern diese überliefert sind – wird er wahrscheinlich vom Pfarrer beziehungsweise den Kirchenvätern mitbesoldet worden sein. Gotteswalde wird circa 18 Höfe mit insgesamt 60 Hufen umfaßt haben[45].

Die Situation der Danziger Lehrer war offensichtlich derart beschwerlich, daß es dem Rat schwerfiel, geeignete Kandidaten bei karger Bezahlung zu rekrutieren. Für 1711 konstatiert die Ratsobrigkeit Schwierigkeiten bei der Suche nach Lehrern, die sich zudem ungleich schwerer für das Land denn für die Stadt darstellte[46]. Für Tiegenort (Nehrung) ist überliefert, daß trotz Schulpflicht die Bauern ihre Kinder weder in die Schule schickten noch das Schulgeld entrichteten[47].

Zudem wurde das Landgebiet von russischen Truppen mehrfach drangsaliert. Aber auch polnische Truppen stießen 1715 in das Danziger Werder vor und konnten erst durch Geschenke zum friedlichen Abzug bewogen werden – bevor sich 1716/17 erneut russische Truppen im Danziger Landgebiet einquartierten.

Zur Einordnung des historischen Kontexts der vorliegenden Schrift gehört neben der Jubelfeier im Rahmen der 200. Jahrfeier der Reformation[48] auch die 1714 in Danzig erlassene Verfügung, daß nur die Bewerber zum Pfarrerexamen zugelassen werden können, die mindestens vier Jahre eine Universität[49] besucht und ein unbescholtenes Leben geführt haben.

Mit Sinn für Symbolik hatte der Polnische Reichstag 1717 im Jubiläumsjahr der Reformation das Privileg der Glaubensfreiheit für den polnischen Adel aufgehoben und den Ab-

---

dungen und Geschenke an die Kirche 1662-1723, Verzeichnis der Kommunianten, zusammentragen.

45 Diese Angaben lassen sich rechnerisch ermitteln aus: Ephraim Praetorius, weiland Senioris E. Ehrwürdigen Ministerii in Thorn und Pastoris zu St. Marien daselbst, Danziger Lehrer Gedächtnis, bestehend in einem wichtigen Verzeichnis der Evangelischen Prediger in der Stadt und auf dem Lande vom Anfange der Evangelischen Reformation bis itzo. Nebst einem Anhange derer Proffesoren am Gymnasio und vermehrtem Verzeichnis der seit 1709 hieselbst von E. E. Ministerio U.A.C. tentirten Studiosorum Theologiae. Danzig, Leipzig bey Joahnn Heinrich Rüdiger 1760 (PAN MS 864a-r; hier 864p).

46 Maria Bogucka: Das alte Danzig. Alltagsleben im 15. und 17. Jahrhundert. München 1987, Seite 174.

47 Eltern und Vormünder schicken ihre Kinder ein, höchstens zwei Viertel des Jahres in die Schule. Statt den ohnehin schon darben Schulmeistern ihr Geld zu geben, würde dieses Schulgeld „in den Krügen durchgebracht und verschwelget“. Am Ende des Quartals soll jeder Nachbar 15 fl und jeder Gärtner 7,5 fl geben, ob er Kinder hat oder nicht (sic!). Für jedes Kind ein Nachbar einen gr, ein Gärter 24 gr und ein Kammermann 10 gr. APG 300, 2/793.

48 Vgl. exemplarisch Hermann Ehmer: Das Reformationsjubiläum 1717 in den schwäbischen Reichsstädten. Evangelische Erinnerungs- und Festkultur als Ausdruck konfessioneller und städtischer Identität. In: Johannes Burkhardt/Stefanie Haberer (Hrsg.): Das Friedensfest. Augsburg und die Entwicklung einer neuzeitlichen Toleranz-, Friedens und Festkultur. Berlin 2000 (= Colloquia Augustana, Bd. 13), S. 233-270.

49 Daß dies keinesfalls selbstverständlich war, zeigen diverse Beispiele, so Joachim Liebheim, zu dem es hieß: „Er ist ein Exempel, daß auch ein Gymnasiast ins Predigeramt befördert wurde.“ APG 300 R/Pp85, fol. 235vs. Vgl. auch Sven Tode: Die evangelische Geistlichkeit und der katholische Seelsorgeklerus in Danzig und im Fürstbistum Ermland 1520-1772. In: Bernhart Jähnig (Hrsg.): Kirchengeschichtliche Probleme des Preußenlandes aus Mittelalter und Früher Neuzeit. Marburg 2001 (= Tagungsberichte der Historischen Kommission für Ost- und Westpreußische Landesforschung, Bd. 16), S. 249-276.

fall vom Katholizismus mit der Todesstrafe belegt.[50] Auch vor diesem Hintergrund läßt sich das Bedürfnis, sich mit Kirchengeschichte zu beschäftigen, sie geradezu zum Leitfaden menschlicher Existenz zu deklarieren, besser einordnen. Obschon Danzig sicher eine Sonderstellung im Verband des polnischen Genossenschaftsverbandes der Rzeczpospolita spielte, ist die Feier des Reformationsjubiläums unter diesen Vorzeichen anders zu würdigen als in den für den Protestantismus gesicherten Territorien des Alten Reiches. Ziel Meißners war sicher auch eine innere Stärkung der lutherischen Orthodoxie in Danzig selbst, die im Rahmen des Jubiläums gefestigt werden sollte.

VI.

Es bliebe zu fragen, inwieweit das Popularisierungskonzept durch moderne Konzeptionen zur Kommunikation, die Präsentation von Wissen als interaktive Aktion – auch unter den Rezipienten – weitere Anregungen erhalten könnte. Entwicklungen aus der Frühen Neuzeit, der Glaubensvermittlung, der Durchsetzung reformatorischer Bewegungen im konfessionellen Gegen- und Miteinander, dürften dabei lehrreich sein. Die aktive Gestaltung von Glaubensinhalten auch durch Laien, die ungebrochene Nachfrage nach diesen, das Bewußtsein um den wahren Glauben, wären dabei nur einige Stichworte, die für die Frühe Neuzeit die Frage nach Wissensvermittlung, nach ihrer „Popularisierung“, präzisieren und zu Erkenntnisfortschritten führen sollten, ohne dabei spezifische Entwicklungen dieser zu Unrecht als Sattelzeit verfemten jüngsten Periode der Geschichtswissenschaft zu unterdrücken.

Geschichte ist für Meißner quasi Teil einer Popularisierung des Glaubens – er steht damit im Gegensatz zur Borussischen Geschichtsschreibung des 19. Jahrhunderts, die vornehmlich durch Nationen- und Personengeschichte geprägt war, die Vermittlung derselben an das Volk als Aufgabe ansah, das „Volk“ aber keineswegs als Reflexionsebene einbezog oder aufklärerische Absichten verfolgte. Die Popularisierung sollte vielmehr vorzugsweise in naturwissenschaftlichen – mithin in vergleichsweise herrschaftsfernen – Bereichen erfolgen.[51]

Das Herkommen jedes einzelnen, seine persönliche Geschichte, wird bei Meißner verbunden mit dem Herkommen des Glaubens – beide wiederum sind nicht zu trennen von den äußeren und inneren Umständen ihrer Entwicklung, der Geschichte in ihrer Gesamtheit: Hier wird die Geschichte zur Lebenswissenschaft. Bei Meißner – Kind seiner Zeit – ist Geschichte eine Grundlage zur Erlangung des Seelenheils.

Zweifellos hat die Verbreitung von theologischem Wissen auch zur Hinterfragung von Herrschaft und deren Legitimation geführt. Ohne gleich von einer Demokratisierung durch eine Vermehrung der an Wissensvermittlung Partizipierenden zu sprechen, ist doch von einem gesellschaftlichen Wandel – sowohl was die Inhalte von Wissensvermittlung, deren Wirkungsgeschichte und Institutionen als auch was die Implikationen von Intentionen, Me-

50 Alle nach 1632 erbauten protestantischen Kirchen sollten zerstört werden. Vgl. Gotthold Rhode: Geschichte Polens. Ein Überblick. 3. Aufl. Darmstadt 1980, S. 298f.

51 Dieses zeigt sich auch in der literarischen Aufnahme naturwissenschaftlicher Themen Vgl. etwa Antoon Berentsen: ‚Vom Urnebel zum Zukunftsstaat‘. Zum Problem der Popularisierung der Naturwissenschaften in der deutschen Literatur. Berlin 1986 (= Studien zu deutscher Vergangenheit und Gegenwart, Bd. 2).

thoden und Strukturen angeht – auszugehen[52]. Insofern könnte der Kreis zum Konzept der Popularisierung – mit den formulierten Einwänden – fast geschlossen werden.

52 Diese Entwicklung ist dabei nicht auf eine Konfession beschränkt, wenngleich die Reformation die wesentlichen Anstöße lieferte und die Kirchenneuorganisation strukturelle Grundlagen schuf.

Hendrik Hellersberg

Die Popularisierung der Französischen Revolution durch Georg Forster während der Mainzer Republik zur Jahreswende 1792/93

„Und Rom selbst stürzte jähen Falls, als Marius die Rechte der Menschheit predigte." – So schloß vielsagend und warnend der badische Hofrat Johann Georg Schlosser seinen letzten erhalten gebliebenen, im Dezember 1792 verfaßten Brief an den ehemaligen Bibliothekar der kurfürstlichen Bibliothek von Mainz, Johann Georg Adam Forster[1]. Die bedeutungsvolle Hervorhebung des mit seinen volksfreundlichen und verfassungsändernden Reformplänen letztendlich gescheiterten römischen Volkstribunen und Konsuls in diesem Schreiben kam freilich nicht von ungefähr. Hatten doch die seit Mitte November 1792 den Anschluß des Kurfürstentums Mainz an die Französische Republik und die Ideen und Prinzipien der Französischen Revolution wie „Freiheit", „Gleichheit" und „Volkssouveränität" propagierenden Reden und Schriften Forsters die Erinnerung an die Agitationen des Marius bei Schlosser wachgerufen. Und damit auch ihm offenbar den Gedanken nahegelegt, daß eine Politik, die vor allem auf Zustimmung im Volk ausgerichtet ist, nicht nur eine destabilisierende, wenn nicht sogar destruierende Wirkung auf die etablierte Staats- und Gesellschaftsordnung ausübt, sondern den Keim des Scheiterns bereits in sich selbst trägt.

Man mag hinter dem scharfen Urteil Schlossers, der sich gerade um die Eindämmung und Verhinderung dieses revolutionären Gedankengutes in Baden bemüht hat, die ablehnende Haltung eines Repräsentanten des Ancien Régime sehen[2]. Die Geschichte bestätigte ihn allerdings insofern, als Forster mit seinen Popularisierungsbemühungen tatsächlich scheitern sollte, wobei die eigentlichen Ursachen sicherlich nicht allein – wie Schlosser meinte – in dessen Bemühungen lagen, die Rechte des Menschen, die die Mainzer Jakobiner auf ihre Fahnen geschrieben hatten, in der Bevölkerung zu propagieren. Eine tiefergehende Antwort scheint denn auch die Frage, warum hier die Popularisierung von Wissen scheitern konnte beziehungsweise wieso die Wissenspopularisierung nicht so erfolgte, wie es sich ihr Initiator vorstellte, zu verlangen.

Die Frage nach der Bedeutung des revolutionären Engagements Forsters in Mainz stand dabei im Grunde von jeher im Interesse der Forster-Forschung. In den Biographien wurde

---

1 Schlosser an Forster, 2.12.1792, mit eigenhändiger Hervorhebung. In: Georg Forsters Werke. Sämtliche Schriften, Tagebücher, Briefe. Hrsg. v. d. Akademie der Wissenschaften der DDR. Band I-V, VII-XVIII. Berlin 1958-1990 [künftig mit der Sigle AA zitiert], hier Bd. XVIII, Seite 580.

2 Zur Haltung Schlossers gegenüber der Französischen Revolution vgl. Jürgen Voss: Baden und die Französische Revolution. In: Ders. (Hrsg.): Deutschland und die Französische Revolution. 17. Deutsch-französisches Historikerkolloquium des Deutschen Historischen Instituts Paris. München 1983 (= Beihefte der Francia, Bd. 12), S. 98-117, hier S. 105f.

der Schilderung der politischen Aktivitäten des Vizepräsidenten des Mainzer Jakobinerklubs, dem Leiter der „Administration zum Zweck der Abschaffung der feudalen Verfassung“ zwar durchaus ein umfangreicher Platz eingeräumt, aber eine nähere Analyse seines in Reden, Flugschriften und Abhandlungen vorgetragenen politischen Programms unterblieb jedoch[3]. Statt dessen wurde sowohl in der älteren als auch in der jüngeren Forschung der Akzent mehr auf die nach dem endgültigen Scheitern der Mainzer Republik Ende 1793 in Paris entstandenen theoretischen Schriften – wie den „Parisischen Umrissen“ oder „Ueber die Beziehung der Staatskunst auf das Glück der Menschheit“ – gelegt, um in ihnen die eigentlich revolutionären Gedanken Forsters zu ermitteln[4]. Oder man begnügte sich in Studien, die ihren Schwerpunkt auf die geistige Entwicklung Forsters vom Aufklärer zum Revolutionär setzten, damit, die Zäsur, die mit dessen Eintritt in den Mainzerischen Jakobinerklub verbunden war, als den „Weg von der Theorie zur Praxis“[5], als ein „völlig neues Stadium im politischen Denken und Handeln“ des Protagonisten zu deuten[6], wobei gerade in spürbar marxistisch angelegten Untersuchungen Georg Forster zum Klassenkämpfer *par excellence* avancierte[7]. Dabei wurden die revolutionären Schriften keiner näheren Untersuchung gewürdigt; man erklärte Forster zum Revolutionär, ohne seine Strategien und die Reaktionen auf seine Bemühungen näher zu erläutern.

Um sich diesem Problem zu nähern, bedarf es freilich in besonderem Maße der Berücksichtigung der historischen Situation. Die Popularisierung der Französischen Revolution in der Bevölkerung erfolgte unter den Bedingungen einer „interventionistischen Revolution“[8], bei der die französische revolutionäre Staats- und Gesellschaftsideologie den besiegten linksrheinischen Gebieten aufoktroyiert werden sollte, wie es der Befehlshaber der französi-

3 Vgl. die Biographien von Klaus Harpprecht: Georg Forster oder Die Liebe zur Welt. Eine Biographie. Hamburg 1987, bes. S. 522-546, der Forsters revolutionäre Einstellung lediglich als „Volksfreund“ zu charakterisieren wußte, und Marita Gilli: Georg Forster. L'œuvre d'un penseur allemand réaliste et révolutionnaire (1754-1794). Paris, Lille 1975, bes. S. 544-550, die Forsters revolutionäre Aktivitäten als „découragement et bonne humeur“ bezeichnete.

4 So resümierte Ralph-Rainer Wuthenow: Vernunft und Republik. Studien zu Georg Forsters Schriften. Bad Homburg v.d.H., Berlin, Zürich 1970, S. 84f., noch Forsters Mainzer Aktivitäten mit zwei Sätzen: Ihm sei es am Ende seines Lebens noch „gegönnt gewesen, den Versuch zu wagen, auf die deutschen Verhältnisse umgestaltend einzuwirken. Der Versuch misslang.“ – Ähnlich auch der Tenor der neueren Arbeit von Gerhard Pickerodt: Georg Forster als politischer Schriftsteller. In: Georg-Forster-Studien 4 (2000), S. 1-16.

5 Wie Gerhard Steiner: Georg Forster. Stuttgart 1977 (= Sammlung Metzler. Abt. D, Literaturgeschichte, Bd. 156), S. 76, feststellte.

6 So neuerdings Ludwig Uhlig: Antinomien der Politik. Georg Forsters Weg zur Revolution. In: HZ 274 (2002), S. 329-365, hier S. 359.

7 Zu denken wäre hier vor allem an den DDR-Historiker Heinrich Scheel, der es sich nicht nehmen ließ, in seiner Studie mit dem schon programmatischen Titel: Süddeutsche Jakobiner. Klassenkämpfe und republikanische Bestrebungen im deutschen Süden am Ende des 18. Jahrhunderts. 3. Aufl. Berlin 1979, Forsters Aktivitäten im Lichte des Klassenkampfes zu beleuchten. – Hingegen versuchten westdeutsche Arbeiten wie etwa die von Franz Dumont: Die Mainzer Republik von 1792/1793. Studien zur Revolutionierung in Rheinhessen und der Pfalz. Alzey 1982 (= Alzeyer Geschichtsblätter. Sonderheft, Bd. 9), bes. S. 133f., ein ideologiefreieres Bild von Forster zu zeichnen, wobei gerade Dumont davor warnte, Forsters Rolle im Jakobinerklub zu überschätzen.

8 Vgl. Theodor Schieder: Theorie der Revolution. In: Ders. (Hrsg.): Revolution und Gesellschaft. Theorie und Praxis der Systemveränderung. Freiburg, Basel, Wien 1973, S. 13-45, bes. S. 22.

schen Armee, General Adam Philippe Custine, mit geradezu missionarischem Eifer bereits kurz nach der Einnahme von Mainz im Oktober 1792 proklamiert hatte[9]. Zu untersuchen wäre daher, mit welchen Mitteln und Medien Forster als ein bedeutender Repräsentant des Mainzer Jakobinerklubs dieser Aufforderung nachkam, welche Strategien er verfolgte, um der Mainzerischen Bevölkerung ein Wissen um die Bedeutung der Grundsätze der Französischen Revolution zu vermitteln, wie er versuchte, mit Hilfe dieser Wissensvermittlung, seine Zuhörer zum aktiven Handeln zu mobilisieren – und aus welchen Ursachen und Gründen diese Popularisierung, nicht zuletzt aus seiner eigenen Sicht, scheiterte.

I.

Matthias Metternich, Kollege Georg Forsters im Ausschuß des Mainzer Jakobinerklubs, definierte als eigentliches inhaltliches Ziel der „Freunde der Gesellschaft der Freiheit und Gleichheit“ statutenkonform die Belehrung, da er – wie im übrigen auch die Verfasser der französischen Menschenrechtserklärung – die Meinung vertrat, daß wesentlich „die Unwissenheit zugleich die Ursache und die Wirkung der Unterdrückung des sklavischen Gehorsams“[10] war. Es galt demnach, dem Wissensdefizit der pfälzischen Bevölkerung, das in der mangelhaften Aufklärung im Kurfürstentum seine Ursache hatte, abzuhelfen. Doch sollte es dabei vor allem auf die „richtigen Hebel“ ankommen, wie Forster selbst es formulierte[11], also auf die richtigen Medien und Argumentationsmuster, um dieses theoretisch formulierte Ziel zu erreichen[12].

Mit der Wahl des Akademiesaales des Kurfürstlichen Schlosses in Mainz als Sitzungssaal des Klubs war schon in den ersten Besatzungswochen ein solcher wirkungsvoller „Hebel“ gefunden worden. Wo noch wenige Wochen zuvor Kurfürst Friedrich Carl Joseph von Erthal residiert und seine sich in den letzten Regierungsjahren immer mehr von den Grundsätzen der Aufklärung entfernende Politik gelenkt hatte[13], war nun, für alle sichtbar, der geeignete Ort gefunden, um der Bevölkerung nicht nur den Systemwechsel vor Augen zu führen, sondern auch die revolutionären Grundsätze zu proklamieren. Das prunkvolle Bauwerk wurde auf diese Weise ein Zeichen für den politischen und gesellschaftlichen Wandel in der Stadt: Statt eines Bollwerkes der Alten Macht wurde es zu einem Forum der Öffentlichkeit transformiert, in dem kontrovers diskutiert wurde. So geht aus den Protokollen des

---

9 In Custines Proklamation an die Mainzer v. 23.10.1792 hieß es: „Les représentants du peuple français, la nation tout entière distingueront toujours dans leur justice les peuples assez malheureux par s'être vus forcés de courber leur tête sous le joug du despotisme de ces hommes injustes. Une nation qui, la première, a donné l'exemple à tous les peuples de rentrer dans leurs droits, vous offre la fraternité, la liberté.“ Zit. n. Joseph Hansen (Hrsg.): Quellen zur Geschichte des Rheinlandes im Zeitalter der Französischen Revolution. Bd. I-IV. Bonn 1931-38, hier Bd. II, Nummer 225a, S. 468ff., hier S. 468.

10 *Der fränkische Republikaner. Eine Wochenschrift für die ganze Menschheit, vorzüglich aber für Mainz.* Hrsg. v. K. Hartmann und J. D. Meuth. Mainz 1792/93 (ND Nendeln, Liechtenstein 1976) Nr. 7 v. 4.1.1793, S. 50.

11 Forster an Ludwig Ferdinand Huber, 5.11.1792. AA XVII, S. 235.

12 Als grundlegend zum Selbstverständnis und zur Aktivität des Mainzer Jakobinerklubs darf immer noch Dumont: Mainzer Republik (wie Anm. 7), bes. S. 108f., genannt werden.

13 Zu der seit 1790 als restaurativ zu bezeichnenden Politik Erthals vgl. ebd., S. 17.

Klubs etwa hervor, daß Forster nach seiner ersten im November 1792 gehaltenen Rede „Ueber das Verhältniß der Mainzer gegen die Franken" die Einwände, die hierauf im Publikum laut wurden, beantwortete[14], also persönliche Überzeugungsarbeit im Klub leistete. Und diese Überzeugungskraft mußte er mehrfach täglich unter Beweis stellen, wie aus einem im Dezember 1792 verfaßten Brief an seine Frau Therese hervorgeht[15].

Da die „Gesellschaft der Freunde der Freiheit und Gleichheit" mit ihren Vorstellungen alle Bevölkerungsschichten erreichen wollten, boten sich neben dem Gespräch und der Diskussion im Klub, der schon Ende November mit einer Zuhörerzahl von rund 500 Personen seinen Höchststand erreicht hatte[16], vor allem Druckmedien an. Mit einer Vielzahl von Flugschriften und insgesamt sieben Zeitungen[17], die jakobinische Grundsätze verkündeten, errichtete sie ein öffentlichkeitswirksames Pressenetz. Welches Gewicht für die Aufklärungsarbeit gerade diesen Medien zukam, geht schon allein daraus hervor, daß die genannte Rede Forsters gleich dreimal in verschiedenen Blättern abgedruckt wurde[18]. Ein Beispiel, das zeigt, wieviel den Mainzer Jakobinern an einer umfassenden Aufklärung und natürlich an einer einheitlichen Meinungsbildung in ihrem Sinne lag. Und gerade Forster selbst legte ganz offensichtlich auf den letzten Punkt größtes Gewicht, wie die Gründungsgeschichte der von ihm seit dem 1. Januar 1793 als Redakteur geleiteten *Neuen Mainzer Zeitung oder Der Volksfreund* belegt. Hatte doch seines Erachtens die Berichterstattung der von Georg Wilhelm Böhmer redigierten *Mainzer National-Zeitung* gerade nicht zu einer solchen einheitlichen Meinungsbildung beigetragen, da diese „elende Zeitung" den eigenen revolutionären Mitstreitern ein „förmliches démenti" gegeben hatte, was um so bedenklicher war, als sie doch „zuviel aufs Landvolk wirkte"[19]. Aus diesem Umstand zog Forster kurzerhand den Schluß, mit einem eigenen Blatt an die Öffentlichkeit zu treten[20].

In den insgesamt achtundzwanzig Nummern des bis zum März 1793 erscheinenden *Volksfreundes* versuchte der Herausgeber daher jeden Eindruck zu vermeiden, daß innerhalb des Jakobinerklubs divergierende Meinungen existierten. Ein harmonisch gezeichnetes Bild der Führung sollte zur Einstimmigkeit in der Bevölkerung beitragen. Dies wurde in erster Linie dadurch erreicht, indem Forster die Front schon im ersten Artikel eindeutig zwischen die Jakobiner, die den „entschiedenen Kampf der Freiheit" vertraten, und die Anhänger des Ancien Régime, die zu den Repräsentanten einer „willkürlichen Gewalt" stigmatisiert wur-

14 Vgl. das Protokoll zur Sitzung am 15.11.1792. In: Heinrich Scheel (Hrsg.): Die Mainzer Republik. Bd. 1-3. 2. Aufl. Berlin 1984 (= Akademie der Wissenschaften der DDR. Schriften des Zentralinstituts für Geschichte, Bd. 42), hier Bd. I: Protokolle des Mainzer Jakobinerklubs, S. 216.

15 Vgl. Forster an Therese, 18.12.1792. AA XVII, S. 275.

16 Vgl. Dumont: Mainzer Republik (wie Anm. 7), S. 109.

17 Vgl. ebd., S. 139-152.

18 Die am 15. November 1792 gehaltene Rede „Ueber das Verhältniß der Mainzer gegen die Franken" wurde am 24. November gleich zwei Mal, nämlich in der von Böhmer herausgegebenen *Mainzer Nationalzeitung* und im *Mainzer Intelligenzblatt*, gedruckt. Das letzte Drittel wurde zudem auch noch einmal in der von Wedekind geleiteten Wochenschrift *Der Patriot* Ende November wiedergegeben. Vgl. den historisch-kritischen Kommentar bei Scheel: Mainzer Republik, Bd. I (wie Anm. 14), S. 219. – Ebenso wurden auch die anderen Reden Forsters in Zeitungen verbreitet.

19 Forster an Therese, 22.12.1792. AA XVII, S. 281.

20 Vgl. zu diesen Vorgängen auch Forsters eigene Kritik in seiner Darstellung der Revolution in Mainz. AA X, 1, S. 557.

den, legte[21]. Zudem lag der Akzent vor allem auf der „Belehrung des guten Volks", wie Forster ganz im Sinne Metternichs und der Statuten des Mainzer Jakobinerklubs formulierte, also auf der gezielten, volksnahen Verbreitung des revolutionären Gedankenguts. Programmatisch war diese Intention daher bereits im Nebentitel des Blattes festgehalten worden: *Der Volksfreund.* Zwar teilte dieser mit dem gleichnamigen Kampfblatt Jean Paul Marats die Hinwendung zum Volk, war also nach jakobinischem Verständnis an die Mittel- und Unterschichten gerichtet; doch anders als der *L'ami du peuple*, der seit seiner Gründung im Spätherbst 1789 schon eine Plattform der *terreur*-Apologie Marats war[22], setzte Forsters Blatt nicht offensichtlich auf Gewalt. Statt dessen wurden, mit der Attitüde des Aufklärers versehen, die Ressentiments in der Bevölkerung gegen die Repräsentanten des Ancien Régime, wie noch weiter auszuführen sein wird, bewußt geschürt[23].

Freilich konnte man mit dem gedruckten Wort allein nicht alle Adressaten am Popularisierungsprozeß teilnehmen lassen. Vor allem die Landbevölkerung und die Bauern, die nach jakobinischer Ideologie doch gerade das revolutionäre Potential schlechthin darstellten[24] und immerhin rund drei Viertel der rheinisch-pfälzischen Bevölkerung ausmachten[25], konnten als größtenteils Analphabeten durch Zeitungen und Flugblätter keine Informationen erhalten. Um diese Schichten dennoch an der Revolutionierung von Mainz teilnehmen zu lassen, sandten die Jakobiner Vertreter in die einzelnen Ortschaften, die die Schriften und Flugblätter vorlasen und mit weiteren Erklärungen erläuterten[26]. Gleiches geschah ebenfalls in den größeren Städten wie Speyer, Worms und natürlich Mainz, wo die ärmere Stadtbevölkerung auf diesem Wege „belehrt" wurde. Daher versuchte auch Forster den persönlichen Kontakt zu den Mainzern zu halten. So liest man in einem wiederum in der Weihnachtszeit 1792 aufgesetzten Brief an seine Frau Therese, daß er es „schicklich und angemessen" gefunden habe die ihm „näherstehenden Mainzer" zu sich einzuladen[27]. Wie er Therese nämlich schon zuvor bekannt hatte, war es sein Ziel, durch integres Auftreten überzeugend zu wirken und „das Mainzer Volk durch [s]ein Beispiel zu überreden"[28].

Die größte Volksnähe erreichte man jedoch mit dem am 13. Januar 1793 gefeierten „Freiheitsfest". Dieses ging ganz auf die Initiative Forsters zurück, der als Leiter der Administration der von Custine eingesetzten Zivilverwaltung, der „Allgemeinen Administration" nicht nur die organisatorischen Maßnahmen hierfür traf[29], sondern auch die Bevölkerung mit

21 Vgl. *Die Neue Mainzer Zeitung oder Der Volksfreund*, Nr. 1 v. 1.1. 1793. AA X, 1, S. 173ff. – Auch in den weiteren Artikeln kam Forster nicht mehr auf größere Meinungsunterschiede in der „Gesellschaft der Freunde der Freiheit und Gleichheit" zu sprechen.

22 Zu Marats politischen Zielsetzungen vgl. Ernst Schulin: Die Französische Revolution. Dritte Aufl. München 1990, S. 117-120.

23 Walter Grab: Ein Volk muß seine Freiheit selbst erobern. Zur Geschichte der deutschen Jakobiner. Frankfurt am Main, Olten, Wien 1984, S. 186, hat bereits auf die Vorbildfunktion von Marats Zeitschrift für Forster hingewiesen, jedoch den deutlichen Unterschied im politischen Programm nicht berücksichtigt.

24 Vgl. Hansen: Geschichte des Rheinlandes, Bd. II (wie Anm. 9), Nr. 275, S. 596-602.

25 Zur sozialen Schichtung der mittelrheinischen Gesellschaft vgl. Dumont: Mainzer Republik (wie Anm. 7), S. 20f.

26 Vgl. ebd., S. 152f.

27 Vgl. Forster an Therese, 24.12.1792. AA XVII, S. 284. Dazu auch Steiner: Forster (wie Anmerkung 5), S. 79.

28 Forsters Brief an Therese v. 24. 12.1792. AA XVII, S. 284f.

29 Vgl. die Angaben bei Scheel: Mainzer Republik, Bd. I (wie Anm. 14), S. 533-540.

einem eigenen Aufruf zu diesem Fest einlud. Demnach wurden die Einwohner durch die Worte ihres „Mitbürgers Forster“ aufgefordert, mit der Pflanzung eines Freiheitsbaumes ihre Verbundenheit mit den Prinzipien der Französischen Revolution, also von „Freiheit“, „Gleichheit“ und „Volkssouveränität“, zu bekunden. Von Anfang an als Volksfest initiiert, setzte Forster ganz auf Harmonie, Solidarität und Gemeinschaftsgeist aller Beteiligten:

> Nehmt Theil an den Empfindungen, an der Begeisterung, an der Freude eurer Mitbürger, feiert den frohen Tag in Eintracht und in Fröhlichkeit – er ist der erste Tag eures neuen Lebens[30].

Die hinter diesen Zeilen spürbar werdende Intention war es nicht, die Grundsätze dieser revolutionären Ideologie als bloße philosophische Postulate und verfassungstheoretische Sätze den Mainzern zu dozieren; vielmehr sollten die Teilnehmer diese Ideale im gemeinschaftlichen Feiern selbst erleben. Forster setzte damit einen populistischen „Hebel“ an, dessen Wirkung er in Paris kennengelernt hatte. Auch dort war es das Bestreben der Revolutionäre gewesen, mit Volkstümlichkeit und Volksfesten, ihre Anhänger zu mobilisieren[31]. Gerade bei den Vorbereitungen zum ersten Jahrestag des Bastillesturms, dem sogenannten „Föderationsfest“ vom Juli 1790, hatte er den auf dem Marsfeld entfachten „Enthusiasmus“[32] bewundern können.

Mit der Pflanzung eines Freiheitsbaumes ließen Forster und die anderen Jakobiner es jedoch nicht bewenden. Es sollte den Zuschauern ins Bewußtsein gerufen werden, welchen Zweck und welches Ziel die Besatzung der Franzosen eigentlich verfolge. Und hierzu bot sich eine theatralische Darbietung an, von der die *Mainzer Nationalzeitung* zwei Tage nach den Ereignissen nachfolgendes zu berichten wußte:

> Sechs unter Bedeckung von bewaffneten Mainzer und Frankenbürgern herbeigeschleppte Sklaven brachten jetzt, einer Krone und Scepter, ein anderer den Reichsapfel, ein dritter Ordenskreuze und andere kindische Unterscheidungszeichen, noch andere einen Haufen alter Adelsbriefe und Ahnentafeln herbei. Eine lichte Flamme loderte auf dem Altare der Freiheit empor; man entriß den Sklaven diese scheußlichen Insignien der Feudalität; der Bürger Maire und die Munizipalen [...] warfen sie in die Flammen und ließen sie vom Feuer verzehren.[33]

---

30 Forster: Aufruf zur Pflanzung des Freiheitsbaumes in Mainz. AA X, 1, S. 69.

31 Vgl. Gerd van den Heuvel: Der Freiheitsbegriff der Französischen Nation. Studien zur Revolutionsideologie. Göttingen 1988 (= Schriftenreihe der Historischen Kommission bei der Bayerischen Akademie der Wissenschaften, Bd. 31), S. 167-214.

32 So teilte er seine Beobachtungen bei den Vorbereitungen für den Schwur auf dem Marsfeld in einem Brief an Johannes Müller vom 13.7.1790 (AA XVI, S. 157) mit: „Der Anblick des Enthusiasmus im Volke, und vorzüglich auf dem Champ de Mars. Wo man die Zubereitungen zum großen Nationalfeste machte, ist herzerhebend, weil er so ganz allgemein durch alle Classen des Volks geht, und so rein und einfach auf das gemeine Beste mit Hintansetzung des Privatvortheils wirkt.“

33 *Die Neue Mainzer Zeitung oder Der Volksfreund*, Nr. 7 v. 15.1.1793. AA XVII, S. 218f.

Durch dieses schlichte aber auf Wirkung hin konzipierte Szenario konnte der geschichtlichen Dimension, die mit dem kriegerischen „Import" der Grundsätze der Französischen Revolution verbunden war, ein höchst plakativer Ausdruck gegeben werden: Der Untergang des Heiligen Römischen Reiches Deutscher Nation mit seiner jahrhundertealten, feudalen Stände- und Privilegienordnung und der geradezu zelebrierte Sieg der erhöhten „Freiheit". Zudem besaß die ganze Zeremonie eine unübersehbar sakral-religiöse Note, die noch dadurch verstärkt wurde, daß im Anschluß an die Feierlichkeiten das „Te deum" angestimmt wurde[34]. Der Festgesang für den Erhalter der Welt stellte implizit die ganze Revolutionierung unter dessen Schutz und suchte die revolutionären Errungenschaften der französischen Nation über die religiösen Gefühle der Teilnehmer zu legitimieren. Da besonders die Landbevölkerung des Kurfürstentums stark durch den Katholizismus geprägt war[35], versuchte Forster, der im übrigen auch in seinen Reden auf religiöse Denkmuster zurückgriff[36], die aus dieser Tatsache erwachsenden Vorstellungen zu erfüllen. Dem zu popularisierenden Wissen kam damit eine die Zeiten überdauernde Existenz zu, da es nicht dem Lauf der Geschichte unterlag; es war jeglicher konterrevolutionärer Anfeindung und Kritik entzogen.

Was mit dieser religiös-symbolischen Feier suggeriert wurde, widersprach allerdings ganz und gar der Realität. Diese sah nämlich nicht nach einer siegreichen Zukunft für die Jakobiner und ihre Anhänger aus, da es Österreich und Preußen kurz zuvor gelungen war, das nahe gelegene Frankfurt zurückzuerobern und damit auch die Bevölkerung von Mainz in Unruhe zu versetzen[37]. So war dieses Spektakel auch daraufhin angelegt, den Kriegszustand vergessen zu machen, den zukünftigen Sieg, der aus der moralischen Überlegenheit der „Sklavenbefreier" resultierte, zu antizipieren und die eigenen Parolen als zukunftsträchtig darzustellen.

II.

Um diesen Sieg den Zuschauern um so sicherer und plausibler vorzuführen, wurden von den Mainzer Jakobinern wiederholt darauf hingewiesen, daß die Herrschaft der Franzosen in der

---

34 Wobei der in deutsch gesungene Text signifikant abgewandelt und mit einer der Aufklärung verpflichteten Metaphorik in Bezug zur französischen Nation gesetzt wurde. So lauteten die ersten Verse: „Dich, Gott der Völker, loben wir! / Der Franken Gott, wir danken dir! / Dir, Quell des Lichts und Quell der Kraft. / Der Weisheit gibt und Stärke schafft." Und gegen die Repräsentanten des Heiligen Römischen Reiches deutscher Nation gerichtet, hieß es weiter: „Du bist's, der unsre Fesseln brach. [...] Du stürztest den entweihten Thron; / Ergrimmten Feinden sprachst du Hohn [...]." Vgl. Scheel: Mainzer Republik, Bd. I (wie Anm. 14), S. 538ff..

35 Vgl. Klaus Tervooren: Die Mainzer Republik. Bedingungen, Leistungen und Grenzen eines bürgerlich-revolutionären Experiments in Deutschland. Frankfurt am Main, Bern 1982 (= Europäische Hochschulschriften, Reihe 3, Bd. 159), S. 62ff.

36 Diese versuchten zum einen, das alte Regime des Kurfürsten Erthal zu diffamieren, und zum anderen, der neuen Ideologie eine sakrale Legitimation zu geben. So hatte Forster u.a. schon im November 1792 in Anlehnung an den biblischen Wortlaut die Machenschaften der Adeligen als „Werke der Finsternis" bezeichnet (AA X, 1, S. 11); in der *Neuen Mainzer Zeitung oder Der Volksfreund*, Nr. 21 v. 17.2.1793 (AA X, 1, S. 312) wurde die propagierte Freiheit nicht nur naturrechtlich legitimiert, sondern als das „erste von Gott eingepflanzte Menschen- und Naturrecht" bezeichnet.

37 Vgl. Dumont: Mainzer Republik (wie Anm. 7), S. 268-274.

Pfalz nicht mit der einer Besatzungsmacht zu vergleichen sei, sondern die Funktion einer Schutzmacht übernommen habe, die durch ihr Militär ein Garant für die Freiheit der Einwohner darstelle. Und gerade Georg Forster wandte sich als erster unter den neuen Machthabern diesem Verhältnis zwischen den Besatzern und den Besetzten zu. Sicherlich war es seine Intention, mit seiner ersten Rede „Ueber das Verhältniß der Mainzer gegen die Franken" schon die Vereinigung der Mainzer Republik mit Frankreich zu propagieren[38]; in erster Linie aber wollte er das alltägliche Verhältnis zwischen Mainzern und Franzosen erläutern. Dahinter stand wohl die Einsicht, daß man nicht die theoretischen Ideale und Grundsätze der Französischen Revolution der Bevölkerung vermitteln konnte, ohne daß man nicht auch auf die französische Besatzungsarmee einging, die ja der militärische Repräsentant dieser Ideale von „Freiheit" und „Gleichheit" vor Ort war. Es waren vor allem die Reden und Schriften von Matthias Metternich, Georg Wedekind, Anton Joseph Dorsch und Jakob Böhmer gewesen, die kein Wort über die Besatzungsmacht verloren, sondern ausschließlich die Parolen der Französischen Revolution in der Bevölkerung verbreitet hatten[39]. Wie erfolglos diese anfänglichen Bemühungen waren, zeigten auch schon die Ende November 1792 auftauchenden Bedenken Custines, ob die bislang getroffenen Popularisierungsmaßnahmen wirklich von Erfolg gekrönt sein würden[40].

So ging es Forster konkret darum, einen deutlichen Akzent auf das Verhältnis zwischen Franzosen und Mainzern zu setzen, um „die unwillkürliche, durch Verschiedenheit des Charakters und der Sprache genährte Antipathie der Deutschen gegen die Franken" zu überwinden[41]. Ausgehend von den Alltagsproblemen der Bevölkerung kam er auf die Verständnisprobleme zwischen beiden Völkern zu sprechen:

> Unsere Sprachen sind verschieden; - müssen es darum auch unsere Begriffe seyn? Sind Liberté und Egalité nicht mehr dieselben Kleinode der Menschheit, wenn wir sie Freiheit und Gleichheit nennen? Seit wann hat es die Verschiedenheit der Sprachen unmöglich gemacht, demselben Gesetz zu gehorchen?[42]

Sprachdifferenzen, so Forsters philosophische Überlegung, verschwinden also vor dem Hintergrund, daß die den unterschiedlichen Vokabeln zugrunde liegende semantische Bedeutung unabhängig von Sprache und Nationalität existiert und somit Allgemeingültigkeit und absolute Verbindlichkeit für alle Menschen beanspruchen darf. Das Bezeichnete bleibt trotz des

38 Wie Franz Dumont: Georg Forster als Demokrat. Theorie und Praxis eines deutschen Revolutionärs. In: Georg-Forster-Studien 1 (1997), S. 125-153, hier S. 140, zu recht konstatierte.

39 So hielt Wedekind am 30. Oktober eine Rede über „Freiheit" und „Gleichheit" und am fünften November verurteilte er die monarchische Staatsverfassung, am 31. Oktober und 1. November hielt Metternich einen Vortrag über die französische Verfassung, während Dorsch am sechsten November eine Rede über die Organisation der „Gesellschaft der Freunde der Freiheit und Gleichheit" hielt. Vgl. die Angaben bei Scheel: Mainzer Republik, Bd. I (wie Anm. 14), S. 82, 86-102, 117 und 141. – Ebenso ging auch Metternichs *Bürgerfreund* in seinen Ende Oktober bis Anfang November erscheinenden Artikeln nicht auf die Besatzungssituation ein, wie bereits Grab: Volk (wie Anm. 23), S. 186, ausführte.

40 Vgl. Dumont: Mainzer Republik (wie Anm. 7), S. 102.

41 So die erst nach dem Ende der Mainzer Republik verfaßte Darstellung der Revolution in Mainz. AA X, 1, S. 551.

42 Forster: Ueber das Verhältniß der Mainzer gegen die Franken. AA X, 1, S. 13f.

Sprachunterschieds dasselbe. Und die Differenz zwischen den individuellen Ausdrücken weicht nach den Ausführungen Forsters noch mehr, wenn man bedenkt, daß die Begriffe „Freiheit“ und „Gleichheit“ in der „Natur“[43], also dem Wesen des Menschen, begründet sind. Forster bediente sich damit also sowohl einer sprachphilosophischen Argumentation als auch einer auf ein anthropologisches beziehungsweise naturrechtliches Axiom abzielenden Begründungweise, die beide den Einfluß der Sprachphilosophie Herders erkennen lassen[44]. Beide dienten jedoch dazu, den Schlagworten der Französischen Revolution, „liberté“ und „égalité“, den Charakter des Fremden zu nehmen, da es nach seinen Ausführungen dieselben positiven Vorstellungen waren, die sich trotz der Andersartigkeit des Ausdrucks in ihnen erkennen ließen.

Des weiteren versuchte Forster in seiner ersten Rede, ein Bewußtsein in der Bevölkerung für die mit dem Einmarsch der Franzosen in die Pfalz verbundene historische Zäsur zu wekken. Da der Kurfürst Erthal und der gesamte Mainzer Hof in einer geradezu spektakulären Weise die Stadt beim Anrücken des Feindes fluchtartig verlassen hatten[45], appellierte er an die Erfahrungen der Rezipienten, die doch deutlich zeigten, wie das alte absolutistische System mit seinen Repräsentanten zusammengebrochen war. Aber nicht nur die Mainzer Obrigkeiten, sondern alle österreichischen und preußischen Armeen waren, so Forster weiter, nach der wenige Wochen zuvor, am 20. September 1792 erfolgten Kanonade bei Valmy auf der Flucht[46]. Um aber die geradezu weltgeschichtliche Dimension des Rückzuges der Alliierten zu demonstrieren, verwies er auf die europäische Staatensituation: Österreich und Preußen betrachteten sich eigentlich als Konkurrenten, und die russische Zarin wüßte diese Rivalität zu schüren. Neben dem Hinweis auf die militärische Labilität der konterrevolutionären Staaten fügte er also eine moralische Disqualifizierung hinzu. Mit großem Pathos konnte er behaupten, daß

> sie [die Repräsentanten des Ancien Régime, H.H.] verschwunden sind von unserem gereinigten, der Freiheit und Gleichheit geweihten Boden, sie sind auf ewig in das Meer der Vergessenheit geworfen, die Denkmäler der Bosheit der Wenigen und Schwachheit und Verfinsterung der Menge[47].

Gezielt übermittelte Forster also ein Wissen über die aktuellen Geschehnisse, um die Indifferenz im Volk gegenüber den Franzosen, die aus der weitverbreiteten Sorge vor einem baldigen Rückzug der Franzosen aus der Stadt und der Wiederherstellung der Herrschaft des

---

43 Ebd.

44 Wobei die Modifikationen, die Forster an Herders sprachphilosophischen Vorstellungen vornahm, deutlich hervorstechen. Während nämlich auch Herder die Herkunft der Sprache aus der geistigen Natur des Menschen ableitete, sie für ihn also wesensmäßig zur Natur des Menschen gehörte, leitete er die Differenz zwischen den einzelnen Sprachen u.a. aus geschichtlichen Tatsachen und klimatischen Bedingungen ab, so daß der Mensch als gesellschaftliches Wesen zu einer „Bildung verschiedner Nationalsprachen“ bestimmt sei. Vgl. Johann Gottfried Herder: Abhandlung über den Ursprung der Sprache. In: Ulrich Gaier (Hrsg.): Johann Gottfried Herder. Frühe Schriften 1764-1772. Frankfurt am Main 1985 (= Johann Gottfried Herder. Werke in zehn Bänden, Bd. 1), S. 695-810, hier S. 791.

45 Zu den Ereignissen vgl. Dumont: Mainzer Republik (wie Anm. 7), S. 58-70.

46 Vgl. Forster: Verhältniß (wie Anm. 42), S. 17f.

47 Ebd., S. 12.

geflohenen Kurfürsten resultierte[48], zu überwinden und die profranzösische Haltung zu verstärken. Dabei vergaß er nicht, die bedeutsame historische Rolle, die nun den Mainzern selbst mit ihrer Entscheidung zugefallen war, herauszustreichen:

> Dies ist also der günstige Zeitpunkt, Mitbürger, wo Ihr frei werden und frei bleiben könnt, so bald es Euch ein rechter Ernst ist, Euch an die Franken fest anzuschließen und mit Ihnen gemeinschaftliche Sache zu machen. Jetzt bringt es Euch Ehre, die Ersten in Deutschland zu seyn, welche den Ketten entsagten; lasst nicht Eure Nachbarn im edlem Wetteifer Euch zuvorkommen.[49]

Welche Wahlmöglichkeiten dieser Entscheidung zugrunde liegen sollten, wurde den Mitbürgern geradezu diktiert. Das Votum konnte nur für oder gegen die französische Herrschaft und den Anschluß an Frankreich – und das war gleichbedeutend mit einer Entscheidung für oder gegen die Freiheit – fallen. Eine weitere Alternative existierte nicht, da

> [...] die Erfahrung ja lehrt, mit tausendfältigem Beispiel, daß in großen entscheidenden Zeitpunkten, die Mitteldinge, die nicht halb und nicht ganz, nicht kalt und nicht warm sind, durchaus gar nichts taugen, alle Parteien beleidigen und alles in Gährung bringen[50].

Forster richtete sich mit diesen Ausführungen vor allem gegen die Konstitutionsvorschläge von Mainzer Großkaufleuten, die sich nach den Grundsätzen der frühen, gemäßigten Phase der Französischen Revolution und deren englischem Vorbild richteten und daher im Gegensatz zu den jakobinischen Vorstellungen eine „gemischte Verfassung“ für Mainz vorsahen[51]. Diesen Stimmen aus einzelnen bürgerlichen Volksschichten eine klare Absage zu erteilen, bedeutete also, den Absolutheitsanspruch der jakobinischen Ziele zu untermauern.

Erleichtert werden sollte den Mainzern diese ‚alternativlose‘ Wahl vor allem durch zwei Argumente: Zum einen durch den Hinweis auf die geographische Lage des ehemaligen Kur-

---

48 Dumont: Mainzer Republik (wie Anm. 7), S. 67-72.
49 Forster: Verhältniß (wie Anm. 42), S. 20.
50 Ebd., S. 22.
51 Vgl. die bei Hansen: Geschichte des Rheinlandes, Bd. II (wie Anm. 9), Nr. 264, S. 569ff., und Scheel: Mainzer Republik, Bd. I (wie Anm. 14), S. 155ff., wiedergegebenen Vorschläge des Handelsstandes der Stadt Mainz für eine neue Verfassung. Wiederabgedr. in: Horst Dippel (Hrsg.): Die Anfänge des Konstitutionalismus in Deutschland. Texte deutscher Verfassungsentwürfe am Ende des 18. Jahrhunderts. Frankfurt am Main 1991, S. 47ff. – Eine weitere Alternative zu dem radikalen jakobinischen Demokratismus gerade auch im Hinblick auf eine gemischte Verfassung boten die Reichsstädte, die sich im französischen Besatzungsgebiet meist der Revolutionierung verweigerten und die an einem korporativen Republikanismus festhielten (voran Frankfurt). Von 97 Vertretern der Zünfte lehnten 81 eine republikanische Verfassung für Mainz ab. Ihr Ideal lag darin, daß die „alte Regierungsverfassung [...] zur Grundlage einer neuen dienen könne, wenn sie auf ihre ursprüngliche Reinheit zurückgebracht würde“, was eine modifizierte Beibehaltung des alten kurfürstlichen Regiments und eine Vergrößerung der eigenen Privilegien bedeutete. Monika Neugebauer-Wölk: „Die alte und die neue Republik. Eine Reichsstadt im Mainzer Jakobinismus“. In: Wilhelm Treue (Hrsg.): Geschichte als Aufgabe. Festschrift für Otto Büsch. Berlin (West) 1988, S. 101-144, hier S. 129. Vgl. Dumont: Mainzer Republik (wie Anmerkung 7), S. 230f.

fürstentums und zum anderen durch das aus der ‚Reunion' mit Frankreich entstehende Vertragsverhältnis, das eine geradezu absolute Sicherheit darstelle. Von einem geographischen Standpunkt aus gesehen, sei nämlich Mainz zu einem Anschluß an Frankreich nahezu prädestiniert:

> Der Rhein, ein großer schiffbarer Fluß, ist die natürliche Grenze eines großen Freistaats, der keine Eroberungen zu machen verlangt, sondern nur Nationen, die sich ihm freiwillig anschließen, aufnimmt.[52]

Sieht man einmal von der Frage ab, ob Forster in der Debatte um die Formel vom Rhein als der „Natürlichen Grenze" zwischen dem deutschen Reich und Frankreich eine bedeutende oder gar führende Rolle zufiel[53], so gebrauchte er dieses Motiv in seiner Rede vor allem darum, um ein einprägsames, einleuchtendes Bild von der Notwendigkeit des Anschlusses an Frankreich zu zeichnen. Das Frankreichbild, das er mit diesen Worten vor seinen Rezipienten entwarf, war aber vor allem dazu geeignet, die aggressiv-expansiven Bestrebungen der Gironde, die zum Jahreswechsel 1792/93 bestrebt war, nicht nur den Feudalismus in den besetzten Gebieten abzuschaffen, sondern gleichzeitig auch das Land wirtschaftlich für die eigenen Zwecke auszubeuten[54], einfach zu übergehen. Was Forster propagierte, war daher ganz im Sinne des allerdings über zwei Jahre zurückliegenden Beschlusses der Französischen Nationalversammlung vom 22. Mai 1790, nach der offiziell auf jede militärische Expansion und Eroberung verzichtet werden sollte. Daher besaß seine Vorstellung von der „Natürlichen Grenze" nicht jene geostrategische Ausrichtung, die nur wenige Wochen später Danton in seiner vielzitierten Konventsrede verwenden sollte[55]. Forster vermittelte damit seinen Landsleuten Wissensinhalte von der französischen Politik, die offenbar nichts über die aktuellen verfassungspolitischen Tendenzen in Frankreich aussagten. Dem Volk sollte nur das von der Französischen Revolution zugänglich gemacht werden, was es für sich selbst als positiv erkennen konnte.

Das daran anknüpfende Argument war, daß durch den Anschluß an den Nachbarstaat dieser auch zum Schutz für den neuen Bündnispartner verpflichtet wurde. Da Frankreich und seine Repräsentanten nach Forster der synonyme Inbegriff von „Freiheit" waren, lautete der

---

52 Forster: Verhältniß (wie Anm. 42), S. 20.

53 Gilli: Forster (wie Anm. 3), S. 197, und zuletzt auch Claudia Ulbrich: Rheingrenze, Revolten und Französische Revolution. In: Volker Rödel (Hrsg.): Die Französische Revolution und die Oberrheinlande (1789-1798). Sigmaringen 1991 (= Oberrheinische Studien, Bd. 9), S. 223-244, bes. 242ff., sehen in Forster einen Mitbegründer dieser Losung. Distanzierter äußert sich Dumont: Forster als Demokrat (wie Anm. 38), S. 141, ohne sich jedoch eindeutig festzulegen.

54 Vgl. zu Motiven und außenpolitischen Zielen der Gironde Elisabeth Fehrenbach: Vom Ancien Régime zum Wiener Kongreß. 3. Aufl. München 1993 (= Oldenbourg-Grundriß der Geschichte, Bd. 12), S. 39f.

55 Statt dessen knüpfte Forster zumindest mit seiner Wortwendung an Anarcharsis Cloots an, der den Rhein zwei Jahre zuvor als eine natürliche Grenze bezeichnet hatte, die dazu dienen könnte, eine „freundliche Verständigung im Rahmen einer allgemeinen Verbesserung der Grenzen der Staaten von Europa" zu befördern. Vgl. den Kommentar zum Bericht des *Kölnischen Staatsbothen*, Nr. 285 v. 1.7.1790. In: Hansen: Geschichte des Rheinlandes, Bd. I (wie Anm. 9), S. 637, Anm. 1. Letztendlich zielte Forster mit dem Begriff mehr auf einen direkten verfassungsrechtlich und geographisch legitimierten Anschluß der rheinischen Gegend an Frankreich.

Umkehrschluß folgerichtig: Verweigere man den Anschluß an Frankreich, habe man zugleich auch gesellschaftliche und politische Freiheit und Selbstbestimmung abgelehnt, so daß

> jeder einsieht, daß es der Vortheil Frankreichs erfordert, den Feinden der Freiheit allen möglichen Abbruch zu tun, ihnen die Mittel, wodurch sie schaden können, zu nehmen, folglich, Geld und Gut [...] an sich zu ziehen, und das eroberte Land, das nicht frei seyn will, so auszusaugen und zu erschöpfen, daß es in den Händen seiner künftigen Despoten, wenn es ihnen wieder zufallen sollte, auf viele Regierungen hinaus ein elendes, verarmtes, ausgemergeltes Land bleibe, womit sich gegen die heilige Freiheit nichts mehr machen läßt[56].

Um den Anschluß an Frankreich und die Annahme der französischen Revolutionsgrundsätze zu popularisieren, schlug Forster somit auch taktisches Kapital aus der bedrohlichen Situation, in der sich Mainz befand. Die Angst der Bevölkerung sollte nicht nur der Rückkehr der preußischen und österreichischen Truppen gelten, sondern ebenso vor den Franzosen existieren, falls sie ihre „Freiheit" falsch benutzen und sich einer Annexion verweigern sollten. Es zeigt sich damit, wie sehr Forster nicht nur bemüht war, die Inhalte und positiven Errungenschaften für die Einwohner herauszustreichen, sondern auch, in welch repressiven Ton er verfallen konnte, um alle Volksschichten zu einer positiven Einstellung gegenüber der französischen Republik zu bewegen.

III.

Ob man Forsters Rolle im Mainzer Jakobinismus vollständig gerecht wird, indem man sie als die eines „Kulturvermittlers" umschreibt, bleibt in Anbetracht seiner inhaltlichen Ausführungen indes fraglich[57]. Schon mit seiner ersten Rede war Forster nämlich nicht aufgetreten, um der Mainzer Bevölkerung die französische Kultur generell näherzubringen. Vermittelt wurde weder ein ethnographisches beziehungsweise mentalitätsgeschichtliches noch ein historisches Wissen über die französische Nation, geschweige denn ein Wissen um die augenblicklichen Machtkonstellationen im Pariser Konvent. Vielmehr hatte Forster, um die beträchtlichen Akzeptanzbarrieren zwischen den Besatzern und den Eroberten abzubauen, das Gemeinsame und Identitätsstiftende der beiden Völker hervorgehoben, etwa die gleichen Vorstellungswelten, die dem positiv besetzten Begriff der Freiheit anhaften, oder die Schicksalsgemeinschaft zwischen Franzosen und Mainzern gegen die konterrevolutionären Mächte. Nicht etwas Fremdes sollte das Volk mit der Bejahung der französischen Grundsätze annehmen, sondern etwas, das es selbst wollte, dessen Positivität es selbst erkannt hatte.

56 Forster: Verhältniß (wie Anm. 42), S. 20.

57 Thomas Grosser: Die Bedeutung Georg Forsters als Kulturvermittler im Zeitalter der Französischen Revolution. In: Jörn Garber/Claus-Volker Klenke (Hrsg.): Georg Forster in interdisziplinärer Perspektive. Beiträge des Internationalen Georg-Forster-Symposions in Kassel vom 1. bis 4. April 1993. Berlin 1994, S. 211-254, bes. S. 232, sieht Forsters Publizistik von seinen Anfängen in England bis zu seinen letzten Pariser Essays als Versuch eines kulturellen Transferprozesses, ohne jedoch zu berücksichtigen, daß Forster mit seinem Eintritt für die jakobinischen Ideale ein deutlich anderes Ziel als bei seinen vorangegangenen Bemühungen vor sich hatte.

Wie bereits ausgeführt, hatte sich Forster damit insoweit von den anderen Bemühungen der Mainzer Jakobiner abgesetzt, als er nicht sofort daran gegangen war, eine Erklärung der Prinzipien der Französischen Revolution vorzulegen. Doch wußte er, daß ein solches Wissen von den eigentlichen Inhalten durchaus notwendig war, um das Volk zu einer Annahme der Französischen Verfassung zu bewegen. Auch in seinen nachfolgenden projakobinischen Agitationen unterschied er sich jedoch von den Strategien seiner Klubkollegen. Im Gegensatz zu deren Ausführungen, die oftmals geschlossene, systematische Lehrgebäude über die Französische Revolution, ihre Parolen und verfassungstheoretische Erörterungen lieferten[58], zeigen Forsters Schriften, daß er kein systematisches Wissen in der Bevölkerung verankern wollte. Im Gegensatz hierzu hat er fast ausschließlich und in den verschiedensten Momenten den Begriff der „Freiheit" expliziert und ihm, auch situationsbedingt, immer wieder neue Facetten abgewonnen. Generell läßt sich zwar sagen, daß die „Freiheit" in seinen Reden zu einem Schlagwort wurde, das unabhängig von jedem politischen Programm als für sich bestehender Begriff eine umfassende Legitimation der Revolution darstellte, doch wies der Begriff unterschiedliche Konnotationen auf.

Primär wurde die „Freiheit", von Forster als neuer gesellschaftlicher Zustand gegen die bisherige feudale Ordnung des Ancien Régime positiv abgegrenzt. Letztere gab mit ihrer gesellschaftlichen Ständeschichtung, die Forster mehrfach als eine Gesellschaft von Sklaven und Herren brandmarkte[59], die negative Folie ab, auf der sich die Freiheit nun endgültig verwirklichen lassen ließ. Dabei war dieses Ziel nicht so leicht zu erringen, wie Forster am Neujahrstag 1793 in Anbetracht der unmittelbaren militärischen Präsenz der Armeen Österreichs und Preußens am Rhein ausführte, da der „entscheidende Kampf der Freiheit mit der willkürlichen Gewalt" erst noch zu bestehen war[60]. Der Vizepräsident des Jakobinerklubs wollte dabei die militärischen Aktionen nicht als einen Kampf zwischen verfeindeten Nationen, Frankreich auf der einen und die deutschen Fürstenhäuser mit dem König von Preußen und dem Kaiser auf der anderen Seite, erscheinen lassen, sondern die militärische Auseinandersetzung zu einem ‚Prinzipienkampf' erheben, bei dem es um den

> Kampf der Herrschaft gegen die Freiheit, des Gewissenszwangs gegen die Vernunft [...] des Hasses, der Wuth gegen Vaterlandsliebe, Brudertreue, Selbstverläugnung, Heldentugend, diesen Kampf der Lüge gegen die Wahrheit[61]

ging. Zum einen wurde „Freiheit" auf diese Weise als ein antiabsolutistischer Kampfbegriff verwendet, der durch die Gleichsetzung mit Tugenden und der eigenen Nation emotional und patriotisch aufgeladen wurde, der also gleichsam eine unhinterfragbare Vorstellung suggerieren sollte. Zum anderen wirkte „Freiheit", ganz wie Forster den Ausdruck schon zuvor gebraucht hatte, als ein sakrosankter Perspektivbegriff, der alle Hoffnungen, Wünsche

58 Wie etwa die von Cotta verfaßte Flugschrift „Von der Staatsverfassung in Frankreich zum Unterrichte für die Bürger und Bewohner im Erzbistume Mainz und den Bistümern Worms und Speyer", Hofmanns „Aristokratenkatechismus" und der sogenannte „Handwerker- und Bauernkalender des alten Vater Gerhard". Vgl. zu Inhalt und Aufbau dieser Schriften Tervooren: Mainzer Republik (wie Anm. 35), S. 156-161.

59 Vgl. beispielsweise Forster: Verhältniß (wie Anm. 42), S. 12.

60 *Die Neue Mainzer Zeitung oder Der Volksfreund*, Nr. 1 v. 1.1.1793. AA X, 1, S. 173.

61 Ebd. Nr. 17 v. 8.2.1793. AA X, 1, S. 292.

und Verheißungen auf eine nun beginnende, neue Epoche bündelte und sich jeglicher Möglichkeit konterrevolutionärer Einwände entzog.

Mit der zu erkämpfenden Freiheit zeichnete sich die Möglichkeit ab, individuelle Fähigkeiten, seien sie physisch, mental oder kognitiv, zu verwirklichen. Als Parole wurde daher von Forster ausgegeben:

> Frei sein und gleich sein, der Sinnspruch vernünftiger und moralischer Menschen, ist nunmehr auch der unsrige geworden. Für den Gebrauch seiner Kräfte, des Körpers und des Geistes, fordert jeder gleiches Recht, gleiche Freiheit [...][62].

Zwar hob er im selben Kontext auch hervor, daß dieser plakativ mit dem Begriff der „Freiheit" umrissene neue Gesellschaftszustand den Franzosen zu verdanken sei, jedoch zeigt die Sentenz, daß es sein Anliegen war, den Begriff der Freiheit mit einer anderen Argumentation zu legitimieren. Wenn er nämlich, ganz im Sinne der Aufklärung, als Paradigma den vernünftig und moralisch handelnden Menschen benannte, der sich des „Freiseins" und „Gleichseins" bewußt ist, dann bedeutete das, daß er beide Begriffe nicht auf die revolutionären Unruhen im Nachbarland zurückführte, sondern sie gerade als supranationale, dem vernünftigen Menschen gemäße Handlungsweisen und Gesellschaftszustände hinstellte. Ähnlich also wie er bei seinen Ausführungen über die Sprachdifferenzen auf eine einheitliche Vorstellungswelt rekurrierte, so sah er die „Freiheit" als etwas auf Allgemeingültigkeit Anspruch Erhebendes an.

Zu unterscheiden von dieser auf Moralität und Selbstverwirklichung abzielenden Erläuterung der Freiheit und der mit ihr einhergehenden normativen Verbindlichkeit sind Aufforderungen Forsters, Freiheit bewußt zu erleben und zu gestalten. So schloß schon seine erste Rede mit den Worten:

> [...] so laßt die Franken endlich sehen, wie die Freiheit auch deutsche Männer begeistern kann; so erholt euch von der entehrenden Betäubung worin Ihr noch versunken seid, so verläugnet nicht länger Euern Volkscharakter, die Stimmung zur leichten, heitern, geselligen Freude, zu Scherz und Fröhlichkeit, welche jedes Geschäft erleichtert, und jede Arbeit versüßt; so fühlt den ganzen Umfang Eures Glücks, so athmet aus freier Brust, [...] und tretet, tretet männlich und fest zum handeln hervor, mit dem stolzen Bewußtseyn, daß die Herrschaft dem ganzen Volke gehört![63]

Als Erlebnisbegriff, als unmittelbare Erfahrung von Solidarität und Fröhlichkeit, aber auch als Glücksempfindung ist „Freiheit" ein Zustand, der nur in der Gemeinschaft, im Kollektiv verwirklicht werden konnte. Mehrfach wurde sie zudem als Ausbruch von „Begeisterung"

---

62 Forster: Verhältniß (wie Anm. 42), S. 12, mit Forsters eigener Hervorhebung. Gleiches gilt auch für die Erläuterung der „fraternité", die ebenfalls im Sinne der Aufklärung auf allgemeine ethische Prinzipien zurückgeführt wurde: „Umsonst behauptete die reinste Sittenlehre, daß alle Menschen Brüder sind."

63 Ebd., S. 28. Hervorhebung im Original.

und „Enthusiasmus" von Forster geschildert[64], was verdeutlicht, daß der Redner Forster dem emotionalen, euphorischen Erleben eines Rauschzustands größte Bedeutung für die Verbreitung der Ideale der Französischen Revolution beimaß[65]. Von hier aus ließ sich von dem Begriff der Freiheit auf den der Volkssouveränität schließen, da daß Kollektiverlebnis von Freiheit zu dem Bewußtsein von Gemeinsamkeit und Macht führte und in ihm geradezu aufzugehen schien.

Nur wenige Wochen später jedoch sollte sich der Vizepräsident der Mainzerischen Administration eines ganz anderen Erklärungsmusters bedienen. Da sich seit Mitte November ein offener Widerwille bei der Landbevölkerung gegen die neuen Machthaber gezeigt hatte, die zudem die von den Franzosen initiierten militärischen Maßnahmen in der Gegend um Kastel gegen die feindlichen Armeen nicht unterstützen wollte, wandte sich Forster an sie mit einer selbst verfaßten „Zuschrift der Gesellschaft der Volksfreunde zu Mainz an alle Einwohner auf dem Lande". Um gegen die Renitenz der Bauern vorzugehen, äußerte er sich auch zu deren Lage und erläuterte ihnen die „freie" Gesellschaft als den erstrebenswerten Zustand, wo

> zufriednes Leben, Brod genug für uns und unsere Kinder, nöthige Kleidung, und in den Zeiten, wo wir von der Arbeit ruhen, eine freudige Erinnerung, daß uns Gott zu vernünftigen Menschen geschaffen hat[66],

dank der französischen Invasion herrsche. Abgestimmt auf die ökonomischen, mentalen und religiösen Bedürfnisse der pfälzischen Bevölkerung übernahm es Forster also, „Freiheit" als ein erfülltes Leben in geordneten Bahnen zu zeichnen. Und überhaupt ging es ihm in seiner „Zuschrift" an die Landbevölkerung vor allem darum, jeden Eindruck von Anarchie, den die Mainzer Revolution mit sich hätte führen können, zu verbergen[67]. Da aber von ihm die Franzosen als Garant für „Freiheit" und ein wohl geordnetes Leben hingestellt wurden, sei es für die Bauern das Beste, diesen zu folgen und die Arbeiten an dem Festungsbau wieder aufzunehmen. So sollten die französischen Besatzer auch für die Bauern als die eigentlichen Schützer der Freiheit erscheinen, deren Anordnungen zu folgen war. Nicht mehr Freiheit als Verwirklichung individueller Fähigkeiten, sondern der normative Charakter von Freiheit, oder wie Forster es selbst formulierte: „gesetzmäßige Freiheit", war der Landbevölkerung beizubringen. Doch nicht in dem Sinne, wie diese Vorstellung die französische Revolutions-

64 Vgl. etwa den Appell am Ende von Forster: Verhältniß (wie Anm. 42), S. 28, in der die Mainzer dazu aufgefordert werden „die Franken endlich sehen zu lassen, wie die Freiheit auch deutsche Männer begeistern kann".

65 Forster scheint den Begriff des „Enthusiasmus" zu politisieren, der ansonsten – vor allem geprägt durch Shaftesbury – die individuelle religiöse Inspiration und dichterische Eingebung, aber auch die idealistische Moralität bezeichnete. Vgl. den Artikel von A. Müller: „Enthusiasmus". In: Joachim Ritter/Karlfried Gründer (Hrsg.): Historisches Wörterbuch der Philosophie. Basel, Darmstadt 1971ff., Bd. 2, Sp. 525-528, und die Studie von Franz-Joseph Meissner: Wortgeschichtliche Untersuchungen im Umkreis von französisch „Enthousiasme" und „Génie". Genf 1979, S. 254-257 und 272-275.

66 Forster: Zuschrift der Gesellschaft der Volksfreunde zu Mainz an alle Einwohner auf dem Lande. AA X, 1, S. 41.

67 So hieß es noch unmittelbar zuvor: „[...] damit wir alle in guter Ruhe und ohne Unordnung die neue Einrichtung machen können." Ebd.

ideologie kannte, nämlich als die Freiheit, die durch Gesetze gesichert werden sollte[68], sondern als die Freiheit, die sich ein jeder für sich wünschte und die daher mit ihren Gesetzen zu befolgen war:

> Wenn man einen Menschen fragt, willst Du frei seyn oder nicht? So wäre er wohl nicht recht richtig im Kopfe, wenn er sagte, ich will nicht. Ein jeder will also gern frei seyn; aber die Wenigsten bedenken, daß frei seyn nicht heyßt, faullenzen, oder ohne Gesetze herumlaufen, oder dem Nachbarn ungestraft Schaden thun; sondern es heißt: dem Gesetze Gehorsam leisten, wie ein guter, frommer Mensch arbeiten, und mit seinem Fleiß Weib und Kind ernähren, andern Menschen Hilfe und Schutz geben[69].

Hinter den aus dem Alltag entlehnten Beispielen, stand dabei die unübersehbare Intention, die so erläuterte Freiheit zu instrumentalisieren, um die Bauern für eine profranzösische Haltung zu motivieren und sie gegenüber dem französischen Militär willfährig zu machen.

Eine weitaus philosophischere Definition gab er dann, wiederum nur einige Wochen später, in seiner „Anrede an die Gesellschaft der Freunde der Freiheit und Gleichheit am Neujahrstage 1793". Obgleich er auch hier vom dem „Geist der Freiheit", der nur dann verwirklicht werden könne, wenn der „Mensch [...] immer dem Gesetze gehorcht"[70], sprach, akzentuierte er jedoch mehr einen der Aufklärung verpflichteten Aspekt der Freiheit, wenn er die Zuhörer dazu aufrief, gerade der Landbevölkerung den gravierenden Unterschied zwischen der Staatsform des Ancien Régime und der Republik darzustellen:

> Wenn sie mit unermüdetem Eifer wesentlichen Unterschied zwischen der Maschine lehrten, welche ein anderer in Bewegung sezt, und dem moralischen, denkenden, freien Wesen, das sich selbst durch Vernunftgründe bestimmt?[71]

In Abgrenzung zu dem von Thomas Hobbes in seinem „Leviathan" gezeichneten absolutistischen Staat als einem durchorganisierten, hierarchisch strukturierten und maschinenartig funktionierenden Herrschaftssystem[72] war es die Autonomie des sittlich und aus vernünftigen Überlegungen handelnden Individuums, die der Redner in den Mittelpunkt seines Menschen- und Gesellschaftsbildes stellte[73]. Diese Aufforderung zielte darauf ab, die Mainzer von ihrer Herrschaftsgläubigkeit zu trennen und sie von der Inanspruchnahme des Staates zu emanzipieren. Die Zielvorstellung, die damit verbunden war, war die Erziehung des unmündigen

---

68 Vgl. Heuvel: Freiheitsbegriff (wie Anm. 31), S. 155f.

69 Forster: Zuschrift (wie Anm. 66), S. 43.

70 Ders.: Anrede an die Gesellschaft der Freunde der Freiheit und Gleichheit am Neujahrstage 1793. AA X, 1, S. 61.

71 Ebd.

72 Vgl. den Artikel von B[arbara] Stollberg-Rilinger: Staatsmaschine. In: Ritter/Gründer (Hrsg.): Historisches Wörterbuch (wie Anm. 65), Bd. 10, Sp. 63-66.

73 Wobei die Kantische Prägung dieses Gedankens unübersehbar ist, denn gerade Kant hatte ja in seiner Ethik die Autonomie des sittlich handelnden Menschen, der sich „selbstgesetzgebend" dem aus Vernunftgründen gewählten Gesetz unterwirft, betont. Vgl. Immanuel Kant: Grundlegung zur Metaphysik der Sitten. Hrsg. v. Karl Vorländer. 7. Aufl. Hamburg 1994, S. 433.

Untertans zu einem Staatsbürger, zu einem *citoyen*, der nicht nur auf die moralische Rechtmäßigkeit seiner Handlungen achtete, sondern an der politischen Meinungsbildung aktiv partizipierte und sich als ein gleicher unter gleichen in die Gemeinschaft einfügte[74].

Nach Ansicht der Mainzer Jakobiner umfaßte die Freiheit freilich auch die freie Meinungsäußerung und vor allem die Pressefreiheit[75]. Und gerade auf die Bedeutung der letzteren wies auch Forster mehrfach hin, wobei Pressefreiheit der Bevölkerung in seinen Reden nicht abstrakt vorgestellt, sondern – ganz praktisch verfahrend – mit der ersten Ausgabe des *Volksfreundes* erläutert wurde. So verkündete der erste Artikel:

> Die Pressfreiheit herrscht endlich innerhalb diesen Mauern, wo die Buchdruckerpresse erfunden war. Täglich erscheinen hier neue Beiträge zur Belehrung eines guten Volkes, dem aber die Binde erst so kürzlich von den Augen fiel, daß es noch blinzelnd in die Sonne der Wahrheit sieht [...]. Bald verwandelt sich nun unsere Stadt in eines jener Lichtmagazine, aus denen die hellen erquickenden Stralen nach jeder Richtung in die Ferne gehen[76].

Mit der Verwendung der Lichtmetaphorik stellte sich der Herausgeber Forster, der die meisten Artikel selbst verfassen sollte[77], deutlich in die Tradition der Aufklärung, die das Licht gleichsam zum Symbol für das Streben des freien Menschen nach Wahrheit und Erkenntnis erhoben hatte. Forster verlieh ihm jedoch eine revolutionäre Radikalität, die an der Zielsetzung der Mainzer Jakobiner keinen Zweifel ließ:

> Wahrheit, ächter Republikanersinn, und redliches Streben nach dem allgemeinen Wohl sind die Grundlagen von denen sich die Verfasser dieser neuen Zeitung nie entfernen wollen. [...] und nur der eine Enthusiasmus für die Beförderung des Glückes, der Freiheit und der Gleichheit an Rechten, aller ihrer Mitbürger, wird sie mit Eifer beseelen und ihnen die Lehre der Aufopferung bis zum Tode, wenn jener große Gewinn den Übrigbleibenden dadurch erkämpft werden kann, zur unverbrüchlichen Richtschnur machen[78].

Nicht mehr ausschließlich auf Belehrung – wie es mehrfach von den Jakobinern und auch von Forster vertreten worden war – richtete sich die Publizistik; in den Vordergrund rückte vielmehr der Versuch, mit aufklärerischem Gestus die Massen für die kriegerischen Auseinandersetzungen mit den konterrevolutionären Mächten zu gewinnen. Mit der Wissensver-

74 Zum Begriff des Staatsbürgers bzw. des *citoyen* im Denken Forsters vgl. die Ausführungen von Ludwig Uhlig: Georg Forster. Einheit und Mannigfaltigkeit in seiner geistigen Welt. Tübingen 1965, S. 161-182, bes. S. 166f.

75 Vgl. Dumont: Mainzer Republik (wie Anm. 7), S. 173-178.

76 *Die Neue Mainzer Zeitung oder Der Volksfreund*, Nr. 1 v. 1.1.1793. AA X, 1, S. 173.

77 Die Artikel der *Neuen Mainzer Zeitung* sind nicht mit Namen signiert. Bislang wurde aber mehrfach darauf hingewiesen, daß der Großteil wohl von Forster selbst verfaßt wurde. Vgl. Grab: Geschichte der deutschen Jakobiner (wie Anm. 23), S. 186. – Eine genauere Untersuchung des *Volksfreundes* hinsichtlich seiner Berichterstattung bleibt freilich immer noch ein gewichtiges Desiderat der Forster-Forschung.

78 *Die Neue Mainzer Zeitung oder Der Volksfreund*, Nr. 1 v. 1.1.1793. AA X, 1, S. 173.

mittlung von den Grundsätzen und Idealen der Französischen Revolution sollte immer mehr die Bereitschaft zum Handeln und zur Aufopferung in der Bevölkerung gestärkt werden.

Der von Forster selbst mehrfach gepriesene Grundsatz der Wahrheit der Berichterstattung[79] scheint in seinen eigenen Beiträgen jedoch nicht jenen Grad an Objektivität erreicht zu haben wie bislang angenommen[80]. Zwei Beispiele verdeutlichen dies, zum einen der Bericht über die Hinrichtung Ludwigs XVI., zum anderen die Darstellung der Verfassungsumfrage auf dem Land vom Dezember 1792. Letztere stellte er als besonders erfolgreich dar[81], obwohl nur vierzig von rund zweihundertvierzig Dörfern überhaupt befragt worden waren und es in den Reichsstädten Worms und Speyer zu gar keiner Abstimmung gekommen war[82]. Das verbreitete Wissen über die Umfrage diente also dazu, die Suggestion aufrecht zu halten, es herrsche ein breiter Konsens über die Annahme der französischen Verfassung. Noch parteiischer geprägt waren die Informationen über die Hinrichtung Ludwigs XVI. Als Werk der Gerechtigkeit kommentierte ein Artikel des *Volksfreundes* das blutige Geschehen:

> Ludwig Capet ist nicht mehr, der letzte König von Frankreich ist nicht mehr. Er war heute [...] in Gegenwart von mehr als hunderttausend Zuschauern hingerichtet. – Ein feierliches Schweigen ehrte die Menschheit, bei dieser ernsten Handlung der Gerechtigkeit [...] zum erstenmal vielleicht im Ernste ruhig, da das Haupt, auf welches alle Verschwörungen sich bezogen, nun abgeschlagen ist[83].

So besaß die von Forster deklarierte Pressefreiheit auch ihre Grenzen; zumindest was die Objektivität einzelner Artikel anbelangte. Ihr Ziel bestand darin, die der Öffentlichkeit zur Verfügung gestellten Informationen zugunsten der französischen, aber auch Mainzerischen Jakobiner erscheinen zu lassen, um somit kanonisierend auf die Beurteilungsmöglichkeiten der Bevölkerung einzuwirken.

---

79 Vgl. die Nummern fünf und sechzehn der *Neuen Mainzer Zeitung oder Der Volksfreund.* AA X, 1, S. 207 und 284.

80 So urteilte Grab: Geschichte der deutschen Jakobiner (wie Anm. 23), S. 186: „Forster wollte Polemik gegen Personen und Institutionen vermeiden, da die demokratischen Ideale der ganzen Menschheit dienten."

81 Die *Neue Mainzer Zeitung oder Der Volksfreund* berichtete in der ersten Ausgabe vom 1.1.1793 (AA X, 1, S. 174), über die „mit wenigen Ausnahmen" erfolgte „sehr große Stimmenmehrheit". Und in der fünf Tage später erschienenen Ausgabe v. 6.1.1793 (AA X, 1, S. 190) las man, daß die „einstimmige Willensmeinung aller Einwohner für die Annahme der fränkischen Konstitution" votiert habe.

82 Vgl. Dumont: Mainzer Republik (wie Anm. 7), S. 166-169, 194-197 und 203. – Zu dem Bericht der die Umfrage leitenden Kommissare mit ihren Angaben über die Stimmenverhältnisse vgl. auch Scheel: Mainzer Republik, Bd. II (wie Anm. 14), S. 172-180.

83 *Die Neue Mainzer Zeitung oder Der Volksfreund.* Nr. 12 vom 27.1.1793. AA X, 1, S. 257.

IV.

Wie deutlich geworden sein dürfte, war „Freiheit" ein vielschichtiger Begriff und wurde der Bevölkerung von Forster mit den unterschiedlichsten Argumentationsmustern erläutert[84]. Ebenso dürfte sich gezeigt haben, daß seine Erklärungen und Auslegungen geradezu auf diesen Begriff fokussiert waren. Bei seinen Popularisierungsbemühungen wurde aber auch deutlich, wie sehr er sich von seiner aufklärerischen Argumentation vor seinem Engagement für den Mainzer Jakobinerklub entfernte. Hatte er noch in seinen „Ansichten von Niederrhein" hinsichtlich der Erziehung des Menschen großes Gewicht auf die Allgemeinbildung, die Entwicklung der Urteilskraft und ihren vernunftgemäßen Gebrauch gelegt[85], so tendierte er in seiner jakobinischen Publizistik dazu, die Freiheit als gesellschaftspolitisches Phänomen in den Vordergrund zu rücken. Ebenso wich der Gedanke der Perfektibilität, der Vervollkommnungsfähigkeit des Menschen in seinen intellektuellen und sozialen Fähigkeiten, wie er sie in früheren Schriften oftmals in das Zentrum seiner Argumentation gerückt hatte[86], gänzlich der Proklamation eines Kollektivgefühls, das sich seiner Ansicht nach in der bewußt erlebten „Freiheit" manifestieren sollte. Und auch wenn er sich bei einer Rede im ehemals kürfürstlichen Schloß zu Mainz rühmte, daß durch die jakobinischen Agitationen „tausend und abermals tausend Begriffe [...] jetzt in den Köpfen unserer Mitbürger Stoff zum Nachdenken geben"[87], so ist seinen Äußerungen doch ein hoher Grad an Verabsolutierung der „Freiheit" zu eigen, die oftmals nur parolenartigen Charakter trug.

Dabei stellt sich zwangsläufig die Frage, wie erfolgreich Forsters Popularisierungsbemühungen waren, wie ihre Rezeption in der Mainzer Bevölkerung erfolgte. Zwar lassen sich in dem von Heinrich Scheel gesammelten Quellenmaterial zur Mainzer Republik keine konkreten, unmittelbaren Reaktionen und Äußerungen auf das Engagement Forsters finden, doch kann man aus Forsters eigenen Äußerungen und Urteilen einiges über die Stimmung im Volk erfahren.

Der Vizepräsident des Klubs hat nämlich frühzeitig die Indifferenz in der Bevölkerung zu spüren bekommen und seinem Ärger darüber mehrfach in Briefen Luft gemacht. Schon in einem Schreiben vom 24. Oktober 1792, also unmittelbar nach dem Einmarsch der französischen Heere in Mainz, äußerte er konsterniert und herablassend:

> Es ist unglaublich, wie stupid das Volk ist; jetzt kommt ihre Leere und Charakterlosigkeit erst recht zum Vorschein. Sie wissen gar nicht, wie ihnen geschehen ist, und vermissen ihre gnädigen Herrn[88].

84 Daher läßt sich auch die These Tervoorens: Mainzer Republik (wie Anm. 35), S. 106-111, die den Mainzer Jakobinern generell jede Innovation bei der Formulierung der jakobinisch-revolutionären Programmatik absprach, nicht nachvollziehen.

85 So hieß es noch in den „Ansichten vom Niederrhein" (AA IX, S. 21f.): „Je reicher die Ausbildung unseres Zeitalters, je größer die Anzahl unserer Begriffe, je erlesener ihre Auswahl ist, desto umfassender wird unser Denk- und Wirkungskreis [...]. Alles ist gewonnen, wenn es zur Gewohntheit wird, die Geisteskräfte zu beschäftigen und die Vernunft [...] in ihrer Entwicklung überall zu begünstigen. Nur der Geist, welcher selbst denkt, und sein Verhältniß zu dem Mannichfaltigen um sich her erforscht, nur der erreicht seine Bestimmung."

86 Vgl. hierzu vor allem Uhlig: Georg Forster (wie Anm. 74), S. 64-70.

87 Forster: Anrede (wie Anm. 70), S. 60.

88 Forster an Ludwig Ferdinand Huber, 24.10.1792. AA XVII, S. 216.

Die Gleichgültigkeit gegenüber der neuen Ideologie resultierte seiner Ansicht nach also primär aus der mangelhaften geistigen Bildung des Volkes. Und in der Tat läßt es sich nachweisen, daß ein Großteil der Mainzer Bevölkerung am Aufklärungsprozeß des achtzehnten Jahrhunderts nicht partizipiert hatte, also mit dem Ideal des freien, vernünftig und moralisch handelnden Menschen nicht vertraut war[89].

Zwar berichtete auch Forster noch zumindest in den nächsten Herbstwochen gelegentlich von einigen Lichtblicken, wie etwa, daß die Stimmung sich innerhalb des Volkes für die Franzosen und die Jakobiner gewendet habe[90], aber Anfang Dezember kam er zu dem gleichen Ergebnis wie schon im Oktober:

> Die deutsche Trägheit und Gleichgültigkeit ist zum Ausspeien. [...] kommen Leute mit Vorschlägen, wie bald sich alle für Freiheit erklären würden, wenn man ihnen nur alle Abgaben erlassen wollte, betrogen, geschickt werden, - das alles ist also nichts, was einen Menschen bewegen kann, das Joch abzuschütteln, sondern vollkommene Zusicherung, daß man Nichts thun und gar keine Pflichten haben werde! Am Ende werden wir es ihnen doch noch wohl gnädigst befehlen müssen, daß sie frei werden sollen und müssen, dann geht's[91].

Für den Vizepräsidenten des Jakobinerklubs waren es also nicht zuletzt mentalitätsbedingte Hindernisse, die sich einer breiteren Wirkung der jakobinischen Popularisierungsbemühungen in den Weg stellten. Die Gewöhnung an die alten, etablierten gesellschaftlichen Verhältnisse, waren trotz der – zumindest aus den Augen des jakobinischen Beobachters – erlittenen Drangsale durch die vormalige feudal-absolutistische Regierung stärker, als daß man sich hätte entschließen können, eine gesellschaftspolitische und staatliche Innovation, wie sie der Anschluß an das revolutionäre Frankreich bedeutet hätte, zu akzeptieren. Das ist immerhin beachtlich, da doch gegen das Regiment des Kurfürsten Erthal eine deutliche Mißstimmung in der Bevölkerung und zumal bei den Landbewohnern verbreitet war, die sich schon unmittelbar nach dem Ausbruch der Französischen Revolution im Jahre 1789 in Anlehnung an den Aufstand gegen den französischen Adel gegen die wohlhabenden Mainzerischen Adeligen gerichtet hatte[92]. „Die Stimmung gegen die vorige Einrichtung ist jetzt entschieden"[93], notierte auch Forster, der daher auch in seinen Reden geschickt das Ressentiment der Einwohner gegen den Adel als Inbegriff der Unfreiheit lenken wollte.

Wie er aber ebenfalls registrierte, kamen im Mainzer Volk Stimmen auf, die den Ruf nach Freiheit aufgriffen und zu ihren eigenen Gunsten auslegten. Die Bevölkerung war also keinesfalls vollständig immun gegen die neue „Freiheits"-Ideologie[94], sondern übernahm sie

89 Zur Rezeption der Aufklärung in Mainz vor dem Jahre 1792 vgl. Dumont: Mainzer Republik (wie Anm. 7), S. 35f.
90 Vgl. seinen Brief v. 25.-26.10. und 10.11.1792. AA XVII, S. 220 und 240.
91 Forster an Therese, 8.12.1792. AA XVII, S. 264.
92 Dumont: Mainzer Republik (wie Anm. 7), S. 41-46
93 Forster an Christian Friedrich Voß, 10.11.1792. AA XVII, S. 240.
94 Dies geht auch aus zeitgenössischen Berichten hervor und blieb selbst dem Feind nicht verborgen. So schrieb der kaiserliche Gesandte Graf Schlick dem Reichsvizekanzler Fürsten von Colloredo am 2.11.1792 aus Würzburg über zwei Lager, die sich offenbar in der Bevölkerung

und wußte sie mit eigenen Inhalten zu füllen, die Forster, wie seine „Zuschrift" an die Landbevölkerung zeigte, wieder in jakobinische Bahnen zu lenken versuchte. Es trat also ein Opportunismus im Volk hinzu, ein spürbares Vorteilsdenken, das sich für Forster hinter der weit verbreiteten Indifferenz gegenüber den neuen Machthabern erkennen ließ. Letztere erwuchs offenbar aus der Sorge vor der Rückkehr des Kurfürsten, dessen Regiment zwar nicht allgemein beliebt gewesen war, aber dem man sich aus Gewohnheit her zu fügen wußte:

> Die Mainzer sind die alten, die Sie kennen; „wer uns gewinnt, der hat uns" sagen sie, und damit schlafen sie ruhig, bis irgend ein Alarmschuß sie weckt; sogleich meinen Sie, die Preußen wären schon in Castel[95].

Gegen Ende Januar konnte Forster zudem seiner Frau Therese vermelden, daß der „Haß gegen Ausländer immer hämischer und niederträchtiger" hervorgebrochen sei[96]. Zweifellos resultierte die Abneigung gegen die Franzosen vor allem aus der wirtschaftlichen Belastung, die diese den Mainzern während des Winters auferlegt hatten[97]. Während Custine nämlich zu Beginn der Besatzungszeit Konfiszierungen unterließ, um die französische Armee den Besiegten gegenüber als ‚apôtres de la liberté' erscheinen zu lassen, so waren im Winter Übergriffe der französischen Soldaten an der Tagesordnung und Custine selbst ließ rücksichtslose Fouragierungen in pfälzischen Orten vornehmen[98]. Durch solche drakonischen Maßnahmen eingeschüchtert, waren Forsters Bemühungen um das „brüderliche Verhältnis" zwischen Franzosen und Mainzern und auch noch das von ihm initiierte Befreiungsfest im Januar im Volk wirkungslos geblieben. Bemerkenswert war jedoch, daß Forster in der Ausgabe seines *Volksfreundes* nachfolgenden Artikel eines „Franken" namens Alexander Beauharnois drukken ließ:

> Seit langer Zeit [...] pflegt der Einwohner dieses Landes seinen Kindern [...] zu erzählen: Mit eurer Väter Blute ward dieser glückliche Boden getränkt; Franken zerstörten alle diese Gebäude. [...] Drum, Mitbürger! Ruft es laut, wie euer Unwillen es heischt, dem hiesigen Landmanne zu: ‚Die neu umgeschaffenen Franken bringen Euch Frieden und den Bruderbund. Es sind nicht mehr jene Horden, die ein Blick zum Blutbade anhetzen konnte; nicht mehr jene Trabanten, die sich nach dem Willen eines Despoten bewegten; [...] gestorben sind jene Königssöldner, die einem Herrn dienten, einem Herrn gehorchten'[99].

---

gebildet hatten, wobei die einen „nichts als Freiheit und Gleichheit träumen und wünschen, dass die französische Verfassung im ganzen Volk die ihrige werden möge" und die anderen, „namentlich der Handelsstand [...] von diesem Schwindelgeiste noch bei weitem nicht genugsam eingenommen [sei]." In: Hansen: Geschichte des Rheinlandes, Bd. II (wie Anm. 9), Nr. 257, Seite 558f.

95 Forster an Ludwig Ferdinand Huber, 20.12.1792. AA XVII, S. 277

96 Forster an Therese, 20.-22.1.1793. AA XVII, S. 310.

97 So schrieb Forster schon am 19.12.1792. AA XVII, S. 275, an Therese: „Wir leiden viel von dem Drucke der Armee, die uns auf dem Halse liegt, und ganz von uns zehren will!"

98 Dumont: Mainzer Republik (wie Anm. 7), S. 262f.

99 *Die Neue Mainzer Zeitung oder Der Volksfreund*, Nr. 12 v. 14.1.1793. AA X, 1, S. 258

Offenbar glaubte der Herausgeber des *Volksfreundes*, daß in Anbetracht der schwierigen Lage für das Kurfürstentum die Erinnerung an die über hundert Jahre zurückliegenden – im Pfälzischen Erbfolgekrieg Ludwigs XIV. erfolgten – Zerstörungen insbesondere in der Landbevölkerung wieder wachgerufen werden würde. So richtete sich dieser Artikel gegen eine von dem Herausgeber angenommene Erinnerungskultur[100], die durch die erneute Franzosenherrschaft gefördert worden war. Verstärkt wurde das Ressentiment gegen die Franzosen in besonderem Maße freilich durch den Umstand, daß sich für die Mainzer an ihrer gesellschaftlichen und ökonomischen Lage nichts verbesserte. Die hohen Erwartungen, die Forster mit seinen Ausführungen über die Annahme der französischen Gesellschaftsordnung und Verfassung weckte, wurden nicht eingelöst. Statt dessen verschlechterten sich noch die Verhältnisse, vor allem im sanitären Bereich[101]. Dem popularisierten Wissen entsprachen somit nicht die realen Verhältnisse, was zwangsläufig zu einer Distanzierung der Mainzer Bevölkerung von den Grundsätzen der Französischen Revolution führen mußte. Es dürfte ihr daher als eine weit übertriebene Idealisierung erschienen sein, wenn Forster in einer der letzten März-Ausgaben seines *Volksfreundes*, Frankreich als Ärztin darstellte, die sich des kranken Deutschlands angenommen hatte[102].

Aus diesen Reaktionen läßt sich sehr leicht das Fazit ziehen, daß Forsters Popularisierungsstrategien letztendlich gescheitert sind – obgleich er in seinen Reden und Schriften gerade bemüht gewesen war, ein für seine Leser und Zuhörer adäquates Wissen zu vermitteln. Es ging ihm nicht darum, den Mainzern die Französische Revolution zu „erklären", sondern ihnen deren Nutzen für die eigene Gesellschaftsordnung zu vermitteln. Er selbst war es dann auch, der sich für einen „Hauptdemagogen" hielt, da seinen Ausführungen der „philosophische Anstrich"[103], also die theoretisch reflektierte Erörterung von philosophischen und verfassungsproblematischen Fragen, gänzlich fehlte, auch wenn seine Ausführungen mit der Aufklärung verpflichteten Metaphern und Gedanken durchsetzt waren. Was er selbst nicht bemerkt hatte, war jedoch, daß seiner Popularisierung der Französischen Revolution, also der Adaption der gesellschaftlichen Prinzipien des Nachbarstaates, zumindest ein partieller Erfolg beschieden war, wie sich etwa in den Vorschlägen des Handelsstandes zu einer Verfassung für Mainz zeigte. Anders als sich jedoch der badische Hofrat Schlosser ihm gegenüber geäußert hatte, lag das Scheitern seines Engagements nicht primär an seinem bloßen Eintreten für eine volksfreundliche Politik, sondern an den historischen Bedingungen, mit denen seine Popularisierungsbemühungen zu rechnen hatten.

100 Die allerdings nicht als so stark angenommen werden darf. Dumont: Mainzer Republik (wie Anm. 7), S. 367-377, und Tervooren: Mainzer Republik (wie Anm. 35), S. 137-152, rechnen die Erinnerung an die Ereignisse unter Ludwig XIV. nicht zu den Ursachen für das Scheitern der Mainzer Republik.

101 Wie aus Forsters Brief an Therese v. 25.12.1792 (AA XVII, S. 285), hervorgeht, „stieg" Forster „4 bis 6 mal des Tages im Koth umher".

102 *Die Neue Mainzer Zeitung oder Der Volksfreund*, Nr. 29 v. 8.3.1793. AA X, 1, S. 375.

103 Forster an Christian Friedrich Voß, 10.11.1792. AA XVII, S. 242.

Carsten Kretschmann

„À toutes les gloires de la France." – Louis-Philippe und die Galerie des Batailles in Versailles

Victor Hugo wußte, das sein Urteil zählte. Und so war es keine Kleinigkeit, als er bei der festlichen Eröffnung des Musée Historique von Versailles am 10. Juni 1837 gegenüber Louis-Philippe bemerkte, Ludwig XIV. habe einst an diesem Ort ein schönes Buch geschrieben, dem der König nun „une magnifique reliure"[1] verpaßt habe. Das Musée Historique als großartiger Einband – ein vorsichtiges und distanziertes, ja im Grunde kaum schmeichelhaftes Lob. Louis-Philippe mag es dennoch gern vernommen haben. Denn es war *sein* Museum, das der *Roi-Citoyen* an diesem Tag, nach fünf langen Jahren der Planungen und Arbeiten, der Öffentlichkeit übergab[2]. Ob Louis-Philippe tatsächlich an jedem Detail der Museumskonzeption Anteil genommen hatte, wie es der Comte de Montalivet in seiner apologetischen Schrift „Le Roi Louis-Philippe et sa liste civile" behauptete, sei dahingestellt[3]. Daß die zentrale Absicht des Museums, die Idee, Dynastie, Volk und Kunst zu einer einzigartigen Apotheose französischer Geschichte zu verblenden, von ihm jedoch entscheidend inspiriert und gefördert wurde, unterliegt keinem Zweifel.

I.

In der Tat war die Einrichtung des Musée Historique im geschichtsträchtigen Schloß von Versailles Teil einer gezielten Geschichtspolitik des Bürgerkönigtums. Zu ihr gehörte nicht nur die Vollendung von Napoleons Arc de Triomphe 1836, sondern etwa auch die Überführung der sterblichen Überreste des Kaisers, die Louis-Philippe 1840 durch seinen Sohn, François de Joinville, von St. Helena nach Paris bringen ließ, wo sie im Invalidendom Ludwigs XIV. pompös beigesetzt wurden. Es verwundert kaum, daß sich diese Geschichtspolitik, die die Gegenwart durch den stets hochsymbolischen Rückgriff auf die Vergangenheit zu legitimieren suchte, auch des Museumsgedankens bediente. Dieser Gedanke, der ganz

1 Victor Hugo: Choses vues, 1830-1846. Bd. 1. Paris 1972, S. 133.

2 Eine gute Einführung in das Leben des Bürgerkönigs bietet Michael Erbe: Louis-Philippe 1830-1848. In: Peter C. Hartmann: Französische Könige und Kaiser der Neuzeit. Von Ludwig XII. bis Napoleon III. 1498-1870. München 1994, S. 402-421. – Eine moderne Louis-Philippe-Biographie, die wissenschaftlichen Ansprüchen genügt, ist ein dringendes Desiderat. Den älteren Forschungsstand spiegelt Pierre de la Gorce: Louis-Philippe (1830-1848). Paris 1931. – Für jede Beschäftigung mit dem Roi-Citoyen noch immer unverzichtbar: Marguerite Castillon du Perron: Louis-Philippe et la révolution française. Bd. 1-2. Paris 1963.

3 Vgl. Jean-Marie Pérouse de Montclos/Robert Polidori: Versailles. Köln 1996 [EA 1991], Seite 286.

konkret die Umwandlung des Schlosses von Versailles in ein Historisches Museum meinte, war selbst im frühen 19. Jahrhundert, das sich als ganzes zu einer Epoche der Musealisierung entwickeln sollte, weder neu noch originell[4]. Nicht nur im Falle von Versailles wurzelte er in der Französischen Revolution, die als Zeichen ihres Triumphes einen Freiheitsbaum vor dem berühmten Marmorhof gepflanzt, den Bau aller königlichen Monogramme und Embleme entkleidet und das kostbare Mobiliar schließlich zum größten Teil 1793/94 versteigert hatte. Das Schloß selbst blieb als monströses Relikt des Ancien Régime, als ‚Maison Capet', unangetastet – freilich auch weithin ungenutzt, versunken in einem durchaus bedenklichen Dornröschenschlaf. Zwar beschloß der Wohlfahrtsausschuß recht bald die Einrichtung einer École centrale, die Gründung eines naturwissenschaftlichen Museums und die Einquartierung eines Verwundetenlazaretts im Palast des Sonnenkönigs. Auch ließ der Konvent schließlich alle französischen Kunstwerke aus den ehemals königlichen Sammlungen nach Versailles überführen. Das zu diesem Zweck im November 1793 eingerichtete Musée spécial de l'École française, konzipiert als Pendant zum international ausgerichteten Louvre, hatte allerdings nicht lange Bestand.

Auch Napoleons Pläne, das Schloß hinfort als kaiserliche Sommerresidenz zu nutzen, blieben Pläne. Nicht verwirklicht wurde ebenfalls sein Projekt, in Versailles ein gigantisches Armeemuseum einzurichten, dessen Hauptattraktion, durchaus im Stile der Zeit, große Panoramen gewesen wären, die – „Zeugnisse unseres Triumphes und des Ruhmes unserer Nation"[5] – an alle siegreich eingenommenen Hauptstädte Europas erinnert hätten. Am Ende ließ Napoleon lediglich das Grand Trianon instand setzen, besuchte es jedoch kaum und übergab es schließlich Madame Mère.

Im Unterschied zu Bonaparte hätte Ludwig XVIII., im Vollbewußtsein seines königlichen Herkommens, nur zu gern in Versailles residiert. Allein, das Staatsbudget erlaubte es nicht. Die Finanzlage hätte im Grunde auch Louis-Philippe jedes Engagement verbieten müssen. Aber der Roi-Citoyen war von dem hohen, ja unvergleichlichen symbolischen und politischen Wert des Schlosses überzeugt. Gewiß, er hätte nicht in Versailles residieren können, ohne die Legitimisten zu provozieren und die Republikaner zu irritieren. Gleichwohl ließ er das Schloß bereits 1830 wieder in die Zivilliste aufnehmen, sicherte mit insgesamt mehr als 20 Millionen Francs seinen Bestand und wies ihm zugleich eine neue, durchaus propagandistische Aufgabe zu: nämlich als Historisches Museum künftig die Funktion eines zentralen Erinnerungsortes französischer Geschichte und Kultur auszufüllen[6].

Eine solche Musealisierung des Schlosses hatte tiefe Eingriffe in die Bausubstanz zur Folge. Nicht nur die Appartements der Maintenon und der Pompadour fielen dem Umbau zum Opfer. An ihrer Stelle richtete man eine weitläufige Bildergalerie ein, in der dichtgedrängt und fein sortiert rund eintausend Plastiken und viertausend Gemälde unterschiedlich-

4 Zum folgenden u.a. Pierre de Nolhac: L'art à Versailles. Paris 1930 (= Versailles et la cour de France), S. 205-281; Pierre Verlet: Le château de Versailles. Paris 1985 [EA 1961], S. 661-666. – Resümierend: Bernard Champigneulle: Versailles und Fontainebleau. München 1971, S. 161 bis 165; Paul Barz: Die Menschen von Versailles. Biographie eines Schlosses. Zürich 1980, S. 376 bis 380 (populärwissenschaftlich).

5 Emmanuel de Las Cases: Mémorial de Sainte-Hélène. Bd. 1-8. Paris 1823, Bd. 5, S. 189f.

6 Hierzu speziell Thomas W. Gaehtgens: Le musée historique de Versailles. In : Pierre Nora (Hrsg.): Les lieux de mémoire. Bd. II: La nation. Paris 1986, S. 143-167.

ster – und das hieß: meist niedriger – Qualität ihren Platz fanden. In kunsthistorischer Perspektive hat man Louis-Philippes Museumsprojekt – ein Programm von bisweilen geradezu verwegener Schlichtheit – daher mitunter als ästhetische Barbarei gebrandmarkt. Aus geschichtswissenschaftlichem Blickwinkel ist der Fall freilich von größtem Interesse. Denn dieses Museum mit seinen Büsten, Statuen und Grabplatten, seinen Königsporträts und Geschichtsdarstellungen spiegelt wie in einer Momentaufnahme die französische Geschichtskultur zur Zeit des Bürgerkönigtums, macht ihre Intentionen, Medien und Deutungen anschaulich. Speziell die Analyse der spektakulären, 120 Meter langen, von Pierre-François-Léonard Fontaine und Frédéric Nepveu im Südflügel errichteten Galerie des Batailles, dem Herzstück des neueingerichteten Museums, kann, wie Thomas W. Gaehtgens bereits vor Jahren verbindlich demonstriert hat, den Umgang Louis-Philippes mit der nationalen Geschichte erhellen[7].

Die folgenden Betrachtungen gehen denn auch, was die ikonographische Deutung der einzelnen Gemälde, aber auch was das Programm der gesamten Galerie betrifft, kaum über Gaehtgens' Forschungen hinaus. Gleichwohl dürfte ein knapper Blick auf die Galerie des Batailles, zumal im Kontext dieses Sammelbandes, nicht unwillkommen sein. Denn zum einen hat Gaehtgens' Studie, eine kunsthistorische Arbeit, in der deutschen Geschichtswissenschaft, die die Julimonarchie ohnehin nicht gerade zu ihren bevorzugten Gegenständen zählt, bislang kaum angemessen Beachtung gefunden. Zum anderen bietet sich eine zugleich so hochdidaktische wie tiefpolitische öffentliche Einrichtung wie Louis-Philippes Schlachtengalerie für eine Betrachtung aus der Perspektive der Popularisierungsforschung geradezu von selbst an.

II.

Daß Politik immer auch ‚öffentliche Stilgebung' (Golo Mann) ist, bedarf kaum eines Belegs. In welcher Form sich diese Stilgebung äußern kann, ist freilich kaum von vornherein verbindlich zu entscheiden. Eine mögliche Form der Stilgebung ist die Popularisierung, also die massenhafte, allgemeinverständliche und adressatenbezogene Verteilung von Wissen, die man, zumal im politischen und ideologischen Kontext, aufgrund *moralischen* Urteils mitunter als Propaganda qualifiziert. Wenn im folgenden nach den Motiven, Bedingungen und Strukturen der Wissenspopularisierung gefragt wird, wie sie Louis-Philippe durch die Galerie des Batailles im Historischen Museum von Versailles beabsichtigte, wird damit Propaganda bewußt in den Zusammenhang von Wissen und Popularisierung eingeordnet – was eine unbefangenere Betrachtung ermöglicht und zugleich die Reichweite des Popularisierungsbegriffs unterstreicht. Bei einer Wissensverbreitung durch Bilder handelt es sich frei-

7 Ders.: Versailles als Nationaldenkmal. Die Galerie des Batailles im Musée Historique von Louis-Philippe. Vorwort von Pierre Lemoine. Antwerpen, Berlin 1985 [EA 1984]. – Zur Kunstpolitik des Roi-Citoyen grundsätzlich Michael Marrinan: Painting Politics for Louis-Philippe. Art and Ideology in Orléanist France, 1830-1848. New Haven, London 1988. – Im größeren Zusammenhang Francis Haskell: Die Geschichte und ihre Bilder. Die Kunst und die Deutung der Vergangenheit. München 1995 [EA New Haven, London 1993], S. 301ff. – Für weiterführende Literatur sei ein für allemal auf Gaehtgens' *opus magnum* verwiesen.

lich nicht nur um eine besonders eingängige und publikumswirksame, sondern auch um eine mittelbare, kaum eindeutig und sicher zu lenkende Form der Wissensvermittlung. Denn Bilder speichern zwar Wissen, halten es jedoch nicht in einer für jeden Betrachter gleichermaßen ‚lesbaren' Weise parat. Sie setzen vielmehr eine aktive Wissensrezeption voraus, sie implizieren und evozieren Wissen, sie verweisen auf virtuelle Wissensbestände und machen sie assoziierbar. Sie spiegeln damit nicht zuletzt auch eine spezifische Wissenskultur, also den Zusammenhang der Erzeugung, Speicherung und Verbreitung von Wissen.

Die Kanonisierungen und Veränderungen innerhalb dieser Wissenskultur – die in unserem Fall auf das historische und soziokulturelle Wissen vom Ursprung, von der Entwicklung und Aufgabe der französischen Nation fokussiert ist – lassen sich allerdings nicht ohne den gesellschaftlichen Wandel verstehen, hier: die Verwerfungen der postrevolutionären Ära, die sich den Zeitgenossen als krisenhafte Erfahrung einprägte. Tatsächlich stellte die vorderhand so selbstgenügsame Julimonarchie zu keinem Zeitpunkt ein französisches Biedermeier dar[8]. Schon die *Trois Glorieuses* waren keineswegs ein selbstverständlicher Triumph. Gewiß, die Unzufriedenheit mit der Regierung Karls X. war groß, und bereits Ende Mai 1830 war es – anläßlich eines Festes im Palais-Royal zu Ehren Franz' I., des Königs Beider Sizilien – zu lautstarken Ovationen für Louis-Philippe gekommen. Als Karl X. am 25. Juli seine umstrittenen, staatsstreichartigen Ordonnanzen erließ, war es jedoch nicht absehbar, daß der Chef des Hauses Orléans binnen weniger Tage zum König ausgerufen werden würde. Das Gros der Pariser Revolutionäre dachte nämlich gar nicht daran, einer konstitutionellen Monarchie den Weg zu bahnen, sondern kämpfte für die Ausrufung jener Republik, für die der greise Marquis de La Fayette stand, der das Hôtel de Ville besetzt hatte.

Am Ende war es die Mehrheit der parlamentarischen Opposition, die die Einrichtung einer konstitutionellen Monarchie nach englischem Vorbild durchsetzte. Am 29. Juli nahm Louis-Philippe das Amt des Reichsverwesers (lieutenant général du royaume) an, bereits zwei Tage darauf bekannte er sich feierlich zur Verfassung, um dann – in Begleitung einflußreicher Abgeordneter wie Jacques Laffitte und Benjamin Constant – La Fayette einen Besuch abzustatten, der seinen Zweck nicht verfehlte. Man demonstrierte Einigkeit und umarmte sich auf dem Rathausbalkon. La Fayettes Kuß ließ die Bedenken der Pariser Bevölkerung schwinden. Auch das war öffentliche Stilgebung.

Nachdem die Revision der Charte constitutionelle von beiden Kammern beschlossen und der Thron für vakant erklärt worden war, leistete Louis-Philippe schließlich den Eid auf die neue Verfassung und wurde am 10. August, bezeichnenderweise im Palais-Bourbon, dem Sitz der Deputiertenkammer, feierlich inthronisiert. Die Liberalen hatten, was sie wollten. Ruhe und Ordnung stellten sich gleichwohl nicht ein. Denn anhaltende Wirtschaftskrisen, Massenarbeitslosigkeit und Lohnverfall, Mißernten und Brotteuerung ließen das Heer der Zukurzgekommenen wachsen. Arbeiteraufstände in Paris und Lyon waren die Folge, Fi-

8 Zum folgenden immer noch S. Charléty: La monarchie de juillet (1830-1848). [Paris] 1921 (= Ernest Lavisse [Hrsg.]: Histoire de France contemporaine depuis la révolution jusqu'à la paix de 1919, Bd. 5). – Aus sozialgeschichtlicher Perspektive A. Jardin/A. J. Tudesq: La France des notables. Bd. 1: L'évolution générale 1815-1848; Bd. 2: La vie de la nation 1815-1848. Paris 1973 (= Nouvelle histoire de la France contemporaine, Bd. 6/7). – Eher populär gehalten J[ean] Lucas-Dubreton: La Restauration et La Monarchie de Juillet. Paris 1926 (= L'histoire de France racontée à tous).

nanz- und Bestechungsskandale in den höchsten Kreisen schmälerten die ohnehin gefährdete Reputation der Regierung, die Attentate auf den König häuften sich in bedrohlicher Weise.

Natürlich wußte Louis-Philippe, daß Hunger und Arbeitslosigkeit nicht mit Leinwand und Farbe zu bekämpfen waren. Zugleich jedoch hatte er erkannt, daß die Gefahren grundsätzlicher Natur waren, daß sich die Julimonarchie in einer strukturellen Krise befand, die sich am Ende als unüberwindbar herausstellen konnte. Diese Krise hatte zwei entscheidende Komponenten:

Zum einen mangelte es Louis-Philippe selbst, allen Beschwichtigungen zum Trotz, an der selbstverständlichen, unhinterfragbaren Legitimation. Der Herzog von Orléans war als Wunschkandidat der großbürgerlich-liberalen Opposition zum König erklärt worden, aber – unter Mißachtung aller Thronfolgebestimmungen – als „König der Franzosen" eben zu einem König von Volkes Gnaden, zu einem Roi-Citoyen. Eine solche Erhebung mochte in den Horizont der Zeit passen, warf aber nicht geringe Probleme auf – nicht zuletzt, Louis-Philippe zählte bei seiner Inthronisation bereits 56 Jahre, mit Blick auf mögliche Nachfolgeregelungen. Als Chef des Hauses Orléans, des jüngsten Seitenzweigs der Bourbonen, mangelte es ihm nämlich so empfindlich an jener dynastischen Legitimation, mit der noch Karl X. stets gerechnet hatte, daß er seine Existenz, die im Kern eine politische war, ganz der Verfassung von 1830 verdankte. Die Charte aber, des Königs Glück und sein Schicksal, zog Louis-Philippes Entscheidungen den Rahmen. Sie engte ihn ein. Weil ihm die plebiszitären Mittel, mit denen sich Napoleon III. in der Folge von Verfassung und Dynastie zu emanzipieren suchte, nicht zu Gebote standen, suchte Louis-Philippe seine Legitimation nicht in der Gegenwart, sondern durch die Vergangenheit.

Mit diesem dynastischen Defizit hing die andere, ungleich wichtigere Komponente der Dauerkrise der 1830er, 1840er Jahre zusammen. Louis-Philippe war zum König erhoben worden, um Revolution und Monarchie gleichsam miteinander zu versöhnen. Die Idee, das Ancien Régime und die Ideale der Revolution in einer realpolitischen Synthese miteinander zu verbinden – eine überspannte, durchaus hegelianische Idee – erwies sich jedoch rasch als unpraktikabel. Die Wirklichkeit ließ sich nicht im philosophischen Dreischritt durchmessen. Denn Frankreich war, ein Erbe der jüngsten Vergangenheit, in vier gegnerische Lager gespalten: in die Orléanisten, also die Anhängerschaft Louis-Philippes, und die Legitimisten, die Partei der Bourbonen, in die Verehrer Napoleons, die Bonapartisten, und die Republikaner. Die Folgen dieser Lagerspaltung waren kaum zu übersehen:

Die Liberalen, die sich unter der Regierung Laffitte ganz als Partei der Bewegung verstanden hatten, nahmen unter dem Einfluß Casimir Perriers, der im März 1831 zum Premierminister berufen wurde, mehr und mehr konservative Züge an. Diese innenpolitische Wende rief heftige republikanische Proteste auf den Plan. So kam es im Juni 1832 anläßlich der Trauerfeierlichkeiten für General Lamarque, einen bekennenden Republikaner, zu antiköniglichen Demonstrationen, die sich schließlich zu einem regelrechten Aufstand steigerten, der nur durch die Nationalgarde niedergeworfen werden konnte.

Aber auch die Anhänger der Bourbonen wollten ihren Frieden mit der neuen Monarchie nicht machen. Der alte Adel sah in Louis-Philippe kaum mehr als den ‚roi des barricades'. Er war abgestoßen von den so offensiv zur Schau gestellten bürgerlichen Lebensformen einer königlichen Familie, die in seinen Augen nie das Ursupatorische abstreifen konnte. Nicht nur die gute Gesellschaft des Faubourg Saint-Germain mied daher jeden Verkehr mit

Louis-Philippe. Es war durchaus kein Zufall, daß die Duchesse de Berry, die Schwiegertochter Karls X., in dieser Situation in Marseille landete, um einen Aufstand zugunsten ihres Sohnes, des Herzogs von Bordeaux, anzuzetteln. Mochte sie am Ende auch inhaftiert und von der Opposition verlacht werden – mit den Legitimisten war nach wie vor zu rechnen.

Das galt auch für die Mehrzahl der Revolutionäre von 1830, die sich, je länger, je mehr, um ihre Republik betrogen fühlten. Nicht zuletzt galt das für die vielen Anhänger Napoleons, die in der Julimonarchie nichts vom Ruhm und Glanz des Empires zu entdecken vermochten. Die Integration von Bonapartisten, Legitimisten und Republikanern in den neuen Staat erwies sich als im höchsten Maße problematisch. Ablesbar war dieser Umstand, gleichsam die schwerste Hypothek der Julimonarchie, an den bereits kurz erwähnten öffentlichen, verstärkt auch gewalttätigen Protesten der *classes laborieuses*. Als symptomatisch darf etwa der Aufruhr anläßlich des feierlichen Gedächtnis-Seelenamtes für den Duc de Berry in Saint-Germain l'Auxerrois gelten, der am 14. Februar 1831, der Fête du bœufe gras, dem spektakelhaft-ausgelassenen Höhepunkt des Pariser Faschingstreibens, zur Erstürmung und Plünderung des erzbischöflichen Palais' führte. Im Februar 1834 dann gipfelten die Proteste gegen Lohnkürzung und Koalitionsverbot im Generalstreik der Seidenarbeiter von Lyon; im April des gleichen Jahres kam es im Zuge des staatlichen Vorgehens gegen die „Société des droits de l'homme et du citoyen" zu Barrikadenkämpfen in Paris, die erst durch das berüchtigte Massaker in der Rue Transnonain niedergeschlagen wurden.

Dieses harte Durchgreifen zeigte, wie es mit einem Regime stand, das – allem Ehrgeiz zum Trotz – ungesichert, ja latent gefährdet war. Das Changieren zwischen Absolutismus und Demokratie, als Politik des *juste-milieu* verklärt, machte die Julimonarchie zu einem Königtum der Aushilfen, zu kaum mehr als einem Intermezzo zwischen zwei Revolutionen. Gleichwohl war sich Louis-Philippe, dessen Herrschaft sich auf das ‚pays légal', die rund 190.000 Wähler, gründete, sehr wohl im klaren darüber, daß es für den Erfolg dieser Politik darauf ankommen würde, die unterschiedlichen Lager zu vereinen und dem Staat eine Idee zu geben. Ihm war bewußt, daß er seine Herrschaft auf Dauer nur dann sichern würde, wenn es ihm gelänge, weite Kreise von der Strategie des *juste-milieu* zu überzeugen, wenn also die Idee der unteilbaren Nation alle Risse innerhalb des Volks überdecken würde.

Ebenhier liegen die Motive, die Louis-Philippe veranlaßten, durch die Galerie des Batailles das Ideal einer ruhmreichen und einheitlichen Nation zu verbreiten, hier liegt der Grund dieses Popularisierungsversuchs. Und dieser Versuch war durchaus ernst zu nehmen. Mochte es dem Musée Historique, mochte es speziell der Schlachtengalerie mitunter an künstlerischer Qualität mangeln – eines war die Galerie nicht: „stumpfsinnig vollgepfropft mit wahllos vorgezeigten historischen Relikten"[9]. Gewiß, nicht jeder König war hier zu sehen, ja noch nicht einmal jedes Jahrhundert war präsent. Auch waren die französischen Könige erstaunlicherweise gleichberechtigt neben Napoleon, je selbst neben den Revolutionären vertreten. Genau hierin spiegelte sich allerdings das Konzept der Galerie des Batailles[10].

9 Barz: Menschen (wie Anm. 4), S. 380.
10 Zum folgenden ausführlich Gaehtgens: Versailles (wie Anm. 7), S. 115-121.

III.

Bereits 1833 war verbindlich festgelegt worden, die Galerie solle alle Schlachten vereinen, „dont s'honore la valeur française"[11]. Als sie vier Jahre später eröffnet wurde, zeigte sie statt der ursprünglich projektierten 20 sogar 33 Gemälde. Die ganz überwiegende Zahl (29) wurde von Louis-Philippe in Auftrag gegeben und von Malern unterschiedlichster politischer und künstlerischer, klassizistischer wie romantischer Provenienz ausgeführt, wobei wir weder über die Kriterien der Bildauswahl noch über die Konditionen, unter denen die beteiligten Künstler ihre Gemälde schufen, hinreichend orientiert sind. Als die Galerie 1837 eröffnet wurde, sah sich der aufmerksame Betrachter von der ‚dunklen', fränkischen Zeit bis hinein in die Napoleonische Ära einer Fülle von Schlachtszenen gegenüber, die aufgrund ihrer ‚Historizität' und Monumentalität, wohl auch aufgrund des Ausstellungsortes – Versailles – als authentische Zeugnisse des Vergangenen galten. So jedenfalls sah es Louis-Philippe, für den die Kunst – ganz im Einklang mit den führenden ästhetischen Theorien seiner Zeit – erst in der Historienmalerei ihre höchste Berufung gefunden hatte. Nur in dieser Art der Veranschaulichung historischer Themen vermochte der König, der unter der Aufsicht der Comtesse Stéphanie Félicité de Genlis (1746-1830) selbst eine ausgezeichnete Erziehung genossen und bei seinen Kindern insbesondere Wert auf einen fundierten Geschichtsunterricht gelegt hatte, die „vérité dans la peinture"[12] zu erblicken.

Welche Wahrheit aber war es, die hier bunt und breitwandig dem großen Publikum vermittelt werden sollte? Welches Wissen wurde hier popularisiert? Mitnichten waren es die vielen anekdotischen Details, die die Essenz dieses Bilderzyklus' ausmachten. Erst recht nicht ging es um die Popularisierung eines militärtechnischen Wissens, mit dem die Gemälde ohnehin eher unbedacht verfuhren. Die Galerie des Batailles war eben keinesfalls eine Glorifizierung der „histoire militaire de la France depuis Tolbiac jusqu'à Wagram"[13], wie sie etwa Laurent-Pierre de Jussieu in seinem Entwurf einer „Galerie historique ou Cours d'histoire générale par tableaux" dem Innenminister 1816 empfohlen hatte. Ohne Frage war Louis-Philippes Museum „in erster Linie ein Meisterwerk politischer Propaganda"[14]. Es war ein Zentrum staatsbürgerlicher Instruktion, das sich freilich nicht als illustrierte Geschichte des bürgerköniglichen Frankreichs, sondern als historische Summe der *Grande nation* überhaupt verstand. Nicht die Dynastie, sondern die Idee der einen, unteilbaren und ewigen Nation war es, die die Galerie dominierte.

Dieses Wissen, ein Wissen um die Einheit der Nation, wurde durch ein Bildprogramm abrufbar, das von der kunsthistorischen Forschung mit Vorliebe als ästhetisch zweifelhaft abgestempelt worden ist. Allerdings war die Galerie des Batailles – und das ist popularisierungstheoretisch der entscheidende Punkt – nicht auf den ästhetischen Genuß, zumal denjenigen kommender Generationen berechnet. Die Galerie zielte auf die Gegenwart, und sie zielte auf sie in politischer, genauer: in nationalpolitischer Absicht. Für diese Absicht war

11 Zit. nach ebd., S. 116.
12 Zit. nach ebd., S. 119.
13 So aber Verlet: Château de Versailles (wie Anm. 4), S. 662.
14 Pérouse de Montclos/Polidori: Versailles (wie Anm. 3), S. 406.

Galerie des Batailles.
Stich aus: Ch. Gavard: Galeries historiques du Palais de Versailles. Paris 1838.

jedoch nicht der ästhetische Reichtum der Gemälde entscheidend, sondern die gewollte Eindeutigkeit und die allgemeine Verständlichkeit der Bildaussagen.

Mit der Allgemeinverständlichkeit hatte es freilich eine besondere Bewandtnis. Angesichts der sorgfältigen Planungen für die Schlachtengalerie, die die Bildaussagen jedenfalls grundsätzlich mit den Erkenntnissen der neuesten historischen Forschung abzugleichen suchte, unterliegt es keinem Zweifel, daß durch die Schlachtengalerie sehr bewußt ein wissenschaftlich gewonnenes, durch akademisches Renommee legitimiertes Wissen von einem kleinen ‚Popularisatorenkreis' um Louis-Philippe für die breite Masse des Volkes anschaulich und effektvoll aufbereitet werden sollte. Diese ‚Aufbereitung' selbst genügte freilich nur eingeschränkt wissenschaftlichen Ansprüchen. Das historische Wissen veränderte in diesem Popularisierungsprozeß daher signifikant seine ‚Lesbarkeit'. Die Botschaft, zu deren Verbreitung die Galerie angelegt war, ließ sich nicht an der Oberfläche der Leinwand finden, ja ihre Entschlüsselung setzte sogar ein gehöriges Maß an Vorwissen voraus. Die Unabdingbarkeit eines solchen Vorwissens mußte freilich, wie noch auszuführen sein wird, erhebliche Auswirkungen auf das Gelingen der Popularisierung haben.

Wie erwähnt, erschöpfte sich die Galerie nicht in ihren Schlachten. Von seiner Konzeption her machte der Bilderzyklus vielmehr jede einzelne Schlacht transparent auf den eigentlichen Gegenstand, der aus der Tiefe der Gemälde immer wieder heraufleuchtete: das Verhältnis zwischen Führer und Heer, zwischen Fürst und Volk. So unterschiedlich sich dieses Verhältnis gestaltete, so bunt und verschieden es jeweils dargestellt war, so eindeutig erschien die aus alledem resultierende Gesamtaussage: daß nämlich die französische Nation aus dem gemeinsamen Handeln von König und Volk entstanden und nun das Haus Orléans dazu berufen sei, die Einheit dieser Nation herzustellen und zu bewahren.

Es war dieses Wissen von der Einheit der Nation, ein elementares, staatsbürgerliches Orientierungswissen also, das durch die Galerie des Batailles, die man vordergründig als eine Anhäufung von Kriegsbildern bestaunen konnte, popularisiert wurde. Mittel und Zweck standen dabei vor allem deswegen in einem vorbildlichen Verhältnis zueinander, weil sich in den Gemälden *nolens volens* die Erfahrung ausdrückte, daß die Entstehung der französischen Nation im modernen Sinne undenkbar gewesen wäre ohne die Siege der Revolutionsarmee und die Feldzüge Napoleons. Auch von hier aus wird verständlich, warum in der Galerie, die an diese und andere Schlachten erinnerte, keine *inner*französischen Kämpfe, erst recht jedoch keine verlorenen Schlachten zu sehen waren. Popularisierung verbreitet eben nicht nur Wissen, sie verwandelt es, sie selektiert und konstituiert es neu. Daß der Besucher etwa für die Napoleonische Ära – aller bewußten Distanz zwischen dem Roi-Citoyen und dem Kaiser zum Trotz – weder mit dem desaströsen Rußlandfeldzug von 1812 noch mit der Niederlage bei Belle-Alliance konfrontiert wurde, war jedenfalls kein Zufall. Traumata eignen sich nur sehr bedingt zur Befestigung nationaler Identität.

Diese unausgesprochene Prämisse war für die Konzeption der Galerie des Batailles von größter Bedeutung. Sie war für den Zuschnitt des gesamten Saales verantwortlich, sie entschied über die Anlage der Bildfolge und die Aufnahme einzelner Schlachten, unter denen sich keine Darstellungen aus der Restauration und der Julimonarchie befanden. Für den Erfolg des Popularisierungsprozesses war die genannte Prämisse ohnehin unablässig. Nur indem man das Strittige, die mehrdeutige Vergangenheit wie die umkämpfte Gegenwart, aus der Galerie ausschloß, konnte das Wissen von der Nation jene Homogenität erreichen, die für eine gelingende Popularisierung unabdingbar ist. Diese Popularisierung setzte bei jenem

Wissen um die Konstruktion der Nation an, wie es von Louis-Philippe und seinen Beratern, unter denen sich nicht nur der Erzieher des Prinzen von Joinville und der Direktor der Königlichen Museen, sondern die hervorragendsten Historiker ihrer Zeit befanden, ‚produziert' wurde.

Diese ‚Wissensproduktion' folgte allerdings, was die künstlerische Umsetzung angeht, nicht immer einem wissenschaftlichen Standard. Der Bilderzyklus der Galerie des Batailles blieb in bezeichnenden Details bewußt hinter dem Kenntnisstand seiner Zeit zurück[15]. Wenn etwa Odo, der Comte de Paris, auf dem Gemälde „Odo verteidigt die Stadt Paris gegen die Normannen" bereits die Königskrone trägt, wiewohl er tatsächlich erst 888, also zwei Jahre nach dem dargestellten Ereignis, in Compiègne gekrönt und gesalbt wurde; wenn andererseits in der offiziösen Erläuterung von Eugène Delacroix' „Schlacht von Taillebourg" mit keinem Wort darauf hingewiesen wird, daß Ludwig der Heilige hier nicht gegen eine auswärtige Macht, sondern gegen Hugues de Lusignan, einen abtrünnigen Vasallen, kämpft – dann zeigt sich in aller Deutlichkeit, daß die Popularisierung hier kein intersubjektiv verifizierbares, gleichsam epistemisches Wissen transportiert, sondern eine ‚Wahrheit höheren Ranges': die Vorstellung einer *historisch* begründeten Einheit der Nation nämlich, des siegreichen Zusammenwirkens von Krone und Volk.

Da man in dieser Vorstellung ein probates Mittel sah, um der krisengeschüttelten Julimonarchie (noch dazu in geschichtsgläubigen Zeiten) die gewünschte Stabilität zu verleihen, bediente man sich eines modernen, ebenso akademisch sanktionierten wie breitenwirksamen und noch dazu höchst unterhaltsamen Mediums: des Historienbildes. Denn Louis-Philippe – um auf die in der Einleitung dieses Bandes vorgeschlagenen Parameter zurückzukommen – betrachtete nicht nur einen Teil Frankreichs als Adressaten der Galerie, sondern die gesamte Nation. Das war ein Wunschdenken, gewiß. Aber eben doch ein konsequentes Wunschdenken. Denn die Einheit der Nation, die durch die Schlachtengalerie propagiert wurde, bedurfte gewissermaßen der Konkretisierung in jenem Publikum, das zunächst, wie Louis-Philippe befriedigt feststellte, in der Tat zu Tausenden das Schloß von Versailles besuchte[16]. In der Galerie des Batailles hielt die Nation Zwiesprache mit sich selbst.

In den ersten Jahren seines Bestehens strömten denn auch ganze Scharen von Wochenendausflüglern aus Paris in das Musée Historique. Mit dem massenhaften Besuch durch Schulklassen rückte die intendierte Breitenwirkung sodann ein wichtiges Stück näher. Auch wenn wir über die genauen Rezeptionsbedingungen, wie stets vor allem aufgrund einer unausgewogenen Quellenlage, kaum informiert sind, so ist es in unserem Zusammenhang doch auffällig, daß das Historische Museum – im 19. Jahrhundert keine Selbstverständlichkeit – bereits unmittelbar nach seiner Eröffnung mit Prachtbänden, Katalogen und Führern wie etwa Jules Janins vierbändigem Werk „Histoire de France servant de texte explicatif aux tableaux des Galeries de Versailles" (1838) an die Öffentlichkeit trat, die zum Teil die Gemälde der Galerie des Batailles in Stichen enthielten – um dem interessierten Betrachter die

15 Zum folgenden Gaehtgens: Versailles (wie Anm. 7), S. 135f. und 150.

16 Der Erfolg, so bemerkte der König, sei außerordentlich: „Nicht nur die Pariser kommen, sondern auch die Bauern streben aus allen Dörfern dorthin. Letzten Dienstag waren es, wie man sagt, 12.000 Besucher, und alle benehmen sich äußerst anständig und verursachen kein Durcheinander." Zit. n. ebd., S. 327.

häusliche Vor- und Nachbereitung zu erleichtern, vor allem aber um die Franzosen in der Provinz, die in der Regel nicht die Gelegenheit hatten, die Schlachtengalerie zu besuchen, zumindest mittelbar am Popularisierungsgeschehen teilhaben zu lassen[17].

Welches Wissen aber wurde hier nun genau popularisiert? Worin lagen die Charakteristika des Geschichtsentwurfs, der in der Galerie Gestalt angenommen hatte? Von der Schlacht von Tolbiac (496) bis zur Schlacht von Wagram (1809) schrieb die Galerie des Batailles einen Kanon identitätsstiftenden, historischen, ja kulturellen Wissens fest. Er umfaßte insbesondere das im Grunde unhistorische Wissen von der nationalen Berufung der französischen Herrscher. In einer solchen Interpretation waren es im Falle der Schlacht von Poitiers oder der Unterwerfung Widukinds in Paderborn dann vor allem die mittelalterlichen Könige, die die Einheit des Landes herstellten, sie garantierten und schützten – und dabei als *Rex christianissimus* immer auch das Christentum verteidigten, also das religiöse Einheitsband um ihr Volk schlangen.

So bewußt sich die Nation, in dieser Deutung, durch Politik, Krieg und Religion nach innen selbst erschuf, so scharf grenzte sie sich nach außen ab. Gerade die spätmittelalterlichen und frühneuzeitlichen Schlachten zeigen die Nation denn auch im Kampf gegen fremde Aggressoren. Nicht nur bei den Schlachten von Bouvines, Taillebourg, Mons-en-Puelle oder Calais kämpfte das französische Heer siegreich gegen auswärtige Mächte – eine Deutung von höchster Evidenz, war es aus dem Blickwinkel des 19. Jahrhunderts doch tatsächlich der Krieg, in dem die Nation gründete, in dem sie sich bewährte und sich selbst immer wieder erschuf.

Wer aber kämpfte für Frankreich? Die Gemälde zeigen Adel, Fürsten und Volk, und ihr Verhältnis zueinander darf durchaus als Leitmotiv der gesamten Galerie verstanden werden. Dieses Verhältnis nämlich ließ sich leicht auf die Gegenwart beziehen, um durch eine teils bewußt geschichtsklitternde Interpretation die Herrschaft Louis-Philippes historisch zu legitimieren. Entsprechende Präzedenzfälle waren in der Galerie des Batailles kaum zu übersehen: Durch Verdienste, nicht durch legitime Erbfolge hatte etwa Odo („Odo verteidigt die Stadt Paris gegen die Normannen“) die Königswürde errungen. Philipp der Schöne („Die Schlacht von Mons-en-Puelle“) wiederum hatte die Privilegien des Adels beschnitten und dem Volk mehr Rechte gewährt. Und Philipp von Valois („Die Schlacht von Cassel“), wie der Roi-Citoyen einer Nebenlinie der Dynastie entstammend, war durch Beschluß der Generalstände auf den Thron gelangt. Die Parallele war offensichtlich, die Botschaft eindeutig.

Da es in Zeiten politischer Grabenkämpfe freilich vor allem um Ausgleich gehen mußte, wurden natürlich auch die Erwartungen der Legitimisten erfüllt – gerade mit Blick auf den Ort des Sonnenkönigs in der französischen Geschichte: Gleich sieben Gemälde thematisierten Schlachten aus der Epoche Ludwigs XIV., dessen Eingreifen in der Schlacht von Valenciennes, Inbegriff aller Herrschertugend, als Pendant zu Chlodwigs Sieg bei Tolbiac – mithin an prominenter Stelle – zu sehen war. Die Schlacht von York-Town wiederum erinnerte an den amerikanischen Freiheitskampf und zeigte noch dazu neben Washington und General

17 Galeries historique du Palais de Versailles. Bd. 1-9. Paris 1839-1918; Ch. Gavard: Galeries historiques de Versailles. Bd. 1-13. Paris 1838; Jules Janin: Versailles et son musée historique. Description de la ville, du Palais, du Musée, des Jardins et des deux Trianons. [o.O.] 1837; Jean Vatout: Souvenirs historiques des résidences royales de France. Palais de Versailles. Paris 1837.

Rochambeau den jungen La Fayette, dessen Kuß für Louis-Philippes 1830 so wichtig gewesen war. Mit Rücksicht auf die Anhänger der Französischen Revolution waren freilich auch die Revolutionskriege durch die Schlacht von Fleurus gebührend vertreten; gleich fünf Gemälde behandelten schließlich die Napoleonischen Kriege, darunter etwa die Schlachten von Austerlitz und Jena.

IV.

Mit diesem großen, durchaus riskanten Geschichtsbogen popularisierte die Galerie des Batailles ein Wissen, das geeignet schien, der strukturellen Krise der Julimonarchie zu begegnen. Zum einen minderte es das dynastische Manko des Roi-Citoyen. In der Galerie des Batailles kompensierte Louis-Philippe die mangelnde Geblütsheiligkeit ganz im Sinne seiner säkularisierten, kunstgläubigen und vergangenheitsseligen, ja historistischen Zeit durch eine neue Geschichtsheiligkeit. Als Beispiel hierfür mag Horace Vernets Gemälde „Philippe-Auguste vor der Schlacht von Bouvines" dienen, das gewissermaßen im Zentrum der Mittelalterszenen steht[18]. Vernet zeigt ein Ereignis, dessen historische Wahrheit bereits zur Zeit des Bürgerkönigs bezweifelt wurde. Unmittelbar vor der alles entscheidenden Schlacht, so berichtet die Anekdote, habe Philipp II. August nach der Meßfeier seine Krone auf den Altar gelegt und demjenigen versprochen, der ihr angesichts des bevorstehenden Kampfes würdiger sei als er. Nachdem ihm alle Ritter einmütig zugejubelt hätten, habe die Schlacht angehoben, die bekanntermaßen mit dem glänzenden Sieg über den Kaiser, den Grafen von Flandern und Johann I. ohne Land endete.

Vernets Gemälde ist ein deutliches Beispiel für die bewußte Veränderung, für die Neu-Konstituierung, die das Wissen durch die Popularisierung erfährt: Während nämlich der Museumskatalog an der entsprechenden Stelle – wissenschaftlich korrekt – darauf hinweist, daß für diese Anekdote kein Beleg in zeitgenössischen Berichten existiere, weiß das Gemälde von solchen Vorbehalten nichts. Indem es ganz unbefangen die entscheidende Szene – Philippe-Auguste mit der feilgebotenen Krone im Mittelpunkt, um ihn herum die ihm huldigenden Heerführer – darstellt, schafft es eine neue, ‚wirkliche' Wirklichkeit: Selbst ein so starker König wie Philipp II. August verdankt seine Krone, ganz wie Louis-Philippe, in erster Linie nicht der Geburt, sondern der Zustimmung der Großen. Diese Analogie war unhistorisch, aber wirkungsvoll. Sie setzte den bürgerlichen Leistungsgedanken des neunzehnten Jahrhunderts an die Stelle von Erbrecht und Geblüt und versicherte die Herrschaft Louis-Philippes der ‚Wahrheit' des Historienbildes.

Zum anderen verbreitete die Galerie des Batailles jene Einheitsideologie, wie sie bereits im allerersten Gemälde des Zyklus', Ary Scheffers „Schlacht von Tolbiac", zutage tritt[19]. Auch für das hier dargestellte Ereignis – Chlodwigs Gelöbnis, sich zum Christentum zu bekehren, wenn er die Alemannen besiege – sind keine zeitgenössischen Quellen überliefert. Wiederum erschafft sich die Popularisierung ihr eigenes Wissen, indem sie Chlodwigs Sieg gegen die Alemannen als nationales Ereignis feiert – errungen nur durch den gemeinsamen

18 Zum folgenden Gaehtgens: Versailles (wie Anm. 7), S. 138-145.
19 Zu diesem Komplex ebd., S. 123ff.

Ary Scheffer: Die Schlacht von Tolbiac. Versailles, Galerie des Batailles.

Kampf von Galliern und Franken gegen die Feinde. Und diese Einheitsvorstellung, im Grunde ein anachronistischer ‚Staatsgründungsmythos', spiegelt sich sogar in Details der künstlerischen Gestaltung. Während nämlich der Fahnenträger neben Chlodwig durch seine Beinkleider eindeutig als Franke gekennzeichnet ist, lassen sich die Figuren um ihn herum leicht als Gallier identifizieren. Auch hier ist die Aussage eindeutig: Wie Chlodwig die Schlacht von Tolbiac nur durch die Einmütigkeit der verschiedenen Volksgruppen gewann, so wird das Frankreich der 1830er Jahre seine Größe nur dann zurückgewinnen, wenn die zerstrittenen politischen Lager zur nationalen Einheit finden.

Diese Idee der *réconciliation* läßt sich auch aus anderen Gemälden der Galerie des Batailles herauslesen, etwa aus François Gérards „Einzug Heinrichs IV. in Paris"[20] – ein Sujet, das bereits während der Restauration als Symbol für die nationale Einigung diente. Und tatsächlich war nach dem Ende Napoleons kaum ein Motiv so geeignet, die Idee nationaler Einheit zu propagieren, wie der Einzug Heinrichs IV. in die französische Hauptstadt 1594, der den neuen Einklang von König, Kirche, Adel und Volk nach den Verheerungen der Hugenottenkriege versinnbildlichte.

Nicht von ungefähr lag der Akzent bei diesem politischen Anschauungsunterricht, der die Aussöhnung der verfeindeten Parteien durch den König empfahl, auf dem Volk, modern gesprochen: auf dem Bürgertum. Nichts könnte diesen Umstand besser verdeutlichen als Henri Scheffers Gemälde „Der Einzug Jeanne d'Arcs in Orléans", das – erst 1837 in Auftrag gegeben, 1843 im Salon ausgestellt – seinen Platz genau in der Mitte der Galerie fand[21]. Daß die heilige Jungfrau – hier in voller Rüstung zu sehen, wie sie vor mystisch-dunklem Hintergrund auf die Stadtmauern von Orléans zureitet – durch Scheffers Gemälde in die Reihe der bedeutendsten Könige und Heerführer Frankreichs eingereiht wurde, ist im Grunde nicht verwunderlich. Eigentümlich aber ist der Umstand, daß Jeanne d'Arc in der Galerie des Batailles ebenjenen hervorgehobenen Platz einnimmt, der ursprünglich für ein ganzfiguriges Porträt Louis-Philippes reserviert gewesen war. Allerdings paßte diese Inszenierung der Jungfrau von Orléans bestens zu dem großangelegten Jeanne d'Arc-Kult, in dem Johanna seit 1789 als Vorbild eines tugendhaften, patriotischen Verhaltens verehrt wurde – wobei die Akzente durchaus wechseln konnten. Hatte etwa die Französische Revolution in Jeanne d'Arc noch vorrangig die Vorkämpferin der Freiheit gefeiert und die Restauration in ihr vor allem die Beschützerin der Monarchie, die treue Dienerin Gottes verehrt, so sah das Bürgerkönigtum in Johanna nun die Retterin Frankreichs in einer Situation machtpolitischer Zerrissenheit. Welcher Beliebtheit sich Jeanne d'Arc gerade in diesen Jahren erfreute, belegt jedenfalls nicht zuletzt die berühmte, massenhaft kopierte Marmorstatue von Marie d'Orléans, einer Tochter Louis-Philippes. Und wenn Louis-Philippe selbst die heilige Jungfrau geradezu zur Symbolfigur des Kampfes für eine Erneuerung der ungeordneten politischen Zustände stilisierte, dann war das selbstredend auf die eigene Zeit hin berechnet. Die Analogie war jedenfalls für niemanden zu übersehen: Wie Karl VII. durch das Eingreifen Jeanne d'Arcs, der Personifikation des Volkes, die Krönung in Reims ermöglicht worden war, so war auch Louis-Philippe durch das Volk zur Herrschaft gelangt.

---

20 Vgl. ebd., S. 181-185.
21 Vgl. ebd., S. 162-168.

Louis-Philippe selbst war freilich, wie bereits erwähnt, in der Galerie des Batailles nicht präsent. Daß auf das anfänglich geplante Reiterbildnis in der Mitte des Raumes verzichtet wurde und am Ende sogar das Porträt des Königs zugunsten des Jeanne d'Arc-Gemäldes entfiel, war allerdings kein Ausdruck einer prinzipiellen *modestie royale*. Betrachtet man die Galerie des Batailles nämlich im größeren Zusammenhang des Historischen Museums, so kann von einer königlichen Zurückhaltung keine Rede sein. Die Schlachtengalerie wurde nämlich flankiert von zwei Räumen, die ganz auf Louis-Philippe zugeschnitten waren: den Saal von 1792 und den Saal von 1830[22].

Der Saal von 1792, vom Besucher vor dem Eintritt in die Galerie des Batailles zu besichtigen, entfaltete im Grunde bereits das gesamte Programm der nationalen Einheit jenseits aller Interessengegensätze. Vor allem aber erinnerte er durch zwei Gemälde von Horace Vernet an die Schlachten von Jemmapes und Valmy, die schon in der Restaurationszeit durch das Haus Orléans als Siege Louis-Philippes propagiert worden waren, der an diesen Kämpfen des Herbstes 1792 als Adjutant Dumouriez' beteiligt gewesen war. Es war insbesondere das Lager der Republikaner, dem sich der Jakobiner Louis-Philippe, der Sohn Philippe Égalités, mit dieser Inszenierung, die einem Bekenntnis zu den Idealen der Französischen Revolution gleichkam, empfahl. Darüber hinaus wurde durch die Darstellung der Schlachten von Jemmapes und Valmy wiederum das Wissen von der Kraft und Stärke der einen und einigen Nation popularisiert.

Bildete der Saal von 1792 gleichsam die ideologische Einstimmung auf die Galerie des Batailles, so mag man im Saal von 1830, den der Besucher im Anschluß an die Galerie betrat, den heimlichen Zielpunkt des Schlachtenzyklus' sehen. Hatte man in der Galerie des Batailles die unmittelbare Gegenwart ganz bewußt aus dem Raumprogramm ausgespart, so war hier ein ganzer Raum einzig und allein der Erinnerung an die *Trois Glorieuses* und der Übertragung der Herrschaft auf Louis-Philippe gewidmet. Der Saal von 1830 enthüllte endgültig den teleologischen Charakter der scheinbar rein wissenschaftlich begründeten Bildfolge der Schlachtengalerie, er exemplifizierte das bis dahin recht abstrakte Wissen von der Einheit der Nation am konkreten Beispiel, er verzeitlichte dieses durch immergleiche Bildsujets entzeitlichte Wissen wieder. Daß auch durch die Gemälde dieses Saales kein Wissen im strengen platonischen Sinne, sondern eine ‚Wahrheit' popularisiert wurde, die aus sich selbst heraus ihren Geltungsanspruch behauptete, ist evident. Zeitgenössische Quellen wissen etwa nichts von dem Jubel des Volkes, den Charles-Philippe Larivières „Ankunft des Duc d'Orléans vor dem Rathaus von Paris" zeigt. Und die aufgeheizte Stimmung dieser Tage, die sich in Parolen wie „À bas le Duc d'Orléans" entlud, sucht man auch auf François Gérards „Verlesung der Deklaration der Abgeordneten" vergeblich. Unstreitig als Höhepunkt des Saales von 1830 muß jedoch Eugène Devérias großformatiges Gemälde „Louis-Philippe leistet den Eid vor den Kammern" gelten. Dieser Eid, die Geschäftsgrundlage des Bürgerkönigtums, war ein beherrschendes Motiv der populären Graphik der Zeit, die dieses Wissen um das Königtum Louis-Philippes, oft unter Hinzufügung eines Abdrucks der Charte Constitutionelle, massenhaft verbreitete. François Gérards berühmtes Porträt, das den König zeigt, wie er seine Hand bekräftigend auf die Verfassung von 1830 legt, wurde so zum Inbegriff dieser Popularisierung. „Vive la charte!" war die Losung, der Louis-Philippe

22 Zum folgenden ebd., S. 259-315, bes. S. 267-272, 288-297 und 302-307.

die Königswürde zu verdanken hatte. Und „Vive la charte!“ war ebenfalls die Losung, mit der der Roi-Citoyen die gegnerischen Lager Frankreichs vereinen, die Nation neu errichten wollte. Auf sie lief das Programm der Galerie des Batailles, die wieder und wieder die wechselseitige Abhängigkeit von König und Volk thematisierte, am Ende hinaus.

V.

Die Galerie des Batailles war ohne Zweifel mehr als „eine Art Diorama der Heldentaten Frankreichs“[23]. Und sie war auch etwa anderes als die Galerie Franz I. in Fontainebleau oder der Spiegelsaal in Versailles, der eine grandiose Apotheose des Sonnenkönigs vorstellte. Worum es Louis-Philippe ging, besagte die Inschrift, die er am Schloß Ludwigs XIV. hatte anbringen lassen: „À toutes les gloires de la France“[24]. Das war keine schöne Phrase, sondern tiefer Ernst. Der Roi-Citoyen dedizierte das Schloß, mithin sein Musée Historique, Frankreich und das hieß: der französischen Nation, die sich in Versailles selbst erschaffen sollte. Die Nation, nicht die Dynastie – und das war ein ganz und gar moderner Gedanke – sollte so zum Motor der französischen Geschichte werden.

Die unmittelbare politische Absicht dieses Konzepts wurde nicht erreicht. Schon bald verlor das Historische Museum, verlor auch die Galerie des Batailles, seine Anziehungskraft. Der Versuch, Frankreichs politische Lager im Bild zu vereinen, war ehrenwert, aber idealistisch durchtönt. In der Revolution von 1848, in der hastigen Abdankung des Königs zeigte sich, daß Louis-Philippes Geschichtskitt nicht taugte, um das auseinanderdriftende Frankreich zusammenzuhalten. Daß die Popularisierungsbemühungen nicht den erhofften Effekt zeitigten, hatte durchaus verschiedene Gründe: Zum einen erwies sich die Reichweite ihrer Aussage als zu begrenzt. Die Galerie des Batailles wurde von einem großen, aber nicht von einem Massenpublikum besucht. Regelmäßige, für jedermann offene Führungen fanden nicht statt, Kataloge und Führer blieben in der Hand einer ‚wissenden‘ Minderheit. Zum anderen mußte das Medium des Historienbildes am Ende als zu statisch gelten: Einmal eingerichtet, hätte die Galerie neue Tendenzen nur um den Preis ihrer Selbstzerstörung aufgreifen können. Drittens erwies sich wohl auch die Botschaft der Schlachtenbilder als zu verschlüsselt, als daß das breite Publikum hinter den blitzenden Waffentaten unmittelbar das Streben um die Einheit der Nation hätte erkennen können. Das obligatorische Vorwissen erwies sich als hinderlich. Und schließlich folgte die Wahrnehmung des Betrachters nicht den Annahmen der Popularisatoren um Louis-Philippe. Die Aussage der Galerie des Batailles drohte im bunten Vielerlei des Musée Historique unterzugehen. Versailles, so stöhnte etwa Friedrich Hebbel, der sich aufgrund eines Reisestipendiums des dänischen Königs Christians VIII. 1843/44 in Paris aufhielt, sei ein „erdrückender Eindruck“. Das Historische Museum im ganzen lasse sich nicht bewältigen, „und bei dem Einzelnen kann man nicht verweilen, man hat keine Ruhe, einem solchen Reichthum gegenüber.“ Denn: „Wer betrach-

---

23 Champigneulle: Versailles (wie Anm. 4), S. 161.
24 Hierzu etwa Verlet: Château de Versailles (wie Anm. 4), S. 661f.

François Gérard: Louis-Philippe, 1834. Versailles, Musée National.

tet ein Gemälde, wenn die Gemälde, wie Kartenblätter, umher gestreut sind!"[25] Nicht genug damit, wollte eine kritische Geschichtswissenschaft, ja, das kritische Publikum, die ‚schönen' Bilder des Musée Historique nicht mehr fraglos als ‚ewige Wahrheiten' akzeptieren[26]. Man sehe dort, so wiederum Hebbel, Napoleon in der Schlacht, „man sieht ihn, wie er Josephine krönt, wie der Erzherzog Karl ihm Visite macht, wie er sich mit Maria Luise verheirathet, wie er in Fontainebleau von seinen Generalen Abschied nimmt. Dann tritt man in ein anderes Zimmer, und erblickt Ludwig den Achtzehnten, wie er verdaut, oder Karl den Zehnten, wie er sich des schönen silbernen Sterns erfreut, der an seiner Brust schimmert. Nun kommt Louis-Philippe, wie er den Eid ablegt; wie er ihn bricht, ist bis jetzt nicht dargestellt"[27].

In Hebbels beiläufigem Aperçu steckt der Kern des Problems: Die ‚Wahrheit', wie sie sich die Galerie des Batailles selbst erschaffen hatte, traf zunehmend auf eine Wirklichkeit, gegen die sie sich kaum behaupten konnte. Die Nation als Instanz über den Parteien, als Klammer zwischen Lagern und Klassen, wie sie sich zumal in Kriegen und Krisen bewährte, erwies sich in der Julimonarchie als Utopie. Diese Erfahrung relativierte Louis-Philippes Konzept und torpedierte die Intention seiner Galerie. Hatte sie zunächst die französische Geschichte historisiert, so wurde sie auf Dauer selbst historisiert. Über die Fernwirkung der Idee einer nationalen Einheit, wie sie durch die Galerie des Batailles, einem der wichtigsten ‚Gedächtnisorte' Frankreichs, popularisiert wurde (und wird), ist damit freilich noch keine Aussage getroffen.

25 Hebbel an Elise Lensing, Paris, 3.-6.10.1843. In: Friedrich Hebbel: Briefwechsel 1829-1863. Hrsg. v. Otfrid Ehrismann/U. Henry Gerlach, Günter Häntzschel, Hermann Knebel und Hargen Thomsen. Bd. 1: 1829-1848. Bearbeitet und hrsg. v. U. Henry Gerlach. München 1999 (= Wesselburener Ausgabe), S. 490-496, hier S. 492.

26 Zur Presseberichterstattung vgl. Gaehtgens: Versailles (wie Anm. 7). S. 327-336.

27 Hebbel an Elise Lensing, Paris, 3.-6.10.1843. Hebbel: Briefwechsel (wie Anm. 25), S. 492f.

Dagmar Stegmüller

Popularisierungsstrategien in Friedrich Christoph Schlossers „Weltgeschichte für das deutsche Volk"

Daß sich die Arbeiten zur Wissenschaftspopularisierung beinahe ausschließlich den Naturwissenschaften zuwenden, hat seinen guten Grund. Nur hier scheint es evident zu sein, daß die Ergebnisse der Forschung für den Laien allgemeinverständlich aufbereitet werden müssen, nur hier scheint eine hermetische Sprache eine kleine Expertengruppe vom Rest der Welt zu isolieren, nur hier sind Probleme und Lösungsversuche derart komplex, daß allein eine professionelle Vorbildung zu befriedigendem Verständnis befähigt. Kein Wunder auch, daß gerade öffentlichkeitswirksame Fassungen des naturwissenschaftlichen Forschungsstandes den Eindruck der Reduktion, der Simplifizierung des zu Vermittelnden erwecken. Nicht zuletzt deswegen geriet populärwissenschaftliches Engagement immer wieder ins Zwielicht; die halbseidene Betätigung des gerade noch hoffnungsvollen wissenschaftlichen Nachwuchses machte aus dem Professorenanwärter einen Outlaw[1]. Und ebenso wie die zeitgenössischen Fachkollegen, so hat auch die traditionelle Forschung die Betätigung in außeruniversitärer Bildungsarbeit keineswegs gebilligt, sondern einhellig die Nase über diese intellektuell minderwertige Arbeit gerümpft und sie nicht selten gar unter Ideologieverdacht gestellt[2].

Mittlerweile wird zwar ein anderes Verständnis von populärem und popularisiertem Wissen favorisiert. Man versucht, statt sich über die unterschiedlichen Wertigkeiten populären und wissenschaftlichen Wissens zu verbreiten, das populäre Wissen als eigengesetzliche Gattung zu begreifen und seinem Charakter, der Wechselwirkung zwischen Autor und Publikum, den Transformationsprozessen des Wissens nachzuspüren. Dabei sind es aber immer noch die Naturwissenschaften, die sich eingehender Untersuchung erfreuen; und es fragt sich, ob die neuere Forschung damit nicht die Urteile der traditionellen Auffassung fortschreibt, insofern ihre Themenwahl impliziert, daß allein die ‚harten' Wissenschaften der Popularisierung, der Aufbereitung, der Übersetzung bedürfen.

---

1 Andreas Daum: Wissenschaftspopularisierung im 19. Jahrhundert. Bürgerliche Kultur, naturwissenschaftliche Bildung und die deutsche Öffentlichkeit, 1848-1914. München 1998, Seite 426 und 451, weist darauf hin, daß den aus finanziellen Gründen der Scientia untreu gewordenen, populäre Werke verfassenden Privatdozenten des 19. Jahrhunderts die Rückkehr bzw. der Einstieg in den wissenschaftlichen Betrieb deutlich erschwert wurde.

2 Vgl. z.B. die Referate der ‚konventionellen' Auffassung von Popularisierung bei Richard Whitley: Knowledge Producers and Knowledge Acquirers. Popularisation as a Relation between Scientific Fields and their Publics. In: Richard Whitley/Terry Shinn (Hrsg.): Expository Science. Forms and Functions of Popularisation. Dordrecht, Boston, Lancaster 1985 (= Sociology of the Sciences, Bd. 9), S. 3-28, hier S. 3; bei Steven Shapin: Science and the Public. In: R. C. Olby/G.N. Cantor, J. R. R. Christie und M. J. S. Hodge: Companion to the History of Modern Science. London, New York 1990, S. 990-1007, hier S. 991. – Vgl. auch Daum: Wissenschaftspopularisierung (wie Anm. 1), S. 422.

Möglicherweise ist die Intuition, daß eine Wissenschaft wie zum Beispiel die der Geschichte keine besondere Zurichtung für ein größeres Publikum erfordert, nachvollziehbar und stark. Gerade Erzeugnisse der Geschichtsschreibung scheinen doch nichts anderes als das Interesse des Lesers vorauszusetzen, befleißigen sich einer allgemeinverständlichen Sprache, verfügen über einen Plot, der der Erzählung Kontur gibt und den Lesegewohnheiten des Publikums entgegenkommt. Wenn irgendeine Wissenschaft aus sich selbst heraus populär ist und populäre Erzeugnisse hervorbringt, so scheint es doch die Wissenschaft von der Geschichte zu sein.

Bereits 1842, zwei Jahre vor dem Erscheinen des ersten Bandes von Friedrich Christoph Schlossers „Weltgeschichte für das deutsche Volk", kündigt sein Heidelberger Kollege Karl Hagen das Unternehmen einer populären Weltgeschichte in der *Augsburger Allgemeinen Zeitung* mit enthusiastischen Worten an. Endlich, so hofft er, würde die „Kluft, welche bisher in Deutschland immer noch zwischen der gelehrten Welt und dem Volke bestanden hat", übersprungen[3]. Endlich zerschlägt ein namhafter, über jeden wissenschaftlichen Zweifel erhabener Historiker die hochnäsige akademische Tradition, die Allgemeinverständlichkeit und Gelehrsamkeit künstlich trennte. Endlich besinnt man sich auf die natürliche Lebensnähe der Historie und auf den „ersprießlichen Einfluß", den die Geschichte auf die „Entwickelung des Volkslebens" zu nehmen sich eignet. Doch das ist nicht der einzige Grund für Hagens Freude: Nur einem Gelehrten von bewährtem Ruf kann es gelingen, den vielen populären Aufschneidern, die sich bar jedes wissenschaftlichen Ethos' der Geschichte bemächtigen und das Volk mit leicht zugänglichen, aber nur parteiischen, verfälschenden Darstellungen zuschütten, das Heft zu entwinden. Die Geschichtswissenschaft darf die Verständlichkeit des Vortrags nicht scheuen, wenn sie das Publikum nicht halbseidenen Dilettanten oder ‚Salonhistorikern' ausliefern will[4]. Nun hat die Geschichtswissenschaft zwar längst publikumswirksame Werke hervorgebracht, deren literarisches Niveau die gelehrte Mühe der Wissensproduktion versteckt. Das Interesse der gebildeten Öffentlichkeit an solchen Geschichtsdarstellungen wächst, und auch Schlosser, dessen „Geschichte des 18. Jahrhunderts" bis in die 1860er Jahre fünfmal aufgelegt und der auch im Ausland eifrig rezipiert wird, gehört zu den Publikumslieblingen des 19. Jahrhunderts. Doch selbst die bekanntesten wissenschaftlichen

3 Karl Hagen: Schlosser und seine neue Weltgeschichte. In: Beilage Nr. 150 zur *Augsburger Allgemeinen Zeitung* v. 30.5.1842, S. 1193.

4 Daß sich professionelle Historiker im 19. Jahrhundert vehement von der historischen „Tagesliteratur" abzugrenzen suchen, ist häufig zu beobachten. Die Grundsatzartikel beispielsweise, mit denen u.a. Georg Waitz („Falsche Richtungen") und Wilhelm Giesebrecht („Die Entwicklung der modernen Geschichtswissenschaft") 1859 den ersten Band der „Historischen Zeitschrift" eröffnen, konturieren Aufgaben und Funktionsweise ihrer Wissenschaft nicht zuletzt, indem sie sie mit schärfsten Worten vom Dilettantismus distanzieren. Ob die Geschichtsentwürfe von Liebhabern tatsächlich eine Herausforderung für die etablierte Geschichtswissenschaften darstellten oder nicht – zumindest das Publikum schien den parteiischen Machwerken ohne Abwehrkräfte gegenüberzustehen und ernsthafter Forschung wie bloßem Dilettantismus unterschiedslos zuzulaufen. Die professionelle Historie konnte ihren Anspruch auf die alleinige Verfügungsgewalt über die Vergangenheit zwar anmelden, aber nicht durchsetzen, denn „kaum eine andere Disziplin steht dem allgemeinen Interesse näher als die Geschichte", und deshalb hat „vielleicht keine andere Wissenschaft mehr von dem Dilettantismus zu leiden als die Geschichte". Waitz, ebd., S. 18f.

Geschichtswerke finden nur ausgesprochen begrenzte Käuferschichten[5]. Allein historische Enzyklopädien öffnen der Wissenschaft immer wieder die Tür zu einem wirklich großen außerakademischen Publikum[6]. Insgesamt gesehen ist Hagens Sorge um die nicht eingelösten Wirkungschancen der Fachhistorie also verständlich, und es spricht viel dafür, daß Schlosser die Situation seiner Wissenschaft ähnlich einschätzte und aus eben jenen Motiven dem Mammutunternehmen einer populären Weltgeschichte, das seine Aufmerksamkeit auf viele Jahre binden sollte, zustimmte. Er wollte den Graben zwischen Gelehrten und der interessierten Öffentlichkeit zuschütten und seine Leser mit sanfter Hand der Historie zuführen. Historische Wissenschaft in populärem Rahmen zu präsentieren, schien ein rein formales Problem.

Das Unternehmen „Weltgeschichte“

Mitte des Jahres 1843 trägt Schlosser seinem früheren Schüler Georg Ludwig Kriegk die Mitarbeit an seiner „Weltgeschichte“ an[7]. Kriegks Aufgabe soll darin bestehen, die bislang erschienen Werke Schlossers: eine „Universalhistorische Uebersicht der Geschichte der alten Welt“, eine „Weltgeschichte in zusammenhängender Erzählung“, die bis zum Jahre 1409 reicht, und die „Geschichte des 18. Jahrhunderts“[8] in populärer Form zu kompilieren, während Schlosser Kriegks Überarbeitung nur noch als das Seine anerkennt und dadurch mit der notwendigen wissenschaftlichen Dignität versieht. Die Idee zu diesem Werk hatte ursprünglich der Stuttgarter Professor und Bibliothekar Gfrörer gehabt. Sein Anliegen war es gewesen, Schlossers Werken „mit Weglassung des Gelehrten und Schwierigen eine populäre Form zu geben“[9]. Schlosser selbst verspürte keine Lust, diese Sisyphos-Arbeit auf sich zu

---

5 Daß der Leipziger Verlag Engelmann die 5.000 verkauften Exemplare von Georg Gottfried Gervinus' „Einleitung in die Geschichte des 19. Jahrhunderts“ 1853 als Sensation und warmen Regen für seine Finanzen feierte, muß hierfür als Beleg genügen.

6 Es können nicht mehr viele Auflagenzahlen von Weltgeschichten aus dem 19. Jahrhundert eruiert werden, aber eine der bestverkauften der ersten Jahrhunderthälfte scheint die Rotteckscbe „Allgemeine Geschichte“ gewesen zu sein, die es bis in die 40er Jahre allein auf 14 Auflagen und etwa 100.000 verkaufte Exemplare brachte. Schlossers populäre „Weltgeschichte“ erreichte später etwa die gleichen Zahlen.

7 Sie wird später erscheinen als F. C. Schlosser's Weltgeschichte für das deutsche Volk. Unter Mitwirkung des Verfassers bearbeitet von Dr. G. L. Kriegk. Bd. 1-19. Frankfurt am Main 1844/57.

8 Die vollständigen bibliographischen Titel: Friedrich Christoph Schlosser: Universalhistorische Uebersicht der Geschichte der alten Welt und ihrer Cultur. 3 Teile. Frankfurt am Main 1826/34; Ders.: Weltgeschichte in zusammenhängender Erzählung. Bd. 1-4. Frankfurt 1815/41; Ders.: Geschichte des achtzehnten Jahrhunderts in gedrängter Übersicht mit steter Beziehung auf die völlige Veränderung der Denk- und Regierungsweise am Ende desselben. Bd. 1-2. Heidelberg 1823; hinzukommt die ausgearbeitete, auf sieben Bände erweiterte Version dieses Werkes, die dennoch als „zweite Auflage“ ab 1836 erschien: Ders.: Geschichte des achtzehnten Jahrhunderts und des neunzehnten bis zum Sturz des französischen Kaiserreichs. Mit besonderer Rücksicht auf geistige Bildung. Bd. 1-7. Heidelberg 1836-1848. Eine dritte Auflage erschien parallel zur der hier verhandelten Weltgeschichte für das deutsche Volk (1843-1848). Aus dieser Auflage wird im folgenden zitiert. Außerdem sei festgehalten, daß sich, sofern nicht anders vermerkt, alle Nachweise Schlosserschen Werken entstammen und deshalb auf Autorennennung verzichten.

9 Schlosser: Weltgeschichte für das deutsche Volk (wie Anm. 7), Bd. 1, S. IV.

nehmen, zeigte sich aber einverstanden mit der Bearbeitung durch einen anderen. Kriegk schließlich, der willige Schüler und intime Kenner seiner Werke, der ihm schon vorher zuverlässige und akribische Hilfsdienste geleistet hatte, schien die perfekte Wahl für diese Aufgabe. Der Frankfurter Buchhändler Philipp Krebs, der die „Weltgeschichte" für den Varrentrapp-Verlag betreute, sorgte offenbar für eine attraktive Remuneration der beiden Gelehrten, so daß Kriegk sich der Arbeit mit voller Kraft widmen konnte[10].

Zunächst klappt die Zusammenarbeit ausnehmend gut. Kriegk arbeitet sich am Leitfaden der früheren Werke Schlossers voran, Schlosser wiederum sieht die ihm zugesandten Bögen durch und befindet sie für akzeptabel. Gute zwei Jahre beflügelt die beiden der Eifer für die gemeinsame Sache. Kriegk arbeitet in „litterarischer Freyheit"[11], seine Arbeit übertrifft Schlossers Erwartungen und erntet großes Lob[12]; Schlosser selbst identifiziert sich zunehmend mit dem Unternehmen, das ihm seine persönliche Eigenart, Geschichte zu betreiben, nur zu unterstreichen scheint: „Ich bin dieser deutschen Manier", schreibt er 1844, „ewig zu doziren, zu raisonniren, Alles lehren zu wollen, durchaus entgegen, darum haben wir weder Leute, welche Geschichte verstehen noch welche sie lesen können [...]. Alles Schulmäßige und Lederne ist der Deutschen ewiger Fehler"[13]. Auch die gutgemeinten Aufmunterungen für Kriegk zeigen, wie hoch Schlosser die populäre Form des Werkes schätzt. „Ein für die Nation sehr nützliches Werk" sei es, an welchem Kriegk sich ein Verdienst erwerbe, „welches solider und dauerhafter seyn wird, als die glänzendste gelehrte Entdeckung, die Sie machen könnten"[14].

Nach etwa zwei Jahren wird die Zusammenarbeit zunehmend spannungsreicher. Zuerst treffen Schlossers Zornesblitze nur den Buchhändler Krebs, der sich zuviel Einfluß auf das Werk anmaßt, Korrekturen unberücksichtigt läßt oder das Publikum finanziell prellt, indem er die Zahl der Lieferungen – bei abnehmender Seitenzahl – erhöht. Irgendwann aber muß Krebs sich auch um die formale und inhaltliche Gefälligkeit des Textes besorgt haben, und spätestens hierauf platzt Schlosser der Kragen. Er verwahrt sich aufs Schärfste gegen solche Eingriffe, will sich öffentlich „über die für Frankfurter Kaufleute berechnete Popularisierung meines Buchs" beschweren[15]; mehr als einmal droht er damit, seinen Namen von dem Unternehmen zurückzuziehen, wenn ihm zugemutet würde, sich der ökonomisch kalkulierenden „Speculation auf den Zeitgeist, welcher unsere ganze Literatur zu Grunde richtet"[16], zu un-

10 Für die ersten 6 Bände erhielt Kriegk 50 Gulden pro bearbeiteten Bogen und einen Gulden für die Druckrevision. Die Überarbeitung jener Bände, die die Zeit vom 15.-17. Jahrhundert umfaßten und von Schlosser neu zu schreiben waren, brachten Kriegk 33 Gulden pro Bogen ein. Eine zweite Auflage versprach ihm noch einmal die Hälfte des ursprünglichen Honorars (Ms. Ff. G.L. Kriegk, Tagebücher, Nr. 6, S. 137). – Schlossers Vergütung wurde gesondert verhandelt, dürfte aber nicht unbedeutend gewesen sein, da der Buchhändler mehrfach um Zahlungsaufschub bitten mußte.

11 HHS 1132 (Heidelberger Handschriften, UB Heidelberg, Briefe Schlossers an Kriegk), Brief v. 18.7.1843.

12 Ebd., Brief v. 23.3.1844.

13 Ebd., Brief v. 13.7.1844.

14 Ebd., Brief v. 21.3.1845.

15 Ebd., Brief v. 19.11.1845.

16 Ebd., Brief v. 8.1.1850.

terwerfen. Für das Publikum zu schreiben, heißt genau nicht, das zu schreiben, was das Publikum sagt oder will[17].

Bald jedoch zeigen sich auch die ersten Risse in der Beziehung und Zusammenarbeit zwischen Kriegk und Schlosser. Nach kleineren gestalterischen Alleingängen Kriegks verwahrt sich Schlosser gegen Änderungen und Einschübe aller Art. „Ich habe schon oft bemerkt, daß ich schlechterdings nichts Anderes zu geben wünsche, als was in meinem Buche steht.“[18] Kriegk muß Schlosser nun jede Zeile, bevor sie in den Druck geht, zeigen, er muß darüber hinaus alle Änderungen in seinen Überarbeitungen pedantisch kennzeichnen. Doch der Schüler hat offenbar mehr und mehr eine eigene Vorstellung von der Physiognomie des Werkes entwickelt und versucht, Schlosser das Einverständnis zu Umgestaltungen abzuringen. Diesmal läßt sich der jähzornige Schlosser zu einem Donnerwetter hinreißen, dessen Schäden nur durch die beruhigende Fürsprache seiner Frau behoben werden können[19]: Kriegk solle sich ein für allemal in seine Rolle als Bearbeiter schicken, dessen Aufgabe ganz und gar in der „Verbeßerung von kleinen Nachläßigkeiten und Uebereilungen“ bestünde. Tatsächlich offenbarte dieser Konflikt die lange Zeit nur mühselig verdeckte Spannung, die zwischen dem Autor Schlosser, der seine Urheberschaft auch für die popularisierte „Weltgeschichte“ reklamiert und seine Gedanken, Sichtweisen und Urteile durch den Transformationsprozeß möglichst ungeschmälert hindurchretten möchte, und seinem Bearbeiter Kriegk, der seine Tätigkeit nicht rein mechanisch auffaßt und um die größtmögliche Verständlichkeit, um Lesernähe des Werkes bemüht ist, bestehen mußte[20].

---

17 Ebd., Brief v. 8.6.1845.

18 Ebd., Brief v. 16.7.1846.

19 Nachdem Schlosser am 19.12.1846 seinem „Aerger, daß Sie mich immer wie einen Schulknaben behandeln [...]“, Luft gemacht hatte, schreibt Luise Schlosser bereits am 22.12.1846 einem offenbar schwer gekränkten Kriegk, daß Schlosser, der als Polterer ja hinreichend bekannt sei, im Affekt geschrieben habe und seinen Vorschlag, den Namen von dem Unternehmen zurückzuziehen, selbstverständlich nicht ernst gemeint habe.

20 In der Vorrede zum ersten Band werden diese Meinungsverschiedenheiten ganz offenherzig artikuliert. Kriegk hatte, über Schlossers Vorlagen hinausgehend, einen Abschnitt über das Kolonialwesen bei den Griechen verfaßt und eingefügt, und – um den Lesern einen „klaren Begriff des griechischen Charakters und seiner Bedeutung für die Welt“ zu geben – einen Vergleich des griechischen mit dem modernen Kolonialwesen angestellt. Schlosser selbst fand die Bemerkungen sachlich zwar vortrefflich, weigerte sich aber, sie zuzulassen, weil sie ihm die Eigenart seiner Geschichtsschreibung zu verwischen drohten: „Gewerbe, Handel und tausend andere Dinge, die den Leib angehen, werden auf allen Straßen gepredigt, er (Schlosser, D. S.) achtet sie, er berücksichtigt sie, aber ihm ist immer der Geist und was dieser schafft, die Hauptsache“ (S. XXIIf.). Er stellt unmißverständlich klar, daß die „Accomodation“ nicht über formale Aspekte hinausgehen dürfe (S. XXI). Die Materie, das Spezifische müsse im Verantwortungsbereich des Verfassers bleiben. Auch wenn berechtigterweise keine Kenntnisse der griechischen Kunst und Literatur beim Leser der Weltgeschichte vorausgesetzt werden dürften, will Schlosser von seinem literaturgeschichtlichen Zugang, der den „Geist der Alten“ vor Augen führen soll, nicht lassen. Unwirsch stellt er fest, daß er nicht für „Schuster, Schneider und Handlungsdiener“ schreibe, sondern einen gebildeten Leser voraussetze (HHS 1132, Brief vom 19.12.1846). – Kriegk hat sich in der Folge mit Schlossers Anordnung arrangiert und seine eigenen Vorstellungen aufgegeben. Vgl. Schlosser: Weltgeschichte für das deutsche Volk (wie Anm. 7), Bd. 16, S. VI. Prekär wurden Schlossers Vorgaben allerdings, wenn die populäre Form des Werkes zusätzliche erklärende oder einführende Zusätze erforderte, die dem professionellen Leser vormals hatten erspart werden können. Ebd., Bd. 1, S. XV-XVI. – Natürlich mußten auch immer wieder neueste Forschungsergebnisse berücksichtigt werden. Ein gelungenes Arbeitsergebnis sollte gleichermaßen

Wissenschaft für's Volk

Von Anfang an bemühen sich Kriegk und Schlosser in den Vorreden um eine Explizierung ihres Vorgehens, um eine Rechtfertigung dessen, was sie unter „Popularisirung" verstehen, welchen Zweck sie erreichen wollen und wer ihr Werk lesen soll. In der Vorrede zum ersten Band erscheint Schlosser das Darstellungsproblem im Hinblick sowohl auf die Form wie auf den Inhalt zwar immer wieder schwierig; die Lösung, die er sich aber vorstellt, ist vergleichsweise simpel: Bezüglich der Materie solle nichts anderes gegeben werden, als was in der „Universalhistorischen Uebersicht" und in der „Weltgeschichte in zusammenhängender Erzählung" zu finden sei. Nur der Umfang sei zu reduzieren und die Studienvoraussetzungen, welche die beiden gelehrten Werke erfordern, zu eliminieren. Die Form bereitet ihm auch keine großen Probleme: Das Werk solle mühelos lesbar sein, gleichzeitig den „Nachdruck gedrängter Rede und die Eigenthümlichkeit eines der Individualität des Verfassers angemessenen Ausdrucks beibehalten"[21]. Im wesentlichen soll der Text eine Miniatur seiner Vorlagen sein, der intellektuelle Gehalt und der Prägestempel des Autors werden durch den Popularisierungsakt nicht tangiert. Gleichzeitig aber muß Schlosser eingestehen, daß der Bezug auf ein nicht-gelehrtes Publikum ihn zu besonderen Vorsichtsmaßnahmen nötigt. Die Geschichte der orientalischen Völker zum Beispiel steht noch nicht auf dem „festen Boden sicherer historischer Kunde", ihre Geschichte zu ausführlich zu erzählen, hieße, dem Publikum die Spekulation als legitime Methode der Wissenschaft zu präsentieren. Hypothesenbildung, das Herzstück wissenschaftlicher Forschung, könnte das Publikum, welches um methodische Kontrolle innerhalb dieses Verfahrens nicht weiß, als Einladung zum Rätseln und Fabulieren begreifen. Um dies zu verhindern, sollen nur „Thatsachen und Resultate kurz vorgetragen" werden, muß „alles Individuelle und Hypothetische", das „Raisonnierende, Gelehrte" ausgeschlossen werden[22]. Auch ist kein Platz mehr für Versehen und Flüchtigkeitsfehler. In seinen gelehrten Werken pflegt Schlosser geradezu eine Ethik der Übereilung. Darstellungen von einiger Relevanz, von geistiger Synthese und Schärfe können solche Fehlerchen nicht vermeiden, werden in ihrem Wert dadurch aber keinesfalls gemindert[23]. Das ist

des Verfassers Hauptzweck transportieren „und doch das Nöthige aus anderen Forschungen einschieben und berücksichtigen". Ebd., S. XVIII. Daß dadurch „die Arbeit des Popularisirens" ausgesprochen mühselig wurde, zeigte sich bald. Ebd., Bd. 8, S. III.

21 Ebd., Bd. 1, S. VII.

22 Ebd., S. XI und XVIII.

23 Beinahe in jeder Vorrede deutet Schlosser auf den Anspruch des Werkes und die damit unvermeidlich einhergehenden Flüchtigkeiten und falschen Gedächtnisleistungen. So z.B. in der 3. Aufl. der Geschichte des achtzehnten Jahrhunderts (wie Anm. 8), Bd. 4, S. V. Hier rechtfertigt sich Schlosser bzgl. solcher Fehler: „Die Sache ist an sich freilich der Rede nicht werth, da das Buch weder für Kinder noch für Anfänger geschrieben ist, welche Namen und Jahrzahlen, Notizen und Anekdoten für die Hauptsache der Geschichte halten [...]." Solche Mängel im empirischen Detail sind ihm die notwendige Bedingung einer als Ganzes gedachten historiographischen Schöpfung: „[...] ein solches Werk wäre ohne viele Irthümer der Art, wie Sie nachweisen, nie zustande gekommen." (Schlosser an Kriegk, nachdem dieser den letzten Band der „Universalhistorischen Uebersicht" redigiert hatte, HHS 1132, Brief vom 22.9.1834). Und: Ein *durchdachtes* Werk kann „in gewissen Einzelheiten mangelhaft sein, daß der Verfasser desselben manchen Fehler begehen kann, der sich durch einen Blick in das erste beste Compendium leicht beseitigen läßt, ohne daß dadurch dem Hauptzweck im geringsten geschadet werde". Schlosser über seine

in der populären „Weltgeschichte“ anders: Im Gegensatz zu Gelehrten bemerken die Leser die kleinen Versehen nicht, beim Redigieren muß deshalb äußerste Sorgfalt angewendet werden[24]. Dazu paßt auch, daß Schlosser nicht wagt, gelehrte Mindermeinungen vor dem großen Publikum zu vertreten; jeden Fehler zu vermeiden heißt hier: „lieber mit Allen zu irren, als allein Recht zu haben“[25].

Popularisierung wird hier geradezu zur Vorbedingung von Kanonisierung. Die Tilgung des Hypothetischen, des Forschungsprozesses erzeugt die Suggestion eines ‚ewigen‘ Wissens; die Sorgfaltspflicht gegenüber dem Faktum kommt als Rücksichtnahme gegen das Publikum daher, unterstreicht aber den quasi-lexikalischen Charakter des präsentierten Wissens. Hier soll vermittelt werden, „was jeder Gebildete wissen muß“[26]. In diesen Zusammenhang gehört, daß Schlosser im populären Rahmen auf eine von ihm üblicherweise favorisierte Darstellungsweise verzichtet: nämlich darauf, jene Zeiten und Probleme, die von anderen Autoren bereits einschlägig behandelt wurden, allenfalls kursorisch zu geben[27]. Das gelehrte Werk faßt nicht alles verfügbare Wissen zusammen, sondern steht in einem wissenschaftlichen Kontext, der es hervorgebracht hat und erklärt. Das populäre Werk dagegen muß ‚vollständig‘ sein. Dieser kanonische Anspruch kann jedoch kein Selbstzweck sein. Die Vermittlung von faktischem Wissen soll den „Leser v.a. in den Stand (setzen), Anspielungen zu verstehen und an Untersuchungen über Alterthümer Anteil zu nehmen“[28], er soll gewissermaßen darauf vorbereitet werden, die gelehrten Vorlagen verstehen und schätzen zu können[29].

„Universalhistorische Uebersicht“. In: Weltgeschichte für das deutsche Volk (wie Anm. 7), Bd. 1, S. Vf. Vgl. ebenso Bd. 8, S. V.

24 „Bei diesem Werke dagegen wird weder auf Gelehrte, noch auf andere Bücher gerechnet, sondern dasselbe soll Alles berühren, und es ist daher sehr nützlich, wenn selbst kleinere Fehler vermieden werden.“ Ebd., Bd. 1, S. VI.

25 Ebd., Bd. 8, S. VI.

26 Ebd., Bd. 1, S. XII.

27 So verweist er auf Niebuhr (z.B. Universalhistorische Uebersicht [wie Anm. 8], Bd. II/1, S. V; Bd. III/1, Seite V) oder Gibbon: „Ich wünschte aber auch jetzt noch Gibbon in den Händen meiner Leser, damit sie mich vollständiger beurtheilen können.“ Er setzt die Kenntnis jener Autoren bei den Lesern voraus und möchte ihre Forschungen nur ungern ‚ausschreiben‘. Seinen eigenen Gegenstand bestimmt er deshalb nach den Vorarbeiten: Gibbon habe die Zeiten nach Heraclius „nicht mit dem Fleiße behandelt, als die früheren“. Deshalb gibt Schlosser die Jahre 642-867 ziemlich vollständig, während die von Gibbon ausführlich behandelten Jahre 337-642 nur „kurz und cursorisch“ dargestellt werden. Vgl. Friedrich Christoph Schlosser: Geschichte der bilderstürmenden Kaiser des Oströmischen Reichs mit einer Übersicht der Geschichte der frühern Regenten desselben. Frankfurt am Main 1812, S. IVf. – Vgl. auch: Friedrich Christoph Schlosser: Leben des Theodor de Beza und des Peter Martyr Vermili. Ein Beytrag zur Geschichte der Zeiten der Kirchenreformation. Heidelberg 1809, S. VI, wo Schlosser ankündigt, das, „was sich in bekannten Büchern findet, nur obenhin“ zu geben. Die Akkumulation des Wissens ist der Zweck der Wissenschaft, Unbekanntes bekannt zu machen, ihre Berechtigung. Die Bedeutung eines Werkes kann nur ermessen, wer den wissenschaftlichen Kontext kennt, in dem es entstanden und aus dem es verstanden werden muß. Nur der Spezialist ist also in der Lage, ein wissenschaftliches Zeugnis angemessen zu goutieren, und Schlosser versäumt nicht, die Grenze zwischen Fachpublikum und Laienlesern zu betonen: „Wer je mit den Schriftstellern, aus denen die Geschichte gezogen ist, zu thun hatte, weiß, wie schwierig der verdorbene Text die Benutzung macht [...]“. Bilderstürmende Kaiser, S. V.

28 Schlosser: Weltgeschichte für das deutsche Volk (wie Anm. 7), Bd. 1, S. XIX.

29 Ebd., Bd. 16, S. VI.

Doch die Probleme kommen beim Schreiben. Der Verlauf der Arbeit hat Skepsis genährt, ob ein populäres Geschichtswerk tatsächlich eine wissenschaftliche Propädeutik sein könne. Erschien zu Beginn der Arbeit die Lebensnähe der Geschichte mehr als evident, populäre Geschichtswissenschaft schon fast als Tautologie, weil die Historie immer aus dem Leben gegriffen und für das Leben geschrieben ist, weil sie überdies keinen Fachjargon pflegt, so hat der Arbeitsprozeß die Sensibilität für die gelehrten, exklusiven Elemente der Wissenschaft und für deren konstitutive Funktion bei der Erzeugung und Präsentation von Wissen geschärft. Selbst wenn es gelingt, den intellektuellen Gehalt eines Werkes ungeschmälert zu erhalten – und das beanspruchen Kriegk und Schlosser bis zum Schluß –, so wird sein Charakter ein ganz anderer:

> Ein wissenschaftliches Werk excerpiren und in eine populäre Form bringen, heißt im Grunde dasselbe zu etwas Anderem machen, als es ist; denn das Werk wird dadurch nothwendiger Weise dem Zwecke, den der Verfasser selbst gehabt hat, entfremdet. Von Schriften, welche der Mittheilung des bloßen Wissens gewidmet sind kann der Inhalt wirklich in kleinerem Umfange wiedergegeben werden; reine Schöpfungen des Geistes dagegen, Werke, welche aus dem Nachdenken, dem Urtheile und der Lebenserfahrung eines selbstthätigen Geistes hervorgegangen sind, können, ohne ihren Werth und Charakter zu verlieren, weder erweitert noch verkürzt werden. Jeder Auszug aus solchen Werken macht durch die Abkürzung selbst alles Gesagte objectiver und positiver, und ändert somit mehr oder weniger Ansicht und Urtheil des Verfassers[30].

Das popularisierte Wissen läßt sich letztlich nicht mehr auf seiner Vorlage abbilden; es ist aus wissenschaftlichem Wissen entstanden, ohne diese Vorlage nicht denkbar und dennoch hat es alle Verbindungen dazu gekappt. Die Fingierung des Lesers und die Bedingung, „nur das, was populär gemacht werden konnte"[31], zuzulassen, führen auf direktem Wege zu einer Erneuerung der Kluft zwischen Spezialisten und Laien. Die schiere Information gleicht das Wissensgefälle nicht aus. Kriegk formuliert das denkbar präzise:

> Außerdem bringt [...] ein solcher Auszug den Leser sehr leicht in Gefahr, um den eigentlichen Gewinn zu kommen, welche die Beschäftigung mit Wissenschaften ihm gewähren kann und soll. Der Physiker Biot sagt in der Vorrede zu seiner populären Physik: ‚[...] Nicht darauf kommt es an, dem Lernenden eine Anzahl von Thatsachen ins Gedächtniß zu prägen, die er in Büchern immer wieder finden kann, sondern ihm den Weg der Erfahrung und Beobachtung deutlich zu machen, der zu ihrer Auffindung geführt hat, [...] ihm den philosophischen Geist der Wissenschaften einzuflößen, der ihn zu jedem Gegenstande des Studiums begleiten wird [...]'[32].

30 Ebd., S. VII.
31 Ebd., Bd. 8, S. IV.
32 Ebd., Bd. 16, S. VII.

Angesichts solcher Schwierigkeiten werden die Ansprüche der beiden Popularisierer bescheiden; in der Vorrede zum 16. Band, der letzten Vorrede des ganzen Werkes, wünscht man nur noch, das Werk möge „den Sinn für das Factische und mit ihm zugleich die Empfänglichkeit für wahre historische Belehrung [...] wecken und [...] nähren“[33]. Die populäre „Weltgeschichte“ kann nur eine Grundlage sein für „wahrhaft wissenschaftliche Belehrung“, die „ohne einen gewissen Grad von Bildung, Einsicht, Urtheil und Erfahrung [...] schlechterdings unmöglich“ ist[34]. Aber sie kann nicht einüben in wissenschaftliches Denken. Wissenschaftliches Wissen und Bildungswissen sind substantiell verschieden.

Der Akt der Popularisierung

Wie sehen nun die Techniken der Popularisierung aus?

Zunächst einmal wird das Personal reduziert. Die schwindelerregende Zahl von Akteuren, die für die Geschichtsschreibung des 19. Jahrhunderts üblich ist und die den gelehrten Kollegen zuzumuten nichts Anstößiges hat, die aber selbst den willigsten Laien gerne aus der ersten Kurve wirft, wird zurechtgestutzt auf die für den Fortgang der Handlung entscheidenden Personen, die etwa durch ihre Verwandtschaftsbeziehungen zusätzlich hilfreich in der Erzählung situiert werden. Randfiguren bekommen gerne Funktionsbezeichnungen, ihr Name wird dann durch so etwas wie „die Empörer“ ersetzt.

Außerdem wird die Erzählung um ihre Details erleichtert. Wenn in der populären Weltgeschichte zum Beispiel die Uneinigkeit der Brüder Karl und Karlmann von einigen aquitanischen Rebellen genutzt wird, um die Unterwerfung Aquitaniens unter die Frankenkönige rückgängig zu machen, so weist die Vorlage, hier die „Weltgeschichte in zusammenhängender Erzählung“, darauf hin, daß die Aquitanier eigentlich Aquitanier und Gascogner sind, die sich überdies über ihre aufständischen Absichten keineswegs einig sind. Lupus nämlich, Enkel Eudo's, ist treuer Vasall und von Pippin eingesetzt über die Gascogne; seine Unterwürfigkeit stört „einen großen Teil“ der Aquitanier, die deshalb Hunold, der Lupus' Vater Hatto hatte blenden lassen, an ihre Spitze setzen[35]. Lupus, Hatto, Eudo und Hunold spielen nie wieder eine Rolle, und auch ihre Mißstimmungen und körperlichen Versehrungen sind für den Fortgang der Erzählung alles andere als zentral. Auf ihre namentliche Nennung zu verzichten, macht aus dem Labyrinth der Vorlage eine auf ihren Mittelpunkt konzentrierte

---

33 Ebd., S. XII.

34 Ebd., S. VIII.

35 Das Zitat hierzu: „Wie Carl und Carlmann, Pipins Söhne, die Stephan ehemals mit ihrem Vater gesalbt, das Reich theilten, wird nur im Allgemeinen angegeben; gewiß ist, daß diese schon gleich nach ihres Vaters Tode nicht ganz einig waren, und daß die Aquitanier und Gascogner den Streit benutzen wollten, um sich von den Franken loszureißen. Pipin hatte nämlich einem Enkel Eudo's, Lupus, einen Theil des Landes abgetreten, welches er dem Waisar, dessen Vetter und Schwiegersohn Lupus war, abgenommen hatte; dieß war das eigentliche Gasconien, und Lupus blieb bis an sein Ende (769) getreuer Vasall. Ein großer Theil der Aquitanier scheint mit der Unterwürfigkeit nicht so zufrieden gewesen zu seyn; denn sie stellten, indeß Lupus ruhig blieb, jenen Hunold, der Lupus Vater, Hatto, hatte blenden lassen, und sich dann in ein Kloster auf der Insel Re (seit 745) zurückgezogen, an ihre Spitze und fielen ab [...].“ Schlosser: Weltgeschichte in zusammenhängender Erzählung (wie Anm. 8), Bd. 2/1, S. 363f.

Darstellung. Für Details, die nicht ins Geschehen zurückführen, die eher den Wegesrand säumen, ist kein Platz mehr[36].

Auch der häufigere Gebrauch von Jahreszahlen dient dazu, die Verwirrung der Orientierung weichen zu lassen. Wo in den gelehrten Vorlagen selbstverständliche räumliche oder zeitliche Assoziationen, verbunden mit einem Ereignis oder einer Person vorausgesetzt werden, liefern die Verfasser diese lexikalischen Daten dazu und damit das Korsett chronologischer Ordnung.

Die Verfasser sorgen ferner für eine Erzählinstanz, die den Text hierarchisiert, ihm gewissermaßen Ausrufezeichen an den Rand malt und seine Aufmerksamkeit sammelt: „Von dem, was die Sagen der Chinesen über ihre ersten Zeiten berichten, ist das Bemerkenswertheste [...]“[37] oder: „Die Geschichte der hundert Jahre (vor der römischen Kaiserzeit, D.S.) ist in doppelter Hinsicht wichtig und belehrend [...]“[38]. Das Gefüge des Textes wird verbalisiert, so daß der Leser regelrecht auf die das Angekündigte einlösende Suche geschickt wird und nach ‚erstens‘ und ‚zweitens‘ Ausschau hält. Diese Strukturierungen, Gewichtungen ermöglichen dem Leser eine Art Selbstüberprüfung, eine regelrechte ‚Lernkontrolle‘.

In der populären „Weltgeschichte“ ist außerdem eine Objektivierung des Sprachgebrauchs zu beobachten. Personen etwa, die in der Vorlage mit einer Regelung „nicht so zufrieden“ schienen, *sind* jetzt *un*zufrieden; Männer wie Pompejus kann man „übrigens“ „natürlich“ nicht als Privatleute ansehen. Man wird kaum sagen können, daß jeder Konjunktiv in einen Indikativ verwandelt wird und jedes ‚vielleicht‘ in ein ‚jedenfalls‘. Das wissenschaftliche Ethos verbietet es den Verfassern, Hypothetisches als Faktisches vorzuführen, aber der Tendenz nach weicht die sich annähernde Vorsicht der Gelehrtensprache einem dezidierteren Ton.

Das wird auch deutlich in der Art, wie stark und mit welchen Mitteln der Prozeß der Wissenserzeugung explizit in die Erzählung eingebunden wird[39]. Hier sind die Vorlagen weniger einheitlich als die „Weltgeschichte für das deutsche Volk“: narrative Teile wechseln sich mit Stücken ab, in denen die Bausteine der Erzählung permanent mit dem Forschungsprozeß gekoppelt werden und auf ihren Wahrheitsgrad hin befragt werden. Ein gutes Beispiel bietet der Abschnitt über die Chinesen in der „Universalhistorischen Uebersicht“. Schlosser, mehr in der abendländischen Geschichte zu Hause, hält sich hier an die Sekundärliteratur, die er mithilfe der ihm zugänglichen Quellen überprüft. Das führt ihn zu einer sehr

36 Die Zentralisierung des Geschehens gründet auf Überlegungen, die einen starken Unterschied zwischen populärer und gelehrter Geschichtsschreibung markieren. So schreibt Schlosser in einem Brief vom 24.4.1849 (HHS 1132), daß bestimmte Regionalgeschichten wie z.B. die portugiesische, aragonesische oder navarrische nur Bedeutung für den deutschen Leser haben, „als sie in die allgemeine Geschichte eingreifen und nicht aber an sich, außer für die eigentliche Wissenschaft [...]“. Der Gelehrte interessiert sich grundsätzlich für alles, weil in seinem universalen Horizont alle Phänomene zusammenrücken, weil alles Vergangene unmittelbar zur Wissenschaft ist. Die Vorlieben und Fragen eines einzelnen Historikers gewichten die Vergangenheit nicht in objektivierender Absicht, sie entstehen aus ebenso kontingenten wie für das wissenschaftliche Produkt unerheblichen Gründen.

37 Schlosser: Weltgeschichte für das deutsche Volk (wie Anm. 7), Bd. 1, S. 8.

38 Ebd., Bd. 4, S. 3.

39 Nur am Rande sei vermerkt, daß die populäre Weltgeschichte auf jeglichen wissenschaftlichen Apparat verzichtet.

abwägenden Abfassung, die nichts entscheidet, was nicht verläßlich ist oder die wenigstens die Beweislast an andere Historiker abgibt, welche in jenem Thema Expertisen zu geben sich im Stande sehen. Das liest sich dann folgendermaßen: „Wir machen diese Abtheilung mehr, um gleichförmig vom Anfange bis zum Ende fortzuschreiten“, weil Schlosser ohnehin nicht mehr oder besseres als Gatterer liefern könne. Wer genaue Kenntnis suche, solle bei Mailla und Grossier nachlesen. Oder auch: „Was den Gedanken angeht, den Adelung [...] und neulich Schmidt gehabt haben, die Chinesen stammten von den Hindus her, so scheint uns Klaproth gegen Schmidt überzeugend dargethan zu haben [...]“. Schließlich ist ihm Faktum X „ausgemacht“, über Y ist jedoch „Streit möglich“, wobei „die wahrscheinlichste Angabe (sein) mag, daß [...]“[40]. Da Schlosser auf diesem Feld keinerlei Originalität beanspruchen kann, allenfalls Präferenzen in der Sekundärliteratur anzugeben vermag, muß er seinen Gedankengang explizieren. Dadurch wird das Kontinuum einer Erzählung von vorneherein unmöglich; das wissenschaftliche Selbstverständnis des Autors aber verbietet jegliche Usurpation fremder Forschungsergebnisse, er geriete in Konflikt mit seiner Ankündigung, eine Geschichte nach eigener Ansicht der Quellen zu verfassen. 20 Jahre später, zur Zeit der Abfassung der „Weltgeschichte“, ist Schlosser immer noch kein Chinaforscher geworden, aber der populäre Kontext stellt andere Gesetze auf als der wissenschaftliche. Präsentiert werden keine Unsicherheiten und Zweifel, auch keine Forschungsstreitigkeiten[41]. Präsentiert wird, was als sicher gilt. Selbst wenn zaghaft angedeutet wird, daß das faktische Wissen nicht einfach da ist, sondern in einem mühseligen Prozeß aus den Überresten hergestellt wird, die ihrerseits wieder fragwürdig und unsicher sind, so klingt auch die Referenz auf diese Forschung wie der Verweis auf ein pures Faktum. „Die Zeit dieses ersten Anfangs der chinesischen Cultur ist durchaus nicht zu ermitteln; nur das steht über allem Zweifel, daß dieselbe uralt ist“ oder: „Etwa von der Mitte dieser Zeit [...] beginnen die Nachrichten der chinesischen Geschichtsbücher zuverlässig zu werden.“ Die Forschung produziert hier keine Schwebezustände, sie kennt keinen Zwiespalt, keine Widersprüche. Auch wo sie nichts weiß, ist sie sich sicher.

Zuletzt bleibt die Frage, wie der Text im einzelnen gekürzt wird. Unnütze Details auszusondern und einzelne Kapitel zu streichen, weil sie zuviel voraussetzen und deshalb zu viel Erklärung beanspruchten, reicht hier lange nicht hin – um so mehr, als zusätzliche Informationen allenthalben von Nöten sind und um so mehr, als Schlosser hinreichend deutlich artikuliert hat, daß er nicht wünsche, die Vorlagen um ein Wesentliches zu berauben[42]. Kriegk

40 Schlosser: Universalhistorische Uebersicht (wie Anm. 8), Bd. I/1, S. 72ff.

41 Eine Ausnahme bilden hier jene sieben Bände, die Schlosser für die populäre „Weltgeschichte“ neu schreiben mußte, weil er sie in seinen gelehrten Werken nie behandelt hatte. Sie umfassen die Zeit vom fünfzehnten bis zum siebzehnten Jahrhundert und wirken, nachdem das Altertum und das Mittelalter je vier Bände gefüllt hatten, in dem sonst so arithmetisch angelegten Werk, überdimensioniert – so als habe sich Schlosser ohne Vorlage verloren, so als wäre es besser möglich, die wissenschaftliche Vorlage nach den oben besprochenen Methoden zu popularisieren und zu kürzen, als eine populäre Geschichte von Grund auf neu zu schreiben. Stilistisch wirken die Bände zwar sehr ähnlich, aber eher als in den übrigen Bänden begegnen hier Verhandlungen von Forschungsmeinungen. Die Geschwindigkeit, in der Schlosser diese Bände produziert hat, läßt darauf schließen, daß er sich sehr stark an seinen für den akademischen Unterricht verfaßten ‚Heften‘ orientierte.

42 Kriegk mußte „aus den an ganz verschiedenen Stellen zerstreuten Sätzen, Perioden und Urtheilen eines Andern ein neues Ganzes bilden, ohne irgend etwas hinzu zu thun oder Wesent-

muß eine Möglichkeit finden, die Vorlagen zu bündeln, zu raffen, ohne dabei dunkel zu werden. Er wählt die Abstraktion. Während seine Vorlagen sich narrativ auf der Ebene der Akteure bewegen, ihre Motive, Handlungen und Wirkungen beschreiben, häufig auch ihre Perspektive wählen, nimmt Kriegk in der populären Version einen olympischen Blickwinkel ein. Die Entstehung des Spanischen Erbfolgekrieges wird in ihren Voraussetzungen in einem einzigen Absatz geschildert:

> Zu dem Spanischen Reiche gehörten am Schlusse des 17. Jahrhunderts außer Spanien selbst nicht nur ungeheure Landstriche und Inseln in Amerika und Indien, sondern auch Neapel, Sizilien, Sardinien, das Herzogtum Mailand und die belgischen Niederlande. Spanien hatte also Provinzen zu verteidigen, welche weitentlegen und durch kein natürliches Band mit dem Hauptlande vereinigt waren. Dazu kam, daß das Spanische Reich durch schlechte Verwaltung und durch die Trägheit seiner Einwohner geschwächt war. Dieses Reich wurde beim Beginne des 18. Jahrhunderts, infolge des Aussterbens seiner Königsfamilie, der Zankapfel der beiden damaligen Hauptstaaten des festen Landes von Europa, Frankreichs und Österreichs, und der darüber entstandene Krieg endigte mit der Losreißung der europäischen Besitzungen Spaniens und mit der Einsetzung einer französischen Dynastie in Spanien selbst[43].

In diesem ersten Absatz, der übrigens kein Pendant in der Vorlage, der „Geschichte des 18. Jahrhunderts“, hat, weil das faktische Wissen hier offenbar als vorhanden vorausgesetzt werden darf, wird nichts dem Zufall überlassen. Mit diesem Absatz bekommt der Leser bereits einen *abstract*, eine Gebrauchsanweisung für die folgenden 30 Seiten geliefert. Keine Schlußfolgerung muß der Leser selber ziehen, keine Assoziation wird eingeplant. Das erfordert zwingend ein größeres Engagement des Autors in faktischer Information. Wer herrscht in Spanien, woher kommen die Ansprüche Frankreichs und Österreichs auf den spanischen Thron? Weitläufige Verwandtschaftsbeziehungen werden aufgedröselt, um das Geschehen durchschaubar zu machen. Auf knappem Raum entwirft der Verfasser den Hintergrund, vor dem sich der Krieg abspielen wird: die Machtverhältnisse und Interessen, das Personal, die innenpolitische Situation, sofern sie für das Geschehen relevant ist. Wo aber die „Weltgeschichte“ das Vergangene zusammenfaßt, systematisiert, auf den Begriff bringt, da erzählt die Vorlage einfach die Begebenheiten und setzt dabei ein solides Grundwissen voraus[44].

---

liches wegzulassen“. Schlosser: Weltgeschichte für das deutsche Volk (wie Anm. 7), Bd. 8, S. IV.

43 Ebd., Bd. 16, S. 3.

44 Der erste Absatz zum spanischen Sukzessionskrieg in der „Geschichte des achtzehnten Jahrhunderts“ bietet für das Vorwissen, das den kundigen Leser auszeichnet, ein gutes Beispiel, obgleich dieser Abschnitt sogar noch einführend-allgemein daherkommt: „Frankreich und Oesterreich stritten um die Erbschaft der spanischen Monarchie, ohne Rücksicht darauf zu nehmen, daß die spanische Nation und ihr König einzig und allein zu bestimmen hätten, wie sie es mit der künftigen Verwaltung und Regierung wollten gehalten wissen. Dieß war eine Folge jenes Grundsatzes der Legitimität, den man überall, nur nicht in England, anerkannte. Philipp II., Philipp III., Philipp IV. hatten außer ihrem nächsten Nachfolger keine rechtmäßigen männlichen Erben hinterlassen; Carl II. hatte keinen Sohn, er war kränklich und schwach, Oesterreich forderte daher für den zweiten Sohn Leopolds I. das Erbe Carls V., dessen Sohn Philipp II., die spanische Dy-

Der Autor spricht hier zu einem ihm ebenbürtigen Leser, dem er referiert und der durch die Erzählung zu einem eigenen Urteil, zur Schlußfolgerung angeregt werden soll. So schreibt Schlosser über seinen mit der „Weltgeschichte in zusammenhängender Erzählung" verbundenen Anspruch:

> Das Buch [...] sollte blos den Freund der Geschichte, der gern überall mit eignen Augen sehen und sich ein eignes Urtheil bilden will, zum Studium der Quellen führen. Der Verfasser wollte den Studirenden durch die im Text gegebenen Winke zur Unabhängigkeit von Compendien, Phrasen, seit Jahrhunderten geltenden Vorurtheilen der Schulen und Rhetoren leise und unmerklich anleiten. Bei diesem Zweck kam auf die Form gar nichts an, das Buch sollte nur Gelehrten und Forschern dienen, deren Zahl stets sehr klein ist[45].

Auch die scheinbar unscheinbare Erzählung folgt einem klar definierten Zweck. Auch sie kann eine neue Sichtweise auf die Vergangenheit etablieren. Aber entscheidend ist, daß der professionelle oder wenigstens geübte Leser nicht durch plumpe Explikationen am Gängelband des besserwissenden Autors geführt wird, sondern daß er durch die ‚Tatsachen' überzeugt werden muß. Verdichtungen der Vergangenheit in Abstraktionen, wie sie die „Weltgeschichte für das deutsche Volk" benutzt, entscheiden, was die gelehrten Vorlagen dem Leser zu entscheiden zumuten. Was die populäre „Weltgeschichte" leicht zugänglich, als umsichtige, mundgerechte Analyse präsentiert, ist dabei zwar idealerweise mit dem identisch, was ein Leser der erzählenden Vorlage durch die Lektüre als Zusammenfassung oder Analyse produziert[46]. Der Autor steckt den Laien und den professionellen Lesern das gleiche inhaltliche Ziel – doch die Wege, es zu erreichen, könnten verschiedener nicht sein.

Ein differenziertes erzählerisches und stilistisches Instrumentarium wird also zum Zweck der Popularisierung aufgeboten, der Text wird so glatt wie nur irgend möglich gemacht. Die Autoren hatten sich vorgenommen, keine Ansprüche an das Vorwissen und das Leseethos ihres Publikums zu stellen, und sie haben diesen Vorsatz eingelöst. Doch betrifft die Simplizität des populären Textes weniger seinen Gehalt als seine Präsentationsweise. Die Notwendigkeiten dieser Präsentationsweise, die Probleme des Popularisierens haben die Hoffnungen, die die Autoren mit dem Werk verbanden, hintergangen. Die Formulierungen in den Vorreden zeigen, daß man die Kürzung um das Gelehrsame zunächst nicht als ‚Entwissenschaftlichung' verstand, daß man statt dessen hoffte, die Kluft zwischen Wissenschaft und Publikum zu überbrücken, indem man scheinbar schlichte, unwesentliche Verständigungs-

---

nastie, dessen Bruder Ferdinand I. die österreichische gegründet hatte." Geschichte des achtzehnten Jahrhunderts (wie Anm. 8), Bd. 1, S. 46. Daß der Leser die einschlägigen Namen der Mitglieder europäischer Königsfamilien, ihre amouröse, genetische und vertragliche Verbandelung kennen sollte, will er seine Chance auf Lektüregenuß wahren, wird selbst in diesem Absatz schon klar.

45 Ebd., Bd. 1, S. XIf. und Bd. 5, S. XII.

46 Wenn die „Weltgeschichte" aufführt, daß Frankreich und Österreich schon zu Lebzeiten des kränklichen Karl II. „mit diplomatischen Waffen" um die Erbschaft stritten, so ist das nur die Quintessenz der Erzählung dieses Streits und seiner Waffen auf einer ganz „geschehensnahen" Ebene, auf der Ebene der Akteure, ihrer Intrigen und Unterhandlungen, auf der Ebene von Gutachten, Depeschen und Testamenten, von Aktion und Reaktion.

blockaden aus dem Weg räumte. Tatsächlich präsentieren die Techniken der Popularisierung, die Tilgung jeglicher Unsicherheit im Ton und in der Sache, Geschichte als etwas Abgeschlosseneres, Exklusiveres, als sie mit wissenschaftlichem Apparat etc. je sein könnte. Die Übersichtlichkeit und Verständlichkeit der Darstellung wird im Beispiel der Schlosserschen Weltgeschichte durch den Ausschluß des Publikums erkauft. Oder zugespitzt: Gerade weil die Wissenschaft sich – wie in diesem Fall – dem Publikum öffnen will, muß sie sich dem Publikum verschließen. Denn die forschende Haltung, die wissenschaftliche Methode, der Gang der Beweisführung, kurz: das Gelehrsame bleibt exklusiv und wird im Gegensatz zu der Darstellung der Fakten und Interpretationen nicht popularisiert.

Spezialisten und Nicht-Spezialisten rezipieren deshalb die „Weltgeschichte" auf zwei voneinander getrennten Ebenen; der Spezialist weiß um den Prozeß der methodischen Erzeugung und Kontrolle, er kennt die Quellen und die Unwägbarkeiten ihrer Benutzung, ihm bietet das Werk Diskussionsstoff[47]. Der Laie hingegen liest das Werk als Ergebnisreferat. Seine Fähigkeit zu schlußfolgern, ein „selbstthätiges" Nachvollziehen wird nicht angeregt. Er wird nicht überzeugt, er muß akzeptieren. Daß eine historische Darstellung aber auf zwei Ebenen rezipiert werden kann, daß also eigentlich der Rezeptionsakt den Fachmann vom Laien trennt, deutet noch einmal von einer anderen Seite darauf, daß die öffentliche Verbreitung von Geschichtswerken nicht mit der Popularität geschichtlicher Forschung und wissenschaftlichem Diskurs zusammenfällt. Die Kluft zwischen Spezialisten und Nicht-Spezialisten existiert fort, auch wenn sie weniger durch die hermetische Darstellung der Forschungsergebnisse im Medium einer unverständlichen Spezialsprache als in der unterschiedlichen Verfügbarkeit des präsentierten Wissens besteht. An dieser Verfügbarkeit ändert auch oder besser: gerade die Lektüre eines populären Geschichtswerks nichts. Im Gegenteil: Die „Weltgeschichte für das deutsche Volk" ist für jeden, nur nicht für den wissenschaftlichen Novizen geschrieben. „Wissenschaftliche Beweisführung ist demokratisch, mag auch ihr Ziel noch so hoch sein: sie setzt voraus, daß jedermann zu den Inhalten auf diesem Wege gelangen könne und müsse", hat Friedrich Gundolf geschrieben[48]. Schlossers Leser sind Laien geblieben, denn der Popularisierungsakt hat das historische Wissen entdemokratisiert.

47 Das bestätigen die wissenschaftlichen Rezensionen, die sich der Schlosserschen „Weltgeschichte" angenommen haben. Die Würdigung des Dr. Kampe aus Neuruppin in den Jahrbüchern für wissenschaftliche Kritik, Nr. 42-44, September 1845, Sp. 329-351, fragt z.B. zwar nach den Zielen einer populären Weltgeschichte, interessiert sich aber nicht für die Vor- und Nachteile einer solchen Darstellung, sondern kritisiert nach wissenschaftlichen Standards. Er sieht auf den Aufbau, die Stimmigkeit der Interpretationen und die Einheit des Werkes, auf die Eigenart Schlosserscher Geschichtsschreibung im allgemeinen. Das Genre spielt für die Kritik keine Rolle.

48 Friedrich Gundolf: Friedrich Schlegels romantische Schriften. In: Jahrbuch des Freien Deutschen Hochstifts (1927), S. 28-120, hier S. 54.

Barbara Wolbring

Politisch motivierte Popularisierung im Fall des Germanischen Nationalmuseums

> Für die eigentlichen Sammlungen gilt stets der Grundsatz, sie vorzüglichst lehrreich zu machen; jedem Laien sowohl, als dem Gelehrten einen Überblick über das Hauptsächliche des Zweiges möglichst vollständig zu geben, nicht aber, wie dies häufig in anderen Sammlungen geschieht, blos einzelne kostbare Curiosa neben einander zu stellen[1].

Mit diesen Worten rückte der Direktor des Germanischen Nationalmuseums in Nürnberg, August von Essenwein, 1884 die Vermittlung von Wissen über Kultur und Geschichte des deutschen Mittelalters und der frühen Neuzeit, das in Nürnberg zusammengetragen und aufbewahrt wurde, ins Zentrum der Aufgaben des Museums. Er hob sein Haus ab von „anderen Sammlungen" und meinte damit solche, die meist aus fürstlichen Kuriositätenkabinetten, Sammlungen von Malerei, Münzen, Altertümern oder ähnlichem hervorgegangen und im Laufe des 19. Jahrhunderts allmählich der Öffentlichkeit geöffnet worden waren. Im Gegensatz zu diesen stellte er nicht die einzelnen Objekte, sondern die aus deren Zusammenstellung sich ergebende Aussage in den Mittelpunkt. Die Präsentation der Fakten sollte den Schwerpunkt bilden, damit wollte man sich an ein allgemeines Publikum wenden und zugleich für Fachleute ansprechend bleiben. Die Ausstellung sollte, wie er es formulierte, „lehrreich" sein. Zwar verfolgten die Sammlungen auch wissenschaftliche Ziele, ihr Hauptzweck sei aber dennoch nicht der akademische Nutzen, „sondern die bescheidene Aufgabe populärer leichter Belehrung"[2].

Dieser Aufgabenbeschreibung zufolge ging es dem Germanischen Nationalmuseum neben der Sammeltätigkeit und den sich hieraus ergebenden wissenschaftlichen Forschungen vor allem darum, einem nichtakademischen Publikum das solchermaßen zusammengetragene und erhobene (kultur-)historische Wissen zu vermitteln, also um die Popularisierung dieses Wissens. Während bisher Popularisierung fast ausschließlich als ein Phänomen der Naturwissenschaften betrachtet worden ist[3], liegt hier offenkundig ein Fall vor, in welchem nicht naturwissenschaftliches, sondern kulturhistorisches Wissen einer breiten Öffentlichkeit zugänglich gemacht und für sie aufbereitet, also popularisiert wurde. Dem Tenor vieler Beiträ-

---

1 August von Essenwein: Die Sammlungen des germanischen Museums [o.O. 1884], S. 88.
2 Ebd.
3 Vgl. hierzu vor allem Andreas W. Daum: Wissenschaftspopularisierung im 19. Jahrhundert. Bürgerliche Kultur, naturwissenschaftliche Bildung und die deutsche Öffentlichkeit, 1848-1914. München 1998, sowie Angela Schwarz: Der Schlüssel zur modernen Welt. Wissenschaftspopularisierung in Großbritannien und Deutschland im Übergang zur Moderne (ca. 1870-1914). Stuttgart 1999 (= VSWG, Beih. 153). Beide diskutieren ausführlich den Forschungsstand und nennen die weiterführende Literatur.

ge dieses Sammelbandes folgend legt es auch der Blick auf das Germanische Nationalmuseum nahe, daß im die Öffentlichkeit entdeckenden 19. Jahrhundert auch wissenschaftliche Erkenntnisse außerhalb des naturwissenschaftlichen Bereiches für ein allgemeines Publikum aufbereitet und ihm vermittelt wurden.

Die vom Germanischen Nationalmuseum betriebene Popularisierung war dabei, dies soll im folgenden gezeigt werden, kein ausschließlich unilateraler Vorgang, der Wissensbestände von der akademischen Sphäre in die öffentliche transferierte und dabei simplifizierte. Auch die meist angenommene Trennung von wissenschaftlicher Arbeit und deren Vermittlung an ein breites Publikum lag im Falle des Germanischen Museums nicht vor, folgt man den Aussagen von dessen Direktor. Hier soll deshalb der Argumentation vor allem der Forschung des angelsächsischen Raumes gefolgt werden, die verstärkt den interaktionistischen Charakter von Popularisierung sieht und den Blick auf die mit der Popularisierung verbundenen Interessen lenkt – auf Seiten der Popularisierer ebenso wie auf derjenigen des Publikums[4].

Anhand der Entwicklung des Germanischen Nationalmuseums im 19. Jahrhundert soll gezeigt werden, wie dieses sich zu einer Einrichtung entwickelte, die die Popularisierung kulturhistorischen Wissens in den Vordergrund stellte, und dann vor allem nach den Motiven hierfür, nach Aufgabe und Ziel der Popularisierung gefragt werden. Sobald man nämlich annimmt, daß neben naturwissenschaftlichem auch akademisches Wissen aus den Kultur- und Geisteswissenschaften popularisiert wurde, muß man auch die Frage nach den Motiven hierfür neu stellen. Für die Popularisierungsbemühungen der Naturwissenschaften im neunzehnten Jahrhundert sieht Andreas Daum den Antrieb darin, daß diese „neuen" Wissenschaften auf diese Weise in das bestehende kulturelle Gefüge, in den bürgerlichen Bildungskanon, integriert und damit etabliert werden sollten[5]. Zählt man jedoch neben naturwissenschaftlichem auch geisteswissenschaftliches Wissen zu den popularisierten Gegenständen, kann dieser Grund allein nicht hinreichen, denn die Geisteswissenschaften, besonders Geschichte, bilden neben Literatur und Kunst den Kern dieses Kanons. Es müssen also andere, weitergehende Beweggründe gefunden werden. Terry Shinn und Richard Whitley nennen als Möglichkeit pädagogische Interessen sowie den Zusammenhang mit politischen, wirtschaftlichen und sozialen Problemen der Zeit, die es stärker in den Blick zu nehmen und zu spezifizieren gelte[6].

Den Zusammenhang mit den Themen und Strömungen der Zeit hat der fränkische Freiherr Hans von und zu Aufseß fest im Blick gehabt. Er sammelte deutsche Altertümer besonders des Mittelalters und betrieb seit den 1830er Jahren die Gründung eines Museums, für das seine Sammlung den Grundstock bilden sollte. Erfolg hatte er allerdings erst Anfang der 1850er Jahre: Die in Dresden tagende Versammlung deutscher Geschichts- und Altertumsforscher stimmte seinem Satzungsentwurf zu und beschloß im August 1852 die Gründung

4 Vgl. v. a. Richard Whitley: Knowledge Producers and Knowledge Acquirers. Popularisation as a Relation Between Scientific Fields and Theirs Publics. In: Terry Shinn/Richard Whitley (Hrsg.): Expository Science: Forms and Functions of Popularisation. Dordrecht 1985 (= Sociology of the Sciences, Bd. 9), S. 3-28.

5 Daum: Wissenschaftspopularisierung (wie Anm. 3), S. 12.

6 Vgl. die Beiträge in: Shinn/Whitley (Hrsg.): Expository Science (wie Anm. 4). – Daum, der in der Popularisierung ein Phänomen allein der Naturwissenschaften sieht, lehnt diese Motive als zu weitgehend ab.

des – so zunächst der offizielle Name – „Germanischen Museums", für das Aufseß die Patronage des bayerischen Königs hatte gewinnen können.

Die Zustimmung der Gelehrtenversammlung war allerdings nur ein erster, wenn auch wichtiger Schritt. Mit diesem Plazet wandte er sich dann an die in Frankfurt tagende Bundesversammlung, um als „eine deutsche Nationalstiftung und Centralanstalt für deutsche Geschichte, Literatur und Kunst" anerkannt zu werden[7]. Diese Anerkennung und eine wenn auch geringe finanzielle Unterstützung als „thatsächlichen Beweis der Anerkennung" sollten ihm helfen, von den Regierungen der Bundesstaaten Geld für den Aufbau des Museums zu erhalten.

Drei Argumente sollten die Politiker überzeugen: Es waren die nationale Ausrichtung des Vorhabens, die wissenschaftliche Arbeit und schließlich „die Bekanntmachung des Wesentlichsten dieser Quellen [...], die Erzielung eines umfassenden Nationalwerkes des deutschen Volks- und Staatslebens nebst populärem Auszug zur Belehrung des Volkes"[8]. Das Gutachten für die Bundesversammlung prüfte vor allem, ob gegen das Vorhaben von Aufseß' politische Bedenken erhoben werden müßten, und kam hier zu einem positiven Votum. Die Museumsgründung wurde sogar als „ein bedeutungsvolles nationales Unternehmen"[9] bezeichnet. Das war nicht wenig nur fünf Jahre nach der gescheiterten Revolution von 1848, die die nationale Einheit auf politischem Weg hatte herstellen wollen und dies mit der Forderung nach Demokratie und Parlamentarismus verknüpft hatte. Die Gründung des Germanischen Museums bot nun aus Sicht der in Frankfurt versammelten Vertreter der „alten Ordnung" die Möglichkeit, den nationalen Gedanken der demokratischen Bewegung zu entwinden, indem man ihn selbst übernahm, seiner politischen Forderungen entkleidete und statt dessen zu einem Gegenstand der wissenschaftlichen Sphäre machte. „Es ist klar, daß durch einen Centralpunkt deutsch-historischer Wissenschaft, wie er hier beabsichtigt ist, die Kenntniß des deutschen Volks- und Staatslebens der Vorzeit wesentlich gefördert, die Liebe zum Vaterlande genährt und gesteigert werden würde", hieß es denn auch im Gutachten der Bundesversammlung[10].

Es wird damit deutlich, daß die Museumsgründung ein politisches Projekt war, das, wenn auch auf kulturellem Gebiet, in vielfacher Weise an 1848 anknüpfte, die damals enttäuschten Hoffnungen auf den deutschen Nationalstaat auffing und nach dem Willen der in Frankfurt tagenden Vertreter der alten Ordnung entpolitisieren und neutralisieren sollte. So wurde das germanische Museum für sie „Erbe" der Paulskirche – und das auch in ganz direkter Weise: Die Bibliothek des Parlamentes, die aus Geschenken der Buchhändler und Verleger bestand, wurde ihm 1855 bzw. 1867 vom Deutschen Bund überlassen und zudem mit Philipp Veits „Germania" dasjenige Bild, das während der Sitzungen des Paulskirchenparlamentes im Sitzungssaal gehangen und die Orgel des ursprünglichen Kirchenraumes verdeckt hatte.

Für die Öffentlichkeit war der Bezug zu den Hoffnungen auf ein politisch geeintes Deutschland, das mit dem Scheitern des Paulskirchenparlamentes in weiter Ferne lag, ebenfalls offenkundig, nur erhoffte man hier im Gegenteil, daß die nationale Idee durch die neue Einrichtung auch politisch am Leben gehalten und gestärkt werden würde. Als das Germani-

---

7 Protokolle der Deutschen Bundesversammlung, 24. Sitzung, § 214 v. 28. Juli 1853, S. 671.
8 Ebd.
9 Ebd., S. 674.
10 Ebd.

sche Museum im Juli 1853 in Nürnberg eröffnet wurde, jubelte denn auch die Leipziger „Illustrierte Zeitung“ in ihrem vierseitigen, mit sechs Kupferstichillustrationen ausgestatteten Bericht, daß „dieses Institut so eigenthümlich deutsch, wie kein anderes, ein Eigenthum der ganzen Nation germanischen Blutes ist, gestiftet für das Volk und aus dem Volk zu dessen Ehre und Lehre“[11].

Politischen Vorstellungen entsprang auch das inhaltliche Konzept des Initiators Aufseß. Das Germanische Museum sollte ein „Nationalmuseum“ sein, wobei der Begriff jedoch anders als in England und in Frankreich nicht das größte Schatzhaus des Landes bezeichnen sollte, sondern den Ort, an dem eine nationale Geschichte Deutschlands hergestellt und sichtbar gemacht würde[12]. Aufseß wollte eine Zentralstelle der deutschen Kulturgeschichte errichten, um so die politische Zersplitterung auf kulturhistorischem Gebiet gleichsam aufzuheben.

Damit stand für ihn nicht die Sammlung im Mittelpunkt, nicht einmal die Präsentation von Exponaten oder die Vermittlung von Wissensbeständen, die sein eingangs zitierter Nachfolger Essenwein später in den Vordergrund rückte, sondern das sogenannte Generalrepertorium, das als eine ideale Verbindung *aller* deutschen Quellen, Archive, Museen und Sammlungen konzipiert war[13]. Er hatte ein System entworfen, durch das alle Fakten verschlagwortet werden und damit erschließbar sein sollten[14]. Durch die Zusammenfassung des Wissens über das deutsche Mittelalter und den Humanismus sollte eine Art Datenbank geschaffen werden, ein Knoten- und Kreuzungspunkt allen Wissens über die deutsche Vergangenheit. Hier sollte der Zugriff auf die gesamte deutsche Vergangenheit möglich sein. „Niemand wird leugnen können, dass vorstehendes System so ziemlich alle Lebensverhältnisse des Menschen berührt“, erläuterte Aufseß sein Vorhaben. Damit werde es möglich, „augenblicklich jede Anfrage auch über den speziellsten Gegenstand [zu] beantworten“[15]. Es sollte damit die staatlich nicht vorhandene Einheit der Nation auf kulturellem und historischem Gebiet im Germanischen Nationalmuseum sichtbar gemacht werden.

Mit dieser Aufgabenstellung wandte sich das neugegründete Museum allerdings an Fachgelehrte, nicht an ein großes Publikum. Es entstand somit ein gewisser Widerspruch zwischen dem Konzept einerseits, das auf der Begeisterung der Nation basierte, die ja ganz materiell, nämlich durch die Spenden Träger des Museums sein sollte, und andererseits einer Definierung der Tätigkeiten und Aufgaben als akademisch oder vielmehr als Unterstützungsleistung für die Forschung. Noch viel schwerer wog, daß das Konzept des Generalrepertoriums auch wissenschaftlich angegriffen wurde. An der Spitze der Kritiker stand kein geringerer als Leopold von Ranke, der es in seinem Gutachten für die preußische Regierung unter wissenschaftlichen Gesichtspunkten als blanken Unsinn bezeichnete. „Wie kann man sich einbilden, die Fragen, die im Laufe der Zeit entstehen, und die von den jedesmal Lebenden

11 Illustrierte Zeitung, Leipzig, Nr. 521 v. 25.6.1853, S. 403.
12 Hans Frhr. zu Aufseß: Bekanntmachung und Aufruf, das germanische Nationalmuseum zu Nürnberg betreffend. In: Anzeiger für Kunde der deutschen Vorzeit. Organ des germanischen Museums 1 (1853).
13 Vgl. ebd.
14 System. Deutschlands Geschichte und Zustände bis zur Mitte des siebenzehnten Jahrhunderts. Abgedr. in: Bernward Deneke/Rainer Kahsnitz (Hrsg.): Das Germanische Nationalmuseum. Nürnberg 1852-1977. München, Berlin 1987, S. 979-992.
15 Ebd., S. 992

an die Vergangenheit gerichtet werden, im Voraus zu wissen und Antworten darauf fertig zu halten? [...] Die Schematisierung des Stoffes, wie sie Herr von Aufseß aufstellt, mag ihren Wert haben für allerhand Merkwürdigkeiten und Curiosa: für lebendiges Wissen ist sie tödtlich", lautete sein vernichtendes Urteil[16], aufgrund dessen in den Anfangsjahren aus Preußen kein Geld nach Nürnberg floß. Erst nach der Satzungsänderung, die Aufseß' Nachfolger als Direktor des germanischen Museums, August von Essenwein, 1869 gegen den erbitterten Widerstand des Museumsgründers durchführte, änderte sich dies.

Aufseß wollte ein kulturelles Gedächtnis der deutschen Nation etablieren, diesem eine Institution geben. Dies war in der Gründungs- und Anfangsphase noch nicht mit einer Hinwendung zur breiten Öffentlichkeit als einem primären Anliegen verbunden. Das Vorhaben, einen „populären Auszug zur Belehrung des Volkes" zu erstellen, kam in seiner Auflistung der Ziele des Museums zwar vor, doch erst an dritter und letzter Stelle[17].

Wenn Aufseß sich 1853 an die Nation wandte, hieß das nicht gleichzeitig: an das Volk. Wenn man sich also nicht an die Allgemeinheit richtete und dennoch die nationale Öffentlichkeit ansprechen wollte, so entsprach diese Trennung weitgehend noch dem Verständnis von Öffentlichkeit, das in der ersten Hälfte des 19. Jahrhunderts vorherrschend war. Rousseau hatte vor einer Gleichsetzung von „volonté générale" und „volonté de tous" sogar gewarnt, und auch für Rotteck und Welcker war es noch selbstverständlich, daß die öffentliche Meinung durch den Diskurs einer Elite gebildet werde. „Öffentlich" bedeutete zunächst also keinesfalls „allgemein" oder gar „mehrheitlich", sondern implizierte die Meinungsführerschaft einer zahlenmäßig begrenzten, mit Besitz und Bildung ausgestatteten Schicht[18]. Doch indem sich seit der Jahrhundertmitte die Begriffe „Öffentlichkeit" und „öffentliche Meinung" dann allmählich wandelten, weg von dieser, der klassischen Bedeutung, und einen neuen Inhalt annahmen im Sinne von „Publikum" und „Allgemeinheit"[19], richtete sich auch das Germanische Museum neu aus. Ansätze dazu lassen sich bereits früh finden, denn das Museum war auf die Zustimmung der Besucher angewiesen – vor allem auch auf die hieraus möglicherweise resultierenden Spenden. Zwar wurden in den Jahresberichten unter diesen hochgestellte, fürstliche Persönlichkeiten stets besonders hervorgehoben, erwähnt wurden aber auch Bürger und sogar Arbeiter, die im Rahmen eines Vereins oder einer Gesellschaft einen Besichtigungstermin wahrnehmen konnten. Häufig gehörte ein Besuch im Kartäuserkloster, wohin das Germanische Museum 1857 aus dem Tiergärtnertorturm umgezogen war, zum Programm in Nürnberg tagender Gesellschaften[20].

---

16 Leopold v. Ranke an den preußischen Kabinettsrat Illaire, 24.8.1853. Zit. n. Ludwig Veit: Chronik des Germanischen Nationalmuseums. In: Bernward Deneke (Hrsg.): Das Germanische Nationalmuseum zu Nürnberg 1852-1877. Beiträge zu seiner Geschichte. München, Berlin 1978, S. 19.

17 Hans von und zu Aufseß: Denkschrift für die hohe Bundesversammlung das germanische Museum zu Nürnberg betreffend, 1853. Bundesarchiv Koblenz DB 1/302, S. 5.

18 Vgl. Lothar Gall: Benjamin Constant. Seine politische Ideenwelt und der deutsche Vormärz. Wiesbaden 1963, S. 59.

19 Vgl. Lucian Hölscher: Öffentlichkeit. In: Geschichtliche Grundbegriffe. Historisches Lexikon zur politisch-sozialen Sprache in Deutschland. Hrsg. v. Otto Brunner/Werner Conze und Reinhart Koselleck. Bd. 4. Stuttgart 1978, S. 413-467, hier S. 464.

20 Neunter Jahresbericht des Germanischen Nationalmuseums zu Nürnberg vom 1. Januar bis 31. Dezember 1862. Nürnberg 1863, S. 4; Zwölfter Jahresbericht des Germanischen Nationalmuseums zu Nürnberg vom 1. Januar bis 31. Dezember 1965. Nürnberg 1866, S. 5.

Es war allerdings nicht Aufseß, der diese ersten Ansätze systematisch bündelte und weiterverfolgte. Weil die Kritik an dem von ihm betriebenen Generalrepertorium immer stärker wurde, legte er 1862 das Amt des Direktors nieder, wenngleich er dem Haus als Ehrenvorsitzender des Verwaltungsrates weiterhin verbunden blieb. Die Politik seines Nachfolgers Michelsen blieb Episode: In den folgenden vier Jahren versuchte er eine radikale Neuausrichtung. In eine „Art Schule für Archivare, Bibliothekare, Historiker und Konservatoren"[21] wollte er das Haus umwandeln und die Verpflichtung auf den nationalen Gedanken sogar aus dem Konzept streichen. Damit wäre das Germanische Nationalmuseum jedoch an seinem Lebensnerv getroffen gewesen. Michelsen konnte sich denn auch nicht gegenüber dem Verwaltungsrat durchsetzen und wurde 1866 durch August von Essenwein abgelöst. Dieser stellte sich insofern in die Nachfolge von Aufseß, als er die nationale Ausrichtung der Arbeit wieder ins Zentrum rückte. Geändert wurden jedoch die konkreten Ziele, mit denen die historische Identitätsbildung der Deutschen befördert werden sollte. Essenwein erstrebte einen Zugewinn an wissenschaftlicher Glaubwürdigkeit und betrieb zudem mit noch größerer Energie die Ausrichtung auf ein großes Publikum, wollte also zugleich den wissenschaftlichen Standard heben und die Popularisierung der Forschungen betreiben.

Zuerst wurde das Generalrepertorium endgültig aufgegeben, das nicht nur Kritik provoziert, sondern auch immense Arbeitskraft und Mittel verschlungen hatte, ohne zu vorzeigbaren Ergebnissen zu führen. Statt dessen wurden die Sammlungen, ihr Ausbau, die Pflege und Auswertung in den Mittelpunkt der wissenschaftlichen Arbeit gestellt. Die Satzung wurde neu formuliert und nannte nun in ihrem ersten Paragraphen als Hauptzweck der Einrichtung, „die Kenntnis der deutschen Vorzeit zu erhalten und zu mehren, namentlich die bedeutsamen Denkmale der deutschen Geschichte, Kunst und Literatur vor der Vergessenheit zu bewahren und ihr Verständnis auf alle Weise zu fördern"[22]. Diese Formulierung rückte neben der wissenschaftlichen Arbeit vor allem die Vermittlungstätigkeit ins Zentrum der Aufgaben. Nicht nur an eine kleine Forschergemeinde wollte man sich künftig wenden, sondern an ein großes Publikum, für das es „eine anschauliche einheitliche Kulturgeschichte unseres deutschen Volkes"[23] zu erstellen galt. Damit trug Essenwein einerseits den von preußischer Seite vorher stets geäußerten Zweifeln an der Wissenschaftlichkeit Rechnung und kam zugleich den politischen Zielen Bismarcks entgegen, der Preußen an die Spitze der nationalen Bewegung setzte. Seit 1868 erhielt das Germanische Museum auch vom Norddeutschen Bund eine Beihilfe. Einen wesentlichen Teil seins Budgets mußte das Germanische Museum stets aus Spenden aufbringen. Dies galt auch dann noch, als sich 1893 die Reichsregierung, die bayerische Staatsregierung und die Stadt Nürnberg verständigt hatten, die Verwaltungsausgaben und die Personalkosten gemeinsam zu übernehmen, so daß die eingehenden Spenden fortan unmittelbar dem Ausbau der Sammlungen zugute kommen konnten.

In der eingangs zitierten Denkschrift von 1884 rückte Essenwein dann aber vor allem das Publikum und die Wissensvermittlung an die Allgemeinheit sehr viel stärker ins Zentrum der Museumsaufgaben. Diese Neuausrichtung war auch Ausdruck einer veränderten Öffentlichkeit. Man verstand darunter nicht mehr in erster Linie eine Handvoll besonders Gebildeter,

---

21 Valentin Scherer: Deutsche Museen. Entstehung und kulturgeschichtliche Bedeutung unserer öffentlichen Kunstsammlungen. Jena 1913, S. 192.
22 Zit. n. ebd.
23 Vierzigster Jahresbericht des germanischen Nationalmuseums. Nürnberg, 31.12.1893.

sondern ein breites Publikum. So konnte es auch nicht mehr ausreichen, das Wissen über die historische und kulturelle Einheit der Nation zusammenzutragen und bereitzuhalten für wenige; dieses Wissen mußte vielmehr von einer möglichst großen Zahl von Teilnehmern der Öffentlichkeit auch tatsächlich gewußt werden, wenn es zu einem nationalen Bewußtsein beitragen sollte.

Das politische Anliegen des Germanischen Nationalmuseums blieb dabei bestehen, nach dem Wechsel an der Spitze des Hauses und auch nach der Reichsgründung, doch die Wege dorthin änderten sich, wurden den veränderten Zeitumständen angepaßt. Die kulturelle Konstituierung einer deutschen nationalen Einheit und die Etablierung eines kulturellen Gedächtnisses bedurfte des Publikums, dessen war man sich in letzten Drittel des Jahrhunderts allmählich bewußt. Für das Erreichen der nationalen Ziele des Germanischen Museums wurde mithin die breite Vermittlung, die Popularisierung des kulturhistorischen Wissens unabdingbar. Die Hinwendung zum Publikum, das Streben nach Vermittlung des im Museum zusammengetragenen Wissens sind Ausdruck dieses Strukturwandels der Öffentlichkeit[24]. Anders gesagt: Als meinungsbildendes Instrument, verpflichtet der Propagierung des nationalen Gedankens, war das Germanische Nationalmuseum angewiesen auf ein großes Publikum, das über den Kreis der Fachgelehrten hinausging und weite Kreise der Öffentlichkeit mit einbezog. Im letzten Drittel des 19. Jahrhunderts konnte ein solches Vorhaben nicht mehr allein von einer elitären Öffentlichkeit der Gebildeten beziehungsweise der Wissenschaft getragen werden, sondern bedurfte einer breiten Basis, der Vermittlung, mithin der Popularisierung kulturhistorischen Wissens.

Die Verlagerung des Schwerpunktes hin zur Popularisierung führte also im Fall des Germanischen Nationalmuseums nicht dazu, daß sich die Ziele und Zwecke der Einrichtung in der Substanz änderten. Diese blieb weiterhin „ein wissenschaftliches Unternehmen", wie Essenwein in seiner Denkschrift von 1884 schon im ersten Satz betonte. Vor allem die politische Aufgabenstellung der Anstalt war geblieben. Allerdings hatten sich im Laufe der Jahre durch die politischen Entwicklungen, besonders durch die Reichsgründung, die Akzente verschoben. Nun mußte es nicht mehr primär darum gehen, einen kulturellen Ersatz für den fehlenden Nationalstaat zu schaffen, sondern das Germanische Nationalmuseum sollte diesen vielmehr festigen helfen, also zur „inneren Reichsgründung" des jungen deutschen Nationalstaates beitragen. Die Frage, was genau unter „deutsch" und „deutscher Nation" zu verstehen sei, wurde dabei zunehmend ausgeklammert. In der Gründungsphase Anfang der 1850er Jahre, als das Institut einen identitätsstiftenden Ersatz für den nicht existierenden Nationalstaat mit seinen zentralen Institutionen bilden sollte, war man selbstverständlich von einem „großdeutschen", einem „kulturnationalen" Verständnis des Begriffes ausgegangen. Wenn man sich nach 1871 auch in den Dienst des (kleindeutschen) Reiches stellte, wurde die großdeutsche Ausrichtung doch nie in Frage gestellt. Weder in bezug auf das Sammelgebiet noch in bezug auf die Unterstützer des Museums. Hier dürfte denn auch ein wichtiger Grund für diese Politik der Unbestimmtheit zu suchen sein, denn Spenden kamen auch von außerhalb des Deutschen Reiches, ja sogar aus Gebieten, die außerhalb des ehemaligen Territoriums des Deutschen Bundes lagen. Und da man auf finanzielle Unterstützung angewiesen war, hütete man sich wohlweislich, hier irgend jemanden zu verprellen.

24 Dieser Begriff ist geprägt worden durch Jürgen Habermas: Strukturwandel der Öffentlichkeit. Untersuchungen zu einer Kategorie der bürgerlichen Gesellschaft. Frankfurt am Main 1962.

Während also Aufseß 1853 die politischen Ziele in den Vordergrund gestellt hatte, nannte Essenwein diese in seiner Denkschrift von 1884 nur am Anfang mit einem kurzen Satz, eben um zu sagen, daß hierzu keine weiteren Ausführungen nötig seien. Er stellte vielmehr die Sammlungen ausführlich vor. Es hatte sich nichts geändert an der zentralen Intention, die nationale Einheit auf kulturhistorischem Gebiet sichtbar zu machen und zu verstärken, also nationale Identitätsbildung zu betreiben. Weiterhin war die Nation Träger des Germanischen Museums und auch Gegenstand der Sammlung, indem nämlich ihre kulturelle Entwicklung, die Gesellschafts- und Alltagsgeschichte anschaulich gemacht werden sollte. Nicht nur Gemälde und Skulpturen wurden hierfür – wie auch bisher – zusammengetragen, nicht einmal nur Kunst, gemeint war vielmehr die Kultur im umfassenden Sinne. Das schloß die „hohe" Kunst nicht aus, aber es erweiterte das Sammlungsgebiet fast ins Unermeßliche. Hinzu kamen zunächst die im Kupferstichkabinett zusammengefaßten Techniken wie Kupferstich und Holzschnitt, Miniaturmalerei und Zeichnungen. Gesammelt wurden daneben Waffen, Musikinstrumente und technische wie wissenschaftliche Geräte und Apparate (astronomische, geographische und mathematische), Bucheinbände und Textilien, Alltagsgegenstände wie Trachten, Schmuck, Möbel und Haus- und Küchengeräte sowie Dokumente des Wirtschaftslebens, Münzen natürlich, doch auch weitere Dokumente und Überreste des Handels, des Verkehrs- und Zunftwesens[25].

Als Zentrum für die Erforschung der deutschen Kulturgeschichte mußte das Germanische Museum nicht unbedingt nur Meisterwerke erwerben, sondern Typisches, das den Stil der jeweiligen Epoche verdeutlichen und damit die künstlerische Atmosphäre aufzeigen sollte, die dann die Meisterwerke hervorbrachte[26]. Wenn Meisterwerke gezeigt wurden, mußten es auch nicht unbedingt Originale sein, vielmehr suchte man von repräsentativen, aussagekräftigen Objekten Gipsabdrücke zu erhalten. Das galt zum Beispiel für die Sammlung der Grabdenkmäler deutscher Fürsten, die im Kreuzgang aufgestellt wurden. Solche Abdrücke dienten nicht der Produktion neuen Wissens, sie wurden nicht aufgestellt, um sie zu erforschen, vielmehr lag der didaktische Nutzen in der Zusammenstellung der Exponate. So sollte dem Besucher – gerade dem wissenschaftlichen Laien – die politische Abfolge deutscher Herrscher sichtbar vor Augen geführt werden.

Auf ein breites Publikum war auch die Publikationstätigkeit des Hauses ausgerichtet, denn auf diese Weise konnte man diejenigen Interessierten erreichen, denen ein Besuch der Sammlungen aufgrund der räumlichen Entfernung nicht möglich war. Neben einem seit der Gründung erscheinenden Monatsblatt und den seit Anfang der 1860er Jahre vierteljährlich publizierten „Photographien aus dem germanischen Museum" gab es den Führer durch die Sammlungen 1865 bereits in einer dritten Auflage[27].

Die Sammeltätigkeit des Germanischen Nationalmuseums und mehr vielleicht noch deren Präsentation in den Räumen des Kartäuserklosters und in Publikationen zeigt, wie eng in dieser Institution wissenschaftliche Arbeit, die Erzeugung von kulturhistorischem Wissen, mit dessen Diffusion, also mit der Popularisierung, verbunden war. Diese enge Verflechtung war direkte Konsequenz der politischen Intentionen und Aufgaben, auf denen die Einrich-

25 Essenwein: Sammlungen (wie Anm. 1); vgl. Scherer: Deutsche Museen (wie Anm. 21), Seite 195ff.
26 Essenwein: Sammlungen (wie Anm. 1), S. 91.
27 Zwölfter Jahresbericht des Germanischen Nationalmuseums (wie Anm. 20), S. 7.

tung basierte. Der enge Zusammenhang von politischer Ausrichtung und Popularisierung zeigt, daß diese durchaus mehr sein konnte, als die Diffusion von allein nach innerwissenschaftlichen Kriterien erworbenen Kenntnissen, sondern daß sich auch die Wissensproduktion bereits an der „Nachfrage“ der Öffentlichkeit orientierte. Sicherlich ist das Germanische Nationalmuseum ein besonders deutlich ausgeprägter Fall, doch auch an Universitäten, Hochschulen und Akademien werden Kenntnisse im politischen Raum erworben, von Wissenschaftlern, die eingebunden sind in einen politischen und sozialen Kontext, die von diesem geleitet werden und ihre Arbeit auch an den hieraus sich ergebenden Fragestellungen orientieren. Dies um so mehr, wenn Forschungsgelder von staatlicher oder privater Seite hierzu einen weiteren Anreiz schaffen. Wissenschaft folgt nicht nur den eigenen Regeln, ist kein vollständig autonomer Bereich, sondern in ökonomische, politische und soziale Kontexte eingebunden, die ihre Arbeit in vielfältiger Weise beeinflussen. Das hohe Prestige von Wissenschaft, die als Produzent von „Wahrheit“ hohe Autorität genießt, lädt vielmehr geradezu ein, sie für wissenschaftsexterne, eben auch politische Ziele in Dienst zu nehmen. Seit die breite Öffentlichkeit als politischer Akteur in Erscheinung getreten ist, bedarf gerade politisch inspirierte und motivierte Forschung der Popularisierung, der Vermittlung, um ihrer Aufgabe gerecht werden zu können. Das Germanische Nationalmuseum ist damit zugleich ein frühes Beispiel dafür, daß zwischen Wissenschaft und Öffentlichkeit durchaus keine kommunikative Einbahnstraße bestehen muß.

Angela Schwarz

Bilden, überzeugen, unterhalten: Wissenschaftspopularisierung und Wissenskultur im 19. Jahrhundert

1. Einführung

An der Wende ins 20. Jahrhundert blickten die Zeitgenossen auf die vergangenen rund hundert Jahre zurück und sprachen von einem einzigartigen Triumphzug des Wissens. Sowohl das Wissen selbst, also die Menge an Wissen, wie seine Vermittlung, also Arten der Verbreitung von Kenntnissen in der Bevölkerung, hatten sich wie nie zuvor potenziert. Wissen erhielt eine zentrale Funktion zugewiesen, die weit über die individuelle Bewältigung des Alltags oder die Absicherung von Herrschaft hinausging. „To an earlier age“, ließ sich daher in einer der frühen Rückschauen auf das 19. Jahrhundert lesen, „knowledge was power – merely that and nothing more; to us it is life and the summum bonum”[1].

Unterschiedliche Überlegungen führten dazu, die Schaffung neuen Wissens immer häufiger im Verbund mit seiner Vermittlung zu sehen. Es reichte nicht mehr aus, Wissen anzuhäufen, in Büchern oder Museen zu bewahren, in kleinen Kreisen von Experten oder Einflußreichen zu diskutieren und nur ihnen vorzubehalten[2]. Ehemals privilegiertes Wissen, darunter Wissensarten wie wissenschaftliche Kenntnisse oder Herstellungswissen, sollte weiteren Bevölkerungskreisen zugänglich gemacht werden. Das war im 19. Jahrhundert kein neuer Gedanke, aber wohl ein Gedanke, der nun eine große und wachsende Zahl von Menschen betraf und dies in einer zunehmend intensiveren Weise tat.

Die Möglichkeiten, Wissen weiterzugeben, erfuhren ebenfalls einen Wandel. Er führte zu einer größeren Methodenvielfalt und, wenn man von der Zahl der erreichten Menschen ausgeht, einem größeren Verbreitungsgrad. Der Ausbau des Schulsystems im 19. Jahrhundert, einer Institution der Wissensvermittlung, die sich auf die heranwachsende Generation konzentrierte (und konzentriert), ist inzwischen gut untersucht. Anders stellt sich die Situation bei Vermittlungsformen dar, die nicht institutionalisiert waren, sich an ein hinsichtlich des Alters, Geschlechts, der Schichtzugehörigkeit, des Berufs, des Bildungsstandes heterogenes Publikum wandten und nur wenigen, zumal immer wieder neu festgelegten Regeln zu

1 C. S. Peirce: The Century's Great Men in Science. In: J. G. Bourinot/Andrew Carnegie, Oliver Lodge, Simon Newcomb u.a.: The 19th Century. A Review of Progress. London, New York 1901, S. 322.

2 Unter welchen Legitimationsdruck die Gelehrten geraten und wie bereitwillig sie auf die Forderungen nach Öffnung und Einordnung in einen gesellschaftlichen Transformationsprozeß reagieren konnten, hat jüngst Emma Spary sehr anschaulich am Beispiel der Vertreter des *Jardin du Roi*, dem späteren *Muséum d'Histoire Naturelle*, im Frankreich des 18. Jahrhunderts aufgezeigt. Vgl. Emma C. Spary: Utopia's Garden. French Natural History from Old Regime to Revolution. Chicago, London 2000, bes. Kap. 4 und 5.

folgen schienen. Die Popularisierung von Wissen war eine davon. Auch wenn die Naturwissenschaften nur einen Bereich unter vielen darstellten, die im 19. Jahrhundert eine Expansion des Wissens erlebten, engagierten sich doch ihre Betreiber und Befürworter in besonderem Maße in dem Versuch, naturwissenschaftliche Kenntnisse über den Kreis der Wissensproduzenten hinaus bekannt zu machen. In der Popularisierung der Naturwissenschaften im 19. Jahrhundert wird besonders deutlich, wie eng Wissensvermittlung und gesellschaftlicher Wandel miteinander verbunden sein können. Die Wissenschaftspopularisierung leistete einen entscheidenden Beitrag in dem Prozeß, der die Verwissenschaftlichung und Technisierung der Gesellschaft initiierte beziehungsweise vorantrieb. Dieser war wiederum eng verknüpft mit Veränderungen im gesellschaftlichen Gefüge, die ihm vorausgingen, ihn begleiteten oder aus ihm resultierten.

Im folgenden soll anhand der populär-naturwissenschaftlichen Literatur, die in der zweiten Hälfte des 19. Jahrhunderts in Großbritannien und Deutschland veröffentlicht wurde, näher auf diesen Zusammenhang eingegangen werden. Denn nur am historisch-konkreten Beispiel lassen sich Fragen wie etwa die nach den Ansprüchen und Zielen, Medien und Techniken der Vermittlung, den Auswirkungen auf das Wissen und seinen gesellschaftlichen Status wie auf die Gesellschaft insgesamt differenziert beantworten. Nach einigen grundsätzlichen Überlegungen zum Phänomen soll es um die Ansprüche und Ziele generell und speziell um die Aufgaben von Popularisierung in einer Phase des Umbruchs gehen, die seit langem gültige und ungefragt akzeptierte Überzeugungen und Werte ins Wanken brachte. Da sich die materielle Erfahrungswelt ihrerseits massiven Kräften der Transformation ausgesetzt sah, verdient die Frage nach dem Zusammenhang von populärer Darbietung naturwissenschaftlicher Kenntnisse und dem sozialen Wandel ebenfalls eine ausführlichere Erörterung. Gestützt wird diese Gewichtung nicht zuletzt durch die Popularisierer selbst, die solchen Fragen große Bedeutung beimaßen. Den Schluß bilden einige Gedanken zum Verhältnis von Wissenschaftspopularisierung und Wissenspopularisierung.

2. Popularisierung: Zum Verständnis eines Begriffs

Welche generellen Feststellungen lassen sich über das Verständnis von Popularisierung und Popularisierung von Naturwissenschaften treffen?

Geht man von der Wortbedeutung aus, gehören im deutschen wie im englischen Sprachgebrauch Allgemeinverständlichkeit, sachliche und sprachliche Vereinfachung, Zustimmung, Anerkennung oder Anklang bei den Adressaten zu den wesentlichen Eigenschaften von Popularisierung und ihrer Medien. In beiden Sprachen war das Popularisieren von Fakten und Sachverhalten bereits im 18. Jahrhundert fest mit einer negativen Konnotation verbunden. Die Vereinfachung des Gegenstands kam danach einer inhaltlichen Verwässerung oder Verzerrung gleich. Um es deutlich herauszustellen: Weithin galt, der sprachlichen Vereinfachung folge unweigerlich die Herabsetzung des intellektuellen Niveaus. Ein deutsches Wörterbuch fand 1876 dafür den Begriff von der „Verpöbelung" eines Themas[3]. So

3 Vgl. Daniel Sanders: Wörterbuch der deutschen Sprache. Mit Belegen von Luther bis auf die Gegenwart. Bd. 2/1. Leipzig 1876 [ND Hildesheim 1969], S. 573.

kann es nicht verwundern, daß manche Kritiker das Bemühen um populäre Darstellung als einen Versuch beschrieben, sich einem Publikum anzubiedern.

Diese Auffassung, die den Vorwurf der Pseudowissenschaftlichkeit enthält, mit dem sich auch die Autoren populärwissenschaftlicher Schriften auseinandersetzen mußten, betrachtet den Vorgang der Popularisierung vom Produzenten des Wissens aus. Das von ihm erarbeitete Wissen werde von einem Vermittler vereinfacht und einem Publikum angeboten, dessen Aktivität sich auf die Rezeption des Dargebotenen beschränke[4]. Eine solche Deutung, die einen hierarchisch geordneten Kommunikationsvorgang annimmt, wird dem komplexen Vorgang der Popularisierung allerdings nicht gerecht. Zu viele Faktoren werden ausgeblendet. Überdies wollten im 19. Jahrhundert weder Wissenschaftler noch Popularisierer – zwei sich überschneidende Personengruppen – den Eindruck einer Kluft zwischen Forschern und Öffentlichkeit oder eines hierarchischen Gefälles entstehen lassen, auch wenn Popularisierung generell als Wissenstransfer von der Wissenschaft auf ein Laienpublikum verstanden wurde.

Die neuere soziologische Diskussion der Wissenschaftspopularisierung bietet einen Ausweg mit einem Begriffsverständnis, das Wissensproduktion und -rezeption nicht als voneinander getrennte Bereiche auffaßt und damit ein differenzierteres Verständnis des Publikums ermöglicht. Hauptmerkmal von Popularisierung bleibt zwar die Übertragung von Geistesprodukten vom Kontext ihres Entstehens, dem des Wissenschaftlers, in einen anderen Kontext, dem des Laien, doch werden ihre Vertreter wie die der Gruppe der Vermittler in einem Prozeß wechselseitiger Beeinflussung und Rückwirkung gesehen[5]. Jede Kommunikation an Nicht-Spezialisten, die einen Transformationsvorgang beinhaltet, ist danach als Popularisierung zu verstehen[6].

Die bisherigen Arbeiten der Geschichtswissenschaft zum Phänomen der Wissenschaftspopularisierung weisen zwar den Vorteil auf, sich auf historisch-konkrete Erscheinungsformen zu stützen. Eine einheitliche Definition des Begriffs – oder eine, die sich vereinheitlichen ließe – liefern sie allerdings nicht, selbst wenn sie der jeweiligen Untersuchung, wie es etwa Kurt Bayertz tut, ein weitgefaßtes Verständnis zugrunde legen und Popularisierung fassen als „all efforts at disseminating the results of research beyond the scientific community and the attempt to awaken the spirit of ‚science' in the public at large"[7]. Die Problematik einer konsensfähigen Definition liegt nicht zuletzt darin, daß den Ausgangspunkt jeweils unterschiedliche Auffassungen von Wissenschaft, Öffentlichkeit, den Popularisierern und dem Ergebnis des Übertragungsvorgangs bilden, das sowohl als Populärwissenschaft wie

4 Das traditionelle Verständnis definiert Popularisierung als „transmission of scientific knowledge from scientists to the lay public for purposes of edification, legitimation and training." So Richard Whitley: Knowledge Producers and Knowledge Acquirers. Popularisation as a Relation between Scientific Fields and their Publics. In: Terry Shinn/Richard Whitley (Hrsg.): Expository Science. Forms and Functions of Popularisation. Dordrecht 1985 (= Sociology of Sciences, Bd. 9), S. 3.

5 Vgl. ebd., S. 4.

6 Vgl. ebd., S. 12 und 25.

7 Kurt Bayertz: Spreading the Spirit of Science. Social Determinants of Popularization of Science in Nineteenth-Century Germany. In: Shinn/Whitley (Hrsg.): Expository Science (wie Anm. 4), S. 209–227, hier S. 210.

popularisierte Wissenschaft[8], „popular science“ bzw. „popularized science“ bezeichnet wird[9]. Popularisierung läßt sich folglich aus unterschiedlichen Blickwinkeln untersuchen und deuten:

- von der Wissenschaft, d.h. ihrem Inhalt und dem her, was Popularisierung mit den zu vermittelnden Inhalten macht: Vereinfachung, Herabsenkung des intellektuellen Niveaus oder Transformation des Ausgangsinhaltes,
- von ihren Funktionen bzw. den Motiven der Popularisierer her, was zum engen Zusammenhang von Wissenschaft, Popularisierung und gesellschaftlichem Wandel führt,
- von ihren Techniken und Medien her (gesprochenes Wort, gedrucktes Wort, Visualisierung, einzelne Stilmittel; Diskussion, Vortrag, Zeitung, Zeitschrift und Buch, Bilder, Abbildungen in Druckerzeugnissen, Ausstellungen und Museen usw.),
- von ihrem Publikum und seinen Bedürfnissen her, das sich der Wissensvermittlung weitgehend aus eigenem, freiem Antrieb zuwendet und bestimmte Erwartungen an sie knüpft.

Der Komplex der Funktionen und Motive stellt eine Mischung aus den persönlichen Zielen des jeweiligen Popularisierers und den gesellschaftlichen und/oder politischen Aufgaben dar, die der Popularisierung in einem bestimmten kulturellen und zeitlichen Kontext zugewiesen werden. Wissensvermittlung muß nicht zwingend eine emanzipatorische Absicht zugrunde liegen, so wie es sich aufgrund der Ideen der Aufklärung ergeben würde. Eine solche Annahme geht von einer bestimmten Vorstellung von Wissen und Wissenschaft aus, nämlich der Vorstellung eines objektiven oder objektivierbaren – damit wertfreien –, eines ‚wahren‘ Wissens. Vielmehr kann Popularisierung als eine Form der Wissens- und Wissenschaftsvermittlung durchaus unterschiedliche gesellschaftspolitische Ziele verfolgen. Eines davon ist das Streben nach Modernisierung und Demokratisierung, das Wissen über den Kreis einer Elite hinaus weiteren Bevölkerungsschichten zugänglich machen, die soziale Zusammensetzung der an der Wissensproduktion beteiligten Gruppen erweitern und das Wissen als Mittel der sozioökonomischen und der intellektuellen Befreiung verwendet wissen will. Daneben kann Wissen und noch stärker die Art seiner Vermittlung die Funktion eines Kontrollinstrumentes übernehmen, dann etwa, wenn sich die Auswahl der Informationen und ihre Interpretation an spezifischen politischen oder gesellschaftlichen Interessen orientiert. In einem solchen Fall ist es möglich, (technische) Modernisierung und politische und gesellschaftliche Demokratisierung zumindest bis zu einem gewissen Grad voneinander abzukoppeln. Einem Staat oder führenden Schichten einer Gesellschaft bietet diese Trennung einen Weg, vorrangig die wirtschaftliche Leistungsfähigkeit des Landes zu steigern, ohne im gleichen Maße Aufstiegschancen und Partizipationsmöglichkeiten zu erweitern. Modernisierung erfolgt dann nur in Teilbereichen in dem Bestreben, die Demokratisierung von Gesellschaft und politischem System hinauszuzögern.

8 George Basalla erklärt ersteres für unseriös – er gebraucht das Wort von der „Gee Whiz!-science“ –, letzteres für seriös. Vgl. George Basalla: Pop Science: The Depiction of Science in Popular Culture. In: Gerald Holton/William A. Blanpied (Hrsg.): Science and its Public. The Changing Relationship. Dordrecht, Boston 1976, S. 261-278.

9 Die Variationsbreite der Bezeichnungen ist noch größer. Vgl. Angela Schwarz: Der Schlüssel zur modernen Welt. Wissenschaftspopularisierung in Großbritannien und Deutschland im Übergang zur Moderne (ca. 1870-1914). Stuttgart 1999 (= VSWG, Beih. 153), S. 38 und 41ff.

3. Ansprüche und Ziele der Wissenschaftspopularisierung im 19. Jahrhundert

Diese generellen Überlegungen zu den Aufgaben von Popularisierung sind nun an Beispielen aus der populärwissenschaftlichen Literatur in Großbritannien und Deutschland vor allem in der zweiten Hälfte des 19. Jahrhunderts zu konkretisieren. Zur Einordnung und zum besseren Verständnis bedarf es zunächst einer Skizze jener Bedingungen, unter denen die Vermittlung naturwissenschaftlicher Kenntnisse in Großbritannien und Deutschland erfolgte.

Wissenschaftspopularisierung im 19. Jahrhundert fand vor dem Hintergrund eines tiefgreifenden Umwandlungsprozesses statt, der mit dem Stichwort von der „Industriellen Revolution" nur unzureichend beschrieben ist. Ein rapides Anwachsen der Bevölkerungszahl, Verstädterung und Mobilisierung, ein Rückgang auf dem primären und ein Zuwachs auf dem sekundären Wirtschaftssektor, Mechanisierung, Arbeitsteilung und Spezialisierung, Kommerzialisierung, Innovationen und Technisierung, Ansteigen von Produktivität und schrittweise auch der Einkommen der unteren Bevölkerungsschichten sowie eine zunehmende Alphabetisierung, Verwissenschaftlichung und Säkularisierung besonders in der zweiten Hälfte des Jahrhunderts markierten das Neue und verliehen ihm die ihm eigentümliche Dynamik[10]. Bereits in der Jahrhundertmitte lösten sich die Veränderungen in so rascher Folge ab und griffen in so viele Lebensbereiche über, daß die Zeitgenossen nicht mehr zwischen konkreten Veränderungen unterschieden, sondern den Wandel an sich als das charakteristische Merkmal ihrer Zeit benannten. Wachstum und Wandel schufen eine Heterogenität und Komplexität des Lebens, die in der ebenfalls dynamisierten Wertewelt eine Entsprechung hatte – der beschleunigte Wandel der materiellen Welt wurde also nicht von einer Kontinuität und Stabilität der Überzeugungen und Wertvorstellungen ausgeglichen. Die Wissenschaft, hier verwandt nach dem englischen Verständnis von „science" als Bezeichnung für die Naturwissenschaften, trug wesentlich dazu bei, diese Dynamik im materiellen wie ideellen Bereich in Gang zu setzen, aufrechtzuerhalten und noch zu verstärken.

Während die wissenschaftlichen Kenntnisse erweitert und die Anstrengungen erhöht wurden, die Naturwissenschaften als wichtige, wenn nicht gar wichtigste gesellschaftliche Kraft zu etablieren, vergrößerten sich aufgrund verbesserter Bildungsmöglichkeiten, eines Ansteigens der Realeinkommen und Reallöhne Größe und Vielfalt des erreichbaren Publikums. Dem Mehr an Wissen stand ein Mehr an potentiell interessierten Abnehmern gegenüber. Ein zunehmend aufgefächerter literarisch-publizistischer Markt reagierte auf diesen Umstand mit einem wachsenden Angebot an Publikationen, darunter auch populärwissenschaftliche Schriften.

Vor diesem Hintergrund erfolgte die Popularisierung naturwissenschaftlicher Kenntnisse als ein vielschichtiger Vorgang. Am Anfang stand nie eine schlichte Vereinfachung von Thesen und Ergebnissen der Forschung oder ein einfacher Übersetzungsvorgang in ‚allgemeinverständliche' Sprache, sollten Laien aus vielen unterschiedlichen gesellschaftlichen Gruppen mit den für wesentlich erachteten Inhalten erreicht werden. Die Inhalte der neuen Wissenschaften waren zu komplex. Der Adressatenkreis war spätestens seit dem letzten Drittel des 19. Jahrhunderts zu heterogen. Popularisierung stellte zudem nie ein einheitliches

10 Vgl. Thomas Nipperdey: Probleme der Modernisierung in Deutschland. In: Saeculum 30 (1979), S. 292-303.

Verfahren dar, wie der Blick auf die jeweils verfolgten Ziele und die angewandten stilistischen und sprachlichen Mittel erkennen läßt. Die unterschiedlichen Ansichten der Autorinnen und Autoren darüber, welche Interessen und Bedürfnisse die Adressaten von Wissenschaftspopularisierung besaßen oder besitzen sollten, welchen Zweck die Beschäftigung mit Wissenschaft für sie erfüllte oder erfüllen sollte, ließen das nicht zu. Dennoch lassen sich einige übergreifende Vorstellungen darüber ausmachen, was Popularisierung in der Situation beschleunigten Wandels nach Ansicht ihrer Betreiber leistete und leisten sollte.

Die Aufgaben standen in enger Verbindung mit dem Selbstverständnis des jeweiligen Autors und der jeweiligen Autorin. Ohne dies im einzelnen darlegen zu wollen, sei – bei aller Vorsicht vor Verallgemeinerungen – auf zwei auffällige Grundtendenzen verwiesen, die sich auch für andere Kontexte der Wissensvermittlung denken lassen. Britische Popularisierer stellten sich mehr als Dolmetscher dar, die wissenschaftliche Forschungsergebnisse dem Laienpublikum verständlich vermittelten. Die Unterschiede zwischen den Wissensvermittlern und den Laien bestand nach diesem Bild mehr in einem Wissensvorsprung der Vermittler als in einer dauerhaft untergeordneten Position des Publikums (der dauerhaft Unwissenden oder weniger Wissenden). Deutsche Autoren hoben eher die Hierarchie hervor, die das Verhältnis von Wissenschaft und Öffentlichkeit charakterisiere. Mit ihrem Anspruch, mit Hilfe populärwissenschaftlicher Darstellungen die bestehende Kluft überwinden zu können, wollten sie die durch Spezialisierung und Fragmentierung verlorengegangene Einheit, Charakteristika der Gegenwart, die bei ihnen folglich häufiger thematisiert wurden, wiederherstellen. Eine Überwindung der Hierarchie in der Weise, daß aus dem Publikum Wissensproduzenten geworden wären, ohne daß sie eine naturwissenschaftliche Ausbildung durchlaufen hätten – also etwa eine Bereicherung der Wissenschaft durch Amateurforschung – strebten sie nicht an.

Gemeinsam war dem Genre in beiden Ländern – und diese Feststellung ließe sich auf die Popularisierung in anderen Ländern im 19. Jahrhundert, etwa Frankreich, Italien, die Vereinigten Staaten von Amerika, übertragen – ein hohes inhaltliches Niveau, das Titel, die die Worte „Light Science" oder „Plaudergänge" enthielten, Lügen zu strafen schien. Popularisierer versäumten nicht, auf die hohen Anforderungen hinzuweisen, denen ihre Publikationen entsprachen: wissenschaftliche Genauigkeit der Ausführungen, Aktualität im Sinne einer Berücksichtigung des neuesten Forschungsstandes, umfassende Behandlung des Themas und natürlich interessante und verständliche Darstellungsform. Nach Ansicht der Popularisierer erhielten die behandelten Themen ihren Wert für die Leserschaft aus ihrem ästhetischen oder intellektuellen Reiz sowie ihrem praktischen Nutzen inmitten einer sich rasch verändernden Welt. Diese Merkmale, mit deren Hilfe populäre Autorinnen und Autoren das auf die für Laien verständliche Aufbereitung zu übertragen suchten, was der Wissenschaft hohes Ansehen verschaffte, sollten der Popularisierung eine zentrale Rolle in der zeitgenössischen Wissenskultur und im Transformationsprozeß der Gesellschaft sichern helfen.

Weitere Kreise der Bevölkerung zu einer Beschäftigung mit wissenschaftlichen Themen – in ihrer Freizeit – anzuregen, bildete das übergeordnete Ziel jeder Popularisierung von Wissenschaft, ob über Literatur, Vorträge, Ausstellungen, Bilder[11] oder andere Präsentati-

11 Vgl. dazu Angela Schwarz: Populärwissenschaftlich in Text und Bild? Zur Visualisierung in der britischen Populärwissenschaft des 19. Jahrhunderts für Kinder und Jugendliche. In: Archiv für Geschichte des Buchwesens [im Druck].

onsformen. Wissensvermittlung und das Einwerben von Anerkennung oder Sympathie für die Wissenschaft lagen dem Bemühen um Popularisierung stets zugrunde, unabhängig davon, welche naturwissenschaftliche Disziplin oder Thematik im einzelnen vorgestellt wurde. Die im 19. Jahrhundert formulierten Funktionen von Popularisierung, die sowohl den materiellen als auch den ideellen Bereich berührten, waren überaus vielfältig und reichten von vergleichsweise abstrakten Zielen wie der Anhebung des intellektuellen Niveaus in der Bevölkerung eines Landes bis zur Befriedigung individueller Bedürfnisse, etwa dem Wunsch, für den Bau eines Aquariums oder eines technischen Geräts konkrete Anweisungen zu erhalten. Die Untersuchung populärwissenschaftlicher Literatur weist auf eine Reihe übergeordneter Kategorien von Aufgaben hin, die so oder mit Modifizierungen in der Popularisierung anderer Disziplinen oder in anderen Erscheinungsformen der Wissensvermittlung eine Rolle gespielt haben können. Mit Blick auf die für den einzelnen Rezipienten zu erfüllenden Aufgaben lassen sich vier Bereiche unterscheiden. Das Genre lieferte

1. Angebote zur – als sinnvoll erachteten – Nutzung der freien Zeit: Unterhaltung, Ablenkung, Ausgleich zu einem anforderungsreichen Berufsalltag, Bildung (u.a. durch Poesie der Wissenschaft, Disziplinierung des Denkens),
2. Hilfestellung bei der konkreten Lebensbewältigung, etwa im beruflichen Fortkommen – es versprach also einen unmittelbaren materiellen Gewinn,
3. Hilfestellung bei der ideellen Orientierung und Sinnsuche – somit stellte es ideelle Gewißheit in Aussicht,
4. Angebote zur emotionalen Stabilisierung inmitten einer sich verändernden Welt (Freude, Überwindung der Verwirrung, des Pessimismus in der modernen Welt).

Für das populär-naturwissenschaftliche Genre ist darauf hinzuweisen, daß es in einzelnen Teilzielen Überschneidungen geben konnte, etwa zwischen erfolgreicher Unterstützung in Fragen der ideellen Orientierung und der emotionalen Festigung einer Person. Für Staat und (Teile der) Gesellschaft sollte eine erfolgreiche Popularisierung in Modernisierung, Steigerung der Effizienz und Verbesserung der Position des eigenen Landes im internationalen Wettbewerb münden. Wie schon erwähnt, mußte damit nicht zwangsläufig zugleich eine soziale Egalisierung oder politische Demokratisierung intendiert sein.

Die Ansprüche und Ziele der Wissenschaftspopularisierung entstammten nicht einem abstrakten Kanon ewig gültiger Werte, etwa einem abstrahierten Bildungsideal, sondern waren in hohem Maße zeitgebunden. In allen Schriften schienen Vorstellungen von den Eigentümlichkeiten der Epoche durch, die als Phase des Umbruchs mit besonderen Anforderungen, besonderen Möglichkeiten, besonderen Problemen und Gefahren wahrgenommen wurde. Deutsche Popularisierer zeichneten die zeitgenössische Situation konturierter als britische, indem sie das Bild einer Phase bedeutsamer Entscheidungen mit großer Tragweite entwarfen. In beiden Ländern erschienen im populärwissenschaftlichen Genre die gleichen Attribute zur Charakterisierung der Gegenwart, darunter die Freisetzung des einzelnen, ein Verlust an Stabilität und Orientierung, Verunsicherung und Entfremdung.

Die Antwort der Popularisierung auf den Verlust an Orientierung, also auf die Sinnkrise, sei herausgegriffen, um im folgenden Abschnitt näher betrachtet zu werden.

4. Verunsicherung und neue Gewißheit

Die Faktoren des Wandels ließen im 19. Jahrhundert nicht nur eine neue Lebenswelt entstehen. Verunsicherung und das Gefühl der Entfremdung ergaben sich gerade daraus, daß lange Zeit ungefragt gültige Überzeugungen in Zweifel gezogen wurden. Die Naturwissenschaften trieben diesen Prozeß voran, mit besonders nachhaltiger Wirkung für die religiösen Werthaltungen.

Eine Popularisierung, die sich, pointiert gesprochen, für den Motor der Entfremdung einsetzte, die sich darum bemühte, bei den Zeitgenossen Akzeptanz und Anerkennung, möglichst auch aktive Unterstützung für die Wissenschaft einzuwerben, stand somit vor einem Problem. Wie konnten mögliche Vorbehalte gegenüber der Wissenschaft ausgeräumt werden? Wie ließ sich der Verunsicherung entgegenwirken? Ließ sie sich aufheben oder ersetzen durch ein neues Gefühl der Gewißheit, vielleicht sogar im Bereich des Glaubens? Es lohnt sich, diesen Fragen nachzugehen, da sie zu Strategien führen, die für eine erfolgreiche Popularisierung von Wissenschaft als Bemühen um ihre Etablierung große Bedeutung besaßen. Vorgestellt seien hier Argumentationsmuster, mit denen zum einen auf ein allgemeines Gefühl der Fremdheit und Verunsicherung und zum anderen auf die Infragestellung religiöser Überzeugungen reagiert wurde.

Mit welchen Deutungen versuchten also die Popularisierer den Eindruck zu zerstreuen, die Wissenschaft sei für Dynamisierung und Fragmentierung der Lebenswelt und mit ihr für Anonymisierung und die Isolation des Individuums verantwortlich? Ein wichtiges Argument lieferte das Bild von der Ordnung, Einheit und Harmonie, die laut populärwissenschaftlicher Literatur sowohl die Natur als auch die Wissenschaft auszeichneten. Die Naturgesetze etwa erschienen als Inbegriff von Kontinuität und Sinnhaftigkeit und so als Leitfaden für die materielle wie die ideell-ethische Ebene des gesellschaftlichen Lebens. Dem Vorwurf der lebensweltlichen Zersplitterung wurde demnach der Hinweis auf die durch die Wissenschaft erkennbare Ordnung entgegengehalten. Statt Verunsicherung und Entzauberung bewirke Wissenschaft genau das Gegenteil: Sie gebe Gewißheit, und zwar Kraft ihrer Objektivität eine besser fundierte. Durch sie werde dem einzelnen sein Platz im Gefüge der naturwissenschaftlich-technischen Welt vor Augen geführt, so daß der Orientierungslosigkeit ein Ende bereitet werde.

Ein weiteres Argument läßt noch klarer hervortreten, wie häufig nicht nur die Vorwürfe mit der gegenteiligen Behauptung erwidert, sondern wie eifrig zugleich der Wissenschaft jene Aufgaben übertragen wurden, die traditionell der Religion oblagen. Wissenschaft setze, so hieß es in der populärwissenschaftlichen Literatur, dem verbreiteten Pessimismus Schlußfolgerungen entgegen, die eine optimistische Einschätzung der Gegenwart und zugleich der Zukunft rechtfertigten. So erschien als wissenschaftlich erwiesenes Faktum, daß sich die Gesellschaft in einer steten Aufwärtsentwicklung befinde. Damit stellte die Popularisierung ihrer Leserschaft eine hoffnungsvolle, bessere Zukunft in Aussicht, die durch die Wissenschaft, eine von allen tatkräftig unterstützte Wissenschaft, herbeigeführt werden würde – und zwar nicht erst im Jenseits, wie es nach christlichem Glauben galt[12].

12 Vgl. Arthur Elley Finch: Salvation as revealed in the Gospel of Science: The Hope of the Religion of Humanity. London 1888, S. 23f.

Naturwissenschaft konnte als Orientierungs- und Lebenshilfe und zugleich als Mittel zur Bekräftigung religiöser Überzeugungen eingesetzt werden. Autorinnen und Autoren populärwissenschaftlicher Schriften standen zwei grundsätzliche Positionen offen, wenn sie aufgrund ihrer Einstellung zu Darwinismus oder Evolutionslehre auf die Folgen der Säkularisierung reagieren wollten: Sie gingen entweder von einer unüberbrückbaren Kluft zwischen Religion und Naturwissenschaft oder von ihrer Vereinbarkeit aus. In Deutschland führte die weltanschauliche Kontroverse zwischen Materialismus- und Monismus-Anhängern einerseits und Vertretern der christlichen Lehren andererseits dazu, daß dort in populärnaturwissenschaftlichen Veröffentlichungen die Antithetik von Glauben und Wissenschaft großen Raum erhielt. Daneben schlugen sich in Deutschland aber ebenso die Argumentationsmuster jener Einstellung nieder, die in der britischen Literatur fast gänzlich das Genre beherrschte: die Überzeugung, daß es keine unüberwindlichen Hindernisse für eine Aussöhnung theologischer und naturwissenschaftlicher Positionen gebe, die Vereinbarkeit von Wissenschaft und Religion folglich außer Frage stehe.

Um die Deutung von der möglichen Aussöhnung zu untermauern, entwickelten deutsche und britische Popularisierer bestimmte Strategien. Mit ihnen wollten sie den Zeitgenossen die Annäherung an eine vermeintlich glaubensfeindliche und die Entzauberung vorantreibende Naturwissenschaft erleichtern. Die drei wichtigsten seien genannt:

1. Der Vorstellung, die Wissenschaft führe unmittelbar in den Atheismus, wurde mit der gegenteiligen Behauptung begegnet. Die Naturwissenschaften erschienen statt dessen als die geeignetste Zugangsweise zu Gott. Sie vermittelten den Menschen die Fähigkeit, die Schöpfung zum ersten Mal wirklich im Großen und Kleinen zu sehen und, da wissenschaftlich erklärt, das Zusammenwirken ihrer Teile auch zu verstehen. Die Ehrfurcht vor der lenkenden Instanz dahinter mußte, so die Annahme einiger Autoren, auf der Grundlage dieses neuen Verständnisses um so größer sein. Die Popularisierer griffen sich nicht selten aus den neueren Forschungen das heraus, was sich ihrer Überzeugung eingliedern ließ. So konnte der Heterogenität, Bewegung und (Orientierungs-)Krise der gegenwärtigen gesellschaftlichen Situation ein Bild der Ordnung und Stabilität entgegengesetzt werden, das sich auf eine göttliche Instanz zurückführen ließ[13]. Eine unkritische Leserschaft konnte so den Eindruck gewinnen, daß die Naturwissenschaft bestätigte oder vertiefte, was nach dem christlichen Naturverständnis immer schon gewußt oder geahnt worden war. Dank Wissenschaft schien also der Weg zu einem festeren Glauben an den Schöpfer geebnet, wobei die Populärwissenschaft als Medium fungierte, mit dem sich die christliche Lehre – für einen bestimmten Adressatenkreis zeitgemäßer, da mit wissenschaftlichen Argumenten untermauert – verbreiten ließ.
2. Eine zweite Strategie lag in der Behauptung, mit Hilfe der Naturwissenschaft lasse sich die Existenz Gottes mit einer Schlüssigkeit beweisen, wie sie die Menschheit noch nie zuvor gekannt habe.
3. Wer trotz dieser Argumente noch immer an seinen religiös motivierten Vorbehalten gegenüber der Wissenschaft festhielt, der sollte in einem weiteren Schritt mit einem Bild der höchsten Instanz gewonnen werden, das nur positive Eigenschaften trug. In beiden Ländern war von Weisheit und Güte, Allmacht, Vorausschau, die Sorge für alle

13 Vgl. Paul Gruner: Werden und Vergehen im Weltall. Godesberg 1911 (= Naturstudien für Jedermann, Heft 11), S. 1f.

Geschöpfe[14], also den Zügen eines gütigen Gottes die Rede. In Deutschland kamen weitere Aspekte mit teilweise neuer Ausdeutung hinzu, ebenso das Bild von einem Gott der Ordnung, dem Inbegriff der Konstanz, denn Gott sei inmitten des überall sichtbaren Wandels das „Ewig-Standhafte"[15]. Es ist kein Zufall, daß – und das gilt ebenso für Großbritannien – inmitten der sich rasch verändernden Industriegesellschaft besonders das Merkmal der Unwandelbarkeit ausgewählt und betont wurde, um jenes Gottesbild zu bezeichnen, auf das die Naturwissenschaft verwies.

Die Wissenschaft erschien demzufolge als eine gesellschaftliche Kraft, die den Glauben eben nicht ins Wanken brachte, sondern ihn mit neuen, objektiven Erkenntnissen untermauerte. Sie vermittelte darüber hinaus ein Gottesbild, das zu Optimismus Anlaß gab, da in ihm die ideellen Mängel der Epoche des Umbruchs, von der Entwurzelung bis zur Sinnkrise, beseitigt waren.

5. Bedeutung von Wissenschaft in der sich wandelnden Welt

Im versöhnlichen Ton in der Auseinandersetzung zwischen Wissenschaft und Religion fand *ein* Entwicklungsstrang im Übergang zur Moderne seinen Niederschlag in der populärwissenschaftlichen Literatur. Die Popularisierung war jedoch noch viel enger in den zeitgenössischen Transformationsprozeß eingebunden, als treibende Kraft ebenso wie als Projektionsfläche der wirtschaftlichen, gesellschaftlichen und kulturellen Veränderungen. Aus der besonderen Art der Zeitgebundenheit erklärt sich ihre spezifische Form, die sich auf der Grundlage der untersuchten populär-naturwissenschaftlichen Schriften zusammenfassend charakterisieren läßt. Die Merkmale, die nachfolgend genannt werden, beschreiben zwar die Popularisierung in der Übergangsepoche zur Moderne, sind aber nicht nur für sie typisch. Viele von ihnen lassen sich in der Wissenschaftspopularisierung des späten 20. und frühen 21. Jahrhunderts wiederfinden. Es wäre zu prüfen, ob sie nicht auch andere Zusammenhänge des Wissenstransfers beeinflußten und beeinflussen.

1. *Verpflichtung zur Aktualität/Wiedergabe des neuesten Forschungsstandes*: Es war ein Charakteristikum der neuen Form der Popularisierung, daß sie die laufende wissenschaftliche Forschung viel stärker berücksichtigte. Wie andere Phänomene und Bereiche unterlag auch die moderne Popularisierung der allgemeinen Tendenz der Verwissenschaftlichung und das um so mehr, als die Forschung auf die populäre Vermittlung nicht zuletzt durch das Engagement vieler Gelehrter einen leichteren Zugriff hatte als beispielsweise auf die Politik. Aus dem Anspruch, die Adressaten wahrheitsgemäß und verläßlich zu informieren, ergab

14 Vgl. Johann Bendel: Gewerkfleiss im Insektenstaat. Regensburg 1905 (= Naturwissenschaftliche Jugend- und Volksbibliothek, Bd. 20), S. 7; Richard Borgmann: Lichtscheues Gesindel. Regensburg 1905 (= Naturwissenschaftliche Jugend- und Volksbibliothek, Bd. 21), S. 135; Heinrich Hower: Aus der Welt des Wassertropfens. Regensburg 1906 (= Naturwissenschaftliche Jugend- und Volksbibliothek, Bd. 26), S. 2f.; Joseph Niessen: Kunsthandwerker im Tierreich. 2. Aufl. Regensburg 1907 (= Naturwissenschaftliche Jugend- und Volksbibliothek, Bd. 11), S. 10 und 155; Hermann Wagner: Entdeckungsreisen im Wald und auf der Heide. 10. Aufl. Leipzig 1900, S. 4; Ders.: Entdeckungsreisen in Feld und Flur. 10. Aufl. Leipzig 1901, S. vi.

15 August N. Böhner: Kosmos. Bibel der Natur. Deutsches Nationalwerk. Bd. 1. Leipzig 1882, S. 196f. und 609f.

sich die Konsequenz, daß sich die Veränderungen in der Wissenschaft mit einer meist nur geringen zeitlichen Verzögerung auf die Popularisierung durchschlugen. Anpassungsfähigkeit und Wandelbarkeit und nicht das „Ewig-Standhafte" mußte daher in dieser Frage für die Popularisierer Priorität besitzen.

2. *Dynamik und Intensität*: Aus der selbst gestellten Aufgabe, möglichst weite Teile der Bevölkerung für Wissenschaft und Technik zu mobilisieren, gewann die Popularisierung ihre Dynamik und Intensität. Dabei konnte die angestrebte Aussöhnung der Zeitgenossen mit dem gesellschaftlichen Wandlungsprozeß sowohl über eine intensivere Teilnahme an der veränderten, naturwissenschaftlich bestimmten Welt als auch über einen – partiellen – Rückzug aus ihr erfolgen. Das gezeichnete Bild von der Gegenwart stand in einem komplementären Verhältnis zu den Aufgaben, die Popularisierung jeweils erfüllen sollte. Erschien die Gegenwart eher düster, so sollte die Lektüre populärwissenschaftlicher Werke Alternativbeschäftigung, Flucht aus dem Alltag, Erhebung über das Alltägliche, Rückkehr zur Natur oder Liebe zur Heimat – im Sinne eines Ausgleichs für soziale oder politische Benachteiligung – ermöglichen. Bestimmte Fortschrittsoptimismus die Charakterisierung, war die Lektüre dazu gedacht, dem einzelnen Information, Sicherheit und Orientierung zu bieten und ihn noch vielfältiger und effizienter in dieser Welt agieren, an ihrer Perfektionierung mitarbeiten zu lassen. Es gab also vielfältige Angebote zur Krisenbewältigung und Krisenverdrängung, wobei allerdings für die Wissenschaftspopularisierung der Aspekt der Bewältigung im Vordergrund stand.

3. *Zeitlich verzögerte Integration des Fremden durch Verknüpfung mit dem Vertrauten*: Die Popularisierung wußte das Neue auf geschickte Weise einzuführen, indem sie es mit Bekanntem verknüpfte, mit vertrauten Stilmitteln, mit bekannten Ideen und Argumenten. Das Nebeneinander von Altem und Neuem, Vertrautem und Fremdem förderte die Integration des Neuen, da es eine Verzögerung bewirkte, die für viele Menschen die schließlich unvermeidliche Anpassung erleichterte. In Großbritannien und Deutschland bildete die Popularisierung eine solche Strategie der Modernisierung aus, indem sie zwei mögliche Verfahrensweisen zusammenführte, nämlich Bewältigung und Verdrängung. Das hieß konkret, sie war Hilfestellung für Übernahme und praktische Anwendung des Neuen und Angebot vielfältiger Möglichkeiten des Ausgleichs einerseits und einer – vorübergehenden – Flucht vor dem Neuen andererseits. Gerade das Moment der Verdrängung oder des Eskapismus, das die Verzögerung enthielt, konnte denjenigen, die den Veränderungen skeptisch oder ablehnend gegenüberstanden, den Weg zu einer Haltung ebnen, nach der das Neue schließlich akzeptiert wurde. Mit diesem zweifachen Angebot suchte die Popularisierung die Wucht des Modernisierungsprozesses abzufedern. Wenn man die Zahl der Titel und die Auflagenhöhen bestimmter Typen der Populärwissenschaft als Urteilsgrundlage nehmen darf, so wurde dieses Angebot durchaus angenommen.

4. *Dualismus von Disziplinierung und Modernisierung*: Die Doppelstrategie, die Tradition und Moderne zusammenführte, hing eng mit den gesellschaftspolitischen Zielen zusammen, die die Vermittler naturwissenschaftlicher Inhalte verfolgten. Denn obschon die Popularisierer durchgängig eine Verbesserung im Bereich von Bildung, wirtschaftlicher und technischer Effizienz beabsichtigten, Modernität in diesen Bereichen also zu fördern suchten, schloß das die gesellschaftliche oder die politische Modernisierung längst nicht immer in gleicher Weise ein. Vielmehr ging es den überwiegend den Mittelschichten entstammenden Autorinnen und Autoren in Großbritannien und Deutschland mehrheitlich darum, die

Zeitgenossen mit dem Neuen auszusöhnen und mit der Wissensvermittlung letztlich die Stabilität der bestehenden Gesellschaft zu erhöhen. Ein Dualismus von Disziplinierung und Modernisierungsbestrebung, von Sozialkontrolle und Entfesselung der individuellen und gesellschaftlichen Kräfte[16] bildete somit ein weiteres Charakteristikum der Popularisierung im späten 19. Jahrhundert. Trotz einer unverkennbaren Herablassung gegenüber den unteren Bevölkerungsschichten entsprang allerdings die sozialstabilisierende Intention bei vielen Popularisierern nicht zwangsläufig einem Gesellschaftsmodell, das die bestehenden Verhältnisse auf ewig zementieren sollte. Denn nicht wenige von denen, die die gesellschaftlichen Konsequenzen von Wissenschaft und ihrer Vermittlung in weiten Bevölkerungskreisen reflektierten, vor allem die Anhänger der Aufklärungsideale und die Fortschrittsoptimisten in der Linie des Evolutionsgedankens, sahen die Verbreitung und Aneignung von Wissen als eine Vorstufe für Veränderungen, als Voraussetzung für die Schaffung einer besseren, gerechteren Gesellschaft. Sie verlegten die Verwirklichung dieser Gesellschaft jedoch in eine meist nicht näher bestimmte Zukunft. Für die eigene Gegenwart ging es ihnen vor allem darum, die entstandenen Gräben in Gesellschaft und Kultur zu schließen oder doch zu überdecken und so die Vorbedingung dafür zu schaffen, daß sich möglichst viele Zeitgenossen engagierten und die wichtigen Entscheidungen getroffen und umgesetzt werden konnten.

In diesem letzten Punkt tritt die Einbindung der Popularisierung in die Bedingungen der Zeit noch einmal besonders klar hervor. Die Epoche hatte für die Popularisierung der Naturwissenschaften tatsächlich eine besondere Bedeutung. Die Autorinnen und Autoren beschrieben ihre Gegenwart als eine „neue Zeit“, die mit einem spezifischen Epochebewußtsein einherging, das sich durch die Zusammenführung von Gegensätzen charakterisierte. Nicht ohne Grund wurde den Zeitgenossen ein ambivalentes Bild der eigenen Gegenwart gezeigt, die als Entwicklungsepoche oder Übergangszeit erschien. Denn hieraus konnten die Wissenschaftsanhänger eine überzeugende Legitimation für ihr Engagement ableiten. Je tiefgreifender der Wandel und je größer die Verunsicherung des einzelnen, desto glaubhafter ließ sich die Popularisierung als Erklärungshilfe und Anleitung darstellen, mit der sich die Flut des Neuen nicht nur überstehen, sondern beherrschen ließ. Vor dem Hintergrund eines starken Fortschrittsglaubens wurde die Epoche daher zum historischen Wendepunkt stilisiert, an dem die nötigen Weichenstellungen vorzunehmen seien. Dabei betonten die einzelnen Autorinnen und Autoren mit mehr oder weniger Nachdruck, daß sich in der Übergangsphase das Schicksal des Individuums, das der Nation oder gar das der gesamten Menschheit entscheiden werde. Der Wissenschaft kam in dieser Situation eine entscheidende Bedeutung zu, denn sie erschien als der Schlüssel zur Welt, als „master-key“[17], der das Tor in die moderne, bessere, da naturwissenschaftlich perfektionierte Welt öffnen würde. Sie war der Schlüssel zu einem neuen Zeitalter des Lichts[18]. So überhöht, zur Sinngebungsinstanz für die Gegenwart und zur Verheißung einer lichtvollen Zukunft, konnte die Wissenschaft in eine Position aufrücken, die bislang die Religion eingenommen hatte. Nach dieser Deutung

---

16 Die Steigerung der Leistungsfähigkeit sei, wie Norman Lockyer es für Großbritannien formulierte, am besten durch „fostering the scientific spirit among all classes“ zu erreichen. Norman Lockyer: The Influence of Brain-power on History. In: Nature 68 (1903), S. 439.

17 Gordon Daniel Knox: All About Electricity. London 1914, S. 327.

18 Vgl. etwa Ludwig Büchner: Licht und Leben. Drei allgemeinverständliche naturwissenschaftliche Vorträge als Beiträge zur Theorie der natürlichen Weltordnung. Leipzig 1882, bes. S. 101; Arthur Mee (Hrsg.): Harmsworth Popular Science. Bd. 7. London 1913, S. 4377.

zog nicht Sachlichkeit mit der Wissenschaft ein, sondern ihr folgte die Re-Sakralisierung der vermeintlich entzauberten Welt.

6. Zum Verhältnis von Wissenschafts- und Wissenspopularisierung

In den vorangegangenen Abschnitten erschien sowohl der Begriff der Wissenschaftspopularisierung wie der der Wissenspopularisierung. Da Wissenschaft eine jener Wissensarten darstellt, die unsere Wissenskultur bestimmen, ist das auch berechtigt. Abschließend soll noch kurz erörtert werden, ob sich hinter dem Verhältnis von Wissen und Wissenschaft nicht mehr verbirgt als die Beziehung zwischen Oberbegriff und Einzelaspekt, wenn beide im Kontext der Wissenschaftspopularisierung betrachtet werden.

Für die Popularisierer des 19. Jahrhunderts gab es zwischen Wissen und Wissenschaft in der Tat ein engeres Verhältnis als das zwischen übergeordnetem Zusammenhang und einzelnem Phänomen. Sie verstanden und präsentierten die Aufbereitung naturwissenschaftlicher Kenntnisse für die Öffentlichkeit nicht nur als Vermittlung wissenschaftlichen Wissens, sondern betonten nachdrücklich die Überschneidungen mit anderen Wissensarten und ihrer Verbreitung. In zwei Bereichen trat das besonders hervor.

Wenn Autorinnen und Autoren die Durchführung von Experimenten, die Konstruktion von Versuchsaufbauten oder Instrumenten detailliert schilderten, stand eine offene oder verdeckte Aufforderung zum Nachbau beziehungsweise zur eigenen Durchführung dahinter. Vermittlung naturwissenschaftlicher Kenntnisse und handwerklicher oder technischer Fähigkeiten, von Wissenschaft und Handlungs- und Herstellungswissen, gingen somit eine Verbindung ein. Daraus konnten die Popularisierer wiederum großen Nutzen ziehen. So ließ sich etwa das Motiv, eine Modernisierung und Leistungssteigerung zu bewirken, gleichzeitig auf mehreren Ebenen verfolgen. Als zweites ergab sich ein nicht unerheblicher Vorteil für die Popularisierung selbst. Denn eine Leserschaft, die nicht nur zur bloßen Rezeption von Fakten aufgefordert war, sondern verschiedene Angebote der aktiven Teilnahme erhielt, verlor weniger rasch das Interesse an popularisierter Naturwissenschaft. Die Verknüpfung von neuem wissenschaftlichem Wissen mit vertrauten Elementen des womöglich täglich angewandten Herstellungswissens konnte zudem dazu beitragen, die potentiell bestehende Distanz zu den Ergebnissen der Wissenschaft zu verringern.

Noch eindringlicher mußte die Verbindung wirken, die die Popularisierer zwischen Wissenschaft und Alltagswissen herstellten. Durch ihr Bemühen, die Aufmerksamkeit ihrer Leserschaft dadurch zu erhalten, daß sie die den Laien aus ihrem Alltag vertrauten Phänomene wissenschaftlich erklärten, förderten sie die Integration von Alltags- und speziell Hintergrundwissen und Naturwissenschaft. Den möglichen Vorbehalten gegenüber einem Wissen, das in immer größerem Maße von einer Elite erarbeitet wurde und aus diesem und einigen anderen Gründen zunehmend elitär anmutete, ließ sich so entgegentreten. Denn Wissenschaft erschien, ein von den Vermittlern bewußt geförderter Eindruck, als eine Ergänzung und Vertiefung von Alltagswissen und nicht etwa als kompliziertes Faktengebäude, das nur wenigen Eingeweihten offenstand.

In diesem Sinne fungierte die Popularisierung der Naturwissenschaft im 19. Jahrhundert sowohl als Wissenschafts- als auch als Wissenspopularisierung. Das erlaubte ihren Betreibern, um so überzeugender den Anspruch zu vertreten, daß die Popularisierung selbst – und nicht nur ihr Gegenstand, die Wissenschaft – als eine modernisierende Kraft, als ein Motor des Wandels und eine gesellschaftliche Instanz von zentraler Bedeutung Anerkennung verdiente.

Andreas Franzmann

Der ‚gebildete Laie' als Adressat des Forschers. Sequenzielle Analyse von Titel und Vorrede zur ersten Ausgabe von Justus von Liebigs „Chemischen Briefen" von 1844

Vorbemerkung

Ich schlage im folgenden den Weg ein, einen Schlüsseltext der sogenannten Popularisierung der Naturwissenschaften des 19. Jahrhunderts einer detaillierten Analyse zu unterziehen, um möglichst ohne Umschweife eine erste Hypothese an die Hand zu bekommen, was unter Popularisierung eigentlich genauer zu verstehen ist. Ausgewählt habe ich zu diesem Zweck einen der bekanntesten Texte der sogenannten populärwissenschaftlichen Literatur des 19. Jahrhunderts: Justus von Liebigs „Chemische Briefe", erschienen erstmals 1841ff., in der vorliegenden Fassung publiziert 1844. Daß Justus von Liebigs „Chemische Briefe" für die öffentliche Etablierung der Chemie als Fachwissenschaft im 19. Jahrhundert eine enorme Rolle gespielt haben, ist bekannt und soll hier nicht weiter erläutert werden[1]. Liebig, mit fünfundzwanzig Jahren auf Anraten Alexander von Humboldts zum Professor und Laborleiter in Gießen berufen, war bereits ein bekannter Mann, als er die Briefe verfaßte. Die Briefe haben seinen Ruhm als bedeutendster Forscher seines Faches, vielleicht seiner Zeit, nur noch weiter vermehrt und ihm nicht zuletzt das Ansehen eines begabten Schriftstellers verliehen.

Es handelt sich um insgesamt fünfzig Briefe, auf deren Inhalt ich in einer anderen Publikation weiter einzugehen gedenke. Hier interessiert nur die aus der Vorrede zur ersten Auflage zu entnehmende Programmatik einer Hinwendung zum öffentlichen Laienpublikum, die Liebig mit seinen Briefen vollzieht.

1 Zuletzt ist die Bedeutung Liebigs für die Popularisierung der Chemie im 19. Jahrhundert nochmals herausgehoben worden von Katrin Cura: Mehr als Knall und Rauch – Popularisierung der Chemie. In: Gudrun Wolfschmidt (Hrsg.): Popularisierung der Naturwissenschaften. Berlin 2002, S. 159-168, bes. S. 165ff.

Sequenzanalyse des Titels und der Vorrede[2]

Kurz zum Titel des Werkes, der schon für sich genommen aufschlußreich ist, da er eine interessante literarische Verdichtung darstellt, die geduldig zu analysieren sich lohnt.

Obwohl schon auf den ersten Blick zu erkennen ist, daß es sich nicht um einen gewöhnlichen Briefwechsel handeln kann, ist es doch ratsam, elementar vorzugehen und die Frage zu beantworten, was eigentlich ein Brief ist. Der Brief ist kommunikationstheoretisch gesehen – sehr vereinfacht – Mittel und Ausdruck eines schriftlichen Verkehrs zwischen zwei Subjekten. Seine Bedeutung liegt in der Möglichkeit der Kommunikation unter der Bedingung räumlicher Getrenntheit, er erlaubt es, über weite Entfernung eine Kommunikation zu eröffnen oder fortzusetzen, welche sonst nicht geführt werden könnte.

Jeder Briefkommunikation liegen bestimmte Regeln zugrunde, nach denen eine solche abläuft. Man muß dabei unterscheiden zwischen den konstitutiven Regeln, welche für die Kommunikation generell gelten, und den für die Briefkommunikation spezifisch geltenden Regeln. Die allgemeinen Regeln lassen sich an der basalen mündlichen Form der „face-to-face"-Kommunikation herleiten, die letztlich jeder Form der Kommunikation zugrunde liegt. Eine Kommunikation wäre viel zu schwach und reduktiv gefaßt, würde sie nur als Informationsaustausch oder unter den rein formalen Gesichtspunkten eines Sender-Empfänger-Modells betrachtet. Sie konstituiert vielmehr stets eine gemeinschaftliche Praxis zwischen mindestens zwei Subjekten und setzt somit eine reziproke Sozialität immer schon voraus. Diese gemeinschaftliche Praxis muß allerdings immer erst und immer wieder von neuem eröffnet und eingerichtet beziehungsweise bekräftigt werden. Denn eine Kommunikation kann nur erfolgen, wenn beide Interaktanten wissen und sich darauf beziehen können, daß sie sich in einer gemeinschaftlichen Praxis bewegen, wenn also die Praxis gültig eingerichtet ist. Dies geschieht durch eine gelingende Begrüßungshandlung, wobei es zweitrangig ist, ob der Gruß sprachlich oder gestisch erfolgt; ausschlaggebend ist seine eindeutige Interpretierbarkeit im Sinne eines reziproken Ansinnens, ein gemeinsames Gespräch eröffnen zu wollen. Die Begrüßungshandlung hat die Besonderheit, daß sie eine Reziprozität der Subjekte immer schon als gegeben unterstellen muß, obwohl diese faktisch in ihr allererst eingerichtet wird: Das läßt sich daran verdeutlichen, daß jeder Gruß in der Erwartung einer Erwiderung erfolgt, also von einer Reziprozität ausgeht. Da das Grüßen zwischen beiden Subjekten nun nicht gleichzeitig erfolgen kann und nur in einem Nacheinander einzurichten ist, muß einer den Gruß zuerst aussprechen und geht somit das Risiko ein, daß der Gruß nicht erwidert werden könnte. Die notwendige Diachronie oder Sequenzialität der Begrüßungshandlung zieht es nach sich, daß der Begrüßte bereits die Wahlmöglichkeit hat, ob er den Gruß und mithin das Ansinnen einer gemeinschaftlichen Praxis erwidert oder nicht. Wird der Gruß erwidert, ist die Begrüßungssequenz abgeschlossen und die gemeinschaftliche Praxis kann sich weiter entfalten. Ein Nichterwidern, also die Verweigerung einer Vergemeinschaftung mit dem Grüßenden, bedeutet hingegen stets, die Reziprozität und Gleichheit zu bestreiten, und zieht

2 Zitiert wird nach Justus von Liebig: Chemische Briefe. 6. Aufl. Neuer unv. Abdr. der Ausgabe letzter Hand. Leipzig, Heidelberg 1878.

insofern einen besonderen Rechtfertigungsdruck nach sich. Dem müssen wir an dieser Stelle nicht weiter nachgehen. Wichtig ist nur zu betonen, daß schon von jeder Begrüßungshandlung ein Sog in eine vergemeinschaftende Praxis ausgeht, ihr zugleich aber auch schon eine autonome Entscheidungssituation innewohnt.

Für die gelingende Begrüßung ist es konstitutiv, daß sich die Gegrüßten sicher sein können, wirklich gemeint zu sein. Der Gruß muß also immer klar gerichtet sein oder anders ausgedrückt: die Kommunikation erfolgt immer zwischen konkreten Individuen, die als solche auch adressiert werden müssen. In der mündlichen Kommunikation erfolgt dies durch die sinnliche Zugewandtheit in der „face-to-face"-Ansprache oder das Aussprechen des Namens.

Diese Regeln der „face-to-face"-Interaktion sind in der brieflichen Form entsprechend den spezifischen Bedingungen weiterentwickelt. Ein Brief muß sowohl den Adressaten wie den verfassenden Absender immer explizit kenntlich machen. Das gleiche gilt für die räumlichen und zeitlichen Indices der Handelnden, die sich in der mündlichen Kommunikation von selbst verstehen, im Brief aber als Angabe von Datum und Absendeort erscheinen müssen; denn die Einrichtung einer reziproken Praxis unter den Bedingungen der räumlichen und zeitlichen Distanz verlangt die genaue, die Praxis des Absenders und seine Individualität vergegenwärtigende Angabe, wo und wann der Brief verfaßt wurde. Der Brief kennt außerdem ebenso eine Begrüßungshandlung wie eine beschließende Formel. Auch der Brief ist eine Kommunikation zwischen konkreten Individuen und muß als solcher eingerichtet werden.

Die wichtigsten spezifizierenden Bedingungen des Briefes sind natürlich die Schriftlichkeit und die aus der räumlichen Distanz folgende zeitliche Streckung der Interaktion. 1) Vom Abfassen eines Briefes bis zu seiner Rezeption vergeht die Zeit seiner postalischen Übermittlung; insofern ist der Aktualitätsgrad des Briefes ein anderer als der einer Äußerung im mündlichen Gespräch. In der Regel nimmt man deshalb nur das in ihn auf, was diesem Umstand gerecht wird und einen längeren Gültigkeitswert hat. Vergängliche Nebensächlichkeiten, oft Teil der mündlichen Kommunikation, fehlen in Briefen oft ganz oder bekommen etwas Exemplarisches oder Stilisiertes, das als solches herausgehoben wird. 2) Das Verfassen eines Briefes erfolgt ebenso in Abwesenheit des Empfängers wie das Lesen in Abwesenheit des Absenders; folglich erlaubt es der Brief, die Kommunikation in größerer Muße, in gewisser Entlastetheit von unmittelbarem Reaktionsdruck vorzunehmen. Sender und Empfänger haben dafür beide mehr Zeit, und insofern befördert der Brief, auch kulturhistorisch gesehen, die individuelle Autonomie. 3) Der Brief verpflichtet zu einer höheren Kontrolliertheit der Kommunikation und ihrer Mittel. Er verlangt eine sorgfältigere Verwendung der sprachlichen Ausdrucksmaterialität im Hinblick auf seine formale Gestaltung und die Angemessenheit der Sprache zum Inhalt. 4) Ganz wesentlich erzeugt der briefliche Verkehr wie alle Formen der Schriftlichkeit einen viel höheren Grad der Verbindlichkeit im Formulierten. Korrekturmöglichkeiten wie im mündlichen Gespräch gibt es kaum mehr, wenn der Brief einmal abgesandt ist. 5) Eine der wichtigsten Bedeutungen des Briefes für die Kultur liegt darin begründet, daß er erlaubt, Dinge auszusprechen und mitzuteilen, die mündlich viel schwerer oder gar nicht zu sagen wären. Dem Brief wohnt die Chance zu einer enormen Erweiterung der möglichen Themen und Stoffe der Kommunikation inne. Das hat den Brief letztlich auch interessant werden lassen als Medium einer literarischen Gestaltung.

Der Brief ist seiner Kernstruktur nach eine konstitutiv private Kommunikationsform, auch wenn er in seinen frühen historischen Verwendungen oft ein öffentliches Ereignis war. Er bleibt aber eine Praxis zwischen individuierten Subjekten. Der Brief hat die Entfaltung der Innerlichkeit, der privaten Empfindungen, Gefühle und Vorkommnisse als Thema der Kultur strukturell ermöglicht und insofern einen wesentlichen Anteil an der Entfaltung bürgerlicher Subjektivität.

Für den öffentlichen Brief gelten nochmals besondere Regeln. Der in einem allgemein zugänglichen Medium publizierte, bewußt jedermann zugänglich gemachte Brief verlangt vor allem, daß die verhandelte Angelegenheit eine öffentliche Thematisierung rechtfertigt. Sein Gegenstand muß sich in irgendeiner Weise auf das Gemeinwohl beziehen und für es relevant sein. Dem entspricht, daß keine Privatsachen verhandelt werden; daß der Empfänger eine öffentliche Person ist und als solche adressiert wird, sei es, daß er ein öffentliches Amt bekleidet oder eine öffentliche Institution verkörpert. Amtsträger untereinander können sich hingegen nicht öffentlich Briefe schreiben, zumindest nicht, ohne ein vollständiges Scheitern institutioneller Amtswege zu bekunden.

Der öffentliche Brief läßt das staatsbürgerliche oder intellektuelle Publikum gezielt an einer persönlichen, zugleich öffentlichen Kommunikation teilhaben. Er ist insofern ein Mittel zur Erzwingung einer öffentlichen Antwort, mithin einer Behandlung des aufgeworfenen Themas in der Öffentlichkeit. Ihm wohnt deshalb schon rein strukturell stets die Behauptung einer Krise der öffentlichen Angelegenheiten inne. Er ist ein riskantes, zugleich häufig verwandtes Mittel der Intellektuellen im öffentlichen Räsonnement.

Schließlich – und hiervon nochmals zu unterscheiden – ist der Brief als eine literarische Kunstform zu streifen. Auch er wird gezielt für die Veröffentlichung geschrieben, um in ihm etwas zur Geltung zu bringen, was anders sich öffentlich nicht oder nur schlecht ausdrücken ließe. Zwei Varianten sind denkbar: In der einen geht es stets darum, daß zwei konkrete Briefpartner ihren Briefwechsel und mit ihm ihre Partnerschaft oder Freundschaft öffentlich inszenieren, um darin etwas Allgemeines zur Geltung zu bringen. Diese Inszenierung ist nur dann nicht eitel, wenn es letztlich um eine Sache geht, die allgemein bedeutsam und interessant ist und in der die Partnerschaft begründet liegt. Der Briefwechsel selbst als Gestaltungsmittel ist freilich darüber hinaus erst dann gerechtfertigt, wenn nicht nur die Sache, sondern auch der Austausch über sie öffentlich bedeutsam ist und wenn die Briefpartner überdies herausragende Repräsentanten ihres Metiers sind. Es muß also eine Kollegenschaft selbst das Thema sein, eine berufliche Existenz als Künstler, Wissenschaftler oder Musiker. Hierin kann dann selbst höchst Privates und Persönliches einfließen, sofern dies mit der künstlerischen oder wissenschaftlichen Existenz verbunden ist.

Die andere Variante nutzt den Brief, um entweder eine fiktionale Kommunikation zu entwerfen oder doch eine reale, aber normalerweise nicht als konkrete Wirklichkeit anschauliche Praxis bewußtzumachen. Dieser Brief rechnet von vornherein nicht mit einer Antwort. Seine Adressierung wendet sich an eine fiktive Person oder an ein anonymes Publikum. Sein Zweck ist es, über den Brief bestimmte Erfahrungen oder Gedankengänge zugänglich zu machen, die etwas an der eigenen Welt aufschließen. Diese Briefe ermöglichen es, Mitteilungen aus einer fremden Erfahrungswelt zu machen, aus der normalerweise keine Mitteilungen gemacht werden: entweder solche aus einer fiktional ersonnenen, jenseitigen Kunstwelt, aus der Vergangenheit oder der Zukunft; beides wäre ein Kunstgriff, um die Welt der Fakten, der Wirklichkeit, des Bestehenden mit den in ihr angelegten hypothetischen Möglichkeiten zu konfrontieren. Oder aber Mitteilungen aus einer realen, doch dem öffentlichen Publikum als solchen unzugänglichen Welt, sei es eine nur dem Eingeweihten vorbehaltene Welt des Berufs, sei es eine der Reiseerfahrung.

Wenn Justus von Liebig nun seine Texte „Chemische Briefe" nennt, dann fällt sofort ins Auge, daß nicht normale Briefe gemeint sein können. Dennoch gehen wir auch hier elementar und der Reihe nach vor. Neben ihrer Kennzeichnung als „chemische" fällt zunächst auf, daß es sich um eine Sammlung von Briefen handelt. Darauf verweist der Plural. Eine Briefsammlung gibt man heraus, wenn entweder die am Briefwechsel beteiligten Personen auf irgendeine Weise eine öffentliche Bedeutsamkeit erlangt haben und der Inhalt ihres Briefwechsels einen interessanten Einblick in ihr Leben und ihre Zeit erlaubt, oder wenn der Inhalt schon für sich genommen Aufschlüsse gibt über Vorgänge, die historisch bedeutend waren, seien sie kultureller oder politischer Natur. Manche Briefwechsel sind allein deshalb interessant, weil sich durch sie öffentliche Entscheidungsprozesse rekonstruieren lassen, andere, weil in ihnen sich die Kulturbedeutsamkeit ihrer Verfasser nochmals verdeutlicht. Es ist freilich auf den ersten Blick erkennbar, daß es sich bei den „Chemischen Briefen" nicht um eine gewöhnliche Briefsammlung dieser Art handeln kann. Der oder die Adressaten sind nicht genannt, die Briefe sind offenkundig nicht als Teil einer Korrespondenz zusammengetragen.

Es kann überdies praktisch ausgeschlossen werden, daß Liebig Briefe aus seiner privaten Korrespondenz publiziert hat. Eine solche Eitelkeit zu unterstellen, wäre von der Sache her nicht motiviert. Vor allem aber ist mit dem Zusatz „chemische" markiert, daß das Kriterium von Auswahl und Publikation der Briefe in ihrem Inhalt begründet liegt. Es ist also weder eine Bedeutsamkeit des Absenders noch die des Adressaten, welche die Herausgabe rechtfertigt. Die Vermutung liegt nahe, daß es sich um eine Form des literarischen Briefes handelt, eigens für die Publikation geschrieben, sich an ein öffentliches Publikum richtend.

Die „Chemischen Briefe" lassen mehrere, wohlportionierte Texte erwarten, welche der Reihe nach einzelne Aspekte der Chemie behandeln. Das läßt erwarten, daß Liebig aus seinem Berufsmilieu, dem Labor des Chemikers, von neuesten Entdeckungen wie von den methodischen Prinzipien der chemischen Wissenschaft und ihrer Denkungsart handelt.

Doch drückt das Prädikat noch mehr aus. Es heißt nicht: „Briefe aus der Chemie" oder: „Briefe eines Chemikers". Wenn die Briefe selbst als „chemisch" bezeichnet werden, dann ist damit der Geist umrissen, in dem die Briefe verfaßt sind. Chemisch ist verwandt gebraucht zu „philosophische Briefe", „musikalische Briefe", „hauswirtschaftliche Briefe". Sie berichten nicht bloß aus der Chemie, sondern sind in dem dort herrschenden Geist verfaßt und dienen somit seinem Zweck. Sie sind letztendlich selbst chemisch, insofern ihr Sinn in einer Beförderung der Chemie und des Verständnisses ihres Anliegens liegt.

Die „Chemischen Briefe“ versprechen eine grundlegende, übersichtlich unterteilte Einführung in die elementaren Probleme und Vorgehensweisen des Faches und lassen eine Darlegung des Erschließungsbestecks der Chemie und des bislang erreichten Erkenntnisstands erwarten. Nicht zuletzt versprechen sie eine den Gegenstand aufschließende Hinführung des Laien zur chemischen Natur unserer Welt. Die Briefe sind insofern an ein allgemeines Publikum gerichtet.

Dies nun macht diese Texte für die Erforschung der Popularisierung der Wissenschaften interessant. Liebig bringt auf der einen Seite eine Asymmetrie zwischen dem Laien und dem Experten zum Ausdruck. Auf der anderen Seite legt die Briefform nahe, daß aus der Chemie als einer Forschung mit einem Innenleben berichtet wird, daß dies nicht nüchtern erfolgt, sondern unter persönlicher Beteiligung des Autors und in dialogischer Absicht.

Auch wenn Liebig als Experte auftritt, anerkennt er doch eine gemeinsame Ausgangsbasis bei sich und seinem Leser: Das gemeinsame Interesse, die Neugierde an der Sache, die Natur selbst, vor der alle gleich sind. Er interpretiert damit den Forscher als jemanden, der letztlich nicht für seine Privatinteressen Forschung betreibt, sondern der dies stellvertretend für die Gemeinschaft der an der Erkenntnis der Natur Interessierten leistet. Die Briefe bekommen daher etwas von einem Bericht einer Entdeckungsreise ins Unbekannte der Natur, einer Reise, auf die er ausgefahren ist und von der er den Daheimgebliebenen einzelne Mitteilungen schickt.

Man kann das aber auch noch anders ausdeuten, ohne sich unbedingt in Gegensatz hierzu zu stellen: Liebig hat selbst ein Interesse an der Bildung des Laien. Dieser soll nicht in Unkenntnis bleiben über das, was in der Chemie vor sich geht. Zu diesem Zweck richtet er einen öffentlichen Dialog über die Sache der chemischen Natur ein und macht diese somit zu einem öffentlichen Gegenstand von Wichtigkeit. Liebig erhebt die Sache der Chemie zu einem öffentlichen Bildungsprogramm, zu dessen Protagonisten er sich selbst zugleich macht. Er überläßt die Bildung des Laien nicht intermediären Zwischeninstanzen, sondern beginnt einen Erfahrungsbericht „aus erster Hand“.

Damit legt er sich selbst die schwierige Aufgabe vor, sein Fach in allen seinen Facetten laiengerecht darzustellen; und er legt es dem Leser auf, sich auf die Sache der Chemie einzulassen. Bestandteil dieser ‚Popularisierung‘ ist also, den Weg der Erkenntnis der chemischen Natur der Welt vom Standpunkt des Laien aus zu beginnen und diesen bis zum Stand der Forschung emporzuheben. Dies folgt nicht einem Forschungs- oder Ausbildungsinteresse, sondern dient der Aufklärung über den Stand der Dinge, sofern sie die Chemie betreffen, und dies setzt eine Interpretation der Chemie und dessen voraus, was für den Laien wichtig erscheinen mag.

Die „Vorrede zur ersten Auflage“ der „Chemischen Briefe“ von 1844. Analyse der ersten Sequenzen

Daß den chemischen Briefen überhaupt eine Vorrede vorangestellt ist, unterstreicht den besonderen Charakter der Briefsammlung. Normalerweise werden einleitende Bemerkungen (zum Kriterium der Auswahl der Briefe, zur biographischen Konstellation der Verfasser und zum historischen Kontext der Korrespondenz) in einem Vorwort formuliert. Eine Vorrede ist demgegenüber gewichtiger. Sie kündigt ein Werk an – und das unterstellt eine den Briefen gewissermaßen vorgreifende, verdichtende Zusammenfassung des Sinns und Zwecks der Briefe. Vielleicht ist eine Rechtfertigung der gewählten literarischen Form in sie aufgenommen. Sicher aber ist eine Begründung des Programms zu erwarten, wie es sich aus Sicht des Verfassers und der chemischen Wissenschaft im Hinblick auf den öffentlichen Bildungskanon darstellt. Wir beginnen mit der Analyse.

> Ohne die verborgenen Fäden zu kennen, an welche sich die dem Leben und der Wissenschaft zugewachsenen Erwerbungen knüpfen, dürfte es auch dem aufmerksamsten Beobachter nicht gelingen, zum Verständniss der gegenwärtigen Zeit in ihrer materiellen und intellectuellen Gestaltung zu gelangen.

Liebig fängt nicht mit der Chemie oder den die Chemie begründenden Kernproblemen an. Er stellt auch nicht, wie vielleicht zu erwarten gewesen wäre, einen Hinweis auf den anonymen Adressaten an den Anfang. Vielmehr eröffnet er seine Vorrede interessanterweise mit dem weniger mit der Wissenschaft selbst als mit der allgemeineren Entwicklung der modernen Kultur gestellten Problem einer angemessenen Deutung der Gegenwart, also mit dem Problem der Zeitdiagnose.

Wenn es eine Frage der richtigen Kenntnis, der „verborgenen Fäden" ist, um zu einem „Verständnis der gegenwärtigen Zeit" zu gelangen, so präsupponiert dies, daß dieses Verständnis nicht mehr selbstverständlich und eine intellektuelle Beheimatung in der eigenen Gegenwart nicht mehr durch die fraglose Geltung überkommener und bewährter Deutungen gewährleistet ist, sondern durch eine eigene Deutung erst erarbeitet werden muß. Die Grunderfahrung ist folglich, daß die Welt in Bewegung begriffen ist und dem Gesetz der Historizität unterliegt. Zu wissen, in welcher Zeit man lebt, ist Ergebnis einer Anstrengung. Es erfordert eine Deutung der spezifischen Merkmale der Zeit. Damit ist anvisiert, die Antriebskräfte und die dynamische Veränderung der Gegenwart zu erfassen. Die Antriebskräfte gilt es in der eigenen Zeit zu identifizieren, um zu einer angemessenen Zeitdiagnose zu gelangen. Das ist die von Liebig skizzierte Aufgabe, welche er dem „Beobachter" gestellt sieht.

Wenn von „der gegenwärtigen Zeit in ihrer materiellen und intellectuellen Gestaltung" die Rede ist, dann impliziert das Wort „Gestaltung" zudem, daß die Zeit als eine epochale Einheit mit charakteristischen Zügen aufgefaßt wird. Sie ist eine Totalität, zugleich aber auf etwas Bestimmtes hin konzentriert, durch etwas gebunden, mit etwas Bestimmtem beschäftigt, was ihre Gestaltung ausmacht. Gestaltung bedeutet, daß sie nicht amorphes Resultat eines blinden Wechselspiels zielloser Bewegungen, sondern Ergebnis formender Kräfte und Absichten ist, mit klaren Umrissen und einem klar konturierten Gepräge.

Damit ist aber nicht gesagt, daß sie Produkt einer intentionalen Planung wäre. Sie ist vielmehr geprägt durch spezifische Problemlagen und Themen, Ereignisse, die mit ihnen zusammenhängen, spezifische Aufgaben, die hieraus folgen und ihr auferlegt sind und nach Lösungen verlangen. Gestaltet ist das, was immer da und in Bewegung begriffen ist: Politik, Wirtschaft, Wissenschaft, Kultur und Technik. Doch hat sich alles zu spezifischen Konstellationen zusammengefunden. Die Frage ist, was die zeitspezifischen Grundlinien sind, welche diese Konstellationen ihrem Inhalte nach hervorgebracht haben und ausmachen.

Auf die Erkenntnis dieser bestimmteren Prinzipien muß es natürlich jeder Zeitdiagnostik ankommen. Liebig führt entsprechend aus, daß die Voraussetzung hierfür die Kenntnis „jener verborgenen Fäden [sei], an welche sich die dem Leben und der Wissenschaft zugewachsenen Erwerbungen knüpfen“. Die Metaphorik des Fadens ist nun interessant. Ein Faden ist ein Gebilde, das ein festes stoffliches Element in eine Länge bringt, so daß mit ihm in einem Raum dessen Größe vermessen werden kann. Bezogen auf die hier in Frage stehende temporäre Dimension steht der Faden für ein Kontinuum; für etwas, das in einer Fortbewegung mit sich identisch bleibt, während anderes sich wandelt, verändert oder schlicht abreißt und sich nicht fortsetzt. Von mehreren Fäden zu sprechen, zumal von verborgenen, macht nur Sinn, wenn neben diesen noch vieles andere die Gegenwart bestimmt, von dem sich die Fäden aber dadurch unterscheiden lassen, daß sie sich durchziehen. Es ist eine Metapher dafür, was eine Zeit von ihrem Beginn bis zu ihrem Ende kennzeichnet und beherrscht: die schon an ihrem Anfang stehenden und sie konstituierenden, die ganze Zeit hindurch virulent bleibenden Krisen, Problemlagen und Aufgaben, auch Transformationen, Schlüsselereignisse und ihre Folgen, die in ihrem Allgemeinheitsgrad alles andere umschließen, was die Zeit sonst noch beschäftigt und kennzeichnet. Ein Beispiel für Liebigs Zeit selbst wäre die Industrialisierung.

Die Fäden sind hier auf die Gegenwart bezogen. Damit ist nicht eine bestimmte Lebenspraxis gemeint, für die allein jene Probleme und Aufgaben vorherrschend gedacht wären, sondern es ist die Lebenspraxis schlechthin. In dieser Allgemeinheit gelten jene Konstellationen für alle Formen der Lebenspraxis oder auch durch alle hindurch für die Humangattung. Anvisiert ist hierin der Stand der universalgeschichtlichen Entwicklung, wie er sich in der eigenen Gegenwart darstellt. Der Faden ist also eine Metapher für die Hauptlinien einer an sich bis zur Unübersichtlichkeit mit einzelnen Themensträngen, Ereignissen und Problemen zusammengeknüpften Praxiszeitlichkeit, welche in ihrem Verlauf jedoch eben durch jene bestimmt wird.

Zum Verständnis der Zeit wird verwiesen auf die Notwendigkeit einer die Fäden aus dem Gesamtgeflecht, in dem sie eingewoben und verborgen sind, herauspräparierenden Differentialanalyse. Es hat etwas von der Freilegung von Nervenbahnen oder, auf den Geist bezogen, vom Aufspüren des „roten Fadens“, der von Liebig als gegeben unterstellt wird, der sich aber nicht von selbst zeigt und deshalb erst aus den einzelnen Verwindungen rekonstruiert werden muß. Nicht grobe Zuschnitte und schnell gebildete Deutungen führen zum Erfolg, sondern sehr präzise Einzeluntersuchungen mit Blick auf deren Bedeutung fürs Ganze. Von mehreren Fäden ist die Rede. Erst auf der Basis der Kenntnis aller einzelnen Fäden ergibt sich ein komplettes Gesamtbild, weil erst dann die Stränge sichtbar werden, auf die hin alles andere immer bezogen war.

Die Formulierung erlaubt nicht, das Bild von den verborgenen Fäden teleologisch oder reduktionistisch zu interpretieren. Es ist nicht von einem großen unterschwelligen Strom die Rede, der alles in seinen Sog nimmt; nicht von *der* Tendenz der Geschichte, welche sich auf eine Frage oder ein Kernproblem reduzieren ließe. Das Bild des Fadens ist viel kleinteiliger und filigraner, der Vielfalt der Entwicklungen zugewandt.

Was genau mit jenen Fäden gemeint ist, muß vorläufig offen bleiben, ebenso, wie eng oder weit Liebig hier den Horizont der Gegenwart gezogen wissen will. Doch ist es sicher nicht falsch davon auszugehen, daß mit ihnen die in ihrer Allgemeinheit bedeutsamen und wirkungsvollsten Problemlagen und Konfliktkonstellationen der Zeit vorgestellt werden. Für das neunzehnte Jahrhundert insgesamt wären dies zum Beispiel: Die Folgen der Französischen Revolution für die politischen Herrschaftsgebilde, die Frage einer europäischen Friedensordnung zwischen den Nationalstaaten, die Industrialisierung, die Umwälzung des ländlichen Raumes durch die Ausbildung eines eigenständigen Agrarkapitalismus', Bevölkerungswachstum insgesamt, Wachstum der Städte im besonderen, das Entstehen einer modernen, urbanen Massenkultur, der Aufstieg der Erfahrungswissenschaften und so fort.

Damit ist das Bild von den Fäden aber noch nicht ausgereizt. An die Fäden knüpfen sich ja „die dem Leben und der Wissenschaft zugewachsenen Erwerbungen". Das Wort „knüpfen" erweitert das Bild seiner Assoziationsreichweite nach zu einem Netz hin. Die Fäden bilden eine Gruppe von Hauptlinien, an die sich anderes anhängt. Die Erwerbungen sind also Teil des Gewebes der Gegenwart. Sie sind mit den Hauptlinien verbunden, doch selbst nicht aus ihnen hervorgegangen. Das verweist auf autonome, von den epochenspezifischen Konstellationen selbst unabhängige Generierungsquellen. Mit dem Leben und der Wissenschaft hat Liebig selbst schon wichtige Instanzen, die solche Quellen darstellen könnten, genannt.

„Erwerbungen" sind Zugewinne, Errungenschaften, Krisenlösungen aller Art. Es ist ein Ausdruck für etwas, das ein Potential enthält, um es zum besseren anwenden zu können: allgemein wissenschaftliche Erkenntnisse, bahnbrechende Techniken, Erfindungen, neue Verfahren, eine neue Apparatur oder Maschinerie. Liebigs Formulierung präsupponiert, daß, da die Erwerbungen sich selbst an jene Fäden knüpfen, sie sich auch an andere Generallinien knüpfen könnten. Sie besitzen also so etwas wie einen Auslegungs- und Anwendungsspielraum. Sie sind in sich allgemein und finden ihre konkretere Ausgestaltung in der Verknüpfung mit den praktischen Fragen der Gegenwart. Das heißt, die Praxis interpretiert sie im Lichte ihrer jeweils aktuell vorherrschenden Problemlage und eignet sie sich unter dem Gesichtspunkt des in ihnen liegenden Potentials zur Bewältigung der Probleme an.

Das Leben und die Wissenschaft selbst sind hier gedankliche Platzhalter für die Lebenspraxis, die mit ihren sie je spezifisch beschäftigenden Krisen den Maßstab dafür darstellt, was als Errungenschaft überhaupt angesehen werden kann. Leben und Wissenschaft erscheinen hier in zweierlei Hinsicht. Einmal als erzeugende Kräfte jener Erwerbungen. Und das andere Mal als das, wofür die Erwerbungen erst ihren praktischen Wert haben. In der einen Bedeutung sind Leben und Wissenschaft praktische Quellen der „systematischen Erzeugung von Neuem" (Ulrich Oevermann). In der anderen hingegen konkrete Praxiskonstellationen, die mit offenen Fragen konfrontiert bleiben, auf die hin eine Erwerbung ihren weiterführenden nutzbringenden Sinn bekommt, weil sie die Suche nach Lösungen strukturieren hilft oder selbst schon den Weg weist.

Liebig sagt im Grunde mit dem Wort „Erwerbungen“ verdichtet: Die Hervorbringungen der Praxis sind ihrer Natur nach zeitlos, ihr Potential allgemein, und sie können somit in vielerlei Weise verwendet und weiterverfolgt werden; um aber in ihrem Wert als Zugewinne überhaupt erkannt zu werden, müssen sie im Lichte der virulenten Fragen der Praxis interpretiert werden. Diese Fragen sind stets zeitspezifische. Damit ist klar gesagt, daß es immer auf die konkrete Konstellation ankommt, wie das allgemeine geistige Potential ausgeschöpft wird. Die inhaltliche Richtung der praktischen Auslegung dieser Erwerbungen ist nicht in den Erwerbungen selbst determiniert.

Die Wissenschaft wird hier nicht nur als autonome Praxis der Hervorbringung von Erwerbungen der Gegenwart erkennbar, sondern auch selbst als Nutznießerin. Die Rede von den Erwerbungen ist keine Metapher für die technokratische Anwendungsbezogenheit der Wissenschaft, sondern gerade im Gegenteil eine der analytisch klaren Trennung von Theorie und Praxis. Theorie ist das Allgemeine, zeitlos; Praxis ist das Konkretisierende, das immer bestimmt ist durch ein je konkretes Gegenwartsgefüge.

Schließlich ist festzuhalten, daß Liebig natürlich unterstellt, jene verborgenen Fäden selbst schon zu kennen oder wenigstens ihre Frage diskutieren zu können. Er kündigt diese Diskussion an. Damit spricht er überraschenderweise zunächst nicht als Fachvertreter der wissenschaftlichen Chemie, sondern als Deuter seiner Zeit; nicht als Forscher, sondern als Intellektueller, sofern nicht jenem, sondern diesem das Geschäft der öffentlichen Zeitdiagnose zugerechnet werden muß. Was die verborgenen Fäden inhaltlich ausmachen, bleibt vorläufig unausgeführt. Der eröffnende Gedankengang ist noch nicht abgeschlossen.

> Dem gebildeten Menschen ist diese Kenntniss ein Bedürfniss, [...]

Mit dem „gebildeten Menschen“ ist ein allgemeiner Typus bezeichnet. Die Redeweise ist insofern für das 19. Jahrhundert typisch, als Gebildetheit noch nicht als Selbstverständlichkeit vorausgesetzt wird, sondern heraushebenswert erscheint. Implizit scheint die ungebildete Masse auf, welche jene Kenntnis gar nicht rührt. Für den gebildeten Menschen gilt, daß er sich nicht nur um das Verständnis der Gegenwart bemüht, sondern daß dies aus einem inneren Antrieb erfolgt. Bedürfnis ist dabei eine Vokabel, die ebenso stark ist wie Zwang, Müssen, Notwendigkeit. Aber es kommt auch zum Ausdruck, daß darin die Souveränität nicht preisgegeben wird. Es ist etwas Selbsttätiges, das sich rührt und nach Befriedigung trachtet. Doch ist nicht gemeint, daß das Bedürfnis aus einem dynamisch Unbewußten und Triebhaften folgt. Mit Bedürfnis ist eher Neugierde gemeint. Es ist dem gebildeten Menschen ein Bedürfnis, alles und vor allem die relevanten Dinge zu wissen, welche seine Welt bewegen, weil er sie verstehen will.

> [...] in so fern sie die erste und wichtigste Bedingung der Entwickelung und Vervollkommnung seines geistigen Lebens in sich schliesst; [...]

Der Gedanke wird weiter ausgeführt. Sprachlogisch gesehen wird das Prädikat erläutert. Das „insofern“ ist nicht konjunktional wie ein „wenn“ oder „vorausgesetzt, daß“, sondern adverbial, also begründend wie ein „insoweit, als“ zu verstehen. Es erläutert, in welcher Hinsicht das Prädikat gilt, nämlich: daß es dem gebildeten Menschen *Bedürfnis ist*, jene verborgenen Fäden der Gegenwart zu kennen. Es gilt, weil die Kenntnis der verborgenen Fäden die Bedingung der Entwicklung und Vervollkommnung des geistigen Lebens des gebildeten Menschen in sich schließt.

Zugleich wird darin eine weiterführende Aussage über die Kenntnis selbst gemacht, die erst für sich genommen verstanden werden muß, bevor die Hauptaussage interpretiert werden kann. Offenkundig enthält in Liebigs Gedanken die Kenntnis der verborgenen Fäden dasjenige, was sowohl als dynamischer Anfangspunkt wie als Ziel des geistigen Lebens des gebildeten Menschen aufgefaßt werden muß. Oder genauer: was ihm eine Orientierung im Hinblick auf Vervollkommnung gibt. Sie enthält gewissermaßen das, was es vorantreibt und worauf hin es sich zubewegt. Einen Maßstab oder Orientierungspunkt, ohne den das geistige Leben antriebslos und ohne Konzentration auf das Wesentliche verliefe. Der Ausdruck „Vervollkommnung“ verweist hierbei auf ein Ideal, das erreicht werden soll. Das geistige Leben unterliegt also einer Bewegung auf einen immer höheren Grad in der Entsprechung zwischen einem Ideal der Bildung und dem tatsächlich erreichten Stand. Dieser Maßstab, dieses Ideal, oder was es sei, wird nicht selbst genannt, aber man kann es erschließen, denn es wird als die Bedingung der „Entwickelung und Vervollkommnung des geistigen Lebens“ ausgewiesen. Wir wissen also noch nicht, was es ist, aber doch, welche Bedeutung ihm zukommt.

Was kann hiermit nun gemeint sein? Wenn die „Kenntnis“ jener verborgenen Fäden die fragliche Bedingung in sich schließt, dann ist mit diesen Fäden, genauer: mit dem Bewußtsein für sie auch ein Bewußtsein für das Bildungsideal selbst gegeben, um das es im geistigen Leben des gebildeten Menschen geht. Das ist nun hochgradig interessant! Denn dieses Ideal ist kein inhaltlich starrer Bildungskanon, sondern er ist selbst mit der eigenen Gegenwart und ihren inneren Konstanten verknüpft, somit historisch zugleich wandelbar und für den Gebildeten doch auch ein fixer, objektiver Maßstab, insofern jede Gegenwart mit spezifischen Konstellationen objektiv konfrontiert ist. Der gebildete Mensch findet das Ideal seiner Bildungsbemühungen folglich nur in den konkreten Problemen und Verkörperungen seiner Zeit, in den Fragen, die das Leben selbst beschäftigen, nicht in einer asketisch weltflüchtigen Theorieschau oder Philosophie.

Das Ideal des gebildeten Menschen muß darin gesehen werden, im geistigen Leben möglichst nahe an ein Verständnis der eigenen individuellen Gegenwart heranzukommen; und hierfür ist die Kenntnis der unterschwelligen Antriebskräfte und Hauptlinien ihrer Entwicklungen Voraussetzung. Das Ideal ist, in der Erkenntnis der Gegenwart soweit von ihrer Wirklichkeit durchdrungen zu werden, daß das geistige Leben seinerseits mit dieser Gegenwart zu verschmelzen beginnt. Seine Vervollkommnung findet der Gebildete darin, wenn er dazu übergeht, an den virulenten Entwicklungen als Verstehender praktisch zu partizipieren.

Was also ist die „erste und wichtigste Bedingung“ der Entwicklung und Vervollkommnung des geistigen Lebens? Das Bewußtsein, sich in seinem Bildungsstreben an die wichtigsten

Transformationen der Gegenwart halten, sie verstehen und erklären, sie auch bei allen Bildungsbemühungen im einzelnen im Blick halten zu müssen, um nicht das Wesentliche aus den Augen zu verlieren. Dies ist für Liebig kein ethisches Programm, sondern seine Formulierung ist so zu deuten, daß es jeder Bildungsbewegung immer schon innewohnt, was nicht bedeutet, daß das Ideal nicht auch aus den Augen verloren werden könnte. Es bleibt ein Ideal, das angestrebt werden muß. Vervollkommnung der Bildung wird hier nicht in der ziellosen Aneignung von Wissen gesehen, sondern in der Ausbildung einer Haltung, die sich in ihrem Bildungsstreben der Welt in ihrer konkreten Gestaltung zuwendet. Sie zielt darauf ab, in der eigenen Gegenwart eine geistige Heimat zu finden, indem sie zu verstehen trachtet, was sie hervorgebracht hat und was die leitenden Linien hierbei waren. Letztlich muß offengelassen werden, ob das Streben des Gebildeten nach dem Ideal seiner Vervollkommnung in der passiven Rezeption der Gegenwart sich befriedigen kann oder ob es darüber hinaus gehen und auch die praktisch tätige Erschließung der Gegenwart suchen soll. Damit ist das Problem der praktischen Vermittlung von Theorie und Praxis berührt.

Nun läßt sich der Hauptgedanke besser verstehen. Das Bedürfnis nach Kenntnis der Konstanten der Gegenwart ist Ausdruck des Bewußtseins des Gebildeten, diese Konstanten kennen zu müssen, um sein Bildungsstreben vervollkommnen zu können. Hierin liegt dann logisch gesehen aber eine aufschlußreiche Zirkularität. Die Entwicklung und Vervollkommnung des geistigen Lebens des Gebildeten setzt zum einen das Bewußtsein für jenes Ideal schon voraus, also auch die Kenntnis der verborgenen Fäden, denn sie *schließt* jenes Bewußtsein *in sich*; zum anderen ist es aber noch nicht vollends ausgebildet, denn wäre dies der Fall, gäbe es das Bedürfnis nach ihrer Kenntnis nicht. Noch einmal anders formuliert: Es ist im Bildungsweg von vornherein angelegt, bis zur Erkenntnis der verborgenen Fäden der Gegenwart vorzustoßen. Zugleich setzt die Entwicklung und Vervollkommnung des geistigen Lebens des gebildeten Menschen die Kenntnis jener Fäden aber schon voraus, da sie die Bedingung ihrer in sich schließt. Das ist eine zirkuläre Formulierung. Wie läßt sich dieser Widerspruch auflösen?

Liebigs Formulierung zielt ganz offensichtlich auf eine Bewegungsgesetzlichkeit. Sie verdichtet zwei Momente einer Dynamik. Die konkrete Erkenntnis der verborgenen Konstanten ist weder am Anfang schon befriedigend geleistet, noch steht sie erst am Ende als Ergebnis fest. Sie ist vielmehr auch schon am Anfang etwas geleistet und auch am Ende noch nicht ganz vollendet. Der Gedankengang ist nur zu verstehen, wenn mit „Kenntnis" kein starrer Zustand, sondern ein *Weg der Erkenntnis*, des Fortschreitens auf einen Punkt hin verbunden wird. Diese Erkenntnis ist eine Bewegung, die zugleich ein Oszillieren bleibt. Mit der Vervollkommnung wäre demnach also nicht etwas bezeichnet, was tatsächlich finalistisch erreichbar wäre, sondern ein notwendiges regulatives Ideal, das nie erreichbar ist, weil es sich selbst dynamisch in der Bildungsgeschichte entwickelt.

Dieser der idealistischen Bildungssprache verwandte, der Sache nach aber sehr moderne Gedankengang rekonstruiert das Kulturgeschehen als Ausdruck einer Antriebsdynamik, welche resultiert aus der für die allgemeine Kultur konstitutiven Entzweiung zwischen individueller Bildungsgeschichte und kollektiver Kultur, welche in sich den Bildungskanon vorgibt, der seinerseits aber nicht starr festgestellt werden kann, sondern lebendig an die Entwicklungen der gegenwärtigen Praxis angeschlossen bleibt und mit ihnen fließend sich fortbewegt. Die allgemeine Kultur gehorcht in ihrer Entwicklung den verborgenen Fäden der Praxis: den allen Individuen gestellten Aufgaben und Problemlagen. Der einzelne hingegen ist darauf verwiesen, auf seinem individuellen Bildungsweg sich diese allgemeine Kultur anzueignen. Doch verliert er sich darin, wenn es ihm nicht gelingt, jene verborgenen Fäden beständig von neuem zu erschließen und im Blick zu halten. Sie in ihrer je konkreten Gestalt zu kennen, gibt ihm allein geistige Orientierung. Verliert er sie aus dem Auge, droht er sich in den subalternen Erscheinungen der Zeit zu verirren.

In dem Maße, in dem es ihm gelingt, seine individuelle Bildungsgeschichte an ihnen auszurichten, ist das einzelne Individuum aber daran beteiligt, die allgemeine Kultur mitzuformen und weiterzuentwickeln. Denn damit erschließt es in seinem besonderen Bildungsweg eine konkrete Ausgestaltung dessen, was in den Erwerbungen der allgemeinen Kultur der Möglichkeit nach angelegt ist. Der einzelne ist hieran faktisch immer schon beteiligt, doch hängt seine Partizipation an der Gestaltung der Gegenwart vom Grad der Vervollkommnung seines geistigen Lebens ab. Die Antriebsdynamik der Kultur besteht genau darin, die Spannung dieser Entzweiung auszugleichen, doch wird sie dadurch nur immer weiter angetrieben. Eine Aufhebung im Sinne einer finalen Zusammenführung gibt es nicht.

> [...] für ihn ist das Bewusstwerden der Ursachen und Kräfte, die so vielen und reichen Erfolgen zu Grunde liegen, an sich schon Gewinn, weil durch das Geschehene das Bestehende erst klar und das Auge für das Zukünftige empfänglich gemacht wird.

Damit hat sich unsere Lesart schon bestätigt. Wenn von „Bewusstwerden" die Rede ist, dann verweist dies gerade auf die Dynamik in der „Kenntnis". Sie steht nicht fest, sondern bewegt sich beständig auf die Kenntnis der verborgenen Antriebskräfte der Zeit zu. Zugleich ist das, worin der gebildete Mensch sich bewußt wird, schon da, eine bereitliegende Faktizität: Ursachen und Kräfte. Es geht folglich darum, diese Faktizität sich kognitiv anzueignen und sich hierüber mit der eigenen Zeit vertraut zu machen. Ein unmißverständlicher Hinweis auf den rekonstruktiven Charakter der Erkenntnis.

Die Hauptaussage liegt in der Behauptung des Selbstzwecks der Erkenntnis. Daß jenes Bewußtwerden „an sich schon Gewinn" sei, unterstellt zum einen, daß es einen Wert hat, unabhängig davon, was man sonst noch alles aus ihm beziehen kann. Die Erkenntnis der eigenen Gegenwart wird klar als Leistung markiert, die um ihrer selbst willen erfolgt. Zum anderen kann es aber auch noch anderen Gewinn geben. Dieser könnte etwa in der Möglichkeit unmittelbarer Verwertung und Anwendung bestehen. Kennt man erst einmal die genauen Ursachen und Kräfte, die Erfolge hervorgebracht haben, läßt sich dies weiter ausnutzen. Man kann gezielt investieren und in diesem Sinne auch einen unternehmerischen Gewinn anstreben. Dieser Gewinn wäre ganz praktisch und utilitaristisch zu verstehen. Aber dem gebildeten Menschen ist dies allein nicht Antrieb, es ist nicht einmal sein Hauptmotiv. Er hat nicht nur den materiellen Gewinn vor Augen. Für ihn ist das Bewußtwerden an sich schon Gewinn.

„An sich schon“ unterstellt, daß auch der gebildete Mensch als Zeitgenosse an den Vorteilen des Fortschritts partizipiert und praktisch Kapital aus seiner Erkenntnis schlagen kann. Es wird aber hinzugefügt, daß sie auch unabhängig, ohne eine unternehmerische Initiative zu starten, einen Gewinn ausmacht. Die Erkenntnis wird als eine Kulturleistung *sui generis* ausgesprochen, die in jeder Hinsicht nützlich ist und sich vor allem auch selbst befördert. Damit hält Liebig die Mitte zwischen einer utilitaristischen Erfolgsprogrammatik, die nur das Nützlich gelten lässt, und einer ihr entgegengesetzten Programmatik des l'art pour l'art, die die Nutzensuche bewußt mißachtet.

Die Autonomie erscheint wieder als eine habituelle Sonderleistung des gebildeten Menschen. Doch scheint im Hintergrund hier weniger die ‚ungebildete Masse‘ auf als der geistlose Bildungsbürger, der sich mit dem Selbstzweck der Erkenntnis nicht zufrieden geben kann und immer nach dem kleinen Gewinn trachtet, den er zusätzlich aus seiner Bildung ziehen kann. Hier sind weniger unternehmerische Gewinne gemeint als solche der bildungsbürgerlichen Geltungssucht.

Die Bildung hat einen Eigenwert, „weil durch das Geschehene das Bestehende erst klar und das Auge für das Zukünftige empfänglich gemacht wird“. Das also ist der Gewinn. Klarheit im Bestehenden und Empfänglichkeit für das Zukünftige. Beides sind ästhetische Kategorien; Voraussetzungen, um sich etwas erschließen zu können. Der Gewinn besteht im Erreichen eines ästhetischen Modus des Erschließens. Er besteht darin, zu einem durch keine Eintrübungen verwaschenen Bild der Gegenwart zu kommen und dabei die Sinne dafür zu öffnen, was sie für Potentiale und objektive Möglichkeiten für die zukünftige Entwicklung bereithält. Also Klarsicht auf das, was der Fall ist und was in ihm als objektive Möglichkeit angelegt ist; Weitsicht, was aus ihm werden könnte. Dieser Gedanke glänzt durch Nüchternheit und Offenheit für das Praktische und ist bestechend, weil er das Ästhetische der Erkenntnis und das unmittelbar Praktische ihres Nutzens gekonnt in ihrer Verbindung auszeigt.

Der Weg zu dieser Klarheit ist ebenfalls aufgezeichnet. Man hat das Bestehende, die positive Wirklichkeit, das unhinterfragt Geltende besser verstanden, wenn man seine Genese verstanden hat. Auch das Problem von Genesis und Geltung erfährt hier also eine markante Interpretation. Das Geltende ist zu erschließen aus dem, woraus es hervorgegangen ist, um es in seiner Geltung deutlicher zu sehen. Damit ist angedeutet, daß das Gewordene erst verstanden ist, wenn man es in seiner Geltung in Frage gestellt und seine Entstehungsgeschichte darauf hin befragt hat, warum es geworden ist. Erst dann wird auch erkennbar, was in ihm noch angelegt ist, weil der hinterfragende Blick die Entwicklung über das Bestehende hinaus in die Zukunft verlängern kann und nicht beim Bestehenden stehen bleiben muß. Die Formulierung ist eine Wendung für die methodische Geltungsüberprüfung als Triebfeder der autonomen Erkenntnis.

Damit wird auch Liebigs Gedankengang jetzt klarer: Die Erkenntnis der individuellen Konstellation einer Gegenwart ist letztlich dasjenige, wonach ein gebildeter Mensch strebt und woraufhin sein Bildungsweg immer schon angelegt ist. Die ihn in der eigenen Gegenwart erst beheimatende Erkenntnis verlangt die Arbeit einer methodischen Erschließung der hintergründig wirkenden Kräfte, der verborgenen Fäden des Zeitgeistes, der Ursachen, welche die Erfolge der Zeit hervorgebracht haben. Verlangt ist, daß der Geist die Leitlinien der Zeit analytisch aus dem Geflecht der Entwicklungen herausdeutet; daß er die Erscheinungen der Oberfläche auf ihre systematischen Ursachen befragt und die Kräfte ausfindig macht, welche unter ihr für die so stolzen Erfolge der Epoche verantwortlich sind. Die Aufforderung lautet also: Tieferdringen bis zu den hintergründigen Strukturen; nicht mit den vergänglichen Dingen zufriedengeben.

Die Formulierung „Ursachen und Kräfte, die so vielen und reichen Erfolgen zu Grunde liegen" ergänzt übrigens das, was mit den „verborgenen Fäden" eingeführt worden war. Hier sind allerdings weniger die Konstanten der Gegenwart anvisiert, seien es Problemkonstellationen oder gestellte Aufgaben und Themen, sondern direkter die Antriebskräfte und Generierungsquellen der Erfolge und Erwerbungen.

> Mit ihrer Bekanntschaft nimmt er an der Bewegung Theil, es verliert sich durch sie das anscheinend Zufällige und Räthselhafte der gewonnenen Resultate von selbst, und in dem natürlichsten, nothwendigsten Zusammenhange erscheinen ihm die neuen und gesteigerten Geistesrichtungen der Zeit.

Jetzt buchstabiert Liebig selbst durch, was vorher schon ausgedeutet wurde. Indem sich der Gebildete des Geschehens geistig bemächtigt, ist er auch praktisch in es einbezogen. Von passiver Rezeption kann nun keine Rede mehr sein. Wenn er an der Bewegung „teilnimmt", nicht bloß „Anteil nimmt", ist er auch Teil, im Sinne von „Bestandteil", der Bewegung. Ihre geistige Durchdringung bleibt freilich Voraussetzung. Er kann die Bewegung als solche erkennen, sie verfolgen und an ihr partizipieren genau in dem Maße, in dem er sie in ihren inneren Beweggründen verstanden hat. Die Einsicht in ihre inneren Strukturgesetzlichkeiten erlaubt es ihm, ihre Bewegung selbst mitzuvollziehen. Dann aber haben auch die aus ihr selbst hervorgehenden Resultate nichts mehr Zufälliges, das sie vorher noch hatten, weil die Antriebsquellen in ihrer inneren Notwendigkeit erkennbar und antizipierbar werden.

Eigentlich ist hier bereits der Gedanke vorbereitet, daß der gebildete Mensch selbst Anteil am Hervorbringen jener Resultate hat. Es sind keine ihm äußerlich zufallenden Resultate, sondern solche der Bewegung, an der er selbst teilnimmt. Mit der Vokabel von den „gewonnenen Resultaten" wird also auch der Gedanke der Generierungsquellen des Neuen fortgesetzt und nahegelegt, daß die erkennende Subjektivität selbst diese Quelle darstellt. Denkt man die Formulierung konsequent weiter, wird immer deutlicher eine Art Kapitaltheorie des Geistes erkennbar. Die „Erwerbungen", „Erfolge", „Resultate" haben für Liebig stets den Stellenwert von Kapitalien der Gegenwart. Sie werden immer als Produkte der Gegenwart in ihrer Bedeutung eines wertvollen, weiterzuführenden Potentials betrachtet. Allerdings bleibt dieses Potential unausgeschöpft, wenn die sich bildende Subjektivität nicht hinzutritt, die sie sich aneignet. Hierin ist impliziert, daß der Mensch im Prinzip immer schon seinen eigenen Erzeugnissen gegenübertritt, die er aber nicht versteht, wenn er sie nicht zu nutzen weiß; und er weiß sie nicht zu nutzen, wenn er sie nicht im Lichte der praktisch konkreten Fragestellungen

nutzen, wenn er sie nicht im Lichte der praktisch konkreten Fragestellungen der Gegenwart immer wieder von neuem auf ihr praktisches Potential hin befragt.

Der Mensch tritt sich also letztlich in diesen Potentialen selbst gegenüber, nämlich in seinen eigenen Hervorbringungen, die ihm aber wie eine fremde, rätselhafte Welt erscheinen, wenn er sie sich nicht aneignet. Dies freilich, und das ist Liebigs Hauptgedanke an dieser Stelle, kann er nicht leisten, wenn er nicht die gegebenen Antriebskräfte kennt, die seine Zeit beherrschen und die Richtung vorgeben.

Liebig spricht ja selbst von „neuen und gesteigerten Geistesrichtungen der Zeit". Auf sie hat der Einzelne keinen bestimmenden Einfluß. Sie stehen ihm objektiv gegenüber; sie werden auch vollzogen, wenn er sich nicht einfügt. Hier wird also keinem historischen Voluntarismus oder konstruktivistischem Relativismus das Wort geredet, sondern an der Objektivität einer geistigen Tendenz der Zeit festgehalten, die der einzelne rekonstruieren muß, um ihrer teilhaftig zu werden. Wenn es ein historisches Subjekt des Bildungsgeschehens gibt, dann ist es ein den einzelnen übersteigender allgemeiner Geist im Sinne einer intellektuellen Kollektivbewegung.

Zugleich liegt hier kein deterministisches Fortschrittsdenken vor, in dem die Richtung der Auslegung der Potentiale als bereits in den Erwerbungen selbst prädeterminiert behandelt wird, sondern dies bleibt letztendlich der Praxis überlassen.

> Indem er Besitz von den ihm gebotenen geistigen Gütern nimmt, erwächst ihm der Vortheil, sie nach seinem Willen und Vermögen zu seinem Nutzen zu verwenden, zur Vermehrung dieser Reichthümer beizutragen, ihre Segnungen zu verbreiten und fruchtbringend für Andere zu machen.

Geistige Güter sind nichts anderes als geistiges Kapital. In Besitz nehmen, die Reichthümer vermehren; es ist überflüssig, die Analyse hier unnötig auszuwalzen. Was wir eben Kapitaltheorie genannt haben, findet hier seine genaue Entsprechung. Erwähnenswert ist noch einmal, wie unideologisch und pragmatisch von Liebig der Nutzenaspekt ausgelegt wird. Der Nutzen für den Einzelnen, sein Beitrag zur Vermehrung der Reichtümer, schließlich die nutzbringende Leistung für andere; Liebig läßt das eine aus dem anderen organisch hervorgehen. Auch die Reihenfolge ist interessant, weil sie wie selbstverständlich von der Autonomie des einzelnen und seinem partikularen Nutzenstreben ausgeht. Liebig kommt darin dem Adam Smithschen Modell der Dialektik von Gemeinwohldienlichkeit und Eigeninteresse sehr nahe: Seinen eigenen Nutzen zu suchen, ist immer auch für andere dienlich, vorausgesetzt, die unternehmerische Initiative erfolgt auf der Basis einer sachhaltigen, gemeinwohldienlichen Idee.

Interessant ist in diesem Zusammenhang das Wort „Vortheil" verwandt. Dieser wird in mehreren Aspekten gesehen. Zum ersten ist gesagt, daß der Gebildete materiell gesehen mehr vom Leben hat, wenn und weil er die Chancen besser als andere für sich nutzen kann, welche die geistigen Potentiale der Gegenwart bieten. Der Vorteil besteht zum zweiten darin, seinen individuellen Neigungen freier nachgehen zu können, sie seinen Bedürfnissen individueller anpassen zu können, die geistigen Güter „*nach seinem* Willen und Vermögen" zu nutzen. Also in einer größeren geistigen und materiellen Freiheit gegenüber den Notwendigkeiten des Lebens und einer größeren Chance zur Entfaltung der Individualität. Zum dritten wird als Vorteil bezeichnet, für andere etwas Gutes tun zu können. Hieraus spricht eine Haltung, die es für allgemein erstrebenswert hält, im Leben dem Gemeinwohl dienen zu können. Dies leisten zu können, wird aber nicht als Normalfall unterstellt. Es ist eine ehrenvolle Sonderleistung, die erbracht haben zu dürfen, zu Dank verpflichtet. Vor diesem Hintergrund von einem Vorteil zu sprechen, unterstellt, daß damit irgendeine Prämie verbunden ist. Kein partikularer Gewinn, Reputation oder Anerkennung, diese Prämie kann eigentlich nur in der Gewißheit gesehen werden, sich moralisch bewährt zu haben. Der Gebildete ist privilegiert, weil er mehr als andere die Chance hat, eine solche Gewißheit ausbilden zu können. Dies gilt freilich nur, sofern er tatsächlich etwas für das Gemeinwohl Nützliches beigesteuert hat. Insofern folgt aus dieser Interpretation auch eine leistungsethische Verpflichtung für den gebildeten Menschen. Wer in den Genuß von Privilegien der Bildung gelangt, muß sie auch nutzen und darf sie nicht brachliegen lassen.

> Von diesem Gesichtspunkte aus sind die chemischen Briefe verfasst; sie haben den Zweck, die Aufmerksamkeit der gebildeten Welt auf den Zustand und die Bedeutung der Chemie, auf die Aufgaben, mit deren Lösung sich die Chemiker beschäftigen, und den Antheil zu lenken, den diese Wissenschaft an den Fortschritten der Industrie, Mechanik, Physik, Agricultur und Physiologie genommen hat.

Der eröffnende Gedankengang ist nun abgeschlossen. Es folgt Widmung und Bestimmung des Sinns und Zwecks der „Chemischen Briefe". Dabei wird nun konkreter sichtbar, was bislang nur sehr allgemein blieb. Mit den „verborgenen Fäden", „Ursachen und Kräften" sind an dieser Stelle vor allem die wissenschaftlichen Entwicklungen und ihre industriellen Auswirkungen für die Lebenswelt gemeint. Die Chemie ist eine der Quellen, welche systematisch Innovationen hervorbringt und eine Veränderung des Arbeitens, Haushaltens, Lebens bewirkt. Dabei wird sie als Fach mit einem kontinuierlichen Eigenleben zu erkennen gegeben, das eigenen Gesetzlichkeiten folgt. Sie ist einer der „Fäden", der maßgeblich, doch unbemerkt von der Außenwelt die Verhandlungen der Gegenwart bestimmt.

Die Chemie wird also als eine autonome Forschungspraxis eingeführt, deren Arbeit nicht nur in andere Bereiche hinüberwirkt, sondern eine Konstante der Gegenwart in ihrer Veränderung bildet. Es ist klar, was Liebig sagen will. Die Wissenschaft insgesamt ist eine solche Konstante geworden, seit dem sie sich im 17. und 18. Jahrhundert institutionalisiert hat. Die Chemie ist in ihr aber zu einem besonderen Pulsgeber avanciert, seit dem sie ab etwa 1800 einen festeren theoretischen Stand bekommen und auf dieser Basis begonnen hat, ihre Untersuchungen auch auf praktische Fragen der Anwendung zu beziehen. Wer nicht wenigstens die wesentlichen Grundzügen der Chemie als Forschungspraxis kennt, wer nicht weiß, wie dort gearbeitet und gedacht wird, was dort vorgeht, kennt sich auch in seiner Zeit nicht aus.

Die „Chemischen Briefe" sollen in diesem Sinne eine Orientierung in der Zeit ermöglichen. Sie sind weder zur Unterhaltung oder Erbauung des Laien geschrieben, noch zu schulischen

Zwecken. Sie zielen nicht darauf ab, einen Kanon des chemischen Wissens für die Öffentlichkeit zusammenzufassen oder überhaupt chemisches Grundwissen zu vermitteln. Sie bilden auch kein Lehrbuch, kein Kompendium. Ihr Augenmerk liegt darauf, dem Laien die Chemie als eine etablierte Forschungspraxis in ihrem Innenleben anschaulich nahezubringen und ihm eine praktische Aneignung ihrer Ergebnisse zu ermöglichen. Dies umschließt zum einen, in die aktuellen Forschungsprobleme einen Einblick zu gewähren, um hierin die Potentiale zu verdeutlichen, die sich in ihr vorbereiten. Dies richtet sich direkt an den unternehmerischen Geist, der nach Anwendungsideen fahndet. Zum anderen zielt Liebig darauf ab, das Innenleben der Chemie selbst transparenter zu machen. Dies umschließt vor allem ihre Arbeitsmethode und Denkweise im Umgang mit Problemen der Forschung und läßt erwarten, daß Liebig an einzelnen Beispielen experimenteller Anordnungen die Forscherhaltung des Chemikers demonstrieren wird. Die Chemie ist hier nicht mehr eine Sonderveranstaltung aristokratischer Gelehrter, sondern berufsmäßig betriebene Forschung. Zum dritten werden der Öffentlichkeit die aktuellen Auswirkungen chemischer Forschung in anderen Gebieten der Wissenschaft und der Industrie ausgewiesen. Hieraus spricht das Selbstbewußtsein einer erfolgreichen Wissenschaft, deren Fortschritt sich in anderen Fächern spiegelt, aber auch das Bewußtsein, für die öffentliche Einsicht in diese Leistungsbilanz etwas tun zu müssen.

Liebig übernimmt es hier stellvertretend für die Chemiker, die Bedeutsamkeit ihres Faches für den gesellschaftlichen Fortschritt öffentlich zur Geltung zu bringen. Er tritt als ihr Promotor auf. Zugleich übernimmt er stellvertretend für das interessierte Publikum seiner Zeit – dies entspricht dem schon in der Briefform angedeuteten Charakter von Mitteilungen von einer Reise in ein unbekanntes Land – die Aufgabe einer kundigen Berichterstattung über die Vorgänge in der Chemie. Liebig ist also einesteils Wissenschaftler, der für sein Fach wirbt, andernteils eine Art Wissenschaftsjournalist, der im Namen eines Publikums Berichte verfaßt.

In dieser doppelten Stellung ist das Anliegen der Briefe durchaus ernsthafter und verlangt etwas vom Leser: Nicht bloß die Mühe des Verständnisses, sondern Gefolgschaft in der Hinwendung zur Sache der Chemie. Die Briefe verfolgen das allgemeine Ziel, den Reichtum der Zeit zu befördern, in dem in der Öffentlichkeit ein Bewußtsein für die Potentiale der Chemie geweckt wird. ‚Popularisierung' in diesem Sinne meint etwas ganz anderes als laiengerechte Darstellung wissenschaftlicher Erkenntnisse für Hobbyisten oder spannende Erzählung wissenschaftlicher Forschungsprozesse zum Zwecke der Unterhaltung. Sie ist ein Programm zur Beförderung der öffentlichen Wohlfahrt.

Diese Form der ‚Popularisierung' erfordert eine Ausdeutung des wissenschaftlichen Standes der Chemie auf ihre praktischen Verwertungspotentiale hin, die sich der Gegenwart im Lichte ihrer aktuellen Forderungen anbieten und damit auch eine Ausdeutung der Gegenwart selbst. Es enthält insofern mindestens implizit eine intellektuelle Zeitdiagnose, die sich aus den einzelnen Briefen rekonstruieren ließe, wozu hier nicht der Platz ist. Liebig unternimmt es also mit einem Wort, für eine interessierte Öffentlichkeit auszudeuten, welche Chancen in der Chemie seiner Zeit liegen und er führt ihr ein Stück der Gegenwart selbst vor Augen, nämlich dasjenige, welches sich in der Chemie spiegelt. Es ist eine intellektuelle Deutung, die auf die realistische Einschätzung von Möglichkeiten abhebt.

> Diese Briefe sind, im Sinne des Wortes, für die gebildete Welt geschrieben, welche vor der Erörterung der wichtigsten und schwierigsten Fragen in der Wissenschaft, in so fern sie einflussreich für den weiteren Fortschritt und die Anwendungen sind, nicht zurückzuschrecken gewohnt ist, für eine Classe von Lesern, die an einer sogenannten populären Form der Darstellung, womit man gewöhnlich das Herabziehen in das Gemeine und das platte Verständlichmachen bezeichnet, kein Gefallen finden kann.

Liebig kommt schließlich nochmals auf den Adressaten zu sprechen, der, wie schon zu vermuten war, eingeschränkt wird auf die Klasse der Gebildeten. Das ist aber nicht ständisch dünkelhaft gemeint, sondern es wird damit angekündigt, daß etwas verlangt werden wird. In diesem Sinne wendet er sich an diejenigen, welchen er unterstellt, eine Bereitschaft zur Überwindung von Widerständen aufzubringen. In ihnen adressiert er Kollegen der Haltung nach, die aus irgendwelchen kontingenten Gründen keine Kollegen des Faches geworden sind. An der Formulierung ist freilich auffällig, daß der Begriff der gebildeten „Classe" residual gewonnen wird, durch Abgrenzung von denjenigen Klassen, welche eben „zurückschrecken", wenn es schwierig wird. Der Adressat besteht also generell in denjenigen, die die bürgerliche Leistungsethik verinnerlicht haben. Diese wird von Liebig aber nicht als der Normalfall unterstellt. Sie ist der Haltung nach tendenziell noch eine heraushebende Sonderleistung. Da ein Verständnis der Wissenschaft aber verlangt, daß man zur Leistung bereit ist, weil ihre Gegenstände ihrer Natur nach einen geistigen Aufwand erfordern, sind diejenigen Schichten, die die Leistungsethik verinnerlicht haben, auch der natürliche Verbündete oder Adressat der Wissenschaft. Dies gilt zumindest für diejenigen, welche ihre Leistungsbereitschaft auch auf das Gebiet des Wissens erstrecken: also die gebildeten Menschen. In den Briefen liegt daher nicht nur ein Text eines der bedeutenden Chemikers seiner Zeit vor, sondern auch ein Dokument der Ausbreitung der Leistungsethik auf ihrem Weg zur dominanten Form des in der modernen kulturellen Vergemeinschaftung geltenden Bewährungsmythos.

In der Formulierung scheint freilich auch eine Geringschätzung für „leichte Kost" und die nach Unterhaltung verlangende ‚Lesemasse' durch. Die Briefe wenden sich ja explizit an die „Classe von Lesern", die an der „populären Form der Darstellung [...] kein Gefallen finden". Auch hierin ist der Adressat durch negative Definition gewonnen. Unterhaltung durch knallige Effekte, spektakuläre Reaktionen, Feuerwerkschemie und Jahrmarktsexperimente werden für sich genommen als wertlos und unnütz betrachtet. Die Leistungsethik hat hierin einen deutlichen asketischen Aspekt. Eine strenge Konzentration auf das Wesentliche, die nutzlosen Abschweifungen mißtraut, kommt hierin ebenso zum Ausdruck wie vielleicht auch etwas Neid auf populäre Autoren, die beim Publikum erfolgreich sind.

Vor diesem Hintergrund wird die populärwissenschaftliche Literatur ihrem Sinn nach überhaupt in Zweifel gezogen. Sich mit wissenschaftlichen Fragen zu befassen, verlangt immer die

Bereitschaft, sich an einer Sache abzuarbeiten. Man muß bereit sein, auch Widerstände zu überwinden. Eine populäre Literatur, die etwas anderes verspricht, taugt nichts, weil sie Unmögliches verspricht. So ungefähr lautet das Argument Liebigs.

> Die Naturforschung hat das Eigene, daß alle ihre Resultate dem gesunden Menschenverstande des Laien eben so klar, einleuchtend und verständlich sind, wie dem Gelehrten, daß der Letztere vor dem Andern nichts voraus hat, als die Kenntniss der Mittel und Wege, durch welche sie erworben wurden; diese sind aber für die nützlichen Anwendungen in den meisten Fällen völlig gleichgültig. Die von mir in der Darstellung gewählte Form bedarf, wie ich glaube, keiner weiteren Entschuldigung; ich glaube sie mir selbst und der Zeitschrift schuldig zu sein, in welcher diese Briefe zuerst erschienen sind.

Wie um einem zu antizipierenden Einwand zu begegnen, argumentiert Liebig weiter. ‚Ja, aber muß man sich denn nicht auch um diejenigen bemühen, die einfacher gestrickt sind? Muß man nicht auch der ungebildeten Masse die Errungenschaften der Wissenschaft nahe bringen?‘ Dem entgegnet Liebig ganz trocken: Populärwissenschaftliche Darstellungen sind sinnlos, weil sie unnötig sind! Es gibt nämlich keinen konstitutiven Unterschied zwischen dem professionalisierten Forscher und dem Laien, was ihr geistiges Vermögen angeht, die Sache zu verstehen, um die es geht. Vor dem universalistischen Charakter der Sache der Wissenschaft sind beide gleich. Also müssen und können sich beide auch gleichermaßen bemühen. Der einzige Unterschied besteht in der Ausbildung der erfahrungswissenschaftlichen Methode. Daß sie nichts zur Sache tue, unterstreicht, daß das Hauptaugenmerk auf der praktischen Anwendung liegt und nicht auf der eigenständigen Darlegung der Methoden und Arbeitsgänge der chemischen Forschung.

Hier wird einer populären Literatur eine Absage erteilt, die sich als Vermittlungsagentur zwischen Forscher und Laien sieht und wissenschaftliche Sachverhalte meint vereinfacht aufbereiten zu können. Seine Ergebnisse laiengerecht darzustellen, erscheint hierin nicht als eigenständige Aufgabe, sondern wird sinngemäß als Aufgabe des Wissenschaftlers selbst interpretiert. So wie Liebig dem Laien unterstellt, durch bloßen Einsatz seines Menschenverstandes die Chemie ihren Ergebnissen nach verstehen zu können, glaubt er auch, daß es dem Chemiker möglich ist, sich einfach und klar ausdrücken zu können. Der Popularisierung als einer volkspädagogischen Lehrveranstaltung gegenüber bringt Liebig zur Geltung, daß die Wissenschaft auf geistesaristokratische Leistungsbereitschaft nicht verzichten kann, in der Befolgung einer solchen aber einen demokratischen Charakter gewinnt – durch den Universalismus der Sache, weshalb weder Laien noch Forscher auf Mittler angewiesen sind.

Im Text folgen noch Hinweise auf den ursprünglichen Erscheinungsort. Die Briefe sind einzeln erschienen und nachträglich zusammengetragen worden. Dies unterstreicht den Erfolg beim Publikum und die publizistischen Ambitionen des Autors. Nur der Vollständigkeit halber sei die Vorrede zu Ende zitiert. Eine Analyse können wir uns sparen, da es sich um eine weniger interessante Ergebenheitsadresse an die *Allgemeine Zeitung* in Augsburg handelt. Bekanntlich waren die Briefe bereits seit 1841ff. einzeln dort erschienen.

> Jeder, der mit einiger Aufmerksamkeit sich über die deutschen Zustände unterrichtet, muß erkennen, daß die in Augsburg erscheinende Allgemeine Zeitung durch ihre Verbreitung, durch den Umfang und die Mannichfaltigkeit ihrer Richtungen, durch die Tiefe und Gründlichkeit ihrer Mittheilungen aus allen Fächern des Wissens, so wie durch den richtigen Geschmack und den feinen Gefühlssinn der Männer, denen ihre Leitung anvertraut ist, für die Bedürfnisse der Gegenwart zu einem Organ der Culturgeschichte in politischen, socialen und wissenschaftlichen Beziehungen sich erhoben hat, und es erklärt sich hieraus von selbst, warum ich einer wiederholten dringenden Aufforderung des Besitzers dieser Zeitung gerne entsprach und den Versuch unternahm, der Chemie in einem weiteren Kreise der Gesellschaft Zutritt zu verschaffen.
> Giessen, im Juli 1844.

Henning Pahl

„Der Holzschnitt redet die Sprache des Volkes" – Das Bild als Popularisierungsmedium im Dienste der Religion

1. Einleitung

Als die Taliban-Führung in Kandhahar im März 2001 ihren Willen verkündete, die weltweit größten Buddha-Statuen zerstören zu wollen, löste dies in der Weltöffentlichkeit einen Sturm der Entrüstung aus. Die UNESCO sprach von einer „kulturellen Katastrophe" und erkannte den vorislamischen Kunstdenkmälern den Rang eines Weltkulturerbes zu. Petitionen wurden verabschiedet, ein Emergency-Fonds gegründet, Emissionäre entsandt, Kofi Annan selbst ermahnte nachdrücklich zum Erhalt der Statuen[1]. Auch arabische Autoritäten und die arabische Gruppe innerhalb der UNESCO distanzierten sich vom Vorgehen der Taliban[2]. Dennoch fielen die Statuen von Bamiyan wenige Wochen später dem von Mullah Omar in Form einer Fatwa angeordneten Bildersturm zum Opfer.

Nicht zuletzt scheiterte die Kommunikation zwischen Taliban und westlichen Botschaftern an einem sich diametral gegenüberstehenden Verständnis von Bildern. Während in der vorindustriellen, religiös fundierten und wenig literaten afghanischen Gesellschaft ein Bild allein von der Bildaussage her gesehen werden konnte, war es in der säkularisierten, hochtechnisierten westlichen Gesellschaft selbstverständlich, das Bild als Kunstwerk von historischem Wert zu betrachten: Nicht wegen der Bildaussage protestierte man gegen dessen Zerstörung, sondern wegen seines Werts als historisches Kunstobjekt. Man verkannte dabei den Zusammenhang zwischen Bild und Weltbild, die Bedeutung des Bildes im Prozeß der Kommunikation und für die Begründung und Sicherung von Herrschaft[3].

Die Auseinandersetzung um die Bamiyan-Statuen zeigt, daß Kunst keinen objektiven Wert besitzt, sondern immer gesellschaftsimmanent bewertet wird – und das gilt im besonderen für religiöse Kunst: Reduziert man religiöse Kunst auf ihren ästhetischen Wert, so verkennt man damit ihren wesentlichsten Aspekt, und dieser ist funktionaler Art: Das religiöse Bild steht stellvertretend für das Göttliche auf Erden, es ist nicht selten Objekt der Anbetung und hat wie die Sache, die es symbolisiert, sakralen Wert.

Vielleicht liegt in dieser Schwierigkeit der Beurteilung der Kunst eine Ursache für die Vernachlässigung der historischen Bildforschung. Denn obgleich das Bild, namentlich das industriell gefertigte Massenbild, im 19. Jahrhundert einen Verbreitungs- und Wirkungsgrad wie kaum ein anderes Medium erreicht hat, machte die historische und kunstgeschichtliche

---

1 http://www.unesco.org/opi2/afghan-crisis/petitionetext.htm

2 http://www.unesco.org/opi/eng/unescopress/2001/grouparabvf.shtml

3 Siegfried Frey: Die Macht des Bildes. Der Einfluß der nonverbalen Kommunikation auf Kultur und Politik. Bern, Göttingen, Toronto 1999, S. 9.

Wissenschaft einen weiten Bogen um die populäre Kunst, der man einen geringen Wert bescheinigte[4]. Die Vernachlässigung der Eindrucksforschung zugunsten der Ausdrucksforschung hatte zur Folge, daß der Vorgang der Wissenspopularisierung mittels des Bildes bisher kaum thematisiert wurde[5]. Diejenigen Studien, die den Begriff der Popularisierung bezüglich der Kunst verwenden, bezeichnen damit einen Prozeß der Vervielfältigung von Motiven der ‚Hohen Kunst‘ mittels einfacher Reproduktionsmethoden, um diese breiten Schichten der Bevölkerung zugänglich und somit bekannt zu machen[6]. Dieses Verständnis

---

4 Die Volkskunde/historische Ethnologie entdeckte in den 1970er Jahren das Gebiet der Volkskunst als Untersuchungsfeld. Forschungsberichte bei Wolfgang Brückner: Massenbilderforschung 1968-1978. Die traditionellen Gattungen der populären Druckgraphik des 15. bis neunzehnten Jahrhunderts. In: Ders.: Kunst und Konsum. Massenbilderforschung. Würzburg 2000, S. 207 bis 276; Rolf Wilhelm Brednich: Bildforschung. In: Ders. (Hrsg.): Grundriß der Volkskunde: Einführung in die Forschungsfelder der europäischen Ethnologie. 2. Aufl. Berlin 1994, S. 189-210. Weitere Literatur in Anm. 6. – Forschungsüberblick für die Geschichtswissenschaft bei Rainer Wohlfeil: Methodische Reflexionen zur Historischen Bildkunde. In: Brigitte Tolkemitt/Rainer Wohlfeil (Hrsg.): Historische Bildkunde. Berlin 1991, S. 17-35; grundlegend, aber mit Beschränkung auf die ‚bildenden Künste‘: Francis Haskell: Die Geschichte und ihre Bilder. Die Kunst und die Deutung der Vergangenheit. München 1995; vgl. Ruth Slenczka: Lehrhafte Bildtafeln in spätmittelalterlichen Kirchen. Köln, Weimar, Wien 1998. – In den Wörterbüchern zur Kunst sucht man vergeblich die Stichworte „Popularisierung“ oder „Populäre Kunst“, so zum Beispiel Wolf Stadler (Hrsg.): Lexikon der Kunst. Malerei, Architektur, Bildhauerkunst. Bd. 1 bis 12. Freiburg, Basel, Wien 1989; Harald Olbrich (Hrsg.): Lexikon der Kunst: Architektur, Bildende Kunst, Angewandte Kunst, Industrieformgestaltung, Kunsttheorie. Bd. 1-7. Leipzig 1993 (hier allerdings das Schlagwort „Massenkunst“); Kindlers Malerei-Lexikon. Bd. 1-6. Zürich 1964. Eine Ausnahme stellt Jane Turner (Hrsg.): The Dictionary of Art. Bd. 1-35. London, New York 1996ff., dar, wo sich das Stichwort „Popular prints“ findet.

5 Frey: Macht (wie Anm. 3), S. 10.

6 Ein Bildmotiv zum Beispiel eines Ölgemäldes wird übersetzt in die Sprache der Massenkunst, zum Beispiel den Holzschnitt oder Stahlstich, wobei eine Vereinfachung des Gegenstandes erfolgt, d.h. eine Beschränkung des Bildmotivs, eine Reduzierung der Zahl der Bildelemente und der dargestellten Personen, eine Verflachung der Bildebenen, die Verkleinerung des Bildausschnitts, die Übertragung einer komplizierten Zeichensprache in eine allgemeinverständliche usw. Aus der zahlreichen, vor allem volkskundlichen Literatur vgl. Christa Pieske: Trivialisierungen graphischer Vorlagen. In: Bayerisches Nationalmuseum (Hrsg.): Bunte Bilder am Bienenhaus. Malereien aus Slowenien. München 1991, S. 112ff.; Ingrid Metken: Nazarener und „nazarenisch“. Popularisierung und Trivialisierung eines Kunstideals. In: Städel – Städtische Galerie im Städelschen Kunstinstitut (Hrsg.): Die Nazarener (Katalog zur Ausstellung). Frankfurt am Main 1977, S. 365-388; Heinz Schilling: Kunstpopularisierung als volkskundliches Dokumentationsproblem. In: Zeitschrift für Volkskunde 66 (1970), S. 151-165; Wolfgang Brückner: Trivialisierungsprozesse in der bildenden Kunst zu Ende des 19. Jahrhunderts, dargestellt an der ‚Gartenlaube‘. In: Ders.: Kunst und Konsum. Massenbilderforschung. Würzburg 2000 (= Veröffentlichungen zur Volkskunde, Bd. 82), S. 445 bis 489; Ders.: Christlicher Amulett-Gebrauch der frühen Neuzeit. Grundsätzliches und Spezifisches zur Popularisierung des Agnus Dei. In: Ders.: Kulturtechniken. Nonverbale Kommunikation, Rechtssymbolik, Religio carnalis. Würzburg 2000, S. 141-197. – Sigrid Nagy: Julius Schnorr von Carolsfelds ‚Bibel in Bildern‘ und ihre Popularisierung. Würzburg 1999, verzichtet auf eine theoretische Reflexion des Begriffs ‚Popularisierung‘. Eine wertvolle Definition bringt dagegen Nils-Arvid Bringéus: Der ‚Heilige Wandel‘ im Prozeß der Popularisierung. Zur Ikonographie der ‚Heiligen Familie‘. In: Carola Lipp (Hrsg.): Medien popularer Kultur. Erzählung, Bild und Objekt in der volkskundlichen Forschung. Frankfurt am Main 1995, S. 362-379. – Zentrale Arbeiten außerdem: Hedvig Brander

des Popularisierungsbegriffs vernachlässigt, indem es ganz auf der Motivebene verbleibt, die Bedeutung des Bildes im Prozeß der Kommunikation, die Bildaussage, das in der Objektivation gespeicherte Wissen.

Im folgenden soll der Versuch unternommen werden, die Bedeutung des Bildes im Prozeß der Kommunikation von Wissen, genauer: der Popularisierung von Glaubensüberzeugungen herauszuarbeiten, wobei im besonderen die Reproduktionsgraphik des 19. Jahrhunderts gemeint ist. In einem ersten Teil soll es darum gehen, die kommunikative und psychische Funktion des Bildes im allgemeinen und bezüglich der religiösen Entwicklung des Menschen im besonderen herauszuarbeiten. In einem zweiten Teil sollen die gesellschaftlichen Voraussetzungen für den Popularisierungsvorgang im 19. Jahrhundert dargelegt werden, um dann in einem dritten Teil die Popularisierer und ihr Programm sowie die Wege der Popularisierung in der historischen Situation zu untersuchen.

2. Die kommunikative und psychologische Funktion von Bildern

Um das Bild als Popularisierungsmedium zu deklarieren, genügt es nicht, Auflagenzahlen und Verbreitungsgrad zu nennen, sondern man muß auch den psychologischen und kommunikativen Wert des Mediums beschreiben. Dies soll im folgenden versucht werden, wobei sich die Ausführungen vor allem auf das ‚populäre' Bild, die Massenkunst, beziehen[7].

Bilder sind Texte der nonverbalen Kommunikation. Sie sind Objektivationen von Wissen. Als Wissensspeicher sind sie Gegenstand eines gesellschaftlichen Kommunikations- und Vermittlungsprozesses, wobei die beteiligten Akteure (Produzenten, Mediatoren und Nachfragende, aber auch Kunst und Gesellschaft als Ganzes) in einem Austauschverhältnis stehen[8]. Als Kommunikationssystem ist das Bild dem Text ebenbürtig, ja in bestimmter

---

Jonsson: Religious Imagery and Popular Communication. In: Visual Paraphrases. Studies in Mass Media Imagery. (= Acta Universitatis Upsaliensis. Figura. Nova Series 22 [1984]), S. 93-144, hier S. 111 und 123; Rudolf Schenda: Bilder vom Lesen – Lesen von Bildern. In: Internationales Archiv für Sozialgeschichte der deutschen Literatur 12 (1987), S. 82-106; Petra Schuck-Wersig: Expeditionen zum Bild. Beiträge zur Analyse des kulturellen Stellenwerts von Bildern. Frankfurt am Main, Berlin, Bern, New York, Paris, Wien 1993 (= Europäische Hochschulschriften. Reihe 40, Bd. 35). – Martin Scharfe: Evangelische Andachtsbilder. Studien zu Intention und Funktion des Bildes in der Frömmigkeitsgeschichte vornehmlich des schwäbischen Raumes. Stuttgart 1968, bes. S. 70ff., versteht unter der Kunstpopularisierung vor allem eine Demokratisierung von Kunst und die Läuterung des ästhetischen Sinns der Bevölkerung.

7 Unter „populärer Kunst" begreift die Volkskunde diejenige Kunst, die breite Bevölkerungskreise erreicht hat oder erreichen will, so Brückner: Massenbilderforschung 1968-1978 (wie Anm. 4), S. 211. Eine Definition „Populärer Kunst" auch bei Rudolf Schenda: Populärer Wandschmuck und Kommunikationsprozeß. In: Zeitschrift für Volkskunde 66 (1970), S. 99-109, hier S. 105ff.

8 Vgl. Frey: Macht (wie Anm. 3), bes. S. 54 und 123; Wohlfeil: Reflexionen (wie Anm. 4); Brednich: Bildforschung (wie Anm. 4); Wandschmuckforschung am Tübinger Ludwig-Uhland-Institut. In: Zeitschrift für Volkskunde 66 (1970), S. 87-150, darin bes. Martin Scharfe/Rudolf Schenda: Funktionen des Wandschmucks, S. 116-118; Slenczka: Bildtafeln (wie Anm. 4), S. 77ff.; Schenda: Bilder vom Lesen (wie Anm. 6), S. 90ff.

Hinsicht sogar überlegen: Zum einen darin, daß Bilder im Moment der Bildbetrachtung beim Betrachter Vorstellungen oder Erlebnisse evozieren, die sowohl auf einer kognitiven als auch auf einer emotionalen Ebene liegen. Dadurch wird der Bildgehalt nachhaltiger im Gehirn abgespeichert und ist leichter erinnerbar[9]. Zum anderen verfügt das Bild über das Potential, mittels der Verwendung einer speziellen Symbolsprache schnell und eindringlich Bedeutungen darstellen zu können, die in Form verbaler Kommunikation nur mit erheblichem Aufwand als Kette von Feststellungen beschrieben werden könnten. Auch werden Bilder schneller verstanden als Texte, wobei mit der Reduktion auf das Wesentliche die Eindeutigkeit der Bildaussage steigt und damit auch die Verstehbarkeit und Reproduzierbarkeit. Zudem, dies hat die Forschung zur Bildwahrnehmung gezeigt, ziehen Bilder grundsätzlich mehr Aufmerksamkeit auf sich als Texte[10].

Auf einer sozialpsycholgischen Ebene erhält das Bild seine Bedeutung durch seine Mittlerfunktion zwischen Gesellschaft und Individuum. Das Bild unterstützt die sinnhafte Einbettung des einzelnen in die Gesellschaft: „Wandschmuck ist durchaus ein Agent der Sozialisation“[11]. Bilder bilden kulturgebundene Erinnerung ab, sie machen mit kulturellen Werten und gesellschaftlichen Normen bekannt und erweitern den zeit-räumlichen Erfahrungsraum in einer durch die Kultur sanktionierten Weise. Bilder bilden aber nicht nur ab, sie bewerten gleichzeitig, insofern können sie die gesellschaftliche Realität bestätigen oder destabilisieren. Kunst wirkt somit als soziale Macht, sie beeinflußt das Denken und Verhalten von Einzelmenschen, indem sie diese aneinander bindet[12]. Diese sozialpsychologische Funktion des Bildes wird dadurch unterstützt, daß die Bildbetrachtung meist in sozialen Räumen erfolgt. Durch die Kombination von visueller und verbaler Information erhöht sich noch dazu die Eindeutigkeit der Information und die Nachhaltigkeit der Bildwirkung.

Auf einer individualpsychologischen Ebene kann die Bildbetrachtung eine Form der Selbstvergewisserung sein und einen erheblichen Beitrag zur Entwicklung der Persönlichkeit leisten. Mehr als bei der Lektüre eines Textes fühlt sich der Betrachter als Teil eines Ganzen. Indem Bilder Situationen und Probleme des Alltags veranschaulichen und Lösungswege darstellen, helfen sie bei der Bewältigung von Krisen. Dies kann dadurch geschehen, daß Bilder Kontakt mit realen, aber nicht greifbaren oder fiktiven Partnern herstellen, wobei dieser Kontakt Sicherheit und Geborgenheit vermittelt. Auch kann Kunst eine

9 Ernst H. Gombrich: Das Bild und seine Rolle in der Kommunikation. In: Ders. (Hrsg.): Bild und Auge. Neue Studien zur Psychologie der bildlichen Darstellung. Stuttgart 1984, S. 135-158, hier S. 148ff.; Thomas Schierl: Schöner, schneller, besser? Die Bildkommunikation der Printwerbung unter veränderten Bedingungen. In: Thomas Knieper/Marion G. Müller (Hrsg.): Kommunikation visuell. Das Bild als Forschungsgegenstand – Grundlagen und Perspektiven. Köln 2001, S. 193-211, hier S. 199; Ernst Pöppel: Drei Welten des Wissens – Koordinaten einer Wissenswelt. In: Christa Maar/Hans Ulrich Obrist und Ernst Pöppel (Hrsg.): Weltwissen, Wissenswelt. Köln 2000, S. 29; Schuck-Wersig: Expeditionen (wie Anm. 6), S. 34ff.

10 Gombrich: Das Bild (wie Anm. 9), S. 144, 149 und 151; Miriam Meckel: Visualität und Virtualität. Zur medienkulturellen und medienpraktischen Bedeutung des Bildes. In: Knieper/Müller (Hrsg.): Kommunikation (wie Anm. 9), S. 25-36.

11 Martin Scharfe: Probleme einer Soziologie des Wandschmucks. In: Zeitschrift für Volkskunde 66 (1970), S. 88-99, hier S. 95. – Zum folgenden vgl. Scharfe/Schenda: Funktionen des Wandschmucks (wie Anm. 8); Schuck-Wersig: Expeditionen (wie Anm. 6), S. 80ff.

12 Schenda: Populärer Wandschmuck (wie Anm. 7), S. 104.

Gegenwelt zur realen Welt abbilden, die in Krisensituationen eine Konsolationsmöglichkeit bietet. Die Projektion des Ich in eine heile Welt hilft bei der Verdrängung von Konflikten. Somit ist die Unsicherheit des Lebens ein wichtiger Grund für das Verlangen des Menschen nach der Betrachtung von Bildern[13].

Ausschlaggebend für das Gelingen der Bildkommunikation ist die Vertrautheit mit dem im Bild verwandten Zeichen- und Symbolsystem einerseits und die Dauer, Häufigkeit und Intensität der Bildbetrachtung andererseits. Die visuellen Eindrücke gerinnen schließlich, gestützt durch die verbale Information, zu geläufigen Formeln, die schließlich verhaltenssteuernd wirken[14].

Dem hohen funktionalen Wert des populären Bildes entspricht dabei ein Zurücktreten des ästhetischen Bildwerts, anders gesagt: Das populäre Bild wird nicht von seiner ästhetischen Qualität, sondern von seinen konkreten Inhalten her verstanden. Diese Inhalte knüpfen an ein Wissen des Betrachters an, das weit über das betrachtete Bild hinausgeht. Insofern ist das Bild Teil eines fortgesetzten Kommunikationsprozesses und kann nicht isoliert werden auf den Moment der Bildbetrachtung[15].

3. Bild und Glaube

Gerade für die Entwicklung des Glaubens und innerhalb der Volksfrömmigkeit kommt dem Bild eine bedeutende Rolle zu, derer man sich in den christlichen Kirche stets bewußt war. So hatte Johannes Balbus von Genua bereits im 13. Jahrhundert die Bedeutung des Bildes umrissen:

> Wisse, daß es drei Gründe für die Institution von Bildern in den Kirchen gibt. Erstens zur Unterweisung der einfachen Menschen, weil sie durch die Bilder belehrt werden, als wären es Bücher. Zweitens, um das Geheimnis der Inkarnation und Beispiele der Heiligen dadurch stärker auf uns wirken zu lassen, daß wir sie täglich vor Augen haben. Drittens, um Empfindungen der Frömmigkeit hervorzurufen, die durch Gesehenes leichter wach werden als durch Gehörtes[16].

Und auch Luther war sich der Bedeutung des Bildes als Medium der Wissenskommunikation bewußt: Wir können „nicht on bilde denken noch verstehen", predigte Luther an Ostern

13 Pöppel: Welten (wie Anm. 9), S. 25ff. – Vgl. Scharfe: Probleme (wie Anm. 11), S. 93.
14 Ebd., S. 92.
15 Pöppel: Welten (wie Anm. 9), S. 25ff. und 35. – Vgl. Schenda: Populärer Wandschmuck (wie Anm. 7), S. 109.
16 Aus dem Catholicon des Johannes Balbus zit. n. Gerhard Jaritz: Zur Funktion des religiösen Bildes in der spätmittelalterlichen Gesellschaft. In: Beiträge zur historischen Sozialkunde 10 (1980), S. 8-13, hier S. 8.

1533, das menschliche Denken sei seinem Wesen nach ein bildhaftes[17]. Deshalb wünschte Luther sogar, die Reichen mögen „die gantze Bibel ynwendig und auswendig an den heusern fur ydermans augen malen heissen, das were ein christlich werk“[18]. In der Volksfrömmigkeit wurden Bilder seit jeher als Sakramentalien behandelt, ihnen wurde eine magische und heilbringende Wirkung zugesprochen[19]. Sogar der Haussegen war „in der praktischen Funktion schon fast mit abergläubischem Amulettcharakter behaftet“[20]. „Bilder gehören also in den Schattenbereich zwischen offiziel approbierter Frömmigkeit und inoffizieller, volksfrommer Praxis“[21]. Dem Gläubigen wurde durch die Bilder die persönliche Begegnung mit dem Heiligen ermöglicht. Durch die Einbindung des Bildes in Liturgie und Gebet konnte die Verehrung Gottes sinnlich erfahren werden, „Sinnlichkeit aber sollte dazu dienen, eine fromme Gesinnung im Herzen zu schaffen“.

Für die Psychologie der religiösen Entwicklung hat James Fowler die Bedeutung des Bildes herausgearbeitet. Ausgangspunkt seiner Überlegungen ist die Tatsache, daß sich Glaube interaktiv und sozial vollzieht, er ist von Gemeinschaft, Sprache, Riten, Fürsorge und Initiativen abhängig. Fowler nimmt ein stufenartiges Modell an, nach dem sich der Glaube in aufeinander aufbauenden Glaubensstilen entwickelt[22]. Für den hier zu diskutierenden Gegenstand ist von entscheidender Bedeutung, daß gerade in einem Alter zwischen zwei und sechs beziehungsweise sieben Jahren (Stufe 1), also in jener Phase, in der sich ein grundlegendes Welt- und Gottesbild entwickelt, die Empfänglichkeit für Gesten, Rituale und Bilder sehr groß ist, mehr noch: „nur konkrete Symbole und Bilder [sprechen] die Erkenntnisweisen des Kindes wirklich an“[23]. Die fragmentarischen Sinneseindrücke werden vom Kind in eigenen Assoziationen zu einem Bild von Gott und dem Heiligen zusammengestellt, wobei sich der kindliche Glaube noch ganz im Rahmen unkritischer Phantasie bewegt; zwischen einer irdischen und einer transzendenten Welt wird nicht unterschieden, Realität und Phantasie des Kindes sind nicht zu trennen und ergänzen einander. Ursache-Wirkung-Beziehungen werden nicht verstanden. Zu den auf den Bildern dargestellten Personen, den Heiligen, der Muttergottes, einem Schutzengel oder dem Jesuskind, entsteht bei den Kindern oft eine persönliche Beziehung, sie werden als realpräsentische Personen emp-

---

17 Aus Luthers Osterpredigt 1533 zit. n. Gerhard May: Kunst und Religion VI: Frühe Neuzeit. In: Gerhard Müller (Hrsg.): Theologische Realenzyklopädie. Bd. 1-40. Berlin, New York 1977ff., Bd. 20 (1990), S. 274-292, hier S. 278.

18 Aus Luthers Schrift „Wider die himmlischen Propheten“ (1524/25) zitiert nach ebd., S. 277.

19 Im Mittelalter schrieb man dem bloßen andächtigen Schauen die Qualität einer sakramentalen Handlung zu. So Bob Scribner: Das Visuelle in der Volksfrömmigkeit. In: Ders. (Hrsg.): Bilder und Bildersturm im Spätmittelalter und in der frühen Neuzeit. Wiesbaden 1990, S. 9-20, hier Seite 16. – Vgl. insgesamt Slenczka: Bildtafeln (wie Anm. 4).

20 Brückner: Massenbilderforschung 1968-1978 (wie Anm. 4), S. 321.

21 Dies und das folgende Zitat nach Scribner: Das Visuelle (wie Anm. 19), S. 16f.

22 Das folgende nach James W. Fowler: Stufen des Glaubens. Die Psychologie der menschlichen Entwicklung und die Suche nach Sinn. Gütersloh 2000 [EA New York 1981], bes. S. 139 und 145f.

23 Ebd., S. 146.

funden, deren Eingreifen in die Welt als natürlich angenommen wird[24]. Grundlegend für die Bildwirkung sind dabei die erläuternden Geschichten von Eltern, Lehrern und Pfarrern.

Erst im Alter zwischen sieben bis vierzehn Jahren wird das Wirkliche vom Scheinbaren getrennt, ein anthropomorphes Gottesbild bildet sich heraus, das aber im wesentlichen auf den Bildern beruht, die sich das Kind im vorangehenden Stadium gemacht hat. Gott wird personifiziert, er erscheint mit weißem Bart, weißen Haaren auf einem Thron, behält aber seine Charaktereigenschaften der Omnipräsenz und Omnipotenz. Eine kritische Reflexion des Gottesbildes der Kindheit erfolgt erst ab einem Alter von vierzehn Jahren, wobei ein Teil der Erwachsenen in seiner Glaubensentwicklung diese dritte Stufe niemals erreicht und auf Stufe zwei verharrt. Das in der Kindheit erlernte Schutzpersonal behält so oftmals das ganze Leben über seine Relevanz für die Religiosität des einzelnen: Der Engel, der Heilige oder die Muttergottes bleiben die Instanz, die in Krisensituationen angerufen wird und bei der Bewältigung des Alltags hilft[25].

Betrachtet man den Vermittlungsprozeß von Religion und Frömmigkeit, so kann die Bedeutung von Bildern nicht hoch genug veranschlagt werden. Davon zeugen auch die Quellen. So schreibt die 1941 geborene Bergbauerntochter Theresia Oblasser in ihren Lebenserinnerungen über ein Bild im Zimmer ihrer Großmutter:

> Auf dem Bild über ihrem Bett war die Hl. Familie auf dem Weg nach Jerusalem abgebildet. Ich betrachtete es gerne. Ein Baum im Hintergrund sah aus wie unsere Eschen. Von diesen wurden jedes Jahr die Äste geschnaitet als Ziegenfutter für den Winter. Aus den Aststümpfen wuchsen dann immer wieder dicht neue Triebe. So sah auch dieser Baum auf der Tafel aus. [...] Der Jesusknabe ging brav zwischen Maria und Josef. Er war eben folgsam, sagte die Großmutter. Das sagte sie, weil wir nie ruhig dahingehen konnten, sondern vorausliefen, auf Bäume kletterten, und jedenfalls zu lebhaft waren. Es wurde uns nur das Folgsamsein zur Nachahmung empfohlen, aber nicht sein selbstbewußtes Verhalten im Tempel und seine selbstsichere Antwort auf die Frage seiner Mutter. Einmal aber wurden die Gestalten auf dem Bild lebendig. Sie kamen und gaben mir Geborgenheit in den quälenden Ängsten einer Kinderkrankheit. In vielen Verlassenheitsleiden der Kindheit blieb dieser Traum eine tröstende Wirklichkeit[26].

Und Friederike Halsinger, geb. 1940, sagt rückblickend über ein Schutzengelbild:

24 Allgemein zur Bildwirkung bei Kindern, mit zahlreichen eindrucksvollen Belegen: Rudolf Schenda: Bilder im Kopf – Kindheits-Erinnerungen. In: Carola Lipp (Hrsg.): Medien popularer Kultur. Erzählung, Bild und Objekt in der volkskundlichen Forschung. Rolf Wilhelm Brednich zum 60. Geburtstag. Frankfurt am Main, New York 1995, S. 303-316, hier S. 304ff.

25 So wendet sich die 50jährige Frau W. mit ihrem Problemen nicht direkt „an die Spitze", sondern betet immer zur Heiligen Jungfrau, der Heiligen Anna oder dem Heiligen Antonius, denn diese sind für Frau W. „wie Freunde". Zitate aus dem biographischen Interview mit Frau W. in Fowler: Stufen (wie Anm. 22), S. 165.

26 Oblasser zit. n. Oliva Wiebel-Fanderl: Religion als Heimat? Zur lebensgeschichtlichen Bedeutung katholischer Glaubenstradition. Wien, Köln, Weimar 1993, S. 183.

> Ich glaube schon, daß dieses Bildchen mir als Kind Schutz und Geborgenheit vermittelte – vielleicht auch Respekt vor diesem schönen Engel, der auch in die Erziehung miteinbezogen wurde. Kletterte ich einmal von der Bank auf den Tisch, hörte ich sofort: 'Steig schnell runter – auf dem Tisch hält dich der Schutzengel nicht!'[27]

4. Das Bild als Massenphänomen des 19. Jahrhunderts

Die Reproduktionsgraphik ist seit dem 15. Jahrhundert in Europa im Gebrauch. Von Anfang an zeichnete sie sich gegenüber Malerei und Plastik durch eine ‚höhere Mobilität' aus: Sie war unabhängig von ihrem Auftraggeber, sie war ‚schneller' und damit aktueller als andere Kunstformen, konnte mühelos reproduziert, transportiert und dargeboten werden, und sie war aufgrund ihres geringeren Preises noch am ehesten für das Volk erschwinglich. Es scheint daher berechtigt, die Graphik als „die demokratischste unter den Gattungen der bildenden Kunst zu bezeichnen"[28]. Als solche stellt die Graphik gerade in Zeiten raschen gesellschaftlichen Wandels ein erstrangiges Medium der Übermittlung von Meinungen dar. Die Popularisierung von Wissen mittels des Bildes ist also keine Erfindung des 19. Jahrhunderts, aber erst das 19. Jahrhundert schuf die Voraussetzungen für den Siegeszug des Bildes als Massenkommunikationsmittel. Zum einen ermöglichten billiges Maschinenpapier und neue Druckverfahren hohe Auflagen und niedrige Verkaufspreise, zum anderen war die gezielte Beeinflussung der öffentlichen Meinung sowie die ideologische Manipulation des einzelnen im Zeichen der allgemeinen Politisierung des Lebens zu einer Notwendigkeit geworden[29].

Dies galt auch für das religiöse Bild. Hatten die gebildeten Schichten im Zeitalter der Aufklärung die Lust am religiösen Bild verloren, ihren Glauben entweder gänzlich abgestreift oder intellektualisiert, so blieb das Bild für den ‚kleinen Mann', die Masse des Volkes, die ‚biblia pauperum', als die sie bereits Gregor I. bezeichnet hatte. Hinzu kam, daß mit der Individualisierung und Subjektivierung der Frömmigkeit im 19. Jahrhundert das Bild als Mittel privater Frömmigkeitsübung einen enormen Bedeutungszuwachs erlangte[30].

Von hier aus, aus seiner Bedeutung für die unteren Volksschichten und für die Religiosität des einzelnen, erlebte das religiöse Bild im 19. Jahrhundert eine Wiederentdeckung und

---

27 Halsinger zit. n. ebd., S. 192.

28 Olbrich (Hrsg.): Lexikon (wie Anm. 4), Bd. 2, S. 836.

29 Thomas Nipperdey: Deutsche Geschichte. Bd. 1: Arbeitswelt und Bürgergeist. München 1990, S. 797ff. – Allgemein: Jürgen Wilke: Grundzüge der Medien- und Kommunikationsgeschichte. Von den Anfängen bis ins 20. Jahrhundert. Köln, Weimar, Wien 2000, S. 155ff.

30 Vgl. Schenda: Bilder vom Lesen (wie Anm. 6), S. 84f.; Reinhard Lieske: Die Bilderwelt evangelischer Kirchen in Württemberg. In: Blätter für württembergische Kirchengeschichte 89 (1990), S. 92-122, besonders S. 98 und 122; Werner Unseld: Bilder im evangelischen Haus: Merkzeichen, Sinnbild, Denkmal, Wandschmuck. In: Landeskirchliches Museum (Hrsg.): Zwischen Kanzel und Kehrwoche. Glauben und Leben im evangelischen Württemberg. Textband. Ludwigsburg 1994, S. 32-47, hier S. 33 und 36f.; Gudrun Jansen: Die Nazarenerbewegung im Kontext der katholischen Restauration. Die Beziehung Clemens Brentano – Edward von Steinle als Grundlage einer religionspädagogischen Kunstkonzeption. Essen 1992, S. 134f.

entwickelte sich zu einem konfessionsübergreifenden Massenphänomen. Als solches war es Motor und Begleiterscheinung der religiösen Erneuerung in beiden Konfessionen im neunzehnten Jahrhundert. Die Druckgraphik bot „mit ihren im 19. Jahrhundert sprunghaft erweiterten technischen Möglichkeiten das Hauptinstrument einer wirksamen, dem missionarischen Eifer der Nazarener (Overbeck!) sehr erwünschten Popularisierung“[31].

Allerorten entstanden, vor allem in der zweiten Jahrhunderthälfte, lithographische Anstalten (Bilderfabriken), die sich auf die serielle Produktion von Bildern und Bilderbogen spezialisiert hatten[32]. Mit einem Preis von ca. zehn Pfennig pro Blatt (um 1850) waren sie für jedermann erschwinglich. Über ganz Europa entspann sich ein differenziertes Vertriebsnetz: Neben dem stationären Bilderhandel in den Städten betrieben immer mehr wandernde Kolporteure den Buch- und Bilderhandel im ländlichen Bereich: 45.000 Kolporteure waren in Deutschland unterwegs[33]. Besonders Kinder gehörten zum Zielpublikum für den Bilderhandel. Sie investierten ihr selbstverdientes Geld oder tauschten die Bilder gegen gesammelten Hausrat oder Lumpen beim Bildermann[34]. Statistisch gesehen erwarb jeder Haushalt Europas pro Jahr einen Bilderbogen, die Jahresproduktion an Bilderbogen betrug in Frankreich jährlich wohl 20 Millionen[35]. Bilder waren allgegenwärtig, sie wurden sogar am Haus und am Gartenzaun angeschlagen[36]. Die Bilderbogen aus Neuruppin, München und anderswo informierten ihre ‚Leser‘ über alle nur denkbaren Themen der Gegenwart und der Vergangenheit (Mode, Geschichte, Politik, Heiteres, Lehrreiches, Erotik usw.). Der größte Teil der Bilder bediente sich aber religiöser Motive, Wolfgang Brückner schätzt ihren Anteil auf ca. 80%[37]. Allein das Druckhaus Poellath in Schrobenhausen hatte im Jahr 1887 20 Millionen Stück frommer Kleingraphik auf Lager[38].

Größter Beliebtheit erfreuten sich die kleinformatigen Andachtsbilder, die zu den verschiedensten Anlässen gebraucht wurden: Als Andenken an die erste Beichte, an die erste Kommunion und Konfirmation, an Taufe, Hochzeit und Primiz, unter Arbeitskollegen als

---

31 Metken: Nazarener (wie Anm. 6), S. 367. – Ebenso an mehreren Stellen bei Wolfgang Brückner: Trivialer Wandschmuck der zweiten Hälfte des 19. Jahrhunderts, aufgezeigt am Beispiel einer Bilderfabrik. In: Ders.: Kunst (wie Anm. 4), S. 383-406; Ders.: Trivialisierungsprozesse (wie Anm. 6), S. 447, 453 u. ö.

32 Vgl. Wolfgang Brückner: Populäre Bilderdrucke des 19. Jahrhunderts aus Frankfurt am Main. In: Ders.: Kunst (wie Anm. 4), S. 189-201; Ders.: Populäre Druckgraphik Europas. Deutschland vom 15. bis zum 20. Jahrhundert. München 1969.

33 Zahl nach Rudolf Schenda: Die Lesestoffe der kleinen Leute. Studien zur populären Literatur im 19. und 20. Jahrhundert. München 1976, S. 87. Vgl. auch Ders.: Der Bilderhändler und seine Kunden im Mitteleuropa des 19. Jahrhunderts. In: Ethnologia Europaea 14 (1984), S. 163-175, hier S. 167.

34 Ebd., S. 168. Vgl. Schenda: Bilder (wie Anm. 24), S. 308f.

35 Schenda: Bilderhändler (wie Anm. 33), S. 168, errechnet diese Summe nach den Produktionszahlen.

36 Die Stadt Goslar erließ Mitte des 19. Jahrhunderts eine Polizeiordnung gegen das Anbringen von unanständigen Bildern an Haus und Gartenzaun. So in: Sittenpolizei für öffentliche Bilder [o. Verf.]. In: Christliches Kunstblatt 1 (1859), S. 40.

37 Brückner: Massenbilderforschung (wie Anm. 4), S. 208. – Die überlieferten Verkaufslisten des mobilen Bilderhandels belegen diese Annahme in ihrer Tendenz. Vgl. dazu Schenda: Bilderhändler (wie Anm. 33), S. 167.

38 Zahl nach Metken: Nazarener (wie Anm. 6), 378.

Geschenk zu Dienstjubiläen. Als Einlegebildchen wurden sie in Bibel, Gesangbuch und Gebetbuch gelegt, wo sie der Illustration des Textes dienten. Als Totenzettel und Sterbebildchen dienten sie der Erinnerung an Verstorbene[39]. Das religiöse (Schlafzimmer-)Wandbild hatte sich bis 1900 einen festen Platz in der Aussteuer erkämpft[40], religiöse Darstellungen hingen im Herrgottwinkel der katholischen Landbevölkerung und an der Wand im protestantischen Haushalt. Kinder lernten spielerisch und selbstverständlich den Umgang mit religiösen Bildern und deren Funktion in der Gemeinschaft, so zum Beispiel anläßlich eines Todesfalls in der Nachbarschaft, wenn die Kinder den Leichnam mit Heiligenbildern bedeckten und ihn so der Fürsprache des Heiligen anvertrauten[41]. Häufig wurden die Andachtsbilder an Kinder als Fleißbildchen verteilt: zur Belohnung für Fleiß in der Schule und der Christenlehre oder auch für das Fernbleiben von Wirtshäusern und den Besuch der Messe. Mit den kleinformatigen Bildern wurde reger Tauschhandel betrieben. 1852 weist Pfarrer Luck aus Wolfskehlen bei Darmstadt auf dem Kirchentag auf „unangemessene Bilder und Bildchen hin, welche, nicht selten erotischer Art, von Kindern als Zeichen in Gesangbüchern und Bibeln gebraucht würden“[42].

5. Foren der Popularisierer, Formen der Popularisierung

Im folgenden sollen das organisatorische Netz der Popularisierer und ihre Beweggründe exemplarisch dargestellt werden. Dabei erscheint Popularisierung zum einen als Phänomen innerhalb der Amtskirche, zum anderen als ein Phänomen, das von Laien getragen wird, die sich in Vereinen organisieren und ein Netzwerk im Dienste der Popularisierung aufbauen.

5.1. Amtskirche

Um die Mitte des 19. Jahrhunderts wurde man sich in amtskirchlichen Kreisen der Bedeutung des Bildes sowohl für die öffentliche Meinung als auch für die Daseinsinterpretation des einzelnen bewußt. In traditioneller Weise versuchte man anfangs, diese Angelegenheit an die weltliche Obrigkeit zu delegieren: Immer wieder wurden Eingaben an die Innenministerien verfaßt, in denen um strengere Polizei auf diesem Gebiet gebeten wurde. Auch ver-

39 Wie zahlreich die kleinformatigen Bildchen waren, belegt eine Äußerung des Hilfspredigers Weber aus Magdeburg, der innerhalb eines halben Jahres 10.000 Kirchenscheine verteilt hatte. In: O. [= Friedrich Oldenberg]: Berathungen über die christliche Kunst auf dem Hamburger Kirchentage. In: Christliches Kunstblatt 1 (1859), S. 1-6, 11-15 und 33-37, hier S. 14. – Vgl. Pathenbrief [o. Verf.]. In: Christliches Kunstblatt 4 (1862), S. 64. – Zum folgenden vgl. Unseld: Bilder (wie Anm. 30), S. 43; Thomas Roth: Fleißbillets. In: Christa Pieske (Hrsg.): Das ABC des Luxuspapiers. Berlin 1984, S. 123-125; Scharfe: Andachtsbilder (wie Anm. 6), S. 73; Brückner: Andachtsgraphik (1967). In: Ders.: Kunst (wie Anm. 4), S. 313-348; Metken: Nazarener (wie Anm. 6), S. 375f.

40 Scharfe: Andachtsbilder (wie Anm. 6), S. 238.

41 Fred Kaspar: Alltagswelt in Kleinstadt und Dorf. Bilder und Berichte aus westfälischen Archiven. Wiedenbrück 1989, Abb. 109.

42 [Oldenberg]: Berathungen (wie Anm. 39), hier S. 12.

suchte die Geistlichkeit mancherorts, zum Beispiel in Stuttgart, die unsittlichen Schriften und Bilder aufzukaufen und so deren Verbreitung im Volk zu verhindern[43].

Erst allmählich brach sich die Erkenntnis Raum, daß man sich seitens der Kirche am Markt der Meinungen beteiligen müsse, und zwar auch auf dem Gebiet der Kunst. Der Kirchentag entwickelte sich innerhalb der evangelischen Kirchen zum zentralen Forum der Verhandlung hierüber, seit 1851 wurde jährlich eine „Special-Conferenz" über die christliche Kunst abgehalten. Hier wurde einerseits die Verbreitung unsittlicher und unchristlicher Bilder bedauert, jene „entartete und entadelte Kunst, die im Dienste gewinnsüchtiger Industrie Stadt und Land mit einer Art Bildwerken überschwemmt, welche im gleichen Maße den ästhetischen wie den sittlichen Sinn des Volkes untergraben"[44]. Andererseits wurden mehr und mehr die Möglichkeiten der Einflußnahme auf die Massen mittels guter christlicher Kunst diskutiert[45]. Die Befürworter eines nachdrücklichen Kunsteinsatzes zugunsten des Glaubens mußten sich dabei allerdings gegen die im Protestantismus herrschenden modernitätskritischen Bedenken durchsetzen. Weit verbreitet war unter den Skeptikern die Befürchtung, daß die Kunst die Würde der Kirche und des Gottesdienstes verletze, die Konzentration auf das Wort verhindere und somit das Wesen des evangelischen Gottesdienstes verändere, und zwar in Richtung auf eine römische Art – dies wollte man in jedem Fall vermeiden. Neben der im Luthertum verbreiteten Bilderfeindlichkeit spielte auch die Skepsis gegenüber der *populären* Kunst, dem fabrikmäßig hergestellten Massendruck eine Rolle[46]. Während andererseits die Befürworter der Kunstpropagierung bedauerten, daß die evangelische Kirche die Kunst „der römischen Welt überläßt, die dadurch einen so außerordentlichen Vortheil in den Mitteln sinnlicher Einwirkung auf das Volk vor uns voraus hat"[47]. So kritisierte Karl Schnaase auf dem Hamburger Kirchentag 1858 das Verhalten der „Vertreter der heutigen evangelischen Kirche" scharf:

> Auf jedem Kirchentage votiren sie den Bemühungen für Wiederbelebung der kirchlichen Kunst Theilnahme und Zustimmung, aber im Einzelnen thun sie we-

43 Scharfe: Andachtsbilder (wie Anm. 6), S. 73.

44 [Oldenberg]: Berathungen (wie Anm. 39), S. 11f.

45 Das Verhalten der evangelischen Kirche blieb aber weiterhin von der Auffassung bestimmt, daß der Staat die Bildersache zu regeln habe. So wurde auf dem Brandenburger Kirchentag 1862 betont, daß man sich des Staates bedienen solle, um das Unwesen der unsittlichen Bilder zu unterbinden. In: O. [= Friedrich Oldenberg]: Die Konferenz über christliche Kunst auf dem Kirchentage zu Brandenburg. 25. September 1862. In: Christliches Kunstblatt 5 (1863), S. 10-14, hier S. 14.

46 Die Ressentiments gegen vermeintlich „katholische" Bilder und die Volkskunst werden stets in der Argumentation der Popularisierungsbefürworter berücksichtigt, zum Beispiel V. A. H.: Die christliche Kunst in den Wohnungen des Volkes. In: Christliches Kunstblatt 1 (1859), S. 89 bis 95, 111f., 118ff., 126-129 und 186-192, hier S. 188.

47 Ebd., S. 93. – Die Rückbesinnung auf die Kunst im Protestantismus wird folgendermaßen bewertet: „Nun aber ist es offenbar, daß wir auch die Urdomäne des Katholizismus erobert haben – die christliche Kunst". In: Konfirmanden-Kunst [o. Verf.]. In: Monatsblätter für den Evangelischen Religionsunterricht. Zeitschrift für Ausbau und Vertiefung des Religions-Unterrichts und der religiösen Erziehung in Schule, Kirche und Haus. Zugleich Organ des Bundes für Reform des Religions-Unterrichts 4 (1911), S. 125-131, hier S. 125.

> nig oder nichts, um das Interesse dafür in ihren Gemeinden zu wecken, oder ihre Wirksamkeit zu erproben[48].

Wegweisend für die weitere Entwicklung wurden 24 programmatische Thesen zur christlichen Kunst, die auf dem Hamburger Kirchentag diskutiert wurden: Die Kunst sei eine „sittlich-sociale Macht", stellte These 1 fest. „Haus und Familie, Kirche und Schule, Gemeinwesen und Staat und alle Ordnungen des socialen Lebens sind mit ihrer Zukunft daher auch in die Hand der Kunst gegeben. Insofern ist ihr Beruf ein Weg-weisender, ein prophetischer, ein reformatorischer" (These 3). Zwischen der heiligen und der sogenannten profanen Kunst „ist kein specifischer Unterschied" (These 6). Und die achte These postulierte: „Es ist ein Irrthum, der auf ästhetischem Pharisäismus oder auf ästhetischer Unbildung ruht, die Gaben der Kunst nur einem specifisch gebildeten Publikum bieten zu wollen, oder für minder Gebildete die Form um des Inhaltes willen für gleichgültig zu erachten. Die Kunst ist weder blos für Liebhaber, noch blos für Ästhetiker, noch für irgend ein ausschließliches ‚Publikum', sondern ist, wie das Sonnenlicht und wie das Evangelium, für alles Volk"[49].

Aus diesem Bewußtsein der Bedeutung der Kunst für Volk und Christentum mußte die Einbindung der Kunst in das Konzept der Inneren Mission folgen: „Die innere Mission ist nur dann ganz, was sie sein soll, wenn sie auch auf die Kunst und durch die Kunst missionierend wirkt" (These 12). Die Hamburger Thesen präfigurierten jede weitere Beschäftigung mit der religiösen Kunst. Nach Hamburg war die Rolle der Kunst als Popularisierungsmedium vorgezeichnet: Sie sollte Bildung und Wissen vermitteln, und zwar für alle. Der Brandenburger Kirchentag 1862 schritt weiter auf diesem Weg:

> Der in unserm Volke zur Entscheidung drängende Kampf zwischen Christenthum und Naturalismus ist eine laute Mahnung, die Thatsachen und Gedanken der christlichen Welt und Weltanschauung immer reiner und reicher in der Kunst zu entfalten und dieselbe als Kämpferin und heilige Waffe für das Christenthum thatkräftig anzuerkennen[50].

Die Kunst dürfe nicht zu einem Luxusgut verkommen, denn dann höre sie auf, „ihren großen Missionsberuf zu erfüllen". Damit wurde dafür plädiert, der Kunst innerhalb der evangelischen Kirche einen exponierten Platz im Prozeß der Kommunikation von Anschauungen und Emotionen einzuräumen. Kunst wurde als Instrument der Volkserziehung gesehen, das die ästhetischen und religiösen Vorstellungen des Volkes verbessern, den Geschmack und Glauben formen sollte. Gute Kunst könne, so war es einhellige Meinung in Brandenburg, rechte Andacht und rechte Frömmigkeit erwecken, schlechte Kunst dagegen wirke entsittlichend und schwächend auf den Glauben[51].

48 Karl Schnaase: Herzu. Compellere intrare. In: Christliches Kunstblatt 1858, S. 9-12, hier Seite 10.
49 [Oldenberg]: Berathungen (wie Anm. 39), S. 3.
50 Dies und das folgende Zitat nach [Oldenberg]: Konferenz (wie Anm. 45), S. 10.
51 Scharfe: Andachtsbilder (wie Anm. 6), S. 55 und 61.

Positive Wirkung könne die Kunst jedoch nur entfalten, wenn sie verstanden würde: „Insofern durch bildliche Darstellungen für das Haus- und Familienleben gewirkt werden soll, ist der Holzschnitt vorzugsweise in's Auge zu fassen. Der Holzschnitt redet die Sprache des Volkes“[52] (These 16). Der Holzschnitt galt zugleich als nationale und als volkstümliche Reproduktionstechnik. In ihm erblickte man die alte deutsche Tradition, die bestimmt war von klaren und ausdrucksstarken Linien, die besonders nachhaltig religiöse Empfindungen vermitteln könnten:

> Auf jene Feinheiten muss der Zeichner zum Voraus verzichten, welcher für den Holzschnitt und für das Volk arbeiten will. Ihm [dem Volk] gilt es, ‚in kräftigen, frischen Zügen‘ einfach und klar, lebendig und verständlich das Nöthigste auszusprechen. Das entspricht auch so ganz der hohen keuschen Einfalt der Schrift, die nie ins Kleine malt und nie ins Feine düftelt, sondern immer in kurzen, klaren, kräftigen Zügen schreibt[53].

Den Erfolg der Geistesbildungskampagne sah man abhängig von einer adäquaten visuellen Sprache.

Des weiteren müßten flankierende Maßnahmen die rasche Verbreitung wahrhaft christlicher Kunst ermöglichen, es müsse „ein Katalog der vorhandenen brauchbaren Holzschnitte und Bilderbogen entworfen und verbreitet“ werden, und auch die Presse sollte für das christliche Interesse mehr in Anspruch genommen werden (Thesen 17-24). Die Pfarrer aber müßten in der Kunst besser geschult werden, insbesondere sei es notwendig, diese über das Wesen und den Nutzen der Volkskunst besser zu unterrichten (These 23)[54].

Im wesentlichen wurden den Bildern drei Wirkungen zugeschrieben: über die Inhalte des Glaubens zu unterrichten, zur Andacht anzuregen und auf das Wesen der Menschen läuternd zu wirken.

> Denn daß reine Ebenmaß in der äußeren Darstellung wirkt auch reinigend und fördernd auf das Innere zurück, indem es von der Seele das Falsche, Krankhafte, Exzentrische, Disharmonische fern hält und diese zu dem gleichen Ebenmaße, zur gleichen heiligen Anmuth und Ruhe des Innern leitet[55].

Die Bilder würden „einen trefflichen Beitrag zur Befriedigung und Weckung sowohl des Schönheitssinnes überhaupt als christlich frommer oder sonst löblicher und erquicklicher

52 [Oldenberg]: Berathungen (wie Anm. 39), S. 3.
53 Heinrich Merz: Die neueren Bilderbibeln und Bibelbilder. 3. Die Bibel in Bildern von J. Schnorr. In: Christliches Kunstblatt 3 (1861), S. 78-93 und 103-112, hier S. 84. – Vgl. Scharfe: Andachtsbilder (wie Anm. 6), S. 65f.; Jonsson: Religious Imagery (wie Anm. 6), S. 97ff. und 117.
54 [Oldenberg]: Berathungen (wie Anm. 39), S. 4.
55 D. L. Schoeberlein: Die christliche Kunst und der evangelische Gottesdienst. Einleitender Vortrag auf der Spezial-Konferenz des Kirchentages in Altenburg am 14. September 1864. In: Christliches Kunstblatt 7 (1865), S. 5-9 und 17-30, hier S. 7f.

Gedanken und Gefühle durch sinnlichen Eindruck geben"[56]. Diese Aufgabe könnten gerade Bilder vortrefflich leisten, denn sie sprächen jene Sprache, „die Jeder lesen und verstehen kann"[57]. Deshalb eigneten sich Bilder auch besonders gut zur Unterrichtung der Gemeinde, da die Gemeinde „nicht auf wissenschaftliche Zusammenhänge und logische Gliederungen, sondern auf lebendige Eindrücke einzelner Thatsachen und Wahrheiten angelegt und eingeschult ist"[58]. Deshalb solle die Kirche „mit den Bildern der Ideen und Thatsachen des Heils geschmückt sein, welche den Grundinhalt des Gemeindeglaubens ausmachen"[59]. Man war sich der Bedeutung der Bilder gerade auf die nachwachsenden Generationen bewußt: „Und was die jungen Augen einmal gesehen und die jungen Seelen sich eingebildet haben, das wird, ob auch zeitweise vergessen, noch in späten Tagen Erinnerung, Warnung und Tröstung werden."[60] Bilder tradierten Glaubenswissen und stellten einen Kommunikationszusammenhang zwischen den Generationen her, dem Geistlichen, aber auch dem pflichtbewußten Familienvater, kam dabei die Aufgabe zu, den Nachwachsenden die Bilder verständlich zu machen:

> Es ist deshalb die Pflicht jedes bewußten Protestanten, seinen Kindern, sei es als Konfirmandenschein oder als Wandschmuck oder als Hausbuch die Meisterwerke dieser Künstler zu schenken, die unsere Jugend in ein kunstfrohes Zeitalter unserer evangelischen Kirche hinüberbegleiten[61].

Bilder wurden als geeignet angesehen, um auf den Gottesdienst vorzubereiten, das heißt den Gottesdienstbesuchern während der Zeit, da sie auf den Beginn des Gottesdienstes warten, „etwas [zu] geben, das dieselben allmählich in die Region des Heiligen hineinträgt", etwas, woran „ihr Geist sich erheben und ihr Herz mit biblischer Lust erfüllen könnte zur Vorbereitung für das zu lesende und auszulegende wirkliche Gotteswort"[62]. Predigt und Kunst standen sich gewissermaßen komplementär gegenüber, als Predigt in Worten für die Ohren, als Predigt in Farben für die Augen[63]. Die Bilder seien „Hilfsprediger in Farben"[64]. Allerdings existierte weiterhin die Angst, Bilder würden vom Gottesdienst, von der Predigt ablenken, Geist und Gemüt zerstreuen: Die Kunst dürfe nur „Mitpredigerin in der Kirche sein, aber sie

---

56 V. A. H.: Die christliche Kunst (wie Anm. 46), S. 95.
57 Die Berliner Kunstausstellung von 1866 [o. Verf.]. In: Christliches Kunstblatt 9 (1867), S. 17 bis 24, 38-44 und 61-64, hier S. 19.
58 Die Kunst als Gehilfin der Predigt [o. Verf.]. In: Christliches Kunstblatt 33 (1891), Seite 49 bis 52, hier S. 51.
59 Schoeberlein: Die christliche Kunst (wie Anm. 55), S. 18.
60 Die Kunst als Gehilfin der Predigt (wie Anm. 58), S. 50.
61 Konfirmanden-Kunst (wie Anm. 47), S. 125f. – So auch: Neue Holzschnitt-Werke. In: Christliches Kunstblatt 4 (1862), S. 79f., hier S. 80: „Und es können Eltern daher nicht oft und eindringlich genug darauf hingewisen werden, wie wichtig für Anschauung und Bildung des jugendlichen Sinnes reine und gute Abbildungen sind".
62 Reinhold Hoffmann: Eine Predigt in Farben. In: Christliches Kunstblatt 39 (1897), S. 87-93, hier S. 88f. – Ebenso urteilt Schoeberlein: Die christliche Kunst (wie Anm. 55), S. 18.
63 Hoffmann: Predigt in Farben (wie Anm. 62), S. 90.
64 Ebd., S. 93.

muß die Gehilfin des Wortes des Lebens sein und darf nicht zerstreuen und herrschen"[65]. Solche bildgestützte Predigt hielt man insbesondere für die religiöse und ästhetische Erziehung der Dörfler für geeignet. Besonders für die illiteraten Schichten seien biblische Bilder das geeignete Mittel für die Mission[66]. Auch öffentliche Bilderandachten wurden abgehalten, um die Gemüter der einfachen Menschen anzuregen.

Die Kunst wurde als heilige Waffe für das Christentum gepriesen, die Betrachtung eines Bildes wurde zum Gebet erhoben, Künstler wurden als „Exegeten in Pinsel und Palette" bezeichnet, eben als „Hilfsprediger in Farben"[67].

5.2. Laieninitiativen, Kunstvereine

Weit früher als in offiziösen Kreisen hatte man auf Seiten der Laien die Chancen und Herausforderungen der neuen Reproduktionstechnik erkannt und versucht, dieser Situation Rechnung zu tragen. Eine der frühesten Laieninitiativen war die „Traktatgesellschaft – Verein zur Verbreitung kleiner religiöser Schriften für Lausanne und Eßlingen", die 1830 in Esslingen gegründet worden war und sich die Verbreitung kleiner religiöser Schriften zur Aufgabe gemacht hatte. Seit 1835 firmierte die Traktatgesellschaft unter dem Namen „Evangelische Gesellschaft für die Verbreitung religiöser Schriften, für die Sonntagsfeier und andere christliche Zwecke" in Stuttgart[68]. Seit 1847 produzierte die Gesellschaft biblische Bilder und wollte auf diese Weise unsittliche Bilder zurückdrängen. Bis 1858 konnten nahezu 1,4 Millionen Bilder abgesetzt werden, wobei es sich fast durchweg um biblische Motive handelte[69].

Seit etwa der Mitte des 19. Jahrhunderts organisierten sich kunstinteressierte Laien und Künstler in *christlichen* Kunstvereinen, die auf evangelischer wie katholischer Seite gegründet wurden[70]. Einer der wichtigsten war der Verein zur Verbreitung religiöser Bilder in Düsseldorf, der 1841 unter dem Patronat des späteren Bischofs Johannes Geissel gegründet worden war. Sein Hauptanliegen war es, „religiöse Bilder von bewährten älteren und neueren Künstlern durch den Stahlstich in allen Klassen des Publikums zu verbreiten"[71]. Der

65 Aus einem anonymen Leserbrief, abgedr. in: Christliches Kunstblatt 33 (1891), S. 49.
66 Schnaase: Herzu (wie Anm. 48), S. 9-12.
67 Hoffmann: Predigt in Farben (wie Anm. 62), S. 93.
68 Otto Schuster: Kirchengeschichte von Stadt und Bezirk Eßlingen. Stuttgart 1946, S. 282ff. – Vgl. Thomas Schmitz: Die deutschen Kunstvereine im 19. und 20. Jahrhundert. Ein Beitrag zur Kultur-, Konsum- und Sozialgeschichte der bildenden Kunst im bürgerlichen Zeitalter. Neuried 2001, S. 200ff.
69 Scharfe: Andachtsbilder (wie Anm. 6), S. 67f.
70 Die christlichen Kunstvereine entstanden damit zwei bis drei Jahrzehnte später als ihre weltlichen Pendants, zum Beispiel der Württembergische Kunstverein 1827. Zum Vergleich: Verein für christliche Kunst in der Diözese Rottenburg 1852, Berliner Verein für religiöse Kunst in der evangelischen Kirche 1853, Verein für kirchliche Kunst in Sachsen 1860. Vgl. Schmitz: Kunstvereine (wie Anm. 68), S. 191ff.
71 Aus den Statuten des Vereins zit. n. Ludwig Gierse: Das kleine Andachtsbild und der Verein zur Verbreitung religiöser Bilder in Düsseldorf. In: Erzbischöfliches Diözesan-Museum Köln

Verein war überkonfessionell hoch angesehen, König Friedrich Wilhelm IV. lobte die Leistungen des Vereins und beteiligte sich mit fünf Aktien. 1844 wurde der Verein vom Erzbischöflichen Generalvikariat in Köln für löblich anerkannt und empfohlen, und Papst Pius IX. drückte seine Bewunderung für den Verein in einem Schreiben vom 4. Januar 1855 aus:

> Wir haben [...] mit nicht geringer Freude ersehen, wie mehrere katholische Männer vor zwölf Jahren den sehr frommen Entschluß gefaßt haben, in der Stadt Düsseldorf einen Verein zu errichten, zu dem Zwecke, Heiligenbilder, welche von berühmten Malern verfertigt sind, mit Sorgfalt in Stahl stechen zu lassen und sie für äußerst billigen Preis zu verbreiten, und dadurch die christlichen Bevölkerungen zur Frömmigkeit, Gottesfurcht und zu jeglicher Tugend immer mehr zu ermuntern und anzufeuern, und jene verwerflichen Bilder, welche die Gemüther der Menschen zum Bösen verleiten und ihre Herzen verderben, von ihnen zu entfernen. Und gar sehr hat es Uns gefreut, [...] daß Euer Verein [...] fast unzählige Heiligenbilder nicht nur in Deutschland, sondern auch in Frankreich, Belgien, Großbritannien und anderen Weltgegenden unter der gläubigen Bevölkerungen verbreitet hat[72].

Tatsächlich war der Verein äußerst erfolgreich: In den ersten 25 Jahren seines Bestehens hatte er 7 Millionen Bildchen verausgabt[73].

Ein protestantisches Pendant zum Düsseldorfer Verein stellte der Verein für christliche Kunst in der evangelischen Kirche Württembergs dar, der unter den evangelischen Vereinen dieser Art der wohl erfolgreichste war. Der Verein war 1857 gegründet worden und erreichte bereits ein Jahr nach seiner Gründung die Zahl von 400 Mitgliedern, worunter 122 Korporationen (Pfarrgemeinderäte, Kirchenkonvente, Stiftungsräte) zählten[74]. In den 1880er Jahren hatte er bereits ca. 2.100 Mitglieder, darunter befanden sich ca. 65% der württembergischen evangelischen Geistlichkeit (ca. 780) und fast 60% der württembergischen evangelischen Pfarrgemeinden als korporative Mitglieder (ca. 530)[75]. Die hohe Mitgliederzahl ist auch auf die enge Verbindung mit der württembergischen Landeskirche, namentlich der Kirchenleitung zurückzuführen, von der der Verein in hohem Maße profitierte. So legte die Oberkirchenbehörde dem Verein seit den 1860er Jahren stets die Pläne für kirchliche Neubauten vor, damit diese vom Verein überprüft würden oder die Oberkirchenbehörde überwies die Neubau-Aufträge direkt an den Verein[76]. Nützlich war dem Verein auch die enge Anbindung an das Königshaus: Das Herrscherpaar zeigte von Beginn an großes Interesse an

---

(Hrsg.): Religiöse Graphik aus der Zeit des Kölner Dombaus 1842-1880. Köln 1980, S. 21-28, hier S. 23.

72 Zitiert nach ebd., S. 26. – Vgl. Schmitz: Kunstvereine (wie Anm. 68), S. 196f.

73 Gierse: Andachtsbild (wie Anm. 71), S. 27.

74 [Oldenberg]: Berathungen (wie Anm. 39), S. 33.

75 Zahlen nach Scharfe: Andachtsbilder (wie Anm. 6), S. 69.

76 Generalversammlung des Vereins für christliche Kunst in der evangelischen Kirche Württembergs [o. Verf.]. In: Christliches Kunstblatt 4 (1862), S. 171-176, hier S. 172.

der Vereinstätigkeit und unterstützten den Verein auch finanziell[77]. Der Gründer und Vorsitzende des Vereins, Dr. Carl von Grüneisen, später Prälat und Oberhofprediger, war Herausgeber des *Christlichen Kunstblatts*, dem Organ des Vereins für religiöse Kunst und der wichtigsten Zeitschrift auf dem Gebiet religiöser Kunst in Deutschland[78].

Das Ziel des Württemberger Vereins war weiter gefaßt als im Düsseldorfer Fall: Man strebte auch die „würdige Einrichtung und Ausstattung kirchlicher Räume" und die „Verbreitung guter christlicher Bilder in den Schulen und Familien"[79] an. Alle Mitglieder des Vereins erhielten regelmäßige Vereinsgaben in Form von Drucken und Stichen. Bei der Planung und Durchführung kirchlicher Bauten oder der Gestaltung kirchlicher Gerätschaften und Einrichtungsgegenstände arbeitete der Verein eng mit Künstlern zusammen, vergab Aufträge und veranstaltete Ausstellungen kirchlicher Kunst, so regelmäßig auf den Kirchentagen. Darüber hinaus bot der Verein jeder Gemeinde der Landeskirche (prinzipiell auch darüber hinaus) seine fachliche Beratung und finanzielle Unterstützung bei kirchlichen Neu- und Umbauten, für die Anschaffung kirchlicher Gefäße oder bei der Ausführung von Altar-, Wand- und Fenster-Gemälden an. Ein Architekt des Vereins bereiste die Gemeinden, um vor Ort mit Rat und Tat zur Seite zu stehen[80]. Daß diese Unterstützung seitens der Gemeinden rege nachgefragt wurde, belegen die Rechenschaftsberichte des Vereins, die dieser auf den Kirchentagen in Auszügen vorstellte[81].

Der Württemberger Verein war einer von zahlreichen evangelischen Kunstvereinen, deren Dachverband der 1852 gegründete „Verein für religiöse Kunst in der evangelischen Kirche" war. Er hatte sich zur Aufgabe gesetzt, die evangelische Kirche und das christliche Leben zu fördern und zu vermitteln. Hintergrund war die Erkenntnis, daß der Kunst die Aufgabe zufiel „christliche Anschauungen und Empfindungen zu wecken und zu pflegen"[82]; eine gezielte Förderung und Erhaltung der christlichen Kunst war daher seine zentrale Aufgabe.

Damit ist das organisatorische Netz der Popularisierer, deren Diskussionsforen, Organisationsformen, Kunstvorstellungen, benannt.

77 Ueber die Hauptversammlung des Vereins für christliche Kunst in der evangelischen Kirche Württembergs [o. Verf.]. In: Christliches Kunstblatt 7 (1865), S. 9-16, hier S. 13.

78 Das Kunstblatt hatte 1859 genau 1.446 Abonnenten.

79 Statuten des Vereines für christliche Kunst in der evangelischen Kirche von Württemberg. In: Christliches Kunstblatt 1 (1859), S. 44. – Vgl. auch die Statuten des Berliner, Hamburger und Württemberger Vereins in: Christliches Kunstblatt 1 (1859), S. 42ff. und 138f.

80 Vgl. [Oldenberg]: Berathungen (wie Anm. 39), S. 33f.; Die christlichen Kunstvereine. In: Christliches Kunstblatt 1 (1859), S. 41f.

81 Vgl. zum Beispiel: Generalversammlung (wie Anm. 76); Rechenschaftsbericht [o. Verf.]. In: Christliches Kunstblatt 7 (1865), S. 9f. – Eine Schilderung der Vereinstätigkeit in: [Oldenberg]: Berathungen (wie Anm. 39), S. 33f.

82 Verein für religiöse Kunst in der evangelischen Kirche [o. Verf.]. In: Christliches Kunstblatt 4 (1862), S. 93f., hier S. 94.

5.3. Künstler

Das Kunstideal, das auf den Kirchentagen entwickelt wurde, war keineswegs neu, sondern bereits Anfang des Jahrhunderts von der Künstlergruppe der Nazarener oder Lukasbrüder, wie sich selbst nannten, formuliert worden. Sie waren angetreten, um die Kunst in Deutschland zu reformieren, denn diese befand sich nach ihrer Einschätzung im allgemeinen Verfall[83]. Einerseits wandten sie sich gegen die Säkularisierung der Kunst, in deren Gefolge es zu einer Auflösung der traditionellen Motivhierarchie gekommen war: Ein Kohlkopf konnte nicht ein gleichwertiges Motiv zu einer Jesusdarstellung sein. Andererseits hatten die Lukasbrüder das Ideal einer nationalen Kunst für das deutsche Volk vor Augen, deren Aufgabe die Bildung und Festigung eines christlich geprägten Nationalgeistes sein sollte[84]. Sie wollten das Volk nach christlichen Wertmaßstäben erziehen, und zu diesem Zweck mußten ihre Werke Bekenntnischarakter haben. Ihre Kunst war ganz auf die Funktion ausgerichtet, auf die Wirkung beim Rezipienten. Inhalt und Bedeutung gebührte absoluter Vorrang gegenüber der künstlerischen Anmut. Die Kunst sollte zuallererst wirken: Die nazarenische Kunst sollte das „Innerste erschüttern und bewegen"[85]. Das Bild zielte auf die individuelle Frömmigkeit, der Bildgehalt sollte sich über die emotionale Wirkung des Bildes vermitteln.

Friedrich Overbeck, der geistige Führer der Lukasbrüder, formulierte sein Kunstideal folgendermaßen:

> Mein Hauptaugenmerk soll sein, soweit es in meinen Kräften steht, durch einfache und würdige Vorstellungen den unverdorbenen Gemüthern der Kinder Bilder einzuprägen, die sie gleichsam durch ihr Leben begleiten[86].

Er hatte sich vorgenommen, nur Andacht erregende Bilder hervorzubringen.

Auch die Nazarener hatten bestimmte Vorstellungen von der visuellen Sprache, die es zu sprechen galt, sollte ihre Kunst verstanden werden. Vorbild für die deutsch-römische Kunst war die klassische Kunst der italienischen und deutschen Renaissance, wobei Eindeutigkeit das Hauptanliegen der Nazarener war:

> Der Einfachste im Volk versteht Raphaels Sixtinische Madonna, Michelangelos Moses und Sixtina, Dürers Ritter, Tod und Teufel oder Melancholie, Holbeins Totentanz, Rembrandts Hundertguldenblatt, Peter Cornelius' Weltgericht, Kaulbachs

83 Manfred Jauslin: Die gescheiterte Kulturrevolution. Perspektiven religiös-romantischer Kunstbewegung vor der Folie der Avantgarde. München 1988. S. 59, 64 u.ö.
84 Jansen: Nazarenerbewegung (wie Anm. 30), S. 132.
85 Ellen Spickernagel: Das „Innerste erschüttern und bewegen". Zur religiösen Tafelmalerei der Nazarener. In: Städel (Hrsg.): Nazarener (wie Anm. 6), S. 111-120; Jansen: Nazarenerbewegung (wie Anm. 30), S. 104f. und 134; Jauslin: Kulturrevolution (wie Anm. 83), S. 67; Bringéus: Der Heilige Wandel (wie Anm. 6), S. 378.
86 Franz Binder (Hrsg.): Friedrich Overbeck. Sein Leben und Schaffen. Nach seinen Briefen und andern Documenten des handschriftlichen Nachlasses geschildert von Margaret Howitt. Bd. 1-2. Freiburg im Breisgau 1886, Bd. 1, S. 171f.

> weltgeschichtliche Bilder, Schnorrs Bibel, Ludwig Richters Werke und der neueren Meister Hauptwerke[87].

Ludwig Richter lobte Dürer dafür, daß dieser das Leben der Maria, die Passion und vieles mehr in ein „markiges Deutsch übersetzt [habe] wie Luther die Bibel"[88]. Die „Gleichsetzung von Natürlichkeit und Einfachheit mit dem Wesen des ‚Volkes' führte die Nazarener zu einer betont schlichten Kunstsprache als angemessener Darstellungsform"[89]. Die lineare Darstellung, der Kupferstich, wurde bevorzugt. Das christliche Ideal der Demut bestimmte nicht nur das Leben und die Gedankenwelt der Nazarener, sondern auch deren Kunst: Magere Formen und scharfe Umrisse prägten ihre Bilder. Das Bild sollte in seiner Schlichtheit „Ausdruck eines naiven, gefühlsbetonten Glauben sein"[90]. Damit lehnten sich die Nazarener an das Kunstideal Friedrich Schlegels an, und diesem lag ein Menschenbild zugrunde, das die kindliche, gutmütige Einfalt und Beschränktheit als ursprünglichen, natürlichen Charakter des Menschen ansah[91].

Obwohl es sich bei den Lukasbrüdern mehrheitlich um Katholiken handelte, hatte ihre Kunst keinen konfessionellen Charakter, und ihre Kunst fand „eine wirkliche ökumenische Verbreitung, die die Konfessionsgrenzen überwunden hatte"[92]. Die kirchliche Gebrauchsimagerie wurde „fast konkurrenzlos" (Ingrid Metken) von den Nazarenern bestritten. Die religiöse Bilderwelt des 19. Jahrhunderts könnte somit als eine ‚ökumenische Tatsache' bezeichnet werden. So lobte der kunstinteressierte protestantische Pfarrer Heinrich Merz in seiner Besprechung der ‚neueren Bilderbibeln und Bibelbilder' das Werk und den Katholiken Overbeck in höchsten Tönen:

> Wenn man übrigens weiß, mit welchem brünstigen Eifer Overbeck den Buß- und Andachtsübungen der römischen Kirche sich widmet, so muß man sich nur wundern über die Treue und Hingebung an die Schrift, womit er sich im großen Ganzen dieser Bilder als recht evangelischer Katholik oder auch als ein rechter katholischer Evangelik, und eben damit als ein gründlich deutsches Gemüth bewährt. Daß wir Evangelischen einen solchen Mann zu den Unsern zählen, und seine bi-

87 David Koch: Eine Programmrede für christliche Volkskunst und religiöse Kunsterziehung. In: Christliches Kunstblatt 52 (1910), S. 2. Vgl. Jonsson: Religious Imagery (wie Anm. 6), S. 104ff., S. 120.
88 Zitiert nach Schenda: Bilder im Kopf (wie Anm. 24), S. 311.
89 Jansen: Nazarenerbewegung (wie Anm. 30), S. 138. – Vgl. Walter Schulten: Der religiöse Gedanke in der Bilderwelt der Nazarener. In: Erzbischöfliches Diözesan-Museum Köln (Hrsg.): Graphik (wie Anm. 71), S. 9-16, hier S. 10.
90 Spickernagel: Das Innerste erschüttern (wie Anm. 85), S. 119.
91 Jonsson: Religious Imagery (wie Anm. 6), S. 106f. u.ö.
92 Schulten: Der religiöse Gedanke (wie Anm. 89), S. 11 und 13. – Die Hinwendung der Nazarener zur katholischen Kirche erklärt sich weniger aus der Zuneigung zu dem katholischen Bekenntnis, sondern ist vielmehr Resultat der Idealisierung des Mittelalters. So Jauslin: Kulturrevolution (wie Anm. 83), S. 175.

blischen Bilder jedem evangelischen Gemüthe zur Erbauung empfehlen, daran sollen uns die wenigen Spuren römischen Einflusses nicht von Ferne hindern[93].

5.4. Die Bilderbibel von Julius Schnorr von Carolsfeld

Julius Schnorr von Carolsfeld zählt neben Overbeck zu den wichtigsten Protagonisten religiöser Kunst im 19. Jahrhundert. Auch er wirkte im Kreis der Nazarener in Rom, blieb aber Zeit seines Lebens überzeugter Protestant, der sich auch in Rom als Sänger und Organist engagierte[94]. In Rom hatten sich die Nazarener über die Anfertigung einer Bilderbibel zu „Nutzen des Volkes anzufertigen" verständigt. Dabei sollte nicht der künstlerische Wert, sondern „die Erbauung der Mit- und Nachwelt" im Vordergrund stehen, so daß die Bilderbibeln „möglichst einfach und anspruchslos erscheinen und bei der Bearbeitung der Gegenstände mehr die Deutlichkeit und Anschaulichkeit der Darstellung als die verschiedenen anderweitigen Kunstvollkommenheiten oder Fertigkeiten berücksichtigt werden müßten"[95].

Zur Umsetzung dieses Vorhabens kam es jedoch nicht, so daß Julius Schnorr allein eine Bilderbibel realisierte. Schnorr wollte „in kräftigen frischen Zügen dem Volke die heilige Weltgeschichte vor die Augen halten" und damit „Anteil nehmen an der Arbeit der Erziehung und Bildung der Jugend und des Volkes [und] zur Betrachtung der ernstesten Angelegenheiten des Lebens veranlassen und locken"[96]. Dieser pädagogischen Aufgabe war für Schnorr allein die Kunst gewachsen, denn

> sie ist eine Weltsprache, eine Universalsprache, allen zugänglich, die Augen haben. Sie ist eine Sprache, welche dem, der sie versteht, Mitteilungen macht, die in keiner anderen Sprache gemacht werden könne, welche Worte auszudrücken nicht vermögen; ja ihre eigenste Wirksamkeit beginnt da, wo andere Sprachen verstummen müssen. Und die Anlage zum Verständnis derselben liegt in allen Menschen, wie die Fähigkeit zur Freude an der Natur und ihren Herrlichkeiten, zum Genuß der durch sie uns dargebotenen Gaben. Am deutlichsten erkennen wir die Anlage zum Verständnis der Kunst an dem Kinde. [...] Die Bilder sind ihm Gedanken, die sich ihm verständlich mitteilen, die es zur Teilnahme, zur Mitwirkung anregen und es beleben.

Als ideale Technik betrachtete Schnorr den Holzschnitt, der einerseits günstig genug sei, um ein wahres Volkswerk zu schaffen, andererseits die Möglichkeit biete, „rein und lauter" zu

---

93 Merz: Bilderbibeln und Bibelbilder (wie Anm. 53), S. 169. Vgl. Schulten: Der religiöse Gedanke (wie Anm. 89), S. 11.
94 Nagy: Julius Schnorr (wie Anm. 6), S. 12.
95 Overbeck an Sutter, 17.7.1815. Zit. n. Binder: Overbeck (wie Anm. 86), Bd. 1, S. 347. – Vgl. Julius Schnorr von Carolsfeld: Vorwort zur Bibel in Bildern 1860. In: Franz Schnorr von Carolsfeld (Hrsg.): Künstlerische Wege und Ziele. Schriftstücke aus der Feder des Malers Julius Schnorr von Carolsfeld. Leipzig 1909, S. 212-242, hier S. 213.
96 Dies und die folgenden Zitate nach ebd., S. 230, 223 und 241f. – Vgl. auch Jonsson: Religious Imagery (wie Anm. 6), S. 122.

zeichnen, und: „Was nicht in kräftigen frischen Zügen gegeben werden kann, möge immerhin ungegeben bleiben."

Zwischen 1852 und 1860 erschien die Bibel in Bildern in 30 Lieferungen zu je acht Blättern bei Wiegand in Leipzig, wobei eine Lieferung ungefähr einen Groschen kostete. Die Bilderbibel entfaltete eine Wirkungsgeschichte ohne Beispiel[97]. Schon bald nach dem Erscheinen wurde sie von der württembergischen Oberkirchenbehörde als Anschauungsmaterial für den Religionsunterricht empfohlen[98]. Unzählige Auflagen erlebte diese Bilderbibel, mit und ohne begleitenden Text, als Kinderbibel und als Prachtbibel, schwarz/weiß und koloriert, ungekürzt oder auszugsweise. Noch 1993 verlegte die Lutherische Buchhandlung Heinrich Harms die „Geschichten der Bibel für Kinder. Mit Sprüchen, Liedversen und Fragen versehen". Diese Ausgabe enthielt 70 Abbildungen, davon 67 von Schnorr von Carolsfeld[99].

Verwendung fand die Bilderbibel vor allem als Hausbibel, die das Erzählen der biblischen Geschichte anhand der Bilder Schnorrs erleichterte, aber auch im Kindergottesdienst als Anschauungsmaterial. Auch wurden einzelne Blätter an die Kinder verteilt und am Ende des Jahres zum Buch gebunden[100]. Welchen nachhaltigen Eindruck die Schnorrsche Bibel in Verbindung mit den verbalen Erläuterungen der Eltern oder Pfarrer gemacht haben, zeigt sich in der Schilderung Marie Gallisons, geb. 1861 in Lübeck:

> Die erste Erinnerung, die ich an meine Mutter habe, ist die, daß ich auf ihrem Schoße saß, und sie Richard und mir biblische Geschichten aus einem Buch mit biblischen Bildern vorlas. Wir konnten von ihrem Vorlesen nicht genug bekommen. Von den Bildern fesselten mich am meisten ‚die Vertreibung aus dem Paradies'; ich fürchtete mich vor dem Engel mit dem flammenden Schwert. [...] Den tiefsten Eindruck aber machte auf mich das Bild von Simson, wie er die Säulen umfaßte, um den Tempel zu zerstören. Vaters Haar ist wie Simsons Haar, dachte ich. Ich selbst versuchte oft meine Kräfte an unserem Treppengeländer[101].

6. Resümee

Das Bild stellt ein Popularisierungsmedium ersten Ranges dar. Gerade für die religiöse Entwicklung des Menschen kann die Bedeutung des Bildes kaum überschätzt werden. Wie kein anderes Medium ist es geeignet, breite Bevölkerungsschichten zu erreichen; der niedrige Preis, die hohe Mobilität und der geringe Aufwand, der zum Lesen der Bilder erforderlich ist, bieten dafür die Voraussetzungen. Dies gilt für das Bild im allgemeinen, insbesondere aber für das massenhaft produzierte Bild des 19. Jahrhunderts: Die technischen Mög-

97 Dazu insgesamt Nagy: Julius Schnorr (wie Anm. 6).
98 Metken: Nazarener (wie Anm. 6), S. 367.
99 Nagy: Julius Schnorr (wie Anm. 6), S. 135
100 Ebd., S. 129, 132f. und 158f.
101 Gallison zit. n. ebd., S. 24f.

lichkeiten und die gesellschaftliche Nachfrage wirkten ursächlich für die immense Verbreitung.

Betrachtet man abschließend den Vorgang der Popularisierung, so erkennt man diesen als einen Vorgang der Vermittlung von Bedeutungen oder Praktiken zwischen einem ‚Eingeweihten' und vielen ‚Nicht-Wissenden' mittels eines Zeichensystems, das sowohl sprachlich als auch nicht-sprachlich sein kann. Der Vermittlungsvorgang erfordert eine Simplifizierung des Gegenstandes in Inhalt und Form, damit er für die Nicht-Wissenden einfach und schnell verständlich ist. Ergebnis der Vermittlung ist die Multiplizierung bestimmten Wissens (beziehungsweise einer bestimmten Praktik), worunter auch Emotionen gerechnet werden müssen, die sich aber durchaus in Wissen fassen und aussagen lassen, zum Beispiel: „Mein Schutzengel schützt mich", „Jesus hat mich lieb".

Für die Expression einfacher, plakativer Botschaften bietet das Bild mit seiner Symbolsprache bessere Möglichkeiten als die Sprache. Die ästhetische Qualität des Bildes tritt dabei hinter dem funktionalen Bildwert zurück: „Populäre ‚Kunst' wirkt nämlich nicht durch ‚ästhetische Qualität', sondern durch die Quantität der in ihr enthaltenen ‚verstehbaren' Elemente"[102]. Dies gilt im besonderen für das religiöse Bild. Qualitative und stilistische Kriterien spielen jedoch insofern eine Rolle, als daß das verwendete Zeichensystem das Zeichenrepertoire des Betrachters nicht übersteigen darf, um verstanden werden zu können. Nur eine einfache Bildsprache kann den Kommunikationserfolg gewährleisten. Je detaillierter und differenzierter aber das Bild und seine Bildaussage sind, desto größer sind die Übersetzungsverluste beim Vorgang der Wissenspopularisierung.

Erschwert ist der Vorgang der Wissenspopularisierung mittels des Bildes dadurch, daß die Bildwirkung zum großen Teil auf der Evokation beruht, der Erweckung von Vorstellungen oder Emotionen bei der Bildbetrachtung. Die Bildaussage wird dabei unreflektiert in Beziehung zu einem Vorwissen gesetzt, das weit über das eigentliche Bildmotiv hinausgeht. Die Bildwirkung läßt sich daher nicht präzise vorhersagen, die Popularisierung mittels des Bildes geht weit über die reine Vermittlung von Wissensgehalten hinaus.

Ebendas macht es schwierig, die Wirkung des Bildes beim Rezipienten in der historischen Praxis einzuschätzen[103]. Der Mangel an diesbezüglichen Quellen sowie das grundsätzliche Problem der Quantifizierbarkeit eines Kommunikationserfolges erschweren die Ermittlung, in welchem Maß die Popularisierung von Glaubenswissen mittels der Kunst erfolgreich war. Für die Zeitgenossen aber stand fest, daß es den Popularisierern religiöser Kunst

102 Schenda: Populärer Wandschmuck (wie Anm. 7), S.107.

103 Die Forschung steht diesbezüglich noch ganz am Anfang, bisher herrscht noch keine Einigkeit über Bildverbreitung und –gebrauch. So zum Beispiel hält Gierse: Andachtsbild (wie Anm. 71), S. 22, die ländliche Landbevölkerung für den Hauptabnehmer von Andachtsbildern in der Zeit nach der Aufklärung. Dagegen meint Metken: Nazarener (wie Anm. 6), S. 370, skeptisch: Die Drucke dienten der Kunstvermittlung unter Zunftgenossen und Kenner, als bürgerlicher Wandschmuck und für die Mode der Sammelmappen. Für eine Verbreitung in niederen Volksschichten habe der nazarenischen Kunst die Farbe gefehlt. Jonsson: Religious Imagery (wie Anm. 6), S. 126, weist darauf hin, daß die Menschen oft nur aus dekorativen Gründen ein Bild aufhängen, die Bildbedeutung aber gar nicht wahrnehmen. Für Schenda: Bilder vom Lesen (wie Anm. 6), S. 87ff., 97 und 98ff., haben Bilder seit dem 18. Jahrhundert die Unterschichten erreicht.

im 19. Jahrhundert gelungen war, „dem trüben Strom der schlechten Kunst […] von Zeit zu Zeit einige wenige Tropfen aus reinerer Quelle beizumischen“[104].

104 V. A. H.: Die christliche Kunst (wie Anm. 46), S. 111.

Nicole-Karen Hansel

Die Popularisierung des Bismarckbildes durch Christian Wilhelm Allers

„Wie er bei Allers auftritt, so sah ich ihn“[1], meinte der Historiker und glühende Bismarckverehrer Erich Marcks vor über 100 Jahren angesichts der Darstellungen des Altreichskanzlers Otto von Bismarck in den populären Bismarck-Alben von Christian Wilhelm Allers. Anders als Bismarck sind jedoch der vor allem als Zeichner des wilhelminischen Bürgertums[2] bekannt gewordene Allers (1857-1915) sowie seine beiden Alben „Fürst von Bismarck in Friedrichsruh“[3] sowie „Unser Bismarck“[4] heute fast vergessen. Dies erstaunt um so mehr, als die Popularität seines Bismarckbildes jene Bismarck-„Legende, die in breiten Schichten der Bevölkerung wirksam war und fast Züge einer Andacht“[5] trug, gefördert hatte.

Bevor im weiteren auf Motive, Bedingungen und Strukturen der Popularisierung des Bismarckbildes durch Allers eingegangen wird, sollen zunächst der künstlerische Standort des Zeichners sowie das Charakteristische des von ihm tradierten Bismarckbildes kurz umrissen werden.

Bekannt wurde der gelernte Lithograph und Maler C.W. Allers vor allem durch seine zahlreichen Bildermappen, die im ausgehenden 19. Jahrhundert nicht zuletzt wegen Allers' Humor und „Unterhaltungsgabe“[6] weit verbreitet waren. In realistischen Bleistiftzeichnun-

---

1 Otto von Bismarck: Die gesammelten Werke. Bd. 9. Dritter Band der Abteilung Gespräche: Von der Entlassung bis zum Tode Bismarcks. Hrsg. v. Willy Andreas. Berlin 1926, Seite 315.

2 Vgl. Günter Meißner: Allers. In: Allgemeines Künstlerlexikon. Die bildenden Künstler aller Zeiten und Völker. Bd. 2. Leipzig 1986, S. 228.

3 Christian W. Allers: Fürst von Bismarck in Friedrichsruh. Mit einer Einleitung von Sidney Whitman. Stuttgart, Berlin, Leipzig 1892.

4 Ders./Hans Kraemer (Text): Unser Bismarck. Stuttgart, Berlin, Leipzig 1895.

5 Werner Pöls: Bismarckverehrung und Bismarcklegende als innenpolitisches Problem der Wilhelminischen Zeit. In: Jahrbuch für die Geschichte Mittel- und Ostdeutschlands 20 (1971), S. 183-201, hier S. 197.

6 Lothar Brieger: C. W. Allers. In: *Berliner Zeitung am Mittag* v. 22.10.1915. – Nach 1900 traten der Zeichner und sein umfangreiches Werk zunehmend aus dem öffentlichen Bewußtsein, eine Entwicklung, der Allers selbst Vorschub leistete. Seine Verstrickung in den sogenannten „Krupp-Skandal“ im Jahre 1902 bereitete seiner Karriere ein jähes Ende, und der Zeichner galt seither in Deutschland als verschollen. Für den Künstler selbst folgten Jahre rastlosen Daseins, die ihn rund um den Globus trieben. Seinen weiteren Lebensunterhalt bestritt er vornehmlich als Porträtist unter dem Pseudonym Prof. Andresen. Erst die Wirren des Ersten Weltkrieges führten Allers in seine Wahlheimat Karlsruhe zurück, wo er wenig später verstarb. – In der Forschung erfahren Allers und sein umfangreiches Zeichenwerk eine lediglich marginale Beachtung. Dies liegt u.a. darin begründet, daß die von Allers vertretene volkstümliche Kunst bis heute im öffentlichen Bewußtsein negativ konnotiert ist und von der kunstgeschichtlichen Forschung vollkommen ausgeklammert wird. Vgl. Christoph Daxelmüller: „Die Sprache der Dinge“. Mediale Vermitt-

gen schilderte Allers vorwiegend Episoden aus dem alltäglichen, meist kleinbürgerlichen Leben, der Theater- und Zirkuswelt, dem Marine- und Corpsleben sowie von seinen Reisen rund um die Erde: „Daily scenes are portrayed with a strong affection for [...] people. The fashion and encounters of the day are realistic of the pervaying mood of the times“[7].

Dieses Urteil trifft auch auf die beiden Bismarck-Alben zu. Sie umfassen insgesamt rund 300 Bleistiftzeichnungen[8], die zum Teil vor dem lebenden Modell, zum Teil nach photographischer Vorlage angefertigt worden und zwischen 1892 und 1895 entstanden sind. Während sich das erste Album – eine reine Bildermappe – ausschließlich dem ‚Alten im Sachsenwald‘ widmete und vorwiegend großformatige Einzelporträts von Bismarck sowie von Mitgliedern seiner Familie und dem engeren Bekanntenkreis enthielt, berücksichtigte das zweite Album „Unser Bismarck“ alle Lebensphasen Bismarcks. Den Text, von Hans Kraemer mit nationalem Pathos verfaßt, illustrierten klein- und großformatige Zeichnungen, die außer Bismarck vor allem auch das bismarckbegeisterte Bürgertum, beispielsweise auf seinen Pilgerfahrten nach Friedrichsruh oder Bad Kissingen, darstellten. Insgesamt betrachtet vermittelten beide Alben den Eindruck von einem liebenswerten und volksnahen Bismarck sowie von einem harmonischen Familienleben in Friedrichsruh. Charakteristisch hierfür waren insbesondere jene Zeichnungen, die Bismarck bei alltäglichen Gewohnheiten – häufig lesend (siehe Abb.) oder gemütlich die Pfeife schmauchend, bei Tisch, im Kreise der Familie oder bei der Entgegennahme von Huldigungen wie auch in der Menschenmenge – zeigten. Bismarck wurde in seinen lebensweltlichen Zusammenhängen, in seiner familiären Umgebung belassen und nicht aus seinem Umfeld isoliert, wie dies beispielsweise in den Bismarck-Gemälden des Münchner Malerfürsten Franz von Lenbach der Fall war.

---

lung und Bildgrammatik. In: Bernd Mütter/Bernd Schönemann und Uwe Uffelmann (Hrsg.): Geschichtskultur. Theorie – Empirie – Pragmatik. Weinheim 2000, S. 175-200, hier S. 182. – Doch selbst innerhalb der Volkskunde spielt Allers keine nennenswerte Rolle, obwohl seine Bildermappen zum facettenreichen Spiegel der Bürgerkultur im ausgehenden 19. Jahrhundert zählen und eine wichtige Materialquelle für die Volkskunde darstellen. Tatsächlich werden seit dem Aufkommen der modernen Sozial- und Kulturwissenschaften mitunter auch Allers' Zeichnungen als kulturgeschichtliche Quellen beachtet, die zur bewußtseinsgeschichtlichen Erfassung einer vergangenen Epoche beitragen können. – Insbesondere die Marinegeschichte bewertet Allers' Bildermappen über die kaiserliche Marine heute als „wichtige Bildquelle zum Verständnis der Geschichte der deutschen Seestreitkräfte“. Gerhard Beckmann/Klaus-Ulrich Keubke (Hrsg.): Alltag in der Kaiserlichen Marine um 1890. Die Bildmappe „Unsere Marine“ von C. W. Allers. Berlin 1993, S. 7. – In den letzten Jahren hat mit dem zunehmenden Interesse der Historiker an Bismarck als nationale Kultfigur auch der „Bismarck-Allers“ ein wenig mehr Beachtung erfahren. Vgl. etwa Bismarck – Preußen, Deutschland und Europa. Ausstellungskatalog. Hrsg. v. Deutschen Historischen Museum. Berlin 1990, S. 456. Vgl. auch Waltraut Engelberg: Das private Leben der Bismarcks. Berlin 1998, S. 155-162.

7 http://www.rareprints.de/allersberlin. Der Zeichner wird hier irrtümlich als C. W. Walters bezeichnet.

8 Die Zeichnungen wurden im Jahre 1899 von dem Hamburger Rechtsanwalt Joh. Mohrmann für insgesamt 3.000 Mark erworben. Anfang des 20. Jahrhunderts gingen sie in den Besitz der Hamburger Kunsthalle über, wo sie heute im Kupferstichkabinett aufbewahrt werden. Vgl. Kunsthalle Hamburg. Kupferstichkabinett. Nachlaß Joh. Mohrmann, Konvolut 91.

Christian Wilhelm Allers: Nach Tisch, Zeichnung, 1892.

Im Gegensatz zu Lenbachs meist heroisierenden und sicherlich wirkungsvolleren Bismarck-Porträts, die den Fürsten in repräsentativer Distanz – quasi „von allen Alltagsbezügen"[9] losgelöst – zeigten und damit eine genialische Selbstisolation Bismarcks bewirkten, prägte Allers das Bild vom „greisen Staatsmann als [...] Zeitgenossen im Kreise seiner Familie"[10] sowie „in seinen Beziehungen zum Volke, im frischen, fröhlichen Wechselverkehr mit Vertretern aller Stände"[11]. In dieser intimeren Atmosphäre hatte kein Maler den Fürsten und seine private Umgebung dargestellt, und so erhielt die Vorstellung vom vorbildlichen Familienvater Bismarck in Allers' Alben erstmals ihre bildliche Entsprechung. Damit freilich leistete der Zeichner einer trügerischen Idylle vom Alltag in Friedrichsruh und dem sich dort abspielenden „treudeutschen Familienleben"[12] Vorschub und trug seinerseits zu einer Verklärung Bismarcks bei.

Die Bismarck-Alben vereinten Bismarckverehrung mit einem populären Kunst- und Unterhaltungsbedürfnis. Dabei entsprach der Zeichner der im 18. Jahrhundert aufkommenden Forderung nach einer „Kunst aus dem Geiste des Volkes"[13], der ursprünglich eine „aufklärerische, emanzipatorische, ja demokratische Pointe"[14] innewohnte und die wegen ihrer Anschaulichkeit, Verständlichkeit und Klarheit von breiten Schichten der Bevölkerung verstanden wurde. In dieser volkstümlichen Ausrichtung des Bismarckbildes lag eine wesentliche Bedingung der populären Wirkung von Allers Alben.

Die Idee, „ein Illustrationswerk herauszugeben, dessen Inhalt das Landleben des Fürsten [Bismarck, N.H.] auf Friedrichsruh bilden soll"[15], hatte die Union Deutsche Verlagsgesellschaft[16] in Stuttgart (im weiteren kurz als Union bezeichnet), eine Aktiengesellschaft, die sich aus mehreren süddeutschen Verlagen zusammensetzte. Für die Union, die als „Sammelbecken volkstümlicher Literatur"[17] galt, arbeitete Allers seit Ende 1891. Bei den Sondierungen mit Friedrichsruh dürfte der Verleger und Aufsichtsratsvorsitzende der Union, Adolf Kröner, eine nicht unbedeutende Rolle gespielt haben. Kröner – ein zweiter Cotta unter den Verlegern – hatte bereits im Jahre 1890 nach zähen Verhandlungen die Verlagsrechte an Bismarcks Memoiren erworben und war seither stetig bemüht, den Namen „Bis-

9 Rosel Gollek/Winfried Ranke (Hrsg.): Franz von Lenbach. 1836-1904. Ausstellungskatalog. München 1987, S. 258.

10 Blätter und Blüthen. In: Die Gartenlaube 1895, Heft 49, S. 840.

11 Ewald von Zedtwitz: C. W. Allers und seine Bismarck-Mappe. In: Die Gartenlaube 1892, Heft 47, S. 780f., hier S. 780.

12 Manfred Hank: Kanzler ohne Amt. Fürst Bismarck nach seiner Entlassung 1890-1898. München 1977, S. 9.

13 Hubertus Kohle: Menzels Friedrich-Bilder. Theorie und Praxis der Geschichtsmalerei im Berlin der1850er Jahre. Berlin 2001, S. 138.

14 Ebd.

15 Adolf Kröner an Rudolf Chrysander, Stuttgart, 9.3.1892. Otto-von-Bismarck-Stiftung Friedrichsruh: Bismarck-Archiv. BA D/53.

16 Die Union setzte sich u.a. aus den Verlagen der Gebrüder Kröner, Spemann (Verlag von *Über Land und Meer*), Ernst Keil Nachfolger (Verlag der *Gartenlaube*) sowie der J. G. Cotta'schen Buchhandlung Nachf. zusammen und nahm im süddeutschen Verlagswesen, insbesondere in der Sparte der Familienzeitschriften, eine dominierende Stellung ein.

17 Franz Menges: Kröner. In: Neue Deutsche Biographie. Bd. 13. Berlin 1982, S. 59ff., hier Seite 60.

marck" für eine Vielzahl literarischer Produktionen zu nutzen[18], freilich mit der Absicht, dabei möglichst hohe Gewinne zu erzielen. Diese Motivation entsprach auch seiner politischen Einstellung, war doch Kröner ein „leidenschaftlicher Bismarckverehrer"[19] und Mitglied des Deutschen Nationalvereins sowie der Deutschen Partei in Württemberg[20].

Im Frühjahr 1892 wandte sich nunmehr die Verlagsdirektion an den Fürsten Bismarck, der innerhalb kürzester Zeit in das Illustrationsprojekt einwilligte[21]. Dies verwundert insofern, als Bismarck zum einen bereits seit Ende der 1870er Jahre von seinem Haus- und Hofmaler Lenbach, einem der gefragtesten Gesellschaftsmaler der damaligen Zeit, regelmäßig porträtiert wurde und er es zum anderen nach eigenem Bekunden eigentlich als „schrecklich"[22] empfand, den Malern zu sitzen. Aus reinem Vergnügen willigte der Fürst demnach gewiß nicht in das Illustrationswerk der Union ein. Gleichwohl nutzte der ‚Kanzler ohne Amt', der unmittelbar nach seiner Entlassung einen regelrechten „Pressekrieg"[23] gegen die Politik seiner Nachfolger eröffnet hatte und damit der Öffentlichkeit weiterhin seine Unersetzbarkeit zu suggerieren bemüht war, offenbar auch das Medium *Bild*[24], um den Deutschen als „verpflichtende Vaterfigur"[25] allgegenwärtig zu bleiben.

18 Einen Überblick hierüber bietet der Bestand BA D/53, der im wesentlichen die Korrespondenz zwischen Kröner und der Familie Bismarck von 1890 bis 1906 beinhaltet. Vgl. auch Hank: Kanzler ohne Amt (wie Anm. 12), S. 234. – Bei der Durchsicht der Korrespondenz fällt auf, daß Kröner – aus welchen Gründen auch immer – 1892 als Zeitpunkt für die Herausgabe von Bismarckliteratur für günstig hielt. So schrieb er im März 1892 an Rudolf Chrysander, Bismarcks Hausarzt und Sekretär, hinsichtlich der Herausgabe von Bismarcks Memoiren: „Ein günstigerer Moment für das Erscheinen des ersten Bandes als der jetzige kann meines Erachtens kaum gefunden werden." Kröner an Chrysander, Stuttgart, 9.3.1892. BA D/53. Da sich dies jedoch sehr zum Bedauern des Verlegers verzögerte, forcierte Kröner statt dessen etwa die Herausgabe der Reden Bismarcks durch den Historiker Horst Kohl, deren erste Bände bereits im Jahre 1892 erschienen. Außerdem setzte sich Kröner auch für die Verlegung der Münchner *Allgemeinen Zeitung* ein, die als offiziöses Bismarck-Blatt in der Reichshauptstadt etabliert werden sollte – ein Projekt, an dem sich übrigens auch Bismarck beteiligte.

19 Menges: Kröner (wie Anm. 17), S. 60.

20 So nannte sich die Nationalliberale Partei in Württemberg. Die Nationalliberalen bildeten unter Hintanstellung ihrer liberalen Grundsätze während des Kulturkampfes die parlamentarische Stütze Bismarcks. Unter ihrem Vorsitzenden Johannes Miquel (1883-87) verfolgten sie entschieden nationalstaatliche Interessen und traten in Zusammenarbeit mit den Konservativen für die Politik Bismarcks ein.

21 Dies geht aus einem Antwortschreiben der Union v. 21.3.1892 hervor. BA A/83. – Das Archiv in Friedrichsruh enthält lediglich die Eingänge dieser Korrespondenz, nicht aber Durchschriften der Antworten des Fürsten. Da der Archivbestand der Union, die nach 1937 mehrmals die Rechtsnachfolge wechselte, nicht mehr besteht, kann diese Lücke nicht geschlossen werden.

22 Bismarck im Januar 1879 gegenüber John Booths. In: Otto von Bismarck. Die gesammelten Werke. Bd. 8. Zweiter Band der Abteilung Gespräche: Bis zur Entlassung Bismarcks. Hrsg. v. Willy Andreas. Berlin 1926, S. 291.

23 Otto Pflanze: Bismarck. Bd. 2: Der Reichskanzler. München 1998, S. 648. Vgl. auch Lothar Gall/Karl-Heinz Jürgens: Bismarck. Lebensbilder. Bergisch Gladbach 1990, S. 209.

24 Auf die Bedeutung, die Bilder und insbesondere Photographien für Bismarck nach seiner Entlassung eingenommen haben, geht der Bremer Historiker Lothar Machtan ein: Bismarcks Tod und Deutschlands Tränen. Reportage einer Tragödie. München 1998. Wenngleich diese Untersuchung bemerkenswerte Denkansätze beinhaltet, leidet ihre Glaubwürdigkeit jedoch an der investigativen Argumentationsweise des Autors.

Welche Motive den Fürsten jedoch im einzelnen dazu bewogen, dem Vorhaben der Union zuzustimmen, darüber kann man allenfalls spekulieren. Unklar bleibt auch, welchen Einfluß die fürstliche Familie auf die Entscheidung ausübte, die – laut Lenbach[26] – an dem Kult, der mit Bismarck getrieben wurde, mindestens ebensoviel Freude hatte wie der Fürst selbst. Unbestreitbar ist allerdings, daß Allers als volkstümlicher Zeichner ein anderes Publikum ansprach als Lenbach, und so mag zumindest der „Wunsch, sich im Gedächtnis der Nation [...] zu verewigen“[27], der Wille aller Beteiligten gewesen sein.

Eine wesentliche Bedingung für die millionenfache Verbreitung der Bismarck-Alben von Allers, die „in billigen Drucken bald jedes deutsche Heim schmückten“[28] und in breiten Schichten der Bevölkerung wirksam waren, bildeten vor allem die technischen Fortschritte im Bereich der druckgraphischen Vervielfältigung ab der zweiten Hälfte des 19. Jahrhunderts[29]. Diese ermöglichte eine relativ preiswerte und beliebige Reproduktion der originalen Zeichnungen – wie überhaupt von Gebrauchskünsten aller Art. Beide Bismarck-Alben wurden in gebundener, zum Teil mit Goldschnitt versehener Ausgabe sechsmal aufgelegt – bei einem Preis von rund 50 Mark pro Album für damalige Verhältnisse ungewöhnlich hoch. Somit kam der Druckgraphik eine gewichtige Popularisierungsfunktion zu.

Als weitere Voraussetzung erwies sich die nach 1890 zunehmende Bismarckverehrung. Wenngleich Bismarcks Ausscheiden aus der Politik im März 1890 von den Deutschen vielfach mit einem Gefühl der „Befreiung“[30] quittiert worden war, so änderte sich diese Einstellung nicht zuletzt wegen des in innen- wie in außenpolitischer Hinsicht allzu glücklos taktierenden jungen Kaisers, dem es an der notwendigen Sachkenntnis sowie einem sicheren Urteilsvermögen in politischen Dingen fehlte[31]. In Zeiten eines umgreifenden Krisenbewußtseins bot er „patriotischen Gemütern nicht entfernt das Gefühl der Sicherheit, das ihnen der Reichsgründer gegeben hatte“[32], und so wurde Bismarck der „Fluchtpunkt von Ängsten“[33] vor den Auswirkungen der neuen Weltpolitik Wilhelms II. Zum ersten Mal nach 1870 wurde der erste Reichskanzler wieder „populär“[34], und es machte sich mit Vehemenz eine Bismarckverehrung breit, der im wesentlichen zwei Motive zugrunde lagen: Zum einen die Bewunderung gegenüber der Persönlichkeit Bismarck, zum anderen aber

---

25 Hans-Günter Zmarzlik: Das Bismarckbild der Deutschen – gestern und heute. Freiburg i.Br. [1966], S. 13.

26 Vgl. Franz von Lenbach: Gespräche und Erinnerungen. Mitgetheilt von W. Wyl [Wilhelm Ritter von Wymetal]. Stuttgart, Leipzig 1904, S. 89.

27 Machtan: Bismarcks Tod (wie Anm. 24), S. 145.

28 Fritz Raddatz: Capri. Ein Winterfelsen. In: *Zeit-Magazin*, Nr. 40 v. 29.9.1989, S. 56-70, hier S. 61.

29 Zum druckgraphischen Verfahren siehe Christa Pieske: Bilder für jedermann. Wandbilddrukke 1840-1940. München 1988 (= Schriften des Museums für Volkskunde Berlin, Bd.15), S. 15.

30 Harry Graf Kessler: Gesichter und Zeiten. Erinnerungen. Bd. 1: Völker und Vaterländer. Berlin 1935, S. 291.

31 Vgl. etwa Wolfgang J. Mommsen: Bürgerstolz und Weltmachtstreben. Deutschland unter Wilhelm II. 1890-1919. Berlin 1995 (= Propyläen Geschichte Deutschlands, Bd. 7, 2.Teil), S. 91.

32 Zmarzlik: Bismarckbild (wie Anm. 25), S. 9.

33 Otto May: Deutsch sein heißt treu sein. Ansichtskarten als Spiegel von Mentalität und Untertanenerziehung in der Wilhelminischen Ära (1888-1918). Hildesheim 1998, S. 151.

34 Kessler: Gesichter und Zeiten (wie Anm. 30), S. 291.

jene Dankbarkeit für die deutsche Einheit, die seit jeher den „Kern“[35] des Bismarck-Mythos gebildet hatte. In diesem Gründungsmythos des jungen Nationalstaats machte sich unter anderem auch der von den Deutschen zunehmend empfundene Mangel bemerkbar, daß dem Deutschen Reich im Vergleich zu anderen europäischen Nationen eine „zivilisatorische Idee“[36] fehlte.

Dem zeitgenössischen Bedürfnis nach nationalen Identifikationssymbolen entsprachen nicht nur die – insbesondere nach 1890 – reichsweit aus dem Boden sprießenden Bismarck-Denkmäler, sondern auch die Bismarck-Alben von Allers. In ihnen – insbesondere im zweiten Album „Unser Bismarck“ – fand sich das Wissen über die politischen Stationen und Erfolge Bismarcks und – damit ideell eng verbunden – der Weg zur staatlichen Einigung Deutschlands auf anschauliche Weise verewigt. Als „Nationalbücher“[37] dienten auch sie als „Stimulantia, um Nationalbewußtsein“[38] zu erregen und zu demonstrieren.

Zusätzlichen Auftrieb erhielt die Glorifizierung des ‚Eisernen Kanzlers‘ nicht zuletzt auch durch das wechselvolle Bad von kaiserlichen Gnaden und Ungnaden: Die Weisung Wilhelms II. an Kaiser Franz Joseph von Österreich im Sommer 1892, Bismarck bei seinem Aufenthalt in Wien anläßlich der Hochzeit seines ältesten Sohnes Herbert keine Audienz zu gewähren, wurde vielfach als öffentliche Demütigung empfunden und löste unter Bismarckanhängern eine Woge der Sympathiebekundung zugunsten der *persona non grata* aus.

Auch darum gelangte der Kaiser bald zu der Einsicht, „daß alles, was wie Mangel an Bewunderung oder gar an Pietät für den Fürsten Bismarck aussehe, vom deutschen Volk nicht verziehen würde“[39]. Diese rein taktischen Erwägungen führten Anfang 1894 schließlich zu jenen – wenngleich nur formalen – Versöhnungstreffen zwischen Kaiser und Fürst, die in der Bevölkerung wahre Begeisterungsstürme hervorriefen:

> Wir waren alle getragen von der einzig hohen Freude, frei, frei von dem Drucke des zwiespältigen Gefühles für den Kaiser und den Stifter des deutschen Reiches, erlöst [...] vom peinlichen Zwange im Reden und Handeln – herrlich[40]!

Fortan wurde die Bismarckverehrung geradezu zur „patriotischen Pflicht“[41]. Diese Bismarckeuphorie beabsichtigte nunmehr die Union für ihre laufende Produktion zu nutzen,

---

35 Christoph Studt: Das Bismarckbild der deutschen Öffentlichkeit (1898-1998). Friedrichsruh 1999 (= Friedrichsruher Beiträge, Bd. 6), S. 10.
36 Klaus Hildebrand: Primat der Sicherheit. Saturierte Kontinentalpolitik. In: Lothar Gall (Hrsg.): Otto von Bismarck und Wilhelm II. Repräsentanten eines Epochenwechsels? Paderborn, München, Wien, Zürich 2000, S. 13-26, hier S. 13.
37 Brieger: Allers (wie Anm. 6), 22.10.1915.
38 Theodor Schieder: Das Deutsche Kaiserreich von 1871 als Nationalstaat. Hrsg. v. Hans-Ulrich Wehler. 2. Aufl. Göttingen 1992, S. 82.
39 Bernhard Fürst von Bülow: Denkwürdigkeiten. Bd. 1: Vom Staatssekretär bis zur Marokko-Krise. Berlin 1930, S. 230.
40 Das Tagebuch der Baronin Spitzemberg, geb. Freiin v. Varnbüler. Aufzeichnungen aus der Hofgesellschaft des Hohenzollernreiches. Hrsg. v. Rudolf Vierhaus. Göttingen 1960 (= Deutsche Geschichtsquellen des 19. und 20. Jahrhunderts, Bd. 43), S. 321.
41 Bismarck – Preußen (wie Anm. 6), S. 456.

bot doch der literarische Markt den „Raum für die ‚Befriedigung'"[42] derartiger Stimmungen, an deren Aufrechterhaltung die Verleger selbst durch ihre Strategien mitgewirkt hatten. Die Union – und insbesondere Kröner – bewiesen frühzeitig das richtige Gespür[43] für die „ideologische Konjunktur"[44] der zunehmenden Bismarckbegeisterung und verstanden es, durch die Herausgabe von Bismarckliteratur den patriotischen Bismarckkult am Leben zu halten und ihm immer wieder „neue Nahrung"[45] zuzuführen. Dazu zählte auch die Ausrichtung auf bevorstehende Jubiläen. So plante die Union für das Jahr 1895 aus Anlaß des 80. Geburtstages des Fürsten Bismarck die Herausgabe eines weiteren Albums von Allers. Immerhin war mit dem erfolgreichen Absatz des ersten Bismarck-Albums in mehreren Auflagen nicht nur die Kalkulation, sondern auch das Kalkül des Herausgebers mehr als aufgegangen und die gewinnbringende Veröffentlichung eines weiteren Albums in Aussicht gestellt. Nun hatten aber die Versöhnungstreffen eine günstige Stimmung geschaffen, die die Union „gleich [...] benutzen, und statt wie bestimmt 1895 schon jetzt bald die ersten Lieferungen herausgeben"[46] wollte. Deshalb wurde der Zeichner im Februar 1894 aus seiner Urlaubsidylle auf Capri aufgeschreckt und gebeten, die Fertigstellung der Zeichnungen zu beschleunigen und die jeweils fertigen Exemplare regelmäßig dem Verlagshaus zukommen zulassen.

Auf diese Weise konnte die Union ab Frühjahr 1894 bis Herbst 1895 das Album „Unser Bismarck" in insgesamt 14 fortlaufenden dünnen Heften veröffentlichen. Mit zwei Mark pro Ausgabe kostete eine Lieferung damals etwa genauso viel wie eine der gängigen illustrierten Zeitschriften, und es ist wohl anzunehmen, daß das zweite Bismarck-Album wegen dieser geschickten Produktions- und Verkaufsstrategie des Verlags eine weitaus größere Verbreitung als das erste erfahren hat.

Die Bismarck-Alben, die in gebundener Ausgabe jeweils im Herbst auf dem Büchermarkt erschienen und für „die nahende Weihnachtszeit zu Festgeschenken bestens empfohlen"[47] wurden, erfuhren gerade in einigen bekannten, vornehmlich volkstümlich ausgerichteten Familien- sowie Rundschau-Zeitschriften Beachtung. Im Kaiserreich stellte dieses Medium eine entscheidende Vermittlungsinstanz in kunst-, literatur- und kulturpolitischen Fragen mit einem breiten bürgerlichen Spektrum dar[48]. Insbesondere in dem populären Massenblatt *Die Gartenlaube*[49], das als beliebtes Familienblatt den Vorstellungshorizont

---

42 Wulf Wülfing/Karin Bruns und Rolf Parr: Historische Mythologien der Deutschen 1798 bis 1918. München 1991, S. 15.

43 Siehe hierzu bereits Anm. 14.

44 Wülfing/Bruns und Parr: Mythologien (wie Anm. 42), S. 15.

45 So Lothar Machtan in seiner Einführung. In: Ders. (Hrsg.): Bismarck und der deutsche National-Mythos. Bremen 1994, S. 6-13, hier S. 8.

46 Allers an Chrysander, Capri, 24.2.1894. BA A/83.

47 Blätter und Blüthen. In: Die Gartenlaube 1895, Heft 49, S. 850.

48 Karl Ulrich Syndram: Kulturpublizistik und nationales Selbstverständnis. Untersuchungen zur Kunst- und Kulturpolitik in den Rundschauzeitschriften des Deutschen Kaiserreiches (1871 bis 1914). Berlin 1989 (= Kunst, Kultur und Politik im Deutschen Kaiserreich, Band 9), S. 17.

49 Ihre Rekordauflage von über 382.000 Exemplaren im Jahre 1875 konnte die Zeitschrift in den 1890er Jahren nicht mehr erreichen. Doch blieb sie mit einer Auflagenhöhe zwischen 270.000 (im Jahre 1885) und 100.000 Exemplaren (1906) ein populäres Massenblatt. Vgl. Handbuch der Zeitungswissenschaften. Bd. 1. Hrsg. v. Walther Heide/Ernst Herbert Lehmann. Leipzig 1940, S. 970.

weiter Kreise des Mittel- und Kleinbürgertums beeinflußte[50], wurde den Zeichnungen eine vergleichsweise große Aufmerksamkeit zuteil: Lediglich diese Zeitschrift bildete in den Jahren 1892, 1895 und 1898 – anläßlich der Herausgabe der Gedächtnisausgabe „Unser Bismarck“ zu Bismarcks Tod in jenem Jahr – einige Zeichnungen aus den Bismarck-Alben ab. Hierin kamen nunmehr die erweiterten Wirkungsmöglichkeiten der Verlagskonzentration zum Tragen, die die Rentabilitätsgrundlage der Herausgeber bildete: Adolf Kröner hatte den Verlag der *Gartenlaube*, den er bis 1904 selbst leiten sollte, bereits 1884 von den Keil'schen Erben übernommen. Damit verfügte Kröner über das entsprechende publizistische Organ, das die herrschende leichte Mode- und Unterhaltungsliteratur, die Kröner auch als Verleger pflegte[51], im wesentlichen repräsentierte.

Rezensiert wurden die Bismarck-Alben auch in der erfolgreichen Kulturzeitschrift *Westermanns Monatshefte* sowie in der Zeitschrift *Kunst für Alle*, ein populäres Organ für den bildnerischen Bereich, die sich beide in der Hauptsache an ein Publikum im gebildeten Bürgertum richteten[52]. Insgesamt fanden die Zeitschriften über ihre nominelle Auflagenhöhe hinaus einen erheblich größeren Leserkreis, wurden sie doch in Lesehallen und Bibliotheken mehrfach weitergereicht[53]. Es ist deshalb anzunehmen, daß die Auflagenhöhe der einzelnen Zeitschriften mit einem Leserkoeffizienten von zehn zu multiplizieren ist, um die wahrscheinliche Publikumsgröße zu ermitteln[54].

Darüber hinaus richteten sich die Buchhandlungen auch direkt an potentielle Kunden, um mit Hausprospekten, denen ein Bestellformular beilag, für die Lieferungen zu „Unser Bismarck“ zu werben[55]. Somit trug außer den weitverbreiteten Zeitschriften – bedingt durch die „ungeheure Expansion“[56] der technischen Errungenschaften in der Zeitschriftenherstellung nach 1850 sowie durch die Innovationen im Vertrieb[57], der über das Abonnement und den Buchhandel erfolgte, – auch der Buchhandel zur Verbreitung des Bismarckbildes von Allers bei.

---

50 Vgl. Hans-Ulrich Wehler: Deutsche Gesellschaftsgeschichte. Bd. 3: Von der „Deutschen Doppelrevolution“ bis zum Beginn des Ersten Weltkrieges 1848-1914. München 1995, Seite 1237.

51 Vgl. Menges: Kröner (wie Anm. 17), S. 61.

52 Vgl. Syndram: Kulturpublizistik (wie Anm. 48), S. 58.

53 Vgl. Rüdiger vom Bruch: Kunst- und Kulturkritik in führenden bildungsbürgerlichen Zeitschriften des Kaiserreichs. In: Ekkehard Mai/Stephan Waetzold und Gerd Wolandt (Hrsg.): Ideengeschichte und Kunstwissenschaft. Philosophie und bildende Kunst im Kaiserreich. Berlin 1983 (= Kunst, Kultur und Politik im Deutschen Kaiserreich, Bd. 3), S. 313 bis 337, hier S. 318. – Bis zum Jahre 1900 stieg die Anzahl der Leihbibliotheken auf 4000 Einrichtungen an. Vgl. Wehler: Gesellschaftsgeschichte (wie Anm. 50), S. 1233.

54 So jedenfalls Wehler. Ebd., S. 1237.

55 Ein solches Werbeexemplar für die 14 Lieferungen zu „Unser Bismarck“ befindet sich im Bismarck-Archiv. BA. A/83. Da der Archivbestand der Union nicht mehr existiert, sind weder Aufschlüsse über den Adressatenkreis dieser Prospekte noch Aussagen darüber möglich, ob diese Werbemaßnahme auch bei der Herausgabe der eigentlichen Alben in gebundener Ausgabe im Herbst 1892 und 1895 sowie für die Gedächtnisausgabe im Jahre 1898 erfolgte.

56 Andreas W. Daum: Wissenschaftspopularisierung im 19. Jahrhundert. Bürgerliche Kultur, naturwissenschaftliche Bildung und die deutsche Öffentlichkeit, 1848-1914. München 1998, S. 337.

57 Vgl. Ingrid Otto: Bürgerliche Töchtererziehung im Spiegel illustrierter Zeitschriften von 1865-1915. Hannover 1990, S. 8.

Wie populär Allers' Bismarck-Alben damals tatsächlich waren, mögen zwei an den Fürsten adressierte Briefe aus den 1890er Jahren belegen, die sich heute im Bismarck-Archiv befinden. Ein glühender Bismarckbewunderer, seines Zeichens Kolonialwarenhändler in Halberstadt, legte seinem Schreiben an den Altreichskanzler eine selbst angefertigte Zeichnung nach Vorlage der hier abgebildeten Allers-Zeichnung bei, um seiner „Verehrung noch besonderen Ausdruck [...] zu verleihen"[58]. Nach der selben Vorlage fertigte auch ein 13jähriger Schüler aus Hamburg eine Zeichnung „als Beweis höchster Begeisterung"[59] an.

Diese Zuschriften sind nicht nur Ausdruck der hohen Wertschätzung, die dem Altreichskanzler nach 1890 entgegen gebracht worden ist. Sie lassen auch Rückschlüsse darauf zu, welchen Eindruck Allers mit seiner Art, Bismarck darzustellen, offenbar in breitesten Schichten des Bürgertums hinterließ. Aufgrund der volkstümlichen Ausrichtung der Bismarck-Alben sowie ihres Abdrucks in populären Zeitschriften der damaligen Zeit kann man davon ausgehen, daß das kleine und mittlere Bürgertum den wohl größeren Teil der Rezipienten darstellte. Gleichwohl waren die Alben – insbesondere die mit Goldschnitt versehenen, 50 Mark teuren Ausgaben – auch im gehobenen Bildungsbürgertum vertreten, wie die Exlibri einiger Bismarck-Alben, die heute vielfach in Antiquariaten oder Universitätsbibliotheken vor sich hinstauben, belegen.

Allers' Bismarckbild war Ausdruck und Produkt einer Bismarckverehrung „in statu nascendi"[60], die sich vornehmlich an der historischen Person Bismarck ausrichtete. Der „plebejische Charakter"[61] dieses Bismarckbildes rief in der zeitgenössischen Publizistik jedoch auch Kritik hervor[62]. So bezeichnete beispielsweise der Historiker Horst Kohl Allers als „Stümper"[63], der den „Aristokraten [Bismarck, N.H.] zum Plebejer, den märkischen Landedelmann zum niederdeutschen Bauern, den Heiligen des Tempels zum Idol der Gasse"[64] degradiert und somit das Bismarckbild trivialisiert habe[65]. Dieser Vorwurf mißachtete dabei vollkommen, daß die Alben gleichsam Teil eines bürgerlichen Brauchtums waren und „Trivialität eben der erste Geschmack des Bürgers"[66] war. Es ist daher kaum zu leug-

---

58 Paul Winter an Bismarck, Halberstadt, 1.1.1893. BA A/126.
59 Carl Wittmaack an Bismarck. Hamburg [undat.]. BA A/126.
60 Pöls: Bismarckverehrung (wie Anm. 5), S. 171.
61 Friedrich Pecht. In: Kunst für Alle 8 (1892/93), S. 135f., hier S. 135.
62 Es waren vornehmlich Kreise avantgardistischer Literaten und Kunstkritiker, nach Bismarcks Tod dann auch Historiker und ehemalige publizistische Handlanger des Altreichskanzlers, die ihr Mißfallen über Allers' Bismarckbild äußerten. Vor allem das zweite Album „Unser Bismarck" wurde als eines „der unerfreulichsten Prachtwerke" überhaupt bezeichnet. So etwa Ferdinand Avenarius, der Begründer des *Kunstwarts* und des *Dürerbunds*, in seinem Beitrag über Lenbach. In: Der Kunstwart 17 (1904), Heft 17, S. 185-189, hier S. 188. Vgl. auch Horst Kohl. In: Bismarck-Jahrbuch 1 (1894), S. 508.
63 Horst Kohl: Franz von Lenbach: Bismarck. In: Nord und Süd 376 (1908), S. 5ff., hier S. 5.
64 Ebd.
65 Vgl. Cornelius Gurlitt: Allers' Bismarck-Zeichnungen. In: Die Gegenwart 43 (1893), Seite 13f., hier S. 14. – Zum Begriff „trivial" und zur Schwierigkeit einer eindeutigen semantischen Bestimmung siehe Rudolf Horberg: Trivial. Zum Wortgebrauch im heutigen Deutsch. In: Helga de la Motte-Haber (Hrsg.): Das Triviale in der Literatur, Musik und Bildenden Kunst. Frankfurt am Main 1972, S. 9-20, hier S. 19.
66 May: Deutsch sein (wie Anm. 33), S. 14.

nen, daß Trivialisierung und Popularisierung Hand in Hand zu gehen pflegen, zumindest bestehen „deutliche Wechselbeziehungen“[67] zwischen beiden Phänomenen.

Daß Allers' Bismarckbild in den 1890er Jahren erfolgreich gegenüber den heroisierenden Bismarck-Porträts von Lenbach bestehen konnte, indiziert denn auch, daß das Bismarckbild der Deutschen auch damals nicht einheitlich besetzt war[68]. Doch mit der nach Bismarcks Tod im Jahre 1898 zunehmenden Stilisierung des ‚Eisernen Kanzlers‘ zum „Inbegriff des germanischen Menschen“[69] verloren die Bismarck-Alben – zumindest in der zeitgenössischen Publizistik – zusehends an Popularität.

67 Wolfgang Brückner: Trivialisierungsprozesse in der bildenden Kunst am Ende des neunzehnten Jahrhunderts, dargestellt an der „Gartenlaube“. In: Motte-Haber (Hrsg.): Das Triviale (wie Anm. 65), S. 226-254, hier S. 233.

68 Vgl. Wolfgang Hardtwig: Nationalismus und Bürgerkultur in Deutschland 1500-1914. Ausgewählte Aufsätze. Göttingen 1994, S. 214.

69 Egmont Zechlin: „Der Inbegriff des germanischen Menschen“. Bismarck-Bild 1915: Eine Mischung aus Sage und Mythos. In: *Die Zeit* v. 2.4.1965, S. 4.

Peter Tauber

„Die Leibesübungen sind eine besondere Art des Kampfes ums Dasein“[1] – Popularisierter Darwinismus in der Auseinandersetzung um die Körperkultur in Deutschland um die Jahrhundertwende

> Seitdem Darwin entdeckt hat, daß die Arten entstehen im Kampfe um's Dasein und daß Anpassung und Vererbung die Mittel sind, deren sich die Natur zur Fortentwicklung bedient, haben sich die Ansichten über die Pflege des menschlichen Körpers wesentlich geändert[2],

schrieb Wilhelm Gundlach 1890 in der Zeitschrift *Der Turner*. Seit den späten 80er Jahren des 19. Jahrhunderts waren in den Fachzeitschriften der Turnbewegung und auch in den Publikationen der sich formierenden Sportverbände in zunehmendem Maße Artikel mit Überschriften wie „Fortpflanzung, Vererbung, Rassenhygiene“[3], „Sport und Entartung“[4], „Biologie und Moral“[5], „Die Volks- und Jugendspiele in Theorie und Praxis: Degeneration – Regeneration“[6] oder „Die Pflege des menschlichen Körpers nach Darwin's Entwicklungslehre“[7] erschienen. Die Autoren waren oft keine Biologen oder Mediziner, sondern Sportfunktionäre oder Turnpädagogen, die sich intensiv mit dem Darwinismus und mit den Schriften seiner Popularisatoren wie Ernst Haeckel (1834-1919) oder Wilhelm Ostwald (1853-1932) auseinandersetzten. Warum beschäftigten sich Turner und Sportler mit dem Darwinismus? Und warum zogen Wissenschaftler zur Bewertung der Leibesübungen Darwins Theorien heran? Auf den ersten Blick läßt sich diese Entwicklung ganz einfach damit erklären, daß die Naturwissenschaften im 19. Jahrhundert einen epochalen Aufschwung genommen hatten und zu einer säkularen Deutungsinstanz geworden waren. Sie bargen das Wissen zum Verstehen der Welt, und dieses Wissen galt es einer breiten Öffentlichkeit zugänglich zu machen. Auch die Männer, die in den Turn- und Sportverbänden Verantwortung trugen, setzten sich mit dem neuen Denken der Zeit auseinander. Und so nahmen die

---

1 Hahne: Welchem Ideal soll der moderne deutsche Mann zustreben? Vortrag, gehalten am 29. Juni 1913 auf dem Deutschen Spielkongreß. In: Körper und Geist 22 (1913), S. 185-189, hier S. 186.
2 Wilhelm Gundlach: Die Pflege des menschlichen Körpers nach Darwin's Entwicklungslehre. In: Der Turner 20 (1890), S. 401-404, hier S. 401.
3 Fortpflanzung, Vererbung, Rassenhygiene [o.Verf]. In: Der Turner 5 (1911), S. 89ff.
4 Ferdinand Hueppe: Sport und Entartung. In: Jahrbuch für Volks- und Jugendspiele 23 (1914), S. 74-84.
5 J. M. Berweyen: Biologie und Moral. In: Die Leibesübungen 2 (1925), S. 43ff.
6 H. Buchner: Die Volks- und Jugendspiele in Theorie und Praxis: Degeneration – Regeneration. In: Jahrbuch für Volks- und Jugendspiele 6 (1897), S. 1-10.
7 Gundlach: Pflege (wie Anm. 2), S. 401-404.

Naturwissenschaften, auch der Darwinismus, bei der Beurteilung und der Instrumentalisierung der Leibesübungen[8] bald einen großen Stellenwert ein.

An dieser Stelle sei ein kurzer Einschub erlaubt: Trotz aller Relativierung durch die Forschung bleibt der Darwinismus ein zentraler Aspekt, um die Popularisierung naturwissenschaftlichen Wissens zu zeigen. Er spielt auch in dem zu schildernden Fallbeispiel von Wissenspopularisierung in der Auseinandersetzung um die Körperkultur[9] eine entscheidende Rolle. Angela Schwarz hat gezeigt, wie sich der Stellenwert der Wissenschaft im Laufe der Zeit wandelte und diese in den Alltag der Menschen vordrang. Dabei mußte das Wissen allgemeinverständlich formuliert werden. Dieser Vorgang der Wissenspopularisierung war immer wieder einer negativen Konnotation ausgesetzt. Als Hauptmerkmal von Popularisierung stellt sie das Bestreben dar, Wissen auch für Nichtexperten verständlich aufzubereiten[10]. Der auch von den Zeitgenossen erhobene Vorwurf der Pseudowissenschaftlichkeit mag in dem ein oder anderen Fall gerechtfertigt gewesen sein, in der Regel bemühten sich die Popularisatoren aber um die Rezeption des aktuellen Forschungsstandes. Dies gilt auch für den Untersuchungsgegenstand. Andreas Daum hat betont, daß Popularisierung „in der Vielfalt intra-, inter- und extrawissenschaftlicher Kommunikation" aufgeht und selbst für kognitive Prozesse der Wissensproduktion relevant ist[11]. Unter diesem Aspekt gilt es nach einer besonderen Aufwertung einzelner Aspekte des Darwinismus in und durch die Turn- und Sportbewegung auch im öffentlichen Bewußtsein zu fragen. Als schwierig erweist sich in diesem Zusammenhang die sprachliche Unterscheidung zwischen dem Darwinismus, einem popularisierten Darwinismus und einem – sagen wir – nominellen Darwinismus, der bis auf die Begrifflichkeiten nichts mit dem darwinistischen Theoriengebäude gemein hat. Nicht immer lassen sich die gewählten Beispiele klar einer der drei genannten Kategorien zuordnen, doch in der Mehrzahl kann man den Autoren ein ernsthaftes Bemühen, sich zur Beschreibung des hier aufgegriffenen Sachverhaltes an Charles Darwin (1809-1882) zu orientieren, nicht absprechen, wenngleich es in dem ein oder anderen Fall bei diesem Bemühen blieb. Argumente für die zu schildernde Auseinandersetzung lieferte in der Regel ein bereits popularisierter Darwinismus. Nur selten griffen die Autoren auf Darwins Schriften direkt zurück.

Turnen und Sport waren um die Jahrhundertwende nicht länger nur ein Mittel zur Gesundheitsförderung und Charakterbildung des einzelnen. Die Leibesübungen nahmen mehr und mehr die Gesellschaft als zu gestaltendes Element in den Blick, und Mittel zum Zweck war hier statt der geistigen Erziehung die körperliche Ausbildung der Menschen. Die Frage,

---

8 Der zeitgenössische Begriff „Leibesübungen" vereinigte die ihrer Zielsetzung, Methodik und ihrem Selbstverständnis nach unterschiedlichen Konzepte der Körperkultur, des Sport, des Turnens und auch der Gymnastik. Vgl. Peter Röthig (Hrsg.): Sportwissenschaftliches Lexikon. 6. Aufl. Schondorf 1992, S. 272f.

9 Körperkultur umfaßte alle Bereiche und Handlungen, die der aktiven Pflege und Ausbildung des Körpers zu Anpassungsfähigkeit, Gesundheit und Leistungsfähigkeit dienten. Vgl. ebd., Seite 256.

10 Vgl. Angela Schwarz: Der Schlüssel zur modernen Welt. Wissenschaftspopularisierung in Großbritannien und Deutschland im Übergang zur Moderne (ca. 1870-1914). Stuttgart 1999 (= VSWG, Beih. 153), S. 41ff.

11 Vgl. Andreas W. Daum: Wissenschaftspopularisierung im 19. Jahrhundert. Bürgerliche Kultur, naturwissenschaftliche Bildung und die deutsche Öffentlichkeit, 1848-1914. München 1998, S. 2ff.

welcher Wert dem Turnen und dem Sport als zwei unterschiedlichen, miteinander konkurrierenden Konzepten der Körperkultur beigemessen wurde, führte seit den 1880er Jahren zu heftigen Auseinandersetzungen zwischen den Anhängern des Sports und den Befürwortern des Turnens. Eine weit über die Grenzen der Naturwissenschaften hinausgehende Rezeption des komplexen Darwinschen Theoriengebäudes hatte dazu beigetragen, daß auch zur Bewertung der Körperkultur Bestandteile des Darwinismus in der angedeuteten Auseinandersetzung herangezogen wurden[12]. Die Popularisierung dieses Wissens, die von teilweise divergierenden gesellschaftspolitischen und weltanschaulichen Positionen geprägt war, mündete in einer Fülle unterschiedlicher Thesen und Ansichten. Wissenspräsentation und ideologische Interpretation ließen sich nicht trennen, und durch die Öffentlichkeit der geführten Auseinandersetzung entstand eine gewisse Eigendynamik[13]. Doch wenden wir uns noch einmal der Ausgangsfrage zu: Warum erfuhr gerade der Darwinismus von seiten der Turn- und Sportbewegung ein so hohes Maß an Aufmerksamkeit?

Als Darwin 1859 mit seinem Hauptwerk „On the Origin of Species by means of Natural Selection" weit über die Grenzen der Wissenschaft hinaus für Aufsehen sorgte, war die von Friedrich Ludwig Jahn (1778-1852) begründete Turnbewegung fast fünfzig Jahre alt und der Sport, eine Folgeerscheinung der Industrialisierung und gesellschaftlichen Modernisierung, erlangte erst mehr als dreißig Jahre später Wirkungsmacht. Man kann also schwerlich behaupten, daß Turnen und Sport in ihrer Entstehung und Entwicklung unmittelbar durch Darwins Wirken beeinflußt worden sind. Was führte also dazu, daß man sich, zumindest auf der Ebene der Turn- und Sportfunktionäre, intensiv mit Darwin und seinen Theorien, aber auch mit naturwissenschaftlichen Erkenntnissen allgemein auseinandersetzte? In welcher Form, mit welcher Zielsetzung und zu welchem Zeitpunkt geschah dies?

Darwin wird populär

Die Frage nach dem Interesse der Turner und Sportler an Darwin führt in die Irre, verleitet sie doch zu der Annahme, daß in der stattfindenden Diskussion ausschließlich Darwins Schriften rezipiert wurden und nicht auch vage Vorstellungen von seinen Theorien sowie ein bereits popularisierter Darwinismus die Grundlage der Auseinandersetzung bildete[14]. Bereits unmittelbar nach dem Erscheinen seines Hauptwerkes sorgten Darwins Theorien für großes Aufsehen. Schon 1865 bemühten sich deutsche Verleger um die Rechte an seinem Werk. Das öffentliche Interesse an den aufstrebenden Naturwissenschaften wuchs, und schnell wurde die Frage aufgeworfen, welche Bedeutung Darwins Erkenntnis für gesellschaftliche und politische Zusammenhänge habe. Der russische Aristokrat und Politiker Paul

12 Eve-Marie Engels: Darwins Popularität im Deutschland des 19. Jahrhunderts: Die Herausbildung der Biologie als Leitwissenschaft. In: Achim Barsch/Peter M. Hejl (Hrsg.): Menschenbilder. Zur Pluralisierung der Vorstellung von der menschlichen Natur (1850-1914). Frankfurt am Main 2000, S. 91-145, hier S. 117.
13 Vgl. Daum: Wissenschaftspopularisierung (wie Anm. 11), S. 5ff.
14 Vgl. Engels: Popularität (wie Anm. 12), S. 93.

von Lilienfeld (1829-1903) konstatierte die „reale Gleichartigkeit"[15] von Natur und menschlicher Gesellschaft. Eine „Fluth von Schriften"[16], wie der Zoologe Richard Hertwig (1850 bis 1937) schrieb, war die Folge. Der Mensch wurde durch Darwins Theorien auch in seiner Entstehung in den „natürlichen, naturgesetzlich erfaßbaren Kosmos" eingefügt[17].

Die Theorien Darwins hatten eine ungeheure Wirkung. Allgemein wurde nun über die Stellung des Menschen in der Natur und über die Frage, ob das soziale und politische Leben nach den von Darwin aufgestellten Gesetzen ablaufe, diskutiert. Der Kampf und die Konkurrenz, die schon immer Bestandteil des menschlichen Lebens gewesen waren und durch die Industrialisierung und Rationalisierung eine Aufwertung erfahren hatten, wurden nun durch die Wissenschaft zu unumstößlich empirisch belegten Naturgesetzen stilisiert. Männer wie Ernst Haeckel beschrieben den Menschen als Bestandteil der Natur und ihrer Ordnung, der er sich praktisch nicht entziehen konnte. Damit war der nächste Schritt, die Übertragung von Darwins Theorien auf die Gesellschaft, nur konsequent. Mit der Behauptung Haeckels, daß die natürliche Selektion die Völker unablässig zu höherer Kultur antreiben würde und die Verhältnisse der Gesellschaft dem Kampf ums Dasein entsprächen, fanden Ideen Eingang in das Denken der Menschen, die später in eine sozialdarwinistische Weltanschauung münden sollten[18]. Dabei war Darwin keineswegs unumstritten. Neben kategorischer Ablehnung äußerten manche auch Skepsis, die sie durch weitere Beweise seiner Theorien beseitigt wissen wollten[19].

In den Vorstellungen zahlreicher Popularisatoren Darwins spielten aber oft nur Bruchstücke seiner Theorien eine Rolle. Begriffe wie der „Kampf ums Dasein" verkamen nicht selten zur bloßen Metapher. Sie waren im allgemeinen Sprachgebrauch weit verbreitet, während in der Biologie über deren Bedeutung und Richtigkeit noch beziehungsweise wieder gestritten wurde. Nicht nur innerhalb des Wissenschaftsbetriebs, sondern auch im Reichstag und anderenorts wurde heftig über den Darwinismus, wie ihn Haeckel und andere vertraten, gestritten. Die Naturwissenschaften waren zu einem Bildungselement geworden, und das hervorgebrachte Wissen wurde entsprechend den Bedürfnissen einer breiten Öffentlichkeit „in außerwissenschaftliche Kontexte transformiert und dabei weltanschaulich aufgeladen"[20]. Diese Popularisierung von Darwins Theorien mußte letztendlich zu einer inhaltslosen Beliebigkeit führen. Das erkannte auch Oscar Hertwig, der beklagte, daß jeder

---

15 Paul von Lilienfeld: Gedanken über die Sozialwissenschaft der Zukunft. Teil 1: Die menschliche Gesellschaft als realer Organismus. Mitau 1873. Zit. n. Peter Weingart: Biologie als Gesellschaftstheorie. In: Barsch/Hejl (Hrsg.): Menschenbilder (wie Anm. 12), S. 146-166, hier S. 148.

16 Richard Hertwig: Gedächtnisrede auf Charles Darwin, gehalten in der Sitzung der physikalisch- ökonomischen Gesellschaft am 1. März 1883. In: Schriften der physikalisch-ökonomischen Gesellschaft zu Königsberg in Preussen 24 (1883), S. 21-32, hier S. 21. Zit. n. Engels: Popularität (wie Anm. 12), S. 113.

17 Vgl. Lothar Gall: Europa auf dem Weg in die Moderne 1850-1890. 3. überarb. und erw. Aufl. München 1997 (= Oldenbourg-Grundriß der Geschichte, Bd. 14), S. 25.

18 Vgl. Rolf Winau: Der verbesserte Mensch. In: August Nitschke/Gerhard A. Ritter, Detlev J. Peukert und Rüdiger vom Bruch (Hrsg.): Jahrhundertwende. Der Aufbruch in die Moderne 1880 bis 1930. Bd. 1. Reinbek 1990, S. 286-311, hier S. 302f.

19 Vgl. Schwarz: Schlüssel (wie Anm. 10), S. 286.

20 Daum: Wissenschaftspopularisierung (wie Anm. 11), S. 76.

> seine Nutzanwendung auf soziale, politische, hygienische, medizinische und andere Fragen ziehen und sich zur Bekräftigung seiner Behauptungen auf die Wissenschaft der darwinistisch umgeprägten Biologie mit ihren unabänderlichen Naturgesetzen berufen[21]

könne. Dasselbe galt auch für die Darwinrezeption und Popularisierung in der Turn- und Sportbewegung. War die Auseinandersetzung mit dem Darwinismus also nicht durch ein wissenschaftliches Erkenntnisinteresse initiiert? Gab es noch andere Motive? Wenn dem so ist, dann bleibt nur eine Schlußfolgerung: Ein popularisierter Darwinismus diente dazu, eigene Positionen und Ziele, die wie im Fall der gesellschaftlichen Bedeutung des Turnens beziehungsweise des Sports wenig mit den eigentlichen Theorien Darwins zu tun hatten, zu untermauern. Dies bedeutet freilich auch, daß ein popularisierter Darwinismus trotz aller Diskussionen innerhalb der Wissenschaft und auf politischer Ebene auf breite Zustimmung stoßen mußte. Nur dann konnte eine Popularisierung des Darwinismus dem eigentlichen Ziel, eigene Positionen wissenschaftlich zu untermauern und damit allgemeingültig zu machen, dienlich sein. Angela Schwarz betont, daß Popularisierung „von sozialen Bewegungen zu nicht-wissenschaftlichen Zwecken instrumentalisiert“ wurde, „was jedoch nur dann möglich ist, wenn Wissenschaft als Garant einer universellen Wahrheit gilt oder beschworen werden kann“[22]. Gerade darin lag ja die Verlockung der Naturwissenschaften, mit den dort gültigen Gesetzen auch komplexe Zusammenhänge wie das Funktionieren von Gesellschaft zu beschreiben und festen experimentell nachweisbaren Regeln zu unterwerfen[23]. Auch Turn- und Sportfunktionäre instrumentalisierten in diesem Sinne einen popularisierten Darwinismus zur Betonung einer umfassenden Aufwertung der Körperkultur in der Gesellschaft.

Der Bonner Professor Berweyen stellte in seinem Aufsatz „Biologie und Moral“, der in der Fachzeitschrift *Die Leibesübungen* erschien, fest:

> Die Entwicklung der biologischen Wissenschaft hat dem geistigen Leben des 19. Jahrhunderts ein entscheidendes Gepräge gegeben. Sie berührt nicht nur den Fortschritt des Erkennens, sondern erweist sich darüber hinaus von allgemeiner Kulturbedeutung[24].

Die allgemeine Gewißheit wuchs, daß die Naturwissenschaften den Schlüssel zu Fortschritt, Wohlstand und individuellem Glück in sich bargen. Die Abstammung des Menschen vom Affen, um 1900 bereits weitverbreitete Überzeugung, und als Gegensatz dazu die göttliche Schöpfungsgeschichte hatten die Popularisierung des Darwinismus mehr noch als andere naturwissenschaftliche Erkenntnisse vorangetrieben. Begünstigt wurde diese Entwicklung dadurch, daß Darwin Fragen wie die Vererbung individueller Merkmale und die mechani-

---

21 Oscar Hertwig: Zur Abwehr des ethischen, des sozialen, des politischen Darwinismus. Zweite Aufl. Jena 1921, S. 1. Zit n. Engels: Popularität (wie Anm. 12), S. 134.
22 Schwarz: Schlüssel (wie Anm. 10), S. 41.
23 Vgl. Jonathan Howard: Darwin. Eine Einführung. Stuttgart 1996, S. 145f.
24 Berweyen: Moral (wie Anm. 5), S. 43.

schen Grundlagen der Vererbung offengelassen hatte[25]. Unklar blieb, wer im Kampf ums Dasein eigentlich gegen wen kämpfte. Dies erlaubte eine vielfach verwertbare Ideologisierung seiner Theorien, so wie dies auch in der Auseinandersetzung zwischen der Turn- und der Sportbewegung geschah[26]. Einem Steinbruch gleich ließen sich einzelne Aspekte der Theorie isoliert betrachten und in das eigene Weltbild integrieren oder zur Unterstützung eines bereits festgefügten Weltbildes heranziehen. Die Gedanken Darwins, die diesem Weltbild nicht entsprachen, wurden ignoriert. Dies sollte für den Verlauf der Auseinandersetzung zwischen den Befürwortern des Turnens und den Vertretern des Sports nicht folgenlos bleiben.

Der Streit zwischen Turnen und Sport

Im Kern stritten Turner und Sportler darüber, welches Konzept der Körperkultur in Zukunft in den Schulen und im Militär Anwendung finden und damit besondere staatliche Unterstützung erfahren sollte. Beide Seiten führten in der Auseinandersetzung, die mit den ersten Anfängen des modernen Sports in Deutschland nach der Reichsgründung begann, Politiker, Militärs, Pädagogen und Mediziner für sich ins Feld, die jeweils die Vorteile des Turnens priesen und den Sport verdammten – oder eben genau umgekehrt. Da es an wissenschaftlichen Maßstäben fehlte, um die vorgebrachten Argumente rational zu bewerten, drehte sich die Diskussion, die sich zunächst am als positiv bewerteten „deutschen“ Ursprung des Turnens und den als negativ dargestellten „englischen“ Wurzeln des Sports entzündete, bald im Kreis. Um diesen Stillstand aufzubrechen und zu einem Ergebnis zu kommen, bedurfte es daher eines neuen Blickwinkels zur Bewertung von Turnen und Sport. Boten die Naturwissenschaften und hier vor allem der Darwinismus einen Ausweg? Darwins Werk hatte bereits unmittelbar nach seinem Erscheinen große Aufmerksamkeit auch außerhalb der Biologie erfahren. Die Beschäftigung mit dem Darwinismus und damit verknüpft die Frage, ob eher das Turnen oder der Sport sich im Geiste dieser Theorien verstehen ließen beziehungsweise Leibesübungen dazu geeignet waren, die konstatierten negativen Folgen der Beseitigung der natürlichen Auslese durch die Zivilisation abzumildern, setzte erst Ende der 1880er Jahre ein. Dies war nicht nur der Zeitpunkt, an dem die Debatte um die nationalen Wurzeln des Turnens und des Sports festgefahren waren. In dieser Phase erlebte auch die Wissenspopularisierung durch das Wirken Haeckels und anderer einen neuen Schub. Die allgemeinverständliche Darstellung der Naturwissenschaften wurde vielfach zum Austragungsort gesellschaftspolitischer und weltanschaulicher Auseinandersetzungen[27]. Unter diesem Gesichtspunkt ist auch der Streit zwischen Turnen und Sport zu sehen.

Es ist folglich zu vermuten, daß der Darwinismus über die Schriften seiner Popularisatoren nicht in erster Linie aus einem wissenschaftlichen Erkenntnisinteresse heraus rezipiert wurde, sondern sich sowohl die Turn- als auch die Sportfunktionäre davon eine Legitimati-

---

25 Vgl. Wolfgang Wieser: Die Evolution der Evolutionstheorie. In: Peter Sitte (Hrsg.): Jahrhundertwissenschaft Biologie. Die großen Themen. München 1999, S. 21-39, hier S. 21.
26 Vgl. Thomas Nipperdey: Deutsche Geschichte 1866-1918. Bd. 1. Arbeitswelt und Bürgergeist. München 1998, S. 625ff.
27 Vgl. Schwarz: Schlüssel (wie Anm. 10), S. 363ff.

on und Bestätigung des eigenen Konzepts, zumindest aber eine allgemeine Aufwertung der Leibesübungen versprachen. Voraussetzung dieser Annahme war aber, daß Grundzüge von Darwins Theorien und vor allem popularisierte Ansätze, die sich auf die menschliche Gesellschaft bezogen, weitverbreitet, allgemein bekannt und akzeptiert waren. Für die hier betrachteten Quellen, die turnerischen und sportlichen Fachzeitschriften, kann man diese Annahme bestätigen.

Insbesondere Haeckels Name diente als „Chiffre darwinistischen Erklärungs- und Weltdeutungsanspruchs"[28]. Der Jenaer Zoologe sorgte wie kein zweiter für die Verbreitung eines popularisierten Darwinismus, den er mit eigenen theoretischen Überlegungen angereichert zum Monismus als Weltanschauung erklärte. Zweifellos lasen mehr Turn- und Sportfunktionäre Haeckels populärwissenschaftliches Werk „Die Welträthsel", von dem mehr als 400.000 Exemplare gedruckt wurden, als Darwins eigene Schriften, die außerhalb fachwissenschaftlicher Kreise nur schwer zu verstehen waren. Ein popularisierter Darwinismus stieß zunächst innerhalb der Turn- und Sportbewegung auf große Zustimmung. In allen Artikeln, die sich auf Darwin bezogen, wurde die Gültigkeit seiner Theorien auch für die menschliche Gesellschaft akzeptiert. Stimmen, die eine solche Interpretation des Darwinismus' ablehnten, wurden nicht laut. Sicherlich gab es auch Funktionäre, die eine solche Sichtweise für falsch hielten, doch wandten sich diese scheinbar anderen Fragen zu. Die folgende Aussage von Eduard Bertz stieß auf breite Resonanz:

> Das neunzehnte Jahrhundert brachte uns als die größte seiner Gaben die Grundlage einer wissenschaftlichen Weltanschauung, wir gewannen durch Darwins Forschungen die Erkenntnis, welches die wichtigste Ursache der Entwicklung der Lebewesen ist[29].

Turnen und Sport im Sinne Darwins

Während mit Ferdinand Goetz (1826-1915) noch ein Barrikadenkämpfer der 1848er Revolution, dem das neue Denken der Zeit in vielfacher Hinsicht fremdgeblieben war, an der Spitze der Deutschen Turnerschaft (DT) stand, begeisterten sich die Sportanhänger, deren Funktionäre oft selbst noch aktive Sportler waren, für neue und moderne Gesellschaftsentwürfe, in denen auch ein darwinistisches Weltbild eine Rolle spielte. Selbstbewußt stellte Hans Loose fest: „Die echten Sportler sind die neuen Menschen"[30]. Der Wettkampf, die Auslese besonders Tüchtiger als Sieger im Konkurrenzkampf als Wesensmerkmale des Sports, ließ zumindest die entsprechenden Aspekte des Darwinismus' zur Erklärung gesellschaftlicher Prozesse plausibel erscheinen. Bereitwillig übernahmen die Sportfunktionäre popularisierte darwinistische Positionen zur Beschreibung des Sports. Das entstehende Interesse wurde durch eine Vielzahl von Publikationen in Fachzeitschriften befriedigt. Die

28 Daum: Wissenschaftspopularisierung (wie Anm. 11), S. 305.
29 Eduard Bertz: Nietzsche's Kampf gegen die Entartung der Rassen. 1. Teil. In: Zeitschrift für Turnen und Jugendspiel 9 (1900), S. 193-196, hier S. 193.
30 Hans Loose: Die geschichtliche Entstehung der Leibesübungen in Deutschland. Der Kampf zwischen Turnen und Sport. Leipzig 1926, S. 25.

Turner taten sich hier zunächst schwerer. Die das Turnen prägenden Werte ließen sich nicht in Beziehung zum Darwinismus setzen, ohne das dies gewollt und gekünstelt wirkte. Hinzu kam, daß, wie bereits erwähnt, nicht wenige Funktionäre einem immer wieder eng mit dem Darwinismus verbundenen säkularisierten Weltbild naturwissenschaftlicher Prägung reserviert bis ablehnend gegenüberstanden.

Doch immer mehr Menschen wandten sich vom Turnen ab und dem Sport zu. Dies setzte einen Prozeß der Versportlichung des Turnens in Gang. Wollten die Turnfunktionäre verhindern, daß die Mitglieder aus den Turnvereinen austraten, so mußte ein sportliches Prinzip nach dem anderen, vom Wettkampfgedanken bis zum Leistungsgedanken, übernommen werden. Dies geschah so gründlich, daß die Turnvereine bald Abteilungen für verschiedene Sportarten einrichteten. Durch die Wesensänderung des Turnens hielt auch das neue Denken der Zeit Einzug in die Turnbewegung. Man war zwar nach wie vor bemüht, sich von den Sportverbänden abzugrenzen, auch um den Alleinvertretungsanspruch der DT auf dem Gebiet der Leibesübungen aufrechtzuerhalten, griff dabei aber nun auf dieselben Argumente wie die Sportler zurück. Dies konnte glaubwürdig nicht ohne Rückgriff auf naturwissenschaftliches Wissen als Welterklärungsinstanz geschehen.

Jetzt nahmen auch die Turner für sich in Anspruch, schon immer im Geiste Darwins geturnt zu haben: „Damals schon“, so erklärte Eduard Bertz im Hinblick auf die Entstehung des Turnens, „empfand man, was uns durch Darwin und Nietzsche nun so viel deutlicher geworden ist, daß die Entartung der Rasse bekämpft werden müsse“[31]. Kein Zweifel herrschte darüber, daß das Turnen geeignet sei, einer Degeneration entgegenzuwirken:

> Den Weg welchen wir bei Durchführung der Anpassung einzuschlagen haben, zeigt uns am besten das deutsche Turnen, welches keinen anderen Zweck verfolgt, als die Glieder gegen die denselben aufzuerlegenden Anstrengungen widerstandsfähiger zu machen[32].

Jahns Ziel war die Befreiung Deutschlands von der französischen Fremdherrschaft und die Schaffung einer deutschen Nation gewesen. Daß die Turner zum Erreichen dieses Zieles beigetragen hatten, war das Fundament des turnerischen Selbstverständnisses gewesen, und trotzdem zog man immer öfter den Darwinismus als Leitmotiv des Turnens heran.

> Längst ehe man von Darwins Anpassungstheorie etwas wußte, hat man geturnt, um den Körper zu kräftigen und längst ehe man seine Vererbungstheorie kannte und ehe man wußte, daß es eine natürliche Zuchtwahl gäbe, hat man eine künstliche vorgenommen, um die vorteilhaften Eigenschaften [...] auf die folgenden Generationen zu vererben[33],

schrieb Wilhelm Gundlach und erklärte damit das Turnen zu einem nach darwinistischen Grundsätzen funktionierenden Konzept der Körperkultur. Turnvater Jahn als der erste Dar-

31 Eduard Bertz: Nietzsche's Kampf gegen die Entartung der Rassen. 3. Teil. In: Zeitschrift für Turnen und Jugendspiel 9 (1900), S. 228-232, hier S. 229.
32 Gundlach: Pflege (wie Anm. 2), S. 401f.
33 Ebd., S. 402.

winist? Diese Vorstellung mag wohl eher von dem Gedanken geleitet gewesen sein, sich eines scheinbar weit verbreiteten popularisierten darwinistischen Weltbildes zu bedienen, um die eigene Position in der Auseinandersetzung mit dem Sport zu festigen. Entscheidend waren nicht einzelne Fragen, wie etwa die Vererbung erworbener Eigenschaften, sondern die allgemeine Berufung auf ein popularisiertes Darwinbild. Daß dies aber eben nicht bei jedem bloßes Kalkül war, sondern durchaus der eigenen Grundüberzeugung entsprach, muß zumindest für den Autor des oben wiedergegebenen Zitats angenommen werden, der im selben Aufsatz auch die Reformation als Ergebnis eines physischen Lebensinstinktes der Rasse bezeichnete. Dabei konnten die Grenzen zwischen einem popularisierten Darwinismus und pseudowissenschaftlichen Thesen durchaus verschwimmen. Kennzeichnend für die Darwinrezeption in der Turn- und Sportbewegung war, daß nur einzelne Aspekte, ja Schlagwörter diskutiert und aufgegriffen wurden. Durch die Popularisierung erfuhr der Darwinismus eine Transformation, die von den Fragen und Zielen der Turn- und Sportfunktionäre geleitet war.

Der Kampf ums Dasein

Der Sieg des Stärkeren im Kampf ums Dasein als Voraussetzung für Fortschritt und als Notwendigkeit zur Abwendung einer vielfach beschworenen Degeneration war ein gesellschaftspolitischer Allgemeinplatz geworden. Und Turn- und Sportfunktionäre maßen den Leibesübungen in der Vorbereitung auf diesen Kampf eine zentrale Bedeutung zu. Für die Frage nach der gesellschaftlichen Rolle der Leibesübungen war daher ein darwinistischer Begriff von herausragender Bedeutung: der Kampf ums Dasein. Hier knüpften alle Überlegungen an, auch die Betrachtung von Turnen und Sport als Instrument der Eugenik und der Medizin, ja sogar der Pädagogik. Auf dieser gemeinsamen Basis positionierten sich Turner und Sportler.

Für die Befürworter des Sports war ganz klar, daß dem Sport darwinistische Grundzüge innewohnten:

> Der dem Sport zu Grunde liegende Begriff ist ‚Kampf', und da auch das Leben nichts anderes ist, als ein beständiger Kampf, so mag es wohl daher kommen, daß die Äußerungen des einen und des anderen fortwährend in einander überspielen und die Grenzlinien so schwer festzulegen sind. Jeder Kampf nun kann vom Menschen gegen drei Widersacher geführt werden: gegen seinen Mitmenschen, gegen die Tierwelt, gegen die Natur. Unternimmt der Mensch einen solchen Kampf gegen diese Feinde in der ernsten Absicht, durch völlige Vernichtung des Gegners sich von ihm zu befreien, so führt er das aus, was Darwin den „Kampf ums Dasein" nennt. [...] Der Kampf ums Dasein richtet sich auf die Vernichtung des Gegners; der dem Sporte zu Grunde liegende Kampf beabsichtigt nur den Sieg zu erringen, die Überlegenheit zu beweisen, und übt sich in diesem Kampfe zu dem Zwecke, in jenem großen Kampfe möglichst gerüstet dazustehen[34].

34 Wilhelm Rolfs: Sport. In: Zeitschrift für Turnen und Jugendspiel 5 (1896), S. 193-200, hier S. 195.

Die Turner konnten dem „Kampf ums Dasein" wenig abgewinnen, spielte doch der Wettkampf ursprünglich eine untergeordnete Rolle im Turnen, ja war teilweise sogar verpönt. Nur in Verbindung mit der Wehrertüchtigung, der sich die Turner seit Friedrich Ludwig Jahn verschrieben hatten, gewann der „Kampf ums Dasein" als Begriff auch innerhalb der Turnbewegung an Bedeutung. Der Krieg als solcher wurde im darwinistischen Sinne als Kampf ums Dasein zwischen den Völkern deklariert, dauerhafter Frieden wurde damit zur Utopie. Der Kampf ums Dasein meinte also nicht nur die tägliche Auseinandersetzung mit der eigenen Lebenswelt, für die die Leibesübungen ein probates Vorbereitungsmittel darstellten. Auch hier billigte man der Körperkultur einen wesentlichen Beitrag zur Wehrhaftmachung und damit zur Vorbereitung auf diesen Kampf zu.

> Wir müssen diese Kämpfe der Nationalitäten als gegebene Tatsachen hinnehmen. Sie sind eine besondere Art des Kampfes ums Dasein, den wir überall in der Natur wahrnehmen, und zwar dort am heftigsten, wo die Lebewesen sich am dichtesten zusammendrängen.

So wie dies in Europa der Fall ist, scheint der Autor damit zum Ausdruck bringen zu wollen.

> Der Kampf ums Dasein ist gut und notwendig. Er zerstört das Schwache und Kranke und gibt dem Starken, Gesunden die ihm gebührende Bedeutung. [...] So ist die Wehrhaftigkeit das erste Ideal geworden, das jedem guten Deutschen für sich wie für sein Volk vorschwebt[35].

Der Kampf ums Dasein wurde sowohl für die Turner als auch für die Sportler der zentrale Begriff aus Darwins Theorien, der sinnstiftend Anwendung auf die Körperkultur fand. Auch eine weitere Äußerung Wilhelm Rolfs' macht dies deutlich:

> Wie aller Sport hat sich auch die Athletik aus dem Leben und für das Leben entwickelt. Unbewußt bewirken die großen Gesetze, die im Kampfe ums Dasein mächtig sind, daß die Menschheit jene Übungen aufsucht und pflegt, die sie zu jenem Kampfe tüchtig machen[36].

Diesem Grundsatz entsprachen Turnen und Sport gleichermaßen. Der Professor für Hygiene und erste Vorsitzende des Deutschen Fußball-Bundes (DFB), Ferdinand Hueppe (1852 bis 1938) erklärte: „Es ist beim besten Willen nicht möglich, zwischen Turnen und Sport [...] grundsätzliche Gegensätze zu finden[37]". Nicht zuletzt trug auch der durch die Turn- und Sportbewegung verbreitete popularisierte Darwinismus dazu bei, daß dieses Denken das Weltbild vieler Zeitgenossen prägte und die Leibesübungen vermehrt in den Blickpunkt gesellschaftspolitischer Überlegungen und Diskussionen rückten. Genau das war ein Ziel der Akteure in der Debatte gewesen.

---

35 Hahne: Ideal (wie Anm. 1), S. 186.
36 Rolfs: Sport (wie Anm. 34), S. 230.
37 Hueppe: Entartung (wie Anm. 4), S. 78.

Leibesübungen als Mittel der Eugenik

Im populärdarwinistischen Denken wurde das Evolutionsgesetz so aufgefaßt, daß ein Sieg des Stärkeren als eine unabdingbare Voraussetzung für den Fortschritt, die Evolution, galt. Diese Vorstellung auf die menschliche Gesellschaft zu übertragen, mußte weitreichende Folgen für das ethische Empfinden gegenüber denen, die als schwach galten, haben. Während in der Natur durch die natürliche Auslese nur die starken Variationen der Arten überlebten, habe die Zivilisation die natürliche Auslese der menschlichen Gesellschaft ausgeschaltet. Das Überleben zahlreicher schwacher Variationen müsse daher zwangsläufig zur Degeneration der menschlichen Rasse führen.

> Ein sonderbarer Fortschritt, die rastlose Vermehrung und Vervollkommnung von Heilanstalten, Besserungsanstalten, Gewahrsamen. Eine merkwürdige Stufe gesellschaftlicher Entwicklung, auf welcher die Krüppel, die Geistesschwachen, die Verbrecher ein gesichertes Dasein und ein leichteres Leben haben als der Gesunde, der sein tägliches Brot von Tag und Tag erringt und verliert[38]!

Mit solchen Argumenten trat man für eine bessere staatliche Förderung zum Bau von Turnhallen und Sportplätzen ein. Man konnte diese Anregungen aber auch so verstehen, daß dafür die Schließung von Behinderten- und Pflegeheimen billigend in Kauf genommen wurde. Die Nähe zu den Euthanasieprogrammen der Nationalsozialisten, die diese Gedanken in die Realität umsetzten, liegt hier auf der Hand.

Konkret beschäftigten sich Turner und Sportler auch mit der Frage, ob die Folgen der Selektion für die Gesellschaft steuerbar waren – und wenn ja wie. Streit zwischen Turn- und Sportfunktionären war in dieser Frage selten, denn hier ging es um gemeinsame Interessen. Die Angst vor Degeneration bedingte die Entstehung der Eugenik und der Rassenhygiene, die in ihren Anfängen noch die menschliche Gattung als solche meinte. Die Zivilisation fördere die negative Auslese, so die weitverbreitete Auffassung, und hier verwies man auf die Leibesübungen als entsprechendes Instrument, um Abhilfe zu schaffen. Als die Eugenik in der Öffentlichkeit diskutiert wurde, hatten sich Turnen und Sport bereits einander angenähert. Daß Leibesübungen insgesamt in den Dienst einer aktiven Gesellschaftspolitik zu stellen waren, wie es von den Eugenikern gefordert wurde, stand für beide Seiten außer Frage. Hierbei spielten in vielen Ausführungen die Leibesübungen eine zentrale Rolle. Eng damit verbunden war die Frage nach der Vererbung erworbener Eigenschaften.

> Anpassung und Vererbung sind die natürlichsten Mittel zur Fortentwicklung und sie müßten einer absichtlich durchzuführenden Veränderung des Menschengeschlechts dienstbar gemacht werden. Deshalb haben wir zu erforschen, ob wir unsere Organe den gegebenen Verhältnissen so anzupassen vermögen, daß sie gegen Angriffe auf unsere Gesundheit widerstandsfähiger werden. Hat da eine Generation einen Fortschritt in dieser Richtung gemacht, so wird sie die errungenen Vorteile auf das nachfolgende Geschlecht vererben. [...] In jeder Generation wird dann

38 G. Sticker: Die Gesundung des Volkes. In: Jahrbuch für Volks- und Jugendspiele 10 (1901), S. 34-41, S. 34.

> die Widerstandsfähigkeit größer, die Sterblichkeit im jugendlichen Alter geringer werden und endlich ein Minimum erreichen[39],

erklärte der Medizinprofessor Sticker aus Gießen. Die hier deutlich postulierte Vererbung erworbener Eigenschaften wurde von anderen in Frage gestellt und in den Fachzeitschriften der Turner und Sportler heftig diskutiert. Auch im Lager derjenigen, die eine Vererbung von erworbenen Eigenschaften ablehnten oder zunächst anzweifelten, galt der Sport als wichtiges Mittel der Eugenik. Otto Kaundinya sah den Sport als Ersatz für die natürliche Lebenswelt, der die Menschen durch die Zivilisation entfremdet seien. Intensive Leibesübungen erlaubten es aber, die negativen Folgen „der künstlich geschaffenen Lebensweise" abzuschwächen. Der Sport als „Ersatzmittel für die naturverbundene Lebensweise unserer Ahnen" ließ sich dieser Argumentation zufolge scheinbar nur schwer darwinistisch instrumentalisieren, denn von einer Vererbung der durch den Sport erworbenen Eigenschaften war nicht die Rede. Doch auch so begriff man den Sport als Instrument der natürlichen Auslese:

> Bei dem stark verbindenden Charakter der sportlichen Gemeinschaft darf man dann mit Sicherheit erwarten, daß das Gefühl für einen leistungsfähigen, ausgeglichenen und gesunden Körper bei der Gattenwahl mitbestimmt, so daß letzten Endes die Verbesserung der Rasse, im Sinne der natürlichen Auslese, mittelbar erreicht wird. [...] Daraus ergibt sich die praktische Bedeutung des Sports für die Eugenik[40].

Die Popularisatoren Darwins sprachen keineswegs immer eine einfache und leicht verständliche Sprache, ihre Artikel waren oft voll von Fachausdrücken. So beschrieb H. Buchner ausführlich die Entwicklung der Pflanzen und ihre Abhängigkeit von der Lebensumwelt, dem Klima und dem Sonnenlicht, der Möglichkeit zur Photosynthese und stellte fest:

> Die Pflanzen erhalten also unter dem Einfluß der neuen Außenbedingungen ein ganz anderes Aussehen, sie verändern eine ganze Reihe von ihren Eigenschaften, und das alles, obwohl vielleicht Tausende von Generationen in der Ebene vorhergegangen waren. Diese lange Generationenfolge war also nicht im Stande gewesen, jene Eigenschaften in dem Grade konstant zu machen, daß sie von den jeweiligen äußeren Bedingungen sich unabhängig zeigten[41].

Mit dieser Erkenntnis wollte er nun auch die Entwicklung des Menschen nachvollzogen wissen. Im Anschluß beschrieb er ausführlich die negativen Folgen der Zivilisation für den Menschen, um am Ende klarzustellen:

> Es besteht die begründete Hoffnung, daß dies möglich sei; unsere biologische Einsicht in die Zweckmäßigkeit der Natur berechtigt uns dazu vorauszusetzen, daß ei-

---

39 Gundlach: Pflege (wie Anm. 2), S. 401.
40 Otto Kaundinya: Konstitution, Sport und Eugenik. In: Die Leibesübungen 6 (1932), S. 259f., hier S. 260.
41 Buchner: Degeneration (wie Anm. 6), S. 7.

> ne Ausgleichung der Schädlichkeit des Kulturlebens durch eine zielbewußte Hygiene sich erreichen läßt. Der Degeneration müssen wir eine Regeneration entgegensetzen[42].

Daß die Evolution der Pflanzen, ihre Lebensfähigkeit nach denselben Gesetzen wie die der Menschen, ja der Gesellschaft funktionierte, galt als ausgemacht. Man mußte also ein Instrumentarium schaffen, um die negativen Folgen der „Domestikation" des Menschen, das Fehlen der natürlichen Auslese durch die Zivilisation zu beseitigen. Damit war klar: Die Eugenik und als ihr Instrument die Leibesübungen sollten eine Verbesserung der Konstitution des Menschen erreichen.

Auch andere Stimmen maßen den Leibesübungen im Kampf gegen die Degeneration eine wichtige Rolle zu: „Wenn sie allein auch zur Regeneration der Rasse nicht genügen wird, [...] so kann sie doch den Rückgang aufhalten"[43], glaubte Eduard Bertz zu wissen. Analog dazu erklärte Professor Kaup aus München die Biologie zum „Wegweiser für das Betätigungsfeldes der Leibesübungen"[44]. War die Bedeutung der Biologie allgemein anerkannt, so stritt man lediglich über die Rolle der Leibesübungen. Dabei standen sich vor allem zwei Gruppen gegenüber, auf die hier exemplarisch eingegangen werden soll: Die Epigeniker bejahten die Vererbung erworbener Eigenschaften, da sie Vererbung als „einen Verwirklichungsvorgang einer chemisch-psychischen Morphe nach Entwicklungsetappen und temporären Gleichgewichtszuständen" aussahen. Die Gegner dieser Sichtweise, die Präformisten, definierten Vererbung als einen „Übertragungsvorgang von unabänderlichen und konstanten Erbfaktoren". Dies entsprach annähernd den Theorien Darwins. Aufgrund dieser Definition läßt sich vermuten, daß die Epigeniker dem Sport eine weitaus größere Bedeutung im Kampf gegen die konstatierte Degeneration zubilligten als die Präformisten, aber weit gefehlt! Zwar verneinte man konsequent die Vererbung und die Ausbildung von Eigenschaften, die nicht im Erbgut lagen, aber durch Leibesübungen meinte man „die Quantitäten der Erbfaktoren dem relativen Optimum" zuführen zu können. Damit nicht genug: „So ist es zwar sicher richtig, daß die Leibesübungen und ihre Pflege ausschließlich individual-hygienisch wirken, traditionell aber geben sie unstreitig auch deszendens-hygienisch einen Dauereinfluß von erheblichem Werte ab." Und weiter:

> Körperliche Tüchtigkeit und erhöhte Vitalität können eben als auf Organisationsanlagen beruhend gar nicht neu erworben werden, sie gehören zum artspezifischen Bestande. Das mögliche Maximum fällt jedoch nicht mühelos in den Schoß, muß eben erworben oder verdient werden[45].

42 Ebd., S. 9.
43 Eduard Bertz: Nietzsche's Kampf gegen die Entartung der Rassen. 2. Teil. In: Zeitschrift für Turnen und Jugendspiel 9 (1900), S. 209-213, hier S. 209.
44 J. Kaup: Biologisch-hygienische Bedeutung der Leibesübungen. In: Die Leibesübungen 10 (1925), S. 238-242, hier S. 238.
45 Ebd., S. 241.

Ergebnis

Der Darwinismus, die Biologie und die Naturwissenschaft allgemein waren zu einem Steinbruch geworden, in dem sich die Befürworter des Sports und die Verfechter des Turnens beliebig bedienten, um die eigene Position zu legitimieren. Voraussetzung für die Wirksamkeit ihrer Argumente war eine Akzeptanz der Biologie als Leitwissenschaft und als Grundlage zur Neugestaltung der Gesellschaft. Der Turnpädagoge Karl Trapp, ein Anhänger Haeckels, schrieb bereits 1890: „Aus der unaufhaltsam wachsenden Natur-Erkenntnis wird zum Heile der Menschen die realistische Unterrichts- und Erziehungsreform geboren werden“[46]. Eine Ansicht, der sich viele Zeitgenossen anschlossen und damit die Leibesübungen allgemein aufgewertet sehen wollten. Über die Folgen einer solchen Aufwertung war man sich sicher:

> Wenn so durch eine Reihe von Geschlechtern diese Art der Erziehung fortgesetzt würde, dann würden epidemische Krankheiten vielleicht gänzlich verschwinden, die Menschen würden körperlich und geistig gesünder und leistungsfähiger werden und ein glücklicheres Geschlecht würde in jener Zukunft die Erde bewohnen[47].

Hier zeigt sich deutlich, welches Weltbild ein popularisierter Darwinismus hatte entstehen lassen.

Die Turn- und Sportfunktionäre griffen Gedanken dieses Weltbildes auf, wenn sie den eigenen Zielen dienlich schienen. Die Popularisierung des Darwinismus führte hier also zugleich zu einer Transformation des Wissens. Dieser Prozeß galt nicht, wie bei Haeckel, der Schaffung eines geschlossenen Denkgebäudes, sondern war zielgerichtet auf einen bestimmten Zweck: die Aufwertung der Leibesübungen allgemein und des eigenen Konzeptes im öffentlichen Bewußtsein. Inwieweit diese Entwicklung, die Popularisierung und Transformation des Darwinismus, in anderen Bereichen neue Fragen, denen sich die Wissenschaft zuwandte, hat entstehen lassen, muß an anderer Stelle untersucht werden. Hier sei lediglich angemerkt, daß die Entstehung der modernen Sportwissenschaften zur gleichen Zeit ihren Anfang nahm. Wohl auch, weil die innere Auseinandersetzung, ob eher das Turnen oder der Sport den Erfordernissen der Zeit entsprach, durch den Rückgriff auf einen popularisierten Darwinismus nicht zu lösen war. Die Medizin aber hatte den Körper bisher kaum im Hinblick auf die Folgen von Leibesübungen auf die individuelle Gesundheit und die Volksgesundheit untersucht. Das auf der Internationalen Hygieneausstellung in Dresden 1911 erstmals eingerichtete Sportlabor zeigte neue Wege auf. Man kann also durchaus von einem Zusammenhang von Wissenspopularisierung und der Entstehung neuen Wissens sprechen.

Sowohl Sportler als auch Turner zweifelten in der Mehrzahl die Gültigkeit des Darwinismus als die Körperkultur strukturierende Theorie nicht an, so wie sie ihn bruchstückhaft zur Aufwertung der Körperkultur im gesamtgesellschaftlichen Kontext verstanden wissen wollten. Der Streit zwischen den Turn- und den Sportfunktionären konnte durch den Rückgriff auf darwinistische Argumente zur Bewertung des eigenen Konzeptes aber nicht entschieden werden, da beide Seiten mit den gleichen Argumenten teilweise unterschiedliche

46 Karl Trapp: Nichtiges und Wichtiges. In: Der Turner 22 (1890), S. 1-7, hier S. 7.
47 Gundlach: Pflege (wie Anm. 2), S. 404.

Positionen vertraten. Die Diskussion blieb auch deshalb in diesem Punkt ohne Ergebnis, weil sich Turnen und Sport im Laufe der Zeit inhaltlich einander angenähert hatten. Bald traten die Funktionäre der Turn- und Sportverbände gemeinsam gegenüber der Politik und gesellschaftlich relevanten Gruppen für eine Aufwertung der Leibesübungen als Element der Erziehung ein. Bei der Begründung berief man sich einheitlich auf die drohende, sich in ungesunden Lebensumständen der Großstädte und sinkenden Tauglichkeitszahlen der Rekruten bei den Musterungen bereits manifestierende Degeneration der menschlichen Rasse. Allen unterschiedlichen Positionen zum Trotz war die Popularisierung der Naturwissenschaften, allen voran des Darwinismus', die Ursache für die Ausprägung dieses Weltbildes, in dessen Dienst sich Turn- und Sportverbände nach anfänglichen Auseinandersetzungen gemeinsam stellten.

Der popularisierte Darwinismus war dabei mit den Konzepten der Körperkultur kompatibel gemacht worden, um die eigene gesellschaftliche Stellung zu festigen. Dies führte zu einer Transformation und Popularisierung naturwissenschaftlichen Wissens, die vor allem gesellschaftspolitisch und weniger durch ein genuin wissenschaftliches Erkenntnisinteresse motiviert war.

Johanna Schrön

Ein „grosses, lebendiges Lehrbuch der Hygiene" – Die Internationale Hygiene-Ausstellung in Dresden 1911

Am 6. Mai 1911 eröffnete in Dresden die erste Internationale Hygiene-Ausstellung auf ihrem riesigen, im Großen Garten gelegenen Gelände, und sie zog bis zum 31. Oktober des Jahres rund 5,5 Millionen Besucher an[1]. Allein die Ausdehnung und kunstvolle architektonische Gestaltung der Bauten genügten, um die Veranstaltung zu einem spektakulären Ereignis zu machen. Zahlreiche Vergnügungs- und Erfrischungsstätten boten Unterhaltung und Anregung – Marionettentheater und marokkanische Cafés, Tanzsalon und Lunapark, American Bar und Alpenpanorama-Restaurant befriedigten Schaulust und leibliche Bedürfnisse gleichermaßen. Im Stil der Weltausstellungen hatten zwölf Nationen auf der „Völkerstraße" Länderpavillons errichtet, die Einblick in das jeweilige nationale Gesundheitswesen boten und dessen neueste Errungenschaften auf dem Gebiet der Hygiene vorstellten.

Im Unterschied zur Weltausstellung aber stand im Mittelpunkt der Dresdener Veranstaltung ein einziges Thema, dem sie sich ausführlich und auf vielfältige Weise widmete[2]. Der zentrale Schaubereich setzte sich aus vier Abschnitten zusammen: Eine „Historische Abteilung" zeigte die Geschichte der Hygiene von der Antike bis zur Gegenwart, daran schloß sich die „Wissenschaftliche Abteilung" an, die nach Themenbereichen geordnet einen Überblick über den Forschungsstand der modernen Hygiene geben wollte. Hinzu trat die Abteilung für „Populäre Hygiene", die sich mit Themen wie Ernährung, Wohnen, Körperhygiene und Berufshygiene befaßte. Ebenfalls über das Messegelände verstreut lagen die Ausstellungshallen der „Industriellen Abteilung", wo knapp 1.500 Aussteller verschiedener Industriezweige ihre Produkte zur Gesundheitspflege präsentierten[3]. Von der Leistungsfähigkeit gesunder, kräftiger Körper konnte man sich statt von Schautafeln auch auf einem der Sportfelder überzeugen lassen, auf denen zahlreiche Wettkämpfe und Sportfestvorführungen geboten wurden.

In der Dresdener Ausstellung wurde hygienisches Wissen popularisiert. Medizinische Volksaufklärung, wissenschaftlicher Expertenaustausch und vergnügliche Gesundheitsschau – die Ausstellung schloß all dieses ein; in ihr wurde ein weitgespanntes Spektrum eröffnet, wurden Geschichte und Berufsleben, Wissenschaft und Alltag, Technik und Körperästhetik,

---

1 Die Weltausstellungen zwischen 1905 und 1913 konnten durchschnittlich 9 Mio. Besucher verzeichnen. Vgl. Winfried Kretschmer: Geschichte der Weltausstellungen. Frankfurt am Main, New York 1999, S. 296f.

2 Zu Geschichte und Aufbau der Ausstellung vgl. Stefan Poser: Museum der Gefahren. Die gesellschaftliche Bedeutung der Sicherheitstechnik. Das Beispiel der Hygiene-Ausstellungen und Museen für Arbeitsschutz in Wien, Berlin und Dresden um die Jahrhundertwende. Münster, New York, München, Berlin 1998, bes. S. 139-158.

3 Vgl. 75 Jahre Deutsches Hygiene-Museum in der DDR. Ein historischer Abriß. Hrsg. v. Deutschen Hygiene-Museum in der DDR. Dresden 1987, S. 12.

Industrie und Gesundheit miteinander verknüpft. Diese Vielfalt der Bezüge der Ausstellung ist aus den Eigenschaften von Hygiene heraus zu erklären, zu deren Anspruch es gehört, auf alle Bereiche des Lebens Einfluß zu nehmen. Wie die eigentümliche Breite der Themen läßt sich auch die gesamte Form der Ausstellung auf die besondere Struktur von Hygiene zurückführen. Im Mittelpunkt dieses Beitrags steht deshalb die Frage nach den Eigenschaften des Hygienekonzeptes, die den Prozeß der Wissenspopularisierung, die Absicht, Adressierung und den Aufbau der Ausstellung maßgeblich bestimmten.

Das „Konzept Hygiene"

Vor allen Dingen, so ist in der Vorrede des Ausstellungsführers von 1911 zu lesen, sei es „nötig, dem Menschen zum Bewusstsein zu bringen, dass die Gesundheitspflege die Grundlage der persönlichen Wohlfahrt wie des Gedeihens der Völker ist, und dass es in der Macht eines jeden liegt, zur Erhaltung und Kräftigung seines körperlichen und geistigen Wohlbefindens beizutragen. Ihm die Wege hierzu zu weisen, ist der Grundgedanke der Internationalen Hygiene-Ausstellung Dresden 1911"[4]. Bewußtsein für Hygiene galt den Veranstaltern als Merkmal von Kulturvölkern, die sich durch die Erkenntnis auszeichnen, daß „man den einzelnen Menschen nicht ausschliesslich seinen Naturtrieben überlassen, ihn nicht wie das Unkraut auf dem Felde aufwachsen lassen dürfe, sondern ihn planmässig kultivieren müsse"[5].

Ziel der Dresdener Ausstellung war es, das auf dieser Erkenntnis beruhende „hygienische System" zu vermitteln. Es sollte gezeigt werden, wie Gesundheitspflege und Wohlfahrt zusammenhängen, wie der Zustand des Organismus auf das Leben von Individuen und Gruppen von Individuen wirkt: Je kräftiger und gesünder der einzelne Organismus, um so günstiger gestalte sich das Leben der Menschen. Über das deskriptive Aufzeigen des Verhältnisses von Körper, Gesundheit und Krankheit hinaus wurde damit eine wertende Perspektive eingenommen: Die Zustände, die sich aus diesem verschieden gestalteten Verhältnis ergeben können, sind sich nicht gleich; wünschenswert ist der günstige Zustand der Gesundheit. Diesem Axiom entsprechend zielte die Ausstellung darauf, zu zeigen, daß Gesundheitspflege Grundlage von „Wohlfahrt" ist. Voraussetzend dazu mußte deutlich gemacht werden, daß und auf welche Weise Gesundheitspflege der Gesundheit nützt, das heißt, worin ihre Einwirkung auf den körperlichen Zustand besteht. Vollzogen wird der Schritt zu dieser Erkenntnis in dem Moment, in dem jenes Verhältnis zwischen Organismus und der ihn umgebenden Welt, die auf Gesundheit wirkt, erfaßt wird. Dieses Verhältnis an sich und in seiner Gestaltbarkeit zu vermitteln, war Ziel der Ausstellung. Hygiene präsentierte sich damit als ein Konzept des Zusammenhangs von Mensch und Welt, von Mensch und Gesellschaft, Natur und Kultur.

Die wissenschaftliche Hygiene fragt nach denjenigen Ursachen von Gesundheit und Krankheit, die von außen auf den Menschen Einfluß nehmen. Der Versuch des Heidelberger

4 Offizieller Führer durch die Internationale Hygiene-Ausstellung Dresden 1911 und durch Dresden und Umgebung. Berlin [1911], S. 9.
5 Ebd., S. 7

Arztes Friedrich Österlen, die junge naturwissenschaftliche Hygiene um 1850 präzise zu bestimmen, kann als Definition bis ins nächste Jahrhundert Geltung beanspruchen:

> Als Wissenschaft erörtert sie die Bedingungen dieses Gesundseins und Gesundbleibens: sie lehrt deshalb die aus der Natur des Menschen hervorgehenden Bedürfnisse und den Einfluss kennen, welchen einerseits die Aussenwelt mit all ihren einwirkenden Momenten ausübt, welchen anderseits die dem menschlichen Organismus selbst zukommenden Energieen, seine eigenthümlichen Thätigkeiten oder Functionen auf sein Wohlbefinden äussern mögen, und die Gesezmässigkeit, nach der hier Alles vor sich geht[6].

Dies allein genügt nicht als Lehre von der Gesundheitspflege. Österlen spricht im nächsten Satz davon, daß Hygiene die „Mittel und Wege an die Hand [gibt], durch deren Einhalten jene Gesundheit, das leibliche und geistig-sittliche Wohlbefinden des Einzelnen wie einer ganzen Bevölkerung erhalten und gefördert werden kann“[7]. Als angewandte Wissenschaft ist Hygiene immer auch die praktische Lehre einer Gestaltung des Lebens, die sich an den Bedingungen für Gesundheit orientiert.

Das Konzept Hygiene, hervorgegangen aus der diätetischen Lehre der vernunftgemäßen Lebensführung, entwickelte sich im 19. Jahrhundert zu einer empirischen Wissenschaft der Gesundheit[8]. Als solche untersucht sie das Verhältnis des Menschen zu den materiellen Bedingungen seiner physischen Existenz und leitet Individuen und gesellschaftliche Handlungsträger dazu an, diese Bedingungen zielgerichtet zu regulieren[9]. Wesentlich ist der Hygiene damit eine Doppelrolle, die sie biologisch-naturwissenschaftliche Forschung betreiben und gesellschaftspolitische Forderungen erheben läßt; sie macht die moderne Hygiene des 19. und 20. Jahrhunderts zur gleichermaßen deskriptiven wie normativen Wissenschaft. Diese Eigenschaft ist es, die Hygiene als Gegenstand einer Ausstellung wie der Dresdener so schillernd macht: Beide Elemente stehen bei der Hygiene-Ausstellung 1911 im Zentrum, da Hygiene als Wissenschaft selbst Forschungswissen und Handlungswissen gleichermaßen produziert und vermittelt.

Hygiene war zum Zeitpunkt der Ausstellung keineswegs eine neue Mode, sondern befand sich seit der Mitte des vergangenen Jahrhunderts auf einem regelrechten Siegeszug. Zunehmend hatte sich die hygienische Forschung zu einer eigenen medizinischen Teildisziplin verstetigt; 1865 wurde der erste Lehrstuhl für Hygiene an der Universität München eingerichtet, und 1883 wurde Hygiene als Prüfungsfach an deutschen Universitäten verpflichtend in die medizinische Ausbildung einbezogen. In den 1880er Jahren wurden im Zuge der aufstrebenden experimentellen bakteriologischen Forschung an fast allen deutschen Universitäten Hygiene-Institute gegründet. In dieser Blütezeit des Labors machte die Entdeckung der Erreger der „großen Volkskrankheiten“ – Tuberkulose, Cholera, Typhus,

6 Friedrich Österlen: Handbuch der Hygieine, der privaten und öffentlichen. 2., umgearb. und verm. Aufl. Tübingen 1857 [EA 1851], S. 1.

7 Ebd.

8 Zur Geschichte des Begriffs vom „gesunden Leben“ gibt einen umfassenden Überblick: Klaus Bergdolt: Leib und Seele. Eine Kulturgeschichte des gesunden Lebens. München 1999.

9 Vgl. Philipp Sarasin: Reizbare Maschinen. Eine Geschichte des Körpers 1765-1914. Frankfurt am Main 2001, S. 17.

Diphtherie – die Ursache von Infektion sichtbar und bekämpfbar. Nach und nach wurden Heilseren und Methoden aktiver und passiver Immunisierung entwickelt, die mit großem Erfolg den Weg zur spezifisch ansetzenden, kausalen Therapie eröffneten[10].

Bereits in den 1840er Jahren hatte sich mit der sogenannten „Sozialen Medizin“ ein wissenschaftliches Interesse an dem Zusammenhang zwischen dem Menschen als organischer Einheit und der auf ihn wirkenden Umwelt entwickelt. Für die aufkommende „Soziale Hygiene“ stand diese Frage im Forschungsmittelpunkt. Im Zusammenklang mit dem Engagement der bürgerlichen Sozialreformer stellte für die Wissenschaftler die Verbreitung von Erkenntnissen der hygienischen Forschung und die Forderung praktischer Konsequenzen eine zentrale professionelle Aufgabe dar, die sie gesundheits- und gesellschaftspolitisch tätig werden ließ. In diesem Rahmen ist die Hygienebewegung zu verorten, die auf die Verbreitung individualhygienischer Grundsätze zielte und mit Gesundheitsratgebern und Schulungsmaßnahmen unmittelbar auf die Gestaltung des privaten Lebens Einfluß zu nehmen versuchte. In den 1860er Jahren setzte der Aufschwung der Stadthygiene, der Ausbau der Gewerbehygiene und daran anschließend erste Entwicklungen einer staatlichen Gesundheitspolitik ein. Mit dem Ausbau amtlicher Zuständigkeit und zunehmender Institutionalisierung wirkten verbindlich gemachte hygienische Grundsätze gezielt auf die Lebensgestaltung ein. Mit der Gründung des Reichsgesundheitsamtes 1876 in Berlin – das in Dresden 1911 selbstverständlich mit einem eigenen Abschnitt vertreten war – wurde schließlich die zentrale Institution geschaffen, die fortan den Umgang mit der öffentlichen Gesundheit reglementieren und behördlich überwachen sollte.

Die Struktur der Ausstellung

Die eigentümliche Konzeption der Hygiene mit ihrem Ziel, die Grundlagen für Gesundheit zu erforschen und Methoden ihrer Sicherung allgemein anwendbar zu machen, stellte die Veranstalter der Dresdener Ausstellung vor eine komplexe Aufgabe. In Aufbau und Adressierung der Ausstellung wird deutlich, wie diese spezifische Eigenschaft des Hygienekonzeptes als deskriptive und normative Wissenschaft, oder mit Österlen gesprochen als Wissenschaft und Kunst zugleich, den Prozeß der Popularisierung von Hygiene strukturiert.

Drei Vermittlungsziele lassen sich grundsätzlich unterscheiden. Mit dem Ziel, beim Besucher *Motivation* zu wecken entsprach die Ausstellung der Notwendigkeit, dem normierenden Eingriff der gesundheitspflegerischen Praxis eine breite, verbindliche und allgemein anerkannte Grundlage zu schaffen. Mit dem Ziel der *Information* vermittelte die Ausstellung den aktuellen Forschungsstand der Hygiene und stellte sie damit als Wissenschaft mit ihren konkreten Ergebnissen dar. Mit dem Ziel der *Anweisung* genügte die Ausstellung der Aufgabe der Hygiene, anwendbare Mittel und Methoden der Gesundheitspflege bereitzustellen und die Menschen zu gesundheitsförderndem, das heißt hygienisch richtigem Verhalten anzuleiten.

10 Vgl. Rolf Winau: Der verbesserte Mensch. In: August Nitschke/Gerhard A. Ritter, Detlev J. K. Peukert und Rüdiger vom Bruch (Hrsg.): Jahrhundertwende. Der Aufbruch in die Moderne 1880-1930. Bd. 1. Reinbek 1990, S. 286-311, hier S. 290ff.

Die Ausgangsbasis für das Popularisierungsvorhaben wurde der Veranstaltung explizit zugrundegelegt. Im Vorwort des Ausstellungsführers sah sich das Publikum mit der Feststellung konfrontiert, die gegenwärtige Kulturepoche sei defizitär: „Mit dem Untergang der Kultur des Altertums", so beklagten die Aussteller, „gingen mit vielem anderen Geistesgut auch die hygienischen Ideen wieder verloren". Der historische Vergleich mit anderen Kulturepochen zeige: „Es ist eine der merkwürdigsten Erscheinungen in der Entwicklungsgeschichte des Menschengeschlechtes, dass eine solche Summe von Erkenntnissen [...] so völlig aus dem Gedächtnis der Menschheit entschwinden konnte." Langsam sei im letzten Jahrhundert der „Sinn für die Hygiene wieder erweckt" worden, was als Ansporn betrachtet werden müsse:

> Und wenn dieser [der Hygiene] auch nicht so bald wieder die hervorragende Rolle im Volksleben zufallen wird, die sie im Altertum hatte, so werden wir doch jetzt bei dem hohen Stande der Geistesbildung der modernen Kulturvölker und bei der grossartigen Entwicklung der Wissenschaft und Technik hoffen dürfen, dass wir die Antike auch auf diesem Gebiete in nicht allzuferner Zeit überflügeln werden[11].

Aus dem geschichtlichen Vergleich bezog die Ausstellung ihren Auftrag, ein als defizitär erkanntes Bewußtsein für Hygiene durch Aufklärung nachhaltig zu stärken und übergreifend zu etablieren. Die aus diesem Vergleich gewonnene Erkenntnis steht im Kontext des zeitgenössischen kulturkritischen Diskurses[12]. Sie bereitete das Feld für die Vermittlung von Wissen in den einzelnen Abteilungen und stützte sie legitimatorisch ab.

Der Blick auf den Aufbau der Darstellung gibt Auskunft darüber, welches Interesse und welchen Wissensbedarf die Veranstalter dem rezipierenden Publikum unterstellten. Dabei zeigt sich, daß dem Kreis der Ausrichter keineswegs eine geschlossene Gruppe von Besuchern vorschwebte, die ein homogenes Interesse teilten und der sie eine inhaltlich und strukturell einheitliche Darstellung geben wollten. „Dass hier ganz andere Gesichtspunkte massgebend sein müssten als bei bisherigen Ausstellungen" war „den Veranstaltern sofort klar", versicherte der offizielle Führer. Der Stoff sei „möglichst nach dem Auffassungsvermögen der einzelnen Besucherschichten anzuordnen" gewesen, und zwar so, „dass alles das, was nur den Wissenschaftler interessiert, streng abgegrenzt sei von dem Teil, der sich an den Laien, an das allgemeine Publikum wendet"[13]. Ihrem Namen entsprechend zielte die Populäre Halle also vordringlich auf Gemeinverständlichkeit. Fachleute und Laien sollten von den verschiedenen Abteilungen angesprochen werden, Säuglingsschwestern und Mütter, Sanatoriumsköche und Hauswirtschafterinnen, Fabrikbesitzer und Arbeiter, gebildete, wissenschaftlich Interessierte und nicht spezifisch gebildete Laien gleichermaßen[14]. Auf sie alle –

11 Offizieller Führer (wie Anm. 4), S. 8f.

12 Vgl. exemplarisch Volker Roelcke: Krankheit und Kulturkritik. Psychiatrische Gesellschaftsdeutungen im bürgerlichen Zeitalter (1790-1914). Frankfurt am Main, New York 1999, S. 138 bis 179.

13 Offizieller Führer (wie Anm. 4), S. 42.

14 Ludwik Fleck unterscheidet in diesem Sinne esoterische und exoterische Kreise, die durch eine „Hierarchie des Eingeweihtseins" gestuft sind und die auf unmittelbare oder mittelbare Weise an Wissenschaft teilhaben. Ludwik Fleck: Entstehung und Entwicklung einer wissen-

und das ist ein zentraler Punkt – erstreckte sich in je spezifischer Form die pädagogische Intention der Ausstellung mit ihren Vermittlungszielen Motivation, Information und Anweisung.

Alle drei Vermittlungsziele waren in jeder Adressierung an die verschiedenen Besuchergruppen enthalten. Eine Schwerpunktsetzung ist freilich erkennbar: Legte die Historische Abteilung ein besonderes Gewicht auf die Vermittlung von Motivation, so dominierte Information die Wissenschaftliche Abteilung und Anweisung die Populäre Abteilung. Wichtig ist jedoch, daß die Trennung zwischen Wissenschaftlicher und Populärer Abteilung keine Scheidung von Information und Anweisung widerspiegelt, denn diese Ziele bestimmten grundsätzlich die pädagogische Intention in beiden Abteilungen. Die Gliederung in eine Wissenschaftliche und eine Populäre Abteilung orientierte sich vor allem daran, an wen die jeweiligen Ausstellungsbereiche gerichtet waren, also an der Unterscheidung einer Adressatengruppe wissenschaftlich Vorgebildeter und nicht gebildeter Laien[15]. Die unterschiedliche Auswahl von Inhalt und Darstellung offenbart als weiteres relevantes Unterscheidungskriterium der Adressierung die Differenzierung von Entscheidungsträgern sowie institutionell verankerten Funktionsträgern und anderen. Im folgenden sollen die Abteilungen kurz einzeln dargestellt werden.

Die Historische Abteilung

Der übergeordnete Auftakt der Ausstellung, die „Historische Abteilung", macht die Intention der Veranstaltung transparent. Mit ihr, der eine „Ethnologische Unterabteilung" angeschlossen war, begann der an alle Besuchergruppen gleichermaßen gerichtete Gang durch die Ausstellung.

Die Abteilung eröffnete ein „prähistorischer Raum, der das ganze Leben der früheren Zeit Europas, Wohnung und Nahrung, Kleidung und Bestattung nach hygienischen Gesichtspunkten vorführt[e]", an welchen sich die Darstellung der imponierenden „Fülle der fortgeschrittenen Massnahmen im Kanalisations-, Bade- und Abortwesen und vor allem in der Leichenversorgung" der babylonischen und ägyptischen Kultur anschloß, in der „das gesamte Leben der Aegypter [...] in unzähligen Photographien vor dem Besucher vorüber" zog[16]. Geschichte stellt sich hier ganz in gesundheitlicher Perspektive dar und Hygiene wird zur totalen Größe, unter die alles Geschehen subsummiert werden kann.

Es schloß sich das klassische Altertum an, dessen hochentwickelte gesundheitliche Erziehung mit großem Respekt erläutert wurde. Mit aufklärerischer Symbolik wurde nicht

---

schaftlichen Tatsache. Mit einer Einleitung hrsg. v. Lothar Schäfer und Thomas Schnelle. 4. Aufl. Frankfurt am Main 1999, S. 138f.

15 Zu vermuten ist, daß die Wissenschaftliche Abteilung weniger an einschlägige Wissenschaftler denn an wissenschaftlich Interessierte gerichtet war. Für Mediziner und Biologen mögen Tuberkelbazillen unter dem Mikroskop wohl weniger attraktiv gewesen sein als für interessierte Laien.

16 Offizieller Führer (wie Anm. 4), S. 21.

gespart: Die körperbewußte Antike präsentierte sich im „hellen Lichthof“[17]. In deutlich knapperen Bildern führte die Abteilung die Lebensbedingungen und -gewohnheiten im Mittelalter und in der Neuzeit vor. Hier wie dort illustrierten zahlreiche Modellanlagen, so etwa eine „unterirdischen Begräbnisstätte aus christlicher Zeit, eine sogenannte Katakombe“[18] den Umgang mit Gesundheit in der Geschichte.

Besonders im Abschnitt der klassischen Antike wird deutlich, wie stark die Hygiene-Ausstellung auf vorhandene Wissensinhalte beim Publikum setzt, auf die sie sich mit einer spezifisch hygienischen Perspektivierung bezieht. In diesem Perspektivierungsprozeß vollzieht sich jene Transformation und Neukonstituierung von Wissensinhalten, die Popularisierung ermöglicht und produktiv macht[19]. Im knappen Rückblick auf die Dresdener Ausstellung kann dieser Vorgang nur angedeutet werden. Er macht sich vor allem dadurch bemerkbar, daß keine Darstellung der griechischen Kultur gegeben wurde. Als bekannt mußte – zumindest in bürgerlichen Kreisen – die Kenntnis der Antike vorausgesetzt werden, auf die sich die Ausstellung stützen konnte. In ihrem Rückgriff mobilisierte sie historisches Wissen, das mit Bezug zu Hygiene neu konstituiert wurde und durch die Darstellung ihrer Bedeutung und Geltung für das ganze Leben durch die historischen Epochen hindurch eine spezifische Wertung erfuhr, auf diese Weise spezifisch interessant und relevant wurde.

Auf dem ‚Experimentierfeld der Geschichte‘ wurde so quasi der empirische Beweis für die Sinnhaftigkeit der Ausstellung erbracht: Die klassische Antike fungierte als Beispiel für den Erfolg, zu dem umfassende und systematisierte Pflege der Gesundheit die Kultur als Ganzes führen kann. Im Zentrum der Abteilung, im Lichthof, sah sich der Besucher zwei Statuen der Venus und eines antiken Speerträgers gegenüber,

> die hier stehen als überzeugendes Ergebnis höchster, hygienisch geleiteter Gesamtkultur eines Volkes, das jahrhundertelang eines seiner höchsten Ziele darin sah, in harmonischer, gesundheitsgemäßer Ausbildung ein Geschlecht heranzuziehen und zu erhalten, das in körperlicher und geistiger Vollkommenheit zu den größten Leistungen befähigt sei[20].

Diese pädagogische Veranschaulichung von Wert und Nutzen der Hygiene kann nur greifen, wenn eine historische Vorstellung von der Größe der griechischen Kulturleistungen beim Publikum abrufbar ist.

Auf diese Weise übernimmt der geschichtliche Bezug auf das klassische Altertum jene Funktion der Motivation, die den Besucher der Ausstellung anstiften soll, alles für die in seiner Macht stehende „Erhaltung und Kräftigung seines körperlichen Wohlbefindens beizutragen“. Gleichzeitig wird dem Publikum die Bedeutung und Notwendigkeit einer Gestal-

17 Vgl. dazu den Sonderkatalog Internationale Hygiene-Ausstellung Dresden 1911. Historische Abteilung mit Ethnographischer Unterabteilung. 2., verb. und illustr. Aufl. Dresden [1911], Seite 57f.
18 Offizieller Führer (wie Anm. 4), S. 23.
19 Richard Whitley: Knowledge Producers and Knowledge Acquirers. Popularisation as a Relation Between Scientific Field and Their Publics. In: Terry Shinn/Richard Whitley (Hrsg): Expository Science. Forms and Functions of Popularisation. Dordrecht, Boston, Lancaster 1985 (= Sociology of the Sciences, Bd. 9), S. 3-28, hier S. 7.
20 Sonderkatalog Historische Abteilung (wie Anm. 17), S. 57.

tung des öffentlichen Lebens nach den Maßgaben der Gesundheitspflege demonstriert. Damit dient der historische Verweis zum anderen auch als Legitimation einer gesellschaftlich vereinbarten Gesundheitspflege, deren Maßnahmen im Konfliktfall über das individuell gestaltete Leben des Einzelnen gestellt werden müssen.

Die Ethnologische Unterabteilung führte diese pädagogische Linie fort. Was hier im Stil der Zeit als exotische Schau der europäischen Kolonialgebiete aufgebaut war, diente auf ganz ähnliche Weise der Legitimation und Motivation von Gesundheitspflege. Dem Zweck der Abteilung, „das Leben der heutigen Naturvölker in seiner hygienischen Bedeutung zu würdigen“[21], versuchte man mit Nachbauten von Dörfern, Indianerlagern und lebensgroßen Modellen von Buschleuten nachzukommen, welche die Lebensgewohnheiten der Völker Indiens, Chinas, Japans und Altamerikas vorführen sollten. Als vorbildhaft gezeigt wurde etwa ein „Modell eines grossartigen Ballspielplatzes aus dem Ruinenfeld von Chichen Itza. Die alten aztekischen Völker waren dem Ballspiel leidenschaftlich ergeben und errichteten grosse Plätze für diese gute Körperübung“[22]. In diesem kulturgeschichtlichen Ausstellungsabschnitt wurde Hygiene als eine Kulturtechnik präsentiert, die in sämtlichen Lebensbereichen aller Menschen in verschiedenen geschichtlichen Epochen und allen Kulturkreisen eine zentrale Rollen einnimmt. So erscheint sie als übergreifende Grundkonstante der Beherrschung des Lebens durch menschliche Fertigkeit, die höchste Verbindlichkeit auszeichnet.

Die Wissenschaftliche Abteilung

Die in einem eigenen Ausstellungsgebäude untergebrachte Wissenschaftliche Abteilung zielte in erster Linie auf Information über den Stand der hygienischen und ätiologischen, das heißt die krankheitsursachenbezogene Forschung, über Methoden, Mittel und Ergebnisse, und wollte „einen lückenlosen, systematischen Überblick über die Errungenschaften der modernen Hygiene“ geben[23]. Sie war in mehrere Unterabteilungen gegliedert, so in eine Abteilung für Zahnerkrankungen, Geschlechtskrankheiten, Tropenkrankheiten, Krebskrankheiten und Infektionskrankheiten. Letztere stellte das Herzstück der Abteilung dar und soll als die zentrale wissenschaftliche Gruppe hier unter die Lupe genommen werden.

Mit Betreten der Abteilung für Infektionskrankheiten tauchte der Besucher ganz in die Welt des Wissenschaftlers ein und fand sich in einem voll eingerichteten bakteriologischen Laboratorium wieder, wo er Mikroorganismen unter dem Mikroskop begutachten konnte. Eine detaillierte Einführung in die Forschungszweige der Mikrobiologie und Parasitologie, Immunität und Schutzimpfung wurde geboten, gefolgt von der Darstellung einzelner Krankheiten. Zu Gruppen zusammengefaßt waren diese in Räumen untergebracht, die nach den Aspekten Epidemiologie, Krankheitsbild, Pathologische Anatomie, Ätiologie und Diagnose gegliedert waren[24].

---

21 Offizieller Führer (wie Anm. 4), S. 30.

22 Ebd., S. 32.

23 Offizieller Katalog der Internationalen Hygiene-Ausstellung Dresden Mai bis Oktober 1911. Dresden 1911, S. 81.

24 Vgl. den Sonderkatalog für die Gruppe „Die Infektionskrankheiten des Menschen“ der Internationalen Hygiene-Ausstellung Dresden 1911. Dresden 1911.

Damit genügte die Abteilung dem Ziel der wissenschaftlichen Information vollauf. Doch ließ sie es damit nicht bewenden, denn der Anwendungscharakter der Wissenschaft Hygiene ist nicht auf Individual- und Umwelthygiene begrenzt: Auch der streng wissenschaftliche Bereich der Bakteriologie findet seinen Weg aus dem Labor mitten in lebensweltliche Entscheidungen hinein und kann dort überall auf Berücksichtigung dringen. Indem die Darstellung der medizinisch-biologischen Zusammenhänge und Krankheitsursachen in die Darstellung überging, wie dieses Wissen eingesetzt werden kann, um die Gestaltung des Lebens erfolgreich am Ziel der Erhaltung und Steigerung von Gesundheit zu orientieren, vollzog sich in der Ausstellung der Schritt von der Information zur Anweisung.

Schon beim Schwerpunkt Diagnose deutete sich der richtungsweisende Bezug zur Gestaltung der Lebenswelt des Menschen, zur Orientierung des Handelns an. Die daran angeschlossenen Blöcke „Übertragungswege und Bekämpfung von Infektionen" stellten diesen Bezug ganz explizit her. Sie gaben zum einen Information über den Stand der wissenschaftlichen Forschung in diesen Bereichen, zum anderen führten sie die mit Erfolg praktizierten Methoden der Einwirkung auf Infektionskrankheiten vor. Deutlicher läßt sich am Beispiel der Darstellung der Cholera verfolgen, wie der zweifache Vermittlungsprozeß von Information und Anweisung aufgebaut ist. Die Anordnung der Ausstellung sah vor, den Besucher zunächst mit Karten und Statistiken über die Geschichte ihrer Verbreitung und ihres Auftretens zu unterrichten, dann über Krankheitsbild und Symptome und über die pathologisch-anatomischen Veränderungen der Organe zu informieren und mit Photogrammen und Mikrophotographien über den Erreger und seine Übertragung aufzuklären. Die Erläuterung der Methode des sicheren Nachweises der Cholera durch Züchtung des Erregers im Labor zeigte dem Besucher, auf welcher (sicheren) Grundlage die Wissenschaft arbeitete. Wie eine solche Anwendung – Prophylaxe und Bekämpfung von Cholerainfektionen – im praktischen Leben gemäß der oben dargestellten wissenschaftlichen Befunde der Übertragung der Krankheit durch bakteriell verseuchtes Trinkwasser aussehen müsse, illustrierte der darauf folgende Abschnitt. Dort zeigt sich deutlich, an wen die Wissenschaftliche Abteilung der Dresdener Ausstellung adressiert war: Nicht das Abkochen von Wasser, der Verzehr von rohem Obst oder der Bau von Wasserclosets wurde hier thematisiert, sondern – auf Grundlage der bakteriologischen Früherkennung im Labor – die Isolation von Bazillenträger, um einer Massenansteckung vorzubeugen. Eine solche Maßnahme könne unterwandert werden etwa durch „Einschleppung aus dem Ausland", weshalb besonders gefährdete Personengruppen unter gesundheitliche Aufsicht gestellt werden müßten; ebenfalls aus diesem Grund würden „russische Saisonarbeiter an ihrem Dienstorte ärztlich untersucht werden". Um die Übertragungsgefahr durch „Durchwanderer" zu minimieren, sei eine Reihe von „Auswanderer-Kontrollstationen" und ein ärztlicher Beobachtungsdienst für die betroffenen Binnenwasserstraßen eingerichtet worden. Seit 1904 bestehe für Ärzte eine Anzeigepflicht der Cholera, die Pflicht „der amtlichen Ermittlung jedes einzelnen Krankheitsfalles, der Absonderung der kranken, krankheitsverdächtigen und ansteckungsverdächtigen Personen, sowie der Desinfektion"[25]. Als Anschauungsobjekt hing an dieser Stelle die „Anweisung des Bundesrats zur Bekämpfung der Cholera" vom 28. Januar 1904 an der Wand.

25 Ebd., S. 25.

Auch die Syphilis wurde in der Ausstellung ausführlich und der Systematik entsprechend beschrieben, als Methode ihrer Bekämpfung leitete sie zur Verhinderung der Ausbreitung der Krankheit an:

> Dazu ist vor allem nötig, dass diese Ansteckungsquellen mittels der beschriebenen Untersuchungsverfahren möglichst schnell und sicher festgestellt, dass die Kranken an der weiteren Verbreitung der Krankheit durch Absonderung gehindert und der geeigneten Behandlung zugeführt werden, dass ganz besonders diejenigen, die für die Ausbreitung der Krankheit in weitere Kreise in Betracht kommen, der Zwangsbehandlung und der Beaufsichtigung bis zur Genesung unterzogen werden[26].

Im Gegensatz dazu sei im Fall der Pocken kein Heilmittel bekannt, weshalb einzig die Prophylaxe, die in der Schutzimpfung bestand, in Betracht komme. Aus diesem Grund müsse an der seit 1874 durch das Reichsimpfgesetz verbindlich eingeführten Impfung aller Kinder im ersten und zwölften Lebensjahr und junger Soldaten beim Dienstantritt festgehalten werden[27].

An diesem Punkt der Ausstellung tritt das Ziel der Anweisung hinzu. In der Darstellung von Maßnahmen der Bekämpfung von Infektionskrankheiten wurde mithin ein Eingreifen in das gemeinschaftlich organisierte Leben konzipiert und wissenschaftlich begründet. Das entsprechende Vorgehen wurde durch aussagekräftige Mortalitätsstatistiken sanktioniert und für gültig erklärt. Diese Handlungsanweisung war nicht auf den selbstverantwortlichen Lebensalltag des Individuums gerichtet, sondern auf die Organisation der Gesellschaft, der Gesundheitspolitik und das heißt immer auch: der Politik an sich. Hier wurden Methoden der Einwirkung auf Krankheit mit (gesundheits-)politischen Massenmitteln vorgeführt: Verordnungen, Einrichtungen, Gesetze. Diese Form der Regulierung „von oben" stellt ein zentralisiertes und oftmals institutionalisiertes Eingreifen dar. Damit ist die Zielgruppe der Wissenschaftlichen Abteilung als Gruppe von mehr oder weniger bedeutenden öffentlichen Entscheidungsträgern und (gesundheits-)politischen Funktionsträgern umrissen[28]. Dazu gehörte der Medizinalbeamte wie das Magistratsmitglied, der sozialreformerisch engagierte Bürger und der philanthropische Konzernchef, der Schuldirektor und der Lehrer; sie alle sollten von der Richtigkeit und Notwendigkeit der zu treffenden Maßnahmen überzeugt werden und diese durch Befolgung oder wenigstens Unterstützung sanktionieren.

Die Populäre Abteilung

Ihrem Namen entsprechend zielte die Populäre Halle darauf, ein anschauliches und leichtfaßliches Bild der hygienisches Zusammenhänge zu zeichnen. Die praktische Belehrung des Besuchers war erklärtes Ziel der Abteilung, die „dem grossen Publikum eine Darstellung davon gibt, wie der menschliche Körper beschaffen ist, wie seine Organe arbeiten und vor

---

26 Ebd., S. 143.
27 Ebd., S. 193.
28 Vgl. dazu auch Poser: Museum der Gefahren (wie Anm. 2), S. 147.

welchen Schädlichkeiten man sich durch vernünftige Lebens- und Ernährungsweise bewahren kann"[29]. Hier stand die Individualhygiene im Vordergrund, die sich auf das eigenverantwortliche Verhalten des einzelnen bezieht. Mit dem Ausstellungsabschnitt, der sich „an das allgemeine Publikum" wendet, sollte als „grosses, lebendiges Lehrbuch der Hygiene" ein „Leitfaden für den Laien geschaffen werden, der in möglichst gemeinverständlicher Art den Besucher mit den elementarsten Grundzügen der Hygiene bekannt machte". Maßgeblich war dabei die Absicht, dem Laien,

> der nicht mit wissenschaftlichen Kenntnissen ausgerüstet ist, den Stoff nicht in toter Form darzubieten, sondern alles am instruktiven, der Natur getreu nachgebildeten Modell und Präparat und in möglichst lebendiger Art zu zeigen, so dass der Besucher vor Ermüdung und Langeweile bewahrt bliebe[30].

Diese Absichtserklärung läßt eine Unmenge theoretischer Information in der Wissenschaftlichen und bunte Anschauung in der Populären Abteilung erwarten, doch schlägt diese Vermutung fehl. In der Populären Abteilung waren ebenfalls ein Laboratorium, mit verschiedenen Objektträgern bestückte Mikroskope, Wachsmodelle (Moulagen), präparierte Organe, Röntgenbilder und anderes mehr zu sehen, wie sie in der Wissenschaftlichen Abteilung zu finden waren. Während in letzterer aber ausführliche und detaillierte medizinisch-biologische Information gegeben wurde, verzichtete die Populäre Abteilung in weiten Strekken darauf und bot dagegen eine anders akzentuierte Art der Anschauung: den Bezug auf die Lebenswelt der Besuchers, die mit medizinisch-biologischen Erkenntnissen ins Verhältnis gebracht wurde.

Voraussetzung dafür war, dem Besucher jene Erkenntnisse nahezubringen, und so begann der Gang durch die Populäre Halle mit einer „Vorführung des menschlichen Körpers in der ganzen kunstvollen Art seines Baues und seiner feinen Organisation". Dargestellt wurden die Zellen, die anatomische Beschaffenheit, die vergleichende Entwicklung des menschlichen und des tierischen Körpers, der Blutkreislauf, die Atmungsfunktionen, Nerven- und Hirntätigkeit und Stoffwechsel mit „einer grossen Reihe von feinen, kunstvoll hergestellten Präparaten, [mit] Bildern, Tableaus und Modellen" und „sinnreich konstruierten Apparaten".

Die Vorführung von Knochengerüst und Blutkreislauf mag den Eindruck erwecken, es habe sich hier um eine hervorragende Biologie-Ausstellung gehandelt. Die Dresdener Veranstaltung vermittelte jedoch Hygiene, und damit war ihr der spezifische Anweisungscharakter der Gesundheitslehre eigen, der sich etwa bei der Darstellung des Stoffwechsels zeigt: Dort wurden über die Größe „Nährwert" Ernährungsregeln bis hin zur ganz konkreten Kochanweisung hergeleitet und man war sich sicher: „Die Hausfrau, die sich hier die verschiedenen Koch- und Essgeschirre, die Kochkiste und ähnliches angesehen und sich über Bedeutung des Kochens, Einmachens, Backens, Konservierens unterrichtet hat, wird mit dem Bewusstsein fortgehen, dass sie manches Neue gelernt hat"[31]. Die folgenden Abschnitte, die den Themen Kleidung, Wohnung, Genußmittel, Berufshygiene, Volkskrankheiten,

---

29 Offizieller Führer (wie Anm. 4), S. 43.
30 Ebd., S. 42f.
31 Ebd., S. 45.

Säuglingspflege, Alter, Körperpflege und Sport gewidmet waren, leisteten ebenfalls in diesem Sinne Volksbelehrung. Dort wurde auf Vorbilder gestützt nahegebracht, „wie die Kleidung vom hygienischen Standpunkt aus beschaffen sein muss“, wurden „Nutzen und Schäden der verschiedenen Bau- und Wohnweisen“ dargestellt, „Mittel zur Bekämpfung des Alkoholismus“ empfohlen und „an den kraftvollen Gestalten antiker Künstler [...] gezeigt, wie unser Körper beschaffen sein soll“. „Überall“, so versichert der Ausstellungsführer, „wird Wert darauf gelegt, durch Vorführung von Originalen und durch Nachbildungen zu zeigen, dass alle diese Schäden vermeidbar sind“, und so unterwiesen „Modelle und Muster von Zimmereinrichtungen, von Möbeln und Kleidern“ in optimaler Säuglingspflege und wollten zur Nachahmung anregen[32].

Während in der Wissenschaftlichen Abteilung die Infektionskrankheiten breiten Raum einnahmen, war ihnen in der Populären Abteilung nur ein Abschnitt innerhalb der Sondergruppe Volkskrankheiten gewidmet, die darüber hinaus keiner Systematik nach Krankheitsarten entsprechend geordnet war. Insgesamt gliederten sich die populären Gruppen sowohl nach ausgewählten medizinischen Disziplinen wie Anatomie, Physiologie und Neurologie als auch nach Lebensbereichen. Hier wurden die von den Hygienikern präsentierten medizinisch-biologischen Fakten mit der Lebenswelt des Menschen in Beziehung gesetzt, normativ in Anweisung gewendet und mit ihrem objektiv-wissenschaftlichen Fundament als verbindlich vermittelt. Verbunden mit der konkreten Handlungsanweisung war es dieses Verbindlichmachen, das dem Belehrungsziel der Hygiene-Ausstellung Rechnung trug. Vermittelt wurden in der Populären Halle die beabsichtigten „Grundkenntnisse der Hygiene” als ein Geflecht aus medizinisch-biologischen Kenntnissen und hygienischen Regeln.

Die Industriellen Hallen

Die über das Ausstellungsgelände verstreuten Industriellen Hallen, in denen Produkte für Gesundheitspflege vorgeführt wurden, zielten vor allem auf Werbung und Verkauf. Sie konzentrierten sich zum einen auf spezielle Berufszweige, so etwa die Hallen für Chemie, Industrie und wissenschaftliche Instrumente, für Beruf und Arbeit, Technik und Maschinen und für Krankenfürsorge, Armee, Marine und Kolonien. Zum anderen widmeten sie sich mit der Halle für Verkehr, für Ansiedlung und Wohnung, für Nahrungs- und Genußmittel und für Kleidung und Körperpflege ganz alltäglichen Lebensbereichen, die alle Besuchergruppen gleichermaßen betrafen.

Nichtsdestoweniger unterschied sich auch die Industrieausstellung von einer reinen Messeveranstaltung dadurch, daß oftmals in einer eigens vorgeschalteten kleinen „Wissenschaftlichen Abteilung“ eine Einführung in den Stand der Forschung in diesem Bereich als Grundlage der vorgeführten Mittel und Methoden, Einrichtungen und Verfahren, Apparate und Geräte der Gesundheitssicherung diente. So zeigte die Halle für Verkehr „alle jene Vorkehrungen [...], die zur Erforschung und Abwendung der Gefahren im Betriebe der Eisenbahn, der Strassenbahn, des Automobil-, des Schiffsverkehrs, der Aeronautik und Aviatik auf Grund der Ergebnisse der neuesten Forschung getroffen worden sind“[33]. Darin offenbart

32 Ebd., S. 47f.
33 Ebd., S. 59

sich die enge Verbindung der gesundheitspflegerischen Forschung mit benachbarten naturwissenschaftlichen Disziplinen, vor allem der Physik, Chemie und Meteorologie, die von Anfang an den transdisziplinären Charakter der Wissenschaft Hygiene kennzeichnete. Auch der kommerzielle Ausstellungsteil versuchte, freilich auf eine Weise, die von seinen geschäftlichen Interessen überlagert wurde, der Forderung der veranstaltenden Hygieniker Genüge zu tun, dem Menschen in den (Wissens-) Stand zu versetzen und ihm Mittel an die Hand zu geben, für die Pflege seiner Gesundheit zu sorgen.

Fazit

Die Anziehungskraft der Ausstellung war enorm. Als 1913 unter dem Eindruck der aufsehenerregenden Ausstellung das National-Hygiene-Museum, später Deutsches Hygiene-Museum, gegründet wurde, geschah dies nicht zuletzt angesichts des Erfolgs der Internationalen Ausstellung mit der Gewißheit, einem tiefen und nachhaltigen öffentlichen Interesse an hygienischen Fragen zu begegnen[34].

Überwältigend für das Publikum, so die Bilanz des Museums 75 Jahre später, sei an der Ausstellung die „Einbettung aller bisherigen Erkenntnisse in die verschiedensten Komplexe und die damit verbundene Darstellung von Zusammenhängen“ gewesen[35]. In diesem Sinne dokumentiert die Ausstellung die Ausdehnung hygienischer Wissensbestände und die Anwendung hygienischer Regeln auf alle Bereiche des Lebens. Ihre Absicht und ihre Attraktivität lagen darin, hygienische Wissenschaft und hygienisches Handlungswissen gleichermaßen zu popularisieren, und sie verfolgte dieses Ziel mit der Vermittlung von Motivation, Information und Anweisung. Die Popularisierung dieses komplexen Gefüges unternahm sie entsprechend eines Hygienekonzepts, das den Zusammenhang von Natur, Mensch und Gesellschaft beschrieb und aus dem Lebensregeln abgeleitet wurden, die um der Gesundheit willen zu befolgen waren.

34 Vgl. Poser: Museum der Gefahren (wie Anm. 2), S. 148. – Erst 1930 konnte das Museum mit einer Dauerausstellung eröffnet werden. Zu seiner Tätigkeit bis dahin vgl. Gunter Schaible: Sozial- und Hygieneausstellungen. Objektpräsentationen im Industrialisierungsprozeß Deutschlands. Diss. phil. Tübingen 1999, S. 86-92.

35 75 Jahre Deutsches Hygiene Museum (wie Anm. 3), S. 12f.

Thomas Kailer

Werwölfe, Triebtäter, minderwertige Psychopathen. Bedingungen von Wissenspopularisierung: Der Fall Haarmann

Fritz Haarmann, der „Werwolf von Hannover“

Am 15. April 1925 starb in Hannover ein Mann durch das Fallbeil, der nicht mehr leben *durfte*. An diesem Tag wurde Fritz Haarmann hingerichtet. Haarmann hatte mindestens vierundzwanzig junge Männer während des Geschlechtsakts getötet, zwischen 1918 und 1924, in seiner Wohnung in der Altstadt Hannovers. Die Nachbarn wußten von den häufigen Besuchen der jungen Männer, die sie kommen sahen: Ausreißer, Bettler, Strichjungen vom Bahnhof. Haarmann versprach ihnen Obdach und Verpflegung, er nahm sie mit zu sich, vollzog mit ihnen sexuelle Handlungen und tötete sie während des Höhepunkts, vermutlich durch Erwürgen, vielleicht biß er ihnen auch die Halsschlagader durch. Er zerstückelte die Leichen; über den Flur brachte er Eimer voller Blut zum Klosett, die Knochen warf er in die Leine, und über den Verbleib des Fleisches kursierten bald nach seinem Geständnis Gerüchte, die wenig appetitlich waren. Haarmann war unter Verdacht geraten, der jedoch nicht weiter verfolgt wurde: der „Herr Kriminal“ arbeitete auch als Informant für die Polizei. Als sich die Leichenfunde so vermehrt hatten, daß eine Panik auszubrechen drohte, half der Zufall: Haarmann wollte einen Jungen anzeigen, wurde verhaftet und gestand die Morde.

Haarmann – das war sofort klar – konnte nicht am Leben bleiben. Einer der psychiatrischen Gutachter, Ernst Schultze, sprach schon während des Prozesses von Haarmanns „bevorstehender Todesstrafe“[1], und der Publizist Theodor Lessing, kritischer Prozeßbeobachter und Befürworter der aufstrebenden forensischen Psychologie, fragte sich, wozu der weitläufige Aufwand des Prozesses überhaupt betrieben werde: „Der Ausgang: die Todesstrafe war ohnehin sicher. [...] Nur zweierlei konnte versöhnen: das Sittlichste oder das Natürlichste: Selbstmord (als Selbstrichtertum eines Sühnewilligen, der an menschlicher Gemeinschaft Ungeheuerliches frevelte), oder – schnelle Lynchjustiz von Seiten des beleidigten Lebens“[2]. Das „beleidigte Leben“ fällte das Todesurteil über den Serienmörder. Das faszinierte und angenehm gegruselte Leben jedoch zelebrierte seine Angst vor dem „Werwolf“, fügte Mythen von Wolfsmenschen und Sexualität, Wollust und Tod zusammen. Urmenschliche Triebe inmitten bürgerlicher Beherrschtheit, so Lessing – und „nun kommt noch einmal durch eine Art Regiefehler ein Naturspiel wie dieser Triebmonomane in eine Schicht von Lebewesen, wo nur mittlere Temperaturen des Eros die Bürger-Rechte haben“[3]. Urmensch versus Kulturmensch, eine im Fall Haarmann geradezu notorische semantische Kombination.

---

1 Christine Poszár/Michael Farin (Hrsg.): Die Haarmann-Protokolle. Reinbek 1996, S. 474.
2 Theodor Lessing: Haarmann. Die Geschichte eines Werwolfs (1925). Hrsg. u. eingel. v. Rainer Marwedel. Frankfurt am Main 1989, S. 116.
3 Lessing: Haarmann (wie Anm. 2), S. 180.

„Warte, warte nur ein Weilchen ...“ – Fritz Haarmann war der, dessen Hackebeilchen diesem populären Lied zufolge „auch aus dir“ Hackfleisch mache; Haarmann war der, über dessen Geschichte der Medizinalrat Schackwitz einen dreistündigen Lichtbildvortrag hielt[4] – Schackwitz fungierte als einer der Gutachter im Prozeß. Haarmann war der „Totmacher“, den Götz George 1995 im gleichnamigen Film von Romuald Karmakar spielte. Haarmann war Schlachter, und er war ein „Schlächter“, er war, so wollte es den Zeitgenossen scheinen, Signum einer Zeit der Schlachthöfe und Schlachtfelder. Haarmann war aber vor allem, und darauf kommt es hier in erster Linie an, eine schauerliche Sensation mit hohem Unterhaltungswert: Operngläser im Gerichtssaal, Sonderausgaben, Bildpresse, Romane, Filme. Haarmann selbst wußte um den Zusammenhang von „Mord und Mordsgeschäft“: „Das Köppen - und damit fertig. Und das Kino -“ *(dreht mit der rechten Hand)* „- dann sehen doch alle Leute, daß ich tot bin - in Amerika, China, Japan und der Türkei - da bin ich auch im Kino [...] ich bin doch jetzt berühmt. Später kommen auch noch Romane“[5].

Der „Fall Haarmann“: Massenmedien, Öffentlichkeit, Wissenschaft

Haarmann war – als „Fall“ – öffentlich; er war bekannt, berühmt vielleicht, berüchtigt sicher. Er war – als „Fall“ – sensationell, und damit exzeptionell, er war in der Tat, wie Marwedel es nennt, ein „Stück Unterhaltungsgeschichte der Weimarer Republik“. Diese Feststellung legt gleich ein ganzes Bündel von Bezügen offen: Die Art und Weise seiner Taten, ihre Anzahl und Haarmanns Wesen trafen auf die Massenpresse der Weimarer Republik: 200 Zeitungen hatten die Zulassung zum Prozeß beantragt, 20 davon erhielten die Akkreditierung. Fernsprechverbindungen wurden im Geschworenenzimmer eingerichtet, regionale Zeitungen brachten mehrseitige Prozeßberichte, die Zeugenbefragung, die Plädoyers und die Gutachten z.T. in wörtlicher Rede. Die verschiedenen Zeitungen warfen sich gegenseitig „Sensationslüsternheit“ vor, während sie gleichzeitig immer betonten, sie selbst berichteten nur das „sachlich Wesentliche“ der „grausigen Vorgänge“ – schockiert und elektrisiert zugleich. Und auch das neue Medium Film nahm sich schnell, in quasi-dokumentarischer Weise, des Serienmörders an: Eine Filmgesellschaft annoncierte einen Streifen über die Polizeiermittlungen und das Absuchen der Leine, über Haarmann, sein „Verkehrslokal [...], seine letzten Opfer und seine Angehörigen; seine Wohnung“, und so wurde, wie das *Göttinger Tageblatt* vom 26.8.1924 unter der Schlagzeile „Die Aasgeier der Haarmannaffäre“ vermerkt, „der Massenmörder zu einem Massengeschäft von 440 Metern Länge“[6].

Der Fall Haarmann, und das ist der zweite Bezug, traf vermittelt über ebenjene changierende Massenpresse auf eine Gesellschaft, die zutiefst verunsichert nach Rache und Strafe rief und sich zugleich die Nase plattdrückte: Zuschauer kauften ‚Zutrittskarten‘ zum Teil um teures Geld[7], Schaulustige standen in langen Schlangen vor dem Gerichtsgebäude. Es setzte

4 Friedrich Werremeier: Haarmann – Nachruf auf einen Werwolf. Köln 1992, S. 172f.
5 Rainer Marwedel: Von Schlachthöfen und Schlachtfeldern. Einleitung. In: Lessing: Haarmann (wie Anm. 2), S. 7-27, hier S. 7.
6 *Göttinger Tageblatt* v. 26.8.1924. Im folgenden zitierte Zeitungsberichte finden sich in der Pressemappe im Niedersächsischen Hauptstaatsarchiv Hannover (Hann. 105 Gött. zu Nr. 864a).
7 Lessing: Haarmann (wie Anm. 2), S. 111.

bald nach Prozeßbeginn ein „Tourismus“ ein, Besichtigungen der Häuser, in denen Haarmann gelebt und seine Opfer getötet hatte. Reicht es aus, auf ein „Klima öffentlicher Pathologie“[8] der Nachkriegs- und Inflationszeit, in dem Haarmann seine Taten beging, hinzuweisen, auf eine blutige Zeit mit einer ungewöhnlich großen Zahl von Serienmördern[9]? Tiefer saß vielmehr der Schock, daß Haarmann unerkannt mordete und ansonsten als Nachbar ein Teil der Gesellschaft war. Schockierend war auch, daß die Anzahl der tatsächlich verübten Morde nicht klar war – Haarmann konnte sich nicht erinnern –, und trotz der vielfach publizierten Auflistung der Toten gab es keine Sicherheit: „Die Litanei der Getöteten öffnet einen Raum, in dem die Rekonstruktion versagt, Spekulation und mit ihr die Dunkelziffer herrscht“[10]. Dieser so aufgeschreckten Gesellschaft sollte oder konnte nicht zugemutet werden, den Prozeß und damit das (absehbare) Urteil im Fall Haarmann über das Weihnachtsfest und den Jahreswechsel hinaus zu verzögern: Gutachter Schultze hatte um Verlegung des Prozeßbeginns gebeten, was Oberstaatsanwalt Wilde aber telegraphisch ablehnte: „termin 4 dezember bleibt bestehen – verlegung vom gericht abgelehnt da sonst verhandlung im dezember nicht mehr durchgeführt werden kann dies aber mit ruecksicht auf volksstimmung unbedingt notwendig ist – brief unterwegs oberstaatsanwalt“[11].

Daneben – und zugleich auf untrennbare Weise mit Massenpresse und „Volksstimmung“ verwoben – läßt sich ein dritter Bezug feststellen: Der Fall Haarmann traf auf einen zeitgenössischen psychiatrischen Diskurs forensischer Begutachtung, der Fragen nach der Zurechnungsfähigkeit eines Menschen stellte und mit Kategorien von „Degeneration“, „Minderwertigkeit“ und „Psychopathie“ beantwortete, ein Diskurs, in dem das Wissen vom Verbrecher auch und gerade außerhalb der Gerichtsstuben, in der psychiatrischen und der kriminologischen Wissenschaft konstituiert wurde. Die Psychiatrie war zur Gutachtenabgabe vor Gericht berufen und erfüllte diese Aufgabe gemäß dem psychiatrischen *state of the art* der Zeit. Nach dem § 51 des Reichsstrafgesetzbuches von 1871 hinsichtlich der Zurechnungsfähigkeit war eine strafbare Handlung dann nicht gegeben,

> wenn der Täter zur Zeit der Begehung der Handlung sich in einem Zustande von Bewußtlosigkeit oder krankhafter Störung der Geistestätigkeit befand, durch welchen seine freie Willensbestimmung ausgeschlossen war.

„Auf diesen Paragraphen“, so wurde in mancher Zeitung nach Haarmanns Geständnis und lange vor dem Prozeß kolportiert, werde Haarmann versuchen, „sich zu retten“, jedoch – dies wurde ebenso oft schon beurteilt – ganz chancenlos: „An maßgebender Stelle in Hannover steht man vielmehr auf dem Standpunkt, daß Haarmann für seine Bluttaten voll verantwortlich ist“[12]. Der Oberstaatsanwalt wollte sogar, das gab er vor Prozeßbeginn zu Protokoll, gegen die Wissenschaft ankämpfen, sollte auf Unzurechnungsfähigkeit Haarmanns entschieden werden. Damit geriet der Fall auch zu einer Probe für die Anwendung psychia-

8 Marwedel: Einleitung (wie Anm. 5), S. 12.
9 Vgl.: Peter und Julia Murakami: Lexikon der Serienmörder. 5. Aufl. München 2001.
10 Stefan Rieger: Imputare/Computare. Anmerkungen zum Fall Haarmann. In: Michael Niehaus/Hans-Walter Schmidt-Hannisa (Hrsg.): Unzurechnungsfähigkeiten. Diskursivierungen unfreier Bewußtseinszustände seit dem 18. Jahrhundert. Frankfurt am Main 1998, S. 265-289, hier S. 272.
11 Telegramm v. 18.11.1924, Hauptstaatsarchiv Hannover, Hann. 155 Gött. Nr. 864a.
12 *Göttinger Tageblatt* v. 19.8.1924.

trisch-kriminologischer Kategorien und offenbarte – vermittelt über die im Prozeß, in den Gutachten und in der Berichterstattung benutzte Terminologie – das zeitgenössische wissenschaftliche Wissen vom Verbrecher. Moralisch, medizinisch-psychiatrisch und kriminalanthropologisch fundiert ging es um Haarmanns Homosexualität, um seinen Geisteszustand, um seine „Minderwertigkeit" – letztlich ging es um sein Wesen, schillernd zwischen „anormaler Veranlagung", „erheblichem Schwachsinn" und seinem „scharf durchdachten Plan"; er war gekennzeichnet als ein „Untier", ein „von Wolfsinstinkten gepeitschtes Menschenwesen", als „weibisch" und „dem Grans [seinem Komplizen] hörig". Die Gutachten, auf denen schließlich das Urteil, die Todesstrafe unter Verneinung des § 51, beruhte, spiegeln dies wider und erscheinen – fast möchte man sagen ‚folgerichtig' – ambivalent: Haarmann, so etwa Erich Schultze, sei eine pathologische Persönlichkeit, die Voraussetzungen des § 51 träfen auf ihn aber nicht zu.

Die Ambivalenz der Kategorien pflanzte sich in der Polarität der Haltungen fort: Die einen bezeichneten das Urteil als „gerecht [...], denn es ist ein Urteilsspruch gefällt worden, der **vor aller Welt bestehen** kann"[13], andere hingegen differenzierten:

> [U]nd der Menschheit wird nun zugemutet, aus sich heraus ein gesundes Untier geschaffen zu haben. Daß aber die Sachverständigen Haarmann für zurechnungsfähig erklärt haben, war ein Glück für das Gericht, sonst hätte es sich in Widerspruch zum Gutachten stellen müssen. Glaubt denn wirklich jemand, daß das Gericht angesichts der vorhandenen Volksstimmung den Mut gefunden hätte, Haarmann straffrei ausgehen zu lassen[14][?]

Aspekte der Wissenspopularisierung

Mediale Kriminalität und Wissenspopularisierung

Der Berichterstatter der *BZ* umreißt mit seiner Frage nicht nur die besondere Konstellation des Falles Haarmann, sondern die Problematik des spektakulären Kriminalfalls überhaupt. Er legt damit jenes Spannungsfeld zwischen „Volksstimmung", Medien, Psychiatrie beziehungsweise Kriminologie und Prozeß frei, das den sensationellen Fall ausmacht. Der spektakuläre Kriminalfall, in der Regel ein, oft auch wiederholtes Gewaltverbrechen, ist nicht nur anteilsmäßig weit von der alltäglichen Kriminalität entfernt, sondern auch insofern exzeptionell, als seine Darstellung in den Massenmedien anderen Mechanismen gehorcht als die Nachricht über den Einbruchdiebstahl oder die Publikation von Kriminalitätsstatistiken[15]. Die Fixierung auf den skandalösen Einzelfall setzt die Kriminologie mit ihren wissenschaftlichen Erkenntnissen über die Gesetzmäßigkeiten von Kriminalität außer Kraft: „Mit dem Blick auf das noch nicht Dagewesene sind die Regeln des Gewöhnlichen und Normalen

13 *Freie Meinung* v. 20.12.1924; Hervorhebung im Original.
14 *BZ am Mittag* v. 23.12.1924.
15 Vgl. Christoph Derwein: Wie wird Kriminalität in der Presse dargestellt? Diss. iur. Frankfurt am Main 1995.

weitgehend suspendiert“[16]. Zugleich aber muß bedacht sein, daß allein beim spektakulären Kriminalfall der Kontakt zwischen den Eckpunkten des Spannungsfeldes überhaupt erst in einem Maße zustande kommt, das es erlaubt, das Verhältnis von wissenschaftlichem und lebensweltlichem Wissen[17] vom Verbrecher zu untersuchen: Allein der spektakuläre Kriminalfall erregt genug Aufsehen, allein ein solcher Fall bindet neben den Strafverfolgungsbehörden, den Gutachtern und den Kriminologen *auch* Medien *und* Öffentlichkeit mit ein. Jede Erkenntnis zur Frage nach der Kommunikation des Wissens vom Verbrecher muß vor diesem doppeldeutigen Hintergrund gesehen werden.

Für die Analyse des historischen Falls Haarmann kommt es nun jedoch weniger darauf an, die Besonderheit von Kriminalitätsdarstellungen darzulegen; die Problematik realistischer oder verzerrter Abbildung der Kriminalitätsverhältnisse in Medien und die ihres Einflusses auf das Verhalten der konsumierenden Öffentlichkeit spielt hier demnach keine Rolle. Vielmehr stellen sich die folgenden Fragen: In welchem Verhältnis standen wissenschaftliche und lebensweltliche Wissensbestände über Kriminalität beim Fall Haarmann zueinander? Wo lagen die Berührungsflächen des wissenschaftlich-professionellen Wissens und dem der Öffentlichkeit? Wie verliefen die Distributionskanäle dieser Wissen? Von Interesse ist somit nicht die Frage nach der Gemäßheit der Darstellung von Kriminalität in Medien und den entsprechenden Folgen im Vorstellungsbild der Öffentlichkeit, sondern präziser nach der Popularisierung von Wissen, nach der Art und Weise der Verteilung von Wissen – und zwar der Verteilung nicht nur des auf wissenschaftliche Weise produzierten epistemischen Wissens, sondern jeder Art Wissen vom Verbrecher.

Wissenspopularisierung in diesem Sinne findet sich auch beim Fall Haarmann; da sie jedoch in und über (Massen)Medien stattfand und wir es zudem mit Kriminalität zu tun haben, einem Thema, das, nicht nur was das Wissen angeht, eine starke lebensweltliche Verankerung hat, muß versucht werden, die Faktoren der Wissenspopularisierung in diesen spezifischen, auch zeitspezifischen Kontext zu stellen. Bevor jedoch eine entsprechende These formuliert wird, sind an dieser Stelle zunächst zwei Präzisierungen vonnöten:

(1) Die erste Präzisierung betrifft den hier verwendeten Medienbegriff: Er kann in zwei für diese Untersuchung relevante Bedeutungsaspekte differenziert werden: Von Massenmedien wird immer dann gesprochen, wenn Zeitungen und Zeitschriften gemeint sind; sie sind beim historischen Fall Haarmann die Hauptträger der Wissenskommunikation und stehen somit analytisch im Vordergrund dieser Untersuchung. Darüber hinaus werden jedoch ‚Medien‘ wesentlich weiter, im Sinne von ‚Medium‘ als einem Instrument der Ver-

16 Michael Walter: Von der Kriminalität in den Medien zu einer Bedrohung durch Medienkriminalität und Medienkriminologie? In: Bundesministerium der Justiz (Hrsg.): Kriminalität in den Medien. Mönchengladbach 2000, S. 10-22, hier S. 18.

17 Wissen meint hier das, „was in einer Gesellschaft als ‚Wissen‘ gilt, ohne Ansehen seiner absoluten Gültigkeit oder Ungültigkeit“. Peter L. Berger/Thomas Luckmann: Die gesellschaftliche Konstruktion der Wirklichkeit. Frankfurt am Main 1980, S. 3. – Dies gilt besonders in Abgrenzung zu philosophischen Fragen danach, was denn Wissen sei, wieso man wissen kann: „Was im offenen Raum der Lebenswelt Wissen zu sein behauptet und den Anspruch darauf plausibel findet, hat damit Recht auf dieses Wort und die in seinem Horizont intendierte Sache. Mehr Recht, ein höheres Recht mit irgendeinem ontologischen Rückgrat kann es freilich nicht geltend machen. Das müßte den vortheoretischen, also auch den philosophischen Rahmen der Lebenswelt sprengen und zur Einengung auf einen bestimmten Begriff von Wissen und damit von Wirklichkeit führen.“ Helmuth Plessner: Zur deutschen Ausgabe. In: Ebd., S. IX-XIX, hier S. XIV.

mittlung und Kommunikation verstanden; der Begriff schließt dann neben den Massenmedien etwa auch Literatur, Film, Aufklärungs- und Sachtexte, (populär-)wissenschaftliche Publikationen, aber ebenso die mündliche, interpersonale Kommunikation ein. Ist von ‚Medien' beziehungsweise ‚medial' ohne spezifischen Bezug auf Massenmedien die Rede, so ist ein solcherart ‚vermitteltes' Feld gemeint.

(2) Beim Verhältnis von Medien und Popularisierung ist zu bedenken, daß die Verteilung von Wissensbeständen gerade im Bereich der Massenmedien sicherlich nicht immer eine unmittelbare Absicht der Kommunikation ist. Dennoch haben Medien „das Monopol für die Verbreitung und Konstituierung von Wissen, was bedeutet, daß, was sie nicht verbreiten, auch nicht gewußt werden kann, bzw. was sie so und nicht anders verbreiten, auch nur so und nicht anders gewußt werden kann. Von unserer Erfahrungswelt abgesehen haben wir daher nur einen medienvermittelten Zugang zu dem, was darüber hinaus geschieht"[18]. Wissensverteilung ist so gesehen ein die mediale Darstellung begleitender Sekundäreffekt; seine Struktur, seine Wirkungen und Ergebnisse können analytisch eruiert und damit für die Popularisierungs-Forschung fruchtbar gemacht werden.

Natürlich kann nicht die soziale Rolle und Funktion von Medien und ihrer Wirkung, auch nicht im Bereich der Kriminalitätsdarstellung, *en détail* untersucht werden. Es erscheint ohnehin fraglich, ob trotz aller Eigenarten spezifischer Marktmechanismen den Medien, zumindest beim historischen Fall Haarmann, die alleinige Gestaltungskompetenz zugeschrieben werden kann – auch wenn Medien, gerade Massenmedien, als Umschlagplatz für Informationen und Wissen fungieren. Vielmehr soll hier von der These ausgegangen werden, daß der schon erwähnte enge Konnex zwischen „Volksstimmung", Medien, Wissenschaft und Prozeß beim spektakulären Kriminalfall *eine Kriminalitätswirklichkeit eigener Art konstituiert: mediale Kriminalität* sozusagen, also eine im weitesten Sinne vermittelte, eben mediale Erfahrung von und mit Kriminalität. Sie ist unabhängig von einem unmittelbaren, eigenen Erleben von Kriminalität; mediale Kriminalität – „Kriminalität in unseren Köpfen"[19] – meint, „daß dieses Phänomen eigenständige Bilder und Sichtweisen entwickelt, vor allem in seiner Entwicklung der Botschaften einer eigenen Gesetzmäßigkeit folgt"[20]. Zentrale Aspekte dieser eigenen Kriminalitätswirklichkeit[21] (etwa die medientypische Produktion, Verteilung und Rezeption von Informationen und Wissen, deren Einordnung in präkommunikative Einstellungs- und Plausibilitätsstrukturen[22] beim Rezipienten, die Verar-

---

18 Klaus Sessar: Vermittlung kriminologischen Wissens durch die Medien? In: Bundesministerium der Justiz (Hrsg.): Kriminalität in den Medien (wie Anm. 16), S. 43-57, hier S. 43.

19 Harald Kania: Kriminalitätsdarstellung in den Massenmedien. In: Ebd., S. 78-97, hier S. 81.

20 Walter: Von der Kriminalität in den Medien (wie Anm. 16), S. 13. Der Begriff der medialen Kriminalität ist dem von Walter verwendeten Begriff der „Medienkriminalität" vorzuziehen; er meint zwar eine Art vermittelte Wirklichkeit, bezieht als Vermittlungsinstanz jedoch nur die (Massen-)Medien mit ein.

21 Die Auffassung von „Wirklichkeit" folgt Berger/Luckmann: „Insofern nämlich alles menschliche ‚Wissen" schließlich in gesellschaftlichen Situationen entwickelt, vermittelt und bewahrt wird, muß die Wissenssoziologie zu ergründen versuchen, wie es vor sich geht, daß gesellschaftlich entwickeltes, vermitteltes und bewahrtes Wissen für den Mann auf der Straße zu außer Frage stehender ‚Wirklichkeit' gerinnt." Berger/Luckmann: Konstruktion der Wirklichkeit (wie Anm. 17), S. 3.

22 Plausibilität spielt im Verhältnis von Wissen und Wirklichkeit eine bedeutende, in der wissenssoziologischen Forschung jedoch weitgehend vernachlässigte Rolle. Plausibilitätsstrukturen

beitung medialer Kriminalitätserfahrung wie publizierter Kriminalitätsstatistiken in Form von Bedrohungsszenarien, die Etablierung hegemonialer sozialer Sinn- und Konsensstrukturen) stellen – nicht immer explizit – die erkenntnisleitende Grundlage dieses Beitrags dar.

Die Bedeutung medialer Kriminalität für die Popularisierung, für die Verteilung des Wissens vom Verbrecher, liegt darin, daß sie die strukturgebende Bedingung und die unerläßliche Erscheinungsform dieser Popularisierungsweise zugleich ist. Diese Behauptung bezieht sich jedoch nicht auf einen mehr oder weniger starken Aufmerksamkeits- oder gar Sensationsgehalt der jeweils popularisierten Wissensbestände als vielmehr auf den medialen Vorgang selbst: Die Mechanismen und Determinanten des Popularisierungsvorganges bestimmen, was verteilt und in welcher Form es verteilt wird. Mediale Kriminalität erscheint somit als beispielhaft für die Mechanismen von Wissenspopularisierung insgesamt.

Mediale Kriminalität und Wissenschaftspopularisierung

Auswahl, Struktur und Form des verteilten Wissens werden jedoch – so die Annahme – nicht allein durch die Wissenschaft, hier die Kriminologie, bestimmt: Es wird sich zeigen, daß keine Gefällesituation zwischen Wissenschaft und Alltag anzunehmen ist, daß Wissenspopularisierung wesentlich komplexer, differenzierter ist; der Fokus liegt nicht nur auf dem wissenschaftlichen Wissen. Aus diesem Grund muß hier die traditionelle, linear orientierte Vorstellung einer Wissenschaftspopularisierung aufgegeben werden zugunsten eines Blicks auf die interne Struktur und die Erscheinungsformen von Wissenspopularisierung, der den wechselwirkenden, fast dialektischen Charakter der Verteilung von Wissen freilegen kann. Die Abkehr von der traditionellen Auffassung von Wissenschaftspopularisierung hat die Feststellung zum Hintergrund, daß im Falle medialer Kriminalität eben Wissen verteilt und nicht Wissenschaft popularisiert wird. Dies ist jedoch ein ungemein bedeutender Unterschied, der diese Untersuchung zu einer wissenshistorischen und nicht zu einer wissenschaftshistorischen Analyse werden läßt – eine begriffliche Präzisierung, die in den nächsten Abschnitten verdeutlicht wird. Daneben muß die Vorstellung eines linearen Transfers kriminologischen Wissens in die Welt der Laien auch deshalb aufgegeben werden, weil bei medialer Kriminalität eine Unterscheidung von wissenschaftlich juristischem und lebensweltlichem Wissen vom Verbrecher der Sache nach nicht möglich ist: Die Wissensbereiche sind aufgelöst, sie lassen sich nicht trennen, sie erzeugen ihren Konstitutionsregeln gemäß eine gänzlich neue Wissenswirklichkeit. Das jedoch ist genau der Charakter medialer Kriminalität, und allein für die wissenshistorische Analyse der in der medialen Kriminalität präsenten Wissensbestände können die beteiligten Wissensbereiche identifiziert und gleichsam künstlich einander gegenübergestellt werden.

Eine solche Gemengelage zeigt sich etwa in einem Beitrag, der unter dem Titel „Die Sühne" am 23. Dezember 1924, wenige Tage nach dem Urteil über Haarmann, in der *Göttinger Zeitung* erschien: Man empfinde angesichts dieses „Untiers [...] Bedauern darüber,

können als Mechanismen der Wirklichkeitssicherung (Berger/Luckmann, Gesellschaftliche Konstruktion der Wirklichkeit [wie Anm. 17], S. 165ff.) oder der Wirklichkeitsstrukturierung (Thomas Kailer: Wissen und Plausibilität. In: Claus Zittel (Hrsg.): Wissen und soziale Struktur. Berlin 2002) fungieren.

daß a) Haarmann nur *ein* Leben zu verlieren hat und b) die grausamen Strafen des Mittelalters heute nicht mehr Brauch sind". Während das allgemeine Empfinden die Todesstrafe als noch nicht volle Sühne für solche Taten ansehe, hielten die „Gelehrten" für Haarmanns Morde Erklärungen wie „sexuelle Verirrungen" und „hysterischer Infantilismus" bereit: Sie suchten „das Unerhörte und Unbegreifliche mit ihren gelehrten Benennungen abzustempeln und in ihre wissenschaftlichen Kategorien hineinzupressen" und bezeichneten Haarmanns Taten als „Entartungserscheinungen des modernen Lebens". Dem stellt der Kommentator unter Rückgriff auf kriminalanthropologische Reflexe nach Art Cesare Lombrosos die Charakterisierung Haarmanns als „Atavismus" gegenüber, der in eine Welt vor 5.000 oder 10.000 Jahren gepaßt hätte, als der Kampf ums Dasein noch mit Bären und Auerochsen ausgefochten wurde. Heute jedoch ginge es um „Zurechnungsfähigkeit", und hier könnten keine Ausschlußgründe „nach § 51" wie Bewußtlosigkeit oder die krankhafte Störung der Geistestätigkeit geltend gemacht werden: Wegen der offensichtlichen Überlegtheit der Taten könne man Haarmann keine mildernden Umstände zubilligen.

Mäandernd durchziehen in semantischer Hinsicht wechselnde thematische Orientierungen, wechselnde Referenzen diesen Beitrag. Bezeichnet man als Referenz diejenige Beziehung, die zwischen einem sprachlichen Ausdruck auf der einen und den Komponenten unseres Wirklichkeitsmodells auf der anderen Seite besteht[23], dann finden sich hier nicht nur ein Referenzbereich, wie die klassische Wissenschaftspopularisierung annehmen würde, sondern vielmehr zwei – wissenschaftliche Kriminologie und lebensweltliches Wissen vom Verbrecher. Da die Referenz vor allem bestimmt, in welchen Kontext der Leser die sprachliche Äußerung einordnen soll, hat die gleichzeitige Präsenz zweier Referenzsysteme innerhalb eines Textes zum Ergebnis, daß bei medialer Kriminalität eben nicht von Linearität im Verteilungsprozeß gesprochen werden kann, daß die vermeintlich eindeutige referentielle Zuordnung aufgehoben ist und der Text insgesamt eingeordnet werden muß – jedoch weder in den Kontext des wissenschaftlichen noch in den des lebensweltlichen Wissens vom Verbrecher, sondern in den Kontext des medialen Kriminalitätswissens. Der Bezug auf mehrere Referenzbereiche ist demnach ein konstitutives Merkmal der medialen Kriminalität; es wird Wissen verteilt, nicht Wissenschaft popularisiert. Angesichts dieses Befundes, angesichts einer solchen mehrfachen referentiellen Bewegung in den Texten muß die Frage nach der Erscheinungsform und der Struktur von Popularisierung, nach dem Verteilungsvorgang selbst, wesentlich differenzierter gestellt werden, als es die bisherige Auffassung von *Wissenschafts*popularisierung getan hat:

Wissenspopularisierung als Kommunikationsprozeß

Die Verlaufswege der Wissensdistribution im Bereich der medialen Kriminalität sind, wie das obige Beispiel gezeigt hat, also keineswegs linear; es kann eben *nicht* von einem einseitigen Gefälle zwischen Kriminologie und Öffentlichkeit ausgegangen werden. Die Merkmale der traditionellen Vorstellung von Wissenschaftspopularisierung fehlen demnach, so daß der Popularisierungsvorgang nicht einfach als „the transmission of scientific knowledge from scientists to the lay public for purposes of edification, legitimation and training" be-

23 Vgl. Heinz Vater: Einführung in die Textlinguistik. 3. Aufl. München 1999, S. 89.

zeichnet werden kann, dem zudem der Ruf anhaftet, eine „low status activity, unrelated to research work“[24] zu sein. Der ohnehin nur schwer zu fassende Popularisierungsbegriff wird aufgrund dieser Linearitätsvorstellung zunehmend von einer weiten Auffassung von Popularisierung abgelöst[25]; interessanterweise parallel zu der Entwicklung in der Kommunikationsforschung und unter Bezugnahme auf ähnliche Argumente. Hier wie dort stehen lineare, auf Eliten der Wissensproduktion bezogene Konzepte zugunsten komplexer, wechselwirkender Vorstellungen zurück: So werden etwa die Produzenten/Sender von Wissen nicht mehr ausschließlich als esoterische Zirkel betrachtet, denen ein Publikum/Empfänger gegenüber steht, das als passive Masse ein einerseits verabsolutiertes und statisches, andererseits jedoch für den nichtwissenschaftlichen Gebrauch angepaßtes und transformiertes Wissen konsumiert – ohne auf die Produktion von Wissen zurückzuwirken. Vielmehr gelte es, so etwa Richard Whitley, Popularisierung als Teil eines übergeordneten, kommunikativen Austauschprozesses zu betrachten und seine Formen und Funktionen gegenüber der traditionellen Ansicht zu erweitern. Die Popularisierungsforschung konturiert ihren Gegenstand also mittlerweile eher als eine Kommunikationssituation:

> The communication of knowledge [...] always involves the communication of ideas, results and ‚facts‘ from the context of their production, however organized, to some less specialised and usually larger group. [...] The transmission of intellectual products from the context of their production to other contexts, then, seems to me to be the key feature of popularisation[26].

In Weiterführung dieser Auffassung, die noch stark der Vorstellung einer (linearen) Verteilung *wissenschaftlichen* Wissens verhaftet ist, werden jedoch für die hier unternommene wissenshistorische Untersuchung die Entstehungsbedingungen und -kontexte von Wissen um den Bereich des lebensweltlichen Wissens erweitert: Nicht die Produktion und Verteilung von abgeleitetem und gesichertem, also epistemischem Wissen allein bildet bei Wissenspopularisierung den Gegenstand des Popularisierungsvorgangs, sondern viel allgemeiner – und dialektischer – die Kommunikation jeglicher Wissensbestände, hier: jeglichen Wissens vom Verbrecher. Eine so verstandene Popularisierung meint also letztlich „all communication to non-specialists which involves transformation“ und schließt damit auch die mediale Wissensverteilung, die keine Unterscheidung von epistemischem und lebensweltlichem Wissen kennt, mit ein: „The forms that such communication take and their consequences for intellectual development vary according to the sort of field involved, the audience addressed and the relationships between them.“[27]

Der Aspekt der Transformation ist dabei strukturell konstitutiv: Dem Transfer von Wissen aus einem Kontext mit eigenen Regeln und Mechanismen in einen anderen mit wiederum je spezifischen Konstituenten ist die Transformation seines Gegenstandes immanent; der nötige Übertragungsvorgang bei jeder Kommunikation, die Anpassung der Wissensbestände an eine neue Umgebung, verändert das kommunizierte ebenso wie das bereits vorhandene

24 Richard Whitley: Knowledge Producers and Knowledge Acquirers. In: Terry Shinn/Richard Whitley (Ed.): Expository Science. Forms and Functions of Popularisation. Dordrecht 1985 (= Sociology of the Sciences, Bd. 9) , S. 3-28, hier S. 3.
25 Vgl. etwa die Beiträge in Shinn/Whitley: Expository Science (wie Anm. 24).
26 Whitley: Knowledge Producers and knowledge acquirers (wie Anm. 24), S. 12.
27 Ebd., S. 25.

Wissen. Das gilt auch und gerade bei medialer Kriminalität, da kriminologische Erkenntnisse, lebensweltliche Vorstellungen und ihr Verhältnis zueinander für die mediale Kommunikation in systemeigene Codes etwa der Massenmedien ‚übersetzt', also erst lesbar gemacht werden müssen[28]. Dieses veränderte, neue Wissen ist jedoch keine lästige, unausweichliche Begleiterscheinung: Sie ist *das Ergebnis* des Kommunikationsvorgangs.

Wissenspopularisierung als diskursives Ereignis

Das popularisierte, veränderte Wissen wiederum verbleibt den Modellen neuerer Kommunikations- und Kognitionsforschung gemäß jedoch nicht nur als passiver und erratischer Wissensbestand im Gedächtnis des Rezipienten; es wird vielmehr aktiv und produktiv, es erhält einen spezifischen, von seinem ursprünglichen mehr oder weniger entfernten Sinn; es repräsentiert die Antwort auf eine Krise, wenn es etwa im basalen Prozeß des *sense-making* gilt, ein kognitives Hindernis zu überwinden: Information und Wissen meint dann „jene Antworten, die sich Handelnde als Fragende bezüglich ihrer konkreten Probleme in sozialen Situationen erschaffen, mit denen sie konfrontiert sind"[29]. Wissen wird durch die Handelnden im jeweiligen sozialen Kontext konstruiert, es ist nicht mehr eine objektive, vom Kontext unabhängige Ressource, die medial vermittelt ist; gerade Wissen erscheint als ein individuelles, wandelbares Set von Bezügen zwischen Vorwissen, Kontext und subjektiver Wirklichkeit, das hilft, den Beobachtungen unter Rückgriff auf Bekanntes einen Sinn zu geben und in das subjektive Wirklichkeitsmodell einzuordnen.

Solcherart aktives und produktives Wissen initiiert permanent Prozesse der Generierung und Neustrukturierung von Wissen, es dynamisiert auf seiner, der Rezipientenseite, den Popularisierungsvorgang. Aus der Sicht der ursprünglichen Wissensproduzenten jedoch – und dieser Perspektivwechsel muß für die Analyse des Popularisierungsprozesses nun eingenommen werden – ist diese Produktivität, die Dynamik popularisierter Wissensbestände in anderen Kontexten als dem ihrer Entstehung, problematisch: Sie ist tendenziell ordnungslos und nur schwer kontrollierbar; diametral scheint sie – vom Blick der Wissenschaft aus gesehen – der Absolutheit der in den epistemischen Diskursen produzierten Wahrheit entgegenzustehen. Hinter jener Wertschätzung der Wahrheit, der „Logophilie" (Foucault), kann die Auffassung vermutet werden, daß die gleichsam ‚rein' und ‚gesund' geborene „Wahrheit" im Moment ihrer externen Anwendung kontaminiert ist. Und so wird letztlich die latente Herabwürdigung des Popularisierungsvorganges und seines Ergebnisses bis hin zu Kritik und offener Ablehnung verständlich als – eben mit Foucault gesprochen – der Versuch, „das große Wuchern des Diskurses zumindest teilweise zu bändigen, seinen Reichtum seiner größten Gefahren zu entkleiden und seine Unordnung so zu organisieren, daß das Unkontrollierbarste vermieden wird"[30]. Der Transfer von Wissen aus dem esoterischen Kreis der Wissensgenerierung in einen exoterischen Expertenkreis[31] erscheint dann nicht als Pro-

---

28 Sessar: Vermittlung kriminologischen Wissens (wie Anm. 18), S. 44.
29 Heinz Bonfadelli: Medienwirkungsforschung. Bd. I. Konstanz 2001, S. 175.
30 Vgl. Michel Foucault: Die Ordnung des Diskurses. Frankfurt am Main 1998 [EA 1972], S. 33.
31 Wie Ludwik Fleck den Popularisierungsvorgang zu fassen versucht. Vgl. Ludwik Fleck: Entstehung und Entwicklung einer wissenschaftlichen Tatsache. Einführung in die Lehre vom

blem; hier kann das Wissen eingeordnet und bewertet werden. Doch die Logophilie wird – mit Blick auf einen öffentlichen, unberechenbaren Diskurs – zur „Logophobie", zu einer

> stumme[n] Angst vor jenen Ereignissen, vor jener Masse von gesagten Dingen, vor dem Auftauchen all jener Aussagen, vor allem, was es da Gewalttätiges, Plötzliches, Kämpferisches, Ordnungsloses und Gefährliches gibt, vor jenem großen unaufhörlichen und ordnungslosen Rauschen des Diskurses[32].

Das „Rauschen des Diskurses" aber ist nun nichts anderes als das Ergebnis eines Popularisierungsvorganges, die Transformation des Kommunikationsgegenstandes, die Übertragung von Wissen, die Produktivität des übersetzten Wissens im neuen Kontext. Wissen meint für Foucault – ähnlich wie für die Wissenssoziologie – die „Erkenntnisverfahren und -wirkungen [...], die in einem bestimmten Moment und in einem bestimmten Gebiet akzeptabel sind"[33]. Akzeptabel ist aber nur Wahrheit – und was als solche gelten kann, bestimme die ‚allgemeine Politik' der Wahrheit, über die eine Gesellschaft verfügt,

> d.h. sie akzeptiert bestimmte Diskurse, die sie als wahre Diskurse funktionieren läßt; es gibt Mechanismen und Instanzen, die eine Unterscheidung von wahren und falschen Aussagen ermöglichen und den Modus festlegen, in dem die einen oder anderen sanktioniert werden; es gibt bevorzugte Techniken und Verfahren zur Wahrheitsfindung; es gibt einen Status für jene, die darüber zu befinden haben, was wahr ist und was nicht[34].

Wahrheit und mithin Wissen beruht aus dieser Sicht auf Mechanismen der Aus- und Einschließung, und entscheidend ist es, gerade auch für den Zusammenhang der Popularisierung, „das Ensemble der Regeln, nach denen das Wahre vom Falschen geschieden wird" zu analysieren und zu berücksichtigen, „daß es nicht um einen Kampf ‚für die Wahrheit' geht, sondern um einen Kampf um den Status der Wahrheit"[35]. Der Status der Wahrheit steckt nun – mit einem unterschiedlich hohen Maß an Autorität – in jedem Wissen, das verteilt wird; die Auswahl dessen, was verteilt werden soll (kann, darf etc.), die Ausschließung dessen, was nicht verteilt werden soll (kann, darf etc.), die Kategorisierung des Verteilten, die Entscheidung über seine Form, das Befinden darüber, „was wahr ist und was nicht" wird im Falle der medialen Kriminalität durch die Interessen, Mechanismen und Bedürfnisse der beteiligten Faktoren – „Volksstimmung", Medien, Kriminologie, Rechtsprechung – bestimmt. Die Kommunikation und die ihr unterstellte Wirkung beim Rezipienten bestimmt mit anderen Worten, was auf welche Weise kommuniziert wird. Die interne Struktur der Popularisierung des Wissens vom Verbrecher determiniert die Verlaufswege der Wissensdistribution; entlang dieser internen Struktur werden die Informationen, das Gewußte, das Wissen, das zum Wissen Gemachte, das Wahre verteilt. Dieser Teil der Wissenspopularisierung, die Produktion des verteilenswerten Wissens, kann zweifellos als diskursives Ereignis

---

Denkkollektiv und Denkstil. Hrsg. und eingel. v. Lothar Schäfer und Thomas Schnelle. Frankfurt 1980, S. 146-164.

32 Foucault: Ordnung des Diskurses (wie Anm. 30), S. 33.

33 Michel Foucault: Was ist Kritik? Berlin 1992 [EA 1990], S. 32.

34 Michel Foucault: Dispositive der Macht. Berlin 1978, S. 51.

35 Ebd., S. 53; Andrea Seier: Kategorien der Entzifferung: Macht und Diskurs als Analyseraster. In: Hannelore Bublitz u.a. (Hrsg.): Das Wuchern der Diskurse. Perspektiven der Diskursanalyse Foucaults. Frankfurt am Main, New York 1999, S. 75-86.

bezeichnet werden, und die Untersuchung seiner Ordnung nach den Foucaultschen Kriterien der Ausschließungs- und Klassifikationsprozeduren und der Verknappung der sprechenden Subjekte[36] dürfte gerade im Hinblick auf einen unterstellten Diskurscharakter von Wissenspopularisierung insgesamt lohnen – an geeigneter Stelle wird dem jeweils nachzugehen sein.

Zusammenfassend bleibt also, um den einführenden Teil vor der eigentlichen Untersuchung des Materials abzuschließen, zu konstatieren, daß Popularisierung nun differenziert als ein zwei Aspekte umgreifender Vorgang umschrieben werden kann:

(1) Popularisierung ist das Ergebnis eines Kommunikationsvorganges, indem es auf einer Übersetzung des Ursprungswissens aus dem Kontext seiner Entstehung in einen anderen beruht. Daran schließt sich die Konstituierung neuer Wissenswirklichkeiten gemäß der lebensweltlichen Vorbedingungen an. Mediale Kriminalität, der Konnex zwischen „Volksstimmung", Medien, Kriminologie und Rechtsprechung, stellt hier die Rahmenbedingung dar, innerhalb dessen sich die spezifische Popularisierung, die Kommunikation des Wissens vom Verbrecher, abspielt. Der Diskussion verschiedener Kommunikationssituationen, die sich aus diesem kommunikativen Bezug ergeben, soll der nun folgende, erste Teil der Materialanalyse gewidmet sein.

(2) Popularisierung ist weiterhin eine Strategie, sich des Diskurses zu be'mächt'igen, die Entscheidung über Wahrheit und mithin über das zu verteilende Wissen verbindlich treffen zu können. Es muß daher, in einem zweiten Teil, von der Produktion des verteilenswerten Wissens, von der Kontrolle, Selektion und Organisation des Diskurses, von seinen Konstitutionsregeln und seinen Erscheinungsformen gesprochen werden. ‚Macht' ist dabei kein repressives Negatives als vielmehr ein produktiver Integrationszusammenhang; sie „wird nicht besessen, sie wirkt [...] auf der Oberfläche des sozialen Feldes gemäß einem System von Relais, Konnexionen, Transmissionen, Distributionen"[37]. Die Distribution von Wissen ist auf dieser Ebene eine Strategie zur Konstituierung von Akzeptabilität, zur Kommunikation verbindlicher Wahrheit, zur Herstellung von Konsens – und Popularisierung ist die Trägerin dieser Strategie.

Der „Fall Haarmann" weist Spuren beider Aspekte auf, es können also die Kommunikationsmerkmale von Popularisierung ebenso exemplifiziert werden wie die Existenz diskursiver Strategien bei der Produktion und Distribution von Wissen. Eine ganz wesentliche Rolle spielte dabei der „Fall", also Haarmann selbst. Vor der Darstellung der Wissenskommunikation und der diskursiven Strategien muß deshalb seine Geschichte erzählt werden.

Der „Fall Haarmann": Krankengeschichte, kriminelle Karriere, Serienmord

Der „Fall Haarmann" war, soweit ermittelt, wohl erst nach 1918 eine Geschichte der Mordopfer. Es wurde erst während des Prozesses eine Geschichte der Gesellschaft, der Nachbarn, der Polizei, der Justiz und der Angehörigen. Es war die Geschichte eines Serienmörders; eine Feststellung, mit der die ‚Geschichte' auch schon ihr Ende finden könnte, wie ja auch Haarmann 1925 sein Ende fand. Aber „Haarmann" war natürlich mehr: Es war auch die

36 Foucault: Ordnung des Diskurses (wie Anm. 30).
37 Michel Foucault: Mikrophysik der Macht. Berlin 1976, S. 114.

Geschichte eines Menschen aus dem Unterschichtenmilieu Hannovers, der immer wieder in die Kategorien der Psychiatrie, der Kriminologie, der Justiz geriet. Seine kriminelle Laufbahn war eine typische Diebs- und Hehlerkarriere der Jahrhundertwende und vor allem der Nachkriegszeit: Zwischen 1905 und 1921 wurde Haarmann 15mal verurteilt, wegen Wäschediebstahls zumeist und wegen Hehlerei. Er erhielt die damals üblichen kurzen Strafen, nicht länger als sechs Monate. 1913 aber wurde er wegen schweren Rückfalldiebstahls in zehn Fällen zu fünf Jahren Zuchthaus verurteilt, die er bis März 1918 voll absaß.

Seine kriminelle Geschichte schrieb Haarmann in die Akten der Strafverfolgung ein; in die Akten psychiatrischer Begutachtungen gelangte er zum ersten Mal während seines Militärdienstes, aus dem der 16jährige 1895 mit der Diagnose „epileptisches Irresein" als „dienstunbrauchbar" entlassen wurde. Fortan liest sich seine Krankengeschichte[38] wie eine ‚kurze Geschichte der psychiatrischen Krankheiten': 1896 im „Zustande krankhafter Störung der Geistestätigkeit" und als „gemeingefährlicher Geisteskranker" Einlieferung in die Heil- und Pflegeanstalt Hildesheim. Aufnahmediagnose: Dementia. Ein Gutachten von 1897 beschreibt ihn als einen „von Jugend auf Imbecillen", der an „angeborenem Schwachsinn" leide. 1900 wurde Haarmann im Hannoverschen Jäger-Bataillon aufgenommen, 1902 untersucht wegen nervöser Herzstörungen. Das Gutachten nennt die „mehrfachen Geisteskrankheiten" und schließt: „Jetzt leidet er an Nervenschwäche (Neurasthenie)". Zwei Monate später befindet ein weiteres Gutachten, nach einem systematischen, in dieser Form damals üblichen Intelligenztest (Kopfrechnen, Allgemeinbildung: „Kaiser?", „regiert seit?", „Datum der Schlacht bei Sedan?"), daß Haarmann

> an Hebephrenie erkrankte, sich an die akuten Erscheinungen ein erheblicher Schwachsinn anschloß, der eine angeborene Idiotie vortäuschte und allmählich eine gewisse Besserung eintrat; also Heilung mit Defekt. Für den hebephrenen Charakter einer Psychose spricht auch ein gelegentlich deutlich zu Tage tretender alberner Zug in seinem Wesen (76).

Hebephrenie, auch „Jugendirresein" genannt, ist eine frühe Form der Schizophrenie. Haarmann wird als dienstuntauglich entlassen und bezieht fortan eine Rente. 1903 beantragt der Vater, Haarmanns Geisteszustand zu überprüfen, da dieser ihn des Mordes bezichtigt und bedroht hatte. Der Gutachter konnte keine „Zeichen von Entartung" finden, auch

> als geisteskrank im eigentlichen Sinne wird Haarmann nicht erachtet. Dagegen ist er ein auf allen Seelengebieten minderwertiger, moralisch defekter, wenig intelligenter, träger und gänzlich egoistischer Mensch, der seine vermeintlichen Interessen ohne jede Rücksicht auf andere verfolgt. Die Minderwertigkeit des p. Haarmann ist teils eine angeborene, teils durch schlechte Erziehung erworben (88f.).

Die Gutachten und ihre Terminologie pflanzten sich fort; immer wieder wurde auf sie Bezug genommen, bei jeder neuen Untersuchung seines Geisteszustandes – aus strafbehördlicher Initiative ebenso wie von Seiten Haarmanns, um seine Rentenansprüche wegen Invalidität zu untermauern. 1911 etwa, als Haarmann wegen Rückfalldiebstahls zu neun Monaten Ge-

38 Die Abschriften der Krankenakten aus der Göttinger Heil- und Pflegeanstalt sind dokumentiert in Poszár/Farin: Haarmann-Protokolle (wie Anm. 1), S. 55-119. – Nachweis durch Seitenzahlen im Haupttext.

fängnis verurteilt wird, heißt es in der Urteilsbegründung, daß Haarmann nicht geisteskrank, wohl aber geistig minderwertig und nervenleidend sei, wodurch er „gegen strafbare Gelüste in erheblich geringerem Maße widerstandsfähig [sei] als gesunde Personen" (96). Bei seinem Prozeß 1913 schließlich, der ihm die fünfjährige Zuchthausstrafe einbrachte, stellte Haarmann nun seinerseits einen Antrag auf mildernde Umstände, der allerdings aufgrund der planvollen Begehung von zwölf Diebstählen, der Vorstrafen und seinem Mangel an Reue abgelehnt wird. Doch die Diebstähle waren nicht das einzige Delikt, für das Haarmann in diesem Verfahren verurteilt wurde: Er hatte einen 14jährigen Jungen zu „widernatürlichen Handlungen" aufgefordert, was nach § 176 RStGB strafbar war. Und auch nach seiner Freilassung ergingen mehrere Anzeigen gegen Haarmann wegen homosexueller Handlungen, strafbar nach § 175 RStGB; es konnte ihm aber nichts nachgewiesen werden. Als im November 1918 menschliche Hände und Füße gefunden worden waren, erklärte die Mutter eines vermißten Jungen bei der Staatsanwaltschaft, daß ihr Sohn in Begleitung Haarmanns gesehen worden sei: „Dieser Haarmann, der der Polizei bekannt ist, soll junge Leute an sich locken und mehrere von diesen jungen Leuten sollen seitdem spurlos verschwunden sein" (101). Eine Wohnungsdurchsuchung brachte keine Hinweise, obwohl sich der Kopf des Opfers nach Haarmanns Aussagen noch im Zimmer befand. Die hohe Zahl der in Hannover verschwundenen Menschen begann bald Aufsehen zu erregen – gleichzeitig häuften sich Knochenfunde. Theodor Lessing berichtet von der sich anbahnenden Stimmung in der Stadt:

> Es bemächtigte sich weiter Volkskreise eine schon lange vorbereitete Schrecksucht. Schon seit Jahr und Tag nämlich war im Volke ein abergläubisches Gerücht im Schwange: ‚Es gibt in der Altstadt Menschenfallen. Junge Kinder verschwinden in Kellern. Knaben werden in den Fluß versenkt.' Man erzählte, daß in der schweren Notzeit Menschenfleisch auf dem Markt verkauft worden sei. [...] Und die gewisse Angst vor einem die Gegend unsicher machenden ‚Werwolf' wuchs von Tag zu Tag[39].

Am Pfingstsonntag 1924 beteiligten sich Hunderte Menschen an der Suche nach Leichenteilen und Knochen; man fand 500. Die Gerichtsmedizin teilte mit, daß es sich um die sterblichen Überreste von mindestens 22 jungen Menschen handelte. Panik drohte auszubrechen; es wurden Beschreibungen der Schädel veröffentlicht, um Anhaltspunkte zu gewinnen. Man erinnerte sich an die vielen Anzeigen gegen Haarmann wegen Verstoßes gegen § 175 und ließ ihn beobachten. Als er einen Jungen anzeigen wollte, sagte dieser aus, Haarmann habe ihm beim Erwachen ein Brotmesser an den Hals gehalten. Haarmann wurde verhaftet und gestand die Morde, auch, daß er die Kleidungsstücke seiner Opfer verkauft habe.

„Das sachlich Wesentliche der grausigen Vorgänge" – Kommunikationssituationen

Haarmann, der Fleischverkäufer – Popularisierung und Sensationsbefriedigung

Haarmann handelte mit Fleisch, Gemüse, mit Kleidung – er verdiente seinen Lebensunterhalt mit Hehlerware. Am Bahnhof kaufte er sie ebenjenen jungen Männern ab, die er dann manchmal mit zu sich nahm. Haarmanns Geschäfte waren bekannt, die Herkunft des Flei-

39 Lessing: Haarmann (wie Anm. 2), S. 56f.

sches jedoch offenbar nicht, so daß noch die Urteilsgründe festhalten, es bliebe „die Wahrscheinlichkeit bestehen, daß der Angeklagte das Fleisch der ihm zum Opfer gefallenen jungen Leute verkauft hat. Ein bestimmter Beweis in dieser Richtung ist jedoch nicht geführt"[40]. Einen Verdacht gab es bereits 1923, als zwei Freundinnen des Haarmann-Komplizen Grans merkwürdig aussehende Fleischstücke, die sie für Menschenfleisch hielten, zur Polizei brachten. Die Untersuchung ergab: Es war Schweinefleisch. Daß die beiden Frauen das Fleisch überhaupt für Menschenfleisch hielten, deutet auf einen bereits etablierten, halböffentlichen Verdachtsmoment hin, der sich dann innerhalb kürzester Zeit nach Haarmanns Verhaftung und Geständnis auf mehreren Ebenen verteilte: Bald tauchte ein Gerücht auf, das den Weg des Falls zur Sensation bahnte: Haarmann habe das Fleisch seiner Opfer verkauft oder in Wurst verarbeitet. Dem widersprachen selbst die Gutachten und das Urteil nicht, so daß letztlich eine Leerstelle mit immanenter Anreizung zur phantasievollen Ausdeutung produziert wurde. Für die Lokalpresse war das Gerücht kein Thema; während es in Hannover wohl eher von Mund zu Mund ging, berichteten vor allem Zeitungen in anderen Regionen Deutschlands von Haarmanns angeblichem Handel mit Menschenfleisch: Haarmann, von Beruf Schlachter, fehle ein Finger, der ihm von einem seiner Opfer abgebissen worden sei – als „geschäftstüchtiger Menschenschlachter" habe er den Finger mitverkauft oder in die Wurst verarbeitet[41]. Das Gerücht nahm bald auch kreativere, wenngleich subtilere Formen an: Zur Melodie von „Warte, warte nur ein Weilchen, bald kommt das Glück auch zu dir" sang man nun einen neuen Text:

1. In Hannover an der Leine,
Rote Gasse Nummer acht
Wohnt der Massenmörder Haarmann
Der die Leute umgebracht.

2. Aus den Augen macht er Sülze,
Aus dem Arsch da macht er Speck
Aus dem Darm da macht er Würste,
Und den Rest den schmeißt er weg.

3. Haarmann hat auch ein Gehilfen,
Franz heißt dieser junge Mann
Und der lockte mit Behagen
Viele junge Männer an.

4. Warte, warte nur ein Weilchen,
Dann kommt Haarmann auch zu Dir
Mit dem Hacke-Hackebeilchen
Macht er Hackefleisch aus dir[42].

Dieses Lied sollte die Grundlage für die enervierende Eröffnungsszene von „*M – Eine Stadt sucht einen Mörder*", Fritz Langs Film über den Mädchenmörder Beckert aus dem Jahre 1931, werden: Die Kamera fährt langsam über offene Fenster eines Hinterhofes, man hört spielende Kinder, und die Stimme eines kleinen Mädchens spricht einen Abzählreim: „Warte, warte nur ein Weilchen, bald kommt der schwarze Mann zu dir ...". Die Szene bezieht ihre Spannung vor allem aus der Anspielung auf das populäre Haarmann-Lied, das den Bekanntheitsgrad des Serienmörders auf eine zugleich subtile und reißerische Art vervielfacht hatte. Haarmann war indes nicht das konkrete Vorbild für die Figur des Beckert; Lang war von Serienmördern, mehr aber noch von der sozialen Hysterie, wahren „Angstpsychosen", die um sie entstanden, fasziniert[43]. Der Regisseur arbeitete den wesentlichen Kern dieser Fälle, der auch die Presseberichterstattung zum Fall Haarmann umtrieb, heraus: Der Film „focuses almost consistently on the disturbing effects rather than the causes of crime. [...]

40 Poszár/Farin: Haarmann-Protokolle (wie Anm. 1), S. 510.
41 „Haarmann-Sonderausgabe" der *Hamburger Post* v. 1.8.1924.
42 http://www.acronet.net/~robokopp/Lieder/haarmann.html, Stand: 1. Juli 2002.
43 Maria Tatar: Lustmord. Sexual Murder in Weimar Germany. Princeton 1995, S. 153-170.

The press [...] was less interested in the murderer's pathology [...] than in the nervous anxiety aroused by the socially disruptive act of murder"[44]. Zu dieser nervösen Anspannung trug jedoch die Presse selbst bei, wenn sie wie das *Göttinger Tageblatt* vom 21. August 1924 kommentarlos eine Mitteilung der Polizeiverwaltung Fulda abdruckte:

> In der Untersuchungssache gegen den Massenmörder Haarmann ist zweifelsfrei festgestellt, daß derselbe auch hier in Fulda gewesen ist. Er ist hier Ende Mai oder Anfang Juni 1920 aufgetaucht und hat frisches Fleisch und Fett bei sich geführt und als Schweinefleisch und Schweinelinge zum Kauf angeboten. Aus den Umständen und dem Aussehen des Fleisches und des Fettes ist zu schließen, daß dasselbe offenbar von einem getöteten Menschen herrührt. An Haarmann selbst wurden frische Blutspuren beobachtet, so daß mit ziemlicher Sicherheit angenommen werden muß, daß der Verbrecher hier in Fulda oder nächster Umgebung mindestens einen Menschen ermordet hat. [...] Wie der ‚Hannoversche Landesdienst' hierzu an zuständiger Stelle erfährt, bestreitet Haarmann nach wie vor, jemals in Fulda oder auch, wie vor kurzem gemeldet wurde, in Celle gewesen zu sein. Er will sich nur einmal außerhalb Hannovers aufgehalten haben und zwar ist er in Gemeinschaft mit Granz, dem mutmaßlichen Mitwisser seiner Schandtaten, in Hamburg gewesen. – Daß er in Göttingen war, ist ja ebenfalls mit völliger Sicherheit festgestellt.

Die Verbreitung von Panik durch solcherart larvierte Schlußfolgerungen kann als Befriedigung jener „Sensationsgier der Menge" ausgelegt werden, die mancher Bericht beklagte und die für den Kommentator der *Freien Meinung* vom 6. Dezember 1924 bewies, „auf welch niedrigem Kulturstand heute der Durchschnittsmensch steht". Die Qualität des verteilten Wissens stand für die Zeitgenossen gewiß auf dem Prüfstand; hier ist allein festzuhalten, daß die mündliche und schriftliche Verteilung von Wissen unabhängig von einem vagen Qualitätsmaßstab eben auch der Befriedigung des Sensationsbedürfnisses diente. Die Störung der sozialen Ordnung durch die Morde erregte jene „Angstpsychosen", jene „Volksstimmung", sie reizte zur Verteilung relevanten Wissens über Haarmann, seine Taten, sein Un-Wesen, an. Verteilt wurde Wissen zu einem Ereignis, das jede Vorstellungskraft sprengte: Presse, geflüsterte ‚Wahrheiten', Polizeiermittlungen, Lieder, der Prozeß, die Wissenschaft, die Zeugen – zwischen Informationsbedürfnis, „Sensationsgier" und Abreaktion durch die sich ihrer Normalität und Konformität vergewissernde Öffentlichkeit läßt sich dabei kaum trennen.

Das Bedürfnis nach der ‚Wahrheit': Popularisierung und Aufklärung

„Wir wollen annehmen, daß der Aufklärung gedient werden soll mit dieser Filmerei und daß kein Sensationsbedürfnis dahinter steckt." Das *Göttinger Tageblatt* berichtete am 30. Juli 1924, lange vor dem Prozeß, daß den Döring Filmwerken in Hannover-Hainholz die Erlaubnis erteilt worden sei, Haarmann zu filmen; es ist dies ebenjener Film, von dem bereits eingangs die Rede war. Die typischen Bewegungen der „Bestie Haarmann", so das *Tageblatt*, sollten aufgenommen werden, um das Filmmaterial möglichst weiten Kreisen vorzu-

44 Ebd., S. 154.

führen. Neben den erkennungsdienstlichen Zwecken berge ein solcher Film vor allem aber auch eine Lehre in sich, „denn er führt dem Beschauer vor Augen, daß Verbrecher meistens kaum an ihrem Äußeren zu erkennen sind“. Und, so fügt der Berichterstatter hinzu, „es ist ja auch bekannt, daß gerade Haarmann nach außen hin ein äußerst freundliches Wesen zur Schau trug.“ Der Bericht verweist auf einen neuen, sich mit dem Phänomen der Serienmörder überhaupt erst etablierenden Topos: die Unsichtbarkeit eines Täters, der unerkannt inmitten der Gesellschaft lebt und seine Taten begehen kann. Das bisherige Sichtbarkeitsparadigma hatte in der Folge der Theorien Lombrosos und Alphonse Bertillons, dem Erfinder der erkennungsdienstlichen Photographie, die Öffentlichkeit in vermeintlicher Sicherheit gewogen, daß die Verbrecher an ihrem Äußeren erkennbar sind; die Serienmörder aber brachten einen paranoiden Zug hinein, da man dieser Vorstellung einer sichtbaren Andersartigkeit von Verbrechern offensichtlich nicht mehr folgen konnte[45]. Diese verunsichernde Lehre war nach Meinung des Berichterstatters des *Tageblattes* zu ziehen, und die Präsentation des Täters – darauf rekurriert der Bericht – sei mehr als nur die Materialität dieser Lehre: Das Betrachten des Täters könnte ein Schauergefühl zwischen Angst vor dem Unbekannten und Auflösung des Falles und Erlösung vom Bösen mit sich bringen und damit der skandalösen Befriedigung sensationeller Bedürfnisse dienen. Diese nicht opportune Ambivalenz sahen auch die Behörden, und nachdem die Film-Oberprüfstelle den Streifen zunächst freigegeben hatte, wurde er schließlich doch verboten[46].

Aufklärung meint in diesem Zusammenhang natürlich nicht die Aufklärung des Falles im Sinne einer Rekonstruktion der Taten Haarmanns; dies war schon geschehen, und im Gerichtsprozeß ging es kaum mehr um Aufklärung, sondern um die ritualisierte rechtliche Würdigung des letztlich bereits aufgeklärten Falles, um die rechtliche Bestätigung einer Wahrheit, die man schon besaß: Haarmann *hatte* die Opfer getötet. Welcher Art Aufklärung sollte dann überhaupt, auch mit dem Film, gedient werden? Und warum befürchtete man den Umschlag von der Aufklärung zur Sensationsdarstellung? Aufklärung und Sensation bezeichnen hier offenbar keine Opposition, auch wenn es auf den ersten Blick so scheinen mag. Vielmehr erzeugen die beiden Begriffe zwischen sich eine bei medialer Kriminalität grundlegende Spannung, die gewissermaßen dem Verhältnis von Wahrheit und verändertem Wissen im Popularisierungsprozeß insgesamt entspricht: Zwischen Wahrheit und Verzerrung, zwischen dem Akzeptablen und dem Ausgeschlossenen, ist die Spannung jene krisenhafte Situation, die nach beiden Seiten hin Prozesse der Wissensverteilung und Wissenssuche initiiert. Das Bedürfnis nach Bestätigung von Wahrheit – sei sie „seriös“ oder „sensationell“ – reizt zur Versorgung mit Wissen an. ‚Aufklärung‘ umfaßt demnach hier zwei zusammenhängende Vorgänge: Zum einen läßt sich zeigen, wie das Aufklärung suchende Publikum mit Informationen mit Wahrheitscharakter – mit Wissen – aus kriminologisch-psychiatrischen und juristischen sowie aus lebensweltlichen Wissensvorräten versorgt wird; es war dies eine eher direkte Verteilung von Wissensbeständen. Gleichzeitig findet in der wortwörtlichen Reproduktion der gerichtlichen Vorgänge Aufklärung über ‚Wahrheit‘ statt,

45 Todd Herzog: „Den Verbrecher erkennen“. Zur Geschichte der Kriminalistik. In: Claudia Schmölders/Sander L. Gilman (Hrsg.): Gesichter der Weimarer Republik. Eine physiognomische Kulturgeschichte. Köln 2001, S. 51-77; Susanne Regener: Fotografische Erfassung. Zur Geschichte der medialen Konstruktion des Kriminellen. München 1999.

46 Marwedel: Einleitung (wie Anm. 5), S. 8f.

Aufklärung darüber, was in diesem Fall als ‚die Wahrheit‘ zu erachten war: Es war dies die Wahrheit, die man schon besaß – gefunden im Geständnis Haarmanns, in der polizeilichen und gerichtlichen Rekonstruktion, in der psychiatrischen Untersuchung und Begutachtung, im Urteil. Aufklärung meint also die Versorgung mit Wissen und die Kommunikation ‚wahrer‘ Urteile über „Haarmann“, die Re-Produktion des Gesicherten, von ‚Wahrheit‘. Mit dem Ergebnis eines öffentlichen Konsenses über den Fall: Gedient werden soll der Aufklärung, die letztlich die diskursive Konstituierung des Akzeptablen, des zu Akzeptierenden ist.

Mit der Aufklärungsfunktion ist ein wichtiger Aspekt von Popularisierung als Wissensverbreitung angesprochen: die Frage nach den Intentionen der Kommunikatoren. Bei medialer Kriminalität findet Wissenskommunikation zwar in erster Linie über die Massenmedien statt, die Beweggründe der Kommunikation sind durchaus massenmedienspezifische. Dennoch reicht es kaum aus, über die marktgemäßen Intentionen der Presse die Besonderheiten der medialen Kriminalität zu erschließen; offensichtlich regulierte – zumindest beim Fall Haarmann – der wirtschaftliche Zwang zur Auflagensteigerung nicht allein die Darstellung; die sensationsorientierten Reflexe auf die moderne Boulevardpresse können hier (noch) nicht als alleiniger Maßstab angelegt werden. Die ambivalente Berichterstattung zeigt eben dieses Bestreben nach Aufklärung, nach Wahrheit, und so dürfte es nicht nur eine wohlwollende Selbstbeschreibung sein, wenn der *Hannoversche Kurier* zwei Tage nach dem Urteil, am 21. Dezember 1924, für sich reklamiert, weniger aus Sensationslüsternheit, sondern deshalb so „ausführlich berichtet“ zu haben, damit eine Antwort auf die „Fragen, die die Stadt seit ½ Jahr bewegen, gefunden werden kann“. Man wollte der Aufklärung dienen, man wollte durch die Versorgung mit Wissen und mit der Kommunikation von Wahrheit diese Fragen beantworten, unter denen die drängendste wohl jene nach dem Wesen Haarmanns war, das vielen letztlich unverständlich blieb als ein Bereich, in dem das Verstehen suspendiert war, die lebensweltliche Erklärung nicht hinreichte und – intuitiv – die wissenschaftliche herangezogen werden mußte.

Die Strafverfolgungsbehörden fungierten in diesem Zusammenhang als Schrittmacher, als Stichwortgeber; sie sicherten einen spezifischen Diskurs durch die Art und Weise, wie Informationen und Wissen gewertet und sortiert, verteilt und zugewiesen wurden. Der diskursive Verteilungs- und Zuweisungsvorgang materialisiert sich in diesem Fall zum Beispiel in den Pressekonferenzen, die es bald nach Haarmanns Verhaftung gab und von denen etwa diejenige des Kriminaloberinspektors Kopp ausführlich und – vergleicht man die Berichterstattung verschiedener Zeitungen – überaus genau in der Presse wiedergegeben wurde. So legte der Inspektor für das Unentdecktbleiben Haarmanns dessen komplizierte Persönlichkeit zugrunde: Der erste Eindruck sei keineswegs ungünstig, ein Mann „aus der Hefe des Volkes“, der pfiffig, aber ungebildet sei und dessen „weibliche Geschicklichkeit und unerhörte Verstellungsgabe“ seine Umgebung getäuscht habe. Der Inspektor widersprach der „Öffentlichkeit“, welche die Lustmorde einer homosexuellen Veranlagung zur Last gelegt habe; vielmehr sei das treibende Moment Sadismus, da Haarmann langsam impotent werde und andere Wege zur Befriedigung suche. Haarmann werde versuchen, so Kopp, den Schutz des § 51 zu erhalten; dies scheide allerdings wohl aus, da er seine Opfer nicht, wie es in der Öffentlichkeit kolportiert wurde: „im Geschlechtsrausch“, totgebissen, sondern im vollen Bewußtsein erwürgt habe[47]. Die Presse berief sich auf solche Mitteilungen der Strafverfol-

47 *Göttinger Tageblatt* v. 22.7.1924.

gungsbehörden und übernahm in der Regel deren Informationen – und somit die enthaltenen Wissensbestände – beinahe wörtlich, häufig ohne Erklärung der Fachtermini.

Das Bemühen der Presse um die korrekte Wiedergabe des ihr zugewiesenen Wissens und ihrer Beobachtungen führte im Ergebnis zwar dazu, daß sich die Berichterstattung in der Tagespresse und in den Sonderausgaben, aber auch in den bald nach dem Urteil erscheinenden Aufklärungsbroschüren[48] erheblich ähnelten. Doch gerade die wörtliche Wiedergabe der Dialoge und Vorgänge des Prozeßverlaufs erfüllte im Hinblick auf Aufklärung als Reproduktion von ‚Wahrheit' einige wesentliche Funktionen: Ganz grundlegend befördert die wörtliche Wiedergabe das Gefühl von Authentizität und gleichsam aktiver Teilnahme, sie macht die Vorgänge transparent. Daneben aber bietet sie zum einen mittels der Kommunikation kriminologisch-juristischer Wissensbestände vermeintliche Aufklärung über das nicht mehr intuitiv Verstehbare, über das nur noch zu Erklärende. Zum anderen reproduziert die wörtliche Wiedergabe den ‚Willen zur Wahrheit', den Weg der juristischen Wahrheitsfindung zum unbedingt notwendigen Urteil. In diesem Zusammenhang von Aufklärung durch Wissens- und Wahrheitsverteilung zu sprechen, erscheint auch deshalb sinnvoll, da Wahrheit im Strafprozeß, neben anderen Faktoren, vor allem durch das Verfahren selbst gesichert ist und eben nicht allein durch das Ergebnis. Erst das korrekte Verfahren garantiert Gerechtigkeit, das Formal-Autoritäre garantiert die Durchsetzungsfähigkeit der Tatsachen. Es ist an dieser Stelle nicht möglich, die Psychologie des Strafprozesses, seine Struktur und Mechanismen aufzuzeigen, was letztlich hier auch keine entscheidende Rolle spielt. Von Belang ist allein die Art der Darstellung, die einer Reproduktion des gesprochenen Wortes im Prozeß gleicht. Die Reproduktion des gesprochenen Wortes dokumentiert die Rekonstruktion des Tathergangs, der Verhandlung und damit die der ‚Wahrheit'.

„Zur Beruhigung ...": Popularisierung und Kontextualisierung

Die Wahrheitsgarantie des korrekten Verfahrens war ein latenter Topos vor allem jener Presseberichte, die sich mit der öffentlich scheinbar höchst virulenten Frage eines möglichen milden Urteils für Haarmann wegen Unzurechnungsfähigkeit beschäftigten. Dabei gerieten die Berichte nicht selten in das Fahrwasser der Vorverurteilung: Es zeigte sich aufgrund der Taten Haarmanns eine Tendenz zur verbalen Lynchjustiz, die sich allerdings – ein weiterer ambivalenter Aspekt dieses vielschichtigen Falles – zumeist in das Korsett der Rechtstaatlichkeit zwängte, vielerorts eher zwang. Es entspann sich ob dieser Ambivalenz bald eine Debatte um kriminologisch-psychiatrische Konzepte und ihre Anwendbarkeit in einem Fall wie diesem, eine Debatte, die nicht nur zufällige Wissenspartikel, sondern breite Wissensbestände des Wissens vom Verbrecher kommunizierte. Da auf diese Weise mit den Inhalten auch Teile ihres Kontextes popularisiert wurden, war die Kontextualisierung des verteilten Wissens, genauer: der explizite Hinweis auf den relevanten Referenzbereich des sprachlichen Ausdrucks, ein wichtiger Nebeneffekt dieser Korsettierung. Die Kommunikation des gesetzlichen Rahmens etwa verbleibt nicht auf der Ebene der Erklärung, sondern liefert zudem eine Orientierung über den Kontext, in den dieses Wissen gehört oder in dem

48 Dazu Isabella Claßen: Darstellung von Kriminalität in der deutschen Literatur, Presse und Wissenschaft 1900-1933. Frankfurt am Main u.a. 1988, S. 221-254.

es entstanden ist. Das wiederum ermöglicht die Herstellung von Bezügen, nun auch zu den Kontexten der Wissensgenerierung. Ohne auf der Rezipientenseite die Wirkung dieser Popularisierung von Kontextwissen abprüfen zu können, kann vermutet werden, daß vor allem die Kommunikation des gesetzlichen Rahmens zu einer gewissen Beruhigung der Lage beigetragen hat – durchaus entgegen der „Volksstimmung".

So erschien im *Göttinger Tageblatt* am 24. August 1924, wenige Tage nachdem Haarmann zur psychiatrischen Untersuchung seines Geisteszustandes in die Heil- und Pflegeanstalt Göttingen verlegt worden war, ein Bericht, der sich mit Befürchtungen auseinandersetzte, daß diese Verlegung Haarmann dem Einfluß des Strafrichters entziehen werde und er unter Umständen, „falls sich seine anormale Veranlagung als Geisteskrankheit herausstellen sollte, der Sühne für seine zahlreichen Mordtaten entgehen könnte". Doch ginge alles mit „rechten Dingen" zu; „zur Beruhigung" gebe man hier den § 81 der Reichsstrafprozeßordnung wieder, der vorsah, daß zur Vorbereitung eines Gutachtens über den Geisteszustand eines Angeschuldigten das Gericht zur Beobachtung auf Antrag eines Sachverständigen die sechswöchige Überstellung in eine Heilanstalt anordnen kann. Demnach, so der Berichterstatter, müsse die Überführung Haarmanns nach Göttingen unbedingt gebilligt werden, denn:

> sonst bestand von vorneherein die Möglichkeit, daß, wenn die Aburteilung Haarmanns erfolgt wäre, ohne daß von einer als Autorität allgemein anerkannten Seite die volle Verantwortungsfähigkeit des Verbrechers einwandfrei festgestellt wurde, von gewissen Theoretikern die schwersten Angriffe gegen Ankläger und Richter gerichtet wurden.

Mit der Berufung auf die Einhaltung des Verfahrens nach § 81 RStPO kommunizierte der Bericht zum einen das relevante Wissen über das Procedere und wehrte damit zugleich Befürchtungen ab, daß Haarmann (wie bereits 1897 und 1903) erneut in eine Pflegeanstalt komme, um dann irgendwann als ‚geheilt' entlassen zu werden. Zum anderen sicherte er die Strafverfolgungsbehörden gegen potentielle Vorwürfe „gewisser Theoretiker" ab, die – anders offenbar als der Journalist – diese Überprüfung für nötig hielten, da niemand, der für seine Taten nicht voll verantwortlich sei, die volle Härte der Strafe erhalten dürfe. Unabhängig aber davon, ob man die Lehre von der Unzurechnungsfähigkeit anerkannte oder nicht, Gesetz waren der § 51 RStGB und der § 81 RStPO allemal, und so sei „die Überführung [...] nicht ein Beweis bestehender Rechtsunsicherheit, sondern im Gegenteil dafür, daß wir in einem Rechtsstaate leben". Daher müsse vor der Aburteilung Haarmanns eine anerkannte Autorität dessen Zurechnungsfähigkeit festgestellt haben. Bis das Gutachten vorliege, so der Berichterstatter, zieme es sich, sich jeglichen Urteils zu enthalten. „Sollte allerdings", so kommentierte er, „durch das Göttinger Gutachten dem Strafrichter die Möglichkeit des Einschreitens gegen Haarmann genommen werden, so müßte schleunigst eine klaffende Lücke im Gesetz ausgefüllt und eine lex Haarmann geschaffen werden". Eine solche Lücke sei aber nicht dem Gesetzgeber anzulasten, „denn ein Schauspiel wie Haarmann ist bisher noch nicht dagewesen". Die geforderte „Lex Haarmann" zielte auf das öffentliche und strafrechtliche Bedürfnis nach dauernder Verwahrung gemeingefährlicher Geisteskranker und Verbrecher, damit die Gesellschaft eben von „Unholden befreit wird". Es war dies eine Maßnahme, die in der Zeit der Weimarer Republik, auch im eugenischen Diskurs, bereits diskutiert, jedoch erst in den nationalsozialistischen Verwahrungsgesetzen umgesetzt wurde. Der

Fall Haarmann machte ein „Irrengesetz“ virulent, und anhand der Debatte um ein solches Gesetz und der damit verteilten Wissensbestände läßt sich eine letzte Kommunikationssituation skizzieren – der Bereich von Agenda-Setting und Meinungsbildung – und zeigen, welche große Rolle die wahrgenommene soziale Dringlichkeit eines medialen Themas gerade bei Kriminalität im Prozeß der Wissenspopularisierung spielt.

„Das kann aber dem Publikum gesagt werden ...“: Popularisierung und Agenda-Setting

Die wahrgenommene soziale Dringlichkeit eines Themas ist ein wesentlicher Faktor im Prozeß des Agenda-Setting[49]: Massenmedien konstituieren durch Konzentration auf bestimmte Themen, durch Definition, Selektion, Distribution und Gewichtung von Informationen und Wissen, einen für den Rezipienten als dringlich erachteten Themenbereich, dessen Struktur wiederum die Prioritätensetzung und Themenstrukturierung der vom Rezipienten wahrgenommenen sozialen Wirklichkeit bestimmt. Nichts anderes meint die These von der medialen Kriminalität. Agenda-Setting-Effekte stellen sich daneben auch in der alltäglichen Kommunikation ein; im Verhältnis zu Medien ist allein der Grad der Sichtbarkeit von Themen zu unterscheiden, wobei die im Alltag relativ wenig sichtbare Kriminalität in den Massenmedien, aber auch in der Medienforschung zum Agenda-Setting, eines der prominentesten Themen ist. Ein wichtiger Nebeneffekt des Agenda-Setting und der Popularisierung von Wissen ist gerade im Kontext von Kriminalität das „Priming“, das auch emotionale Aufladen des fokussierten Themas: Die Thematisierung kriminalitätsrelevanter Wissensbereiche, das hier kommunizierte Wissen, dürfte die Bestätigung oder Änderung von Meinungen und Einstellungen zur Folge haben, wobei sich natürlich zum einen die Frage nach dem Begriff der „Wirkung“ stellt[50], zum anderen nach der Einschränkung, daß die direkte Wirkung der Medien gerade im Bereich der Meinungsbildung für den historischen Fall Haarmann nachträglich kaum feststellbar ist. Daher können allein indirekte Hinweise Aufschluß geben über mögliche Einstellungsmuster und lebensweltliche Zusammenhänge, so etwa wenn Kommentatoren die Begriffe „Öffentlichkeit“ oder „Publikum“ verwenden, wenn sie sich direkt auf ihr Publikum beziehen, es gleichsam ‚ansprechen‘ – auch, wenn dieses Ansprechen oft strategisch motiviert scheint. Wichtiger für unsere Zwecke ist ohnehin der Zusammenhang von popularisiertem Wissen und Agenda-Setting selbst, also die Frage nach der Konstituierung einer sozialen Dringlichkeit durch die Kommunikation selektierten Wissens – beim Fall Haarmann meint das in erster Linie die Debatte um ein „Irrengesetz“.

Der *Hannoversche Kurier* etwa publizierte in seiner Beilage zwei kontroverse Haltungen zu diesem Thema. Ein langjähriger „Oberarzt einer großen staatlichen Irrenanstalt“ (dessen „Ausführungen auf besonderes Interesse rechnen können. Die Schriftleitung.“) prangert die bestehende Praxis des § 51 an und berichtet von vorzeitig Entlassenen, die erneut wegen desselben Delikts strafbar geworden waren. Er unterstellt auch Haarmann, daß dieser sich wohl bewußt gewesen sei, einen „[Fettdruck und abgesetzt:] Freibrief, einen Jagdschein“ zu

49 Bonfadelli: Medienwirkungsforschung (wie Anm. 29), S. 221-233; Wolfgang Eichhorn: Agenda-Setting-Prozesse. Theoretische Analyse individueller und gesellschaftlicher Themenstrukturierung. München 1996.
50 Zu „Wirkung“: Gerhard Maletzke: Medienwirkungsforschung. Tübingen 1981.

besitzen; eine Raffiniertheit, der erst durch eine gesetzliche Regelung der zeitlichen oder dauernden Verwahrung Unzurechnungsfähiger in einer Irrenanstalt beizukommen sei[51]. Dem hält der Direktor der Heil- und Pflegeanstalt Hildesheim[52], Mönkemöller, wenige Tage später entgegen[53], daß sich der Anstaltsleiter in bedenklichen Fällen hüten werde, den Entlassungsschein auszustellen, da er im Falle einer nochmaligen Straftat haftpflichtig gemacht und strafrechtlich verfolgt werden könne. Er zeigt Verständnis für die Ängste der Öffentlichkeit: „Nun wird Haarmann begutachtet und das Publikum fürchtet, wie gewöhnlich, daß er wieder vom Psychiater ‚verrückt gemacht' und der gerechten Strafe entzogen werden soll." Wie allerdings das Gutachten ausfalle, stehe noch dahin; sollte der Gutachter aber zu dem Schluß kommen, daß eine krankhafte Störung der Geistestätigkeit vorliege,

> dann muß er das Odium auf sich nehmen, ihm die Unzurechnungsfähigkeit zuzuerkennen, auch wenn ihm das noch so übel genommen wird. Die Richter sind ja sowieso nicht an sein Gutachten gebunden [Sperrung im Original].

Mit Rücksicht auf die „Volksstimmung", also auf die Befürchtungen des ‚Publikums', wird hier einerseits ein außergewöhnlich hoher Druck zur Verurteilung Haarmanns erzeugt, auf den Gutachter ebenso wie auf die Staatsanwaltschaft, auf die Geschworenen und den vorsitzenden Richter, andererseits werden die Geschworenen und der Vorsitzende in ihrer Entscheidungsfindung entlastet – sie seien ohnehin nicht an das Gutachten gebunden. Die Tendenz dieser Haltung schillert zwischen Wahrnehmung der Publikumsinteressen und Rechtsstaatlichkeit auf der einen Seite:

> Das kann aber dem Publikum gesagt werden – und darin glaube ich mit allen psychiatrischen Gutachtern übereinzustimmen – daß der Gedankengang bei derartigen Begutachtungen nicht, wie es die Mitwelt meint, danach geht, dem zu Beobachtenden, wenn es nur irgendwie angängig ist, die wohltätige Geisteskrankheit zu erwirken.

und der Hoffnung, Haarmann auf keinen Fall über den § 51 entschuldigen zu müssen, auf der anderen:

> In derartigen Fällen, wie es der Haarmannsche ist, wird jeder Gutachter unter allen Umständen, wenn er es nur irgendwie mit seinem psychiatrischen Gewissen vereinigen kann, froh sein, wenn er ihn der Strafe überantworten kann [Sperrung im Original].

Sollte bei Haarmann jedoch auf Geisteskrankheit erkannt werden, so habe ihn das Gericht durchaus noch in der Hand: Die Staatsanwaltschaft brauche ihn nur der Polizeibehörde zu übergeben, „die dann nicht versäumen wird, ihn als gemeingefährlichen Geisteskranken auf dem gewöhnlichen Wege der Irrenanstalt zuzuführen". Die Internierung gemeingefährlicher Geisteskranker in besonders eingerichteten Abteilungen in den Heil- und Pflegeanstalten

51 *Beilage zum Hannoverschen Kurier* vom 17.8.1924.
52 In der Haarmann übrigens 1897 wegen unzüchtiger Handlungen an zwei Schuljungen auf seinen Geisteszustand beobachtet wurde und aus der er entfliehen konnte. Das Gutachten befand, daß sich Haarmann zur Zeit der Begehung der strafbaren Handlungen in einen Zustand krankhafter Störung der Geistestätigkeit befand, durch welche seine freie Willensbestimmung, also in gänzlicher Übereinstimmung mit § 51, ausgeschlossen gewesen sei. Vgl. Poszár/Farin: Haarmann-Protokolle (wie Anm. 1), S. 590.
53 *Beilage zum Hannoverschen Kurier* v. 24.8.1924.

oder den regulären Gefängnissen und Zuchthäusern war gängige Praxis; Haarmann selbst wurde 1897, eingestuft als „gemeingefährlicher Geisteskranker", auf die Verfügung des Polizeipräsidiums hin aus der Heil- und Pflegeanstalt Hildesheim in die Abteilung für Geisteskranke des Stadtkrankenhauses III in Hannover verlegt[54]. Mönkemöller erweitert in seinem Beitrag das Schutzinteresse der Gesellschaft vor gemeingefährlichen Geisteskranken auf immer wieder rückfällige Straftäter, die „in der Regel nicht über eine einwandfreie geistige Gesundheit" verfügten und für die er, und das sei drängender als ein „Irrengesetz", ein Verwahrungsgesetz fordert:

> Der Allgemeinheit würde aber weit mehr gedient, wenn uns das Verwahrungsgesetz die Möglichkeit an die Hand gäbe, das chronische und ewig rückfällige Verbrechertum dauernd aus dem bürgerlichen Leben auszuschalten.

Es ist nun ein ausgesprochener Zufall, daß derselbe Mönkemöller Leiter jener Anstalt war, in die auch Haarmann eingewiesen war – wenn auch nicht zu diesem Zeitpunkt. Weniger zufällig erscheint hingegen, daß Mönkemöller zum Thema „Verwahrungsgesetz" nicht nur in einer Tageszeitung, sondern auch in einer Fachzeitschrift, nämlich der *Monatsschrift für Kriminalpsychologie und Strafrechtsreform* einen Beitrag veröffentlicht hat[55]. Und zwar 1924, im Jahr des Haarmann-Falles, jedoch – da Haarmann nicht erwähnt wird – offensichtlich vor Bekanntwerden der Morde. Er vertritt dort eine analoge, wenngleich ausführlichere Position, die sich sprachlich nur wenig vom Zeitungsbericht unterscheidet und erst durch den Kontext der kriminologischen Zeitschrift den Status eines wissenschaftlichen Textes erhält. Aus Raumgründen kann das Verhältnis von Aufsatz und Zeitungsbericht hier nicht weiter ausgeführt werden; bemerkenswert jedoch ist, daß Mönkemöller im wissenschaftlichen Aufsatz wesentlich deutlicher formuliert als im Zeitungsbericht, wo man eine vermeintlich ‚sensationelle' Terminologie über „Entartung", „Parasiten" und „verkrüppeltes Willensleben" eher erwartet würde. Zu vermuten steht daher vielleicht, daß in den Konzepten „Entartung" oder „Minderwertigkeit" gerade jene Wissenschaftlichkeit lag, die im Zeitungsbericht bewußt nicht kommuniziert wurde. Kommuniziert wurde in beiden Beiträgen Mönkemöllers vor allem die Zielsetzung: das Herausstellen der sozialen Wichtigkeit eines Verwahrungsgesetzes für rückfällige Straftäter, die Popularisierung des hierfür relevanten Wissens und – latent – die gewünschte Einflußnahme auf die Meinung des Rezipienten.

Vor der Bildung oder Änderung von Meinungen und Einstellungen jedoch muß der Rezipient den jeweiligen Meinungsgegenstand erst kennenlernen, wobei die nötige Verteilung von Wissen und Informationen zumeist über Medien, aber auch interpersonal verläuft. Bei der medialen Verteilung haben Medien und Kommunikatoren wie gesehen zunächst einmal tatsächlich Einfluß auf Auswahl und Gewichtung der Themen; ihre eigentliche Wirkung kann erst in einem zweiten Schritt, im historischen Fall hingegen kaum untersucht werden. Die Forschung zur Wissenspopularisierung kann meines Erachtens dennoch auch jene Faktoren heranziehen, welche die Erscheinungsform und Struktur von Agenda-Setting-Prozes-

54 Robert Sommer: Kriminalpsychologie und strafrechtliche Psychopathologie. Leipzig 1904, Seite 236-241; Gustav Aschaffenburg: Die Sicherung der Gesellschaft gegen gemeingefährliche Geisteskranke. Berlin 1912. – Zu Haarmann: Poszár/Farin: Haarmann-Protokolle (wie Anm. 1), S. 59ff.

55 Mönkemöller: Die Verwahrung Asozialer. In: Monatsschrift für Kriminalpsychologie und Strafrechtsreform 15 (1924), S. 277-309.

sen mitbestimmen. Darüber hinaus kann insgesamt die Einbeziehung kommunikationstheoretischer Ansätze für die Wissenspopularisierung fruchtbar gemacht werden. Die hier beschriebenen Kommunikationssituationen lassen erkennen, daß die Hinwendung des Rezipienten zu Medien verschiedene Bedürfnisse befriedigt, beim Fall Haarmann den Wunsch nach Sensation und Unterhaltung, nach Information und Wissen, aber auch nach Vorgaben zur Problemlösung. Damit kommt der Rezipient auch im Bereich der Wissenspopularisierung als mehr oder weniger aktives Publikum ins Spiel: Medienzuwendung und -nutzung ist ein soziales, zielgerichtetes und aktives Handeln[56]. Diese Bedürfnisse haben Medien und Kommunikatoren zu berücksichtigen; zugleich zeigen die Kommunikationsbeispiele aber auch, daß jene wiederum eigene Interessen haben, beim Fall Haarmann vor allem nach Aufklärung und Agenda-Setting beziehungsweise Meinungsbildung. Daher muß nun abschließend eine tendenziell andere Perspektive eingenommen und die Analyse des Materials schwerpunktmäßig aus der Sicht der Kommunikatoren versucht werden, um die diskursiven Strategien der Wissensproduktion und -verteilung in den Blick zu nehmen.

„Ist das überhaupt noch ein Mensch?“ – Diskursive Strategien

Haarmann: Bestie und Triebmonomane – Die semantische Konstruktion

„Ist das überhaupt noch ein Mensch?“, das fragte sich nicht nur der Berichterstatter der *Freien Meinung*. Die fassungslose Öffentlichkeit stand vor einem Rätsel: War Haarmann „ein von fürchterlichen Affekten, von Wolfsinstinkten gepeitschtes Menschenwesen, in der niedrigsten Sphäre der Gesellschaft vegetierend"[57], war er ein „degenerierter Mensch von anormalem Seelenzustand“[58]? Trotz der Aufklärung seiner Taten behielt „Haarmann“ im permanenten Spiel von Ent- und Verrätselung, von Rationalität und Brutalität, seinen enigmatischen und bedrohlichen Charakter. Das spiegelte sich in der ganzen Publizistik zum Fall; da war von „Bestie“ die Rede, von einem „Vampyr“, als „homosexueller Sadist“, der an „paranoika chronika“ leide, wurde Haarmann bezeichnet, als „degenerierter Wolfsmensch“. Haarmann war der „Triebmonomane“, er war der „Werwolf“. Die Beobachtung jedoch, daß nicht nur eine vermeintlich sensationsorientierte Massenpresse Wissen dieser Art, solche Begriffe und Bilder kommunizierte, sondern ebenso Publizisten, Wissenschaftler und Schriftsteller – auch diese Beobachtung scheint die These von der „Sensationsgier“ zu relativieren: Es fehlte offenbar schlicht ein Wort, ein Konzept für diese Taten, es mangelte an einer semantischen Lösung des Paradoxons von der triebhaften Natur des vernunftbegabten Menschen. „Trieb“ – das Konzept war bekannt, es war für Haarmann im Umlauf, es rückte ihn, seiner Ambivalenz wegen, unweigerlich sowohl in die Sphäre des Tierischen, Unkontrollierten, Un- und Vormenschlichen, wie auch in die Zuständigkeit der Psychiatrie: Zurechnungsfähig sei Haarmann gewesen, als er seine Opfer ansprach und mit nach Hause

56 Vgl. Bonfadelli: Medienwirkungsforschung (wie Anm. 29), S. 160.
57 *Freie Meinung* v. 13.12.1924.
58 *Freie Meinung* v. 6.12.1924.

nahm, unzurechnungsfähig jedoch „in den Augenblicken, da er – wie ein Tier – tierisch-triebhaft handelte". Er sei „in aktiver Weise Sklave seines Triebes"[59].

Die changierenden Referenzen auf außerhalb des Textes liegende Wissensbereiche etablierten – gemäß der These von der medialen Kriminalität – eine neue, vom Bekannten der Lebenswelt abgekoppelte Bedeutungsebene: Mediale Kriminalität konstituiert neues Wissen und ‚macht' einen Sinn auch dort, wo es keinen gibt, nur eine Kluft zwischen Wahrnehmung und Einordnung. Die Referenz im Text, das verteilte Wissen wird, so steht zu vermuten, herangezogen, um diese Kluft, das emotional-kognitive Hindernis, zu überwinden: Wissen wird konstituiert, Sinn wird gemacht. Bei einem ‚normalen' Mord basieren die Motive zumeist auf allseits bekannten Gefühlen, auf Habgier, Rache, auf Eifersucht. Zwischen Wahrnehmung und Einordnung besteht keine Kluft, der Mord ‚macht Sinn'. Dagegen verstören die Taten eines Serienmörders, gerade weil sie sinnlos erscheinen, als unmotivierte Taten ohne einen materiellen oder emotionalen Vorteil. Häufig werden zudem die Opfer verstümmelt oder zerstückelt, ein Akt, dessen Scheußlichkeit in der Pervertierung sexueller Bedürfnisse liegt. Und schließlich zeigt der Serienmörder keine Zeichen einer Störung – er wäre sonst kaum unerkannt geblieben –, die ganze psychologische Tiefe dieser Problematik kommt selten ans Tageslicht, obwohl nur allzu offensichtlich eine erhebliche Störung vorzuliegen scheint. Diese Aspekte finden sich in beinahe jeder Kommunikationssituation zum Fall Haarmann; eindeutige Zuordnungen, gleichsam der vertraute ‚Sinn' einer Wahrnehmung, sind aufgelöst, die ‚Sinn-machung' erfolgt auf einem anderen Weg:

> Branded a maniac, beast, monster, or vampire, the sexual murderer often escapes psychiatric or legal definition by moving into a special category beyond human terms. He does not need to analyzed in conventional ways because he represents a ‚unique' deviation from the norm, an anomaly that can become less troubling than it should be because it is defined as ‚other' and ‚alien' rather than as the product of a familiar social reality[60].

Haarmann als Bestie, als das Andere zu sehen, ist *sense-making*, es ‚macht' in der doppelten Bedeutung Sinn. Ihn als Triebmonomanen zu bezeichnen ebenso; wenn auch von einem anderen Referenzbereich her. Und beide Referenzbereiche in einem Text zu vereinen, ‚macht' erst recht Sinn, denn es ist der Versuch, jene emotional-kognitive Kluft von beiden Enden her zu schließen. Und so wird diese für den ganzen Fall so kennzeichnende Ambivalenz verständlich, denn im semantischen Mangel offenbart sich eine Sprachlosigkeit, die der Kluft zwischen Empfinden und Ablehnung, zwischen Ekel und Neugier entspricht: Haarmann ist der „untertierische Werwolf", außerhalb des Menschlichen. Dennoch ist er ein Mensch, dessen so wenig menschliches Verhalten gerade darum innerhalb menschlicher Parameter erklärt werden muß: Haarmann ist der „Triebmonomane", der „von Hause aus pervers veranlagt" an einer „transitorischen Bewußtseinsstörung", an „Dämmerzuständen" leide. Zwischen „Bestie" und „Monomane" ist das Nichtsagbare, das Andere, ist *Haarmann selbst* genannt, eingezwängt zwischen dem lebensweltlichen Rückgriff auf „Mären von Wolfsmenschentum und Vampirismus", auf „Naturschauspiele, in denen noch Liebesleben und Todessehnsucht, Wille zur Vernichtung des anderen und Wille zum Selbstvernichtetwerden,

59 S. Friedländer: Der Massenmörder Haarmann. In: Umschau 39 (1925), S. 46ff., hier S. 47.
60 Vgl. dazu Tatar: Lustmord (wie Anm. 43), S. 24ff., hier S. 26.

ja Mördertum und Zärtlichkeit wunderbar ineinanderspielen“[61], und dem wissenschaftlichen Zugriff mit „Hebephrenie“, „Simulation“ „gewisser erblicher Belastung“[62].

„Haarmann“ – das ist die Leerstelle zwischen dem einen und dem anderen, eine Sprachlosigkeit, die weder Lebenswelt noch Wissenschaft allein ausfüllen können. Und am wenigsten Haarmann selbst: Die Sprachlosigkeit der Medien korrespondiert mit Haarmanns fehlenden Erinnerungen an die Morde während des Geschlechtsakts, sie korrespondiert aber auch mit der Bitte von Richter Böckelmann an die Presse, sich nach der sexuellen Seite Beschränkungen aufzuerlegen[63], sie korrespondiert schließlich mit Gutachter Schultzes Weigerung, auf das Geschlechtsleben Haarmanns einzugehen, weil dessen Angaben zu widersprüchlich seien. Die verdunkelte Sexualität bindet Haarmann an den Trieb, von dem er nicht spricht, von dem niemand spricht: „Das letzte wird er nicht sagen, weil es kein Mensch sagen kann“[64]. Jenes Letzte aber, die sprachlose Leere, die „Haarmann“ ist, macht die Person Haarmann zu einem Kuriosum, das die Öffentlichkeit fasziniert und die Wissenschaft interessiert: Haarmann solle, bestünde die rechtliche Möglichkeit, begnadigt werden, „um der Psychologie und der Kriminalistik Gelegenheit zu geben, dieses außergewöhnliche Exemplar zu studieren, von ihm zu erfahren – was es sonst noch zu sagen hätte“[65].

„... was schon krankhaft, was noch geschwindelt ist.“ – Das Reden vom Nichtsagbaren

Was Haarmann sonst noch zu sagen gehabt hätte – er hat es nicht mehr gesagt. Was über ihn noch hätte gesagt werden können – es wurde nicht mehr gesagt. Es ist viel geredet und geschrieben worden, doch „Haarmann“ ist, nicht erst durch die Hinrichtung, zum Verstummen gebracht worden. Damit kann nicht unterstellt sein, hier sei ein Justizmord geschehen, damit kann auch nicht Partei genommen sein für einen Serienmörder. Es soll damit gezeigt sein, daß zwar Wissen über Haarmanns Wesen und seine Sexualität verteilt, über jenes „Letzte“ jedoch nichts gesagt wurde. Der Vorgang gleicht einer Art ‚beredter Zensur‘, die das

> Nichtexistente, das Nichterlaubte und das Nichtformulierbare so [verbindet], daß jedes zugleich Prinzip und Effekt des anderen ist: vom Verbotenen darf man nicht sprechen, bis es im Wirklichen vernichtet ist; das Nichtexistierende hat auf keinerlei Äußerung ein Recht, nicht einmal im Bereich der Rede, die seine Nichtexistenz aussagt; und was man verschweigen muß, wird als das Untersagte schlechthin aus der Wirklichkeit verbannt[66].

Die Verteilung von Wissen über das Sagbare bildet einen Ring um das Nichtsagbare und initiiert somit eben eine „Rede, die seine Nichtexistenz aussagt“. Wissen wird *um* „Haarmann“ *herum* verteilt; wortreiche Aussagen zu Haarmanns Sexualität, zu seinem Wesen, zu seinen Taten führen zur stillen Akzeptanz der Auffassung, daß es einen Bereich des Nicht-

---

61 *Lessing*: Haarmann (wie Anm. 2), S. 178.
62 Gutachten von Schultze (Poszár/Farin: Haarmann-Protokolle [wie Anm. 1], S. 463-477); paraphrasiert etwa im *Hannoverschen Kurier* v. 17.12.1924 und in der *BZ am Mittag* v. 18.12.1924.
63 Beilage zum *Hannoverschen Kurier* v. 8.12.1924.
64 *Freie Meinung* v. 13.12.1924.
65 Friedländer: Massenmörder Haarmann (wie Anm. 59), S. 48.
66 Michel Foucault: Sexualität und Wahrheit. Bd. I: Wille zum Wissen. 10. Aufl. Frankfurt am Main 1998, S. 104f.

sagbaren gibt. Die Kontrolle über das verteilte Wissen, das allein sagbar und damit allein ‚wahr' und existent ist, hat ein kontrolliertes Verstummen dessen zur Folge, das eben nicht sagbar, nicht ‚wahr', nicht existent ist. Das verteilte Wissen legt sich an die Grenze jener Leerstelle und markiert gleichsam deren Umrisse, ohne sie jedoch sichtbar zu machen. Das ist zwar ein durchaus produktiver Vorgang, der das Reden über „Haarmann" überhaupt erst ermöglicht; gleichzeitig jedoch ist dieses Reden eben eines über die Nichtexistenz des Nichtsagbaren: Das verteilte Wissen ersetzt das Nichtsagbare, jenes „Letzte", indem es das Erinnerungslose – die Unzurechnungsfähigkeit nach § 51 – als „Simulation" markiert und somit nach und nach aus dem Nichtsagbaren ein Nichtexistentes macht: Haarmanns fehlende Erinnerung an die Taten fällt als Ursache für das Nichtsagbare aus dem Reden über „Haarmann" heraus; das Nichtsagbare hört auf, zu existieren, da es vermeintlich auf einer Täuschung beruht. In der „Rede, die seine Nichtexistenz aussagt" verliert das „Letzte", das Haarmann selbst ist, tatsächlich sein Recht auf Äußerung – und somit auch auf seine Wahrheit und das Wissen darüber. An seine Stelle tritt ein neues Wissen – das Wissen von der Simulation –, das eine andere Wahrheit über „Haarmann" repräsentiert: die Wahrheit derjenigen nämlich, die den Simulationsvorwurf äußern.

Daß Haarmann sich nicht an die Tötungen erinnern konnte, geht aus den psychiatrischen Gesprächen, die Gutachter Schultze mit Haarmann zur Feststellung von dessen Schuldfähigkeit führte, immer wieder hervor: „*Wie umgebracht?* – Umgebracht?? – *Ja!* – Die wollt ich doch nicht umbringen. – *Aber Sie haben* --- – Ach was. – *Von selber doch nicht gestorben?* – Ach was - sie waren dann tot. – *Wodurch gekommen?* – Ich hatte sie dann wohl gebissen."[67] Der Kriminalschriftsteller Hans Hyan hatte die Möglichkeit, Haarmann zu sprechen und ihn zu befragen; eine ungewöhnliche Begegnung, von der Hyan in einer Broschüre[68] und in verschiedenen Zeitungen berichtete. In einem mit „Der Vampyr von Hannover" überschriebenen Beitrag zur Beilage der *Welt am Montag* vom 28. Juli 1924 bezeichnete er Haarmanns Erinnerungslücken als „typisch für Sexualstraftäter"; sie bestritten nicht nur eine Geisteskrankheit, sondern eben auch die Erinnerung an ihre Taten:

> Wovon der nichts wissen will, das ist die Mordabsicht und die Ausführung der Tötungen. Diese hüllt er in das dunkle Schweigen der Nacht. ‚Am Morgen, wie ich da aufwache, da lag er tot neben mir.' – Haarmann weiß genau, daß zum Mord Vorsatz und Überlegung gehören, daß eine nachweislich im Sexualrausch begangene, aber nicht beabsichtigte Bluttat nur als Totschlag gewertet wird.

Wußte Haarmann das tatsächlich so genau? Versuchte sich der Serienmörder im Angesicht der drohenden Strafe in ein günstigeres Licht zu setzen und Unzurechnungsfähigkeit vorzutäuschen? Dazu steht hier natürlich kein Urteil an. Doch die Aussagen Haarmanns erlauben auch einen anderen Schluß: *Daß* er getötet hat, ist Haarmann klar. *Wie* er es getan hat, daran hat er scheinbar keine Erinnerung; diese jedoch – und der Vorsatz – ist für eine Verurteilung wegen Mordes Voraussetzung, belegt sie doch Verantwortlichkeit und Schuldfähigkeit. Auf die unvermittelte, jedoch höchst explizite Frage Schultzes „*Sie glauben also, nicht verantwortlich zu sein*" wird Haarmann energisch: „Doch, gemordet habe ich, ich will auch ge-

67 Farin/Poszár: Haarmann-Protokolle (wie Anm. 1), S. 190f. – Nachweis durch Seitenzahlen im Haupttext.
68 Hans Hyan: Massenmörder Haarmann. Kriminalistische Studie. Berlin 1924 (erschien vor dem Prozeß).

köpft sein. *(schlägt dabei auf den Tisch)* - Die kommen doch nachher und wollen mich begnadigen, das gibt es nicht - *(macht energisch ablehnende Bewegungen mit der Hand)* die schmeiße ich raus. Ich will hingerichtet werden. Ich brauche keinen Rechtsanwalt, ist doch alles klar" (351). Solche Fragen, die Haarmann mehr oder weniger latent und suggestiv Simulation unterstellen, ziehen sich durch alle Gespräche zwischen Schultze und Haarmann. Die Unterstellung hat Folgen für das Gutachten, für die Anklage, für das Urteil, sie wird nach der Gutachtenabgabe vor Gericht durch die Presse kommuniziert. Haarmanns Antworten auf diese Fragen werden dagegen nirgendwo kommuniziert, sie finden keinen Eingang in das Gutachten, auch nicht in die Berichterstattung. Haarmann bleibt stumm; „Gründe hierfür könnten zum einen eine mangelnde Ernstwertung Haarmanns [...] sein, zum anderen hätten die Ausführungen Haarmanns ja erhebliche Störungen deutlich werden lassen, woran Schultze sicher nicht gelegen war"[69]. Die Wirkmechanismen der Simulationsunterstellung in Bezug auf Haarmanns Erinnerungslücken, auf Haarmanns Wahrheit, auf das „Letzte", von dem er nicht sprach, können in ihrer Funktion als diskursive Strategie erfaßt werden – sie bilden die Grundlage des Redens vom Nichtsagbaren.

Auch hier frappiert die notorische Ambivalenz des Falles: Die Kommentare legten zunächst – wie sollte es anders sein – verschiedene Schlußfolgerungen nahe: Die einen stellten Haarmanns „geringe Intelligenz", sein „kindisches Wesen", seine „sittliche Verwahrlosung" in den Vordergrund, die Beurteilung, er sei ein „ungemein einfacher, primitiver, infantiler Mensch"[70]. Das ergab jedoch kaum einen Hinweis auf ein überlegtes Handeln. Die anderen sahen in ihm einen Menschen mit „überlegter Gerissenheit", dem „das Morden [...] zum Beruf geworden [war] – er lebte nur von einem Mord zum anderen"[71]. Vertreter dieser dominanten Tendenz – wie etwa Hyan – versuchten, genau diese Überlegtheit und den für den Tatbestand ‚Mord' obligatorischen Vorsatz offenzulegen und Haarmann der Simulation und damit der Lüge über sein Erinnerungsvermögen zu bezichtigen. Allein die Bezichtigung war allemal ausreichend für die Konstituierung dieses spezifischen Wissens von der vermeintlichen Simulation Haarmanns; ein konkreter Nachweis, eine vielleicht sogar wissenschaftliche Begründung der Erinnerungslücken war nun nicht mehr nötig. Vor allem Schultze unterstellte Haarmann immer wieder Täuschung; in den Gesprächen zunächst, beispielsweise: „*Geben Sie mal Acht, wir wollen mal offen sein, ich glaube nicht, daß Sie krank sind.* – Ganz gewiß nicht. – *Deshalb müssen Sie wissen, wie das passiert ist.* – *(leise wiederholend)* Ganz genau wissen, - ja - wir poussierten im Bett - ja - Kinder - die waren doch dann tot" (425), dann aber vor allem im Gutachten selbst:

> Natürlich liegt es ungemein nahe, an Simulation zu denken. Denn darüber besteht kein Zweifel, dass man in einem derartigen Verhalten das offensichtliche Bestreben des Angeschuldigten erblicken kann, sich als geistig zurückgeblieben und somit als nicht voll oder überhaupt nicht verantwortlich darzustellen[72].

Und dem Protokoll der Verhandlung ist zu entnehmen, daß Schultze vor Gericht noch deutlicher die Auffassung vertrat, Haarmann habe bei der Untersuchung Schwachsinn vorge-

---

69 Christine Poszár: Psychiatrischer Kommentar zu den „Haarmann-Protokollen". In: Poszár/ Farin: Haarmann-Protokolle (wie Anm. 1), S. 565-634, hier S. 619.
70 *BZ am Mittag* v. 18.12.1924.
71 *Freie Meinung* v. 20.12.1924.
72 Gutachten von Schultze (wie Anm. 62), S. 475.

täuscht: „Ich halte Haarmann für einen Hysteriker, der das Bild eines jungen, kindischen Menschen nachahmen wollte. Es liegt bei ihm hysterischer Infantilismus vor."[73] Der gutachterliche Simulationsvorwurf führte jedoch alle Beteiligten in eine Situation, die – ist der Vorwurf einmal ausgesprochen – keine Handlungsalternativen mehr kennt; hinter das Denken an Simulation kann niemand mehr zurück, der Vorwurf führt in die Zwangsläufigkeit. Das zeigt sich in der Anklageschrift wie im Urteil. Allerdings auch in der Berichterstattung darüber: Es galt nun auch für die Medien, Haarmann der Simulation zu überführen; andere Erklärungsgründe fielen aus dem Reden über Haarmann weitgehend heraus.

Zunächst aber und ganz unmittelbar hatte der Vorwurf der Simulation zwangsläufige Konsequenzen für Haarmann selbst, der letztlich sagen konnte, was er wollte – auch seine Version der Wahrheit. Immer, wenn Haarmann Mutmaßungen über die Tötungen anstellte,

> Das kann wohl sein - wenn ich sie gebissen habe *(macht Bewegung des Beißens)* dann haben sie gekratzt und dann *(spontan)* habe ich wohl so zugefaßt *(macht entsprechende Gebärde höchst anschaulich)* das wird wohl immer so sein, wenn die kratzen, daß man dann zufaßt - oder Widerstand leistet -

kam er am Ende darauf zurück, daß er sich nicht erinnern kann: „- am nächsten Morgen waren sie dann tot *(lacht)*." Das Auflachen Haarmanns reizte den Gutachter: „*Wie können Sie darum lachen?* – Och, das waren nur Puppenjungens. – *Das waren doch genau solche Menschen wie Sie.* – Das wollte ich ja nicht - nun fangen Sie wieder an zu schimpfen, wenn man die Wahrheit erzählt. – *Sie sagen aber nicht immer die volle Wahrheit* – Doch, ist doch jetzt egal, was soll ich denn - fragen Sie mal, was Sie noch wissen wollen - das ist Unsinn - weshalb ich das nicht sagen soll - ich sage jetzt alles, das muß ich doch sagen, meinen Sie denn ich will sterben - wenn ich sterben will, muß man doch das vorher alles beichten" (264). „Haarmann weiß mehr, als er sagt" – das stand für den Kommentator des *Hannoverschen Anzeigers* vom 17. Dezember 1924 fest; man müsse von Simulation und Täuschung ausgehen. Fortgesetzt wurde die Glaubwürdigkeit Haarmanns in der Berichterstattung in Zweifel gezogen: „Aus den angekündigten Enthüllungen des Haarmann gegen Grans ist nichts herausgekommen, als *eine weitere Erschütterung der Glaubwürdigkeit des Haarmann.*"[74]

Aber auch für die Anklage der Staatsanwaltschaft ergab sich mit der Bezugnahme auf das Gutachten Schultzes, das auf dem Simulationsvorwurf basierte und entsprechend einen Zustand der Bewußtlosigkeit oder des Rausches verneint hatte, eine Zwangsläufigkeit. So glaubte Oberstaatsanwalt Wilde, die Erinnerungslücken Haarmanns hinsichtlich der Tötungen, ohne es genau zu wissen, „widerlegen" zu können: Es bliebe nach dem Ausschluß des Geschlechtsrausches nur noch die Möglichkeit, daß die „ermattet [...] durch Alkohol, geschlechtliche Ausschweifungen" im Bett liegenden jungen Leute von Haarmann „in festem Schlafe überfallen und am Halse gewürgt oder gebissen worden sind"[75] – sie hätten sich andernfalls gewehrt. Die Schlußfolgerung: „Die Tötung der festschlafenden Opfer hat der Angeschuldigte Haarmann hiernach vorsätzlich verübt und mit Ueberlegung ausgeführt, und

---

73 Zit. n.: Poszár: Psychiatrischer Kommentar (wie Anm. 69), S. 620f.
74 W. Schneider: Der Haarmann-Prozeß. Ausführlicher Bericht vom ersten Tage bis zur Urteilsverkündung. Hannover [1925], S. 32 (Hervorhebung im Original).
75 Anklageschrift der Staatsanwaltschaft. Alle Zitate aus NHStA Hannover: Hann. 173 Acc. 30/87 Nr. 80.

zwar um seine sadistisch-perversen Begierden zu befriedigen." In den Fällen, so der Staatsanwalt weiter, in denen es sich um „gut gekleidete Jünglinge handelte", käme „als Beweggrund zu ihrer Ermordung in Frage, daß er sich ihre Kleidung aneignen und dadurch einen Vorteil verschaffen wollte". Um so mehr sei Haarmann für seine Taten verantwortlich, als er in den weiteren Fällen nach der ersten Tötung „den Erfolg seiner Handlungsweise, wenn er seine Opfer mitnahm, habe voraussehen können und nach seiner eigenen Angabe auch wiederholt vorausgesehen hat". Im Plädoyer vor Gericht fügte er noch hinzu, daß Haarmann nach einem scharfen und durchdachten Plan gehandelt habe, was dieser mit einem kurzen Auflachen kommentierte[76]. Tendenz und Haltung der Anklage erscheinen wenige Tage später in der Presse, als der Redakteur des *Hannoverschen Anzeigers* am 20. Dezember 1924 zu Haarmanns Erinnerungslücken behauptete: „Wir können aber seine Angaben widerlegen":

> Selbst wenn eine solche Bewußtlosigkeit, wie Haarmann vorgibt, vorliegen sollte, so steht ihm doch nicht der § 51 des Strafgesetzbuches zur Seite; denn Haarmann sagte ja u.a.: „Wenn ich junge Leute mitnahm, so wußte ich, was passierte". Das Verbrechen beginnt aber in dem Momente, wo Haarmann die Leute anredet und mit nach Hause nimmt.

Das ist eine eher großzügige Auslegung des Begriffs der Tathandlung, zu deren Zeitpunkt nach § 51 für den Täter die freie Willensbestimmung ausgeschlossen sein muß, um unzurechnungsfähig zu sein. Die Ausdehnung der Tathandlung auf die lange vor der eigentlichen Tat liegende Zeit löst die im Gesetz geforderte zeitliche Koinzidenz auf: Das Ansprechen und Mitnehmen der jungen Männer ist dieser Haltung zufolge bereits eine Tat, und hier war Haarmann keineswegs in einem Zustand der Bewußtlosigkeit. Jedoch hat Haarmann viele angesprochen und mitgenommen, ohne daß er sie auch umgebracht hat: „*Was sagten Sie nun, wenn Junge gestorben?* – Sind doch nicht alle gestorben, nur ein paar - nicht so viele wie die hier schreiben - dann fragen die mich immer: Fritz, sind die es nicht doch gewesen, dann sage ich: ja. Ich weiß das gar nicht, wie viele das waren - hätte ich das man aufgeschrieben. - Sind doch viele weggegangen - ooh - eine ganze Portion" (192). Das Ansprechen kann also genau genommen nicht zur eigentlichen Tat gehören. Da aber die ganze Argumentation auf dem Simulationsvorwurf beruht, letztlich also darauf, daß es sehr wohl ein Motiv (Sadismus, Habgier) für Haarmanns Taten gab, führte die Kommunikation dieses Wissens im Einklang mit dem Gutachten und der Anklage einigermaßen zwangsläufig zu der Auffassung, daß Haarmann die Morde mit Vorsatz und Überlegung begangen hat.

Diese Zwangsläufigkeit findet sich konsequenterweise auch in den Urteilsgründen: „Haarmann hat die sämtlichen Tötungen vorsätzlich und mit Ueberlegung ausgeführt."[77] Auch hier sind die Motive „außer geschlechtlicher Erregung [...] ferner die Habgier nach den Kleidungsstücken des Opfers, die ihn namentlich im ersten Falle [1918, Th. K.] bei der damals herrschenden Knappheit an Kleidungsstücken den Entschluss zur Tötung fassen liess" (549f.). Dem stimmte etwa Friedländer prinzipiell zu:

> Die Annahme, daß H. in erster Linie zur Befriedigung seiner krankhaften Triebe Massenmörder wurde, ist unwiderleglich. Die Frage geht nur dahin, ob er bei und

76 Schneider: Der Haarmann-Prozeß (wie Anm. 74), S. 62; Beilage zur *Arbeiter-Zeitung* vom 19.12.1924.

77 Urteil gegen Haarmann. In: Poszár/Farin: Haarmann-Protokolle (wie Anm. 1), S. 478-561, hier S. 550. – Nachweis durch Seitenzahlen im Haupttext.

> nach Auftauchen des Triebes unfähig war (im Zustande der Bewußtlosigkeit, wie der gesetzliche Ausdruck lautet), dem Trieb Widerstand zu leisten.

Den Bereicherungsvorwurf bezüglich der Kleidung hielt er jedoch für abwegig: „Kein zurechnungsfähiger Mensch ermordet (auf diese Weise) etwa 25-30 Menschen, um sich mit getragenen Kleidern zu bereichern."[78] Und Haarmann? *„Es ist doch furchtbar, daß Sie Jungens wegen des Zeuges umgebracht haben.* – Das wollte ich doch nicht. Das glauben Sie doch selbst nicht, wegen so Lumpen, die die Jungens anhatten" (350). Der Vorwurf der Habgier pflanzte sich jedoch fort. Nach dieser Auffassung war Haarmann „nicht nur Lustverbrecher", wie es die *Freie Meinung* vom 20. Dezember 1924 kommunizierte: Haarmann habe aus „Lust, Habgier, Angst vor Entdeckung, Überdruß an jungen Menschen gemordet". Damit kommen andere Motivhintergründe in den Blick: Während der bereits zitierte Schriftsteller Hans Hyan etwa den Serienmörder in seiner Broschüre noch als „Karikatur eines Weibes", als „Mordbestie" und „vernunftloses [!] Raubtier" bezeichnete, waren in der Beilage zur *Welt am Sonntag* vom 28. Juli 1924 die „Wirren" der Kriegs- und Nachkriegszeit, das Milieu, die Bahnhofs- und Homosexuellenszene der Motivkomplex: vor einem Hintergrund

> des Wahnsinns, der Seelenvergiftung, des wirtschaftlichen Zusammenbruchs und der schamlosesten Volksausraubung zeichnet sich mit grellroten Strichen die Mordhistorie des homosexuellen Sadisten Fritz Haarmann und seines Freundes Hans Grans.

Trieb und Gewalt, Verrohung und Not binden die Morde an den Kleiderverkauf, aber auch an Haarmanns Sexualität. Die Urteilsgründe sagen: „Bei allen seinen, zu seiner homosexuellen Einstellung gehörigen Taten, einschliesslich der Tötungen und der Beiseiteschaffung der Leichenteile, hat Haarmann ein großes Maß von Ueberlegung gezeigt" (550). Daß diese Taten „zu seiner Homosexualität" gehörten, war für viele Kommentatoren abwegig. So auch für den Sexualforscher und Gegner der strafrechtlichen Verfolgung Homosexueller, Magnus Hirschfeld, der in einem Beitrag in der *Neuen Berliner Zeitung* vom 16. Dezember 1924 vielmehr eine „sexualpathologische Störung", einen hemmungslos-unbeherrschten Geschlechtstrieb, nicht aber Haarmanns Homosexualität für die Morde verantwortlich machte.

„Haarmann ist zwar eine pathologische Persönlichkeit ..." – Die Gutachten

Am 16. Dezember 1924 gaben die Sachverständigen vor Gericht ihre Gutachten ab. Und damit, so die *BZ am Mittag* vom 18. Dezember 1924, könne das Urteil über Haarmann nicht fraglich sein: Es sei schon getroffen, als die Gutachter die Zurechnungsfähigkeit Haarmanns bejahten. Den insgesamt drei Gutachten, vor allem aber dem von Ernst Schultze, Leiter der Göttinger Heil- und Pflegeanstalt, kam in der ganzen Kommunikationssituation, im ganzen Fall Haarmann als medialem Kriminalitätsphänomen grundlegende Bedeutung zu. Mit der Abgabe der Gutachten, die im wesentlichen auf dem Ausschluß von Krankheit und auf dem Vorwurf der Simulation basierten, war der Bereich des zuvor Nichtsagbaren zu einem Bereich des nunmehr Nichtexistenten geworden: Es findet sich an Stelle der Erinnerungslücken

78 Beide Zitate: Friedländer: Massenmörder Haarmann (wie Anm. 59), S. 48.

Haarmanns eine Erklärung der Taten durch die Wissenschaft, denen die Strafverfolgungsbehörden folgten. Es findet sich an Stelle der dunklen Sexualität Haarmanns die Kommunikation heller Wahrheit und klaren Wissens, die Kommunikation dessen, was als Wahrheit und Wissen in diesem Fall Geltung beanspruchte. Dieser Anspruch beruhte, gemäß dem hier vorgestellten Modell der Verteilung von Wissen, auf der Plausibilität des jeweiligen Wissens und auf seiner Akzeptanz, er beruhte auf dem Status der Wahrheit, der sich in jedem verteilten Wissen manifestiert. Diesem, im Fall Haarmann überaus hohen Wahrheitsstatus des in den Gutachten präsenten und mit der Autorität der Wissenschaft versehenen Wissens sei nun dieser abschließende Abschnitt gewidmet.

Medizinalrat Brandt wurde als erster der Sachverständigen gehört und berichtete davon, daß er Haarmann schon einmal, 1911 anläßlich einer Anklage wegen Rückfalldiebstahls und Sachbeschädigung, auf seinen Geisteszustand zu untersuchen hatte. Haarmann habe damals angegeben, an Epilepsie zu leiden und homosexuell zu sein. Diese „perversen Neigungen" seien – und hier ist die drucktechnische Gestaltung in der *Freien Meinung* vom 17. Dezember 1924 interessant – „nicht auf erbliche Belastung" [abgesetzt und fett], sondern „auf sittliche Verwahrlosung" [Sperrung] zurückzuführen; das abschließende Urteil müsse also lauten: „keine Geisteskrankheit" [fett]. Diese optischen Mittel wurden gerade bei der Kommunikation der Gutachten regelmäßig und in verschiedenen Zeitungen eingesetzt. Ein Nebenaspekt zur Aussage von Brandt, die ja weniger ein Gutachten im aktuellen als vielmehr der Bericht über ein solches in einem früheren Fall war, sind die Urteilsgründe von 1911, die festhalten: „Haarmann war bei der Tat nicht geisteskrank. Er ist aber durch einen starken Hitzschlag in seiner Militärdienstzeit geistig minderwertig und nervenleidend geworden, deshalb gegen strafbare Gelüste in erheblich geringerem Maße widerstandfähig als gesunde Personen." Im Hinblick auf die „geistige Minderwertigkeit des Angeklagten" seien trotz mehrfacher Vorbestrafung mildernde Umstände vorhanden[79]. Theodor Lessing fand in seinem Buch, das übrigens 1925 in der Reihe „*Außenseiter der Gesellschaft*" erschien, kritische Worte zur Aussage von Brandt: Dieser habe Haarmann „gelegentlich einer Sexualperversion für geistig gesund erklärt und damit vom Irrenhaus freigemacht"; jetzt könne er sein damaliges Urteil nicht umstoßen, da er ansonsten seine Mitschuld „an allen seit 1908 [1911] eingetretenen Irrsinnstaten eingestehen" müßte"[80].

Auch Medizinalrat Schackwitz (er war derjenige, der im Februar 1924 das ihm zugetragene vermeintliche Menschenfleisch untersucht hatte) verneinte in seinem Gutachten einen Zustand der Bewußtlosigkeit oder der krankhaften Geistesstörung nach § 51. Haarmann sei ein „Mensch von erheblicher moralischer Minderwertigkeit", eine Formulierung, die in allen Zeitungen wörtlich und zum Teil auch abgesetzt kommuniziert wurde. Er sei „nicht geisteskrank", so war der Gutachter in der Beilage zur *Niedersächsischen Arbeiter-Zeitung* vom 19. Dezember 1924 zitiert, wohl aber „moralisch stumpf" bei einer „gewissen erblichen Belastung". Ausführlich kommunizierte die *Freie Meinung* vom 20. Dezember 1924 die zentralen Punkte des Gutachtens, und in seiner Aufklärungsschrift faßte Schneider das Gutachten dahingehend zusammen, daß Haarmann ein Mensch mit „ausgesprochen intellektuellen Schwächen" sei,

79 Dokumentiert in: Poszár/Farin: Haarmann-Protokolle (wie Anm. 1), S. 96.
80 Lessing: Haarmann (wie Anm. 2), S. 173.

> der bei starkem Geschlechtstriebe und weiblichen Zügen und hysterischem Charakter nach einer nervösen Geschlechtsschwäche gegenüber dem weiblichen Geschlecht zugleich geschlechtlich [sic; ‚zu gleichgeschlechtlich', Th. K.] perversen Handlungen mit sadistischen Ausartungen und schließlich zur Tötung seiner Geschlechtsopfer überging. Seine moralische Minderwertigkeit läßt die Möglichkeit offen, daß er auch ohne geschlechtliche Erregung Tötungen vornahm, nur, um in den Besitz der Kleidung seiner Opfer zu gelangen. Die Zerstückelung der Leichen hat mit seinen geschlechtlichen Neigungen nichts zu tun[81].

Die *BZ am Mittag* vom 21. Dezember 1924 allerdings stellte gerade diesem sexuellen Argument eine Haltung entgegen, die – sieht man von Lessing und anderen Psychologen, deren Autorität in diesem Fall jedoch nicht sonderlich anerkannt war, einmal ab – nur selten bei Haarmann zum Tragen kam. Der Kommentator bezieht sich auf den sexuellen Erklärungszusammenhang aller Gutachten, nicht speziell auf dasjenige Schackwitz', und fragt: „Hatte aber Haarmann nicht erklärt, daß er, durch sexuelle Ausschweifungen zerrüttet, nur durch sadistische Steigerungen seiner Wollust zum Höhepunkt kommen konnte und daß er, dort angelangt, unverhofft für sich selbst seinen Opfern das Leben nahm?" Die Sachverständigen, so der Kommentator weiter, hätten ihm das entweder nicht geglaubt „oder sie haben sich gesagt: Haarmanns Bewußtseinszustand war im Augenblick der höchsten Steigerung der Geschlechtslust kein anderer als er auch sonst bei gesunden Menschen zu sein pflegt". Der Kommentar wird nach und nach zu einer der seltenen kritischen Anmerkungen zum Fall, zu einer Generalkritik an den psychiatrischen Kategorien: „Gibt etwa die Abartigkeit der Haarmannschen Psyche, das Unerhörte seiner Verbrechen nicht genügenden Anlaß zur Vermutung, daß sein Bewußtseinszustand in den fraglichen Augenblicken ein anderer war, als er sonst bei normalen Menschen ist?" Und: „Wer verfügt aber über die Instrumente, mit denen der Grad der Bewußtseinstrübung, der Triebbeherrschtheit und des Willenschwunds in solchen Höhepunkten der Erotisierung gemessen werden kann?"

Ähnlich kritisch argumentierte sonst eigentlich nur Theodor Lessing, und das nicht erst in seinem Buch, sondern auch in verschiedenen Zeitungen, namentlich im *Prager Tagblatt*, für die er den Prozeß journalistisch begleitete. Ging es ihm in den Artikeln hauptsächlich um die Mitschuld der Behörden, namentlich der Polizei, die Haarmann für Spitzeldienste herangezogen hatte, so fand er im Buch höchst kritische Worte für die im Fall Haarmann geübte forensische Psychiatrie:

> Alles Gefrage nach „Zurechnungsfähigkeit", „Verantwortlichkeit", „Irrsinn" bleibe nur hier zunächst ganz dahingestellt! Der Leser sei gewarnt, verwickelte Dinge so einfach, einfache Dinge so verwickelt zu denken, wie das die auf Eingliederung und „klinische Bilder" versessene mit sehr schwer bestimmbaren und oft schnell wieder veraltenden griechisch-lateinischen Orakelworten (schizophren, zyklothym, hysterisch, hebephrenisch usw.) arbeitende medizinische Psychologie unvermeidlich tun muß.

Und: „Vor allem meide man das unerträgliche ‚sexual-pathologische' Geschwätz, über ‚Sadismus', ‚Masochismus' und dergl."[82] Diese Haltung, die Lessing auch in seinen prozeßbegleitenden Artikeln publizierte, führte dazu, daß er am 11. Verhandlungstag vom Vorsitzen-

81 Schneider: Der Haarmann-Prozeß (wie Anm. 74), S. 61.
82 Lessing: Haarmann (wie Anm. 2), S. 80f.

den Richter Böckelmann vom Prozeß ausgeschlossen wurde: Auf die Frage des Richters, als was er denn hier sei, als Reporter oder als Psychologe, antwortete Lessing, daß er beides nicht voneinander trennen könne. Auf Nachfrage, ob er also nicht als Berichterstatter anwesend sei, entgegnete Lessing: „Ich bin hier um das Recht zu finden."[83] Nachdem die Sachverständigen sich weigerten, ihre Gutachten im Beisein Lessings abzugeben, wurde er von Richter Böckelmann mit den Worten „Sie sind hier als Reporter zugelassen, nicht als Schriftsteller. Wir können im Gerichtssaal keinen Herren dulden, der Psychologie treibt" des Saales verwiesen.[84] Die psychologische oder gar psychoanalytische Variante der Kriminologie hatte sich auch in diesem Fall nicht durchsetzen können.

Dabei wäre es gerade hinsichtlich seiner Sexualität interessant gewesen, was Haarmann aus einer psychologischen Perspektive „sonst noch zu sagen gehabt hätte". In den psychiatrischen Gesprächen mit Schultze hat er vieles gesagt, seine Version der Wahrheit vielleicht, und es gibt einen kleinen Hinweis auf die Grenzen einer medizinischen Psychiatrie, die – anders als die Psychologie – mit den ihr zu Gebote stehenden klinisch-kategoriellen Instrumentarien andere psychische Mechanismen, etwa die der Verdrängung, kaum erkennen kann. Der fragliche Abschnitt des Gesprächs verdient es, ganz wiedergegeben zu werden:

> *Fritz, Sie müssen mir das noch sagen, wie Sie die umgebracht haben.*
> Ja, was soll ich denn sagen?
> *Sie wollten sich auf alles besinnen.*
> Ich habe heute geschlafen und habe gegrübelt *(zeigt auf die Stirn)* - Donnerwetter, ich habe mich schon so viel besonnen - Kopf zerbrochen - Mir ist das ja egal, wenn jetzt einer sagte, Fritz, sag das so, so ist das gewesen - mir ist das egal.
> *Ich will das von Ihnen wissen.*
> *(Unterbricht)* Das glaube ich, das möchte ich auch mal gesehen haben, wie ich das gemacht habe.
> *Es ist doch sonst nicht vorgekommen, daß Sie was gemacht haben und wissen es nachher nicht.*
> Nee, ich weiß alles.
> *Wie kommt es, daß Sie das gerade nicht wissen?*
> Das ist doch nicht das Schlimmste, das Schlimmste ist, daß die tot sind. *(schlägt dabei mit der Hand auf den Tisch)* - Ja, das ist das Schlimmste.
> *Das Schlimmste ist, daß Sie sie totgemacht haben?*
> *(zustimmend)* Ja. - Kinder, wenn man so poussiert, da könnt Ihr Euch gar keinen Begriff von machen, wenn man so poussiert, dann passiert doch nicht gleich was, das sind so Jungens, die so geil sind, dann wollen sie es ganz schön machen, dann kommen sie immer wieder und umarmen mich und machen und wichsen und machen mich kaputt, das kann ich nicht mehr so, da bin ich zu alt zu.
> *Obwohl Sie kaputt waren, haben Sie doch die Jungens umgebracht.*
> Das muß wohl so in dem Stadium gewesen sein, wo das ins Tierische übergeht, sonst hätte ich doch gar nicht gebissen, ein Hund beißt auch, das kann ich eben gar nicht begreifen, daß ich auch gebissen habe.

83 Vgl. Schneider: Der Haarmann-Prozeß (wie Anm. 74), S. 52.

84 Lessing: Haarmann (wie Anm. 2), S. 176; der Vorfall wird in einigen Zeitungen kommuniziert, manchmal auch, wie in der *Freien Meinung* v. 20.12.1924, polemisch kommentiert: Lessing habe „eigentümliche Ansichten über die Aufgabe der Presse in diesem Prozeß" und äußere „durch nichts gerechtfertigte Angriffe gegen die Sachverständigen".

Während nur wenige Kommentatoren wie etwa Friedländer eine psychologisch fundierte Triebtheorie für den Fall Haarmann anlegten und in der „sexuellen Monomanie" des Serienmörders eine Art Sublimierung sahen[85], nahm Hauptgutachter Schultze den Bereich der Sexualität gar nicht erst in seine Explorationen und ausdrücklich nicht in sein Gutachten auf:

> Auf das Geschlechtsleben Haarmanns gehe ich mit Absicht nicht des Genaueren ein. Einmal deshalb, weil die Angaben Haarmanns in dieser Beziehung zu widerspruchsvoll sind, als daß es, wenigstens hier, möglich wäre, sich ein klares Bild darüber zu machen, und dann, weil mir die Vernehmungen aller Zeugen, die für diese Frage in Betracht kommen, noch nicht zugänglich sind[86].

Damit umgeht Schultze den eigentlichen Problemkreis, obwohl der Begriff der Perversion schon lange in der Psychiatrie etabliert war; es fehlt, wie Christine Poszár feststellt, ein eigentlicher psychischer Befund, denn das Gutachten handelt die psychischen Störungen, auf die die Entschuldigungsgründe im Gesetzestext zu beziehen sind, nur in der Weise ab, daß sie auf Haarmann nicht oder mit hoher Wahrscheinlichkeit nicht zutreffen[87]. Wenn aber alle möglichen Krankheiten und alle psychischen Störungen nicht zutreffen, ausgeschlossen und daher abzulehnen sind, kann das Problem nur noch bei Haarmann selbst und seiner Tendenz zur Simulation liegen. Schultze diagnostiziert dann auch entsprechend eine sogenannte „Situationspsychose": Es finde sich eine annehmbare Erklärung darin, „dass der Angeschuldigte sich in eine Psychose" beziehungsweise in eine Krankheitsdarstellung flüchte, „um allen Widerwärtigkeiten und Unannehmlichkeiten, die sich für ihn aus der Straftat ergeben, zu entfliehen"[88]. Obwohl Schultze also den Bereich der Sexualität ausklammert und sich so der zentralen Frage entzieht, kommt er für den Sexualmörder dennoch zu einem eindeutigen Votum:

> Ich gebe mein Gutachten dahin ab:
> 1) Haarmann ist zwar eine pathologische Persönlichkeit.
> 2) Die Voraussetzungen des § 51 St.G.B. treffen auf ihn aber nach dem mir vorliegenden Material nicht zu[89].

Und auf den Sonderseiten zum Haarmann-Prozeß des *Hannoverschen Kuriers* war nun die Überschrift zu lesen: „Die Sachverständigen im Haarmann-Prozeß – Für seine Taten voll verantwortlich – § 51 StGB nicht anwendbar". Gerade diese Ausgabe sticht durch eine präzise, ausführliche, zum Teil wortgetreue Wiedergabe von Schultzes mündlichem Gutachten heraus. So wurde die Einleitung des Gutachters kommuniziert, der festhält, daß die einen sagen, ein derartiger Verbrecher könne kein Mensch mehr sein, sondern nur eine Bestie, die anderen hingegen, Haarmann sei krank. Laien, so der Gutachter, beurteilten den Geisteszustand aufgrund der Straftat; das sei aber falsch. Ausführlich sind dann die Angaben Schultzes zur psychiatrischen Vorgeschichte Haarmanns wiedergegeben und seine Ausführungen zum § 51. Er, Schultze, halte Haarmann für verantwortlich; für die Bewußtlosigkeit sei eine

---

85 Friedländer: Massenmörder Haarmann (wie Anm. 59), S. 46.
86 Gutachten von Schultze (wie Anm. 62), S. 477.
87 Poszár: Psychiatrischer Kommentar (wie Anm. 69), S. 620f.
88 Gutachten von Schultze (wie Anm. 62), S. 476.
89 Ebd.

Gedächtnislücke nicht ausreichend, man müsse bei Haarmann wegen Simulation und Täuschung vorsichtig sein. Dann geht Schultze die einzelnen Untersuchungspunkte durch, die optisch jeweils fett und abgesetzt präsentiert sind: „Epilepsie. Nein“, „alkoholischer Rausch. Nein“. „Ergebnis: Bewußtlosigkeit lag nicht vor“. Er stünde intellektuell durchaus nicht so tief, wie er vorgebe, „daher kein Schwachsinn“; ein „Defekt auf moralischem Gebiet bestand dagegen zweifellos“. Zusammenfassen könne man – und auch das steht wieder fett und abgesetzt hervorgehoben: „weder Irresein noch Schwachsinn, pathologisch nichts nachzuweisen, daher also kommt § 51 für ihn nicht in Frage“. Woher aber, so der Gutachter, kommt der Eindruck einer Geistesstörung? Dieser Eindruck beruhe auf dem Zustand nach der Verhaftung, es zeige sich Haarmanns „hysterischer Infantilismus“ [fett, abgesetzt]. Der Grund, warum Haarmann „früher anders beurteilt?“ [fett] wurde liege in der Intelligenzprüfung, der damals zuviel Bedeutung zugemessen worden sei. Haarmann habe simuliert, um eine höhere Rente zu bekommen. Haarmann sei „noch fünfzehnmal bestraft“ [fett, abgesetzt], seine Rede „Wahrheit und Dichtung“. Und dann eine Stelle, die einzige, in der Haarmann, und zwar der Haarmann der psychiatrischen Gespräche, im Gutachten des Psychiaters zu Wort kommt: Haarmanns „letzter Wunsch“ [fett, abgesetzt], ein „Denkmal“ mit der „Inschrift Zum ewigen Andenken an den Massenmörder Fritz Haarmann und seinen Opfern“ [fett, abgesetzt][90]. Eine gewisse erbliche Belastung, führt Schultze noch an, könne die Erklärung dafür sein, warum Haarmann mit soviel Anomalem belastet sei. Eine Zusammenfassung des Ergebnisses schließt den Artikel ab: Haarmann ist 1. ein „minderwertiger Mensch“, 2. trifft § 51 auf ihn nicht zu [fett, abgesetzt].

Die Analyse des Gutachtens im einzelnen muß hier nicht erneut unternommen werden[91]. Ein Aspekt sei jedoch noch berücksichtigt, der ins Zentrum dieses zweiten Teils der Materialanalyse führt, zurück zur Bedeutung der diskursiven Strategien im Prozeß der Verteilung von Wissen. Der Vorgang der Wissenspopularisierung, der Verteilung von Wissen, wurde oben als eine dialektische und produktive Kommunikationssituation bezeichnet, in der Aussagen mit Wahrheitsanspruch, die aufgrund diskursiver Strategien, dem Versuch also, sich durch eben diese Aussagen des Diskurses zu bemächtigen, nachgefragt und kommuniziert werden. Es ging dabei nun gerade nicht um die Frage, „wer das Recht zum Wissen hat und wer gewaltsam in Unwissenheit gehalten wird“[92], sondern vielmehr darum, wie sich die diskursiven Strategien zu einer einheitlichen Strategie verbinden, die im Rückblick den Charakter einer zielgerichteten Bewegung annimmt, zuvor und im Moment der Produktion der jeweiligen Aussagen jedoch tendenziell ergebnisoffen war. So zeigt sich nach der Abgabe der Gutachten am 16. Dezember 1924 eine erhebliche Vereindeutigung und Vereinheitli-

90 Tatsächlich hatte Haarmann bereits in den Gesprächen den Wunsch geäußert, auf das Massengrab seiner Opfer ein Denkmal zu setzen: „Wenn meine Freunde alle beerdigt werden, die Knochen alle, da kommt doch ein großes Denkmal drauf mit meinem Namen. Wenn es geht, soll noch ein Bild von mir mal drauf, aus Kupfer“ (344). In seinem Abschiedsbrief präzisiert Haarmann das Denkmal, das „groß 4 bis 5 Meter hoch mit meinem Bilde auf den Stöckener Kirchhof darauf soll stehen zum Ewigen Gedenken an den Massenmörder Fritz Haarmann und seinen Opfern die Knochen sollen alle mit Beerdigt werden und alle Welt soll noch in 1000 Jahren von mir sprechen. Ein guter Mensch war Fritz doch“ (Poszár/Farin: Haarmann-Protokolle [wie Anm. 1], S. 638f.).

91 Siehe dazu ausführlich: Poszár: Psychiatrischer Kommentar (wie Anm. 69).

92 Foucault: Sexualität und Wahrheit (wie Anm. 66), S. 120.

chung des in den Medien kommunizierten Wissens – naturgemäß, könnte man meinen. Berücksichtigt man aber die zuvor viel offenere Situation, so zeigt sich in der Analyse der verschiedenen Kommunikationssituationen, daß diese Situation deutliche Züge einer Krise aufwies, eine Krise, die zur Versorgung mit Wissen anreizte. Wo vor der Kommunikation der Gutachten noch verschiedene referentielle Bezüge in der Berichterstattung auszumachen waren, offenbart sich in der Vereindeutigung und Vereinheitlichung die Funktion der Gutachten im Prozeß der Wissenspopularisierung: Die Gutachten sind die Antwort auf diese Krise, sie repräsentieren die Antwort auf ehemals offene Fragen, auf die Fragen nämlich, „die die Stadt seit ½ Jahr bewegen". Wo „Haarmann" – bevor die Gutachten und die Medien neues Wissen über Haarmann kommunizierten – noch zwischen „Bestie" und „Triebmonomane" stand, findet sich diese Opposition nicht mehr; die Kluft zwischen dem einen und dem anderen ist geschlossen, der Sinn ist eindeutig ‚gemacht'. Voraussetzung für dieses eindeutige Wissen ist jedoch das Schweigen, die permanente Rede vom Nichtsagbaren – das „Haarmann" ist –, eine Rede, die letztlich seine Nichtexistenz aussagt. An seine Stelle trat das neue Wissen von „Haarmann", konstituiert in den Gutachten, in der Anklageschrift der Staatsanwaltschaft und im Urteil und über die Medien verteilt: „Haarmann ist ein minderwertiger Mensch", „Haarmann ist eine pathologische Persönlichkeit" sowie: „Der § 51 trifft auf ihn nicht zu". Und so lautete das Urteil:

> Danach ist festgestellt, daß Haarmann durch 24 selbständige Handlungen [...] vorsätzlich getötet und die Tötungen mit Ueberlegung ausgeführt hat. [...] Haarmann ist daher 24 Mal zum Tode zu verurteilen. Die Aberkennung der bürgerlichen Ehrenrechte auf Lebenszeit wird gerechtfertigt durch die rücksichtslose Art, mit der Haarmann zur Befriedigung seiner egoistischen kleinlichen Triebe Menschenleben getötet hat, ohne daran zu denken, wieviel Sorge und Kummer er in die Familien seiner Opfer brachte[93].

Epilog

Am frühen Morgen des 15. April 1925 starb in Hannover ein Mann durch das Fallbeil, der nicht mehr leben *durfte*. An diesem Tag wurde Fritz Haarmann hingerichtet. Nun war der „höllischen Ausgeburt" tatsächlich der „Kopf vor die Füße gelegt"[94]; war Haarmann auch im Wirklichen vernichtet. Man brachte seinen Kopf zur Untersuchung nach München in das Hirnforschungsinstitut von Emil Kraepelin. Es wurde eine abgelaufene Hirnhautentzündung entdeckt. Als Haarmann im Wirklichen vernichtet war, sprach der Körper, doch was er sagte, bleibt noch immer dunkel; „das Köppen – und damit fertig."

93 Urteil gegen Haarmann. In: Poszár/Farin: Haarmann-Protokolle (wie Anm. 77), S. 553.
94 *Freie Meinung* v. 20.12.1924.

Florentine Fritzen

Spinat-Milch, Krebsvorsorge, Lebensglück. Wissenspopularisierung in der Reformbewegung der 1950er Jahre

Einführung

Die Jahre nach dem Zweiten Weltkrieg sind nicht gerade als Blütezeit der sogenannten Lebensreformbewegung bekannt. „Die Leute hatten zuerst andere Sorgen, dann ging es ihnen zu gut, um sich für ideell-gesundheitliche Belange zu bemühen", schrieb rückblickend der Lebensreformer Werner Altpeter im Jahr 1964[1]. Als die in Reformhäusern erhältliche *Reform-Rundschau*, die ihr Erscheinen 1941 wegen Papiermangels hatte einstellen müssen, im April 1949 nach knapp acht Jahren erstmals wieder erschien, stellten die Herausgeber sogar fest: „Eine Lebensreform-Bewegung, wie wir sie früher hatten, gibt es nicht mehr! Wohl gibt es noch einzelne Reformer, treue Anhänger einer einmal für richtig erkannten Idee, aber eine Bewegung gibt es nicht. Denn unter einer Bewegung versteht man eine größere Anzahl Personen, die eine gemeinsame Idee bewegt, deren Verwirklichung sie freiwillig, aktiv zustreben"[2].

Doch das sollte nicht lange so bleiben. Die Lebensreform der 1950er Jahre war zwar weniger innovativ und originell als jene der Zeit um 1900, und in der Öffentlichkeit fand sie deutlich geringeres Interesse, als es etwa den „Alternativen" der 1970er und 1980er Jahre zuteil wurde. Die Bezeichnung „Bewegung" kommt ihr allerdings uneingeschränkt zu, denn nach dem Krieg formierten sich ihre Vereine und Organe recht schnell wieder. Indem auch die *Reform-Rundschau* ihre Arbeit wieder aufnahm, widerlegte sie im Grunde die eigene Aussage. Bei den Reform-Zeitschriften kam es sogar zu Neugründungen wie dem *neuform-Kurier*, den die „Vereinigung Deutscher Reformhäuser" (VDR) im September 1951 erstmals herausgab[3]. Deshalb ist es auch verfehlt, wenn etwa eine Studie über „Alternative Bewegungen in Deutschland von 1890 bis heute" direkt von der Jugendbewegung der Weimarer Republik zu den Beatniks, Hippies und antiautoritären Studentenprotesten der späten sechziger Jahre springt[4]: Für eine Auslassung von mehr als drei Jahrzehnten sind die Kontinuitätslinien des reformerischen Gedankenguts trotz der Zeit des Nationalsozialismus und der sich anschließenden „ruhigeren Phase" in der Nachkriegszeit zu deutlich.

1 Werner Altpeter: Zur Geschichte der Lebensreform. Bad Homburg, Weinheim (Bergstraße) 1964, S. 11.

2 Reform-Rundschau, April 1949, S. 2.

3 Im Vergleich mit der eher belehrenden Kundenzeitschrift *Reform-Rundschau* war der *Kurier* mehr ein Anzeigenblatt, das in erster Linie für Reformprodukte warb und nur kurze Artikel enthielt, die sich oft ebenfalls auf die Warenpalette der Reformhäuser bezogen.

4 Vgl. Christoph Conti: Abschied vom Bürgertum. Alternative Bewegungen in Deutschland von 1890 bis heute. Reinbek bei Hamburg 1984.

Ihren Ursprung und Bezugspunkt haben diese Kontinuitäten im letzten Drittel des neunzehnten Jahrhunderts. Seit dieser Zeit zielten Vegetarier, Ernährungs- und Kleidungsreformer, Anhänger der Nacktkultur und der Naturheilkunde sowie zahlreiche andere Gruppen und Bewegungen im Rahmen der weit verbreiteten Kultur- und Zivilisationskritik auf eine Befreiung des menschlichen Körpers aus inneren und äußeren Zwängen, auf die Schaffung eines neuen, von „Überzivilisation" befreiten Lebens, auf eine Reform der gesellschaftlichen Zustände, die bei der Selbstreform jedes einzelnen ansetzte[5]. Um die Jahrhundertwende und in der Weimarer Republik erlebte die Bewegung besondere Höhepunkte. Die Gleichschaltung im „Dritten Reich"[6] brachte dann jedoch einen deutlichen Einschnitt und ging zu Lasten der Kreativität und Vitalität der Bewegung. Auch in der Nachkriegszeit fehlte dann, wie Altpeter sich ausdrückte, zunächst einmal der „alte Schwung"[7].

Gesundheits- und Körperpflege als „sekundäre Bedürfnisse" erfuhren in diesen Jahren weit weniger Aufmerksamkeit als die primär zu befriedigenden Bedürfnisse wie Nahrung, Kleidung, Wohnung und die allgemeine Wiederherstellung eines „Normalzustands" nach dem Zweiten Weltkrieg. Dennoch ist die Lebensreformbewegung der 1950er Jahre im Hinblick auf das von ihr vermittelte Wissen interessant. Denn die „naturgemäße Lebensweise" stiftete für ihre Anhänger – und so gering war deren Zahl dann auch wieder nicht, Altpeter ging 1953 immerhin von zwei Millionen aus[8] – Sinn in einer schwierigen Zeit. Dabei war die Lebensreform nicht nur ein Instrument der persönlichen Krisenbewältigung für den einzelnen. Im reformerischen Schrifttum spiegelt sich auch die Überwindung einer allgemeineren Krise: der wirtschaftlichen und gesellschaftlichen Schwierigkeiten der jungen Republik. Zugleich ist die Lebensreformbewegung dieser Zeit ein erstes Anzeichen der später deutlicher hervortretenden Entwicklung hin zu einer größeren allgemeinen Aufmerksamkeit für „Gesundheit" sowie für den menschlichen Körper und seine Bedürfnisse.

Aus diesen Beobachtungen und der Tatsache, daß die Reformbewegung der 1950er Jahre bisher wenig erforscht ist, ergeben sich die folgenden Fragen: Wer vermittelte in der Lebensreformbewegung der 1950er Jahre Wissen an wen (I.)? Welche Art von Wissen transportierten lebensreformerische Zeitschriften in der frühen Bundesrepublik, und wie bereiteten sie dieses Wissen auf (II.)? Gab es über die Druckerzeugnisse hinaus auch andere Formen der Wissenspopularisierung (III.)? Welche Verbindungslinien zur Zeit vor 1933 werden deutlich, welche – gemessen an der Blütezeit um 1900 – typisch „lebensreformerischen" Elemente enthielt das popularisierte Wissen (IV.)? Und schließlich: Welche Veränderungen machten sich im Laufe des untersuchten Zeitraums bemerkbar? In welchem Verhältnis stand

5 Noch immer grundlegend zur Lebensreformbewegung Wolfgang R. Krabbe: Gesellschaftsveränderung durch Lebensreform. Strukturmerkmale einer sozialreformerischen Bewegung im Deutschland der Industrialisierungsperiode. Göttingen 1974. – Zu einzelnen Strömungen der Lebensreform und anderer Reformbewegungen vgl. Diethart Kerbs/Jürgen Reulecke (Hrsg.): Handbuch der deutschen Reformbewegungen 1880-1933. Wuppertal 1998.

6 Zur Geschichte der Lebensreformbewegung im Nationalsozialismus vgl. Wolfgang R. Krabbe: „Die Weltanschauung der Deutschen Lebensreform-Bewegung ist der Nationalsozialismus". Zur Gleichschaltung einer Alternativströmung im Dritten Reich. In: Archiv für Kulturgeschichte 71 (1989), S. 431-461.

7 Altpeter: Zur Geschichte (wie Anm. 1), S. 11.

8 Ders.: Lebensreform und Politik. In: Reform-Rundschau, September 1953, S. 2.

die Wissenspopularisierung der Reformbewegung zur Entwicklung der bundesdeutschen Gesellschaft in den 1950er Jahren (V.)?

I.

Mit Wirkung vom 1. Januar 1951 stellte die *Monatsschrift für die Kneippsche naturgemäße Lebens- und Heilweise* ihre Schriftleitung um. Die „Herren Sanitätsrat Dr. Schalle und Carl Geyer“ gaben die Verantwortlichkeit für die *Kneipp-Blätter* an F. W. Kathol aus Bad Wörishofen ab: „Wir sind der Ansicht, daß unser Organ, welches einer Laienbewegung dient, auch von einem Laien verantwortlich redigiert werden soll. Ihm zur Seite steht ein Mitarbeiterstab von Ärzten, der die Gewähr dafür bietet, daß die rein medizinischen Belange in sachgemäßer Weise Berücksichtigung finden“[9]. Die *Kneipp-Blätter* und ähnliche lebensreformerische[10] Zeitschriften der 1950er Jahre wollten zum einen medizinisch und ernährungsphysiologisch informieren, zum anderen boten sie dem Leser aber auch ein breites Spektrum außerwissenschaftlicher oder doch wenigstens nicht rein wissenschaftlicher Themen.

Dieser doppelte Anspruch spiegelte sich in den Autoren der Blätter wider. Neben den festen Redaktionsmitgliedern – mal Laien, mal Mediziner – publizierten zahlreiche Ärzte, Universitätsprofessoren, Apotheker, Leiter von Kur- und Heilsanatorien, Männer wie Frauen, kurz: Hier schrieben ausgewiesene „Wissende“ für ein Laienpublikum. Diese „Wissenden“ besaßen meist eine angesehene Ausbildung und zahlreiche Titel, die dann die Autorenzeile schmückten (Dr. med., Med.-Rat, Univ.-Prof. Dr., Volkswirt, Dr. chem.). Es kam aber auch vor, daß die Autorinnen und Autoren ihr Wissen schlicht durch Erfahrung erworben hatten, etwa wenn eine Mutter für andere Mütter schrieb. Weiterhin veröffentlichten die Zeitschriften viele oft reich bebilderte Reiseberichte, um Gesundheits-Gepflogenheiten vorzustellen, welche die Reisenden, die nicht zwangsläufig medizinische „Experten“ waren, in fernen und nicht ganz so fernen Ländern beobachtet hatten. Von „6000 km Äquatorialafrika zu zweit mit Zelt und Rucksack“ berichtete 1955, um nur eines von vielen Beispielen zu nennen, ein Zürcher Ehepaar im *Wendepunkt*[11], einer von dem Schweizer Ernährungsreformer und Müesli-Erfinder Max Oskar Bircher-Benner (1867-1939) begründeten Zeitschrift.

Ob beim vermittelten Wissen populär verknappte und gut lesbar aufbereitete naturwissenschaftliche und medizinische Erkenntnisse überwogen oder eher praktische, unterhalten-

9 Kneipp-Blätter, Januar 1951, S. 1.

10 Den Mitte der 1890er Jahre entstandenen Begriff „Lebensreform“ gebraucht von den hier untersuchten Zeitschriften nur die *Reform-Rundschau* mit großer Regelmäßigkeit und Selbstverständlichkeit. Die Bezeichnung „lebensreformerisch“ wird hier dennoch für die Gesamtheit der Zeitschriften verwendet, die sich einer „naturgemäßen Lebensweise“ verschrieben hatten. Dies geschieht parallel zur Zusammenfassung verschiedener reformerischer Strömungen seit der Jahrhundertwende als „Lebensreformbewegung“, die sich im Sprachgebrauch der Geschichtswissenschaft eingebürgert hat.

11 Die Redaktion des *Wendepunkts* saß in Zürich, zahlreiche Mitarbeiter kamen jedoch aus der Bundesrepublik. Verlagsort war Frankfurt am Main. Vgl. Gerda und Bruno Meier: 6000 km Äquatorialafrika zu zweit mit Zelt und Rucksack. In: Der Wendepunkt, Dezember 1955, S. 455 bis 458.

de, nachdenklich stimmende, um es auf einen aus der Zeitungspraxis stammenden Begriff zu bringen: „vermischte" Informationen, das hing stark von der jeweiligen Zeitschrift ab. Am inhaltlich vielfältigsten und „buntesten" war die in privatem Verlag in Frankfurt am Main erscheinende *Reform-Rundschau* – bunt im übertragenen Sinn, denn farbig wurde sie erst gegen Ende der 1970er Jahre. Schon seit 1932 erschien sie jedoch im Unterschied zu den meist kleinformatigeren anderen Zeitschriften im sich für Unterhaltungsmagazine zunehmend durchsetzenden Großformat. Zielgruppe der Blätter waren die Mitglieder des jeweiligen Reformvereins, dessen Organe sie waren, also etwa des „Kneipp-Bundes" oder des „Deutschen Naturheilbundes" – Nichtmitglieder konnten die Zeitschriften über den Buchhandel oder auch direkt über den Verlag beziehen – oder allgemein an der Lebensreform Interessierte. Im Fall der *Reform-Rundschau*, die zehn Pfennig kostete und ihre Auflage von 50.000 Exemplaren im Jahr 1950 auf 264.000 im Oktober 1959 steigerte[12], waren diese Interessierten die Kunden der Reformhäuser.

Zu der Frage, auf welche Art und durch wen Wissen auf dem Gebiet der „natürlichen" oder „naturgemäßen" Lebensweise vermittelt werden solle, gab es durchaus Überlegungen, wie der offensichtlich sehr bewußte Wechsel in der Schriftleitung bei den *Kneipp-Blättern* belegt. Doch nicht alle Reformer vertraten deren Ansicht, daß die Wissenspopularisierung an Laien am besten ebenfalls durch Laien und nicht etwa durch Wissenschaftler oder Ärzte geschähe. Ralph Bircher beispielsweise war diesbezüglich anderer Meinung als die Redaktion der *Kneipp-Blätter*. Der Sohn Bircher-Benners beschäftigte sich 1955 im *Wendepunkt* mit einer typischen „Zeiterscheinung der Nachkriegsjahre", dem „Auftreten einer Reihe von begabten Bestsellerautoren und Volksrednern auf dem Gebiete der Gesundheitslehre und Ernährung"[13]. Der Autor bezog sich dabei vor allem auf den in Finnland geborenen und in Schweden lebenden Are Waerland und den Amerikaner Gayelord Hauser, die nach dem Zweiten Weltkrieg auch in Deutschland Anhänger suchten und fanden.

Hauser proklamierte die täglich zu verzehrenden „fünf Wundernährmittel" Bierhefe, Magermilchpulver, Joghurt, Weizenkeime und Rohrzuckermelasse[14] im Sinne einer proteinreichen Diät und versprach seinen Lesern: „Ihr könnt 100 Jahre leben"[15]. Waerland, durch eine Art Erweckungserlebnis von schwerer Krankheit geheilt, rief in den vierziger Jahren die bis heute bestehende ernährungsreformerische „Waerland-Bewegung" ins Leben. Diese propagierte eine lakto-vegetabile Kost ohne Fleisch, Fisch und Eier mit großem Rohkostanteil und zählte 1950 etwa eine halbe Million Anhänger. Auch in Deutschland existiert ein „Waerland-Bund" mit – seit 1954 – einem eigenen Organ, den „Waerland-Monatsheften". In den 1950er Jahren veranstalteten die Waerlandisten, wie sie sich nannten, „Lebensführungskurse" in Bad Soden am Taunus und in Bad Tölz. Die übrige Reformbewegung der

12 In den 1930er Jahren hatte die *Reform-Rundschau* zeitweise eine Auflage von mehr als 300.000 Exemplaren. Vgl. 25 Jahre Reform-Rundschau. In: Reform-Rundschau, Dezember 1950, S. 2f.

13 Ralph Bircher: Zu Waerland und Hauser. In: Der Wendepunkt, August 1955, S. 289-294, hier S. 289.

14 Gayelord Hauser: Bleibe jung – lebe länger! Stuttgart 1951, S. 22-25.

15 Ebd. S. 30.

1950er Jahre beurteilte die Waerlandisten insgesamt recht positiv[16], Are Waerland publizierte etwa immer wieder Artikel in der *Reform-Rundschau*.

Zwar würdigte auch Bircher die Verdienste der beiden in den damaligen Reformkreisen bekannten und populären Laien. Gleichzeitig betonte er aber: „[D]ie Erziehungsaufgabe am Volk gehört ja doch eigentlich in die Hand der Ärzte und nicht der Laien-Volksredner und -Autoren!"[17] Und weiter: „Waerland und Hauser haben Verdienste erworben, die wir dankbar anerkennen dürfen. Sicher wäre es besser gewesen, wenn kundige Ärzte an ihrer Stelle aufgetreten wären; aber das war eben kaum der Fall"[18]. Das müsse sich ändern. Verglichen mit der Zeit um 1930 habe man heute eine „unvergleichlich bessere Plattform ernstzunehmenden Wissens über Gesundheits- und Ernährungszusammenhänge im Sinne der biologischen Heilkunde", von der aus die „aufgetragene Erziehungsaufgabe" bewältigt werden könne. Die Ärzte könnten „jetzt auf einem Boden von sorgfältig gewonnenen Ergebnissen ernster Forscherarbeit fußen, die [...] der breiteren Fachwelt und der allgemeinen Öffentlichkeit fast gar nicht bekannt geworden ist"[19]. Daß dieses Wissen stärker verbreitet werde, war Birchers Anliegen, und als Popularisatoren sollten seiner Meinung nach Ärzte wirken. Es gelte, die Vertrauenskrise zwischen Ärzteschaft und Laienwelt so schnell wie möglich zu überwinden, wobei mit der Ärzteschaft selbstverständlich die der Ganzheitsmediziner gemeint war. Der *Wendepunkt* kam dem angestrebten Ideal im übrigen recht nahe: Von den hier untersuchten Zeitschriften popularisierte er wissenschaftliches Wissen am gründlichsten und genauesten.

II.

Die lebensreformerischen Zeitschriften waren ganzheitlich ausgerichtet, und dies auch insofern, als sie sich bei der Themenauswahl und im Blickwinkel nie auf eine rein medizinisch-naturwissenschaftliche Perspektive verengten. Zwar wurden hauptsächlich Erkenntnisse der modernen Medizin und Ernährungsforschung popularisiert, im Zentrum standen dabei jedoch immer der einzelne Mensch und die Möglichkeiten, die sich ihm hinsichtlich des konkreten Falls boten: Wie kann ich gegen Krebs vorbeugen? Wie ernähre ich mein Kind, und was mache ich, wenn es schlecht ißt oder die Masern bekommt? Ein Artikel über den Kümmel, das angeblich älteste Gewürz, versinnbildlicht diese Ganzheitlichkeit: Der *Naturarzt* verschmolz die Tradition betreffende, geographische, historische, botanische, auf die gesundheitliche Wirkung bezogene und etymologische Informationen mit einem praktischen Haushaltstip zur Eigenzucht auf einer einzigen Seite zu einem „runden" Artikel[20]. Derart harmonischer, im einzelnen oft verflachter, zugleich aber informativer und vielseitiger, in Form leicht zu konsumierender „Häppchen" aufbereiteter Lesestoff ist typisch für die Gesundheitsblätter.

16 Vgl. etwa den Beitrag: Die Waerland-Bewegung. In: Reform-Rundschau, September 1950, S. 3: Are Waerland als „Bundesgenosse"; Erfahrungen mit Waerlandkost. In: Reform-Rundschau, Juli 1955, S. 11.

17 Bircher: Zu Waerland und Hauser (wie Anm. 13), S. 290.

18 Ebd. S. 291.

19 Ebd. S. 289.

20 Der Naturarzt, Oktober 1954, S. 149.

Häufig stellten die Zeitschriften auch wissenschaftliche Forschungsergebnisse in allgemeinverständlicher, gleichzeitig extrem vereinfachter und verknappter Weise dar. Oft war in die Texte lediglich ein „nach amerikanischen Untersuchungen" oder ein ähnlicher Verweis auf wissenschaftliche Autoritäten eingestreut. Wissenschaftliche Ergebnisse und Forschungen erwähnten die Autoren immer dann, wenn sie der eigenen Sache dienten. Ralph Bircher schrieb etwa in einem Artikel über ein aus sechs Punkten bestehendes Ernährungsschema, das sich an den Eßgewohnheiten des in Reformkreisen sehr beliebten Hunzavolkes aus Kaschmir orientierte: „Eine überaus interessante Bestätigung haben nun vor allem Punkt 1 und 2 (naturnah und unkalorisch) durch die 20jährigen Forschungen der McCay-Gruppe an der Cornell-University erhalten, die an sich umwälzend und für die Reformbewegung von erstrangiger Bedeutung genannt werden dürfen"[21].

Der Blick ins Ausland spielte auch ganz allgemein eine wichtige Rolle in der Lebensreformbewegung der 1950er Jahre. Man berichtete von „Der Lebenskraft der Chinesen" und führte sie auf deren vegetarische Ernährung zurück[22], informierte – mit Rezepten – über „Brot und Kuchen der Azteken"[23], über „Ernährungsforschung und Brotfrage in Amerika"[24] sowie, anläßlich der Olympischen Spiele von 1952 in Helsinki, über „Gesundheit und Lebensführung in Finnland"[25]. Die Frage: „Warum ist der Osten gesünder?"[26] beantwortete die *Reform-Rundschau* damit, daß er die Degenerationserscheinungen des Westens nicht kenne, insbesondere den Krebs, diesen „Zelldegenerationsvorgang des Westens". Dies erinnert stark an die Lebensreformer der Jahrhundertwende, die sich immer wieder auf die zivilisationsferne Natürlichkeit und Gesundheit der „Naturvölker" beriefen – von den die Jahrzehnte überdauernden Kontinuitäten innerhalb der Lebensreformbewegung wird unten noch zu handeln sein. Auch das große Interesse der Reformer an den Hunza oder Hunsa[27] gehört in diesen Zusammenhang.

Wichtige Schwerpunkte der Zeitschriften bildeten auch die Gesundheit und Ernährung von Kindern sowie, in noch stärkerem Maße, „Frauenthemen". Der *neuform-Kurier* hatte eine eigene Rubrik „Alles für die Frau", die regelmäßig erschien und verhältnismäßig großen Raum in der eher dünnen Zeitschrift einnahm. Die *Reform-Rundschau* kritisierte in einem Text über „Die Pflege der weiblichen Brust"[28] „[u]nser von der Natur abgewandtes Leben", das von den Schönheitsidealen der Griechen und Römer nicht viel übrig gelassen habe – auf exakt dasselbe Argument und dieselben Vorbilder hatten sich schon die Kleidungsreformer der Jahrhundertwende gestützt. Falsche Ernährung, frühzeitige und häufige sexuelle Reize, zweifelhafte Literatur, bebilderte Magazine, Selbstbefriedigung und außerehelicher Geschlechtsverkehr hätten – so die *Reform-Rundschau* im Jahr 1950 – „in den

21 Reform-Rundschau, November 1950, S. 3.
22 Reform-Rundschau, Mai 1958, S. 14f.
23 Der Wendepunkt, November 1955, S. 437-440.
24 Der Naturarzt, Oktober 1954, S. 151.
25 Reform-Rundschau, Juni 1952, S. 8f.
26 Reform-Rundschau, August 1950, S. 8f.
27 Vgl. neben zahlreichen Zeitschriftenartikeln Ralph Bircher: Hunsa. Das Volk, das keine Krankheit kennt. 4. Aufl. Bern 1952; Irene von Unruh: Traumland Hunza. Erlebnisbericht von einer Asienreise. Mannheim 1955; Kirstine Nolfi: Meine Erfahrungen mit Rohkost. Vortrag auf der 1. Deutschen Volksgesundheits-Woche 1952 in Koblenz. 2. Aufl. Hilchenbach (Westfalen) 1955, S. 18ff., wo das Hunzavolk als „strahlendes Beispiel" für gute Gesundheit erscheint.
28 Reform-Rundschau, Februar 1950, S. 8f.

letzten Jahrzehnten zunehmend" zu einer Erschlaffung der weiblichen Brust geführt. Das Korsett, der Hauptangriffspunkt der Kleidungsreformer um 1900[29], war zwar nach dem Ersten Weltkrieg verschwunden; die *Reform-Rundschau* wandte sich nun aber mit ähnlichen Argumenten gegen das Tragen des Büstenhalters, sofern er einschnüre und die Durchblutung beeinträchtige. Hier lebte also das lebensreformerische Postulat der Befreiung des Körpers aus äußeren Zwängen weiter.

Weiterhin beschäftigten sich die Blätter mit der „Überwindung der Wechseljahre" und mit Regelstörungen, informierten etwa darüber, daß das Ausbleiben der Regelblutung sowohl durch seelische Vorgänge – „Wir wissen das von den Regelstörungen, die bei normalen Frauen plötzlich im Krieg, Gefangenschaft, und in Lagern auftraten" – als auch durch Krankheit oder das Fehlen von lebenswichtigen Aminosäuren, Vitaminen und Spurenelementen hervorgerufen werden könne[30]. Gerade was solche „schamhaften" körperlichen Themen angeht – für die Information über Prostataerkrankungen gilt Entsprechendes –, dürften die Publikationen der Reformbewegung eine wichtige Aufklärungsfunktion erfüllt haben.

Die Zeitschriften boten aber auch zahlreiche nicht-naturwissenschaftliche und nicht-medizinische Beiträge. Die *Reform-Rundschau* hatte mit Werner Altpeter, Redaktionsmitglied seit 1925 und alleinigem Schriftleiter seit 1932, einen Autoren für alle Themen rund um ein zufriedenes und erfülltes Leben; Altpeter schrieb in vielen Ausgaben über Lebenskunst, über die Suche nach dem Glück, über Nächstenliebe oder den Tod[31]. Mitunter publizierten auch renommierte „Gastautoren" wie der Hamburger Theologe Helmut Thielicke zu solchen Fragen[32]. Auch der *Naturarzt* widmete sich derartigen Gegenständen mit Artikeln wie „Vom Sinn des Leidens"[33] oder „Persönlichkeit": Hier reflektierte ein Autor über Lebensgenuß und Lebensglück; Goethe war ihm „Vorbild eines Lebenskünstlers und einer großen Persönlichkeit"[34].

Auch an der Grenze zum Übernatürlichen oder Esoterisch-Transzendenten Liegendes wie etwa die „Lehre von der Wiederverkörperung"[35] hatte seinen Platz in den Zeitschriften. „Das Geheimnis der Wünschelrute" lüftete der *Naturarzt* mit Berufung auf die Strahlenwirkungsforschungen eines nicht näher identifizierten Dr. Curry und einen ebenso im dunkeln bleibenden Dr. Hartmann[36]. Die Antwort auf die Frage „Astrologie – Wahrheit oder Schwindel?" fiel recht verschwommen aus: „Grundsätzlich aber sollte zwischen der Astrologie als solcher, die über ein jahrtausendealtes Erfahrungsgut verfügt, und den einzelnen

29 Karen Ellwanger/Elisabeth Meyer-Renschhausen: Kleidungsreform. In: Kerbs/Reulecke: Handbuch (wie Anm. 5), S. 87-102, hier S. 87. – Zur Kleidungsreform um die Jahrhundertwende vgl. auch Irmtraut Sahmland: Zwischen Modekritik und emanzipatorischem Anspruch. Hintergründe und Ziele der Gründung des Vereins für Verbesserung der Frauenkleidung von 1896. In: Archiv für Kulturgeschichte 78 (1996), S. 433-451.

30 Der Naturarzt, Oktober 1954, S. 144f., hier S. 144.

31 Vgl. auch Werner Altpeter: Zeichen der Zeit. Kritik am modernen Menschen. 33 Aufsätze aus der Reform-Rundschau. Frankfurt am Main 1956.

32 Helmut Thielicke: Wie findet man sein Lebensglück? In: Reform-Rundschau, Juli 1959, S. 7.

33 Der Naturarzt, Oktober 1954, S. 146f.

34 Der Naturarzt, Juli 1958, S. 175f., hier S. 176.

35 Reform-Rundschau, November 1952, S. 7.

36 Der Naturarzt, Dezember 1952, S. 146f. – Vgl. auch das Stichwort „Rutengängerei" in der Rubrik „Fragen und Antworten". In: Der Wendepunkt, Oktober 1957, S. 399f.

Astrologen mit ihren mehr oder weniger zureichenden Fähigkeiten streng geschieden werden“[37]. Meist erkannten die Autoren die Existenz von Kräften an, die nicht oder nicht ausschließlich naturwissenschaftlich erklärbar sind. Typisch für die Einstellung der Lebensreform gegenüber solchen Kräften ist die Trennung zwischen positiv besetzter Esoterik und dem negativ bewerteten „Okkulten“[38]. Auch bei der Frage „Gibt es Ufos und Ufonen?“ ging man einen unentschlossenen Mittelweg: „Wir können heute noch kein abschließendes Urteil fällen; aber in wenigen Jahrzehnten können wir es: dann nämlich, wenn die ersten Raketen und Raumschiffe von der Erde aus in den Kosmos vorstoßen und die Rätsel des Alls zu lösen beginnen“[39].

Weiterhin behandelten die Blätter soziale und gesellschaftliche Fragen, zum Beispiel die „Ursachen der Ehekrise“[40] oder „Die Aushöhlung der Familie“[41]. Auch über gesundheitspolitische Themen informierten die Zeitschriften mitunter. So äußerte sich die *Reform-Rundschau* immer wieder zur Reform der Krankenversicherung. Sie lehnte das Versicherungswesen nicht grundsätzlich ab, kritisierte es allerdings scharf in seiner aktuellen Form. Im Jahr 1955 etwa beklagte ein Artikel, 80 Prozent der Deutschen seien augenblicklich von Zwangskrankenkassen erfaßt und dadurch in die „Maschinerie einer Mammutorganisation“ geraten, die „Unsummen“ für Verwaltung, Kontrolle, Überprüfungen und Papierkrieg vertue[42]. Die *Kneipp-Blätter* stimmten 1957 in den Ruf nach einem Bundesministerium für Gesundheit ein[43]; dieses sollte 1961 im vierten Kabinett Adenauer mit Elisabeth Schwarzhaupt als erster Frau an der Spitze eines Bundesministeriums Wirklichkeit werden.

Die übrige Politik nahm hingegen keinen großen Raum ein. Seltsam ausgespart blieben Themen, die mit dem Krieg oder der deutschen Teilung zusammenhingen, und der erwähnte Blick über die Grenzen hinweg schweifte meist gleich in sehr weite Ferne und nicht etwa ins deutsche Nachbarland. Auch mit der nationalsozialistischen Vergangenheit und, etwa im Fall der *Reform-Rundschau*, mit der eigenen Rolle[44] während dieser Zeit setzten sich die Zeitschriften nicht auseinander. Grotesk, naiv oder unabsichtlich zynisch, in jedem Falle aber bezeichnend wirkt in diesem Zusammenhang ein Artikel des Vorsitzenden der „Gesellschaft für Lebensreform“ aus dem Jahr 1952. Denn der Autor beschäftigte sich in einem Beitrag über „Verbrechen gegen die Menschlichkeit?“ keineswegs mit dem, was der Titel suggerierte. „Von ‚Verbrechen gegen die Menschlichkeit‘ war in den letzten Jahren oft die Rede, ja es hat sich herausgestellt, daß solche Verbrechen in einem kaum vorstellbaren Ausmaß begangen wurden. [...] Es soll aber hier nicht von jenen Verbrechen gesprochen werden, die im Verlaufe des kriegerischen Geschehens auftraten, sondern von einer ganz anderen Sorte von Verbrechen gegen die Menschlichkeit, für die es noch keine Gerichte

---

37 Reform-Rundschau, Oktober 1950, S. 8f.
38 Vgl. etwa: Was ist Esoterik? In: Reform-Rundschau, März 1952, S. 7.
39 Gibt es Ufos und Ufonen? In: Reform-Rundschau, Januar 1959, S. 7.
40 Reform-Rundschau, Juni 1950, S. 8f.
41 Nachdruck aus der *Süddeutschen Zeitung*. In: Reform-Rundschau, September 1955, S. 11.
42 Reform der Krankenversicherung. In: Reform-Rundschau, Mai 1955, S. 2. Vgl. etwa auch: Krankenkassenreform in der Sackgasse! In: Reform-Rundschau, Januar 1959, S. 3.
43 Kneipp-Blätter, Dezember 1957, S. 349.
44 Die im „Dritten Reich“ noch in Berlin erscheinende *Reform-Rundschau* war in den Jahren vor 1941 kein nationalsozialistisches Kampfblatt. Allerdings sind in dieser Zeit rassistische und das deutsche Volk verherrlichende Töne unverkennbar.

gibt, ja, die weder den Tätern noch den Opfern bisher zu Bewußtsein gekommen sind!" Was folgte, war eine Kritik an denaturierter Nahrung, etwa am Weißmehl und an der Konserve, an Industrie und Landwirtschaft – man blieb seinen Themen eben treu und fand das auch völlig legitim: „Was will es schon heißen, wenn durch Kriege, etwa die beiden Weltkriege 1914-1918 und 1939-1945, auf beiden Seiten Millionen dahinsanken, im Vergleich zu den Verlusten, die heute ununterbrochen durch unsere falsche Lebensführung entstehen?"[45]

Zu dem Angebot der Zeitschriften gehörten schließlich auch ganz schlichte praktisch-handfeste Hinweise[46], die gleichwohl als für die Lebensreform konstitutives Wissen aufzufassen sind. Denn wie sollte die lebensreformerische Hausfrau ihre Familie mit naturgemäßer Kost versorgen, wenn sie nicht entsprechende Rezepte für Spinat-Milch, Hafer-Bratlinge und pikante Gemüsesülzchen erhielt? Wie sollte sich der Lebensreformer auf dem Büchermarkt orientieren, wenn ihm keine Zeitschrift Hinweise für gute Gesundheits-Lektüre an die Hand gab? Der *Wendepunkt* hatte zudem eine feste Rubrik „Fragen und Antworten", in der Experten dem jeweils Fragenden und allen anderen interessierten Laienlesern meist stichpunktartige, aber äußerst präzise Hinweise zu Themen wie Nierensteinen, Olivenöl, Zellulitis, großem Schlafbedürfnis und Dampfdruck-Kochtöpfen gaben. Ganz davon abgesehen, daß diese Einrichtung die Leser-Blatt-Bindung gefördert und damit das Zugehörigkeitsgefühl des Rezipienten zur Reformbewegung gestärkt haben dürfte, halfen diese Hinweise dem Laien dabei, im täglichen Leben „richtig" – das heißt gut reformerisch – zu handeln.

Ein Dauerthema der Reform-Zeitschriften war der Krebs, mit dem sich im übrigen auch die nicht-reformorientierte Presse jener Jahre häufig beschäftigte[47]. Die Autoren der Reform-Zeitschriften sahen ihn als *die* Zivilisationskrankheit schlechthin an. Die meisten Artikel handelten von Krebsentstehung, Krebsverhütung und Krebsheilung, wobei sie allerdings mitunter recht vage blieben, vor allem, was die konkreten Methoden der Naturheiler angeht. Da hieß es 1950 zum Beispiel metaphorisch in der *Reform-Rundschau*: „Fast alle Naturärzte betrachten den Krebs als ganzheitliche Erkrankung. Sie suchen kaum nach Bazillen, Viren und anderen Sumpfgewächsen; sie sagen, erst muß der Sumpf da sein, damit Sumpfpflanzen sich ansiedeln können. Den Sumpf zu beseitigen, ist daher viel wichtiger, als einzelne Sumpfpflanzen auszurotten, sei es durch Chemikalien, durch biologische, ungiftige Arzneien oder mit Hilfe feindlicher Pflanzen wie Pilze. Denn die Sumpfpflanzen werden wiederkommen oder andere werden sich desto breiter machen"[48].

Ein Naturarzt rücke dem Krebs möglichst von allen Seiten zugleich zu Leibe: „Wenn der Krebs noch gut abgegrenzt und technisch und physiologisch entfernbar ist, so gilt die möglichst frühzeitige Operation auf dem Grund von reinigenden und aufbauenden naturgemäßen Verfahren noch immer als die sicherste aller bekannten Methoden. [...] Auch ohne Operati-

---

45 Reform-Rundschau, Mai 1952, S. 3.

46 Rubriken mit lebenspraktischen Hinweisen gehörten von Anfang an, also auch schon Ende des 19. Jahrhunderts, zum Inhalt lebensreformerischer Zeitschriften. Für die Jahrhundertwende vgl. Kai Buchholz: Lebensreformerisches Zeitschriftenwesen. In: Ders./Rita Latocha, Hilke Peckmann und Klaus Wolbert (Hrsg.): Die Lebensreform. Entwürfe zur Neugestaltung von Leben und Kunst um 1900. Ausstellungskatalog. Bd. 1-2. Darmstadt 2001, Bd. 1, S. 45-51, hier S. 46.

47 Vgl. Kampf gegen den Krebs. In: *Die Zeit* v. 19.9.1957, S. 5f.: „In jeder Zeitung können wir heute immer wieder den Krebs erwähnt finden."

48 Reform-Rundschau, Mai 1950, S. 10f., hier S. 10.

on stehen die reichen biologischen Methoden zu Gebote. Das sind: Die Diät und Lebensweise können so geregelt werden, daß möglichst viele Krebsgifte gemieden und möglichst viele Kräfte zu Hilfe gerufen werden, welche [...] den Krebsschmarotzer schwächen. Besonders intensiv können dazu noch die Mächte und Kräfte von Heilpflanzen helfen. Hier sind die Mistel und der Schierling zu nennen." Vorbeugen – also der Kampf gegen Zivilisationsschäden – sei aber besser als Heilen[49].

Vergleichbar argumentierte 1952 auch der *Naturarzt* in einem Bericht über einen Berchtesgadener Kongreß zum Thema „Zusätzliche Behandlung der Geschwulstkrankheiten". Die „offizielle" Medizin lasse, so hieß es, nur die Operation und die Strahlentherapie als Heilmittel gelten: „Die ersten Tage wurden beherrscht durch die deprimierenden Ausführungen der Statistiker, Strahlentherapeuten und Chirurgen. Sie ließen erkennen, daß der Krebs, die Geisel [sic] der zivilisierten Welt, von ihnen noch immer angesehen wird als ein lokales Geschehen, als eine örtliche Entartung der Zellen, als eine Zellwucherung, die dem Körper fremd ist und als solche auch herausgeschnitten oder abgetötet werden müßte"[50]. Hier wurde also – wenn auch zaghaft – Gesundheitspolitik gemacht.

III.

Nicht nur mit Druckerzeugnissen verbreitete die Reformbewegung das ihrer Meinung nach relevante Wissen, sie ging auch auf andere Weise an die Öffentlichkeit. Zu Pfingsten 1952 fand die „1. Deutsche Volksgesundheitswoche" in Koblenz statt, eine Großveranstaltung nahezu der gesamten Lebens- und Heilreformbewegung. Zum Programm[51] gehörten die Ausstellung „Gesundes Leben – frohes Leben", deren gärtnerische Anlagen und Hallen auf einem Trümmergelände „gleichsam aus dem Boden gestampft"[52] wurden, und zahlreiche Vorträge. Diese beschäftigten sich unter anderem mit den Themen „Lebensführung und Christentum", „Naturheilkunde und Schulmedizin", „Gesundheit und Sport bei den Völkern", „Krebsentstehung, Krebsverhütung, Krebsheilung" und „Gesundes Wohnen, gesundes Siedeln". Weiterhin gab es volksbildende Kurse zu „Neuzeitlich[er] Küchenführung (Rohkost)", „Kräuterwanderungen", „Leistungssteigerung durch Atmung und Übungen" sowie einen Sauna-Lehrgang. Laut *Reform-Rundschau* kamen zu dem Ereignis in Koblenz „zahlreiche Anhänger der verschiedenen Reformrichtungen, und es zog darüber hinaus Tausende von Interessierten und Neugierigen an, die hier erstmalig mit unseren Bestrebungen bekannt wurden"[53]. Die Volksgesundheitswoche diente also sowohl der „Vergewisserung" alter Anhänger als auch der Bekanntmachung der Bewegung in der Öffentlichkeit, der Sympathiewerbung und wahrscheinlich auch der Werbung neuer Mitglieder.

Mit der Veranstaltung gingen die recht heterogenen Reformvereine zum ersten Mal gemeinsam an die Öffentlichkeit. Parallel dazu wurde 1952 die „Deutsche Volksgesundheitsbewegung" als Dachverband geschaffen, der fast alle reformerischen Vereinigungen beitra-

49 Ebd. S. 11.
50 Der Naturarzt, Dezember 1952, S. 141ff.
51 Abgedruckt in: Reform-Rundschau, April 1952, S. 2f.
52 Reform-Rundschau, Juli 1952, S. 2.
53 Reform-Rundschau, Juli 1952, S. 1.

ten. Die Führung übernahmen zunächst Rudolf Finke, Hermann Forschepiepe und Werner Altpeter, die auch die Veranstaltung organisierten. Altpeter wertete die dort geleistete Popularisierungsarbeit im Rückblick als Erfolg: „Diese Volksgesundheitswoche war insofern ein Markstein, als von nun an die Öffentlichkeit, amtliche Stellen und die Industrie begannen, sich für die Reform zu interessieren. Nach und nach floß reformerisches Ideengut in die Presse und wurde von der Allgemeinheit langsam akzeptiert“[54]. Ein Blick auf das Ehrenpräsidium bestätigt diese Wertung: Dort saßen neben anderen die Ministerpräsidenten von Rheinland-Pfalz und Nordrhein-Westfalen, Peter Altmeier und Karl Arnold, weiterhin zwei Staatsminister, der Bundestagspräsident Hermann Ehlers sowie Vertreter von Gewerkschaft, Arbeitgeberverbänden und Kirchen.

Eine künstlerisch gestaltete Festplakette zeigte das Symbol der Volksgesundheitsbewegung: eine strahlende Sonne, in welche die untere Spitze eines großen „V“ hineinragt, über zwei wellenartigen Balken. Außerdem trug der goldbronzen-grüne Anstecker das Datum „31.5.-8.6. Koblenz 1952“. Vereine und Reformhäuser boten ihn für eine Mark im Vorverkauf an. Die Plakette sollte „nicht nur von den Teilnehmern der Woche getragen werden, sondern von allen Gesinnungsfreunden im ganzen Land zum Zeichen der Verbundenheit“[55]. Weiterhin gab es Werbeplakate für die Wartezimmer von Heil- und biologischen Arztpraxen sowie Auto- und Fahrradwimpel mit dem Festsymbol. Auch das im Juli 1951 gegründete „Deutsche Reform-Jugendwerk“ beteiligte sich an der Volksgesundheitswoche. Am Zusammenfluß von Rhein und Mosel wurde eine „Zeltstadt“ aufgeschlagen[56]. Für dieses Jugendlager erwartete der Verein im Vorfeld mehr als 500 Jugendliche bis 25 Jahre aus dem gesamten Bundesgebiet, aus West-Berlin und aus dem Ausland[57].

Der insgesamt positive „Bericht über Koblenz“ in der *Reform-Rundschau* beklagte allerdings auch „harte Kämpfe vor und hinter den Kulissen“ sowie „Zwiespälte in den eigenen Reihen der Bewegung“. Namentlich die „Deutsche Heilpraktikerschaft“ aus München habe geglaubt, nicht mitmachen zu können, weil sie mit der Teilnahme bestimmter Wirtschaftsgruppen an der Ausstellung nicht einverstanden gewesen sei[58]. Als „sehr erfreulich“ wertete die Zeitschrift hingegen die Beteiligung des Auslandes: „Vertreter von Holland, Belgien, der Schweiz, England, Norwegen, Schweden, Dänemark, Luxemburg und Österreich waren erschienen und berichteten über den Stand der Volksgesundheitsbewegung in ihren Ländern. Es wurde eine Europäische Union gegründet, die die gemeinsamen Belange weiterhin vertreten soll“[59].

Auf die „1. Deutsche Volksgesundheitswoche“ folgten zahlreiche weitere, die allerdings nicht immer die „Deutsche Volksgesundheitswoche e.V.“ veranstaltete. Im Jahr 1957 organisierte zum Beispiel der „Kneipp-Bund“ – der als einziger prominenter Verein nicht der „Deutschen Volksgesundheitsbewegung“ beigetreten war – unter Beteiligung von 60 Firmen in Münster eine große Volksgesundheitswoche, zu der rund 30.000 Besucher kamen. Neben Werbeständen der Kneipp-Heilbäder und der Kurorte gab es Vorführungen der „Gläsernen

---

54 Altpeter: Zur Geschichte (wie Anm. 1), S. 11.
55 Reform-Rundschau, März 1952, S. 2.
56 Ursprünglich war das Jugendlager auf dem Ehrenbreitstein geplant, es wurde aber „in letzter Stunde“ verlegt. Vgl. Reform-Rundschau, Juli 1952, S. 2.
57 Reform-Rundschau, Februar 1952, S. 2.
58 Ebd. Zur Kritik an einzelnen Teilnehmern vgl. auch: Streiflichter aus Koblenz. In: ebd. S. 8f.
59 Ebd.

Frau", des „Schlagenden Herzens" und anderer Modelle des Deutschen Gesundheitsmuseums in Köln, „an denen zu lernen war". Ein „Lehrraum" zum Thema „Kampf den Alltagsbeschwerden" stellte 90 Plätze zur Verfügung, bei Diätvorführungen bekamen die Besucher Kostproben, und wer wollte, konnte eine Wassertretstelle ausprobieren oder einen Heilkräutergarten besichtigen. Vierundzwanzig Ärzte und Gesundheitserzieher hielten Vorträge[60].

Im Jahr 1954 kamen zur Volksgesundheitswoche der Bundesgruppe Nordrhein-Westfalen des „Deutschen Naturheilbundes" in Essen sogar 60.000 Besucher. Ärzte sprachen über die Folgeerscheinungen der technischen Entwicklungen für die „gehetzte Menschheit" und über die Geschichte der Wasserheilkunde. Weitere Themen waren die Naturheilbewegung in Jugoslawien sowie Erlebnisse und Erfahrungen in China und Japan; in der Ausstellung „Gesundes Leben – Frohes Leben" gab es eine eigene „Koje Ausland" mit Schriften und Bildern der „verwandten Organisationen" in Holland, Belgien, Frankreich, England, Spanien, Portugal, Finnland, den USA, Costa Rica und Brasilien[61]. Drei Organisationen waren Träger einer Volksgesundheitswoche im August 1953 in München, an der sich auch das Deutsche Museum mit einer Ausstellung beteiligte, in der sich Besucher „an Hand anschaulicher Bildtafeln" über die „Grundzüge moderner Ernährungslehre und Körperpflege" unterrichten konnten[62].

IV.

Einige „klassische" Themen und Topoi der verschiedenen Teilströmungen der ursprünglichen Lebensreform waren auch in den 1950er Jahren noch feste Bestandteile des von der Reformbewegung vermittelten Wissens. Zivilisationskritik und Furcht vor Dekadenz und Degeneration hatten die lebensreformerische Literatur der Jahrhundertwende gleichsam wie ein Generalbaß durchzogen. Dieser war in den 1950er Jahren zwar leiser geworden, aber keineswegs verstummt. Werner Altpeter prangerte 1959 etwa den hohen Fettverzehr und die „seelische Übersättigung" der Bundesdeutschen an[63]. Die allgemeine Zivilisationskritik der ursprünglichen Lebensreformbewegung wurde also nach wie vor popularisiert. Die *Reform-Rundschau* warnte 1952 vor seelischen Gefahren, welche die sogenannten drei „O"s förderten: Kino, Radio und Auto; Amerika erschien in diesem Zusammenhang als Schreckensbild, und das neue Zeitalter bringe – so die Meinung des Autors – nichts als Dekadenz[64]. In demselben Heft wurde unter der Überschrift „Die große Anklage" der „äußerst bedrohlich[e]" Gesundheitszustand der Völker der weißen Rasse auf Beschleunigung des Lebens und falsche Ernährung zurückgeführt; der Autor untermauerte seine Aussagen im übrigen mit den Ergebnissen einer englischen Querschnittsuntersuchung zur Ernährungsweise[65].

Einen Text zur „Kehrseite der Motorisierung" – die Ausbreitung des Automobils erfolgte in den 1950er Jahren in der Bundesrepublik in einem Tempo, das in keiner anderen west-

---

60 Kneipp-Blätter, Dezember 1957, S. 348f.
61 Der Naturarzt, Oktober 1954, S. 153f.
62 Reform-Rundschau, Oktober 1953, S. 10f.
63 Werner Altpeter: Die Übersättigung. In: Reform-Rundschau, November 1959, S. 7.
64 Reform-Rundschau, Februar 1952, S. 7.
65 Ebd., S. 3.

lichen Industriegesellschaft vergleichbare Ausmaße erreichte[66] – illustrierte die *Reform-Rundschau* mit Photographien von zu Schrott gefahrenen und umgestürzten Kraftfahrzeugen und versah diese mit ironischen Bildunterschriften wie „Es ging schief (im wahrsten Sinne des Wortes)“[67]. Auch gegen Fluglärm, „den akustischen Luftterror, dem wir bei der gegenwärtigen Weiterentwicklung überschneller Flugzeuge mit Düsenantrieb und Strahltriebwerken wohl bald in Stadt und Land ausgesetzt sein werden“[68], betrieb die Zeitschrift prophylaktisch Propaganda. Ein anderer Artikel über die Gefahren der Nutzung der Kernenergie berief sich auf wissenschaftliche Autorität: Nach den Versicherungen „des bekannten amerikanischen Atom-Mediziners Professor Dr. Muller, den seinerzeit die UNO-Polizei daran hinderte, die Schattenseiten der Atomära aufzuzeigen“, müsse damit gerechnet werden, daß es bereits 1957/58 Millionen von „Atomkranken“ in aller Welt geben werde[69].

Die Beispiele zeigen, daß die Lebensreform der Nachkriegsjahre, ganz wie ihre Vorgängerin der Jahrhundertwende, explizit Stellung zu bestimmten den technischen Fortschritt betreffenden Themen bezog, oder genauer: daß sie einige Entwicklungen auf diesem Gebiet negativ beurteilte und diese Auffassung auch an ihre Anhänger weitergab. Aufrufe, sich aktiv gegen die gesellschaftlichen Zustände zur Wehr zu setzen, fehlten in den 1950er Jahren allerdings noch völlig, was sich wohl unter anderem durch das Fehlen einer starken und einheitlichen Interessengruppe der Reform erklärt. Es gab keine Appelle an die Gemeinschaft der Lebensreformer, gegen Kernkraftwerke oder Umweltzerstörung auf die Straße zu gehen. Nach 1968 sollte sich das ändern. „Es ist die Pflicht eines jeden Bürgers gegen die Errichtung von Atomkraftwerken Protest zu erheben“, schrieb, um nur eines von zahlreichen Beispielen zu zitieren, etwa die *Reform-Rundschau* im Jahr 1973[70].

Häufig stellten die Reform-Zeitschriften ihren Lesern auch moralische Orientierungshilfe zur Verfügung, so etwa in der „Impffrage“, die in der Lebensreformbewegung von Anfang an eine wichtige Rolle gespielt hatte. Seit dem Ende des 19. Jahrhunderts hatten die Reformer für das Impfgesetz eine Gewissensklausel gefordert, sie wollten den Impfzwang also aufgehoben sehen. Die Impfung gegen Pocken, so die *Reform-Rundschau* im Jahr 1950, sei Verseuchung des Organismus mit Pockengift, künstliche Krankmachung[71]. Der *Wendepunkt* zitierte eine Studie der Harvard-Universität, nach der selbst unter dreifach geimpften Kindern in den USA mehr als hundert ernstliche Polioerkrankungen festgestellt worden seien; die Dunkelziffer liege wahrscheinlich weit höher[72]. „Der Verdacht ist nicht von der Hand zu weisen, daß die kommerziellen Interessen an Massenimpfungen im Vordergrund stehen. Man sollte es sich daher wohl überlegen, bevor man seine Kinder einer weiteren Schutzimpfung aussetzt!“[73] Auch beim Thema Verhütung gab es derartige Unterstützung.

---

66 Vgl. Thomas Südbeck: Motorisierung, Verkehrsentwicklung und Verkehrspolitik in der Bundesrepublik Deutschland der 1950er Jahre. Umrisse der allgemeinen Entwicklung und zwei Beispiele: Hamburg und das Emsland. Stuttgart 1994, S. 27f.

67 Reform-Rundschau, Juli 1955, S. 16f.

68 Ebd., S. 20.

69 Reform-Rundschau, Januar 1957, S. 2.

70 Atomreaktoren. In: Reform-Rundschau, Mai 1973, S. 8f., hier S. 8.

71 Reform-Rundschau, Januar 1950, S 4f., hier S. 4. Vgl. u.a. auch: Ist das Impfgesetz von 1874 noch in Kraft? In: Reform-Rundschau, April 1952, S. 4.

72 Ralph Bircher: Wird die Kinderlähmung durch die Impfung gebannt? In: Der Wendepunkt, Juni 1957, S. 226f.

73 Die Kinderlähmung noch nicht besiegt! In: Reform-Rundschau, Juni 1955, S. 11.

Einer detaillierten Beschreibung der „Knaus-Ogino-Methode“ zur natürlichen Empfängnisverhütung mit einer aufwendigen Tabelle über fruchtbare und unfruchtbare Tage der Frau fügte der Autor an, auch die katholische Kirche sei positiv zur natürlichen Geburtenregelung eingestellt. Dies zeige, daß die Methode „nicht nur das kleinere von mehreren Übeln ist, sondern auch von religiöser Seite aus bejaht werden kann“[74].

Es ist also zu beobachten, daß die Druckerzeugnisse nicht nur der reinen Wissensvermittlung dienten, sondern daß sie durch die Auswahl des transportierten Wissens auch ein gehöriges Maß an Möglichkeiten zur Strukturierung der Welt boten. Die Zeitschriften halfen der Leserin und dem Leser, jeden Monat von neuem, sich über die Werte der eigenen Bewegung zu vergewissern, und unterstützten sie dabei, ihre Lebensweise naturgemäß zu gestalten: Die Zeitschriften, so läßt sich zusammenfassen, stifteten Sinn. Dies war von Anfang an – also seit dem letzten Drittel des 19. Jahrhunderts – eine wichtige Voraussetzung für den Erfolg der Lebensreformbewegung. Damals gaben die Hinwendung zur Natur und zum Natürlichen, Reinen sowie die zum Teil bis zur Unnatürlichkeit übertriebene Beschäftigung mit dem eigenen Körper Halt in einer sich durch Urbanisierung, Modernisierung und Säkularisierung rasant verändernden Lebenswelt. In den 1950er Jahren mag die Bewegung den „Nachkriegs-Lebensreformern“ in einer in vieler Hinsicht radikal veränderten Gesellschaft wenigstens greifbare private Orientierung geboten haben.

Immer wieder vergewisserten sich die Blätter – dies hängt damit zusammen – der Wurzeln der Reformbewegung, hielten sie die Geschichte und Tradition ihrer verschiedenen Strömungen lebendig. Todestage von großen „Lebensreformern“ wie dem Pfarrer und Heilkundigen Sebastian Kneipp (1821-1897) und Ereignisse wie „60 Jahre Klinik Bircher-Benner, Zürich“[75] oder „60 Jahre Obstbausiedlung ‚Eden‘“[76] nahm man zum Anlaß, Wissen über die eigene Vergangenheit zu vermitteln. Im Januar 1959 gratulierte die *Reform-Rundschau* Richard Ungewitter, einem der um die Jahrhundertwende bekanntesten Propagandisten der Nacktkultur, nachträglich zum 90. Geburtstag; dieser begehe „das seltene Fest [...] in geistiger und verhältnismäßig guter körperlicher Frische“[77]. Ein anderer Artikel be-

74 Reform-Rundschau, Juli 1950, S. 8f. Vgl. auch „Nochmals: Knaus-Ogino!“ In: Reform-Rundschau, August 1951, S. 4f., mit statistischer Tabelle zu ungewollten Schwangerschaften bei Paaren, welche die Methode anwandten.

75 Reform-Rundschau, Januar 1959, S. 14f.

76 Reform-Rundschau, Mai 1953, S. 10f. – Die 1893 gegründete und noch heute bestehende vegetarische Obstbausiedlung „Eden“ in Oranienburg bei Berlin ist das wahrscheinlich bekannteste und erfolgreichste Projekt der lebensreformerischen Siedlungsbewegung. Vgl. Judith Baumgartner: Ernährungsreform – Antwort auf Industrialisierung und Ernährungswandel. Ernährungsreform als Teil der Lebensreformbewegung am Beispiel der Siedlung und des Unternehmens Eden seit 1893. Frankfurt am Main, Berlin, Bern, New York, Paris, Wien 1992.

77 Richard Ungewitter 90 Jahre alt! In: Reform-Rundschau, Januar 1959, S. 2. – Ungewitter war allerdings schon am 15. Dezember 1958 gestorben, drei Tage vor seinem 90. Geburtstag. Vgl. die Kurzbiographie Ungewitters in: Uwe Puschner/Walter Schmitz und Justus H. Ulbricht (Hrsg.): Handbuch zur „Völkischen Bewegung“ 1871-1918. München 1996, S. 931. Die Todesnachricht erreichte die Zeitschrift offensichtlich erst nach dem Redaktionsschluß für die Januar-Ausgabe. – Ungewitter kam aus der völkischen Lebensreformbewegung und vertrat um 1900 Ideen zur Züchtung von Menschen von „reinem germanischen Typus“. Richard Ungewitter: Der Vegetarismus als Grundlage höheren Menschentums. In: Vegetarische Warte vom 30.12.1904, S. 563 bis 567. – Ungewitters 1908 als „Loge des aufsteigenden Lebens“ gegründeter „Treubund für aufsteigendes Leben“ war „auf völkischer und rassischer Grundlage verankert“; die Machtüber-

schäftigte sich mit den Brüdern Adolf und Rudolf Just, deren 1896 gegründeter „Jungborn" bei Bad Harzburg um die Jahrhundertwende die größte Naturheilanstalt der Welt war[78]. Ein Text zum Thema „Wie das Reformhaus entstand"[79] nannte 1950 „vier große Volksbewegungen" als Wurzeln des Reformhauses, nämlich Naturheilvereine, vegetarische Lebensweise, antialkoholische Bewegung und Jugendbewegung.

Manchmal vereinnahmten die Zeitschriften auch Menschen, die sich selbst wahrscheinlich nie als „Lebensreformer" bezeichnet hätten oder die lange vor der Entstehung der Reformbewegungen im letzten Drittel des 19. Jahrhunderts lebten, für die eigene Sache. Eine Doppelseite voller „Vorkämpfer für Lebens- und Heilreform" zeigte neben den Portraits „wahrer" Lebensreformer etwa auch die Köpfe des Paracelsus (1493-1541), der den „inwendig Arzt" von Organismen beschrieb und damit die Idee der Naturheilkraft bekannt machte, des schlesischen Bauern Vinzenz Prießnitz (1799-1856), der seinen Hof in den 1820er Jahren in einen erfolgreichen Kurort umgestaltete, und Ernst Schweningers (1850 bis 1924), des naturheilkundlich orientierten Leibarztes Bismarcks[80]. Auch diese Art des Vorgehens war nicht neu. Schon um die Jahrhundertwende hatten sich lebensreformerische Zeitschriften mit antiken und zeitgenössischen „Geistesgrößen" von Plutarch bis Nietzsche und Richard Wagner geschmückt, um die eigene Geschichte zu konstruieren.

V.

In seinem Artikel „Die Übersättigung" beschrieb Werner Altpeter 1959 das Konsumverhalten der Westdeutschen folgendermaßen: „In Einzelhandelskreisen sprach man nach der Währungsreform von einer ‚Freßwelle'. Die Leute wollten sich endlich wieder einmal satt essen. Dieser folgte eine Bekleidungswelle, die ihrerseits von einer Einrichtungswelle abgelöst wurde. Neuerdings spricht man von einer ‚Edelfreßwelle' und meint damit die Erscheinung, daß den Verbrauchern nichts gut genug ist, daß sie übertriebene Qualitätsansprüche stellen"[81]. Wenn Wolfgang R. Krabbe sozusagen die Fortsetzung zu diesen Beobachtungen liefert und in Anlehnung an andere Sozialhistoriker eine „Ablösung der sogenannten ‚Freßwelle' der Nachkriegszeit durch die ‚Gesundheitswelle' der 1960er und 1970er Jahre" im Rahmen einer „kollektiven Bewußtseinsbildung" konstatiert[82], dann zeigt das ebenfalls – auch wenn die Sozialgeschichte mittlerweile vom Bild der „Konsum-Wellen" nach 1948 abgekommen ist[83] –, daß die Reformbewegung der Nachkriegsjahre im Vergleich mit jener

---

nahme Adolf Hitlers nannte er 1937 eine „außerordentliche Befriedigung". So Richard Ungewitter: Mein Lebensgang. In: Reform-Rundschau, September 1937, S. 204.

78 Reform-Rundschau, März 1955, S. 5.

79 Reform-Rundschau, Dezember 1950, S. 4.

80 Reform-Rundschau, Januar 1951, S. 8f. – Schweninger schlug den „berühmten Mittelweg" zwischen Naturheilkunde und Schulmedizin ein. Vgl. dazu Robert Jütte: Ist das zum Essen oder zum Einreiben? Franz Kafka war ein Anhänger der Naturheilkunde seiner Zeit. In: *Frankfurter Allgemeine Zeitung* v. 13.4.2002.

81 Altpeter: Die Übersättigung (wie Anm. 63).

82 Krabbe: Gesellschaftsveränderung (wie Anm. 5), S. 7.

83 Kritikpunkt am Bild von den Konsum-Wellen ist etwa, daß es zum Beispiel das Sparen auf eine neue Wohnung auf Kosten der Ernährung ausschließe. Vgl. Arnold Sywottek: Zwei Wege in

späterer Jahrzehnte noch keine breite Bewegung darstellte. Allerdings gewann sie, wie etwa die steigenden Auflagenzahlen der *Reform-Rundschau* und die Erfolge der „Volksgesundheitswochen" zeigen, stetig an Bedeutung: Die Gesellschaft war immer stärker an Gesundheit interessiert.

Um die Mitte der 1950er Jahre setzte in der Bundesrepublik eine neue Form des Konsums ein, die sich von den kargen Jahren der unmittelbaren Nachkriegszeit deutlich abhob[84]. Auch wenn also das erste Jahrzehnt nach der Währungsreform von 1948 insgesamt für deutsche Arbeitnehmerfamilien „ungleich genügsamer, eingeschränkter und grauer" war, als es Begriffe wie „Konsumgesellschaft" und „Wirtschaftswunder" nahelegen[85], machte sich doch zum Ende dieses Jahrzehnts hin eine Veränderung in Richtung einer Gesellschaft bemerkbar, der es deutlich besser ging als in den Jahren zuvor und die sich daher „sekundären" Bedürfnissen wie der Pflege von Körper und Gesundheit stärker als bisher widmen konnte. Auch hinsichtlich des von den lebensreformerischen Zeitschriften popularisierten Wissens ist diese Veränderung spürbar. Der *neuform-Kurier* führte 1957 eine unregelmäßig erscheinende Rubrik mit dem Titel „Der kosmetische Rat" ein, die graphisch durch einen Handspiegel gekennzeichnet war. Themen wie „Besuch bei der Weleda A.G."[86] oder „Die tägliche Gesichtspflege"[87] wurden in den späten 1950er Jahren auch in der *Reform-Rundschau* häufiger. Im Jahr 1959 gab es – das paßt zu diesen Beobachtungen – einen merklichen Sprung bei den Ausgaben der Westdeutschen für Körperpflege[88].

Auch Ferien und Freizeit spielten in den Reform-Zeitschriften nun eine deutlich größere Rolle. Der Luxus der Urlaubsreise war gegen Ende des Jahrzehnts in Westdeutschland sogar stärker verbreitet als in anderen Ländern mit weniger Existenzgründungserfordernissen, was man dem überragenden westdeutschen Volkswirtschaftswachstum und dem Realeinkommenswachstum der Haushalte zugeschrieben hat[89]. Die *Reform-Rundschau* informierte ihre Leser im Juli 1959 über die „zwölffache Wirkung der Sonnenstrahlen", die sie dem Wissensstand der Zeit entsprechend weitgehend positiv beurteilte, bloß überdosieren dürfe man nicht[90]. Auf den beigefügten Abbildungen waren Frauen in Badeanzügen und Bikinis und mit Strohhüten zu sehen, eine sogar mit einer modischen Sonnenbrille – im Jahr 1955 hatte dieselbe Zeitschrift noch vom Tragen einer solchen als „keiner sehr liebenswürdig[en] Geste von ‚Frau Mode'" abgeraten, weil angeblich weder Ultrarot- noch Ultraviolettstrahlen das

---

die „Konsumgesellschaft". In: Axel Schildt/Arnold Sywottek (Hrsg.): Modernisierung im Wiederaufbau. Die westdeutsche Gesellschaft der 50er Jahre. Bonn 1998, S. 269-274, hier S. 272.

84 Vgl. Michael Wildt: Vom kleinen Wohlstand. Eine Konsumgeschichte der 50er Jahre. Frankfurt am Main 1996.

85 Ders.: Privater Konsum in Westdeutschland in den 50er Jahren. In: Schildt/Sywottek: Modernisierung (wie Anm. 83), S. 275-289, hier S. 280.

86 Reform-Rundschau, Februar 1959, S. 9. – Der Schwäbisch Gmünder Heil- und Körperpflegemittelhersteller Weleda wurde im Jahr 1921 gegründet. Zur reformerischen Verankerung der Firma vgl. Weleda. Ein Firmenportrait. 70 Jahre Verantwortung für Mensch und Natur. Arlesheim/Schweiz, Schwäbisch Gmünd 1991.

87 Reform-Rundschau, März 1959, S. 5.

88 Wildt: Privater Konsum (wie Anm. 85), S. 280.

89 Sywottek: Zwei Wege (wie Anm. 83), S. 272.

90 Reform-Rundschau, Juli 1959, S. 4f.

Auge zu schädigen vermöchten[91]. Man widmete dem „Urlaub in Italien"[92] eine Doppelseite mit Bildern von Florenz, Capri und dem Lago Maggiore, brachte auch dem weniger mondänen Publikum die italienische Riviera nahe[93], entdeckte sogar schon „Spanien als Reiseland"[94] und fügte dem entsprechenden Artikel Photographien von Stränden und Palmen bei.

Die erwähnten Beispiele stehen für das Ende der unmittelbaren Nachkriegszeit und zugleich für den Anfang dessen, was man „Konsumgesellschaft" genannt hat. Diese Entwicklung spiegelt sich – wie beschrieben – in dem von der Lebensreformbewegung vermittelten Wissen. Doch es ist auch ein umgekehrter Prozeß zu beobachten: Die Reformbewegung nahm nicht nur Moden und Anregungen aus der Gesellschaft auf, auch sie selbst zeitigte gesellschaftliche Veränderungen: mit ihren Ansichten, mit ihrem Wissen über Gesundheit und mit dessen Popularisierung. Langsam und dosiert drangen beispielsweise naturheilkundliche Konzepte in die Schulmedizin ein, ein Wandel, den auch die Tagespresse verzeichnete. Anläßlich der „Deutschen Therapiewoche" in Karlsruhe, des damals angeblich größten Ärztekongresses des europäischen Kontinents, erschien 1952 in der *Schwäbischen Landeszeitung* ein mit „Durchbruch der Naturheilkunde" betitelter Artikel, den in den folgenden Tagen auch der *Münchner Merkur* und die *Nürtinger Nachrichten* in leicht redigierter Fassung abdruckten[95]. Auf der Therapiewoche – die sich nicht ausschließlich, aber offenbar sehr intensiv mit Krebserkrankungen beschäftigte – sei nicht nur den Vertretern der Naturheilkunde zum ersten Mal ein ganzer Kongreßtag eingeräumt worden. Darüber hinaus sei „auch in den Referaten der eingefleischten Schulmediziner [...] das Bestreben spürbar" geworden, die rein medikamentöse Krankheitsbehandlung zugunsten einer naturgemäßen Lebensweise weitgehend einzudämmen. Umstrittene Heilweisen, so der Autor, habe der Kongreß mit „löblicher Sachlichkeit" erörtert, und der Artikel schließt gar mit den Worten: „In ihrem Bestreben, aus der technisch verfeinerten Medizin wieder zur Psyche des Kranken zurückzufinden, hat man die deutsche Aerzteschaft [sic] selten so einig gesehen wie auf der diesjährigen Therapiewoche in Karlsruhe."

Das Beispiel ist – mit aller gebotenen Vorsicht – möglicherweise als ein verhältnismäßig frühes Anzeichen dafür zu werten, daß von der Lebensreform propagierte und popularisierte Ideen und Konzepte zunehmend in die übrige Gesellschaft eindrangen. Das galt nicht nur für die Naturheilkunde im engeren Sinne. Der Karlsruher Therapiekongreß stellte beispielsweise auch fest, daß sich bei Herzpatienten eine rohkostreiche, salzarme und vegetarische Diät sowie Bewegung an frischer Luft bewährt hätten: „Wer das Auto meidet und spazierengeht, lebt länger!"

Die Beispiele dürfen jedoch nicht darüber hinwegtäuschen, daß die Reformbewegung in den 1950er Jahren relativ gesehen noch keine bedeutungsvolle gesellschaftliche Gruppe war, der große allgemeine Aufmerksamkeit zugekommen wäre. Ihr Streben danach ist allerdings schon deutlich zu erkennen. So beschäftigte sich Ernst Meyer, Kurarzt des Kneipp-Bades Camberg, 1959 auf der „2. Deutschen Volksgesundheitswoche" in einem Vortrag mit

---

91 Reform-Rundschau, August 1955, S. 5. – Vgl. auch noch zwei Jahre später: Eine Ausartung der Modetorheit. In: Reform-Rundschau, Juli 1957, S. 4.

92 Reform-Rundschau, August 1958, S. 14f.

93 Riviera – wahrgewordener Traum. In: neuform-Kurier, April 1959, S. 6f.

94 Reform-Rundschau, Juli 1959, S. 16f.

95 Alfred Püllmann, Durchbruch der Naturheilkunde. In: *Schwäbische Landeszeitung* vom 7.9.1954. Vgl. etwa auch *Münchner Merkur* und *Nürtinger Nachrichten* v. 9.9.1954.

der „Mission der Volksgesundheitsbewegung". Gesundheitsvorsorge und Gesundheitspflege, so führte Meyer aus, bedürften nicht nur des Verständnisses des einzelnen, sondern vor allem auch der Allgemeinheit: „Nicht der einzelne schafft die heutigen politischen Lebensbedingungen, sondern die Allgemeinheit schafft und entscheidet sie. [...] Nur die Interessenverbände können Einfluß nehmen, weil in niedrigeren Größenordnungen die heutige Demokratie bei der Größe der Staaten nicht beeinflußt werden kann"[96]. Dies war eine zumindest teilweise Abkehr vom traditionellen Grundsatz der Lebensreform, die Gesellschaft über ihre kleinsten Glieder zu verändern, über die Selbstreform des Individuums also, und zugleich eine Anpassung der Reformbewegung an die Gegebenheiten der Zeit. Aus dem Postulat vom reformerischen Potential der Allgemeinheit leitete sich konsequenterweise die Forderung nach einer möglichst umfassenden Popularisierung der „naturgemäßen Lebensweise" mit allen ihren Implikationen ab, wurden diese Fragen doch als ein „Politikum erster Ordnung"[97] empfunden.

Das politische Engagement der Reformbewegung ging in den 1950er Jahren allerdings noch nicht über derartige *Interessen*politik hinaus. Werner Altpeter erörterte 1953 zwar die Frage, ob die Lebensreformer eine eigene Partei gründen sollten[98], verneinte sie jedoch sogleich: „Die Reformer sind im allgemeinen starke Individualisten und an politischen Dingen in noch höherem Maße uninteressiert als die übrige Bevölkerung." Dieses Desinteresse stamme allerdings nicht aus Gleichgültigkeit, sondern aus der Erkenntnis, „daß die Politik mehr oder weniger eine Oberflächenerscheinung ist und die eigentlichen Entscheidungen auf einer tieferen Ebene fallen, nämlich da, wo es um die gesamte Lebenseinstellung geht, also an der Grenze zur Religion." Interessant sei es, so Altpeter, daß sich keine der bestehenden Parteien der „drohenden Gesundheits- und Zivilisationsbedrohungen" bewußt sei. Reformideen spielten im politischen Leben „gar keine Rolle", und vom Wachstum der Anhängerschaft der Reformbewegung nähmen die großen Parteien keine Notiz – bis zur Gründung der „Grünen" sollte es noch knapp 30 Jahre dauern. Allerdings hängte Altpeter seinem Artikel „das Gesundheitsprogramm der nicht vorhandenen Reform-Partei" an. Hier finden sich etwa die Forderungen nach einem Lebensmittel- und einem Arzneimittelgesetz, nach einer Neuordnung des Krankenkassenwesens, Lehrstühlen für Naturheilkunde und Ernährungswissenschaft sowie nach einer Reformierung des Impfgesetzes.

Die Reformbewegung der 1950er Jahre war also noch nicht politisch in dem Sinne, daß sie sich über ihre eigenen Zwecke hinaus gesellschaftlich eingesetzt hätte. Allerdings ist auch hier eine Veränderung spürbar. Die Lebensreformbewegung der Jahrhundertwende hatte die Welt über die Selbstreform der Individuen in ein Paradies verwandeln wollen[99], sie

---

96 Ernst Meyer: Die Mission der Volksgesundheitsbewegung. In: Gesundes Leben – Frohes Leben. Vorträge von der 2. Deutschen Volksgesundheits-Woche 1959 in Koblenz. Hilchenbach (Westf.) 1959, S. 5-30, hier S. 8.

97 Ebd. S. 9.

98 Werner Altpeter: Lebensreform und Politik. In: Reform-Rundschau, September 1953, S. 2.

99 Um 1900 war die Lebensreform eine „säkularisierte gnostisch-eschatologische Erlösungslehre". Wolfgang R. Krabbe: Lebensreform/Selbstreform. In: Kerbs/Reulecke (Hrsg.): Handbuch (wie Anm. 5), S. 73ff., hier S. 74. – Die Nachweise für die in lebensreformerischen Zeitschriften der Jahrhundertwende ausgedrückte Hoffnung auf ein „Paradies", auf „Erlösung", ein „goldnes Zeitalter" oder auch ein „vegetarisches Zeitalter" würden über den für eine Fußnote angemessenen Rahmen weit hinausgehen.

nahm also den einzelnen Reformer konkret in den Blick, während sie die zu schaffende „gesunde“ Gesellschaft mit solcher Absolutheit anstrebte, daß diese im Bereich des Metaphorisch-Utopischen bleiben mußte. Im Vergleich dazu gab sich die Lebensreform der 1950er Jahre durchaus pragmatischer und realistischer. Sie machte sich bezüglich der Idee, die Welt über die Reform einzelner in ein Gesundheitsparadies zu verwandeln, keine Illusionen mehr. Die Wissenspopularisierung auf den „Volksgesundheitswochen“ ist ein Anzeichen für die sich unter den Protagonisten der Reform durchsetzende Erkenntnis, daß „die Gesellschaft“ sich nur dann veränderte, wenn man seine Interessen nicht nur hinsichtlich des einzelnen Anhängers, sondern auch mit Blick auf die nicht spezifisch an der Lebensreform interessierte Allgemeinheit bekanntmachte. Man konzentrierte sich immer weniger darauf, überzeugte Lebensreformer, die ohnehin schon Anhänger der Idee waren, mit auf Gesundheit und die eigene Bewegung bezogenem Wissen zu versorgen. Statt dessen versuchte man zunehmend, wenigstens kleine Bausteine des Reform-Wissens in die Gesamtgesellschaft zu schleusen. Um es auf eine Formel zu bringen: Ziel der Popularisierung war immer mehr, vielen Menschen wenigstens bruchstückhaftes Reform-Wissen zu vermitteln, und immer weniger, den wenigen Eingeschworenen das „volle Programm“ zur Verfügung zu stellen.

Die Prozeßhaftigkeit dieser Entwicklung ist jedoch deutlich zu betonen. Reform- und Gesundheitswissen waren noch lange nicht in der „Mitte der Gesellschaft“ angekommen, und die Vergewisserung der Reformanhänger blieb wichtiger Bestandteil der Wissensvermittlung. Auch den Schritt zur politischen „Gesellschaftsreform“ ging die Reformbewegung in der frühen Bundesrepublik noch nicht. Die 1950er Jahre sind in dieser Hinsicht ebenfalls eine Zeit der Andeutung, der Vorbereitung. Auch darin spiegelt sich die bundesdeutsche Gesellschaft.

Zusammenfassung

Die frühe bundesrepublikanische Reformbewegung ist ein Beispiel für Wissenspopularisierung in den 1950er Jahren. Ausgewiesene „Wissende“, die mal Wissenschaftler, mal erfahrene Laien waren, vermittelten Wissen an ein Laienpublikum. Ein Großteil dieses Wissens bezog sich auf Erhaltung und Wiedergewinnung von Gesundheit und hierbei besonders auf Ernährung, natürliche Heilweise und Körperpflege. Medien der Popularisierung waren vor allem Zeitschriften. Darüber hinaus wurde jedoch auch auf Veranstaltungen der Reformverbände, insbesondere auf den sogenannten Volksgesundheitswochen, für die Bewegung relevantes Wissen weitergegeben. Einen wichtigen Bestandteil des popularisierten Wissens bildeten auch Informationen über die Reformbewegung selbst, über ihre Weltanschauung und ihre Geschichte. In diesem Zusammenhang finden sich zahlreiche „klassische“ Motive der ursprünglichen Lebensreformbewegung der Zeit um 1900 wieder. Die Wissenspopularisierung diente insofern der Sinnstiftung und der Vergewisserung der Anhänger der Reformbewegung.

Im Laufe der 1950er Jahre spiegelt sich in dem durch die Reformbewegung vermittelten Wissen die Entwicklung von der unmittelbaren Nachkriegs- zu einer mehr konsumorientierten Gesellschaft. Umgekehrt beeinflußte aber auch die Reformbewegung mit ihrer Popularisierung gesunden Lebens die übrige Gesellschaft. So sind in den 1950er Jahren erste Anzeichen für ein gesteigertes allgemeines Interesse an Gesundheit zu beobachten. Politisch im engeren Sinne war die Reformbewegung im Gegensatz zu den „Alternativen“ der 1970er und 1980er Jahre noch nicht. Doch in ihrer Art der Wissensvermittlung und des Auftretens in der Öffentlichkeit ist die Erkenntnis spürbar, daß „die Gesellschaft“ sich nur dann verändert, wenn man sein Wissen und seine Interessen nicht bloß an den einzelnen Reformanhänger weitergibt, sondern sie auch für eine nicht zwingend an der Reform interessierte Allgemeinheit popularisiert.

Michael Schlottner

Popularisierung indigener Artikulation: *Contemporary Native American Music*

Die Verbreitung von populärer Musik wurde bislang nur selten als Popularisierungsvorgang betrachtet. Dieser Beitrag widmet sich zwei grundsätzlichen Fragen. Erstens: Welche Wissensinhalte kann populäre Musik aktivieren, reflektieren, transformieren und verbreiten, handelt es sich doch nach gängigen Vorstellungen um einen Gattungskomplex, der zwar breite Resonanz findet, allerdings kaum auf tiefgründige Inhalte schließen läßt? Aus dem Blickwinkel vieler Kritiker handelt es sich vielmehr um eine in der modernen Mediengesellschaft angesiedelte Unterhaltungsindustrie, die sich vordergründig auf quotenorientierte Produktionen konzentriert. Zweitens ist zu erörtern, in welchen Zusammenhängen populäre Musik als Medium dient, um bestimmte Themenkomplexe oder Vorgänge anzusprechen und spezifische Sichtweisen in einen breiteren Kreis von Rezipienten hineinzutragen.

Für beide Fragen gibt es kaum allgemein verbindliche Antworten, statt dessen liefern verschiedene Musikkulturen jeweils einen eigenen Kontext. Die folgende Betrachtung gilt den indigenen Minderheiten im Umfeld der dominanten Gesellschaft in den USA, deren Popmusik seit den 1970er Jahren eigene Wertvorstellungen und Identitätsinhalte akzentuiert. Seit etwa einem Jahrzehnt findet der Genrekomplex auch bei Nicht-Indianern wachsende Aufmerksamkeit. Eine stetig zunehmende Zahl von Rezipienten sieht in dieser Musik ein bedeutsames Vehikel zur Artikulation indigener Stimmen und Perspektiven.

Blickwinkel

Im Laufe des 20. Jahrhunderts wurde der Begriff „Pop" vielfach gleichgesetzt mit Konsum, Massenmedien, Massenverbreitung, Manipulation, Simplizität, Vulgarität und Trivialität. Aus dieser Perspektive heraus erschien „kommerzielle" populäre Musik mit ihren mannigfaltigen Varianten als Teil einer „low culture", die einen deutlichen Gegensatz zur „high culture" der „seriösen" Kunstmusik und, mit Einschränkungen, zur „authentischen" Folklore bildete. Entsprechende Zeugnisse lieferte unter anderem Theodor W. Adorno, dessen Kritik an populärer Musik vor allem von seiner Furcht vor der Massengesellschaft des Dritten Reiches geprägt war[1]. Etwa ab Ende der 1950er Jahre avancierte Popmusik vor allem im anglophonen Sprachraum zum Synonym für Rock 'n' Roll und den nachfolgenden stilisti-

1 Exemplarisch dafür: Theodor W. Adorno: On popular music. In: Studies in Philosophy and Social Sciences 9 (1941), S. 17-28. – Kritische Stimmen zu dieser überholten Haltung sind vielfältig. Stellvertretend seien hier nur erwähnt Andy Bennett: Popular Music and Youth Culture. Music, Identity and Place. London 2000, S. 35-38; James Lull: Media, Communication, Culture. A Global Approach. 2. Aufl. New York 2000, S. 115-116.

schen Schwerpunkten der Rockmusik bis hin zur heute im Hip Hop verankerten Spielart des Rhythm 'n' Blues, umfaßt aber in breiteren Auslegungen auch Genres wie etwa Country & Western oder Jazz[2]. Insbesondere ab Mitte der 1960er Jahre zeigte sich in westlichen Ländern, daß Popmusik im Zusammenhang mit sozialen Bewegungen durchaus eine politische Wirkung erzeugen und randständige Segmente einer Gesellschaft in ein breiteres Bewußtsein rücken kann. Zahlreiche wissenschaftliche Betrachtungen erfolgen seither unter Schlagworten wie Massenkultur, Gegenkultur, Jugendkultur oder Subkultur[3]. Schließlich hat die jüngere Forschung die im Essentialismus verankerte und auf Hierarchien oder Dichotomien abzielende statische Suche nach ontologischen Definitionen verlassen und betrachtet Popmusik nunmehr als ein in Fluidität verankertes Medium mit einem hohen Potential, Netzwerke zu schaffen sowie bestehende Normen, ästhetische Werte und Identitätsinhalte zu hinterfragen und zu beeinflussen[4]. Im Vordergrund stehen jetzt Vorstellungen und Konzepte, die mit Popmusik einhergehen.

Seit populäre Musikstile nicht-westlicher Bevölkerungen im Rahmen der Globalisierung in den späten 1980er Jahren unter so fragwürdigen Rubriken wie *global pop* und *world music* wachsende Verbreitung finden, stößt dieses Phänomen auch auf ein steigendes Interesse in ethnographischen und ethnomusikologischen Betrachtungen[5]. Entsprechende Untersuchungen veranschaulichen, daß solche Klänge im Unterschied zu vielen traditionellen Genres, die westlichen Rezipienten oft fremd und unverständlich bleiben, zur Verbreitung von Stimmen aus vermeintlichen Peripherien beitragen[6]. Diskurse im Umfeld der Popmusik von ‚Anderen' signalisieren sowohl lokale Verhaftung als auch globale Einbindungen und Vernetzungen. Der Ausdruck „populär" zielt in diesem Zusammenhang nicht auf kulturelle Homogenisierung oder auf die Verwässerung von tradierten Klängen – die häufig als modernisierte eigenständige Gattungen erhalten bleiben –, sondern der Begriff deutet auf die Vielfalt und Breitenwirkung von musikalischen Formen und Stilen, die ortsgebundenen, aber auch gänzlich fremden Musikkulturen entspringen können, an vorhandene Elemente anknüpfen, damit fusionieren und schließlich in einem neuen Kontext erscheinen.

Ähnlich wie Rockmusik im Westen erweist sich die Popmusik nicht-westlicher oder indigener Bevölkerungen als Medium, das sich nicht allein an gängigen Klischees wie etwa

2 Einen detaillierten Überblick zu den Stichworten „Pop" und „Populäre Musik" liefert Richard Middleton. In: Stanley Sadie/John Tyrrell (Hrsg.): The New Grove Dictionary of Music and Musicians. Vol. 20. London 2000, S. 101f., 128-153.

3 Zu nennen sind etwa Dick Hebdige: Subculture. The Meaning of Style. New York 1979; Reebee Garofalo (Hrsg.): Rockin' the Boat. Mass Music and Mass Movements. Boston 1992. Zahlreiche Studien sind im Umfeld der Birmingham School und der Chicago School angesiedelt.

4 Zu diesem Paradigmenwechsel siehe z.B. Johannes Fabian: Moments of Freedom. Anthropology and Popular Culture. Charlottesville 1998, S. 11-31; Mark J. Smith: Culture. Reinventing the Social Sciences. Buckingham 2000, S. 16ff.

5 Kritische Stellungsnahmen zu den Begriffen *world music* und *world beat* liefern Timothy D. Taylor: Global Pop. World Music, World Markets. New York 1997, S. 1-37; Steven Feld: From Schizophonia to Schismogenesis – On the Discourses and Commodification Practices of „World Music" and „World Beat". In: Charles Keil/Steven Feld: Music Grooves. Chicago 1994, S. 257 bis 289. – Frühere, mitunter bis auf die ersten Jahrzehnte des 20. Jahrhunderts zurückgehende Stilrichtungen von musikalisch „Anderen" erhielten hingegen nur rudimentäre Aufmerksamkeit.

6 Die Wirkung von Popmusik auf Politik und sozialen Wandel untersucht Simon Frith (Hrsg.): World Music, Politics and Social Change. Manchester 1989.

dem Stereotyp der Liebesbeziehung orientiert, sondern einer direkten und unmittelbaren Diktion alltäglicher Erfahrungen und sozialer Prozesse entspricht und neben persönlichen auch kollektive Positionen, Haltungen und Vorstellungen formuliert und reflektiert[7]. Lieder über die Verbundenheit mit scheinbar peripheren Orten und Plätzen, Kommunitäten und Sozialgemeinschaften werden zunehmend in eine breitere, translokale Öffentlichkeit getragen und durch Tonträger, Radiosendungen oder Konzerttourneen verbreitet[8]. Westlichen Rezipienten gewähren solche Titel ungeahnt tiefe Einblicke in fremde Gesellschaften und fremdes Denken. Die Ursachen dieser Popularisierung sind mannigfaltig – sei es aufgrund der ‚Entdeckung' eines Stils durch Hörer, die nicht zu den üblichen Rezipienten gehören, sei es durch entsprechende Nachfragen auf dem Markt oder als Effekt von Kampagnen, die kommerziellen oder auch ideellen Zielen dienen und die Zahl der Hörer vergrößern sollen. Andererseits sind manche Titel an attraktive und eingängige musikalische Formate gebunden, die eine weite Verbreitung garantieren und neben lokalen oder regionalen Instrumentalstilen auch semantische Botschaften popularisieren. In diesem Zusammenhang werden kulturelle Codierungen, die zunächst nur für einen begrenzten Rezipientenkreis bedeutsam sind, decodiert, neu zusammengestellt und mit Formen, Stilen und Texten encodiert, die auf translokaler oder gar transnationaler Ebene verständlich erscheinen[9]. Auf diese Weise erreichen Perspektiven lokaler oder regionaler Bevölkerungen und Minderheiten größere Foren, wo der Unterhaltungswert und die Eingängigkeit ihrer Instrumentalstile eine grundlegende kognitive und emotionale Resonanz erzeugen, während die Gesangstexte zugleich spezifische Sichtweisen, Gesinnungen und Botschaften verbreiten. Reifiziert auf Tonträgern und manifestiert durch Bühnen- und Medienperformanz zählt indigene Popmusik zu den bedeutsamsten Indizien für die zeitgemäße Präsenz von Minderheiten und nicht-westlichen Bevölkerungen in der globalen Mediengesellschaft. Selbst wenn diese Musiker in westlichen Ländern nur Nischen belegen, schaffen sie damit doch die Voraussetzungen für Diskurse, in denen westliche Rezipienten ihr Interesse am Sein und Befinden solcher ‚Anderen' offen zeigen.

In der globalen Mediengesellschaft zählen allein Stimmen, die auf sich aufmerksam machen und deren Existenz greifbar und nachvollziehbar ist – gegenwartsbezogen, aber auch im Hinblick auf Wandlungsprozesse und historische Ereignisse. Auf dieser Plattform wirkt das Sich-Darstellen und das Sich-Präsentieren um so effektiver, je professioneller es ist und je mehr es zur Routine im alltäglichen Medienkonsum wird. Die musikalische Vermittlung von Einblicken in das Sein der ‚Anderen' propagiert Inhalte ihrer Identität und verschafft Platz in Räumen, wo ausschließlich Stimmen bedeutsam sind, die sich nachhaltig artikulieren. Hier ist Artikulation ein Synonym für Präsenz, Repräsentanz und die Popularisierung des Wissens, wer man ist und wie man sich von anderen unterscheidet. Wie James Lull

---

7 Zur westlichen Rockmusik siehe Tony Bennett u.a.: Rock and Popular Music. Politics, Policies, Institutions. London 1993, S. 1-5; insbesondere zu *global pop* ebd., S. 201-204. – Die Unkenntnis oder das Ignorieren solcher Zusammenhänge sind Ursachen, warum manche Titel und bisweilen auch Genres an verschiedenen Orten unterschiedlich gehört und gedeutet werden.

8 Umgekehrt ist westliche Rock- und Popmusik auch nicht-westlichen Bevölkerungen zugänglich.

9 Eine noch immer interessante Analyse solcher Prozesse aus der poststrukturalistischen Sicht der 1970er Jahre liefert Stuart Hall: Encoding/decoding. In: Ders. u.a. (Hrsg.): Culture, Media, Language. London 1973.

allgemein in bezug auf populäre Kultur bemerkt, kann auch Popmusik ein Instrument „of symbolic power" sein[10]. Einflußkraft entsteht jedoch erst, wenn Musik mit Vorstellungen verknüpft wird, die den Rahmen reiner Unterhaltung sprengen. Eine auf diese Weise *politisierte* Popmusik des indigenen Nordamerikas erzeugt einen genuinen Kontext unter Berufung auf das Wissen um gemeinsame Erfahrungen, Werte, Ideale und Ziele. Entsprechende Liedtexte werden, verbal oft an Schlüsselwörter gebunden[11], in einer instrumentalen Sphäre evoziert, die aufgrund ihrer formalen und stilistischen Fülle im besten Sinne als *Great Mix* zu betrachten ist.

Indigene Popularisierung

In der Vielfalt globaler Popmusik sind Genrebegriffe bedeutsame Markenzeichen für die Verbreitung von lokalen oder regionalen Stilrichtungen. Das indigene Nordamerika hat mit *Contemporary Native American Music* (in Kanada *Contemporary Aboriginal Music*) eine eigene, übergreifende Gattungsbezeichnung für indianische Popularmusik kreiert und damit zugleich eine klare Abgrenzung zur *Traditional Native American Music* und anderen indianischen Musikformen vorgenommen[12]. Der Ausdruck impliziert, daß der Genrekomplex unmittelbar dem indigenen Nordamerika entspringt; er symbolisiert zugleich dieses indigene Nordamerika in seiner Gesamtheit, ohne einzelne Bevölkerungen und Kommunitäten hervorzuheben. Stilistisch betrachtet hat keine der unter dieser Kategorie zusammengefaßten Musikrichtungen indigene Wurzeln; es handelt sich durchweg um Adaptionen aus dem musikalischen Afro- und Anglo-Amerika mit einem Spektrum, das von Blues, Rap und Reggae bis zu Rock, Folk, Cajun, New Age und Country & Western reicht. Gerade aber die Nähe zu solchen Stilen trägt wesentlich dazu bei, daß *Contemporary Native American Music* auch nicht-indianische Rezipienten erreicht, die an traditionellen Formen oder an indigenen Tanzrhythmen nur wenig Interesse bekunden.

Das Potential dieser Genres, einerseits die Revitalisierung des „Indianer-Seins" zu artikulieren und andererseits Kluften zu überbrücken und in die dominante Gesellschaft des amerikanischen *mainstream* hineinzureichen, stößt in indigen kontrollierten Medien auf ein breites Echo. Die aktive Präsenz im *mainstream*, so mehren sich die Stimmen in indianischen Zeitschriften und Radiosendungen, trägt wesentlich dazu bei, daß in der dominanten Gesellschaft ein eingehenderes Verständnis für indianische Belange, Sichtweisen und Wertvorstellungen entstehen kann. In den Worten von Kiera Ladner, die eine Einschätzung aus Sicht der kanadischen Cree liefert, bedeutet dies: „the music of contemporary Aboriginal

---

10 Lull: Media (wie Anm. 1), S. 160.

11 Zur Bedeutung solcher Schlüsselwörter, deren Sinnhaftigkeit in Anlehnung an die Morpheme der Linguistik auch als *Texteme* zu bezeichnen wären, siehe Christian Carstensen/Michael Schlottner: Storytelling und Popmusik im indigenen Nordamerika. Ausdrucksformen zeitgenössischer Oralität. In: Ingo Schroeder/Stéphane Voell (Hrsg.): Formen moderner Oralität. Marburg 2002 [im Druck].

12 Ein Überblick über das Genre liefert Michael Schlottner: Music, Money, Messages. Native American Sound Networks Revisited. In: European Review of Native American Studies 15/2 (2001), S. 7-18.

musicians has given a voice to Native peoples through which to counter the colonial discourse"[13].

Mit der Brückenbildung geht eine Popularisierung indigener Perspektiven einher, die im besten Sinne als extrovertiert zu bezeichnen ist, denn sie findet auch nicht-indigene Rezipienten und wird bisweilen offensiv betrieben. So nennt Russell Means, ein in den 1970er Jahren führender Aktivist im *American Indian Movement* (AIM), eines seiner Alben *Electric Warrior* und erinnert in Aufnahmen wie „AIM is still alive", „Winds of change", „Remember Wounded Knee" und „Wounded Knee set us free" an die fast drei Jahrzehnte zurückliegende Besetzung des Ortes Wounded Knee auf der Pine Ridge Reservation in South Dakota, die zum Symbol des indigenen Widerstands und des Rechts auf Selbstbestimmung wurde[14]. Ein ähnliches Selbstbewußtsein verkündet Rapper Litefoot auf seinem Album *Good Day To Die* mit Titeln wie „Warriors Road" und „For my people"[15]. Sein im Hip Hop verwurzelter musikalischer Ausdruck und Aufnahmen wie „Tribalistic Funk" reflektieren, daß der Rezipientenkreis keineswegs allein auf indigene Hörer beschränkt sein soll, sondern in einer antirassistischen Allianz gesucht wird, der neben anderen amerikanischen Minderheiten auch Anglo-Amerikaner angehören können. Seine Haltung gegenüber einer rassistisch eingestellten dominanten Gesellschaft illustriert der derbe, aber deutliche Refrain von „Call me Hostile": „Fuck – a treaty my people are needy / a tear is in my eye the tomahawks fly / Fuck – a treaty the white man is greedy / a tear is in my eye, the tomahawks fly / I think I came up with a solution and the answer is revolution"[16].

Das Sinnbild des *warrior*, das etliche Texte im stilistischen Umfeld von Rap, aber auch von anderen Genres kennzeichnet, ist nicht nur eine Reminiszenz an die glorifizierte Vergangenheit des 19. Jahrhunderts und den historischen Widerstand von indigenen Kriegern, sondern auch ein Symbol für das gegenwärtige Engagement[17]. „Krieger" treten in den Liedtexten weniger für spezifische Sozialgemeinschaften ein, sondern vor allem für allgemeine indianische Belange. Gerade darin aber zeigt sich, daß *Contemporary Native American Music* ein unmittelbarer Ausdruck des gesellschaftlichen Wandels ist – ein Spiegel des Neben- und Miteinander von indigenen Minoritäten und einer dominanten Gesellschaft, die in den Liedtexten häufig mit dem Synonym *white man* umschrieben wird. Konkrete Konflikte und Orte der Auseinandersetzung – mit Ausnahme von so symbolträchtigen historischen Stätten wie etwa die siegreiche Schlacht am Little Bighorn gegen General Custer (1876) oder das Massaker von Wounded Knee (1890) – werden jedoch nur selten angesprochen. Statt dessen widmen sich die Aufnahmen häufig allgemeineren Schilderungen mit deutlichem Akzent auf indigenen Blickwinkeln wie etwa der Refrain in „Land of the wanna be free" zeigt, ein Titel von Robby Bee And The Boyz From The Rez aus dem Album

13 Kiera Ladner: Nit-acimonawin oma acimonak ohci. This is my story about stories. In: Native Studies Review 11/2 (1996), S. 111.

14 Russell Means: Electric Warrior. Warrior/SOAR Corporation, WAR 603, 1993.

15 Litefoot: Good Day To Die. Red Vinyl Records, RVR 9607, 1996.

16 Ebd.

17 Zur Kontinuität der Krieger-Ethik siehe R.D. Theisz: The Bad Speakers and the Long Braids. References to Foreign Enemies in Lakota Song Texts. In: Christian F. Feest (Hrsg.): Indians and Europe. An Interdisciplinary Collection of Essays. Aachen 1987, S. 427-435. – Im Bereich indigener Popularkultur gewinnt dieser Begriff zusätzliche Dynamik.

Reservation of Education[18]: „I'm living in the land of the wanna be free / Surviving in a country taken from me / Trying to break away and find my sanity / I'm fighting for my rights and my dignity / And with all the hunger, homeless, payoffs, greed / You tell me! Are we really free? / The way they said we'd be / Or are we living in a land with people / Still fighting to be free?" Noch eindringlicher wirkt die folgende Passage dieser Aufnahme: „The American dream / If it has any truth / Let it include everyone / And justice, justice for all / Or for some, now you tell me / We have our own Nelson Mandela at home / It's time to release Leonard P." Gemeint ist der Dakota/Chippewa Leonard Peltier, seit 1977 in Haft als Mörder und radikaler AIM-Aktivist, dessen Schuld unbewiesen ist. Der Gesang schließt mit einem Resümee, das die Bedeutung einer breitenwirksamen musikalischen Artikulation im Sinne einer Entgegnung auf koloniale Diskurse und einer Erwiderung auf stereotype Sichtweisen nachhaltig unterstreicht: „You can celebrate Columbus / But we're the ones that paid the cost / You say he discovered a new land / We were already here, he was lost / It's time we told our story / And let the world know how we feel / And erase all the lies and the stereotypes / So equally can be real".

Im Kontext anderer Stilrichtungen wirken die Gesangstexte zumeist weniger direkt; statt dessen enthalten sie beispielsweise lyrisch verschlüsselte Botschaften und Metaphern oder sie erschöpfen sich in Andeutungen von Szenarios und Wertvorstellungen, die jedoch weite Räume für Deutungen und Assoziationen öffnen. Wenn etwa Jim Boyd auf dem Album *Unity* in der gleichnamigen Aufnahme singt „we need unity to be", so bleibt offen, ob er damit die Einheit zwischen Mensch und Natur, die Einheit zwischen verschiedenen indigenen Bevölkerungen oder interkulturelle Verständigung anspricht[19]. Die Chippewa Annie Humphrey verweist in ihrem Lied „The Heron Smiled" aus ihrem Album mit dem gleichnamigen Titel hingegen auf eine lyrische Welt mit einem Text, der kaum kulturelle Verständigungsbarrieren erzeugt, sondern vielmehr literarische Deutung verlangt: „The heron glided from my door, left me sad and hollow / The silent heron disappeared and I began to follow / And she cried why do you desire the gift I carry on my wings / And I cried hearts that yearn to touch the sky / Must trade the world for wings and she smiled"[20]. Die Aufnahme „Share my Blanket" von der Mohawk-Gruppe December Wind aus dem Album *Sacred Voices* scheint statt dessen zunächst allein dem Liebesklischee verhaftet zu sein, doch wenn der Sänger Atsiaktonkie seiner fiktiven Angebeteten eröffnet, er wolle mit ihr nicht nur seine Decke, sondern auch seinen Mohawk-Himmel teilen („I share my Mohawk sky today"), löst diese Umschreibung Neugier aus und erzeugt im Umfeld eines eingängigen, baßorientierten Folkrock ein gewisses Verlangen, diese für Außenseiter so geheimnisvolle, unbekannte Welt zu erkunden[21].

Die Berufung auf indigene Lebenswelten ist ein zentrales Thema, das in zahlreichen Aufnahmen erscheint. Bisweilen ist dieser Bezug sehr allgemein gehalten, nicht aber ohne emotionale Wirkung zu erzeugen – was etwa Chester Knight And The Wind mit der Aufnahme „The First Man" aus dem Album *Windfall* belegen: „The first man was the red

18 Robby Bee And The Boyz From The Rez: Reservation of Education. Warrior/SOAR, WAR 604, 1993.
19 Jim Boyd: Unity. Rez Recording JBPV93CO, 1993.
20 Annie Humphrey: The Heron Smiled. Makoché MM0168D, 2000.
21 December Wind: Sacred Voices. Canyon CR-7038, 1999.

man / The first man on this land / Living in a tipi / Living to be free / But the wind come to blow him / Come to blow him down / And the night was so long"[22]. Auch Clan/Destine berufen sich mit Verweisen auf Spiritualität und Powwows (Tanzfeste) auf Schlüsselwörter zur Umschreibung indigener Lebenswelten, die immer wieder als Vehikel der Popularisierung dienen. Ein charakteristisches Beispiel liefert die Aufnahme „Dancing to be free" aus dem Album *Clan/Destine*: „The darkness on a summer night it tells you, beware / The drum beat and a distant fire it tells you, be there / The music from a different time it tells you to prepare / The starlight on a winter night it tells you, the spirits are there / The powwow life is a good life, well I've been there / The spirit of the old ones shows they care / The drum beat of the ancient ones they tell you to prepare / The footsteps of the dancing ones they tell you that they dare / To be free"[23]. Auch Red Thunder thematisieren indianische Spiritualität in „Hidden Medicine" auf dem Album *Makoce Wakan*, doch verfügt diese Aufnahme zusätzlich über einen konkreten Bezug zu den Black Hills und den Badlands, zwei bis heute landrechtlich umstrittene Teile des einstigen Lebensraums der Lakota: „I feel Hidden Medicine waiting there for you / There's some Hidden Medicine to ourselves we must be true / In the home of the mountain spirit dancers healing waters run / Smoke from our fire wraps around your body in harmony we are one / Running through the Badlands, hiding in the Black Hills / Bareback on the plains under crying rains / Are we real-surreal?"[24] Keith Secola widmet sich demgegenüber auf dem Album *Fingermonky* mit „Millenium Cars", der neuen Version seiner populären Aufnahme „Indian Car", einem Stereotyp notgedrungener indigener Lebensweise[25]. Sein satirischer Text schildert die Fahrt zu einem Powwow mit einem schrottreifen Auto und Secola berichtet in Ich-Erzählform, wie eine Polizeistreife den Fahrer anhält, der sich für den Zustand des Fahrzeugs entschuldigt (den er jedoch aufgrund mangelnder Solvenz kaum verbessern kann) und dabei immer wieder an eine Tänzerin denkt, die er treffen möchte.

Weitere Bezüge zur indigenen Lebenswelt ermöglichen Zitate aus indianischen Sprachen, mitunter beschränkt auf kurze Sätze oder auch nur auf einzelne Wörter wie etwa „Wakan Tanka", dem Lakota Synonym für die numinose Omnipotenz. Einige wenige Gruppen wie die kanadische Innu-Band Kashtin verfassen ihr gesamtes Repertoire in indigenen Sprachen, liefern aber auf Begleittexten der Tonträger englische (in Kanada auch französische) Übersetzungen. Andere Techniken, die der Provenienz der Aufnahmen Unverwechselbarkeit verleihen und ihre Einzigartigkeit hervorheben, integrieren musikalische Zitate als Instrumentaleinlagen mit Trommeln, Rasseln und Flöten oder als Gesangseinlagen mit Auszügen aus tradierten Liedern und Tänzen. Beliebt sind ferner polyphone Singweisen, indem ein Sänger einen englischen Text vorträgt und weitere Sänger im Hintergrund indigene Weisen anstimmen. Solche Einschübe vermitteln nicht nur Authentizität, sondern sie unterstreichen auch die Bedeutung der *Contemporary Native American Music* als Genrekomplex, der ein Forum für indigene Stimmen liefert, welche das Recht auf kulturelle Selbstbestimmung einfordern.

---

22 Chester Knight And The Wind: Windfall. Warrior/SOAR WAR 614, 2000.
23 Clan/Destine: Clan/Destine. Canyon CR-7037, 1996.
24 Red Thunder: Makoce Wakan. Eagle Thunder Records/Koch, 1995.
25 Keith Secola And The Wild Band Of Indians: Fingermonkey. Akina Records, 2000.

Die Gesangstexte erzeugen breite Assoziationsfelder, Vorstellungs- und Gedankenverbindungen und damit ein Wir-Gefühl, das geprägt ist von ähnlichen Erfahrungen, geteilten Idealen, aber auch von gemeinsamen politischen und sozialen Zielen. Gesellschaftlicher Wandel und kulturelle Kontinuität stehen an herausragender Stelle. Zahlreiche Texte appellieren an eine virtuelle Gemeinschaft von Rezipienten, die sich in den Inhalten wiederfinden und damit identifizieren. Werden individuelle Akteure erwähnt, so wirken diese selbst in der Ich-Erzählform wie Substitute, die stellvertretend für die Rezipienten handeln. Gelegentlich werden Führungspersönlichkeiten des 19. Jahrhunderts einbezogen, die als Vorbilder und Identifikationsfiguren gelten. Mit dem Ziel, sich nicht als verzweigte kulturelle Splittergruppen mit unterschiedlichen Intentionen darzustellen, sondern als Minorität mit homogenen Interessen, beschwören viele Lieder Einheit und Verbrüderung als Ideale und beziehen dabei gelegentlich auch Nicht-Indianer ein. Aufnahmen wie „All Nations" von Clan/Destine signalisieren durch eine tribale Aufzählung zwar eine deutliche Differenzierung einzelner indigener Bevölkerungen, doch mahnen sie zugleich einen gemeinsamen Weg an[26]. Darüber hinaus veranschaulicht der Text, daß sich indigene Ethnien in ähnlicher Weise als Nationen bezeichnen wie Bevölkerungen von Nationalstaaten: „Calling all the Hopi, calling all the Zuni / Calling all the Apache, come together / Bringing in the Navajo, bringing in the Supai / Bringing in the Walapai, come together / All Indian Nations gather today / All Indian brothers let's find a way / Calling all the Choctow, calling all the Chippewa / Calling all the Cherokee, come together / Bringing in the Lakota, bringing in the Nakota / Bringing in the Assiniboine, come together / All Indian Nations gather today / All Indian brothers let's find a way / Because we are here to stay / No, no we won't go away/And, yes, we will find a way/To live each day/Calling all the Mohawk, calling all the Pima / Calling all the Yavapai, come together / Bringing in the Tewa, bringing in the Yuma/ Bringing in the Acoma, come together / Calling all the white man, calling all the black man / Calling all the yellow man, come together / Bringing in the Hopi, bringing in the Zuni / Bringing in the Apache, come together/All people come on, gather today / All brothers let' find a way".

Einer besonderen Vermittlungsweise bedienen sich Gruppen, die im Reggae verwurzelt sind. Auch hier ist die indianische Lebenswelt das zentrale Thema, was etwa Native Roots mit ihrer Aufnahme „Place I Call Home" aus ihrem gleichnamigen Album belegen[27]. Darin erscheinen Reservationen als Sinnbilder von Heimat und Lebensqualität, die neben Naturschönheiten soziale Anteilnahme und Unterstützung bieten. Reggae ist zugleich aber als eine Stilrichtung etabliert, mit der insbesondere die afrikanische Diaspora soziale Mißstände anprangert. Vor allem Bob Marley hat in den 1970er Jahren ein Motiv-Repertoire um das Thema „Auflehnung gegen Unterdrückung" geschaffen, auf das seither viele Musiker zurückgreifen. So bezieht sich der Hopi Casper Lomayesva auf dem Album *Original Landlord* in „Hundred Years of Redemption" auf das Erlösungs-Motiv, während er unter dem Titel „Mr. President" Vorschläge für ein Regierungsprogramm unterbreitet, das nicht nur für die Einforderung von Landrechten steht, sondern auch für ein besseres Schul- und Ausbildungssystem[28].

26 Clan/Destine (wie Anm. 23).
27 Native Roots: Place I Call Home. Warrior/SOAR War 609, 1999.
28 Casper Lomayesva: Original Landlord. Third Mesa Music, 1998.

Neben Gesangstexten vermitteln programmatische Tonträger-Titel Botschaften, die ein „Indianer-Sein" akzentuieren und popularisieren, das stereotypen Vorstellungen entgegenwirkt. Beipiele liefern etwa Joanne Shenandoah mit *Peacemaker's Journey*[29], Jim Boyd mit *First Come, Last Served*[30], XIT mit *Plight of the Redman*[31], Buddy Red Bow mit *Black Hills Dreamer*[32] oder auch Indigenous mit *Things We Do*[33]. Eine Sonderstellung nehmen Aufnahmen ein, die vorwiegend unter der Kategorie New Age subsumiert sind. Es handelt sich vornehmlich um Instrumentalstücke wie etwa auf dem Album *Brulé: We The People* von Paul Laroche[34], der mit Klavier, Synthesizern und Sample-Techniken meditative, aber auch energetische und tänzerische Klangformen kreiert, die durch überlagerte Stimmen oder in der Melodie- und Harmonieführung gleichzeitig ein indigen anmutendes und sphärisches Ambiente schaffen. Titel wie „Sacred Praises", „Dream Shield", „Vision Circle", „Red Path" oder „Lakota Forever" dienen als eindeutiges Bezugssystem. In ähnlicher Weise entwirft der Taos Pueblo Robert Mirabal mit Aerophonen, Trommeln und Rasseln auf dem Album *Mirabal* Klangkonstellationen, die Titel wie „Medicine Man", „Sundance Love", „Little Indians" und „Cyberspace Warrior" tragen[35]. Der fehlende semantische Kontext wird durch detaillierte Angaben zu jeder Aufnahme ersetzt, die im Begleittext abgedruckt sind und auf persönliche Erfahrungen, aber auch auf ein pan-indianisches Weltbild verweisen.

Auch indigene Flötenmusik erscheint häufig unter der New Age-Kategorie. In der Vergangenheit zählten Flöten insbesondere als Instrumente, mit denen junge Männer auserwählte Frauen umwarben; in der Gegenwart hingegen avanciert das Aerophon zu einem Klangkörper, der – ähnlich wie das *dijeridu* australischer Aboriginals – in der dominanten Gesellschaft auf eine stärkere Resonanz stößt als andere tradierte Stile. Zeitgenössische Musiker verweisen auf einen recht unterschiedlichen Zugang zu dem Instrument. Der Lakota Kevin Locke bezieht sich etwa mit dem Album *The First Flute*[36] auf das Standardwerk *Teton Sioux Music*[37] der Musikethnologin Frances Densmore, das aus seiner Sicht eine elementare Grundlage für die Reaktualisierung eines inzwischen vergessenen Repertoires liefert. Diese Aufnahmen vermitteln eine Vorstellung davon, wie Flötenmusik in der Vergangenheit geklungen haben mag. Demgegenüber verbindet Keith Bear auf dem Album *Earthlodge* das Flötenspiel mit Storytelling zu einem Beitrag, der auf Rekonstruktion und Kontinuität der Kultur von Mandan und Hidatsa abzielt[38]. Der Kiowa/Apache Andrew Vasquez fügt stattdessen auf dem Album *An American Indian* tradierte Spielweisen mit modernen Synthesizer-Arrangements zusammen und gibt seinen Aufnahmen Titel wie „Spirit Mountain", „Grandfather's Way" und „Far From Home"[39]. Der wohl vielseitigste Flötist ist der Navajo/Ute R. Carlos Nakai, der neben zahlreichen Soloaufnahmen immer wieder Crossover-

29 Joanne Shenandoah: Peacemaker's Journey. Silver Wave Records SC 923, 2000.
30 Jim Boyd: First Come – Last Served. Thunderwolf Records TWPFC97, 1997.
31 XIT: Plight of the Redman. SOAR 101, 1999 [1970].
32 Buddy Red Bow: Black Hills Dreamer. Tatanka Records TRC 41024, 1991.
33 Indigenious: Things We Do. Pachyderm Records PCE0001CS, 1998.
34 Paul Laroche: Brulé: We The People. Natural Visions/SOAR NV113CD, 1996.
35 Robert Mirabal: Mirabal. Warner Bros. Records 4-46344, 1997.
36 Kevin Locke: The First Flute. Makoché MM0147D, 1999.
37 Frances Densmore: Teton Sioux Music. Washington 1918 (= Bureau of American Ethnology, Bulletin 61).
38 Keith Bear: Earthlodge. Makoché MM0153D, 2000.
39 Andrew Vasquez: An American Indian. Makoché MM0170D, 1997.

und Fusion-Alben vorlegt, sei es mit tibetischen, japanischen und mexikanischen Musikern oder mit amerikanischen Symphonieorchestern. Künstlerischer Ausdruck und künstlerische Universalität stehen hier klar im Vordergrund. Ungeachtet der jeweiligen Intentionen solcher Musiker und ihren variantenreichen Gratwanderungen zwischen Tradition und Moderne betrachten nicht-indianische Rezipienten solche Aufnahmen vorwiegend im Licht der New Age-Bewegung. Sie entkontextualisieren solche Aufnahmen, die nunmehr als Entspannungsmusik oder Meditationshilfe gehört oder aber mit einer wie auch immer gearteteten ‚Spiritualität' verbunden werden. Vor diesem Hintergrund erscheint Flötenmusik kaum als ein effektiver Beitrag zur Popularisierung indigener Sichtweisen. Obwohl die Flötisten vergleichsweise häufig vor einem nicht-indianischen Publikum musizieren, bleibt offen, wie groß die Bereitschaft solcher Rezipienten ist, stereotype Vorstellungen und Gemeinplätze zu verlassen und nach konkreten indigenen Belangen zu fragen.

Die dichotome Annäherung an die Flötenmusik illustriert, daß die Brückenbildung des Genres *Contemporary Native American Music* zur dominanten Gesellschaft einen Prozeß darstellt, der keineswegs abgeschlossen ist, sondern erst begonnen hat. Entsprechende Belege liefern wachsende Verkaufszahlen der einschlägigen Musikindustrie – obgleich sie im unabhängigen Musikmarkt nur ein Nischendasein führt – sowie ein im Februar 2001 erstmals verliehener Grammy in der Rubrik *Native American Music Award.* Inwieweit eine auch an nicht-indianische Rezipienten gerichtete und damit extrovertierte Popularisierung indigener Popmusik tatsächlich erfolgreich ist, wird sich erst künftig empirisch belegen lassen. Bislang zeichnen sich allein Tendenzen ab.

Betrachtet man den Genrekomplex hingegen aus der Perspektive einer introvertierten Popularisierung, gemessen am Interesse indigener Rezipienten und der Resonanz in indigen kontrollierten Medien, ist festzustellen, daß die Gattung breite Anerkennung findet als ein Vehikel, das indianische Belange, Werte und Sichtweisen eingehend artikuliert. Eingebettet in gängige Instrumentalaufnahmen und Arrangements von hoher Qualität, gelten die Tonträger als Vermittler von spezifischen Blickwinkeln, Botschaften und Identitätsinhalten, die sie bestätigen und konkretisieren. Die Musiker orientieren sich dabei an einfachen, gut verständlichen Sprachformeln, kombiniert mit einprägsamen instrumentalen Arrangements. Die zentrale Rolle, welche Tonträger für die introvertierte Popularisierung des „Indianer-Seins" einnehmen, veranschaulichen insbesondere Aufnahmen, die dazu beitragen wollen, bei der jüngeren, in urbanen Milieus angesiedelten Generation Interesse an tradierten Lebensweisen zu wecken. In ihrer Mehrzahl sind solche Aufnahmen nicht in der Popmusik verankert. Vielmehr entspringen sie lokalen Gesangstilen, die jedoch vor allem durch indigen kontrollierte Radiostationen eine große Popularität erreichen. Ein entsprechendes Album legte zum Beispiel die Navajo-Sängerin Radmilla Cody mit *Within The Four Directions: A Tribute To The Navajo Way Of Life* vor[40]. Sämtliche Aufnahmen haben englische Titel wie „Dawn Song", „The Navajo National Anthem", „Tribute To Parents", „Our Sacred Language" oder „The Horse", doch sind alle Gesangstexte in Navajo verfaßt, was die Sängerin im Begleittext des Tonträgers als Beitrag zur Bewahrung einer gefährdeten Sprache betrachtet. Einen anderen Weg verfolgt die vielseitige Blackfoot-Gruppe Black Lodge Singers, die als eine der bekanntesten *singing groups* an zahllosen Powwows teilnimmt, aber immer wieder auch

---

40 Radmilla Cody: Within The Four Directions – A Tribute To The Navajo Way Of Life. Cool Runnings Music, 2000.

für Stilexperimente offen ist. Zu ihren erfolgreichsten Alben gehört die Aufnahme *Kids' Pow-Wow Songs*, die „Kindern jeden Alters" gewidmet ist[41]. Die Gruppe interpretiert gängige amerikanische Kinderlieder wie „Twinkle, Twinkle Little Star", „Mickey Mouse" oder „Flintstones" im Gesangs- und Trommelstil von Powwow-Musik. In einem Interview mit dem Radioproduzenten Milt Lee verweist Sänger Kenny Scabby Robe auf seine Absicht, bei jungen Rezipienten Interesse für einen Genrekomplex zu wecken, der heute als eine der unmittelbarsten Diktionen indigener Lebensweise gilt[42].

Welches Wissen?

Der Popularisierungsbegriff wird oft allein auf wissenschaftliche Wissensinhalte bezogen. Die vorangegangene Darstellung hat jedoch gezeigt, daß auch in anderen Zusammenhängen durchaus von Popularisierung zu sprechen ist, wenn es sich etwa um Vorgänge handelt, die identitätsstiftendes Wissen um die eigene Existenz betreffen, die Zugehörigkeit zu Sozialgemeinschaften oder Minoritäten, lokale und translokale Einbindungen in Netzwerke, aber auch die Abgrenzung von oder Öffnung zu anderen Gruppen im Hinblick auf die eigene kulturelle Kontinuität. Die zitierten musikalischen Wissensinhalte kreisen vordergründig um Fragen zur Identität: Wer ist man als Person, als Gruppe, welche Strategien und Ziele werden verfolgt, wie ordnet man sich Sozialgemeinschaften zu oder grenzt sich von anderen ab, und welche Stellungen sind in diesem Zusammenhang zu beziehen?

Indigene Musiker präsentieren sich als Künstler mit persönlichen Auffassungen und Sichtweisen – sie berufen sich auf die Gegenwart, Geschichte und Zukunft der indigenen Bevölkerung Nordamerikas, seien es die *First Nations* in Kanada oder die *Native Americans* in den USA In ihren Aufnahmen erscheint das tribale Gefüge eher selten oder nur andeutungsweise; schemenhaft bleiben auch der variierende kulturelle Hintergrund und die Zersplitterung in Faktionen mit unterschiedlichen Interessen. Im Vordergrund stehen statt dessen konsolidierende Referenzen wie etwa „my people" oder „we, the Natives", die ein symbolisches und symbolerzeugendes „Wir" formen. Die Texte reflektieren, wie sich indigene Menschen als Individuen und als Minorität im eigenen Land empfinden und spiegeln ihr Verhältnis zur Kolonisation, zur dominanten Gesellschaft sowie den Anspruch auf Selbstbestimmung. Indigene Popmusik erweist sich als Medium, das Themen alltäglicher Erfahrungen, Identitätsinhalte, Symbole der Lebenswelt und Wertvorstellungen in kompakten Botschaften zusammenfaßt. Vor diesem Hintergrund bedeutet Popularisierung, daß solche Gefühle, Gedanken, Ideen und Haltungen keine diskreten Mitteilungen für einen „inner circle" bleiben, sondern gezielt in eine Öffentlichkeit hinein getragen werden, die nicht allein auf die indigene Bevölkerung beschränkt sein soll, sondern Verbündete in einer antirassistischen Allianz sucht. Indianische Popmusiker streben nach eigenen Plätzen in der globalen Mediengesellschaft, die Anerkennung nur zuläßt, wenn man seine Fähigkeit beweist, für sich zu sprechen und bedeutsame Inhalte verständlich und attraktiv zu artikulieren. In ihrer Gesamt-

41 Black Lodge Singers: Kid's Pow-Wow Songs. Canyon CR-6274, 1996.
42 Die Sendung ist Teil der Reihe „Oyate Ta Olowan: The Songs of the People", die für das Public Radio International (PRI) und das American Indian Radio On Satellite (AIROS) produziert wird. Unter http://www.oyate.com sind Aufnahmen der Ausstrahlung erhältlich.

heit erscheint *Contemporary Native American Music* als Vehikel, das Kommunikationskanäle öffnet, indem es Räume für Selbstdarstellung schafft. Mediale Präsenz erschließt Nischen, die einer über Jahrzehnte hinweg empfundenen Marginalität entgegenwirken.

Während die musikalisch evozierten Identitätsinhalte einen relativ einheitlichen Tenor offenbaren, reagieren indigene Rezipienten keineswegs homogen oder ausschließlich positiv auf Neuerscheinungen. Die Vielschichtigkeit der musikalischen Vorlieben und der Interpretationen von einzelnen Aufnahmen weist ein ähnlich breites Spektrum auf wie die Variationsbreite stilistischer Ausdrucksformen. Das indigene Nordamerika bestätigt, was Simon Frith allgemein in bezug auf Popmusik-Kulturen feststellt: „Identity is not a thing but a process – an experiental process which is most vividly grasped *as music*"[43]. Dies gilt nicht nur für Musiker, sondern auch für die Treue ihrer Fans. So war die Nakota Bluesrock-Band Indigenous mit dem Album *Things We Do*[44] überaus erfolgreich und erreichte Plätze in den amerikanischen Charts. Sehr viel weniger Aufmerksamkeit fand zunächst das Album *Circle*[45], während *Live from Pachyderm Studios*[46] bereits im Jahr des Erscheinens einen *Native American Music Award* erhielt. Die Gesangstexte kreisen auf allen drei Tonträgern vornehmlich um das Stereotyp „Liebesbeziehung" und zeigen keine auffälligen Verbindungen zur indigenen Lebenswelt. In diesem Zusammenhang zeichnet sich ab, daß indigene Popmusik eine in Fluidität verankerte Ausdrucksform darstellt. Zugleich aber stabilisiert sich vor allem in den Medien die Einschätzung, nach der dieser Genrekomplex ein effektives und wirkungsvolles Instrument für die Vermittlung von „Indianer-Sein" ist.

Popularisierung versus Tradition?

Der Genrekomplex *Contemporary Native American Music* und die damit einhergehenden Vorgänge scheinen nahezulegen, musikalische Popularisierung im indigenen Nordamerika als rezentes Phänomen zu betrachten, das kaum Affinitäten zu lokal tradierter oder kommunitätsbezogener Musik aufweist. Doch deuten beispielsweise Judy Trejos Alben *Circle Dance Songs Of The Paiute and Shoshone* und *Stick Game Songs Of The Paiute* auch hier auf Veränderungen. Es sind nicht allein indigene Rezipienten, zweier indianischer Sprachen mächtig und vertraut mit den Gepflogenheiten des Stockspiels, die Interesse an solchen Aufnahmen zeigen[47]. Bislang aber gehören Tonträger dieser Art zu jenen Medien, die weniger zur Popularisierung, sondern vordergründig zur Kontinuität indigener Kulturen beitragen. Demgegenüber bedeutet musikalische Popularisierung in ihrer zeitgenössischen Form breiten- und medienwirksame Artikulation, Präsenz und Repräsentation.

Betrachtet man Popularisierung jedoch aus dem Blickwinkel von Kommunikation und Affirmation, lassen sich bisweilen die tradierten Formen des Gesangs ebenfalls als Vorgänge des Popularisierens betrachten. Ein entsprechender Zusammenhang ist anhand der 1918

43 Simon Frith: Music and Identity. In: Stuart Hall/Paul du Gay (Hrsg.): Questions of Cultural Identity. London 1996, S. 110.

44 Indigenious: Things We Do. Pachyderm Records PCE0001CS, 1998.

45 Dies.: Circle. Pachyderm Records PAC-MC-8, 2000.

46 Dies.: Live from Pachyderm Studios. Pachyderm Records, 2000.

47 Judy Trejo: Circle Dance Songs of the Paiute and Shoshone. Canyon CR-6283, 1997; Dies.: Stick Game Songs of the Paiute. Canyon CR-6284, 1999.

von Frances Densmore erstellten Studie „Teton Sioux Music" rekonstruierbar[48]. Das Werk enthält annähernd 240 Transkriptionen und bezieht sich auf mehr als 600 Gesänge, die zwischen 1911 und 1914 vor allem auf der Standing Rock Reservation in Fort Yates, North Dakota, mit Wachszylindern aufgenommen wurden. Bestechend ist die schier ungeheure Datenfülle zum ethnographischen Kontext, der einen erhellenden Bezugsrahmen zu den für Außenseiter nur schwer verständlichen Gesängen der Lakota (= Teton Sioux) liefert.

In ihrer Gesamtheit reflektieren die Texte Erfahrungen und Fähigkeiten, Wissensinhalte und Taten, Handlungen, aber auch Botschaften von Akteuren, die für die Sozialgemeinschaft bedeutungsvoll und sinnstiftend sind. Immer kommt die Stellung einzelner Personen oder die Rolle von kleinen Kollektiven, namentlich von Bünden, und ihr Einfluß auf Kommunitäten zur Sprache, während die tribale Sozialgemeinschaft als vermeintlich übergeordnetes Kollektiv weitgehend unbestimmt und unbenannt bleibt. Nahezu ausnahmslos galten die Gesänge als Besitz von Einzelpersonen oder von Bünden, was mit anderen Worten bedeutet, daß sie nur von den Eigentümern oder mit deren Einverständnis angestimmt werden durften. Ein eigenes Genre bilden Ehr- und Preislieder, die zur Honoration bestimmter Personen wie etwa erfolgreicher Jäger und Krieger, vor allem aber auch für Führungspersonen erklangen, um deren Fähigkeiten und Verdienste hervorzuheben. Umgekehrt gaben solche Personen durch Lieder ein bestimmtes Führungsmotto oder einen Verhaltenskodex bekannt. Sicherlich bedurften derartige Gesänge keiner Popularisierung im Sinne von Verbreitung. Sie dürften aufgrund von zahllosen Wiederholungen im Alltag oder bei der Durchführung von Ritualen den Mitgliedern der Kommunitäten hinreichend bekannt gewesen sein. Ein Blick auf den Akt der Performanz verdeutlicht hingegen, daß es sich bei der Evokation um einen spezifischen Kommunikationsvorgang handelt, der sich klar von der alltäglichen Form des Sprechens unterscheidet und die Aufmerksamkeit von Rezipienten in besonderem Maße an sich zieht. Die Textinhalte zeigen, daß es sich um Botschaften handelt, die das Wir-Gefühl und den Zusammenhalt der Sozialgemeinschaft stärken, affirmieren und re-affirmieren. Ein dergestaltiger Effekt verlangt geradezu nach Wiederholung – und in diesem Sinne läßt sich auch hier von Popularisierung sprechen. Abermals erscheint der Popularisierungsvorgang ausgesprochen introvertiert. Außerhalb des lokalen beziehungsweise regionalen Umfelds waren solche Gesänge bedeutungslos, unbekannt und – im Hinblick auf die Vielzahl indigener Sprachen – auch unverständlich.

Ein Beispiel liefert ein jüngst wieder aktualisierter Gesang, der unter dem Titel „Sitting Bull's Memorial Song" auf dem Album *Veterans Songs*[49] der *singing group* Lakota Thunder erschienen ist und mit der Densmore-Aufnahme No. 194, „Song of Sitting Bull"[50] korrespondiert. Die englische Übersetzung des Liedes im Wortlaut des Booklet lautet: „My people take courage for / I have had a hard time / Sitting Bull has said this and gone". Die Densmore-Version geht auf den Sänger Used As A Shield zurück, der erläuternd hinzufügte: „The last time that Sitting Bull was in a regular tribal camp was in the year 1889. The Sioux were camped together on the Standing Rock Reservation to consider ceding some land.

48 Densmore: Teton Sioux Music (wie Anm. 37).
49 Lakota Thunder: Veteran Songs. Makoché MM0163D, 2000.
50 Densmore: Teton Sioux Music (wie Anm. 37), S. 460.

Sitting Bull used to go around the camp circle every evening just before sunset on his favorite horse, singing this song"[51].

Eine Zeitlang hat also Sitting Bull dieses Lied, vermutlich in variierenden Versionen, allabendlich angestimmt. Für die Lakota in seinem Lager muß es die Zeit einer tiefen Krise gewesen sein – eingezwängt auf einem kleinen geographischen Raum names Standing Rock mit umstrittenen Grenzen, notleidend durch mangelnde Versorgung und vor die Aufgabe gestellt, sich völlig veränderten Lebensbedingungen anzupassen. All dies erforderte ständige Ermutigung. Sitting Bull zählte zu jenen Führungspersönlichkeiten, von denen Zuspruch kam. Sein Gesang stärkte die Gemeinschaft.

Aus diesem Blickwinkel heraus erscheint Sitting Bull als Popularisator einer vergangenen Zeit, der mit seinem Gesang den Zusammenhalt einer vermeintlich dem Niedergang geweihten Kommunität stärkte. Die wenig später aufgenommenen Photographien von Sitting Bull zählen zu jenen Aufnahmen, die das „Indianer-Sein" bis heute in der westlichen Welt popularisieren. Im Hinblick auf die Reaktualisierung eines seiner Lieder sprechen die Sänger von Lakota Thunder augenzwinkernd vom ersten „Popsänger" im indigenen Nordamerika.

51 Ebd., S. 459f.

Personenregister

Verfasser von Sekundärliteratur sind verzeichnet, indirekte Nennungen berücksichtigt. *Kursiv* gesetzte Seitenzahlen verweisen auf Erwähnungen ausschließlich im Anmerkungsapparat.

Abbildungsnachweis

Christian Wilhelm Allers: Fürst von Bismarck in Friedrichsruh. Mit einer Einleitung von Sidney Whitman. Stuttgart, Berlin, Leipzig 1892: S. 283. – Archiv der Evangelischen Kirche der Pfalz: S. 137. – Bible moralisée Codex Vindobonensis 2554 der Österreichischen Nationalbibliothek. Facsimile mit Kommentar von Reiner Hausherr. Graz 1992: S. 117f. und 123. –Thomas W. Gaehtgens: Versailles als Nationaldenkmal. Die Galerie des Batailles im Musée Historique von Louis-Philippe. Vorwort von Pierre Lemoine. Antwerpen, Berlin 1985 [EA 1984], S. 38, 122 und 316: S. 186, 191 und 195. – Willibald Sauerländer: Gotische Skulptur 1140-1270. München 1970, S. 123: S. 122. – Kurt Schilling: Monumenta Judaica. 2000 Jahre Geschichte und Kultur der Juden am Rhein. Handbuch. Köln 1963, Abb. 70: S. 126. – Heinz Schreckenberg: Juden in der Kunst Europas. Freiburg i. Br. 1996, Abb. Nr. 4, S. 37, und Nr. 6, S. 73: S. 114f. und 120. – Wolfgang Seiferth: Synagoge und Kirche im Mittelalter. München 1964, Abb. Nr. 5 und 32 : S. 119 und 124. – Otto von Simson: Le programme sculptural du transept méridional de la cathédrale de Strasbourg. In: Ders.: Von der Macht des Bildes im Mittelalter. Gesammelte Aufsätze. Berlin 1993, S. 77 bis 100, hier Abb. Nr. 22 und 30: S. 112 und 121. – Sammlung Annette Weber: S. 125. – Stadtmuseum im Knochenhauer-Amtshaus, Hildesheim: S. 129 (Photographie: Sh. Shalchi). – Adolf Weis: Die „Synagoge“ am Münster zu Straßburg. In: Das Münster I (1947/48), Seite 64-80, hier S. 62 und 66: S. 113 und 116.

Wir danken allen Rechteinhabern dafür, daß sie uns ihre Abbildungen zur Verfügung gestellt haben. Mögliche weitere Rechteinhaber bitten wir um entsprechende Hinweise.

www.ingramcontent.com/pod-product-compliance
Lightning Source LLC
LaVergne TN
LVHW081359011026
849161LV00013BA/2852
* 9 7 8 3 0 5 0 0 3 7 7 0 7 *